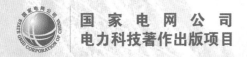

国家电网公司
电力科技著作出版项目

特高心墙堆石坝 工程设计

湛正刚　慕洪友　程瑞林　韩朝军　周华　等　著

U0254283

中国电力出版社
CHINA ELECTRIC POWER PRESS

内容提要

在青藏高原设计建设的 RM 特高心墙堆石坝，最大坝高 315m，工程面临天然土料品质差、堆石料变形特性复杂、坝体渗流及变形控制难、工程地震烈度高等重大技术挑战。本书以 RM 工程为依托，围绕上述有关科学理论与关键技术问题，系统介绍了 10 余年来 RM 大坝在坝料勘察试验、堆石料缩尺效应、贫黏粒土料渗流控制、心墙与岸坡大剪切变形-渗流耦合控制、坝体变形协调与控制、心墙水力破坏及防护、坝体裂缝评价与预防、大坝极限抗震能力与抗震措施等方面取得的一系列重要创新研究成果。全书内容丰富、资料翔实，将理论研究与工程实践紧密结合、创新性突出，研究成果进一步丰富了我国高心墙堆石坝的筑坝理论与技术，推动了当代水利水电科学技术进步。

本书可供从事水利水电工程设计、施工等技术人员学习借鉴，也可供相关科研单位及高等院校科研和教学人员参考。

图书在版编目（CIP）数据

特高心墙堆石坝工程技术 / 湛正刚等著. -- 北京：中国电力出版社，2024. 8. -- ISBN 978-7-5198-9026-1

Ⅰ. TV641.4

中国国家版本馆 CIP 数据核字第 2024MY1591 号

出版发行：中国电力出版社

地　　址：北京市东城区北京站西街 19 号（邮政编码 100005）

网　　址：http://www.cepp.sgcc.com.cn

责任编辑：谭学奇（010-63412218）

责任校对：黄　蓓　王海南　常燕昆

装帧设计：赵姗姗

责任印制：吴　迪

印　　刷：北京九天鸿程印刷有限责任公司

版　　次：2024 年 8 月第一版

印　　次：2024 年 8 月北京第一次印刷

开　　本：787 毫米×1092 毫米　16 开本

印　　张：34.75

字　　数：731 千字

印　　数：0001—1000 册

定　　价：298.00 元

国科奖社证字第0195号

中国大坝工程学会

科技进步奖证书

为表彰中国大坝工程学会科技进步奖获得者，特颁发此证书。

项目名称：青藏高原特高心墙堆石坝设计关键技术及应用

奖励等级：特等奖

获 奖 者：中国电建集团贵阳勘测设计研究院有限公司

奖励年度：2023年

2023年12月31日

证书编号：2023-J-特-04-D01

本专著技术研究成果获

2023年度"中国大坝工程学会科技进步奖特等奖"

《特高心墙堆石坝工程技术》
编撰委员会

....

主　任	湛正刚
副主任	慕洪友　程瑞林　韩朝军　周　华　杨家修 张合作
委　员	郭　勇　吴述彧　敖大华　王　蒙　林金城 李鹏飞　张　胜　邱焕峰　苗　君　郑　星 葛小博　陈占恒　张建博　史鹏飞　李肖杭 韩　博　耿传浩　胡大儒　周红喜　刘　凡

....

RM 技术咨询专家

特 咨 团 专 家

马洪琪　张宗亮　李文纲　杨泽艳　艾永平　余　挺

特邀咨询专家

钟登华　孔宪京　周建平　杨　建　金　伟　李永红

设计监理中国电建集团昆明勘测设计研究院有限公司专家

张宗亮　袁友仁　冯业林　李开德　张四和　李仕奇
周绍红

中国水利水电建设工程咨询有限公司专家

李　昇　王忠耀　赵全胜　党林才　杨泽艳　余　奎
杨　建　常作维　张东升　孙保平　王富强　喻葭临
方光达　郝军刚　刘　超　范俊喜　王明涛　辛俊生
何万通

主要完成单位和人员

中国电建集团贵阳勘测设计研究院有限公司

湛正刚	杨家修	龙起煌	慕洪友	郭　勇	吴述彧
肖万春	张合作	敖大华	邱焕峰	葛小博	程瑞林
张　胜	李鹏飞	韩朝军	郑　星	苗　君	陈占恒
张建博	林金城	李肖杭	韩　博	耿传浩	胡大儒
周红喜	孙志军	范冬杨			

华能澜沧江水电股份有限公司

周　华	易　魁	肖海斌	卢　吉	迟福东	曹学兴
庞博慧	陈燕和	胡永福	李艳伟	赵富刚	王照英
陈鸿杰	王道明	关汉锋	邓拥军		

中国水利水电科学研究院

汪小刚	温彦锋	邓　刚	张延亿	张茵琪	张幸幸
张雪东	于　沭	李红军	孙　平	李海芳	

南京水利科学研究院

陈生水	李国英	米占宽	傅　华	谢兴华	凌　华
魏匡民	顾行文	韩华强	卢　斌	任　强	钟启明
傅中志	沈　婷	蒋景东	石北啸	王　芳	贺永会
王小东	郑　磊	张玉坚	巩　炎		

清华大学

张丙印　于玉贞　殷　殷　余　鹏　王　伟　刘千惠
王　远　尹文杰　敖　俊　段志杰　王翔南　潘洪武
张向韬　高溢钊　袁玮鸿　郝青硕

武汉大学

周　伟　马　刚　程家林　邹宇雄　梅江洲

大连理工大学

邹德高　刘京茂　陈　楷　屈永倩　周晨光

河海大学

朱　晟　沈振中　钟春欣　汪　涛　李俊宏　彭新宣
宁志远　张露橙　周华雷　周人杰　周志杰　崔志伟
徐力群　甘　磊　田振宇　江　婷　彭亚敏　毕佳蕾
张小青

中国科学院力学研究所

吴梦喜　刘清泉　安　翼

序 言 一

  RM 水电站坝高 315m，坝型为心墙堆石坝，是世界上罕见的高坝工程，该工程地质背景复杂，地震烈度高，防渗土料存在粗颗粒含量偏多、细粒含量偏少、含水量偏低、土质不均一等缺陷；坝壳料以工程开挖料为主，受风化卸荷影响，堆石料变形特性复杂，工程存在渗流控制、变形协调和抗震防震等重大关键技术问题。同时特高心墙堆石坝的坝料尺寸效应、流变特性、剪切渗流、水力破坏、坝体开裂等科学理论问题亟待深入研究。因此，在青藏高原腹地设计建设 RM 特高心墙堆石坝面临着诸多重大技术挑战。

  RM 特高心墙堆石坝设计，充分借鉴了国内外 300m 级高心墙堆石坝设计建设经验，围绕特高心墙堆石坝的有关科学理论和关键技术问题，开展了全面、系统、深入的研究工作，取得了丰硕的研究成果，为工程建设奠定了扎实的技术基础。防渗土料方面，引入了 1m 直径的大口径钻探进行勘察取样，有效地提高了近 50m 厚砾石土勘察取样的效率和准确性，采用室内试验和现场试验等手段，揭示了工程宽级配砾石土料 P_5 含量、细粒含量、黏粒含量与渗透性能和变形性能的规律，确立了防渗土料关键控制指标，提出了"分层分区立采、不同质量料区掺混、筛分调整土料级配、搅拌机搅拌土料均匀、运料皮带机加水、堆料机堆料闷制"等防渗土料的改性工艺，并在现场进行了土料加工、碾压等试验，改性后土料各项性能指标都达到了设计要求。接触土料方面，采用了 3 种不同的剪切渗透试验方法，论证了 RM 大坝细粒、黏粒含量偏低的接触黏土料分区利用适应性和安全性问题，表明在大剪切变形条件下，黏粒含量 15% ~ 20% 的接触黏土料，其渗透稳定性能满足特高坝要求。堆石料方面，通过大量力学特性和特殊性能试验，结合坝体变形协调研究，提出了复杂开挖料的分区利用控制指标，即岩石饱和抗压强度小值平均值 35～40MPa 时，用于坝体堆石料Ⅱ区，岩石饱和抗压强度小值平均值 40MPa 以上时，用于坝体堆石料Ⅰ区，且坝体堆石料采用同一压实标准控制。

另外，在堆石料缩尺效应、坝体变形协调与控制、心墙水力破坏及防护、坝体裂缝评价与预防、大坝极限抗震能力与抗震措施等方面取得了一系列重要研究成果，进一步丰富了我国高心墙堆石坝筑坝理论与技术。

我本人作为 RM 水电站特咨团专家组组长，全程参加了 RM 特高心墙堆石坝的技术咨询和重大技术决策活动，见证了"十年磨一剑"的研究历程。该书作者长期从事水利水电工程设计，主持过多座大中型水电站的设计，参加了我国高堆石坝前沿技术研究工作，在堆石坝设计科研方面造诣较深，工程实践经验丰富。本书系统总结了近 20 年来堆石坝工程最新的创新理论和丰富的实践经验，可供类似工程借鉴。特推荐本书给从事水利水电工程设计、建设、科研和教学人员参考。

中国工程院院士 马洪琪

2023 年 10 月 31 日

序言二

　　RM 水电站是澜沧江上游多能互补清洁能源基地的高坝大库控制性工程，贵阳勘测设计研究院自 2006 年开展该电站勘测工作以来，在华能澜沧江水电股份有限公司的大力支持下，联合国内外一流科研院所和高校，开展了包括特高堆石坝技术在内的一系列重大关键技术研究，聘请了以中国工程院院士马洪琪为组长的 RM 水电站特咨团，对该工程重大技术问题全过程咨询指导，经过近 18 年的扎实工作，使得该工程的一系列重大关键技术问题得到了有效解决，有力推进了该工程建设进程。

　　中国电建集团贵阳勘测设计研究院有限公司从 20 世纪的猫跳河坝工博物馆、普定碾压混凝土拱坝、东风高薄拱坝、天生桥二级长大隧洞等，到 21 世纪"西电东送"工程的洪家渡高面板堆石坝、光照特高碾压混凝土重力坝，攻克了当时许多重大工程技术难题，为推动当时水电水利科学技术进步与发展做出了突出贡献。RM 水电站坝高 315m，是世界最高特高堆石坝工程，位于高海拔和地质条件特别复杂地区，勘测设计技术难度大，面临着诸多重大技术挑战。在汲取国内外已建在建特高堆石坝有关技术的基础上，针对 RM 坝的特点，应用坝工领域最前沿试验研究新技术、新工艺和新方法，开展了大量的勘测、试验、研究和设计工作，在复杂宽级配砾石土料勘测试验和改性工艺、贫黏土接触土料安全评价和分区利用、卸荷岩体堆石料特性和坝体分区、全生命周期坝体变形预测与变形控制、坝体渗流与坝坡稳定、坝体裂缝防治与大坝抗震防震安全与应急技术等诸多方面，取得全面系统性的创新成果，业内多位院士、大师和专家给予了高度评价，大坝设计技术成果已经过技术主管部门审查同意。RM 坝技术研究成果，是贵阳勘测设计研究院建院 66 年来不断追求技术进步和科技创新的又一标志性成果，这部专著对相关前期技术研究进行了深入凝练总结，列入了国家电网有限公司电力科技著作出版项目，是贵阳勘测设计研究院乃至水电行业的宝贵财富，可供同行读者借鉴参考。

　　中国电建集团贵阳勘测设计研究院有限公司将认真贯彻落实新发展理念，以一流的技术和一流的服务，高标准、高质量地开展 RM 坝后续各项设计和研究工作，推动 RM 水电站早日建成。借此机会，向水电水利规划设计总院、RM 水电站特咨团、华能澜沧江水电股份有限公司、中国电建集团昆明勘测设计研究院有限公司等单位领导和专家的支持帮助表示衷心的感谢！

中国电建集团贵阳勘测设计研究院有限公司董事长

2024 年 3 月 1 日

前言

　　RM 水电站是澜沧江上游水电开发的唯一"龙头"水库，是实现澜沧江上游清洁能源基地"水光互补"建设的控制性工程。水库大坝为砾石土心墙堆石坝，最大坝高315m，是世界上罕见的特高坝工程，在地质构造和地质背景十分复杂的西藏地区设计建设如此规模的高坝大库，面临着诸多重大技术挑战，通过对坝料特性、大坝防渗安全性、变形适应性、堆石料缩尺效应、湿化流变、抗震安全等关键技术问题研究，提出了 RM 特高心墙堆石坝（简称 RM 坝）设计方案和技术措施，为该坝的建设奠定了坚实的基础。

　　心墙堆石坝具有就地取材、安全经济以及适应性好等优点，在世界水利水电工程中广泛应用。心墙堆石坝在国际上最早建成了 300m 级高坝，并在特高坝工程中占有较高的比重。近年来，我国在交通条件差、外来运输量大、自然条件恶劣等西部地区广泛采用该坝型。虽然我国建成了糯扎渡（261.5m）、长河坝（240m）、两河口（295m）等多座特高坝，在建的有双江口（314m）特高坝，苏联建成了 300m 的努列克坝，但是心墙堆石坝仍是一种半经验半理论的坝型。经过国内学者和工程师们的不懈努力，在试验方法、本构模型、渗流控制、应力变形、水力破坏、防震抗震、施工工艺及质量控制等方面取得了丰富而卓有成效的研究成果，但其理论体系仍不能完全满足高心墙堆石坝发展的需求。从已建工程运行情况来看，"堆石料缩尺效应、坝体变形预测值与实测值相差较大、坝顶裂缝、高震区抗震防震安全等"仍是高坝需要深入研究并亟待解决的问题。

　　RM 水电站处于高海拔高地震烈度的高山峡谷地区，工程具有"地质条件复杂、施工条件恶劣、生态环境脆弱"等显著特点，天然防渗土料存在显著质量缺陷，大坝设防烈度为Ⅸ度，大坝设计地震动峰值加速度 0.44g，RM 坝设计建设难度大。为此，在充分吸收国内外高心墙堆石坝的经验基础上，联合国内众多高等院校和科研院所，围绕

特高心墙需要深入研究和亟待解决的工程技术问题，开展了大量的室内外试验和仿真分析等研究工作，RM 特高心墙堆石坝作为依托工程，列入了国家"十二五"科技支撑计划、国家"十三五"重点研发计划、贵州省科技支撑计划以及中国电建集团、中国华能集团、中国华能澜沧江股份有限公司等各层级的科技攻关项目，在砾石土料特性及其改性工艺、堆石料缩尺效应、特高堆石坝变形协调与控制、高震区高坝抗震安全与评价等方面，取得了丰富的研究成果。成果包括"提出并现场验证了藏区砾石土料的改性工艺，阐明了颗粒尺度对堆石料参数的影响机制及变化规律，建立了考虑湿化、流变和风化劣化影响的坝体变形控制指标，揭示了砾石土水力击穿破坏形式及机理，预测了强震作用下高土石坝动力响应特性及破坏模式"等，可供同类工程设计借鉴和参考。

全书共八章。第一章介绍国内外高心墙堆石坝发展概况、设计建设关键技术、典型高心墙坝的运行状况，从核心科学理论和关键工程技术等方面分析了 RM 坝面临的技术挑战。第二章介绍 RM 坝土料的勘察试验研究情况，土料的防渗特性和变形性能，改性技术及其现场试验验证成果。第三章介绍了堆石料的特性、特殊性能试验成果以及堆石料缩尺效应研究成果。第四章介绍 RM 坝设计技术方案，包括心墙结构、坝体建基面、坝体轮廓、坝体分区、筑坝材料、坝坡稳定等内容。第五章介绍了坝体变形预测的理论方法、坝体变形协调与控制技术、坝体岸坡剪切变形模拟试验、水力破坏评价与控制、坝体裂缝评价与防治等内容。第六章介绍了坝体渗流方面研究的最新成果。第七章介绍了大坝抗震防震分析、试验、抗震措施以及极限抗震能力方面的研究成果。第八章对研究成果进行了总结，提出下一步深入研究的方向。本书由直接参与工程设计的中青年工程技术人员为主开展编纂工作。

本书前言、第一章由湛正刚、慕洪友、周华执笔；第二章由湛正刚、程瑞林、杨家修执笔；第三章由湛正刚、韩朝军、张合作执笔；第四章由程瑞林、慕洪友、杨家修执笔；第五章由湛正刚、韩朝军执笔；第六章由慕洪友、程瑞林执笔，第七章由韩朝军、湛正刚执笔；第八章由湛正刚、慕洪友、周华执笔；全书由张合作、郭勇、吴述彧、王蒙、林金城、李鹏飞、敖大华、张胜等分别校稿；全书由湛正刚统稿，韩朝军统一编辑。

RM 坝技术成果，凝聚了我国水电水利工程界众多专家学者的智慧，汇集了贵阳勘测设计研究院各级领导以及全体参与过勘测设计技术人员的心血。马洪琪院士、张宗亮院士、李文纲大师、杨泽艳大师、艾永平总工程师、余挺总工程师等专家组成的 RM 水电站特咨团专家组，全过程开展了工程大坝技术研究咨询，提出了许多建设性的指导意见，RM 水电站特咨团专家组组长马洪琪院士亲自为本书作序。清华大学、武汉大学、大连理工大学、河海大学、天津大学等高校，以及中国水利水电科学研究院、南京水利科学研究院、中国科学院力学研究所等科研单位在研究工作中给予了通力协作。水电水利规划设计总院、华能澜沧江水电股份有限公司、华能澜沧江上游水电有限公司、中国电建集团昆明勘测设计研究院有限公司、中国水利水电第十二工程局有限公司等单

位在研究工作中给予了大力支持。本书在撰写过程中引用了部分参研单位的研究成果，参阅了与 RM 坝研究有关的科技文献和资料，虽已列出，难免遗漏，谨此一并表示衷心的感谢！

本项技术研究成果获得 2023 年度"中国大坝工程学会科技进步奖特等奖"。随着 RM 水电站工程建设的深入推进和工程技术的不断发展，下一步尚需在大坝一体化性态预测方法及高性能智能动态反馈、库水位变动条件下大坝长期运行安全、开挖料利用深化研究、大坝防渗土料施工措施、特高土石坝安全监测、坝料填筑质量控制与快速检测等方面的关键技术进行深入研究，以保障 RM 坝安全运行，欢迎业内专家学者提出宝贵的意见和建议。

由于时间仓促、水平有限，书中存在错误在所难免，恳请读者对本书的缺点和错误批评指正。

作　者

2024 年 3 月 1 日

目录
CONTENTS

第一章
高心墙堆石坝技术进展及挑战

第一节　高心墙堆石坝建设运行概况

一、国外高心墙堆石坝建设状况

心墙堆石坝可就地取材，能适应各种复杂的地形地质条件，在国际上建设的高坝大库工程中被广泛应用，20 世纪 80 年代，苏联建成了当时世界上最高的努列克水库大坝（今塔吉克斯坦境内），坝型为心墙堆石坝，最大坝高达 300m，同期规划拟建的罗贡心墙堆石坝，大坝高度甚至达到了 335m。国外已建 200m 级以上典型高心墙堆石坝统计见表 1−1。

表 1−1　　　　　　　　国外已建 200m 级以上典型高心墙堆石坝统计表

序号	工程名称	工程位置	坝高（m）	心墙型式	心墙料	坝壳料	设防烈度（度）	建设年份
1	努列克（Nurek）	塔吉克斯坦	300	直心墙	壤土、砂壤土和碎石混合料	卵砾石	Ⅸ	1980
2	博鲁卡	哥斯达黎加	267	斜心墙	—	—	—	1990
3	奇科森（Chicoasen）	墨西哥	261	直心墙	砾石含量高的黏土砂	堆石	Ⅸ	1980
4	特里（Tehri）	印度	260	斜心墙	黏土、砂砾石混合料	块石、砂砾石混合料	Ⅷ	2005
5	瓜维奥（Guavio）	哥伦比亚	247	斜心墙	砾石、砂土混合料	含泥石英岩	—	1989
6	麦加（Mica）	加拿大	242	斜心墙	冰碛土	云母片岩、片麻岩	Ⅶ～Ⅷ	1973
7	契伏（Chivor）	哥伦比亚	237	斜心墙	砾质土	堆石	—	1975
8	奥洛维尔（Oroville）	美国	230	斜心墙	黏土、粉土、砂砾石、大卵石	砂卵漂石	Ⅶ～Ⅷ	1967
9	凯班（Keban）	土耳其	207	直心墙	黏土	堆石	Ⅷ～Ⅸ	1975
10	圣罗克	菲律宾	200	直心墙	黏土	—	—	2002

由表 1−1 可见，从 20 世纪 60 年代至 21 世纪初，国外建设的高心墙堆石坝遍及欧美、南美和亚洲等地区。在该段时期内，土体的固结理论、击实原理、有效应力原理等随着工程实践得到了极大的丰富和发展，另外大型碾压设备如振动碾的出现以及计算机技术在设计计算分析中的应用，推动着国外先后建成了一批 200～300m 级的高心墙堆石坝。坝体防渗心

墙主要有直心墙和斜心墙两种型式,防渗土料有黏土、砾石土、砾质土、砂壤土、砂土、冰碛土以及土石混合土料等。坝壳料大多采用堆石、砂卵石、卵砾石等,设防地震烈度多在Ⅷ~Ⅸ度的高地震烈度区。

二、国内高心墙堆石坝建设状况

我国高心墙堆石坝建设,走过引进吸收和持续创新发展的历程,20世纪80年代末,应用现代堆石坝筑坝技术,建成了石头河心墙堆石坝,逐步掌握了坝高100m级以上高心墙坝建设的关键技术,拓宽了防渗土料的利用范围,如黄土类土、宽级配砾石土和碎石土风化料的利用等,同时对不同土料采取针对性工程措施,在复杂深厚覆盖层上建坝技术飞跃发展,至21世纪初,成功建成50m深覆盖层上的小浪底心墙堆石坝,坝高达160m。随着我国西部大开发和西电东送战略的实施,我国在交通条件差、外来运输量大、地质背景复杂等西部地区广泛采用该坝型,先后建设了瀑布沟、糯扎渡、长河坝、两河口等心墙堆石坝,坝高已接近300m级,坝基覆盖层防渗处理深度达100m级。国内已建100m级以上土心墙堆石坝见表1-2。

表1-2 国内已建100m级以上心墙堆石坝统计表

序号	工程名称	工程位置	坝高(m)	心墙型式	心墙料	坝壳料	设防地震烈度(度)	建成年份
1	两河口	雅砻江	295	直心墙	砾石土	堆石	Ⅷ	2021
2	糯扎渡	澜沧江	261.5	直心墙	混合料/掺砾料	堆石	Ⅷ	2014
3	长河坝	大渡河	240	直心墙	砾石土	堆石	Ⅷ	2018
4	瀑布沟	大渡河	186	直心墙	宽级配砾石土	堆石	Ⅷ	2010
5	小浪底	黄河	160	斜心墙	壤土	堆石	Ⅷ	2001
6	狮子坪	杂谷脑河	136	直心墙	砾石土	堆石	Ⅷ	2010
7	金盆	黑河	133	直心墙	黏土	砂卵石	Ⅷ	2003
8	硗碛	青衣江	125.5	直心墙	砾石土	堆石	Ⅷ	2007
9	石头河	石头河	114	直心墙	黏土	砂卵石	Ⅷ	1989
10	恰甫其海	特克斯河	108	直心墙	中塑性分支壤土	砂砾石、堆石	Ⅷ	2005
11	水牛家	火溪河	108	直心墙	碎石土	—	Ⅷ	2007
12	鲁布革	黄泥河	103.8	直心墙	风化料	堆石	Ⅶ	1991
13	碧口	白龙江	101.8	直心墙	壤土、粉质黏土	砂砾石	Ⅶ度半	1997

另外,我国在建的双江口心墙堆石坝,坝高超过了310m,拟建的心墙堆石有RM坝(坝高315m)、上寨坝(坝高242m)、下尔呷坝(坝高223m)等,可见我国心墙堆石坝的建设

规模已经达到国际领先水平。

国内已建的心墙堆石坝，防渗心墙以直心墙为主，个别坝采用了斜心墙。防渗土料有黏土、壤土、风化料、碎石土、砾石土以及土砾混合料等，注重土料的分区利用和土料改性，以适应坝体防渗和坝体变形协调的需要。坝壳料按就地取材原则，采用了堆石、砂砾石、砂卵石等。坝体设防地震烈度一般为Ⅶ～Ⅷ度。

三、高心墙堆石坝运行状况

早期建成的心墙坝在运行过程中存在洪水漫顶失事、渗透破坏、不均匀沉降裂缝、水库骤降坝坡滑移、地震震害等多种坝体缺陷或失事破坏。我国板桥心墙坝因洪水漫顶失事，美国的 Teton 心墙坝和 Mud Mountain 心墙坝渗透破坏，我国的狮子岩心墙坝因水库骤降滑坡，我国的王屋心墙坝、冶源心墙坝、黄山心墙坝、石门心墙坝、喀什一级心墙坝等曾产生较大的地震震害。美国的 Cougar 心墙坝、隆德巴心墙坝、泥山心墙坝、樱桃谷心墙坝都存在不均匀沉降裂缝，奥地利界伯奇心墙坝、加拿大拉格兰德－2 心墙坝、伊朗 Masjed-E-Soleyman 心墙坝和印度贾提路哈尔心墙坝等同样坝顶开裂，我国小浪底心墙坝和瀑布沟心墙坝均是建立在深厚覆盖层上，在运行期坝顶均出现了裂缝。

通过对努列克坝、奥洛维尔坝等实地考察，查阅部分文献资料，国外建成运行的 200m 以上高心墙堆石坝，大多运行正常，未见有关危及坝体安全方面问题。根据我国已建工程运行监测数据显示，国内建成运行的高心墙堆石坝，总体运行稳定，状态正常，但也存在坝体绕渗水量大、坝顶裂缝、心墙拱效应、心墙超静孔压（简称孔压）、安全监测设备完好率较低等业界高度关切的问题。

1. 坝体渗流

国内外已建大坝心墙的防渗性能良好，坝体渗漏量不大，坝身发生渗透破坏的可能性较小，表 1－3 列出了部分高坝的实测渗漏情况。

表 1－3　　　　　　　国内外部分已建高坝坝体渗流量统计表

序号	工程名称	坝高（m）	防渗体型式	防渗材料	实测坝体单宽渗流量（m³/d）
1	努列克	300	直心墙	含砾亚黏土	0.173～4.32
2	奇科森	261	直心墙	含砾黏土砂	13
3	瓜维奥	247	斜心墙	砾石、黏土混合料	2.16
4	瀑布沟	186	直心墙	砾石土	0.432
5	糯扎渡	261.5	直心墙	掺砾土料	1.61

大多数工程的渗漏发生在岸坡或地基突变处，在高水头作用下，可能会对接触不良部位或山体地质薄弱部位产生击穿，形成渗漏通道。墨西哥奇科森坝左岸岸坡地形有一突变处，

在蓄水过程中该处发生了一定的渗漏现象，导致左岸整体的渗水量为整个心墙渗水量的 2 倍。塔吉克斯坦努列克坝在蓄水时，在左岸距心墙下游面 15m 位置，出现 1.5MPa 的渗透压力，推测该部位 50～150m 深处矿化度较高的地下承压水被打通。哥伦比亚瓜维奥坝测得的渗水量中 60%来自右岸，30%来自左岸，仅有 10%通过坝身。我国小浪底坝蓄水后，随着水库水位的不断升高，左岸山体发生了渗漏，渗流量随库水位上升明显增加，且速率较快，最大渗水量达 405.3L/s，经过处理后，渗水量减小到 224L/s 以内，通过较长时间和较高水位运行考验，渗漏水量趋于稳定，工程运行正常。我国瀑布沟坝在蓄水过程中，两岸山体出现较大渗流，对两岸山体帷幕进行了补强灌浆和在下游补打排水孔处理，处理后山体渗压下降较大，稳定渗流量为 105L/s 左右，防渗体系总渗漏量不大，运行稳定。

2. 坝体变形和坝顶裂缝

表 1-4 列出了部分典型高心墙堆石坝蓄水后的实测变形。坝体变形的总体规律是心墙沉降大于下游坝壳沉降，坝顶沉降量与坝体沉降呈正相关，蓄水后下游坝壳堆石体向下游产生较大的水平位移，但和坝高、坝体沉降没有明显的关联规律性。国内监测的坝体最大沉降变形发生在心墙部位，最大可达到坝高的 1.5%，发生在坝高的 1/3～1/2 处，变形主要发生在施工期和蓄水期，建成多年的大坝，库水位变化仍会对大坝的变形有影响，表明库水位对大坝的作用是一个长期的过程。

表 1-4　　　　　　　　国内外部分典型高心墙堆石坝蓄水后实测变形表

工程名称	内部变形（mm）			外部变形（mm）			
	心墙	下游坝壳		坝顶		下游坝壳	
	沉降	沉降	水平位移	沉降	水平位移	沉降	水平位移
瓜维奥	5800	4330	740	990	330	1910	660
契伏	—	3070	1160	1220	400	1040	1020
奇科森	2840	2060	310	200	90	100	40
努列克	13700	10000	—	—	—	—	800
小浪底	—	—	—	1362	—	1184	934
瀑布沟	1943	2440	616	1055	570	—	—
糯扎渡	4170	2681	1344	791	325	1206	1257

由于两岸岸坡坝体沿坝轴线方向产生向河床中部位移，在岸坡接触面上折坡位置产生较集中的剪切变形，地形变化大的部位，剪切变形大。已建高坝在岸坡接触面上通常设置一定厚度的高塑性黏土，以适应该剪切变形，当前关于岸坡与心墙间剪切变形的实测资料相对较少。

坝顶裂缝主要有坝肩裂缝和沿坝轴线方向的纵向裂缝。坝肩裂缝在已建的坝上都有发生，主要由近岸坡部位的剪切变形和坝顶沉降造成的，易于处理且不影响坝体运行安全。纵向裂缝在小浪底坝、瀑布沟坝等坝顶产生，裂缝发展深度仅限于坝壳料内，未贯穿到心墙，普遍认为主要由覆盖层地基导致的不均匀变形引起。此后完建的个别工程，坝基没有覆盖层，在坝顶仍然产生了纵向裂缝，这一现象使得工程界高度重视，并开展了相关研究工作。

3. 心墙拱效应

心墙堆石坝在填筑过程中由于坝壳料和心墙土料压缩模量不同，材料间产生不均匀沉降，心墙部分应力传递到坝壳，使心墙内部应力减小，即产生心墙拱效应。

糯扎渡坝及瀑布沟坝等两座坝心墙内部均监测到了拱效应的存在。横断面在心墙上下游侧与反滤交界部位应力较为集中，同一高程应力分布总体特征为心墙两侧应力大、心墙中部应力小，应力等值线在心墙中部呈凹陷状分布，表明心墙在横断面方向存在拱效应，但通过实测的变形资料分析，心墙内部均为压应变状态，并未因拱效应产生心墙竖向拉应变，心墙工作状态正常。

4. 心墙超静孔压

我国近年来的建设的高坝，实测的心墙孔压总体分布为河床中部高于两岸岸坡，心墙中部高于上下游两侧，孔压随坝高增加而增大，坝轴线附近部位孔压消散缓慢，形成了超过静水压力的心墙孔压即心墙超静孔压。如糯扎渡坝实测心墙孔压最大值发在河床监测断面高程626.1m心墙上游部位，换算成水压高程为828.14m，超过同期相应填筑高程（774.10m）近52m。长河坝坝体最大断面1460m高程坝轴线处，实测孔压普遍高出同期坝体填筑高程40～50m。在两河口坝的监测中，心墙孔压也有类似现象。分析认为是压实防渗土料时要求达到最优含水量，心墙饱和度高且心墙渗透系数很低，水不易排出，在坝体填筑加载的作用下，形成了超出同期坝体填筑高度的孔压。心墙超静孔压进一步降低了心墙的有效应力，可能导致心墙水力破坏，其影响程度还有待深入研究。

5. 监测仪器完好性

我国已建成的高心墙堆石坝中，外部表面监测的仪器相对完好，但坝体内部的检测仪器完好率不十分理想，特别是坝内变形监测仪器存活率不高。小浪底坝仪器完好率为68.93%，瀑布沟坝仪器完好率为83.17%，糯扎渡仪器完好率尽管达到了90.5%，但坝体最大断面的水管式沉降仪和引张线式水平位移计失效。主要原因有：

（1）仪器本身质量问题，例如稳定性和耐久性较差。

（2）电缆因变形过大受到损伤或绝缘能力降低，造成无法测读。

（3）仪器监测的物理量超出仪器本身量程。这类问题在小浪底坝中较为突出，坝体内部变形的沉降计因坝体沉降量超出仪器设定量程失效，蓄水后左岸山体发生较大的渗漏导致量水堰失效。

（4）监测仪器的发展不满足工程需要，滞后于坝工技术的发展。我国心墙土石坝的内部变形监测，通常选用的仪器为测斜管和沉降环，但在大坝的实际运行过程中，测斜管极易损坏。瀑布沟坝心墙部位安装的测斜孔，活动式测斜仪探头均无法到达孔底，监测数据规律性较差，心墙中下部沉降因堵管无法正常观测。小浪底坝有二分之一的沉降盘因测斜管管体挤裂或弯曲变形过大，造成管体不畅而无法正常观测。

近年完建的两河口坝，采用了柔性测斜仪监测坝体沉降，效果良好，仪器运行正常，但该种方法的长期效果有待时间检验。

第二节　高心墙堆石坝主要技术进展

一、坝体分区

高心墙堆石坝的坝体布置及断面分区主要包括坝坡、坝顶宽度、防渗体（心墙）、反滤层、过渡层及坝壳等，在心墙形式、坝体轮廓、坝体分区等方面已形成了较为系统的设计方法，坝体岸坡剪切带设置一定厚度的接触黏土料区，对接触黏土料的塑性指数通常有较高要求。图 1-1～图 1-11 给出国内外十座已建典型高心墙堆石坝的坝体剖面。

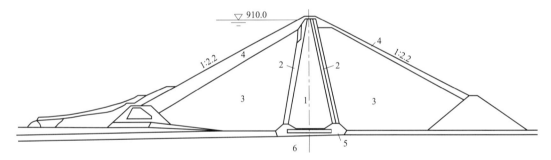

1—防渗心墙；2—反滤层；3—卵砾石；4—护坡；5—混凝土垫座；6—基岩

图 1-1　努列克坝剖面图

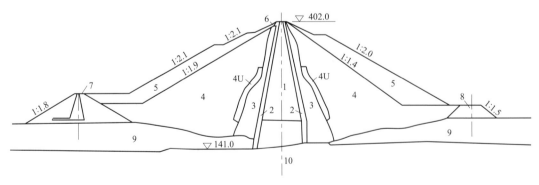

1—防渗心墙；2—反滤层；3—过渡层；4—压实的堆石；4U—均质堆石；5—混合堆石坝；
6—选用料堆石；7—上游围堰；8—下游围堰；9—覆盖层；10—石灰层

图 1-2　奇科森坝剖面图

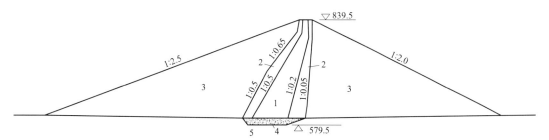

1—防渗心墙；2—反滤层；3—坝壳料；4—垫座；5—基岩

图1-3 特里坝剖面图

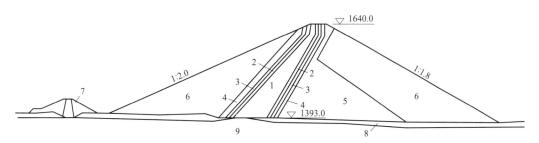

1—心墙；2—反滤层Ⅰ区；3—反滤层Ⅱ区；4—过渡层；5—堆石Ⅰ；6—堆石Ⅱ区；7—上游围堰；8—覆盖层；9—基岩

图1-4 瓜维奥坝剖面图

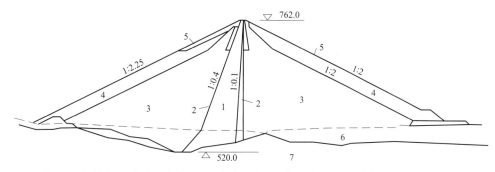

1—心墙；2—反滤层；3—坝壳（砂砾石）；4—坝壳（砂、砂砾石、块石）；5—护坡石；6—覆盖层；7—基岩

图1-5 麦加坝剖面图

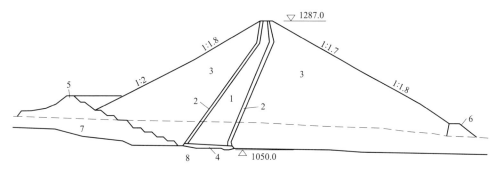

1—土体防渗墙；2—反滤层；3—堆石；4—混凝土垫座；5—上游围堰；6—下游围堰；7—覆盖层；8—基岩

图1-6 契伏坝剖面图

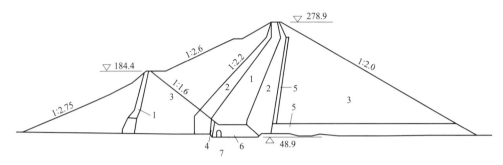

1—心墙；2—过渡层；3—透水区；4—塑性黏土；5—排水层；6—混凝土垫座；7—基岩

图1-7 奥洛维尔坝剖面图

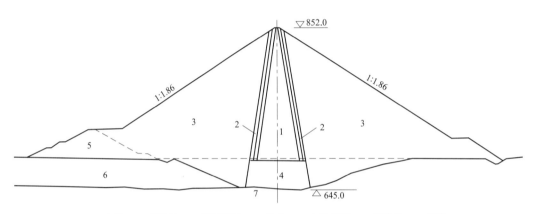

1—心墙；2—反滤层；3—碾压堆石；4—垫座；5—上游围堰；6—覆盖层；7—基岩

图1-8 凯班坝横剖面图

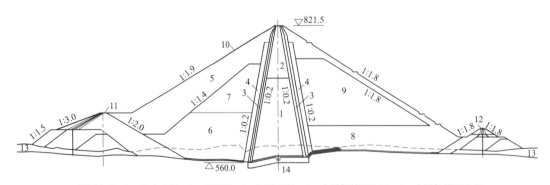

1—掺砾土料；2—混合土料；3—反滤层；4—细堆石料；5—上游粗堆石Ⅰ区；6—上游粗堆石Ⅱ区；
7—上游粗堆石Ⅲ区；8—下游粗堆石Ⅰ区；9—下游粗堆石Ⅱ区；10—块石护坡；11—上游围堰；
12—下游围堰；13—覆盖层；14—基岩

图1-9 糯扎渡坝剖面图

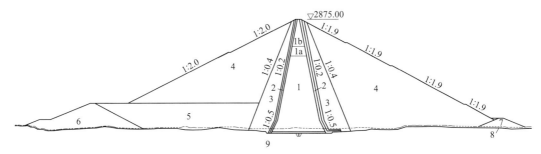

1—心墙 A 区；1a—心墙 B 区；1b—心墙 C 区；2—反滤层；3—过渡区；4—堆石Ⅰ区；5—堆石Ⅱ区；
6—上游围堰；7—下游围堰；8—覆盖层；9—基岩

图 1-10　两河口坝剖面图

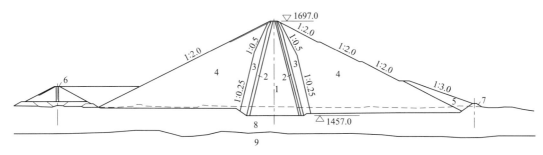

1—黏土心墙；2—反滤层；3—细堆石料；4—堆石；5—盖重区；6—上游围堰；
7—下游围堰；8—覆盖层；9—基岩

图 1-11　长河坝大坝剖面图

1. 坝坡及坝顶宽度

采用砂砾料作为坝壳料的堆石坝，上游坝坡坡比为 1:2.25～1:2.6，下游坝坡坡比为 1:2.0～1:2.2。采用堆石料作为填筑坝壳的堆石坝，上游坝坡坡比为 1:1.8～1:2.2，下游坝坡坡比为 1:1.8～1:2.0。200m 以上高坝坝顶宽度范围一般在 11～25m 之间，加拿大的麦加坝的坝顶宽度达到 33.5 m。

2. 防渗心墙

防渗心墙布置一般采用土质斜心墙和土质直心墙两种型式。努列克坝、奇科森坝、两河口坝、糯扎渡坝及长河坝均采用直心墙型式；博鲁卡坝、特里坝、瓜维奥坝、麦加坝、契伏坝、奥洛维尔坝等均采用斜心墙型式。研究表明，斜心墙坝心墙有效应力略高，预防水力破坏有利，而直心墙堆石坝的抗震性能略优，两者在坝体及坝基渗流、坝坡稳定、应力变形及大坝施工等方面无本质差别。

心墙轴线布置一般采用直线型式，但国外有不少采用拱向上游的弧形轴线型式的，如麦加坝、奥洛维尔坝等采用了弧形轴线型式。

一般心墙的上下游坡在 1:0.20～1:0.50 之间，心墙的厚度为水库水头的 1/5～1/2，心墙顶宽通常不宜小于 3.0m。

3. 坝体分区

心墙位于坝体的中部，并自心墙分别向上、下游方向，填筑料的颗粒由细到粗，渗透系数由小到大。紧邻心墙设置级配良好的反滤区，以达到滤土、排水和心墙裂缝自愈等目的，在反滤区与堆石区间常设过渡区，协调心墙与堆石体的变形。

坝体分区从上游至下游一般包括上游堆石区、上游过渡区、上游反滤区、心墙区、下游反滤区、下游过渡区、下游堆石区、块石护坡区，个别工程设置了压重区。部分工程的心墙与坝基接触部位设置了接触黏土区，以适应坝体岸坡部位的剪切变形，如国内的长河坝坝、糯扎渡坝、两河口坝等，国外的奇可森坝等。有的工程还在坝壳料与坝岸坡接触部位设置厚度较薄的过渡区，以减小坝壳料的变形梯度。

反滤区的材料一般由强度较高且性能稳定的母岩料专门加工而成，过渡区的材料采用性能良好的母岩料经特定的爆破工艺形成或天然的砂砾石等，心墙区土料综合防渗和变形性能要求采用天然土料或改性土料，接触黏土区通常采用高塑性黏土。堆石分区主要根据材料的性质和来源确定，堆石区又可分堆石Ⅰ区、堆石Ⅱ区、堆石Ⅲ区等，堆石料性质单一的如努列克坝、长河坝坝等未作特别分区。有的工程为了提高经济性，采用部分软岩作为坝壳堆石料，如糯扎渡上游低高程堆石区采用饱和抗压强度约 30MPa 软岩。堆石区填筑标准一般为堆石孔隙率达到 20%～23%，砂砾石干密度达到 2.2～2.35g/cm³。

二、筑坝材料

心墙堆石坝的筑坝材料包括心墙土料、接触土料、反滤料、过渡料以及坝壳堆石料等，筑坝材料选择直接影响大坝的经济技术指标和安全性。就地就近取材是对筑坝材料选择的基本准则，筑坝材料的基本性能应与大坝不同分区和部位的功能要求相适应且具有长期稳定性，同时满足便于开采、运输和压实等要求。

1. 心墙土料

常见的防渗土料有黏土、砾石土以及土石混合料等，在一些低坝中，红土、膨胀土、分散性土有成功应用案例，而砾石土或黏土掺碎石料则是高心墙堆石坝的首选土料。

据不完全统计，国外采用砾石土料的坝，其砾石含量多数在 20%～45% 之间，小于 0.1mm 的颗粒含量多在 25% 以下，个别低达 10%，防渗土料的最大粒径多为 100～150mm，个别坝可达 200mm。碾压后心墙渗透系数多为 1×10^{-6}～1×10^{-5}cm/s，个别达 1×10^{-4}cm/s，如苏联的司瑞布拉斯克坝，美国的希尔思溪坝（坝高 104m）为 7×10^{-5}cm/s。

我国鲁布革坝心墙土料是残积红土和全风化砂页岩混合的风化砾石土，大于 5mm 的粗粒含量 50%～60%，压实后减少到 20%～40%，小于 0.1mm 的细颗粒含量大于 30%，渗透系数在 10^{-6}～10^{-4}cm/s 之间，临界水力比降在 100 以上，砾石土抗冲蚀能力较强。瀑布沟坝防渗心墙材料为冰积和洪坡积宽级配砾石料，该种料级配曲线范围很宽，且极不均一，在去除大于 80mm 以上颗粒后，其中大于 5mm 的颗粒占 32%～69%，平均值约 50%，小于 0.1mm 的细颗粒含量占 18%～24%，平均值约 20%，小于 0.005mm 的黏粒含量低至 6%左右。糯扎渡坝心墙材料采用掺砾石土料，掺砾碎石由白莫箐石料场弱风化以下角砾岩或花岗岩加工而成，掺砾量为 35%（质量比）。长河坝坝的心墙材料为宽级配砾石土料，两河口坝采用了砾石土料和掺砾土料，在建的双江口坝采用了掺砾土料。

（1）心墙土料级配。心墙堆石坝采用砾石土作为心墙料时，大于 5mm 粒径颗粒含量为 25%～60%，对于 200m 以上高坝，大于 5mm 粒径颗粒含量不超过 50%。砾石土的渗透系数和渗透变形型式与小于 0.075mm 颗粒含量密切相关，当砾石土中粒径小于 0.075mm 的颗粒含量小于 10%时，渗透系数就会大于 10^{-5}cm/s，而不适合作防渗材料，当砾石土中小于 0.075mm 颗粒含量大于 17%时，渗透变形特性属于过渡型和流土型，可保证内部结构的稳定性。国外工程实践表明，黏粒（粒径小于 0.005mm）含量为 1%～2%的两座坝，已发生渗透破坏，而其黏粒含量为 6%～15%的坝运行多年且性态良好，我国工程经验要求砾石土心墙料粒径小于 0.005mm 的颗粒含量不宜小于 6%～8%。

（2）渗透性能指标。国内外高坝心墙料渗透系数控制在 $i \times 10^{-6}$cm/s 数量级，允许水力坡降按土的临界水力坡降除以 1.5～2.5 的安全系数确定。

（3）塑性指数。防渗土料要求有一定塑性，发生裂缝后有较高的抗冲蚀能力和自愈能力，当砾石土作为防渗土料时，塑性指数范围为 8～20。

（4）含水率。土料含水率最好接近最优含水率，以便于压实。从大坝安全角度，含水率较高会降低抗剪强度，含水率较低，在水库蓄水后会发生较大湿陷，导致坝体裂缝，高坝心墙土料含水率一般控制在该土料最优含水率 -2%～ +3%之间。过高时，需要翻晒；过低时，需要加水。

2. 接触黏土料

现代心墙堆石坝常在防渗心墙与基岩 - 混凝土垫层间设 1～4m 厚的高塑性接触黏土，以适应刚性混凝土底板与心墙间的变形协调，同时高塑性、低渗透系数黏土可以减小因剪切变形过大发生在二者之间的接触渗透破坏。

已建心墙坝选用的接触黏土料均为高塑性，塑性指数大于 10，有较高的细粒含量和黏粒含量。这种土料常用级配为：最大粒径 20mm，粒径大于 5mm 的颗粒含量小于 10%，粒径小于 0.075mm 的颗粒含量大于 60%，小于 0.005mm 的黏粒含量大于 20%。

一般要求接触黏土的渗透系数小于 1×10^{-6}cm/s。两河口坝及长河坝接触黏土渗透系数设计控制取小于 1×10^{-6}cm/s，双江口坝、糯扎渡坝接触土料渗透系数试验值均在 $i \times 10^{-8}$～10^{-7}。

随着坝高增加，高心墙堆石坝岸坡接触土料的渗透稳定性备受关注，两河口坝进行了接触黏土大变形后的渗透性及抗冲刷特性三轴试验研究，结果表明接触黏土在发生大剪切变形的过程中，渗透系数基本保持在 1×10^{-8}cm/s，接触黏土与混凝土面板接触面在发生大剪切变形过程中依然具有较高的抗冲刷强度。

3. 反滤料

反滤料设置在心墙和上下游坝壳料之间，在整个心墙坝中承担着"滤土、排水"等举足轻重的作用，保护心墙细颗粒不发生流失，避免发生渗透破坏。反滤料采用质地致密、抗压强度高、抗风化能力强的原岩加工成天然砂砾料，小于 0.075mm 的颗粒含量不宜超过 5%。国内外部分 200m 以上高心墙堆石坝反滤层设计统计见表 1-5。

表 1-5　　　　　　国内外部分 200m 以上高心墙堆石坝反滤层设计统计表

序号	坝名	反滤层
1	双江口	上下游均设两层反滤料，上游两层反滤水平厚度均为 4m，下游两层反滤水平厚度均为 6m。第一层反滤以保护心墙料小于 5mm 的细粒土为目的，第二层反滤以保护第一层反滤为目的。第一层反滤最大粒径为 20mm，$D_{15}=0.5\sim0.15mm$，粒径小于 0.075mm 的颗粒含量不超过 5%。第二层反滤料的最大粒径为 80mm，$D_{15}=2.5\sim0.9mm$，粒径小于 0.075mm 的颗粒含量不超过 5%
2	努列克（Nurek）	下游侧两层，第一层 $D_{15}=0.5mm$ 粒径为 0.05～10mm；第二层为 0.05～40mm。单层粒径为 0.01～40mm，每层厚 5～6m
3	糯扎渡	上下游各两层。上游侧两层宽度均为 4m，下游两层均为 6m。第一层反滤 $D_{15}\leq0.7mm$。最大粒径 20mm，小于 0.075mm 的粒径不超过 5%，大于 5mm 含量为 17%～55%。第二层反滤料 $D_{15}=5\sim17mm$，最大粒径 100mm，小于 2mm 的粒径不超过 5%
4	奇科森（Chicoasen）	上游反滤料用粒径 76mm 的河床冲积层过筛的材料；下游反滤料用人工破碎石灰岩过筛的材料。过渡层采用最大粒径为 150mm 的人工破碎石灰岩过筛材料
5	特里（Tehri）	设计时，假设心墙开裂，因而心墙会被冲蚀并分离出颗粒来，故要求与心墙直接接触的反滤层级配能阻止住这些颗粒（分离颗粒不超过心墙总量的 5%），使心墙裂缝自愈。该坝采用的反滤料级配为 $D_{15}=0.3mm$。在试验室内通过高水力梯度的验证，可以满足要求，建成后运行良好
6	瓜维奥（Guavio）	下游 2 层，上游 2 层，采用 $D_{15}\leq(4\sim5)d_{85}$ 设计。紧贴心墙的反滤料要求经过 50 号筛的颗粒不大于 50%，且压实前要降低心墙材料的天然含水率
7	长河坝	心墙上游设一层反滤层厚 8m，下游设两层反滤层各厚 6m。心墙上下游各设 1 层过渡层，各厚 20m
8	契伏（Chivor）	$D_{15}\leq(4\sim5)d_{85}$。为保证心墙的整体性，防止不均匀沉降或水力劈裂造成集中渗流，在斜心墙下游侧设双反滤层。在心墙下游与地基连接处设置砂质反滤层，防止可能发生的管涌

（1）反滤料级配。通常按照反滤准则初拟反滤料级配，最终通过物理力学性能试验、联合抗渗试验等成果，从而确定反滤料级配。依据的代表性反滤准则主要为太沙基准则、谢拉德准则等。

（2）反滤料层数。根据第一层反滤层料与过渡层料或大坝坝壳料之间是否满足反滤排水要求，如满足则可不设第二层反滤，如不满足则需设第二层反滤。同理，可判断是否需要继续设置反滤层，但一般不超过 3 层。

（3）反滤料厚度。人工施工时最小厚度为 30cm（水平反滤层）和 50cm（垂直或倾斜反滤层），机械化施工因机械施工方法不同其厚度也不同。

（4）反滤料压实指标。反滤料填筑碾压标准以相对密度为控制指标，基于已建和在建的高心墙堆石坝反滤料的研究和设计经验，反滤料相对密度一般控制在 0.8～0.9 范围内。如瀑布沟坝反滤料相对密度控制在 0.8～0.9，糯扎渡坝反滤 I 相对密度为 0.80，反滤 II 为 0.85，长河坝反滤料相对密度为 0.85，两河口坝反滤料相对密度为 0.90。

4. 过渡料

为避免反滤与粗堆石料直接接触粒径相差太大，同时也为了协调心墙与坝壳堆石体的变形，在反滤层与堆石料间需设置过渡料区。

（1）级配。通常过渡料通过控制爆破参数直接开采获得。过渡料填筑在上、下游反滤层和坝壳堆石料之间，起粒径过渡、变形协调作用，并应符合反滤原则，级配与内、外侧反滤料和堆石料级配相对关系应满足保护无黏性土 $D_{15}/d_{85} \leqslant 4 \sim 5$，$D_{15}/d_{15} \geqslant 4 \sim 5$ 的原则。高心墙堆石坝过渡料最大粒径一般为 200～400mm。受压实度要求，小于 5mm 颗粒含量需控制在 30% 以下。

（2）孔隙率与干密度。根据试验研究成果，过渡料坝料强度和变形参数随孔隙率的增大而减小，从应力应变过渡条件看，过渡料孔隙率宜采用 20%～25%，表 1-6 列出了国内典型工程的过渡料级配及压实度设计指标。

表 1-6　　　　　　　　国内典型工程过渡料级配及压实度设计指标表

工程	D_{max}（mm）	小于 5mm 的颗粒含量	孔隙率
小浪底	250	≤30%	≤22%
瀑布沟	300	5%～20%	≤20%
糯扎渡	400	<2mm 的粒径≤5%	≤24%
双江口	200	12%～23%	21.0%～25.0%

5. 堆石料

堆石料是维持坝体稳定的主体，可以作为堆石料的材料类型较多。随着大型、重型设备的应用，对坝壳料要求也越来越放宽，料场开采和枢纽建筑物开挖的砂砾石、石渣、砾石土等均可用于填筑坝壳，但对于不同性质的坝料应根据其特性分别填筑于坝体的不同部位。例如天然砂砾石料、天然卵石料、天然漂石料，以及人工开挖的硬岩堆石料可填筑于坝壳的任意部位；又如软岩堆石料、风化料等多用于填筑下游坝壳干燥区，表 1-7 列出了国内典型工程堆石料主要特性。

表1-7　　　　　　　　　　　　国内典型工程堆石料主要特性表

坝名	母岩			颗粒级配			干密度（g/cm³）	孔隙率（%）
	岩性	湿抗压强度（MPa）	软化系数	d_{max}（mm）	大于5mm含量（%）	小于或等于0.075mm含量（%）		
小浪底	钙硅质砂岩	88.9	0.61	1000	25~30	<5	2.13~2.17	—
	泥质砂岩	14.8~46.8	0.44~0.83					
瀑布沟	花岗岩	—	—	800	5~10	0.7	2.15	
糯扎渡	弱风化花岗岩、角砾岩	66.5~102	0.69~0.80	800	5~12	—	2.00	24
	弱风化沉积岩、强风化花岗岩	16.1~52	0.41~0.74	—			2.15	25
双江口	变质砂岩夹板岩	坚硬	—	1000	<15	<5	2.10	24
	花岗岩							
两河口	砂岩与板岩	52.8~87.4	0.64~0.98	800	<10	<3	2.18	20~22
							2.14	
							2.05	
长河坝	花岗闪长岩			1000	10~25	0~5	2.13~2.16	≤20~23

（1）最大粒径。一般最大粒径不大于层厚，即不大于1000mm。我国典型工程，如两河口、瀑布沟、糯扎渡心墙坝堆石料最大粒径为800mm。

（2）堆石料级配。采用台阶式常规爆破开采的堆石料，一般通过爆破试验取得连续级配。为保证堆石料碾压后的抗剪强度，需严格要求其小于5mm的颗粒含量，一般要求小于5mm的颗粒含量不超过30%。小浪底规定堆石料中小于5mm的颗粒含量不大于25%~30%，瀑布沟将该指标降低至5%~10%，糯扎渡与双江口将该指标降低至15%。

（3）砂砾石级配。砂砾石料是一种天然筑坝材料，因此在材料选择时不宜对其级配提出过高的要求，而应根据其实际的材料特性进行设计。一般要求砂砾石的含泥（小于0.075mm）小于10%。

三、渗透稳定

随着土石料分层压实、土料改性等施工技术的发展应用，堆石用料和防渗土料的选材范围得以扩大，尤其是反滤层保护的针对性设计，心墙堆石坝成为应用广泛且安全经济的一种坝型，该种坝的核心是要保障渗流安全稳定，采用的稳定判别准则为"滤土"和"排水"准则，在此基础上还注重渗透梯度和渗流量控制。

1.渗流分析方法

高心墙堆石坝渗流的特点是计算范围内存在一个自由面，自由面以下为饱和渗流区，自由面以上为非饱和渗流区。目前一般采用饱和－非饱和稳定与非稳定渗流理论和算法求解。

描述裂隙岩体渗流的数学模型主要有 3 种方法，即等效连续介质模型、离散介质模型和双重介质模型。等效连续介质模型将裂隙岩体等效为连续体，假定地下水在岩体中的流动服从达西（Darcy）定律，然后运用经典的连续渗流理论进行分析，该种方法应用较为广泛。离散介质模型假定岩块不透水，渗流只发生在岩体裂隙内，地下水通过相互连通的裂隙网络进行传导，岩体渗透特性受裂隙的迹长、走向、倾角和隙宽等参数控制，这种方法抓住了岩体中渗流主要受裂隙等结构面控制这一本质特征，其主要缺点在于实际工程中裂隙网络资料不易获取。双重介质模型同时考虑了裂隙的强导水性、岩块的储水作用及岩块和裂隙的水量交换，但该模型对裂隙系统的几何形态和空间分布存在较严格的假设，从而限制了其应用。

2. 渗透坡降

防渗心墙渗透坡降是评价大坝渗透稳定的关键技术指标，主要包括允许坡降、临界坡降和计算坡降等，一般要求计算坡降小于允许坡降，而允许坡降由渗透变形试验的临界坡降除以一定的安全系数确定。国内几座高心墙坝的渗透坡降计算和试验情况分述如下：

（1）两河口坝，二维渗流分析时心墙区最大计算坡降 2.9，接触黏土区最大计算坡降为 4.1。三维渗流分析时心墙区计算坡降在 3.67～3.83 之间，接触区计算坡降为 3.53～4.75。

（2）糯扎渡坝，二维渗流计算心墙区最大渗透坡降为 3.81，三维渗流计算心墙区最大渗透坡降为 9.85，心墙防渗土料的临界坡降试验值为 25～120。

（3）长河坝大坝，心墙区渗透变形试验渗透临界坡降达到 10.3，取 2.5～3 的安全系数，该区允许坡降为 3.4，心墙内接触性黏土与混凝土廊道接触面上试验临界坡降为 21.7，按安全系数 2.5 考虑，接触黏土区允许坡降为 8.7，该区二维渗流分析时计算坡降为 3.72。

（4）瀑布沟坝，心墙区三维渗流分析时计算坡降小于 4，渗透变形试验临界坡降为 25～29.1，廊道和副墙顶部的接触性黏土计算坡降达到 16。

（5）双江口坝，二维渗流分析时心墙区计算坡降小于 3.2，接触黏土区计算坡降为 2.45。三维渗流分析时心墙区最大计算坡降为 3.59，接触黏土区最大计算坡降为 3.14。

上述高心墙坝的实践表明，心墙区允许渗透坡降总体上控制在 4.0 以内，接触黏土区允许渗透坡降值可适当提高。

3. 渗流量

渗流量有总渗流量和坝体单宽渗流量等指标，坝体单宽渗流量表征坝体及其基础范围的渗流情况，总渗流量表征坝体渗流量和坝两岸山体绕坝渗流量合计情况，国内典型高心墙堆石坝的渗流量计算情况如表 1-8 所示。

表1-8   国内典型高心墙堆石渗流量计算成果表

工程名称	总渗流量（m³/d）	坝体计算单宽渗流量（m³/d）
双江口	5241	5.95
两河口	5005.2	19.06
糯扎渡	1857.8	9.24
长河坝	10275	43.65
瀑布沟	13009	—

坝体渗流量同坝高、河谷形状、心墙料以及坝基是否存在覆盖层等密切相关，总渗流量还与两岸山体的渗透性相关，坝体计算单宽渗流量控制在 5.0～45.0m³/d，与实测值比较，实测值远小于计算值，如糯扎渡坝坝体实测单宽渗流量仅为 1.61m³/d，表明用现代技术建设的高坝，渗流量安全可控。

四、变形稳定

坝体变形分析常用的本构模型有邓肯－张 E-B 非线性弹性模型（简称邓肯－张 E-B 模型）、沈珠江双屈服面弹塑性模型（简称"南水"模型）等。为考虑湿化、流变等的影响，国内众多学者提出了湿化增量模型和流变增量模型，为反映渗流与坝体应力变形的相互影响，提出了流固耦合分析方法，为描述坝体坝基不同材料接触界面应力变形不连续现象，建立了接触面本构模型。另外，在坝顶裂缝预测、心墙水力劈裂分析等方面也有丰富的研究成果。

1. 邓肯－张 E-B 模型

该模型的弹性模量是应力状态的函数，主要依据三轴仪应力应变试验结果整理模型参数，可描述土体应力应变关系最显著的非线性特性，可恰当反映了土体剪切变形和体积变形随应力水平及围压的变形关系，模型将回弹模量和加荷模量区别开来，一定程度上近似反映了塑性变形、应力路径对变形的影响，用于增量计算，能一定程度上反映应力路径对变形的影响。

该模型建立在广义胡克定律的基础上，因此不能描述土体的剪胀和剪缩性，也不能反映软化特性和各向异性，还不能反映体积应力会引起剪切变形，但当加荷路径接近试验条件时，可认为模型能反映这种交叉影响。因模型参数少、物理概念明确、参数所依据的三轴试验及确定方法简单，在土石坝变形分析中得到了非常广泛的应用，积累了大量的经验。

2. 沈珠江双屈服面弹塑性模型

该模型具有两个屈服面的弹塑性模型，假定塑性系数为应力状态的函数，与应力路径无关。对常规三轴试验，假定偏应力与轴向应变关系仍然采用邓肯－张 E-B 模型的双曲线关系，采用相同的切线模量表达式，对于体应变和轴向应变的关系，采用抛物线来描述。因此，沈珠江双屈服面模型除了三个体变参数外，其余参数均与邓肯－张 E–B 模型共用。

该模型既反映了应力路径转折后的应力应变特性，又可反映堆石体的剪胀剪缩特性，模型参数可通过采用常规三轴试验确定，使用方便。通过与堆石坝实际观测资料对比发现，沈珠江双屈服面模型得到的堆石坝应力变形结果更接近实际，比邓肯－张 E–B 模型更为合理。但该模型采用抛物线来描述体应变与轴向应变的关系，当剪应变较大时，剪胀体变往往偏大。糯扎渡坝中研究发现，在应力比较大时，该模型在一定程度上夸大了堆石体的剪胀性。

3. 湿化变形

湿化变形是由于水的作用产生的附加变形，其机理是坝体材料颗粒之间被水润滑以及颗粒矿物浸水软化等原因而使颗粒发生相互滑移、破碎和重新排列，带来土体变形中的应力重分布。

早期的土石坝应力变形计算分析，只考虑上游坝壳料受到的浮力和心墙上游面所受到的水压力，未考虑上游坝料浸水湿化变形。1973 年，国际上首次考虑粗粒料湿化变形的土石坝应力变形计算。国内主要结合小浪底坝、瀑布沟坝等开展了大量湿化变形试验及计算方法的研究，取得了丰富的研究成果，如基于双线法的增量初应力法、割线模型与塑性模型、基于单线法的湿化模型以及对单线法湿化模型的改进等。我国糯扎渡坝基于上游坝壳料湿化变形试验揭示的规律，提出了特高堆石坝的建议湿化变形计算数学模型。

4. 流变变形

流变变形是在坝体加载等恒定的情况下，坝体变形随时间增长，增量变形逐渐减小，至最后坝体变形趋于稳定的一种现象。普遍认为是因高接触应力导致坝料颗粒破碎后，坝料颗粒重新排列，应力变形调整引起的变形增量。流变不仅与坝料的自身性质有关，还与围压、应力水平等因素相关，且流变存在明显的尺寸效应，室内试验坝料一般在一周左右即可达到稳定，而原型观测的坝体变形（含流变）一般持续 1～2 年，乃至更长时间。

应用于土石坝流变变形计算较多的是基于应力–应变速率的经验函数型流变模型，主要有指数衰减型模型和双曲函数型模型等。国内关于流变模型研究成果较多，如三参数流变模型、四参数流变模型、七参数流变模型、九参数流变模型等，极大推进了坝体流变实验和分析技术的发展，为提高坝体变形预测的准度发挥了积极作用。糯扎渡坝基于坝料流变试验结果，分析了不同应力状态下的流变变形规律，建立了高坝最终体积流变与剪切流变量的计算模型。

5. 流固耦合分析

心墙堆石坝的上游坝壳、心墙等部分长期处于饱和或接近饱和状态，部分时候处于非饱和状态，岩土颗粒与孔隙水、孔隙气的相互作用较为明显，为考虑该耦合作用的影响，通常采用 Biot 固结理论的有效应力分析方法。且便于心墙堆石坝高效计算，假定土体中的孔隙气以气泡形式封闭或溶解在孔隙水中，把水汽混合体当作一种可压缩的流体对待，认为其流动符合 Darcy 定律，并取渗透系数为常量，如此在进行大坝应力变形分析时，可综合反映孔隙压力、孔隙流体与骨架的相互作用、瞬态渗流等方面的影响。

6. 接触面本构模型

在心墙堆石坝中，由于不同分区间材料特性不同存在接触界面，如心墙土料 - 反滤料、反滤料 - 过渡料、堆石料 - 基岩、堆石料 - 混凝土垫层、堆石料 - 廊道等多种不同类型的接触界面，该类接触面因较大剪应力而发生位移不连续现象，常用双曲线模型、刚塑性模型、弹塑性模型等。描述界面应力变形特性，其中接触面单元主要为无厚度 Goodman 单元和薄层单元。

国内的糯扎渡坝、双江口坝研究结果表明，设置接触面单元以及采用不同接触面模型对坝体总体应力和变形计算结果的分布规律并无显著影响，但对接触面附近和局部应力和变形的计算结果却有较大影响。当在两者之间采用接触面单元时，可以模拟计算发生在堆石体和心墙接触界面上的位移不连续现象，心墙表面单元的竖直应力增加，可以较为合理反映出堆石体对心墙拱效应的影响。

7. 坝体裂缝计算

目前用于心墙堆石坝裂缝估算的方法主要为变形倾度法、有限元 - 无单元耦合模拟法等。其中变形倾度法是一种土坝裂缝的估算方法，将变形倾度法与有限元数值计算方法结合后，可得到坝体施工期或运行期任意时刻的变形倾度，据此进行坝体发生裂缝可能性的判断。有限元 - 无单元耦合模拟计算方法克服了有限元计算中网格畸变和重新生成带来的困难，可以方便地在开裂或大变形区域增加节点以提高计算精度，国内开发的土石坝张拉裂缝有限元 - 无单元耦合模拟计算程序，利用有限元网格作为背景积分单元进行数值积分，可以模拟裂缝的发生的位置、深度、宽度及扩展等内容。心墙堆石坝中常按 1% 临界变形倾度作为坝体表面张拉裂缝的判别标准。

8. 心墙水力劈裂分析

心墙水力劈裂分析方法有总应力法、有效应力法和有限元 - 无单元耦合数值模拟计算方法等。总应力法是一种近似和常用的判别方法，认为当坝体中某一点处的水压力超过该点原有的竖向应力时，则会发生水力劈裂。有效应力法将土骨架和孔隙水看作不同的连续介质，外荷载由两者共同承担，当心墙上游面的库水压力大于心墙上游面土的最小有效小主应力时，库水压力就成为劈裂压力，心墙产生水力劈裂破坏，有效应力法较合理反映了水力劈裂本质。国内将弥散裂缝理论和压实黏土脆性断裂模型引入水力劈裂问题的研究中，扩展了弥散裂缝的概念并与比奥固结理论相结合，推导和建立了用于描述水力劈裂发生和扩展过程的有限元 - 无单元数值模拟计算方法及其仿真模型，在糯扎渡坝、双江口坝等工程中得到应用。

糯扎渡坝中研究表明，控制心墙拱效应更为合理的方法是提高心墙土料的变形模量，建议一般情况下应控制心墙土料变形模量的中值平均值 K 大于 350 为宜。

五、坝坡稳定

评价坝坡稳定性的主要方法有极限平衡法、可靠度分析法、有限单元法、有限元强度折减法、Newmark 滑体变形法、动力时程线法等，其中极限平衡法、Newmark 滑体变形法较为常用。

1. 极限平衡法

假定若干可能的剪切滑动面，然后将滑动面以上土体分成若干土条，对作用于土条上的力进行力与力矩的平衡分析，求出在极限平衡状态下土体稳定的安全系数，并通过一定数量的试算，找出最危险滑动面位置及相应的安全系数。根据对土条间相互作用机制的不同假设，条分法又发展为瑞典圆弧滑动法、毕肖普法、简布法、斯宾塞法、摩根斯顿 – 普赖斯法等。大量研究表明，对于各种基于极限平衡理论的稳定分析方法，当采用的滑动面为圆弧时，虽然求出的最小安全系数各不相同，但搜索到的最危险滑弧位置却很接近，而且在最危险滑弧附近，安全系数的变化很小，因此完全可以采用较为简单的分析方法确定最危险滑弧的位置，根据需要采用其他较为严格复杂的方法加以验证，这样可减少不必要的计算分析工作量。

我国的坝坡稳定分析实践中，一般采用坝料的线性抗剪强度参数计算坝坡稳定安全系数，对于高坝坝壳粗骨料，也采用非线性抗剪强度参数进行计算，以适应粗骨料抗剪强度随坝高变化的非线性，抗剪强度参数由材料试验确定并取小值平均值。

关于已建心墙堆石坝工程安全系数控制标准，我国的 1 级高心墙坝，设计工况下的坝坡稳定安全系数不小于 1.5，校核工况下坝坡稳定安全系数不小于 1.3，拟静力法计算的地震工况下坝坡稳定安全系数不小于 1.2。

2. 风险分析法

单一的安全系数评价方法不能很好考虑结构计算中各项参数的变异和不确定因素，另一方面也难以反映结构安全储备大小。对于重要的工程的风险分析，国际上比较统一的规定是失效概率 10^{-6}，国内专家学者研究了基于滑楔法和德迈洛非线性强度准则的堆石坝坝坡稳定可靠度计算方法，探索采用 Rosenblueth 法计算非线性强度指标的坝坡稳定可靠度，建立可靠度指标，用于评价边坡安全储备。

以我国的 1 级高心墙坝为例，单一安全系数要求不小于 1.5，按照风险分析，其失效概率约为 10^{-6}，相应可靠度指标约为 4.7，该值与国际上通行的规定基本一致，远高于我国水利水电工程结构可靠度设计统一标准规定的允许可靠度指标为 4.2，表明风险分析法能较好反映坝坡稳定安全储备。

糯扎渡坝采用 Rosenblueth 法和 Bishop 法求解坝坡稳定的可靠度，正常运用条件下，大坝坝坡稳定的可靠度指标超过 4.2，计算所得失效概率约 10^{-8}，设计地震条件下则其失效概率小于 10^{-8}。以年计的最大失效概率估算值小于 4×10^{-8}，均比国际上规定的 10^{-6} 要小，表明该工程坝坡稳定安全裕度较高。

3. 有限元法

有限元法因为全面满足了静力许可、应变相容与应力应变本构关系，与极限平衡法相比，其理论基础更为严格。有限元法可以获得边坡内部的应力场与位移场，通过应力应变成果进行滑动面法分析，应用优化算法按安全系数最小原则确定最危险滑动面和边坡安全系数。目前常用的有限元边坡稳定分析方法有三种，即应力水平法、滑面力法和搜索滑面法。

4. 有限元强度折减法

强度折减法先利用有限元法或者有限元差分法，考虑土体的非线性应力应变关系，求得边坡内部每一计算点的应力应变和变形，通过逐渐降低土体材料的抗剪强度参数，直至边坡达到临界破坏状态，从而得到边坡的安全系数。该方法与大量边坡因土体材料的抗剪强度降低失稳相吻合，不仅可以了解土工结构物随抗剪强度恶化而呈现出的渐进失稳过程，还可以得到极限状态下边坡的失效模式。

目前有限元强度折减法在如何描述土体临界状态上尚不统一，坝坡稳定安全系数的控制值仍有待深入研究。

5. Newmark 滑体变形法

当潜在滑动体在地震惯性力作用下产生的倾覆力超过作用在滑动体上的总抗滑力时，潜在滑坡体将沿潜在的滑动面发生瞬间滑动，当加速度反向并且滑动体的速度降至为零时，这种瞬时超载所引发的滑动变形停止，地震历时中所有瞬时超载产生的滑动位移累计即为地震作用下滑动体的累积滑移量。Newmark 建议采用地震滑移量大小进行土石坝抗震安全评价，并提出了估算地震永久滑移量的刚塑性滑块模型。

采用地震滑移量大小进行土石坝抗震安全评价的 Newmark 滑体变形法是目前国外最常用的，国内也作为高心墙堆石坝抗震稳定安全评价的主要方法。随着工程经验的不断积累，该方法今后将成为土坝抗震稳定设计的主流方法。有关滑移量的控制标准，一般认为大多数土石坝可容许 1m 左右的变形。根据国内部分高坝地震滑移量计算成果，9 度地震区的高坝累计滑移量 1~1.5m，8 度地震区的高坝累计滑移量 0.25~0.75m，一般危险滑弧都发生在坝坡浅层。

6. 动力时程法

在整个地震过程中，土体各单元的动应力及由地震引起的超孔压随着震动时间的不同而不同，因此土坡的动力抗滑稳定安全系数也是时间的函数。动力时程法考虑地震过程中应力的时程变化，计算出每一瞬时的坝坡稳定安全系数，绘制坝坡在地震过程中的安全系数时程曲线，以此判断坝坡在地震过程中的稳定性。该方法的主要特点是允许安全系数在短时间内小于 1.0。

六、抗震防震

随着社会经济的发展，水库大坝的抗震防震安全性能备受关切，21 世纪以来，美国、欧盟、墨西哥、日本等许多国家和地区都进行了大坝抗震导则的更新，我国自四川汶川地震以来，水库大坝抗震防震安全评价体系日益完善，抗震防震技术研究快速发展。高心墙堆石坝的抗震分析主要包括稳定、变形、防渗心墙安全、液化判别等内容，稳定分析由拟静力法发展为二维乃至三维有限元动力分析方法，地震永久变形早期仅考虑残余剪应变发展到同时考虑残余体应变的影响。另外，散粒体材料动力试验技术有了长足进步，部分高坝采用了大型离心机模型试验模拟坝体的震损情况和抗震措施的效果。

1. 地震反应动力分析方法

工程中常用的描述土石料动力本构的模型主要分为两类：一类是弹塑性本构模型，如多重屈服面模型、边界面模型等；另一类是等效线性黏弹性模型，如等效多线性模型和等效线性模型等。根据土石料的动力本构关系建立动力平衡方程，并采用逐步积分法对动力方程进行求解。考虑到地震作用下心墙土体中的孔压有不同程度的升高，土体的有效应力会相应降低，动力方程的求解方法根据对孔压的不同处理方式还可以分为总应力法、排水有效用力法和不排水有效应力法。

2. 地震永久变形分析方法

永久变形分析方法主要有两大类，第一类是确定性永久变形分析，主要包括滑体变形分析法和整体变形分析法。第二类是非确定性永久变形分析，主要包括滑体位移随机反应分析和整体位移随机反应分析。

工程中主要采用整体变形分析法进行永久变形分析。按永久变形产生的机理不同，整体变形分析法可分为简化分析法、软化模量法、等价节点力法和等价惯性力法等四种方法。

（1）提出软化模量法的学者认为，永久变形是由于在地震荷载作用下土体静剪切模量降低所产生的，并未直接考虑地震惯性力的作用，而是通过应变势在确定软化模量时间接反映了地震影响。

（2）提出等价节点力法的学者认为，地震引起的永久变形等于土体在等价节点力作用下所产生的附加变形。该法采用动力分析结果计算单元的动应力幅值，并根据动力残余应力与残余应变的关系曲线确定土体单元的应变势，然后根据单元的等效残余应变确定等效节点力荷载施加于坝体，计算坝体的地震永久变形。

（3）提出等价惯性力法的学者认为，对于非液化性土，可直接将节点加速度时程曲线转化为等效节点力，然后根据动应力与残余应变的关系曲线进行迭代计算求出永久变形。

3. 抗震安全评价

地震对心墙堆石坝产生损害主要有以下几个方面：① 坝坡失稳，主要是由于地震惯性力作用，坝体材料抗剪强度损失，或是由于液化所引起的；② 坝顶超高损失，主要是由于地震产生的沉降变形或是水库波浪作用所引起；③ 地震引起的坝基和坝体产生永久变形；④ 地震引起的管涌等渗流侵蚀破坏；⑤ 地震引起地基失稳，主要是由于地基中存在软弱土层或可液化土层。

近年来研究表明，高心墙堆石坝坝体的初始破坏主要发生在坝顶附近。原因是坝体地震加速度的放大效应导致上部的加速度反应往往较大，从而产生较大的地震惯性力，地震时坝体顶部土石料则承受较大的剪应力，在动剪应力的作用下，上游反滤料产生孔压升高、动强度降低，心墙土料产生较大的地震变形，过大的地震变形会引起坝顶产生裂缝等，裂缝坝体在强震的持续作用下，则会演化为滑坡等灾害。

国外土石坝的抗震安全评价，一般在初判的基础上，通过深入研究液化的危险性、震后稳定及变形分析等结果，按照土石坝在地震中震损危害，判定其抗震安全性。

我国要求根据动力计算结果，从滑动面位置、深度、范围、稳定指标超限时间和程度等方面，综合评价坝坡抗滑稳定性及其对大坝整体安全性的影响，从坝体及地基局部剪切破坏或液化破坏的分布范围，评价整体破坏的可能性，由坝体残余变形的量值、分布规律、最大震陷率、不均匀变形等综合评价防渗体及坝体的抗震安全性。

4. 抗震防震措施

高心墙堆石坝常用的抗震防震措施主要有：① 适当增加坝顶宽度，由于滑坡发生需要一个由浅入深的积累过程，增加安全的下游滑移范围，坝顶适当放宽对保护上游坝坡稳定是有利的；② 下游坝坡一定高程以上放缓坝坡，设置马道；③ 提高坝顶一定高程以上的填筑标准，增强坝顶部位的整体性；④ 在坝顶约 1/5 高程范围内采用加筋结构，减小地震引起的水平永久变形和沉陷。

其他抗震措施有：① 适当增加坝顶超高；② 加强基础处理，包括坝基覆盖层处理及坝肩与基础的接触处理；③ 采用合理的坝体分区，加强反滤排水，采用级配优良且透水性好的坝壳料；④ 可靠的水库泄洪放空能力。

七、安全监测

高心墙堆石坝主要从变形、渗流渗压、应力应变及温度等方面对大坝进行全面监测，且大坝安全监测实现了数据采集、数据管理、在线分析、成果预警的计算机自动化监控。但随着坝高的增加，监测仪器的适应性不足凸显，我国已建的高心墙堆石坝，针对坝体变形监测尤其是坝体内部变形监测仪器的使用都进行了专门的研究。表 1-9 列出了我国已建或拟建的高心墙堆石坝所采用的坝内变形监测内容和监测仪器的选用情况。

表 1-9　　　　　　国内已建或拟建高心墙堆石坝坝体内部变形监测内容

序号	工程名称	最大坝高（m）	监测内容	监测方法
1	小浪底	160（70）	水平位移	竖向埋设测斜管、测斜仪、测斜管、堤应变计
			垂直沉降	横向埋设测斜管、测斜仪、沉降盘、钢弦式沉降仪
2	瀑布沟	186（77.9）	水平位移	引张线式水平位移计、测斜管、测斜仪
			沉降位移	电磁式沉降仪、水管式沉降仪、振弦式沉降仪
3	糯扎渡	261.5	水平位移	引张线式水平位移计、测斜管、测斜仪
			垂直沉降	电磁式沉降仪、横梁式沉降仪、水管式沉降仪、弦式沉降仪
4	长河坝	240（70）	水平位移	引张线式水平位移计、测斜管、测斜仪、土体位移计
			垂直沉降	水管式沉降仪、电磁式沉降仪、振弦式沉降仪
5	双江口	314	水平位移	引张线式水平位移计、测斜管、测斜仪
			垂直沉降	水管式沉降仪、电磁式沉降仪、电位器式位移计、横梁式沉降仪

注：最大坝高中括号数据为覆盖层厚度。

1. 坝体内部变形

内部水平位移监测通常采用引张线式水平位移计和测斜管进行监测，垂直沉降位移监测通常采用电磁式沉降仪和水管式沉降仪进行监测，针对特高心墙堆石坝，两河口坝研究采用了柔性测斜仪、管道机器人等新型监测仪器。

2. 表面变形

已建心墙堆石坝的表面变形观测多采用表面变形观测墩结合全站仪和水准仪进行观测，随着监测仪器的发展、自动化的需要及高坝要求，目前高坝的表面变形监测多采用 GPS、GNSS 结合表面观测墩进行。

3. 界面位移

界面位移一般采用大量程测缝计和大量程位移计进行监测。在使用时加强对实际变形和仪器量程的把控，预留够足够的变形量，预防超量程导致仪器的损坏，同时对仪器的实行严密的保护措施。

4. 渗流渗压

渗流渗压监测一般选用渗压计和量水堰进行监测。坝体渗压监测设计时，应在不同的堆石材料中均布置渗压计，有的工程在渗流量监测设计时，将大坝渗流量和两岸岸坡的渗流量分开进行监测。

八、坝料试验

坝料试验包括室内试验、原位测试、模型试验和原位监测等，试验内容包括物理性质试验、力学性质试验和渗透试验等方面。坝料试验技术主要有普通三轴试验、大型三轴试验、动三轴试验和 CT 三轴试验等，针对高坝的后期变形还开展研究了堆石料流变、湿化、风化劣化等试验。当前在坝料试验、坝料设计标准及设计指标等方面取得了较为丰富的成果，设计建设中通常把防渗土料的防渗性能和变形性能作为重点对待，重视土料的改性方法和工艺，对堆石料尺寸效应、湿化流变等方面对坝体变形协调的影响日益关切。

1. 超大三轴试验

实践表明，常用的粗粒料大型三轴仪其直径为 300mm，该尺度试验可以较好地反映强度特性，但反映变形特性则精度不足。从应力变形预测结果及大坝运行监测资料来看，存在坝体变形"低坝算不小，高坝算不大"的问题，这里既有算法的问题，更有试验提出的参数准度问题，为了尽量减小尺寸效应的影响，国内研发了超大三轴仪系列设备，其最大直径达 1000mm，为研究粗骨料变形特性的尺寸效应，提供了新的技术手段。此外，还采用了数值手段模拟分析研究尺寸效应影响。

2. 流变特性试验

堆石体的室内流变试验是研究堆石体的流变机理和本构模型的一种重要手段，从目前开展堆石体流变试验的情况来看，流变试验主要参照软土或岩石的流变试验方法，有三轴流变试验和单向蠕变试验两种，加载方式主要有恒定荷载试验和逐级稳定加荷试验。虽然国内外对粗粒料流变特性取得了一些成果，但还存在一些问题：① 已有的流变试验成果大都是在中三轴上进行的，而实际填料由于粒径较大，室内中三轴试验较难反映实际的流变特性；② 对于特高坝，堆石料一般处于高应力状态，并经历了复杂的应力路径，因此其流变特征的研究需要考虑工程实际的应力状态和应力路径。

3. 湿化特性试验

目前主要的湿化变形试验方法为常规三轴湿化试验，研究堆石料湿化特性的试验方法主要是双线法和单线法。随着我国高堆石坝的不断发展与需求，国内学者对堆石料湿化变形进行了深入的研究，并取得了积极的成果：对双江口花岗岩和变质岩两种堆石料，比较系统地开展了单线法和双线法湿化试验，比较了单线法和双线法试验成果间的差异，明确了堆石料湿化特性试验研究宜采用单线法，确定了单线法湿化变形取值方法。对某板岩粗粒料进行了大型三轴湿化变形试验，表明湿化体积应变、湿化剪应变随着围压增大或应力水平的提高而增大，沈珠江模型不能较好地反映湿化体积应变，但能较好地反映湿化剪应变与应力状态的关系，发现不同应力水平下湿化对粗粒土的强度指标影响很小。

4. 风化劣化试验

为研究和揭示风化作用下堆石料力学特性劣化规律，提出了考虑风化作用的堆石料试验，该试验主要通过干湿循环和冷热循环进行。国内学者研制了能够同时考虑干湿循环、温度变化等环境因素与荷载综合作用下的风化仪，该风化仪包括竖向压缩系统、水平剪切系统、冷热循环系统、干湿循环系统及数据采集与分析系统。利用该仪器探讨了干湿、冷热和湿冷－干热耦合等不同环境因素变化所致堆石料劣化变形的特点和发生机理。以湿冷－干热耦合试验结果为基础，分别建立了堆石料劣化变形基于初应变方法的非线性模型和弹塑性模型，并将其应用到糯扎渡心墙堆石坝变形分析中。

5. 动力试验

室内测定动力参数的方法主要有振动三轴试验、振动单剪试验、振动扭剪试验、共振柱试验、振动台模型试验和离心模型试验等。

动三轴试验是最常用的动力试验之一，试验主要测定饱和土料在动应力作用下的应力、应变及孔压变化过程，通过试验确定土料动剪切模量、阻尼比及动强度等。国内学者采用高精度大型三轴仪对十余种堆石料进行动力试验，给出了最大等效动剪切模量的估算公式和等效剪切模量、等效阻尼比随归一化动剪切应变幅值变化的取值范围。

随着堆石坝的大量兴建，振动台模型试验由于能直接观测到模型的破坏过程、预测结构变形、检验抗震理论及各种数值方法等被广泛应用于各类结构破坏形式和破坏机理的研究，近些年来，动态离心模型试验技术也被应用到土石坝的抗震稳定性研究中，该试验技术既能模拟原型的应力条件，又能反映结构的整体动力特性，所以能较好地再现堆石坝原型的变形和破坏特性。

九、土料改性

1. 颗粒级配改善

心墙土料颗粒级配改善方法主要有掺和与筛分。根据国内外工程资料，目前土石坝心墙防渗土料的掺和方法主要有 4 种：① 掺和场（或料场）平铺立采法；② 填筑面堆放掺和法；③ 带式输送机掺和法；④ 搅拌机掺合法。两河口和糯扎渡水电站均采用掺和场平铺立采法，双江口水电站也拟采用该方法。目前土石坝心墙防渗土料的筛分方法主要有 2 种：振动筛筛分和棒条给料机剔除大颗粒，前者代表性工程为瀑布沟，后者代表性工程为长河坝。

2. 含水量调整

心墙土料含水量调整方法主要有提高含水率和降低含水率，降低含水率的工程主要有双江口水电站工程、长河坝水电站工程等，提高土料含水率的工程主要有毛尔盖水电站工程、南沟门水库工程、亭口水库工程等。根据工程经验，提高土料含水率的措施主要有筑畦灌水法、喷灌灌水法、表面洒水法，时序主要有料场内加水、加工厂加水、坝面加水。毛尔盖水电站、南沟门水库和亭口水库工程均采用加工厂筑畦灌水法提高土料含水率。降低含水率的措施主要有翻晒场翻晒、料场翻晒，如双江口水电站、长河坝水电站土料采取翻晒场翻晒降低含水率。

第三节　RM 坝技术发展与创新

一、RM 坝关键技术

RM 水电站是 LC 上游 5000 万 kW "水风光" 清洁能源基地的控制性骨干工程，其心墙堆石坝最大坝高为 315m，是世界上罕见的高坝工程。工程区地质背景极其复杂，地形为高山峡谷，岩石卸荷风化深，区域土料普遍存在粗颗粒含量偏多、黏粒含量偏少、含水率偏低、空间变异性大等特性，坝壳堆石料特性复杂，设计地震动峰值加速度达 0.44g，为同类特高坝之最，面临着诸多新的重大技术挑战。

（1）贫黏粒土料超 300m 高坝防渗。在 RM 坝址区域约 100km 的范围内，筛选了 11 个土料场进行初查，经质量和储量方面的勘察，其中拉乌 1 号和拉乌 5 号等两个土料场相对可行；但该两个土料场的土料存在粗粒多、细粒少、含水率偏低等质量缺陷，以拉乌 1 号土料场为例，黏粒含量（级配土中小于 0.005mm 颗粒，下同）平均值为 7%，最小值为 2%，最大值 20%，黏粒含量满足《碾压式土石坝设计规范》（DL/T 5395—2007）的试验组数仅占 30%，有 70%的样本不满足该设计规范的要求，与通常的土料对比，具有贫黏粒的特点。另外，该种土料土质不均，空间分布变异极大。需要研究土料黏粒含量和 P_5 含量（级配土中小于 5mm 颗粒，下同）与渗透性能之间的规律，论证满足 300m 高坝防渗可靠的最低黏粒含量指标及其技术措施，研发规模化生产条件下黏粒含量提高、含水率提升、均匀性改善等土料级配调控技术，以达到 RM 坝渗流稳定可靠的目标。

（2）低黏粒含量接触土料特高坝岸坡剪切变形、剪切渗流稳定。在青藏高原区，用于防渗心墙与坝基岸坡部位的接触土料更加匮乏，RM 坝的接触土料约 22 万 m³，如果采用与同类工程接触土料性能相当的土料，则需要到距坝址约 400km 的料场开采，工程实施难度大，经济性较差。经勘察，距 RM 坝址约 40km 的拉乌山土料场，其质量和储量作为接触土料基本可行，其塑性指数大于 10，但黏粒含量和细粒含量（级配土中小于 0.075mm 颗粒，下同）偏低，黏粒含量低于设计规范 5 个百分点，细粒含量低于设计规范 10 个百分点，且低黏粒含量土料占总储量的 50% 左右。需要从剪切变形与剪切渗流耦合的角度研究相关规律，研发大剪切变形与渗流耦合试验技术，综合论证该种接触土料的可行性和稳定性，构建低黏粒含量接触土料的利用原则和方法，用于设计建设，提高工程安全经济性。

（3）宽级配砾石土心墙的水力破坏评价与防控。关于土心墙的水力破坏评价，有水力劈裂和水力击穿两种说法。"水力劈裂说"认为水力破坏是沿着某个作用面或某个薄弱面发生，呈"劈裂"状破坏，具有方向性；"水力击穿说"认为水力破坏不具备明显的方向性，可沿着任意孔隙发生。RM 坝的防渗心墙土料，是比较典型的宽级配土料，总体颗粒偏粗，因填筑和水库蓄水，均可导致心墙内的孔压升高，这种条件下的水力破坏评价方法和防控措施，是 RM 坝亟须解决的问题。

（4）复杂坝壳堆石料特性与坝体分区。RM 坝的坝壳堆石料约 3800 万 m³，其中 70% 为工程开挖料，开挖料地层岩性主要为 T_2z 英安岩，受卸荷、风化的影响，各部位的开挖料随垂直高度和水平深度的不同，岩石强度差异较大，饱和抗压强度范围值 18～110MPa。该种复杂料源的坝壳堆石料，其流变、湿化、劣化等变形机制对坝体变形协调影响显著，因此，根据坝壳堆石料的特性，构建合理科学的坝体分区，以达到"料尽其用"，坝体"变形稳定"可控的目的，是该大坝设计的又一个重要技术难点。

（5）坝体变形预测。关于堆石坝的坝体变形预测，中国工程院院士马洪琪曾经做出过"低坝算不小，高坝算不大"的评价。近年来，经过国内众多学者不断研究，使得堆石坝的变形预测准度显著提升，但和实际工程的监测值尚有差距，还不能很好满足变形控制设计需求。原因是多方面的，主要是现有技术获取粗粒料实际级配参数困难以及计算模型还存在不足，现有试验设备不能开展坝壳料粒料的足尺试验，需对实际堆石料进行缩尺处理，缩尺后的堆石料与实际填筑料在变形特性方面差异较大，表现出缩尺效应，导致计算参数不符合实际。同时，现有数值模型在统筹缩尺效应、流变、湿化、劣化等长期变形分析方面不够，也导致预测准度偏差。在 RM 坝中，有必要研究提高坝体变形准度的方法理论，推动行业技术进步。

（6）坝体变形协调与控制。心墙堆石坝的变形协调与控制，包括心墙变心墙形控制，心墙与反滤区、过渡区、坝壳区间的变形协调，心墙与岸坡的剪切变形控制，坝整体填筑、蓄水、渗透固结、湿化、流变、风化劣化等变形控制等方面内容，尽管国内外同类高坝在坝体变形协调与控制方面积累了丰富的经验，但结合 RM 坝料的复杂性和特殊性，在满足防渗条件下，心墙模量控制也显得至关重要。心墙模量与坝壳堆石分区之间模量的协调性，心墙与岸坡间的变形协调性、坝体长期变形特性等方面需要深入研究，以控制坝体开裂、水力破坏等不利现象的产生，保障大坝安全运行。

（7）抗震防震。关于堆石坝抗震防震安全评价方法，主要有数值模拟和离心机模型试验两类，前者受地震动输入方法、计算模型和试验参数影响较大，且对地震的随机性也难以预估，后者受试验设备制约，模型缩尺较大，准确模拟粗粒料的特性十分困难。自我国四川汶川地震后，对大坝的地震设防要求除设计工况下满足"可修复"外，还增加了校核工况下不溃坝的要求，对 RM 坝等特别重要的挡水建筑物，还需要开展极限抗震能力评价，然而目前国内外尚缺乏堆石坝极限抗震能力的评价方法和标准。RM 坝的坝高和地震动参数均为同类坝之最，研究提升大坝地震动反应规律预估的准确性，构建大坝极限抗震能力的评价方法和标准，创新抗震防震技术措施，确保大坝抗震防震安全，具有十分重要的意义。

二、主要技术创新

在借鉴多个同等规模已建或在建工程经验的基础上，针对 RM 坝"坝最高、黏粒低、烈度高"的特点，围绕大坝防渗可靠性、变形稳定性、抗震安全性等关键技术和科学理论等各个方面，通过十多年勘测设计研究，提出了青藏高原特高心墙堆石坝关键技术系列研究成果，为 RM 特高心墙堆石坝的建设奠定了坚实的基础，主要技术创新有：

（1）揭示了青藏高原腹地贫黏粒宽级配砾石土渗透特性和水力破坏机理。建立了土料体积应变/密度与渗透特性的关联模型，突破了行业规范土料黏粒含量不小于 8% 的限制，建立了 300m 特高心墙坝土料黏粒含量不小于 6% 的新标准；基于大规模现场试验，研发了土料级配、含水率一体化"粗改细"精细调控技术，解决了制约建设 RM 大坝型的关键技术难题。

（2）发明了大剪切变形条件下接触渗流试验装置，创建了接触剪切-变形-渗流耦合评价方法。综合运用大尺度接触渗流试验、离心机试验和数值模拟等手段，阐明了心墙与岸坡剪切部位接触黏土的渗透演化过程、应力传递规律和静动剪切变形机理，建立了偏低黏粒含量接触土料分区利用标准，突破了规范中接触土料黏粒含量不小于 20% 的选材范围。

（3）创新了高心墙堆石坝全生命期变形预测和变形协调控制方法。综合研究坝料颗粒破碎、湿化、劣化及缩尺效应等多因素作用，发明了现场原级配堆石料力学参数预测方法，建立了"对数幂函数"形式的时效变形模型，提升了高心墙堆石坝坝体长期变形预测准度；提出了心墙与堆石模量低梯度匹配的变形协调控制方法；解决了高心墙堆石坝变形预测精度和变形协调控制等重大技术难题。

（4）创建了特高心墙堆石坝防震抗震技术评价指标。系统运用了震害调查、离心机振动台试验、多种地震动输入的数值模拟等手段，揭示了特高心墙堆石坝抗震措施作用机理和地震硬化规律；提出特高坝采用坝顶震陷率、坝坡滑移量、失稳持续时间的大坝极限抗震能力评价指标。

第四节 本 章 小 结

（1）回顾了国内外高心墙堆石坝建设及运行情况。心墙坝因其具有对坝址地质条件适应性强、坝料可就地取材、施工工艺易于掌握等特点，是水电水利工程中被广泛采用且率先建成 300m 特高坝的坝型，目前国内外已建高心墙堆石坝的运行情况较好，但部分工程在运行过程中出现了变形过大、岸坡渗漏、心墙拱效应、坝顶开裂等业内高度关切的问题。

（2）总结了国内外高心墙坝主要技术进展。列出了典型堆石坝坝体布置、坝体分区、筑坝材料、坝体渗流、变形稳定、安全监测、试验技术、土料改性等方面的最新技术进展和发展方向，在吸收国内外高心墙堆石坝设计建设经验基础上，我国在筑坝理论和技术等方面开展了大量研究工作，随着糯扎渡坝、两河口坝的成功实践，心墙堆石坝的发展高度，不断创下新高，已经向超 300m 高坝进军。

（3）分析了 RM 坝的关键技术难点。尽管是站在既有高坝等"巨人"的肩膀上，但在青藏高原腹地设计建设 315m 高的 RM 心墙堆石坝，依然面临着复杂坝料防渗、坝体岸坡剪切适应、坝体变形协调、抗震防震等新的重大技术挑战。

（4）凝练了 RM 坝的主要技术创新。在既有技术基础上，取得了贫黏粒宽级配砾石土渗透特性及其水力破坏、坝体岸坡剪切变形与渗流耦合、全生命期坝体变形预测、坝体变形协调控制、防震抗震安全评价等突出创新成果，破解了制约 RM 坝建设的重大技术瓶颈。

第二章

土料特性及改性技术

第一节　土料勘察要求及试验内容

一、勘察要求

根据《水力发电工程地质勘察规范》（GB 50287—2016）、《水电水利工程天然建筑材料勘察规程》（DL/T 5388—2007）的要求，土石坝防渗土料质量技术指标见表 2-1。

表 2-1　　　　　　　　　　　　　土石坝防渗土料质量技术指标

序号	项目	细粒土料质量技术指标		风化土料质量技术指标
		均质坝土料	防渗体土料	防渗体土料
1	最大粒径	—		小于 150mm 或碾压铺土层厚 2/3
2	击实后大于 5mm 颗粒碎石、砾石含量	—		宜为 20%～50%。填筑时不得发生粗料集中、架空现象
3	小于 0.075mm 颗粒含量	—		应大于 15%
4	小于 0.005mm 的黏粒含量	10%～30%为宜	15%～40%为宜	大于 8.0%为宜
5	塑性指数	7～17	10～20	>8
6	击实后渗透系数	$<1\times10^{-4}$cm/s		$<1\times10^{-5}$cm/s
7	天然含水率（%）	与最优含水率接近，宜在 -2%～+3%范围内		
8	有机质含量，按质量计	<5.0%		<2.0%
9	水溶盐含量，指易溶盐和中溶盐总量，以质量计	<3%		
10	硅铁铝比（SiO_2/R_2O_3）	2～4		
11	土的分散性	宜采用非分散性土		

1. 规划阶段

规划阶段对应《水电水利工程天然建筑材料勘察规程》（DL/T 5388—2007）中属于普查阶段，对于 300m 级特高心墙堆石坝，防渗土料直接决定了坝型是否成立，应在

《水电水利工程天然建筑材料勘察规程》（DL/T 5388—2007）要求的基础上适当加深勘察精度。

（1）由于 300m 级特高心墙堆石坝所需防渗土料用量较大，运距远近对工程造价影响较大，因此土料场距坝 40km 范围内较为适宜，同时应遵循先近后远、先水上后水下的原则。

（2）地质测绘比例尺 1:10000 或 1:5000，应了解勘察范围的地形地貌、地层岩性、周边环境条件。

（3）应了解勘察范围内可用的天然建筑材料种类、分布位置、质量，并估算其储量。

（4）宜以探坑、竖井为主，钻孔为辅。每一料场应布置 3～5 个勘探点。

2. 预可行性研究阶段

预可行性研究阶段对应《水电水利工程天然建筑材料勘察规程》（DL/T 5388—2007）中属于初查阶段。

（1）地质测绘比例尺 1:5000 或 1:2000，应初步查明土料的层次、各层的厚度、物质组成及颗粒级配，夹层的分布及性质，地下水位，上覆无用层厚度等内容。

（2）应初步查明各种天然建筑材料的储量和质量，各料场的开采和运输条件。

（3）土料初查储量宜达到设计需要量的 2.5～3.0 倍。

3. 可行性研究阶段

可行性研究阶段对应《水电水利工程天然建筑材料勘察规程》（DL/T 5388—2007）中属于详查阶段。

（1）地质测绘比例尺 1:2000 或 1:1000，应查明明料场地形地貌特征、所处地貌单元、地表种植及植被情况、开采条件、交通状况、运距。

（2）应查明料场土层组成、性质、结构、厚度、无用层厚度、有用层厚度、夹层延伸分布情况，提出土料利用建议。

（3）土料初查储量宜达到设计需要量的 1.5～2.0 倍。

4. 招标及施工图阶段

招标及施工图阶段天然土料的勘察工作，根据需要而定，当料场地质情况很复杂，前期勘察工作不能完全说明土料特性的变化情况时，需要作进一步的复核勘察工作，勘察内容和精度应复核详查级别要求。

二、试验内容

心墙防渗土料是心墙堆石坝设计和研究工作的重点，更是确保大坝安全的关键，其质量技术指标直接影响和制约坝体设计和工程造价。"渗透稳定""抗滑稳定""变形稳定"被认为是土石坝的三大问题。高心墙坝对防渗土料的要求除满足防渗性能外，还必须具有良好的力学性能，与坝壳堆石变形能较为协调，减小坝壳对心墙的拱效应，以改善心墙的应力应变，减小心墙裂缝发生的概率。《碾压式土石坝设计规范》（DL/T 5395—2007）、《水电水利工程天然建筑材料勘察规程》（DL/T 5388—2007）对于心墙防渗土料的质量技术指标进行规定和要求，常规性能试验项目及内容为土料的物理性、击实土的力学性、水理性指标。特殊性能试验包括土料的动力特性、复杂应力路径、拉伸断裂特性、接触面特性、剪切变形下的渗透特性、流变及浸水变形特性等试验。

第二节　土 料 场 勘 察

一、土料场选择原则

RM 水电站位于西藏高原东南缘的高山峡谷地貌区，区域内一般海拔 2500～5000m，相对高差近 2500m，气候从高山顶部至河谷底，由高原寒带、寒温带向温带变化，总体气候寒冷干燥。澜沧江两岸山高坡陡，受该地区特殊的高寒环境影响，可考虑作为土料的土层主要有残积、坡积、冲沟洪积、冰碛、泥石流堆积等类型的土，分布稀少且不均一。残坡积土，主要分布于高原平台和斜坡地带，呈面状分布，颗粒较细，但厚度薄（一般仅 0.5～3m），多为牧场草地；冲沟洪积、冰碛、泥石流堆积土层，主要沿冲沟及两侧和缓坡地带呈带状分布，厚度大（一般为 5～30m），但颗粒较粗，黏土含量少，土质均一性差，且多为耕地。因此该地区土料的寻找难度很大。

RM 水电站大坝为心墙堆石坝，最大坝高 315m，大坝所需防渗土料压实方 488.25 万 m³（自然方 793.1 万 m³）。根据工程区土层的分布特点，本工程土料场选择原则如下：

（1）鉴于本区土料总体质量较差且环境特殊，土料场在选择时要尽量扩大范围，多取样、多调查，对有一定规模和质量的料场均可开展工作，以便在此基础上选择更为适宜的土料场；为避免无效工作，料场按普查、初查、详查等工作分阶段分期次进行，初查和详查时可根据质量、储量、交通、协调情况等选择主选料场及备用料场，确定勘察重点。

（2）由于土料用量大，单一土料场难以满足要求，可采用多个土料场联合开采，但单个土料场也不能太小，防渗土料料场方量不宜小于 100 万 m³，接触黏土料料场方量不宜小于 10 万 m³。

（3）主选料场的选择要综合考虑土地资源的宝贵性、环境保护及当地特殊的社会环境因素，宜选择厚度较大的土料场，且尽量不占用耕地和草地，以减少对当地自然环境的破坏。为便于开采运输，土料场宜尽量就近选择或选择在公路附近。

二、基本地质条件

为寻找合适的土料，共进行了两个阶段性的调查，范围涵盖了坝址周围半径约 80km，选择拉乌 1 号、拉乌 2 号、拉乌 3 号、拉乌 4 号、拉乌 5 号等 11 个土料场进行筛选。经初步勘察后，重点对拉乌 1 号土料场（简称 1 号土料场）、拉乌 2 号土料场（简称为 2 号土料场）、拉乌 5 号土料场（简称为 5 号土料场）作为防渗土料进行了详查，据勘察成果，1 号、2 号、5 号心墙防渗土料场土料虽存在粗颗粒多、细颗粒和黏粒含量偏少及含水量偏低的问题，但经筛除、控制性加水等施工处理后，其质量和储量可满足设计要求。2 号土料场可开采层分布不均，且黏粒、P_5 含量相对较低，可利用性相对较差。经比较选定 1 号、5 号土料场作为本工程防渗土料场。

1. 1 号防渗土料场

料场位于澜沧江左岸。至 RM 坝址公路里程约 18km。料场地形地貌如图 2-1 所示。

图 2-1 1 号土料场地形地貌照片

该料场沿光龙冲沟呈宽缓的条带状分布，地形坡度 5°～10°，地表生长少量灌木，两端有少许耕地。分布高程 3450～3600m。料场基本呈 SN 向展布，中部平行发育两条近 SN 向的较大冲沟，两冲沟相距约 250m，冲沟切深 5～24m，冲沟大部分时段无水流。

根据钻孔揭露，料场两侧覆盖层厚度一般为 30～50m，中部较厚，厚度基本上均在 100m 以上，最大厚度大于 160m。料场主要有两类土层（见图 2-2），一类为粉土质或黏土质砂（砾），砂土含量初估 60%以上，主要分布于地表及东西两侧靠近基岩斜坡地带，厚度多在 1～5m 左右；另一类为碎砾石混合土，为料场主体，碎砾石占 50%～70%，砂土含量较少，该类土厚度多在 100m 以上。料场下伏基岩为白垩系上统南星组（K_2n）砖红色、紫红色钙质石英砂岩、岩屑砂岩、石英砂岩、钙质粉砂岩及泥岩，表层全、强风化层较厚。

(a) 粉土质或黏土质砂（砾）　　　　　　　　　　　　　(b) 碎砾石混合土

图 2-2 1 号土料场土质照片

料场总体为碎石土，厚度大，分层不明显，结合料场周边地形等（高程 4000m 左右有冰斗地形）分析，1 号土料主体为早期冰碛物经冰雪融化搬运后与后期冲沟洪积物及泥石流混杂堆积形成，而东西两侧靠近斜坡地带底部主要为残坡积（Q^{edl}）形成，地层为地表面流冲刷堆积的粉土、砂土。

初拟料场开采面积 0.55km²，地下水位之上土层厚度大于 35m，体积约 1551 万 m³。

2. 5 号防渗土料场

5 号料场位于澜沧江左岸，距 RM 坝址约 16km。料场地形地貌如图 2-3 所示。

图 2-3 5 号土料场地形地貌照片

5 号料场地形稍有起伏，坡度 5°～25°，地表主要为草地、少量灌木等，分布高程 3300～3600m。料场沿绒曲支冲沟呈扇状分布，该冲沟发育方向 N40°W，冲沟切割较深，最深处达 40m，冲沟常年有水。

5 号料场土质可分细分为两大类，中部主要为碎砾石土（见图 2-4），碎砾石含量 40%～50%。分布面积约 0.14km²，厚度 20～40m；后缘及近坡脚两侧主要为第四系残坡积（Q^{edl}）砂质黏土、粉土夹碎石，初估厚度 2～15m。下伏基岩为白垩系上统南星组（K_2n）紫红色石英砾岩、夹砂岩泥岩，表层全风化、强风化层较厚。

图 2-4　5 号土料场土质照片

初拟料场面积约 0.14km²，地下水位之上土层厚度大于 25m，体积约 287 万 m³。

3. 接触黏土料场

拉乌山土料场地形地貌如图 2-5 所示。

图 2-5　接触土料场地形地貌照片

该料场地形宽缓平坦，坡度一般为 15°左右，主要为草地，局部有少量灌木。分布高程 4370～4400m，属于三级夷平面。

料场区覆盖层主要为冻融风化作用形成的第四系残积（Q^{el}）砾质粉质黏土夹碎石（如图 2-6 所示），碎砾石总体含量 10%～20%。下伏基岩为晚第三系拉屋组（N_{21}）紫红色、灰白色砂砾岩、砂岩、粗面岩及白垩系上统南星组（K_2n）紫红色石英砾岩、夹砂岩泥岩。沟底及地表局部有积水分布。

初拟料场开采面积约 0.044km²，厚度 1～5m（平均按 2m 计），体积约 45 万 m³。

图2-6　接触土料场土质照片

三、防渗土料勘察

（一）勘察布置及工作量

1. 预可行性研究阶段初查勘察

预可行性研究阶段防渗土料场初查勘察共完成钻孔1842.15m/54个、竖井226.9m/77个、取样120组，其中主选料场1号、2号、5号土料场共完成了钻孔1608.9m/48个、竖井157.9m/45个，取样88组。试验项目主要有常规物理性质试验、化学分析试验、击实试验、力学常规试验、高压大三轴试验、分散性试验等。初查阶段防渗土料场勘察工作量见表2-2。

表2-2　　　　　　　　　预可行性研究阶段防渗土料场初查勘察工作量汇总表

料场分类及名称		1/5000地形测量及地质测绘（km²）	1/2000地形测量及地质测绘（km²）	钻探（m/个）	竖井及坑探（m/个）	槽探（m³）	地震波测试（km/条）	试验取样（组）	备注
主选料场	1号	—	1.46	673.6/21	56.5/16	300	2.54/5	28	
	2号	—	1.4	424.2/14	61/17	300	2.6/5	39	
	5号	—	0.82	511.1/13	40.4/12	200	1.66/5	21	
备选料场	3号	2	—	—	23.8/12	—	—	12	
	4号	4	—	—	34.9/12	—	—	12	
	许贡		0.8	233.25/6	10.3/8	—	—	8	钻孔实施了部分，后被中止
	龙果	3	—	—	—	—	—		
	芒康东	4.5	—	—	—	—	—		同时为接触黏土料、防渗土料备用料场

2. 可行性研究阶段详查勘察

1号、2号、5号防渗土料场勘察工作量如表2-3所示。防渗土料场详勘阶段共完成常规钻孔 4858.1m/86 个，大口径钻孔 3109.8m/91 个，竖井 230m/45 个，取样 1375 组。

表 2-3   可行性研究阶段防渗土料场详查勘察工作量汇总表

| 料场名称 | 勘察期次 | 1/2000 地质测绘（km²） | 钻探 | | 竖井及坑探（m/个） | 槽探（m³） | 试验取样（组） | 大口径钻孔录像（m/个） | 备注 |
			常规（m/个）	大口径（m/个）					
1 号	详查一期	1.46	732.8/16	357/11	30/5	600	80	308.95/11	
	详查二期	—	1806.7/21	1070.3/28	100/20	3000	593	862/27	
2 号	详查一期	1.4	685/20	300/11	60/12	500	66	267.28	地质测绘为校测
	详查二期	—	1139.8/18	694.5/23	40/8	1500	299	655/23	
5 号	详查一期	0.82	327/8	208/5		540	52	84.5/3	
	详查二期	—	166.8/3	480/13	—	1800	285	396/13	

（二）质量分析与评价

1. 1 号土料场

经详查一期、二期 474 组大口径钻孔试验样品资料统计对比分析，在全级配中（见图 2-7 及表 2-4），存在大于 150mm 的超径块石，平均含量约 15.7%；大于 5mm 粒径颗粒含量有大部分（74.1%）样品不符合要求，混合后总体仍不符合要求，超标较多；小于 0.075mm 粒径颗粒含量有 13%样品不符合要求，但混合后平均值为 20.5%，混合后总体符合；黏粒含量有少部分样品（28.7%）不符合要求，混合后总体符合；塑性指数在 6.4～15.2 之间，基本满足规范要求（大于 8），87.4%样品满足本工程设计要求（大于 8）；天然含水率在 1.1%～8.0%之间，平均含水率为 3.7%，击实后最优含水率平均值为 6.2%，天然含水率约有 98.4%在最优含水率变化幅度范围外，且大多数样品（98.7%）低于最优含水率。

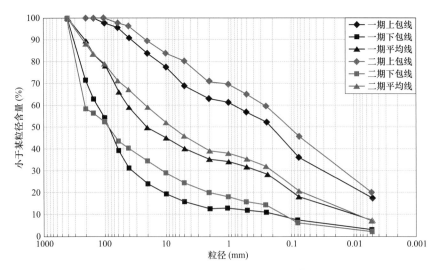

图 2-7 1 号土料场级配范围关系曲线

表 2-4　　　　　　　　　　1号土料场全级配碎石类防渗土料质量指标表

序号	项目	本工程设计技术要求	试验指标	评价
1	大于 5mm 粒径含量	30%～50%，填筑时不得发生粗料集中、架空现象	区间值为 18.9%～84.3%，含量 30%～50% 占 123/474，含量大于 50% 占 347/474，小于 30% 占 4/474。混合后平均值达 54.8%	少数样品符合，大部分样品（74.1%）不符合，超标较多。混合后总体不符合
2	小于 0.075mm 粒径含量	不应小于 15%	区间值为 6%～45.9%，含量大于或等于 15% 占 412/474，含量小于 15% 占 62/474，混合后平均值 20.5%	13% 样品不符合，混合后基本符合
3	黏粒含量	宜不低于 6%	区间值为 2.1%～20.2%，含量 ≥6% 占 338/473，混合后平均值 7.3%	小部分样品（28.5%）不符合。混合后基本符合
4	最大颗粒粒径	不宜大于 150mm 或不超过碾压铺土层厚 2/3	碎石混合土大于 150mm 占 0～43.9%，平均 15.7%	需筛除
5	塑性指数	大于 8（规范要求大于 6）	区间值为 6.4～15.2，平均 8.2	大部分（87.4%）符合本工程设计要求；全部满足规范要求
6	天然含水率或填筑控制含水率	与最优含水率接近，变化幅度宜在 1%～2% 范围内	天然含水率 1.1%～8.0%，平均 3.7%。共有 3/473 组在最优含水率（6.2%）变化幅度范围内	天然含水率中约有 98.4% 的样品在变化幅度范围外，且多低于最优含水率

存在的主要问题有：

（1）样品级配离散性较大，土质均匀性差；

（2）粗颗粒含量较多，除存在大于 150mm 的超径块石外，大于 5mm 的碎砾石也较多；

（3）细颗粒含量偏少，特别是下部（5m 以下）黏粒含量较少；

（4）含水率较低。

针对上述问题，需采取混采、筛分、控制性加水等施工处理措施，以减少粗颗粒含量，提高细颗粒和黏粒含量，提高含水率。

2. 5 号土料场

经详查一期、二期 229 组大口径钻孔试验样品资料统计对比分析，在全级配中（见图 2-8 及表 2-5），存在极少数（4.1%）大于 150mm 的超径块石；大于 5mm 粒径颗粒有 2/3（66.4%）样品不符合本工程防渗土料设计指标要求，粗颗粒偏多，混合后平均值为 53.1%，仍不符合；小于 0.075mm 粒径颗粒含量有少数（8.3%）样品不符合，混合后平均值为 22.7%，总体符合；黏粒含量有 16.2% 样品不符合，混合后平均值为 8.7%，总体符合；塑性指数在 8.3～12.7 之间，全部样品满足规范（大于 8）及本工程设计要求（大于 8）；天然含水率在 1.1%～13.2% 之间，平均含水率为 4.6%，击实后最优含水率平均值为 5.7%，天然含水率约有 94.3% 在最优含水率变化幅度范围外，且大多数样品（90%）低于最优含水率。

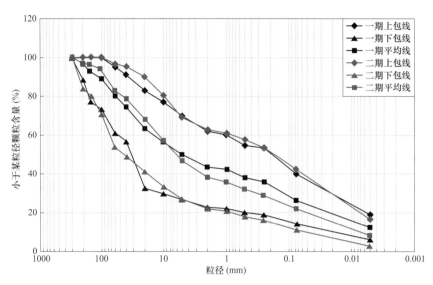

图 2-8　5 号土料场级配范围关系曲线

存在的主要问题有：

（1）样品级配离散性较大，土质不均匀；

（2）粗颗粒含量较多，除存在大于 150mm 的超径块石外，大于 5mm 的碎砾石也较多；

（3）含水率较低。

针对上述问题，需采取混采、筛分、控制性加水等施工处理措施。

表 2-5　　　　5 号土料场全级配碎石类防渗土料质量指标表

序号	项目	本工程设计技术要求	试验指标	评价
1	大于 5mm 粒径含量	30%～50%，填筑时不得发生粗料集中、架空现象	区间值为 30%～86.7%，含量 30%～50% 占 77/229，含量大于 50% 占 152/229，混合后平均值 53.1%，无含量小于 30 样品	大多数（66.4%）样品不符合，混合后大于上限，不符合
2	小于 0.075mm 粒径含量	不应小于 15%	区间值为 11.1%～42.1%，含量≥15% 占 210/229，混合后平均值 22.7%	极少数（8.3%）样品不符合，混合后总体符合
3	黏粒含量	宜不低于 6%	区间值为 0～18.0%，含量大于或等于 6% 占 192/229，混合后平均值 8.7%	少数（16.2%）样品不符合，混合后总体符合
4	最大颗粒粒径	不宜大于 150mm 或不超过碾压铺土层厚 2/3	大于 150mm 占 0～22.4%，平均 4.1%	需筛除
5	塑性指数	大于 8（规范要求大于 6）	区间值为 8.3～12.7，平均 10.6	符合
6	天然含水率或填筑控制含水率	与最优含水率接近，变化幅度宜在 1%～2% 范围内	天然含水率 1.1%～13.2%，平均 4.6%。共有 13/230 组在最优含水率（5.7%）变化幅度范围内	天然含水率中约有 94.3% 样品在变化幅度范围外，且多低于最优含水率

四、接触土料勘察

（一）勘察布置及工作量

1. 预可行性研究阶段

预可行性研究阶段接触黏土料初查勘察工作以拉乌山口土料场为主，芒康东土料场作为备选，只进行了料场测绘，达到普查精度，主要完成的勘察工作如表 2-6 所示。

表 2-6　　　　　预可行性研究阶段接触黏土料场主要勘察工作量汇总表

料场名称	勘察级别	1/2000 地质测绘（km²）	竖井及坑探（m/个）	试验取样（组）	备注
拉乌山口	初查	2	22.9/12	12	
芒康东	普查	4.5	—	—	

2. 可行性研究阶段

可行性研究阶段接触黏土料场勘察主要围绕拉乌山土料场进行了详查，而拉乌山口、绒布寺、多拉 3 号土料场只进行了初查工作，尼西土料场主要收集相关工程试验资料，具体工作量见表 2-7，均采用竖井取样，共完成竖井 388.9m/139 个。综合考虑土料质量、储量、运输条件等因素，推荐拉乌山土料场作为选定接触土料场。

拉乌山土料场以勘探点间距 50m 进行了详查，共完成竖井 295.4m/117 个、取样 122 组，其勘探布置如表 2-7 所示。

表 2-7　　　　　可行性研究阶段接触黏土料场主要勘察工作量汇总表

料场名称	勘察级别	1/2000 地质测绘（km²）	竖井及坑探（m/个）	试验取样（组）	备注
拉乌山	初查	2.4	48.5/11	12	
	详查	1.0	246.9/106	110	地质测绘为校测
拉乌山口	初查	3.1	57.5/12	12	
绒布寺	初查	2.5	36/10	12	
多拉 3 号	初查	1.08	60/12	12	
尼西	普查	—	—	8	进行 1km² 调查、收集 6 组试验资料

（二）质量分析与评价

根据 110 组颗粒分析成果资料对比分析（见表 2-8），拉乌山土料大于 5mm 粒径颗粒含量有部分（21.8%）不符合设计指标要求，不符合样品零星分布；小于 0.075mm 粒径颗粒含有约半数样品（48.2%）不满足设计指标要求，不符合样品分布不均；小于 0.005mm 粒径颗粒含量有约半数样品（47.3%）不满足设计指标要求，不符合样品分布不均；塑性指数少部分（18.2%）不满足设计指标要求，不符合样品呈片状分布。渗透系数、硅铁铝比、分散性等都符合规程要求。

表2-8　　　　　　　　拉乌山接触黏土料质量指标对比表（详查）

序号	项目		规范	试验指标	评价
1	颗粒组成	＞5mm	＜10%	0～16.9%，平均 6.45%，大于或等于 10%占 3/12	少部分粗颗粒偏多，混合后总体符合
		＜0.075mm	＞60%	34%～83%，平均 54.8%，小于或等于 60%占 8/12	细颗粒明显偏少，2/3 样品不符合
		＜0.005mm	＞20%	15.6%～30.3%，平均 21.5%，大于 20%占 9/12	大部分（75%）符合，混合后符合
2	塑性指数		＞10	7.5～16.1，平均 10.6，小于或等于 10 占 7/12	小部分（42.7%）符合，大部分（58.3%）不符合
3	最大颗粒粒径		20mm	＜40mm	小部分大于 20mm，需筛分
4	天然含水率		宜略大于最优含水率	6.9%～27.9%，平均 14.4%，最优含水率 13.5%～16%	大部分不符合

拉乌山土料场作为接触黏土料料源，存在的问题主要有：

粗颗粒偏多，细粒、黏粒偏少，并且存在超粒径颗粒，塑性指数基本满足，但天然含水率略低或太高，不满足设计指标要求。需采取筛分、加入细粒料、控制性加水或晾晒处理等施工处理措施。

第三节　防渗土料试验

一、颗粒级配

1. 1号土料场

勘察表明，1 号土料场土料 P_5 含量、小于 0.075mm 含量、黏粒含量均不完全满足《碾压式土石坝设计规范》（DL/T 5395—2007）及设计要求，必须筛除部分超径料。筛除的超径料按 150、100、80mm 及 60mm 粒径控制，筛除后的 P_5 含量、小于 0.075mm 及小于 0.005mm 含量统计分析，见表 2-9～表 2-11。

表2-9　　　　　　　　1号土料场土料筛除不同超径料后 P_5 含量分布

筛除粒径 \ 占比（%）	P_5 含量（%）分布								平均值	满足规范的比例（%）
	小于 20	20～25	25～30	30～40	40～45	45～50	50～55	大于 55		
原级配	0.2	0.0	0.6	6.1	3.8	16.0	23.4	49.8	54.8	26.7
筛除大于 150mm	0.2	0.4	2.1	15.6	20.5	29.7	19.4	12.0	46.5	68.5
筛除大于 100mm	0.2	1.1	3.8	24.9	30.8	23.6	9.7	5.9	43.2	84.4
筛除大于 80mm	0.8	1.1	7.0	40.6	27.9	15.6	4.2	2.7	40.0	92.1
筛除大于 60mm	1.3	3.8	13.1	51.9	20.7	6.3	1.7	1.2	36.4	97.1

表 2-10　　　　　1号土料场土料筛除不同超径料后小于 0.075mm 含量分布

占比（%）	小于 0.075mm 含量（%）分布						平均值	满足规范的比例（%）
筛除粒径	小于 10	10～15	15～20	20～25	25～30	大于 30		
原级配	1.3	11.8	38.0	32.7	10.5	5.7	20.5	86.9
筛除大于 150mm	0.4	3.6	18.6	34.6	29.3	13.5	24.3	96.0
筛除大于 100mm	0.2	2.1	12.0	32.5	31.6	21.5	25.8	97.7
筛除大于 80mm	0.2	1.3	7.4	27.7	31.7	31.7	27.3	98.5
筛除大于 60mm	0.0	0.6	5.1	19.2	34.2	40.9	28.9	99.4

表 2-11　　　　　1号土料场土料筛除不同超径料后小于 0.005mm 含量分布

占比（%）	小于 0.005mm 含量（%）分布						平均值	满足规范的比例（%）
筛除粒径	小于 4	4～6	6～8	8～10	10～12	大于 12		
原级配	5.9	22.8	40.1	21.1	5.7	4.4	7.3	31.2
筛除大于 150mm	2.1	10.3	31.4	30.6	17.5	8.0	8.6	56.1
筛除大于 100mm	1.5	8.2	25.5	32.3	20.9	11.6	9.2	64.8
筛除大于 80mm	1.1	7.6	17.8	31.9	25.8	15.9	9.7	73.6
筛除大于 60mm	0.6	4.9	12.7	31.4	26.8	23.6	10.3	81.8

从表 2-9～表 2-11 可看出，筛除 150mm、100mm、80mm 及 60mm 的超径料后，随筛除超径料粒径的减小，P_5 含量平均值减小，小于 0.075mm 含量及小于 0.005mm 含量平均值提高，筛除 60mm 以上的超径料满足规范和设计要求的土样比例均较筛除 150mm、100mm 超径料比例高。筛除大于 60mm 的超径料后，P_5 含量满足设计要求（30%～50%）的土料比例由筛除前的 25.9% 提高至 78.9%，满足规范要求（不超过 50%）的土样比例由筛除前的 25.9% 提高至 97.1%，P_5 含量在 25%～30% 之间占 13.1%；小于 0.075mm 含量满足设计及规范要求（不小于 15%）的土样比例由筛除前的 86.9% 提高至 99.4%；小于 0.005mm 含量满足规范要求（不小于 8%）的土样比例由筛除前的 31.2% 提高至 81.8%。

综上，筛除 60mm 以上的粒径料后，1号土料场土料的 P_5 含量、小于 0.075mm 含量及大于 0.005mm 含量基本满足设计和规范要求。

2. 5号土料场

勘察表明，5号土料场土料 P_5 含量、小于 0.075mm 含量、黏粒含量均不完全满足《碾压式土石坝设计规范》（DL/T 5395—2007）及设计要求。与1号土料场类似，筛除的超径料按 150、100、80、60mm 进行考虑，筛除前后 P_5 含量、小于 0.075mm 含量及小于 0.005mm 含量的分布情况，见表 2-12～表 2-14。

表2-12　　　　　　　5号土料场土料筛除不同超径料后 P_5 含量分布

占比（%） 筛除粒径	P_5 含量（%）分布								平均值	满足规范的比例（%）
	小于20	20～25	25～30	30～40	40～45	45～50	50～55	大于55		
原级配				8.4	8.4	16.7	26.0	40.5	53.0	33.5
筛除大于150mm				9.7	13.2	19.4	23.8	33.9	51.5	42.3
筛除大于100mm			0.4	12.3	14.1	24.7	26.4	22.0	49.7	51.1
筛除大于80mm			0.9	22.0	19.4	27.8	14.5	15.0	46.6	69.2
筛除大于60mm		0.4	2.6	34.4	27.3	18.2	7.0	10.1	43.0	79.9

表2-13　　　　　5号土料场土料筛除不同超径料后小于0.075mm含量分布

占比（%） 筛除粒径	小于0.075mm含量（%）分布						平均值	满足规范的比例（%）
	小于10	10～15	15～20	20～25	25～30	大于30		
原级配		8.4	22.0	39.2	20.7	9.7	22.7	91.6
筛除大于150mm		6.6	20.3	36.1	24.2	12.8	23.4	93.4
筛除大于100mm		5.7	16.7	31.7	31.3	14.5	24.3	94.3
筛除大于80mm		4.4	11.0	23.8	39.6	21.1	25.9	95.5
筛除大于60mm		3.1	8.4	17.6	35.7	35.2	27.6	96.9

表2-14　　　　　5号土料场土料筛除不同超径料后小于0.005mm含量分布

占比（%） 筛除粒径	小于0.005mm含量（%）分布						平均值	满足规范的比例（%）
	小于4	4～6	6～8	8～10	10～12	大于12		
原级配	3.1	12.8	26.0	30.0	15.4	12.8	8.7	58.2
筛除大于150mm	2.2	11.9	24.2	29.5	16.3	15.9	9.0	61.7
筛除大于100mm	2.2	8.8	22.5	30.4	18.5	17.6	9.4	66.5
筛除大于80mm	1.8	7.6	19.2	25.4	23.2	22.8	10.0	71.4
筛除大于60mm	1.8	5.7	12.3	24.7	26.0	29.5	10.7	80.2

　　表2-12～表2-14可见，筛除150mm、100mm及60mm的超径料后，随筛除超径料粒径的减小，P_5 含量平均值减小，小于0.075mm及小于0.005mm含量增多，筛除60mm以上的超径料满足规范和设计要求的土样比例，均较筛除150mm、100mm超径料比例高。筛除大于60mm颗粒后，P_5 含量满足设计要求（30%～50%）的比例由33.5%提高至79.9%，满足规范要求（不超过50%）的比例由33.5%提高至82.8%，P_5 含量在25%～30%之间仅占2.6%；小于0.075mm含量满足设计及规范要求（不小于15%）的比例由91.6%提高至96.9%；小于0.005mm含量满足规范要求（不小于8%）的比例由58.2%提高至80.2%。

综上所述，筛除大于 60mm 以上颗粒后，5 号土料场土料 P_5 含量、小于 0.075mm 含量及小于 0.005mm 黏粒含量基本满足规范要求。

二、天然含水率与塑性指数

土料的天然含水率、塑性指数等物理性质试验成果见表 2-15 和表 2-16。

表 2-15　　　　1 号土料场土料天然含水率、塑性指数、最优含水率统计成果

试验	统计指标	土样类别	一期				二期			
			统计组数	最大值	最小值	平均值	统计组数	最大值	最小值	平均值
GY 组	天然含水率	大口径	70	9.0	1.1	3.8	403	8.7	1.1	3.7
		探槽/竖井	10	10.0	1.1	4.1	159	12.6	1.4	6.3
	塑性指数	大口径	70	11.6	6.4	8.8	104	15.2	7.3	9.5
		探槽/竖井	10	9.7	6.9	8.4	87	13.2	6.5	8.6
	最优含水率	大口径	69	12.3	4.2	6.3		6.6	5.5	6.1
		探槽/竖井	9	10.6	7.9	9.0				
NK 组	天然含水率	大口径	33	8.3	2.1	4.0				
		探槽/竖井	4	7.1	2.9	5.1				
	塑性指数	大口径	33	11.1	7.9	9.5				
		探槽/竖井	4	10.3	8.3	9.4				
	最优含水率	大口径	13	7.3	4.4	5.5				
		探槽/竖井	2	9.5	8.8	9.2				
BK 组	塑限指数	大口径	1			8.0				
	最优含水率	大口径	1			7.9				
QH 组	塑性指数	大口径	1			8.9				
	最优含水率	大口径	1			5.7				

表 2-16　　　　5 号土料场土料天然含水率、塑性指数、最优含水率统计成果

试验单位	统计指标	土样类别	一期				二期			
			组数	最大值	最小值	平均值	组数	最大值	最小值	平均值
GY 组	天然含水率	大口径	35	9.2	3.0	6.3	194	13.2	1.1	4.3
		探槽/竖井	16	11.7	5.7	8.8	91	12.7	2.7	5.5
	塑性指数	大口径	35	12.5	9.6	11.1	49	12.7	8.3	10.1
		探槽/竖井	16	12.2	9.1	10.7	43	12.5	8.9	10.0
	最优含水率	大口径	21	6.3	4.5	5.7				
		探槽/竖井								

试验单位	统计指标	土样类别	一期				二期			
			组数	最大值	最小值	平均值	组数	最大值	最小值	平均值
NK 组	天然含水率	大口径	20	6.4	3.4	4.8				
		探槽/竖井	9	18.3	3.6	7.0				
	塑性指数	大口径	20	13.0	10.8	11.9				
		探槽/竖井	9	18.6	9.0	12.1				
	最优含水率	大口径	7	6.4	5.2	5.7				
		探槽/竖井	3	9.8	7.3	8.6				

注：最优含水率成果为料场包线击实试验成果。

三、分散性及化学分析

根据双比重计法、针孔试验、碎块试验、孔隙水阳离子试验和交换性钠百分比试验结果，1号土料场土样易溶盐含量0.1%～0.4%、有机质含量范围为0.14%～0.55%,硅铁铝比为3.0～3.5；5号料场土样易溶盐含量0.1%～0.2%、有机质含量范围为0.21%～1.35%，黏土矿物主要成分为伊利石及伊－蒙混合层。结合《水电水利工程天然建筑材料勘察规程》（DL/T 5388—2007），综合判断1号和5号料场土料均为非分散性土。

利用双比重计、针孔试验、碎块试验、孔隙水阳离子试验和交换性钠百分比试验五种试验方法进行了5组分散性试验，成果见表2－17和表2－18。

表 2－17　　　　　　　　　　　　1号土料场土料分散性试验成果

编号及取样深度	双比重计试验	针孔试验			碎块试验	孔隙水溶液试验			交换性钠试验			pH
	分散度 SCS（%）	水头（cm）	终了孔径（倍）	终了流量（mL/s）		阳离子总量 TDS（mmol/L）	钠吸附比 SAR	钠百分比 PS（%）	阳离子交换量 CEC（cmol/kg）	交换性钠（cmol/kg）	交换钠百分比 ESP（%）	
DK1－15 15～17.5	70	102	不变	2.39	非分散	9.2	1.0	20.3	5.92	0.05	0.89	9.6
DK1－21 17.5～20	82	102	不变	1.21	过渡性	4.5	0.6	18.5	10.34	0.04	0.42	9.5
DK1－35 30～32.5	81.4	102	不变	2.14	过渡性	7.5	0.9	19.5	6.09	0.06	1.01	9.5
DK1－35 32.5～35	71.4	102	不变	2.26	过渡性	5.9	0.6	14.6	6.35	0.05	0.71	9.5
DK1－38 15～17.5	76.7	102	不变	2.18	过渡性	6.9	0.9	21.2	5.99	0.04	0.66	9.6

表2-18   5号土料场土料分散性试验成果

编号及取样深度	双比重计试验	针孔试验			碎块试验	孔隙水溶液试验			交换性钠试验			pH
	分散度 SCS（%）	水头（cm）	终了孔径（倍）	终了流量（mL/s）		阳离子总量 TDS（mmol/L）	钠吸附比 SAR	钠百分比 PS（%）	阳离子交换量 CEC（cmol/kg）	交换性钠（cmol/kg）	交换钠百分比 ESP（%）	
DK5-9 42.5～45	77.8	102	不变	2.43	分散性	11.2	2.4	38.3	7.99	0.09	1.12	9.6
DK5-10 35～37.5	77.8	102	不变	1.9	分散性	9.3	2.4	41.3	5.63	0.07	1.17	9.4
DK5-13 10～12.5	78.9	102	不变	1.34	分散性	6.8	0.6	15.3	6.49	0.05	0.74	9.3
DK5-14 20～22.5	73.3	102	不变	1.91	过渡性	10.6	1.4	26.0	6.7	0.04	0.57	9.3
DK5-18 5～7.5	73.5	102	不变	1.62	分散性	13.7	2.6	37.3	7.35	0.07	0.97	9.3

注：编号DK5-13表示5号料场大口径13号孔。

化学、矿物成分试验包括有机质含量、烧失量、易溶盐、化学成分及矿物成分试验。其中易溶盐试验采用日立180-80型原子吸收分光光度计进行，称取2mm筛下风干试样50g溶于250mL水中进行检测，其中K^+、Na^+离子采用原子吸收发射法，Ca^{2+}、Mg^{2+}离子采用原子吸收分光光度法，SO_4^{2-}离子采用比浊法、CO_3^{2-}、HCO_3^-、Cl^-离子采用容量法进行检测。矿物成分采用X射线衍射分析研究；有机质试验采用重铬酸钾容量法测定其中的有机碳，再乘以经验系数1.724进行换算。测试结果见表2-19～表2-24。

表2-19   1号土料场土样化学性质测定成果表

试验编号	取样深度（m）	易溶盐	碳酸根 CO_3^{2-}	重碳酸根 HCO_3^-	氯根 Cl^-	硫酸根 SO_4^{2-}	钙离子 Ca^{2+}	镁离子 Mg^{2+}	钠离子 Na^+	钾离子 K^+	有机质（%）	烧失量（%）	pH
						（g/kg）							
最小值	0～35	0.1	0	0.276	0	0.035	0.042	0.009	0.007	0	0.14	4.63	8.89
最大值	0～35	0.4	0	0.393	0.134	0.074	0.082	0.033	0.074	0.016	0.55	8.33	9.38
平均值	0～35	0.3	0	0.3386	0.027	0.0514	0.06	0.0196	0.0344	0.0079	0.289	6.667	9.17

表2-20   1号土料场土样矿物化学成分测定成果表

试验编号	取样深度（m）	SiO_2（%）	Fe_2O_3（%）	Al_2O_3（%）	SiO_2/R_2O_3
最小值	0～35	41.99	8.50	17.12	3.0
最大值	0～35	49.64	8.91	21.22	3.5
平均值	0～35	46.41	8.64	18.97	3.2

表2-21　　　　　　　　　　　　　1号土料场土样矿物X-射线衍射分析成果

| 项目 | 全土中各种矿物含量（%） | | | | | | | | | | | | | | 全土中伊利石、蒙脱石的估算值（%） | |
| | 非黏土矿物含量 | | | | | | | | 黏土矿物含量 | | | | | | | |
	石英	钾长石	斜长石	方解石	白云石	赤铁矿	角闪石	云母类	蒙脱石	伊-蒙混层（I/S）	伊利石（I）	高岭石（K）	绿泥石（C）	绿-蒙混层（I/S）	伊利石（I）	蒙脱石（S）
最小值	49.3	0.0	0.9	5.1	0.0	1.6	0.0	0.0	0.0	8.1	4.0	1.6	2.0	0.0	9.6	2.3
最大值	66.3	1.4	4.7	16.6	3.3	2.8	1.3	0.0	0.0	18.4	10.6	4.9	4.0	0.0	23.5	5.5
平均值	59.5	0.2	2.7	11.9	1.0	2.5	0.2	0.0	0.0	10.8	5.9	2.7	2.6	0.0	13.3	3.4

表2-22　　　　　　　　　　　　　5号土料场土样化学性质测定成果表

| 试验编号 | 取样深度（m） | 易溶盐 | 碳酸根CO_3^{2-} | 重碳酸根HCO_3^- | 氯根Cl^- | 硫酸根SO_4^{2-} | 钙离子Ca^{2+} | 镁离子Mg^{2+} | 钠离子Na^+ | 钾离子K^+ | 有机质（%） | 烧失量（%） | pH |
		（g/kg）											
最小值	0~45	0.1	0	0.274	0	0	0.048	0.011	0.003	0.001	0.21	5.1	8.68
最大值	0~45	0.2	0	0.306	0.023	0.06	0.09	0.019	0.013	0.017	1.35	9.31	9.20
平均值	0~45	0.1	0	0.291	0.007	0.029	0.068	0.015	0.007	0.008	0.66	6.18	9.08

表2-23　　　　　　　　　　　　　5号土料场土样矿物化学成分测定成果表

统计指标	取样深度（m）	Fe_2O_3（%）	Al_2O_3（%）	SiO_2（%）	SiO_2/R_2O_3（分子比率）
最大值	0~45	8.9	21.7	52.2	4.46
最小值	0~45	8.3	14.6	42.0	3.04
平均值	0~45	8.6	17.8	47.7	3.55

表2-24　　　　　　　　　　　　　5号土料场土样矿物X-射线衍射分析结果

| 项目 | 全土中各种矿物含量（%） | | | | | | | | | | | | | | 全土中伊利石、蒙脱石的估算值（%） | |
| | 非黏土矿物含量 | | | | | | | | 黏土矿物含量 | | | | | | | |
	石英	钾长石	斜长石	方解石	白云石	赤铁矿	角闪石	云母类	蒙脱石	伊-蒙混层（I/S）	伊利石（I）	高岭石（K）	绿泥石（C）	绿-蒙混层（I/S）	伊利石（I）	蒙脱石（S）
最小值	48.9	0.4	1.1	0.5	0.0	2.5	0.0	0.0	0.0	4.6	8.6	3.4	1.9	0.0	18.5	1.6
最大值	59.5	0.8	4.4	12.3	0.0	3.7	0.0	0.0	0.0	20.3	21.8	5.8	3.3	0.0	26.3	7.1
平均值	54.1	0.6	2.9	6.5	0.0	3.1	0.0	0.0	0.0	11.0	14.3	4.7	2.8	0.0	21.5	3.9

四、膨胀、湿化、收缩特性

膨胀试验的主要目的为判别土料是否属于膨胀土。进行膨胀土的判别主要采用自由膨胀率、标准吸水率、塑性指数等三项指标，见表 2-25。

表 2-25 膨 胀 土 的 分 级 标 准

级别	自由膨胀率 F_s（%）	标准吸湿含水率 W_f（%）	塑性指数 I_p
非膨胀土	$F_s < 40$	$W_f < 2.5$	$I_p < 15$
弱膨胀土	$40 \leq F_s < 60$	$2.5 \leq W_f < 4.8$	$15 \leq I_p < 28$
中等膨胀土	$60 \leq F_s < 90$	$4.8 \leq W_f < 6.8$	$28 \leq I_p < 40$
强膨胀土	$40 \leq F_s < 60$	$W_f \geq 6.8$	$I_p \geq 40$

收缩试验主要测定土样收缩系数及体积收缩率，也是对膨胀性土加以鉴别研究的辅助方式。湿化试验则为测定土样在水中崩解速率，但规程未对崩解性良好或非崩解性土用作防渗土料做出硬性规定。轻型击实试验成果见表 2-26 和表 2-27，膨胀、收缩及湿化试验成果见表 2-28 和表 2-29。

表 2-26 1号土料场土料轻型击实试验成果

编号	取样深度（m）	最优含水率（%）	最大干密度（g/cm³）
最小值	0～35	9.3	1.80
平均值	0～35	11.0	1.96
最大值	0～35	14.6	2.01

表 2-27 5号土料场土料轻型击实试验成果

编号	取样深度（m）	最优含水率（%）	最大干密度（g/cm³）
最小值	0～45	10.9	1.8
平均值	0～45	14.3	1.85
最大值	0～45	11.9	1.9

表 2-28 1号土料场土料膨胀、收缩及湿化试验成果

试样编号	自由膨胀率试验	收缩试验		湿化试验
	自由膨胀率（%）	竖向收缩系数	体缩率（%）	崩解量100%对应的时间（min）
最小值	11.0	0.081	2.0	5.0
最大值	18.0	0.11	3.0	9.0
平均值	15.8	0.10	2.5	7.6

表 2-29　　　　　　　　　　　5 号土料场土料膨胀、收缩及湿化试验成果

试样编号	自由膨胀率试验	收缩试验		湿化试验
	自由膨胀率（%）	竖向收缩系数	体缩率（%）	崩解量 100% 对应的时间（min）
最小值	18.5	0.084	3.1	8.8
最大值	39.0	0.115	3.5	16.0
平均值	27.7	0.105	3.3	12.1

根据膨胀率试验成果来看，结合土样液塑限试验成果，1 号和 5 号土料场土样属于非膨胀土。

五、击实特性

中型重型击实试验击实筒内径为 152mm，筒高为 116mm，单位体积击实功能为 2687.9kJ/m³；大型击实试验击实筒高 288mm，内径 300mm，轻型单位体积击实功能 596.1kJ/m³，重型 2682.9kJ/m³。

试验时在预估最优含水率附近制备 5 个不同含水率试样，通过测定击实后的干密度与含水率，绘制干密度～含水率曲线，求取最大干密度与最优含水率，击实试验成果与天然含水率试验成果统计见表 2-30 和表 2-31。

表 2-30　　　　　　　　　　　1 号土料场土料击实试验成果统计表

试验单位	统计指标	天然含水率	中型击实（重）					大型击实（轻）		大型击实（重）			
			按取样编号	按包线类别				按包线类别		按包线类别			
			一期	一期		二期		一期		一期		二期	
		w(%)	$\rho_{d\max}$ (g/cm³)	$\rho_{d\max}$ (g/cm³)	w_{op} (%)	$\rho_{d\max}$	w_{op}	$\rho_{d\max}$ (g/cm³)	w_{op} (%)	$\rho_{d\max}$ (g/cm³)	w_{op} (%)	$\rho_{d\max}$ (g/cm³)	w_{op} (%)
GY 组	最大值	10.0	2.27	12.3	2.28	6.5	2.28	7.0	2.17	8.0	2.26	7.0	2.28	6.6
	最小值	1.1	1.99	4.2	2.15	5.1	2.17	5.5	2.13	7.0	2.18	5.5	2.22	5.5
	平均值	4.1	2.19	6.6	2.21	5.8	2.24	6.2	2.15	7.5	2.21	6.4	2.25	6.1
NK 组	最大值	8.3	2.28	9.5							2.25	7.1	2.29	5.5
	最小值	2.1	2.07	4.4							2.18	5.5	2.30	4.8
	平均值	4.1	2.21	6.0									2.31	4.6
BK 组	平均值				2.23	7.9								
QH 组	平均值				2.29	5.7								

注：1. NK 组最大值、最小值、平均值为平均包线、下包线（黏粒 8%）、下包线（黏粒 6%）大型击实试验成果。

2. 表中"包线"是土料级配包络线的简称，指不同粒径含量的上、下边界范围，用于描述曲线的最大值、最小值，下同。

表 2-31　　　　　　　　　　5号土料场土料击实试验成果统计表

试验单位	统计指标	天然含水率 w (%)	中型击实（重）				大型击实（轻）		大型击实（重）	
			按取样编号		按包线类别		按包线类别		按包线类别	
			最大干密度	最优含水率	最大干密度	最优含水率	最大干密度	最优含水率	最大干密度	最优含水率
			ρ_{dmax} (g/cm³)	w_{op} (%)	ρ_{dmax} (g/cm³)	w_{op} (%)	ρ_{dmax} (g/cm³)	w_{op} (%)	ρ_{dmax} (g/cm³)	w_{op} (%)
GY组	最大值	9.2			2.25	6.3	2.19	8.2	2.29	5.8
	最小值	3.0			2.19	4.5	2.11	6.8	2.16	4.7
	平均值	6.3			2.22	5.7	2.15	7.7	2.23	5.2
NK组	最大值	7.7	2.25	9.8						
	最小值	3.4	2.01	5.2						
	平均值	5.0	2.18	6.6					2.22	5.9

六、渗透特性

1. 1号土料场

从表 2-32、表 2-33 试验结果来看，土料渗透系数 $i \times 10^{-7} \sim i \times 10^{-5}$ cm/s，土料具有较高的临界及破坏坡降。一期试验均满足设计要求，但二期试验下包线渗透系数略高于设计要求，在按 P_5 含量 55%～60% 统计的样本级配中，P_5 含量平均为 58.7%，占样本 1.3%，该级配范围内的土料渗透系数满足设计要求，而下包线的 P_5 含量达 58.7%，黏粒含量仅为 3.3%，该包线级配为全部 404 组样本的极端级配，因此可以认为 1 号土料场土料的渗透系数满足设计要求。

表 2-32　　　　　　　　1号土料场土料一期渗透系数及渗透变形试验成果

试验单位	试验编号	中型样（ϕ100mm×100mm）					大型样（ϕ300mm×600mm）				
		试验密度 (g/cm³)	渗透系数 (cm/s)	临界坡降	破坏坡降	破坏形式	试验密度 (g/cm³)	渗透系数 (cm/s)	临界坡降	破坏坡降	破坏形式
GY组	极上包线	2.12	1.26×10^{-7}	>8.3	未测出		2.15	2.05×10^{-7}	>8.3	未测出	
	上包线	2.13	1.10×10^{-7}	>8.3	未测出		2.15	2.58×10^{-7}	>8.3	未测出	
	上-平线	2.12	4.17×10^{-7}	>8.3	未测出		2.19	3.24×10^{-7}	>8.3	未测出	
	平均线	2.21	2.91×10^{-7}	>8.3	未测出		2.17	4.32×10^{-7}	>8.3	未测出	
	下-平线	2.17	2.26×10^{-7}	>8.3	未测出		2.19	7.62×10^{-7}	>8.3	未测出	
	下包线	2.22	2.18×10^{-7}	>8.3	未测出		2.19	9.58×10^{-7}	>8.3	未测出	
	极下包线	2.18	3.30×10^{-7}	>8.3	未测出		2.20	2.32×10^{-6}	>8.3	未测出	

续表

试验单位	中型样（ϕ100mm×100mm）						大型样（ϕ300mm×600mm）				
	试验编号	试验密度（g/cm³）	渗透系数（cm/s）	临界坡降	破坏坡降	破坏形式	试验密度（g/cm³）	渗透系数（cm/s）	临界坡降	破坏坡降	破坏形式
NK组	最大值	2.23	8.68×10^{-6}	50.3	52	流土					
	最小值	2.03	1.13×10^{-6}	29.3	31	流土	2.14	2.06×10^{-7}	36.9	38.3	流土
	平均值	2.17	3.86×10^{-6}	39.7	41.3	流土	2.21	4.10×10^{-6}	32.8	34.5	流土

表2-33　　　　　　　　1号土料场土料二期渗透系数及渗透变形试验成果

试验单位	中型样（ϕ100mm×100mm）						大型样（ϕ300mm×600mm）				
	试验编号	试验密度（g/cm³）	渗透系数（cm/s）	临界坡降	破坏坡降	破坏形式	试验密度（g/cm³）	渗透系数（cm/s）	临界坡降	破坏坡降	破坏形式
GY组	上包线	2.17	2.81×10^{-7}	43.5	44.9	流土	2.18				
	上－平线	2.21	6.98×10^{-7}	36.4	37.6	流土	2.22				
	平均线	2.24	2.83×10^{-6}	35.7	36.2	流土	2.24				
	下－平线	2.25	4.98×10^{-6}	32.9	33.7	流土	2.25				
	下包线	2.27	1.25×10^{-5}	24.6	25.7	流土	2.27				
	$P_5 = 21.6\%$	2.17	3.68×10^{-7}	38.5	40.7	流土	2.23				
	$P_5 = 28.1\%$	2.24	2.94×10^{-7}	40.1	42.0	流土	2.24				
	$P_5 = 37.2\%$	2.25	4.04×10^{-6}	38.6	41.0	流土	2.25				
	$P_5 = 46.5\%$	2.25	6.84×10^{-6}	30.9	32.6	流土	2.26				
	$P_5 = 52.2\%$	2.26	8.61×10^{-6}	28.8	30.9	流土	2.27				
	$P_5 = 58.7\%$	2.28	1.56×10^{-5}	26.8	28.1	流土	2.28				
NK组	平均线（黏粒含量10.2%）					流土	2.24	4.05×10^{-6}	33.1	34.6	流土
	下包线（黏粒含量8%）					流土	2.25	7.92×10^{-6}	28.9	30.2	流土
	下包线（黏粒含量8%）					流土	2.26	9.43×10^{-6}	28.0	29.2	流土
BK组	$P_5 = 30\%$（黏粒含量8.0%）	2.16	7.44×10^{-6}		>16.2	流土					
	$P_5 = 40\%$（黏粒含量6.9%）	2.16	9.03×10^{-6}		>15.2	流土					
	$P_5 = 50\%$（黏粒含量5.7%）	2.16	1.27×10^{-5}		16.2	流土					

2. 5号土料场

从表2-34、表2-35试验结果来看，土料具有较高的临界及破坏坡降。一期土料渗透系数 $i×10^{-7}\sim i×10^{-5}$cm/s。除NK组采用筛除大于150mm后的级配，有个别土样不满足设计要求，筛除大于60mm后的试验成果均满足设计要求。同时，随极上～极下包线的变化，渗透系数增大，即随着 P_5 含量增大、细粒含量减少，渗透系数变大。

表2-34　　　　　　　　　5号土料场土料一期渗透系数及渗透变形试验成果

试验单位	中型样（ϕ100mm×100mm）					大型样（ϕ300mm×600mm）				
	试验编号	试验密度（g/cm³）	渗透系数（cm/s）	临界坡降	破坏坡降	破坏形式	试验密度（g/cm³）	渗透系数（cm/s）	临界坡降	破坏坡降	破坏形式
GY组	极上包线	2.16	$6.00×10^{-7}$	>16.6	未测出		2.12	$1.89×10^{-7}$	>8.3	未测出	
	上包线	2.17	$7.09×10^{-7}$	>16.6	未测出		2.15	$2.65×10^{-7}$	>8.3	未测出	
	上－平线	2.19	$4.43×10^{-7}$	>16.6	未测出		2.15	$3.29×10^{-7}$	>8.3	未测出	
	平均线	2.19	$5.51×10^{-7}$	>16.6	未测出		2.18	$5.38×10^{-7}$	>8.3	未测出	
	下－平线	2.18	$4.01×10^{-7}$	>16.6	未测出		2.23	$7.62×10^{-7}$	>8.3	未测出	
	下包线	2.19	$3.80×10^{-6}$	>16.6	未测出		2.24	$9.97×10^{-7}$	>8.3	未测出	
	极下包线	2.18	$4.82×10^{-6}$	>16.6	未测出		2.24	$2.25×10^{-6}$	>8.3	未测出	
NK组	最大值	2.21	$2.35×10^{-5}$	47.7	49.3	流土				
	最小值	1.97	$5.78×10^{-7}$	28.1	29.5	流土				
	平均值	2.14	$5.32×10^{-6}$	39.9	41.7	流土	2.18	$4.80×10^{-6}$	34.6	36.4	流土

表2-35　　　　　　　　　5号土料场土料二期渗透系数及渗透变形试验成果

包线类别	试样编号	试验干密度（g/cm³）	渗透系数（cm/s）	临界坡降	破坏坡降	破坏形式
平均线	5-10.6	2.23	$4.18×10^{-6}$	34.9	36.1	流土
下包线	5-8	2.24	$8.21×10^{-6}$	28.6	29.8	流土

3. 反滤试验

1号土料场、5号土料场土料与反滤料上包线的反滤试验及出现裂缝或孔洞时的愈合试验成果，见表2-36、表2-37。

表2-36　　　　　　　　　1号土料场土料反滤试验成果

心墙土料（被保护料）			反滤层Ⅰ区料（保护料）		反滤后		反滤前	
包线类别	试验编号（黏粒含量%）	ρ_d（g/cm³）	级配特性	ρ_d（g/cm³）	临界坡降	破坏坡降	临界坡降	破坏坡降
下包线（8%）	1-8（8%）	2.25	上包线	1.943	81.2	83.5	28.9	30.2

表 2-37 5 号土料场土料反滤试验成果

心墙土料（被保护料）			反滤层 I 区料（保护料）		反滤后		反滤前	
包线类别	试验编号（黏粒含量%）	ρ_d（g/cm³）	级配特性	ρ_d（g/cm³）	临界坡降	破坏坡降	临界坡降	破坏坡降
下包线（8%）	5-8（8%）	2.24	上包线	1.943	79.6	81.8	28.6	29.8

试验结果表明，在反滤保护作用下，黏粒含量为 8% 的下包线心墙土料，1 号土料场土料破坏坡降从 30.2 提高至 83.5，5 号土料场土料破坏坡降从 29.8 提高至 81.8，表明反滤 I 料能对心墙土料起到较好的反滤保护作用。

4. 颗粒级配与土料渗透特性的关系

为研究颗粒组成对土料渗透性能的影响，开展了多组相同击实功能、0.98 倍最大干密度条件下的渗透试验，试验成果如图 2-9～图 2-11 所示。

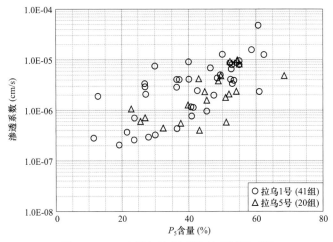

图 2-9 P_5 含量与渗透系数关系试验成果

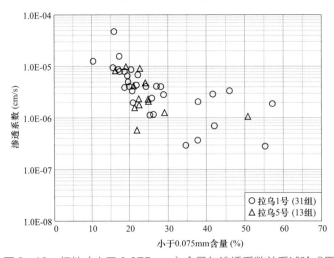

图 2-10 细粒（小于 0.075mm）含量与渗透系数关系试验成果

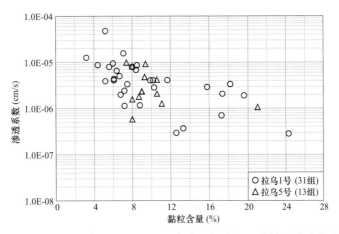

图 2-11　黏粒（小于 0.005mm）含量与渗透系数关系试验成果

P_5 含量范围 11.5%～68.4% 的渗透试验共有 61 组，有 57 组试样渗透系数小于 1×10^{-5}cm/s，占 93.4%。其中 P_5 含量小于 50% 的试验有 40 组，渗透系数均小于 1×10^{-5}cm/s，占 100%；P_5 含量 50%～55% 的试验有 16 组，有 1 组土样渗透系数大于 1×10^{-5}cm/s 的，占总数的 1.6%，区间的 6.3%；P_5 含量大于 55% 的试验有 5 组，有 3 组试验的渗透系数大于 1×10^{-5}cm/s，占总数的 4.9%，占区间的 60%，表明 P_5 含量大于 50% 时土样渗透系数不满足要求概率大。

黏粒含量范围为 3.2%～24.3%（细粒含量 10.4%～57.2%）的渗透试验共 45 组。其中黏粒含量不低于 8% 的试验共计 24 组，渗透系数均小于 1×10^{-5}cm/s，占总数的 53.3%；黏粒含量 6%～8% 的试验共有 14 组，有 1 组土样渗透系数大于 1×10^{-5}cm/s，占总数的 2.2%，占区间的 7.1%；黏粒含量低于 6% 的试验共计 7 组，有 3 组土样渗透系数大于 1×10^{-5}cm/s，占总数的 6.7%，占区间的 42.8%，表明黏粒含量低于 6% 时土样渗透系数不满足要求概率大。

以上分析可知，土样颗粒组成中，P_5 含量与黏粒含量共同影响渗透系数，当黏粒含量不小于 6% 情况下，P_5 含量在 50%～55% 以下渗透系数满足要求，所以黏粒含量应控制在 6% 以上，P_5 含量控制到 50%～55% 以下。统计不满足设计渗透系数要求的土样 P_5、黏粒等指标见表 2-38。

表 2-38　　　　　　　　　　渗透系数大于 1×10^{-5}cm/s 的土样颗粒组成

土料来源	试验干密度（g/cm³）	颗粒组成含量（%）			渗透系数（cm/s）
		P_5	小于 0.075mm	小于 0.005	
1 号土料场	2.27	62.4	10.4	3.2	1.25×10^{-5}
	2.28	58.7	17.3	7.1	1.56×10^{-5}
	2.21	60.7	15.9	5.2	4.73×10^{-5}
	2.16	50	21.4	5.7	1.27×10^{-5}

渗透系数大于 1×10^{-5}cm/s 的试样 P_5 含量分别为 62.4%、58.7%、60.7%、50%，对应的黏粒含量分别为 3.2%、5.2%、7.1%、5.7%。渗透试验结果表明，部分土料黏粒含量小于 6%、细粒含量大于 15%，P_5 含量在 50%以上时渗透系数不满足要求。因此，防渗土料黏粒含量应控制在 6%以上，P_5 含量控制到 50%以下。

防渗土料 P_5 含量 30%、40%、50%的渗透及渗透变形试验结果见表 2-39。从试验结果可知，颗粒粒径小于 5mm 的细粒含量对防渗土料的渗透系数有影响，P_5 含量 50%防渗土料的渗透系数大于 1×10^{-5}cm/s，而 P_5 含量 30%和 P_5 含量 40%防渗土料均小于 1×10^{-5}cm/s。防渗土料的细料和粗料形成一个整体，渗透破坏呈现流土的形式，P_5 含量 30%防渗土料的水力比降达 16.2 时仍未破坏，P_5 含量 40%防渗土料的水力比降达 15.2 时仍未破坏，P_5 含量 50%防渗土料的破坏水力比降为 16.2。

表 2-39 　　　　　　　　　　　土料渗透及渗透变形试验结果

试验编号	P_5 含量（%）	渗流方向	试样干密度（g/cm³）	破坏水力比降	渗透系数（cm/s）
1	30	垂直	2.16	>16.2	7.44×10^{-6}
2	40	垂直	2.16	>15.2	9.03×10^{-6}
3	50	垂直	2.16	16.2	1.27×10^{-5}

1 号土料场、5 号土料场土料平均级配及下包线（P_5 含量为 36.4%、55%、黏粒含量为 6%、8%）的土料进行渗透变形验证试验，试验成果见表 2-40。试验表明，P_5 含量为 55%、黏粒含量为 6%时土料的渗透及渗透变形满足要求。

表 2-40 　　　　　　　　1 号土料场、5 号土料场土料渗透及渗透变形复核成果

土料来源	试验干密度（g/cm³）	颗粒组成含量（%）			渗透系数（cm/s）	临界坡降	破坏坡降
		P_5	小于 0.075mm	小于 0.005mm			
1 号土料场	2.24	36.4	24.4	10.2	4.05×10^{-6}	33.1	34.6
	2.25	55.0	17.4	8.0	7.92×10^{-6}	28.9	30.2
	2.26	55.0	15.6	6.0	9.43×10^{-6}	28.0	29.2
5 号土料场	2.23	43.0	21.1	10.6	4.18×10^{-6}	34.9	36.1
	2.28	55.0	16.2	8.0	8.21×10^{-6}	28.6	29.8

5. 干密度与渗透系数的关系

按 P_5 含量 45%，制样含水率为 5.5%，试验制样控制干密度分别为 1.98g/cm³、2.06g/cm³、2.16g/cm³、2.20g/cm³、2.24g/cm³、2.30g/cm³ 的不同密度（孔隙比）渗透系数试验成果见表 2-41。试验成果表明，P_5 为 45%时，试验干密度 1.98～2.30g/cm³，土样的渗透系数在 $i\times10^{-9}$～$i\times10^{-6}$cm/s 量级，属微透水性土～极微透水性土，随干密度的增大，渗透系数降低（见图 2-12）。

表2-41 试验干密度与渗透系数的试验成果

试验编号	制样干密度（g/cm³）	试验水头（m）	平均渗透系数（cm/s）	渗透性
1	1.98	10.0、20.0	2.0×10^{-6}	微透水
2	2.06	10.0、15.0、20.0	1.9×10^{-6}	微透水
3	2.16	75.0、100.0、150.0	1.2×10^{-7}	极微透水
4	2.20	50.0、149.6、199.5	2.8×10^{-8}	极微透水
5	2.24	50.0、100.0、150.0	2.0×10^{-8}	极微透水
6	2.30	200.0	4.4×10^{-9}	极微透水

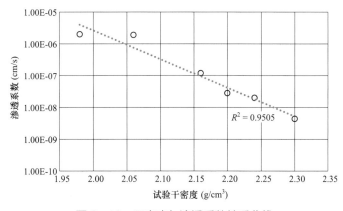

图2-12　干密度与渗透系数关系曲线

七、强度特性

为掌握并研究拉乌1号土料场、2号土料场及5号土料场土料的强度与变形参数，开展了67组土料相同功能下的压缩试验，71组三轴（CD）试验，P_5含量与压缩模量（0.1～0.2MPa）、摩擦角、邓肯-张E-B模型参数（K、n、K_b、m）的关系如图2-13～图2-18所示。

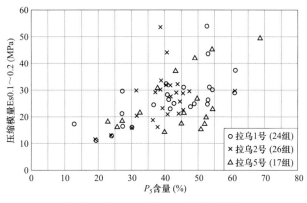

图2-13　P_5含量与压缩模量关系

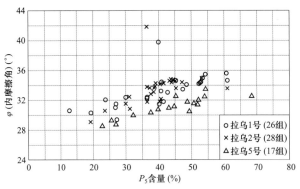

图 2-14　P_5 含量与摩擦角的关系

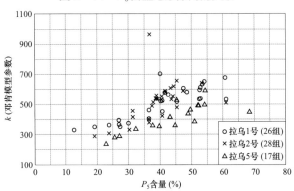

图 2-15　P_5 含量与邓肯-张 E-B 模型参数 K 的关系

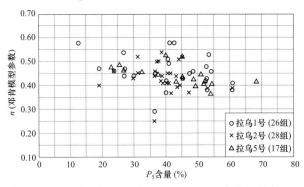

图 2-16　P_5 含量与邓肯-张 E-B 模型参数 n 的关系

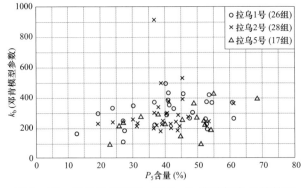

图 2-17　P_5 含量与邓肯-张 E-B 模型参数 K_b 的关系

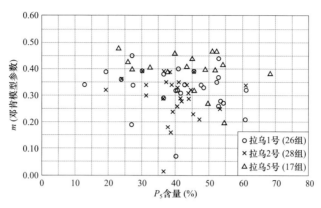

图 2-18 P_5 含量与邓肯-张 E-B 模型参数 m 的关系

试验成果表明，① 压缩模量、内摩擦角、K、K_b 随 P_5 含量的增加而增大，而 n、m 值则有减小趋势；② P_5 含量在 12.8%～68.4% 范围内，压缩模量为 11.5～54.4MPa，内摩擦角为 26.5°～44.6°，K 值为 245～967，n 值为 0.25～0.58，K_b 值为 96.3～917，m 值 0.01～0.48。

由于 P_5 含量是影响土料强度和变形的主要因素，在 P_5 含量 20%～55% 范围内按 5% 的变化幅度分段统计出的强度与变形参数平均值见表 2-42 和图 2-19～图 2-22。

表 2-42 P_5 含量与强度及变形参数统计（平均值）

P_5		压缩模量	黏聚力	内摩擦角	邓肯-张 E-B 模型主要参数				
统计范围（%）	平均值（%）	$E_{S0.1-0.2}$（MPa）	c_d（kPa）	φ_d（°）	K	n	R_f	K_b	m
<20	17.1	13.7	93.6	30.0	310.7	0.48	0.82	228.9	0.35
20～25	23.5	15.0	98.9	30.5	305.2	0.47	0.78	221.8	0.40
25～30	26.8	20.8	79.3	30.9	339.2	0.48	0.81	243.2	0.36
30～35	31.1	21.1	103.0	31.5	383.7	0.46	0.79	267.5	0.37
35～40	37.7	27.8	123.6	33.5	500.1	0.44	0.84	325.4	0.35
40～45	42.0	28.7	130.2	33.6	535.6	0.45	0.83	298.7	0.32
45～50	47.0	28.3	138.1	33.4	542.4	0.44	0.82	345.0	0.32
50～55	52.9	30.5	137.5	33.7	558.0	0.43	0.83	339.3	0.35
＞55	62.8	36.7	139.5	34.1	594.5	0.40	0.79	349.1	0.32

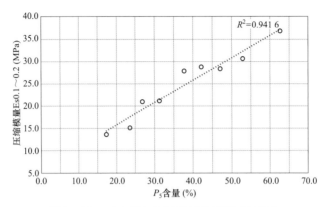

图2-19　P_5含量与压缩模量的关系（统计）

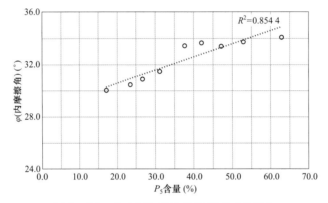

图2-20　P_5含量与摩擦角的关系（统计）

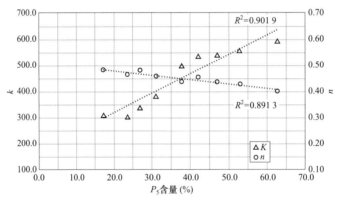

图2-21　P_5含量与邓肯-张E-B模型参数K、n的关系（统计）

表2-42及图2-19～图2-22试验成果表明：① P_5含量为20%～25%时，压缩模量为15.0MPa，内摩擦角为30.5°，K值为305.2，K_b值为221.8；② P_5含量为25%～30%时，压缩模量为20.8MPa，内摩擦角为30.9°，K值为339.2，K_b值为243.2；③ P_5含量为30%～35%时，压缩模量为21.1MPa，内摩擦角为31.5°，K值为383.7，K_b值为267.5；④ P_5含量与压缩模量、内摩擦角、K、K_b、n的拟合直线相关性较好，与m的相关系数则略低。

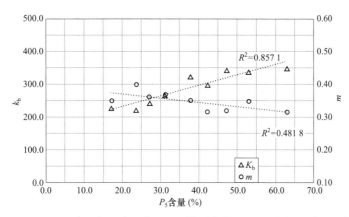

图 2-22　P_5 含量与邓肯-张 E-B 模型参数 K_b、m 的关系（统计）

综合上述分析，当 P_5 含量小于 30% 时，切线模量 K、K_b 值偏低，变形偏大；当 P_5 含量大于 30% 时，具有较高的切线模量，满足高坝的变形控制要求。

八、固结剪切试验

中型固结试验在三联高压固结仪上进行，试样的尺寸为 ϕ101mm×101mm；大型固结试验在高压大型固结试验仪上进行，大型压缩试验试样的尺寸为 ϕ500mm×300mm，GY 组为固结快剪，NK 组为饱和快剪。试验方法及参数整理均按照规程进行，试验成果见表 2-43 和表 2-44。

表 2-43　　　　　　　　1 号土料场土料固结、直剪试验成果统计表

试验单位	统计指标	压缩试验（中样） 0.1～0.2MPa		压缩试验（大样） 0.1～0.2MPa		直剪试验（大样）		备注
		压缩系数 a_v（MPa^{-1}）	压缩模量 E_s（MPa）	压缩系数 a_v（MPa^{-1}）	压缩模量 E_s（MPa）	黏聚力 c（kPa）	内摩擦角 φ（°）	
GY 组	平均值	0.0479	27.6	0.0471	28.1	82.2	34.0	固结快剪
	大值平均值	0.0572	33.3	0.0562	34.8	106.8	36.2	
	小值平均值	0.0397	26.5	0.0341	27.7	62.5	31.2	
NK 组	平均值	0.0462	29.0	0.0374	32.75	248.3	12.2	大样平均值为平均线成果，小值平均值为上包线成果，直剪为饱和快剪
	大值平均值	0.0543	35.9					
	小值平均值	0.0371	24.2	0.0762	16.63		10.3	

表2-44　　　　　　　　5号土料场土料固结、直剪试验成果统计表

试验单位	统计指标	压缩试验（中样）0.1～0.2MPa		压缩试验（大样）0.1～0.2MPa		直剪试验（大样）		备注
		压缩系数 a_v（MPa^{-1}）	压缩模量 E_s（MPa）	压缩系数 a_v（MPa^{-1}）	压缩模量 E_s（MPa）	黏聚力 c（kPa）	内摩擦角 φ（°）	
GY组	平均值	0.04872	29.2	0.050	31.4	91.9	34.5	固结快剪
	大值平均值	0.6842	32.8	0.070	43.5	122.8	37.7	
	小值平均值	0.03612	20.9	0.035	22.4	68.8	32.2	
NK组	平均值	0.0641	21.6	0.0453	27.52	259.1	11.2	大样平均值为平均线成果
	大值平均值	0.0745	30.6					
	小值平均值	0.0516	18.2					

试验结果表明，中型试样与大型试样粗粒含量一致，因而压缩模量、压缩系数差异不大，为中压缩性土样。

九、静力三轴试验

中型三轴试样直径为 101mm，高度为 200mm，大型三轴试样直径为 300mm，高度为 600mm。三轴试验成果汇总见表2-45和表2-46，邓肯-张E-B模型参数见表2-47～表2-50。

表2-45　　　　　　　　1号土料场土料三轴试验成果汇总表

试验单位	统计指标	中型样（ϕ101mm）						大型样（ϕ300mm）					
		CU 试验				CD 试验		CU 试验				CD 试验	
		总应力强度指标		有效应力强度指标				总应力强度指标		有效应力强度指标			
		c_{CU}（kPa）	φ_{CU}（°）	c'（kPa）	φ（°）	c_{CU}（kPa）	φ_{CU}（°）	c_{CU}（kPa）	φ_{CU}（°）	c'（kPa）	φ（°）	c_{CU}（kPa）	φ_{CU}（°）
GY组	平均值	241.6	22.0	123.9	32.1	146.3	32.4	206.4	19.1	124.6	30.5	130.5	33.0
	大值平均值	269.4	23.3	152.2	33.1	184.6	33.4	242.6	20.0	154.6	31.0	154.5	34.6
	小值平均值	196.5	20.6	98.3	30.8	111.6	31	158.1	17.9	84.5	29.3	112.5	31.8
NK组	平均值	224.4	21.0	104.3	32.2	123.8	33.5						
	大值平均值	249.7	22.7	129.1	33.1	142.7	34.6	230.6	19.9	136.2	31.3	151.6	31.5
	小值平均值	186.5	19.5	67.0	31.2	85.9	31.9	158.8	17.9	56.1	29.1	91.7	29.4

注：NK组大型三轴大值平均值为平均包线成果，小值平均值为上包线成果。

表 2-46　　　　　　　　5 号土料场土料三轴试验成果汇总表

试验单位	统计指标	中型样（ϕ101mm）						大型样（ϕ300mm）					
		CU 试验				CD 试验		CU 试验				CD 试验	
		总应力强度指标		有效应力强度指标				总应力强度指标		有效应力强度指标			
		c_{CU} (kPa)	φ_{CU} (°)	c' (kPa)	φ (°)	c_{CD} (kPa)	φ_{CD} (°)	c_{CU} (kPa)	φ_{CU} (°)	c' (kPa)	φ (°)	c_{CD} (kPa)	φ_{CD} (°)
GY组	平均值	252.5	21.7	136.6	31.7	153.1	32.4	219.6	19.7	128.6	31.1	106.7	30.6
	大值平均值	269.9	22.5	159.8	32.4	182.8	33.2	250.4	21.2	149.5	31.5	123.9	31.8
	小值平均值	236.8	20.8	119.2	30.8	123.5	31.0	178.6	18.5	100.8	30.5	93.8	29.7
NK组	平均值	211.1	19.8	120.2	30.3	135.9	31.7	125	3.9	244	18.9	146	30.1
	大值平均值	238.9	21.3	131.5	31.0	142.8	32.6						
	小值平均值	146.1	18.3	93.7	29.7	108.4	30.8						

注：NK 组大型三轴大值平均值为平均包线成果。

表 2-47　1 号土料场土料中型（ϕ101mm）试样三轴试验邓肯-张 E-B 模型参数

试验单位	统计/试验编号	邓肯-张 E-B 模型参数											
		c_d (kPa)	φ_d (°)	φ_0 (°)	$\Delta\varphi$ (°)	K	n	R_f	D	G	F	K_b	m
GY组	平均值	146.3	32.4	43.2	5.6	609.7	0.43	0.84	4.6	0.36	0.098	362.9	0.40
	大值平均值	184.6	33.4	44.1	6.0	637.3	0.46	0.86	5.2	0.38	0.127	438.7	0.44
	小值平均值	111.6	31.0	41.7	5.1	573.0	0.40	0.80	3.9	0.34	0.077	325.0	0.34
NK组	平均值	123.8	33.5	41.7	5.0	546.0	0.48	0.85	4.0	0.36	0.088	291.5	0.32
	大值平均值	142.7	34.6	43.5	5.6	611.1	0.55	0.86	4.8	0.37	0.101	363.0	0.37
	小值平均值	85.9	31.9	37.9	3.7	448.5	0.43	0.81	3.4	0.34	0.073	209.8	0.25
BK组	拉乌1平	204.0	32.4	44.1	6.7	460.0	0.29	0.82				220	0.29
QH组	拉乌1平	49.3	39.8	40.6	4.18	702.2	0.37	0.84				496.0	0.07

表 2-48　5 号土料场土料中型（ϕ101mm）试样三轴试验邓肯-张 E-B 模型参数

试验单位	统计/试验编号	邓肯-张 E-B 模型参数											
		c_d (kPa)	φ_d (°)	φ_0 (°)	$\Delta\varphi$ (°)	K	n	R_f	D	G	F	K_b	m
GY组	平均值	153.1	32.4	43.0	5.3	517.1	0.43	0.84	4.4	0.355	0.102	292.6	0.40
	大值平均值	182.8	33.2	43.8	6.1	586.3	0.45	0.87	5.2	0.371	0.118	340.4	0.44
	小值平均值	123.5	31.0	41.4	4.5	424.8	0.41	0.80	3.7	0.337	0.087	228.9	0.36

试验单位	统计/试验编号	邓肯-张 E-B 模型参数											
		c_d (kPa)	φ_d (°)	φ_0 (°)	$\Delta\varphi$ (°)	K	n	R_f	D	G	F	K_b	m
NK组	平均值	135.9	31.7	41.2	5.8	439.9	0.45	0.82	3.2	0.36	0.078	206.7	0.42
	大值平均值	142.8	32.6	42.1	6.1	526.5	0.49	0.83	3.7	0.38	0.090	277.4	0.46
	小值平均值	108.4	30.8	39.1	4.9	353.2	0.41	0.80	2.6	0.32	0.060	135.9	0.31

表 2-49 1号土料场土料大型（ϕ300mm）试样三轴试验邓肯-张 E-B 模型参数

试验单位	试验编号	邓肯-张 E-B 模型参数											
		c_d (kPa)	φ_d (°)	φ_0 (°)	$\Delta\varphi$ (°)	K	n	R_f	D	G	F	K_b	m
GY组	平均值	130.5	33.0	40.1	4.0	427.9	0.45	0.77	1.5	0.42	0.14	352.7	0.38
	大值平均值	154.6	34.6	42.1	4.3	500.3	0.47	0.79	1.7	0.45	0.59	410.7	0.39
	小值平均值	112.5	31.8	38.7	3.7	373.5	0.43	0.76	1.1	0.39	0.06	309.3	0.34
NK组	上包线	91.7	29.4	36.2	4.0	349.3	0.47	0.82	3.68	0.34	0.08	185.4	0.34
	平均线	151.6	31.5	42.0	6.3	—	—	—	—	—	—	—	—

表 2-50 5号土料场土料大型（ϕ300mm）试样三轴试验邓肯-张 E-B 模型参数

试验单位	试验编号	邓肯-张 E-B 模型参数											
		c_d (kPa)	φ_d (°)	φ_0 (°)	$\Delta\varphi$ (°)	K	n	R_f	D	G	F	K_b	m
GY组	平均值	106.7	30.6	36.8	3.8	374.0	0.45	0.77	1.6	0.45	0.06	304.3	0.40
	大值平均值	123.9	31.8	38.1	4.2	442.0	0.47	0.78	1.8	0.46	0.07	363.7	0.42
	小值平均值	93.8	29.7	35.1	3.5	323.0	0.42	0.76	1.4	0.44	0.05	259.8	0.40
NK组	平均线	152.3	30.7	41.5	6.5	467.1	0.40	0.82	3.16	0.35	0.05	274.0	0.27

从上述试验成果来看，固结排水剪切 φ_{CD} 大于有效应力 φ' 大于总应力强度指标 φ_{CU}，即排水剪切强度指标最高，有效应力强度指标次之，总应力强度指标最低，中型三轴试验强度、$K-n$ 参数高于大型三轴，而 K-B 模型参数则不如大型三轴。

十、真三轴试验

实际岩土环境中，土所受到的三个主应力的大小往往是不同的，真三轴试验是模拟土体受到荷重的情况下，土体内任一小单元所承受的应力状态。研究在主应力方向固定的条件下，主应力与应变的关系及强度特性，即土的本构关系。真三轴试验方法测定的结果比常规三轴试验即轴对称三轴试验更能反映真实的本构关系，也更为复杂。真三轴仪 σ_1、σ_2、σ_3 三个方向完全独立，互不影响加压。其中，σ_1、σ_2 为刚性加载，σ_3 方向为水囊加压（柔性加压）。

对 1 号料场土料进行了中型真三轴试验，试验级配为料场级配平均线，试验密度与动力试验相同。试样尺寸 120mm×120mm×60mm。试验时，首先以 $\sigma_3 = 20\text{kPa}$ 等向将试样预压紧后，在 $\sigma_3 = 20\text{kPa}$ 的基础上根据 b_0（中主应力系数）值要求按比例分别增加大主应力 σ_1、中主应力 σ_2 及小主应力 σ_3 至某一值，使试样达到初始三向应力状态；待固结稳定后开始根据试验要求施加大主应力向应力增量至试验结束。试验过程中量测试样的 3 向应变增量等相关参数，加载路径如图 2-23 所示。

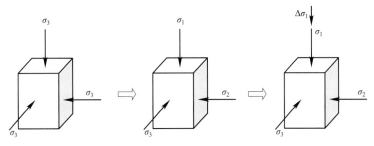

图 2-23 真三轴试验加载路径示意图

本次试验初始小主应力分别为 100kPa、200kPa、400kPa，中主应力系数 $b_0 = 0.2$、0.5、0.8。对同一围压下的试验，尽量保持大小主应力不同方向加载时的初始状态一致，以保证最后的试验增量应力－应变关系具有可比性。试验按初始围压、初始 3 向应力状态（初始 b_0 值）不同共分为 9 组，详见表 2-51。

表 2-51　　　　　　　　真三轴试验初始三向应力状态

围压 σ_3 （kPa）	不同 b_0 时的三向应力（kPa）		
	$b_0 = 0.2$	$b_0 = 0.5$	$b_0 = 0.8$
100	850，250，100	400，250，100	287，250，100
200	950，350，200	500，350，200	387，350，200
400	1150，550，400	750，550，400	587，550，400

本次真三轴试验采用单向加载，应力路径比较简单，采用弹性理论对试验结果进行整理，并沿用增量弹性模量和泊松比的概念对应力—应变关系进行简单分析。根据不同围压及初始 b_0 条件下大主应力加荷试验结果，整理得到不同弹性模量和对应泊松比结果见表 2-52。

表 2-52 弹性模量、泊松比与围压和 b_0 值关系表

试验编号	σ_3（kPa）	b_0	E_t（MPa）	μ_{21}	μ_{31}
1 号土料场土料	100	0.2	1.96	0.20	0.65
		0.5	32.00	0.15	0.45
		0.8	41.01	0.11	0.36
	200	0.2	11.37	0.18	0.62
		0.5	37.20	0.15	0.54
		0.8	54.88	0.09	0.22
	400	0.2	15.29	0.27	0.57
		0.5	40.48	0.13	0.41
		0.8	65.85	0.07	0.21

上述不同围压、不同初始 b_0 条件下的弹性模量和泊松比规律说明，三维应力条件下中主应力对试样变形能力的影响效应明显。相同围压条件下，随初始 b_0 增大，中主应力越大，对试样变形能力影响越显著，表现在弹性模量上，即随中主应力增大，大主应力方向弹性模量也增加，而且随围压的增加，弹性模量增大的幅度有所降低。在相同围压条件下，随初始 b_0 增大，即中主应力相对增大，对侧向变形约束增加，相应的侧向变形能力减少，即泊松比减小；而且一般有 μ_{31} 降低幅度大于 μ_{21}；随围压的增加，泊松比减小幅度也有所增加；此外试验结果还表明，三维复杂应力状态下，由于中主应力的影响，即使是大主应力单向加荷这样简单的应力路径，在相对侧向变形的中主应力和小主应力两个方向所引起的变形差异也十分明显，小主应力方向变形明显比中主应力方向大，反映在泊松比上，μ_{31} 一般较 μ_{21} 大。

试验结果表明，复杂应力条件下大主应力方向单向加载，不同方向引起的应力变形显现出了明显各向异性：弹性模量和泊松比随初始 b_0 值呈规律性变化。σ_1 方向加载时，相同围压下随着初始 b_0 值增大，弹性模量 E_t 增大，泊松比 μ_{31} 和 μ_{21} 减小，相对加载方向的两个侧向变形方向上的泊松比大小不同，μ_{31} 较 μ_{21} 大。

十一、等向固结试验

试验在英国制造的 WF 中型高压三轴仪上进行，固结过程中保证试样在各个方向上受到的荷载大小相等，与常规三轴试验不同的是，等向固结试验需要分级施加围压，在每个围压下均固结排水 12h，读出固结前后的上帽排水管水面读数，两者之差就是每级围压固结的排水量，另外在施加下一级围压前需要将排水阀门关闭，等围压稳定后再打开排

水阀门。

荷载分 5 次施加，分别是 0.5MPa、1.0MPa、1.8MPa、2.5MPa 和 3.2MPa，试样在每级荷载下固结 24h。当试样完成 3.2MPa 的固结阶段后，按 2.5MPa、1.8MPa、1.0MPa、0.5MPa 的顺序进行卸荷，为使试样充分回弹膨胀，在卸荷过程中每级荷载仍然维持 24h。试验过程中记录试验历时对应的体变管读数。

1 号土料场土样试验的孔隙比和体积应变与时间的关系如图 2-24～图 2-27 所示。

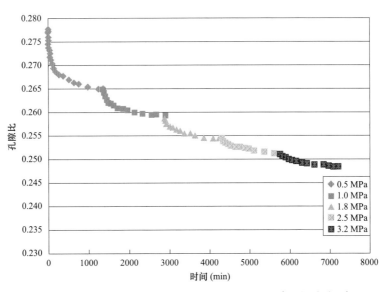

图 2-24　1 号土料场土样孔隙比与时间的关系（平行试验 1）

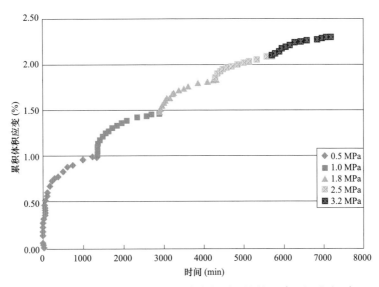

图 2-25　1 号土料场土样体积应变与时间的关系（平行试验 1）

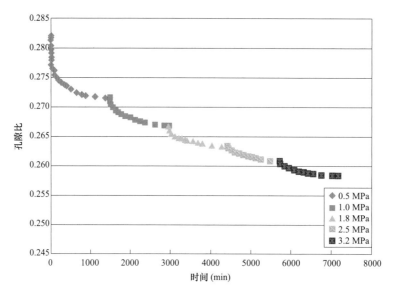

图 2-26 1 号土料场土样孔隙比与时间的关系（平行试验 2）

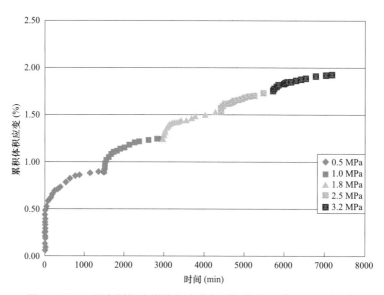

图 2-27 1 号土料场土样体积应变与时间的关系（平行试验 2）

图 2-24～图 2-27 试验成果表明，在施加荷载初期，试样排水较快，孔隙比减小，体积应变增大。随着时间的增长，试样变化逐渐趋于稳定。并且随着一级一级荷载的施加，试样逐渐被压密，在较高荷载下试样孔隙比和体积应变的变化速率比低荷载时要小。

1 号土料场土样在固结阶段比体积均和围压对数值呈现良好的线性关系，卸载阶段比体积均和围压对数值也呈现良好的线性关系，根据试验结果得到的剑桥模型各向等压固结参数、回弹参数的取值情况见表 2-53。

表 2–53　　　　　　　　　　　　　1 号土料场土样剑桥模型试验参数

试验土样	试验编号	λ	κ
1 号土料场	平行试验 1	0.0088	0.0007
	平行试验 2	0.0070	0.0005

十二、等应力比试验

同一种应力因为加载、卸载、重新加载或重新卸载的过程不同，所对应的应变和土的性质都有很大不同。土的应力路径可以模拟土的应力历史，这对于全面地研究应力变化过程对土的力学性质的影响，从而通过土体的变形和强度分析反映土的应力历史条件等具有十分重要的意义。土石坝内坝料在填筑期的应力路径可近似为等应力比的路径（q/p＝常数），故采用等应力比试验来模拟研究 RM 高心墙土石料在填筑期的应力路径。

根据 RM 坝体可能出现的应力比范围，并考虑试验的可行性，对 1 号土料场土料进行等应力比试验，取等应力比值 R＝1.5、2.0、2.5、3.0、3.5。

等应力比试验实测 σ_1 与 σ_3 的关系如图 2–28 所示，各加载路径均呈很好的线性关系。

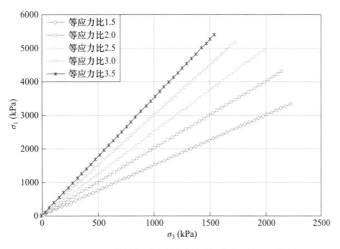

图 2–28　1 号土料场土料等应力比试验 σ_1 与 σ_3 的关系

1 号土料场土料剪应力、平均应力、轴向应变、广义剪应变、体应变之间的关系如图 2–29～图 2–32 所示，其中广义剪应力 $q = \sigma_1 - \sigma_3$，广义剪应变 $\varepsilon_s = \varepsilon_1 - \varepsilon_v / 3$，平均应力 $p = (\sigma_1 + 2\sigma_3) / 3$。

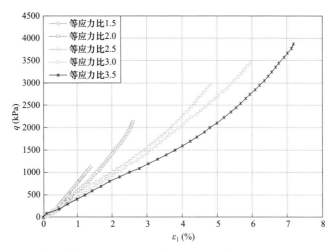

图 2-29   1 号土料场土料等应力比试验广义剪应力 q 与轴向应变 ε_1 的关系

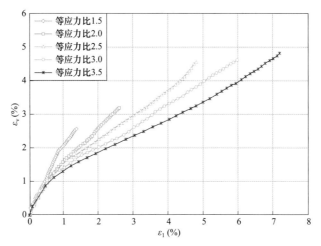

图 2-30   1 号土料场土料等应力比试验体应变 ε_v 与轴向应变 ε_1 关系

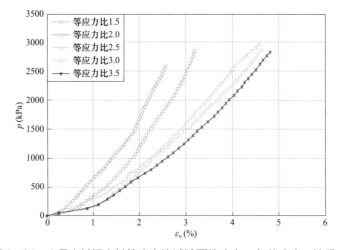

图 2-31   1 号土料场土料等应力比试验平均应力 p 与体应变 ε_v 关系

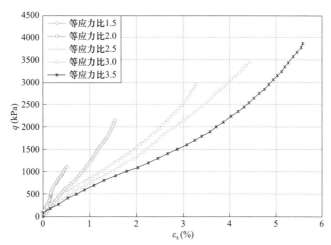

图2-32 1号土料场土料等应力比试验广义剪应力 q 与广义剪应变 ε_s 关系

图2-29～图2-32试验成果表明，等应力比加载作用下RM心墙土料的应力变形特性有以下几点：

（1）对于 R 为常数的等应力比加载试验，广义剪应力和轴向应变呈比较好的正相关关系，且随着变形的增加，整体上各曲线斜率增加，表明产生变形越来越不容易。比较各条曲线可以看出，R 越小，斜率越大，即同一轴向应变下，R 越小，相应的广义剪应力越大，表明产生变形越不容易。随着 R 的增加，曲线间的距离拉开；特别是对于 R 等于3和3.5的曲线，与其他曲线相比，在偏差应力相同时产生的变形明显变大。

（2）对于所有应力比的试验，体应变和轴向应变呈较好的正相关关系，说明加载过程中试样不发生膨胀。而且 R 越大，直线斜率越小，即在同一轴向应变下，R 越大，相应的体应变越小。

（3）对于同一应力比，平均应力随体应变增大而增大，且斜率越来越大，说明产生体应变越来越不容易。在同一体应变下，R 越小，平均应力越大。不同的 R 对应的曲线不同，说明剪切作用对体应变有较大影响，亦即土料有较明显的剪胀性。

（4）广义剪应力与广义剪应变关系曲线的特点和相对关系与广义应力-轴向应变关系很类似。不同之处在于，对于同一应力比，开始阶段广义剪应力随剪应变增长较快，随后增长变缓，后面又逐渐加快。且在同一剪应变下，R 越小，相应的剪应力越大。同时还可以看出，各条线间的差距比平均应力和体应变曲线的差别明显。

（5）在一般常规三轴CD试验中，试验结束时，各个围压下试样均已发生破坏。等应力比试验中，试验结束时，各个应力比下试样均未发生破坏，且最后试验结束时，应力比 R 越大，试验的轴向应变越大。两种试验曲线的形状差别明显，以偏差应力-轴向应变曲线为例，CD试验曲线向右弯曲，而等应力比试验曲线向左弯曲。其原因是常规三轴CD试验的应力路径是越来越接近破坏主应力线，试样变形越来越容易，直到最后相交时，试样发生破坏；等应力比试验的应力路径的斜率均小于破坏主应力线的斜率，所以随着试验进行，与破坏主应力线距离也越来越远，变形越来越困难，且无法相交，所以最终均未破坏。此外，随着荷载的增加，体应变一直增加，相当于试样逐渐变得密实，也即可承受更大的应力；这也是其应力变形曲线特点与 CD 试验不同的另一个原因。

十三、复杂应力路径

土石坝内坝料在填筑期的应力路径可近似为等应力比的路径（q/p = 常数），但在蓄水过程中心墙不同部位将经历不同的应力状态的变化。如在上游部位可能是大主应力不变而小主应力减小或大小主应力同时减小，而在下游部位可能是大主应力不变而小主应力增加或小主应力不变大主应力增加，或者二者同时增加。故采用复杂应力路径试验来研究 RM 高心墙土石料在填筑期和蓄水期的力学特性。

根据 RM 坝体可能出现的应力比范围，并考虑试验的可行性，对拉乌 1 号土料进行复杂应力路径试验，具体方案见表 2-54。在等应力比加载阶段，取等应力比值 $R=2.5$，采用分级加荷的方式，每级 $\Delta\sigma_3 = 10\text{kPa}$，每级时间 20min。达到预定的围压后，应力路径发生转折。

表 2-54　　　　　　　　　　复杂应力路径三轴试验方案

试验类型	料场	试验编号	试验点	试验应力路径
复杂应力路径	1 号土料场	D1-1～D1-2	2	进行 $R=2.5$ 的等比加载，分别至约 $\sigma_3 = 1.0$ 和 1.8MPa 时转折，σ_3 保持不变，σ_1 增大直至试样破坏
	1 号土料场	D1-3～D1-4	2	进行 $R=2.5$ 的等比加载，分别至约 $\sigma_3 = 1.0$ 和 1.8MPa 时转折，σ_1 保持不变，σ_3 减小，直至试样破坏
	1 号土料场	D1-5～D1-6	2	进行 $R=2.5$ 的等比加载，分别至约 $\sigma_3 = 1.0$ 和 1.8MPa 时转折，σ_3 和 σ_1 减小且 $\Delta\sigma_1/\Delta\sigma_3 = 1.0$，直至试样破坏

复杂应力路径试验实测 σ_1 与 σ_3 的关系如图 2-33 所示，各加载路径均呈很好的线性关系。剪应力、平均应力、轴向应变、广义剪应变、体应变之间的关系如图 2-34～图 2-37 所示。图例中"1"和"3"分别表示 σ_1 和 σ_3，"拐点"后面的数字为应力路径发生转折时的 σ_3，单位为 kPa。

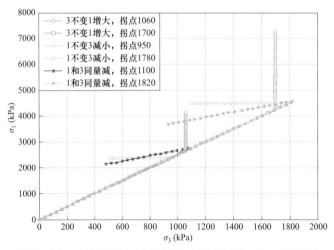

图 2-33　1 号土料场土料复杂应力路径试验 σ_1 与 σ_3 的关系

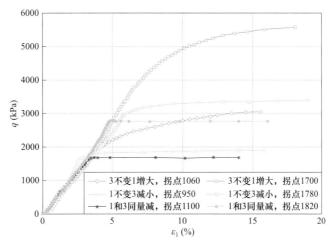

图2-34 1号土料场土料复杂应力路径试验广义剪应力 q 与轴向应变 ε_1 的关系

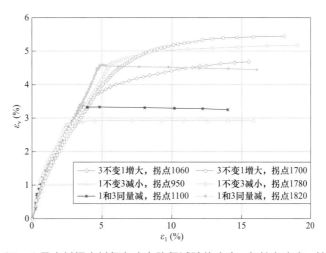

图2-35 1号土料场土料复杂应力路径试验体应变 ε_v 与轴向应变 ε_1 关系

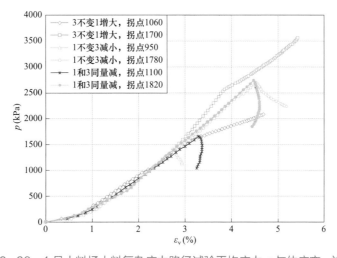

图2-36 1号土料场土料复杂应力路径试验平均应力 p 与体应变 ε_v 关系

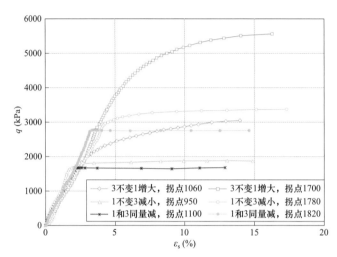

图 2-37　1 号土料场土料复杂应力路径试验广义剪应力 q 与广义剪应变 ε_s 关系

由图 2-34～图 2-37 所示曲线可分析得到复杂应力路径条件下 RM 心墙土料的应力变形特性有以下几点：

（1）在等应力比加载阶段，各种试验得到的同类曲线很接近，与等应力比试验的 $R = 2.5$ 的相应曲线基本一致。

（2）对表 2-53 中 1 号土料场土料的 D1-1～D1-2 试验，等比加载后 σ_3 保持不变，σ_1 增大直至试样破坏，得到的各类曲线与常规三轴试验类似，不同之处在于该复杂应力路径试验的体变较大，这一方面是由于这种加载方式有利于体变发展，另一方面是由于一般常规三轴试验中得到的体变不包括等向压缩阶段的体积变化。

（3）对表 2-54 中 1 号土料场土料的 D1-3～D1-4 试验，等比加载后 σ_1 保持不变，σ_3 减小直至试样破坏，得到的各类曲线与常规三轴试验明显不同。与常规三轴试验和 D1-1～D1-2 试验相比，该复杂应力路径试验的广义剪应力虽然也在不断增加，但增加的幅度却相对较少。体应变在转折初期有所增加，但很快趋于稳定，其原因是应力路径转折后平均应力在减小，新产生的体应变是由剪切效应引起。

（4）对表 2-53 中 1 号土料场土料的 D1-5～D1-6 试验，等比加载后 σ_1 和 σ_3 同步减小直至试样破坏，得到的各类曲线与前述试验明显不同。该复杂应力路径试验的广义剪应力在应力路径转折后保持不变，在转折后的初期体应变稍有增加，在加载的后期体应变有所减小。这是因为在应力路径转折后加载后期平均应力减小较多，试样的回弹超过了剪切作用引起的体积收缩。

十四、流变、浸水变形试验

1. 流变试验

砾石心墙土料的流变在宏观上表现为：高接触应力 – 砾石颗粒破碎和土体的滑移变

形—应力释放、调整和转移的循环过程，在这种反复过程中砾石心墙土料变形的增量逐渐减小最后趋于相对静止，但总的趋势非常明显，所以这个过程需要相当长的时间才能完成，直至不再发生变形；在荷载的作用下，砾石的破碎和土体的滑移对砾石土混合料的流变过程有非常大的影响，在这个过程结束后，砾石心墙土料慢慢趋近于较高的密实度和较小的孔隙比，因此这个阶段的变形量较小而且比较平稳，所需时间较长。

流变试验成果见表 2-55，流变模型参数见表 2-56。

表 2-55　　　　　　　　　　　NK 组 流 变 试 验 成 果

料场名称	σ_3 （kPa）	S_l	ε_{ls} （%）	ε_{vs} （%）	γ_s （%）
1 号土料场	400	0.000	0.164	0.491	0.000
		0.217	0.359	0.585	0.164
		0.421	0.662	0.631	0.452
		0.786	1.540	0.710	1.303
	800	0.000	0.207	0.620	0.000
		0.215	0.424	0.722	0.183
		0.415	0.770	0.828	0.494
		0.803	1.703	0.911	1.400
	1200	0.000	0.247	0.741	0.000
		0.203	0.474	0.853	0.190
		0.411	0.830	0.952	0.513
		0.772	1.872	1.036	1.526
	2000	0.000	0.286	0.857	0.000
		0.202	0.540	0.989	0.210
		0.413	0.914	1.093	0.550
		0.795	2.411	1.192	2.013
	3200	0.000	0.329	0.986	0.000
		0.211	0.613	1.128	0.238
		0.410	1.054	1.245	0.639
		0.793	2.639	1.348	2.190
5 号土料场	400	0.000	0.175	0.524	0.000
		0.213	0.383	0.617	0.177
		0.422	0.716	0.673	0.491
		0.789	1.632	0.738	1.386

续表

料场名称	σ_3（kPa）	S_1	ε_{1s}（%）	ε_{vs}（%）	γ_s（%）
5号土料场	800	0.000	0.217	0.651	0.000
		0.204	0.444	0.759	0.191
		0.416	0.785	0.832	0.508
		0.795	1.807	0.939	1.494
	1200	0.000	0.255	0.766	0.000
		0.211	0.509	0.891	0.212
		0.423	0.878	0.976	0.552
		0.423	0.878	0.976	0.552
		0.783	1.983	1.082	1.622
	2000	0.000	0.303	0.908	0.000
		0.216	0.581	1.053	0.230
		0.423	0.955	1.136	0.576
		0.812	2.542	1.226	2.133
	3200	0.000	0.342	1.027	0.000
		0.221	0.655	1.184	0.260
		0.405	1.132	1.275	0.707
		0.806	2.868	1.376	2.409

表2-56　　　　　　　　　　　NK组流变模型参数

料场名称	级配特性	b（%）	c（%）	d（%）	m_1	m_2	m_3
1号土料场	平均线	0.309	0.055	0.607	0.339	0.479	0.790
5号土料场	平均线	0.332	0.061	0.638	0.331	0.449	0.781

2. 浸水变形试验

浸水变形，是指砾石心墙土料在一定的应力状态下浸水，由于土体被水润滑及砾石颗粒矿物浸水软化等原因而使砾石心墙土料发生相互滑移、破碎和重新排列，从而发生变形，并使土体中的应力重新分布的现象。

按照试验方法的不同，浸水变形试验可分为"单线法"和"双线法"两种，"单线法"就是将干样先剪切到一定的（$\sigma_1-\sigma_3$）后保持不变，然后使试样浸水饱和，测定饱和过程中的体积应变和轴向应变增加量。"双线法"就是分别对干样和饱和样进行三轴剪切试验，在某一应力状态下，饱和样和干样之间的应变差值即认为是浸水变形引起的应变增量。

浸水变形试验成果见表 2-57，浸水变形模型参数见表 2-58。

表 2-57　　　　　　　　　　　NK 组浸水变形试验成果

料场名称	σ_3（kPa）	S_1	ε_{1s}（%）	ε_{vs}（%）	γ_s（%）
1 号土料场	400	0.206	0.239	0.303	0.138
		0.386	0.445	0.380	0.318
		0.763	1.723	0.455	1.571
	800	0.203	0.273	0.394	0.142
		0.396	0.544	0.476	0.385
		0.806	2.134	0.562	1.947
	1200	0.217	0.312	0.433	0.168
		0.415	0.670	0.531	0.493
		0.786	2.168	0.660	1.948
	2000	0.217	0.386	0.514	0.215
		0.406	0.795	0.625	0.586
		0.787	2.307	0.736	2.061
	3200	0.209	0.431	0.616	0.225
		0.403	0.944	0.722	0.703
		0.800	2.591	0.806	2.322
5 号土料场	400	0.193	0.274	0.316	0.169
		0.401	0.514	0.376	0.389
		0.782	1.922	0.454	1.771
	800	0.208	0.306	0.400	0.173
		0.397	0.599	0.456	0.447
		0.789	2.079	0.546	1.897
	1200	0.208	0.342	0.436	0.197
		0.408	0.741	0.505	0.573
		0.805	2.272	0.620	2.065
	2000	0.207	0.431	0.530	0.254
		0.410	0.917	0.656	0.698
		0.783	2.368	0.775	2.110
	3200	0.211	0.499	0.612	0.295
		0.399	1.032	0.735	0.787
		0.800	2.551	0.838	2.272

表2-58 NK 组浸水变形模型参数

料场名称	级配特性	c_w（%）	n_w	b_w（%）
1号土料场	平均线	0.247	0.307	0.533
5号土料场	平均线	0.240	0.320	0.541

十五、水力劈裂（击穿）试验

两种不同 P_5 含量土样的试验结果见表2-59。根据试样在不同围压力条件下反压力值和注入水量，绘制出反压和注入水量的关系曲线，分别如图2-38及图2-39所示。并根据不同围压力条件下反压力的峰值压力，绘制劈裂/击穿压力（反压峰值压力）与围压力关系曲线，分别如图2-40及图2-41所示。

表2-59 两种掺砾比条件下的试验成果

土样	σ_3（kPa）	σ_1/σ_3	加压速率（MPa/min）	破坏时 σ_3（kPa）	劈裂/击穿压力 u_f（kPa）	u_f/σ_3
P_5含量45%	800	1.5	0.2	813.9	778.7	0.96
	1000	1.5	0.2	1014.0	1024.0	1.01
	1200	1.5	0.2	1215.7	1414.0	1.16
P_5含量50%	800	1.5	0.2	878.4	844.9	0.96
	1000	1.5	0.2	1073.8	1044.3	0.97

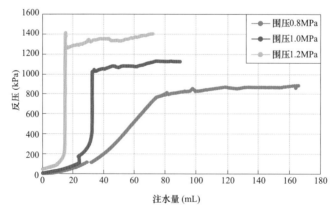

图2-38 不同围力下击穿压力和注水量关系曲线（P_5=45%）

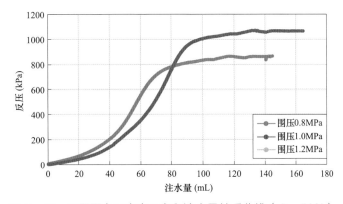

图 2-39 不同围力下击穿压力和注水量关系曲线（$P_5 = 50\%$）

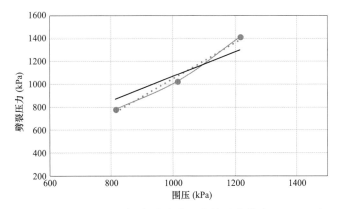

图 2-40 不同围压与劈裂/击穿压力关系曲线（$P_5 = 45\%$）

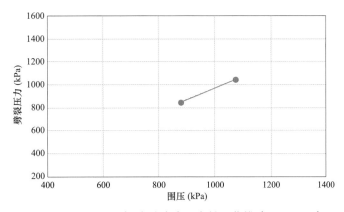

图 2-41 不同围压与劈裂/击穿压力关系曲线（$P_5 = 50\%$）

根据表 2-59 及图 2-38~图 2-39 得出，随着反压不断提高，出水量先维持缓慢增长，当反压接近击穿压力时，出水量突然增大，在试样上特定位置可见出水、鼓出等现象，拆样可见集中渗透通道，如图 2-42 所示。劈裂/击穿压力均接近围压力（即小主应力），随着含砾量增大，击穿压力与围压力的比值有所下降。同时可见，50%含砾量的试样渗透系数远大于 45%含砾量试样。

图 2-42 砾石土中的集中渗透通道形态

十六、动力试验

对 1 号土料场土料上包线和平均线、2 号土料场土料上包线和平均线、5 号土料场土料平均线分别进行了 5 组中型动力特性试验，对 1 号土料场、2 号土料场和 5 号土料场土料平均线开展了大型动力特性试验。试验密度为重型击实试验最大干密度的 0.98 倍，制样含水率为最优含水率。对 1 号土料场土料开展动强度试验，中型试样直径为 101mm，高度为 180mm（见表 2-60）。

表 2-60　　　　　　　　动力特性试验级配及制样密度

料场名称	级配特性	中型动力试验		大型动力试验	
		制样密度（g/cm³）	制样含水率（%）	制样密度（g/cm³）	制样含水率（%）
1 号土料场	上包线	2.20	6.2		
	平均线	2.21	5.3	2.21	5.5
2 号土料场	上包线	2.06	7.8		
	平均线	2.09	7.1	2.09	6.8
5 号土料场	平均线	2.16	6.1	2.18	5.9

中型动力特性试验围压共 4 级，分别为 200、500、700kPa 和 1200kPa；固结应力比两种，分别为 1.5 和 2.0；轴向动应力共 3 级，各级轴向动应力施加 30 振次，频率为 0.1Hz。大型动力特性试验试样尺寸为 ϕ 300mm×700mm，试试验围压为 400、800、1200、2000、3200kPa。固结应力比 K_c 有两种，分别为 1.5 和 2.0；轴向动应力分 6～10 级施加，各级动应力 3 振次。

整理后的试验模型参数见表 2-61 和表 2-62。

表2-61 动 力 特 性 模 型 参 数

料场名称	试验条件			中型动力试验						大型动力试验					
	级配特性	ρ	K_c	k'_2	n	k'_2	k'_1	k_1	λ	k'_2	n	k'_2	k'_1	k_1	λ
1号土料场	上包线	2.20	1.5	2001	0.505	752	19.9	15	0.27						
			2	2065	0.491	776	16.6	12.5	0.261						
	平均线	2.21	1.5	2076	0.508	781	20.8	15.7	0.262	2158	0.609	811	26.5	19.9	0.259
			2	2147	0.484	807	16.4	12.3	0.254	2247	0.604	845	26.8	20.2	0.25
			2	2220	0.457	834	17.5	13.2	0.243	2345	0.595	882	26.3	19.8	0.241
5号土料场	平均线	2.16	1.5	1895	0.522	713	19	14.3	0.274	1955	0.627	735	22.7	17.1	0.271
			2	1985	0.511	746	16.7	12.5	0.265	2068	0.632	778	25.4	19.1	0.262

表2-62 动力残余变形模型参数

料场名称	级配特性	ρ（g/cm³）	c_1（%）	c_2	c_4（%）	c_5
1号土料场	上包线	2.20	0.60	1.51	11.58	1.62
	平均线	2.21	0.56	1.44	10.57	1.53
5号土料场	平均线	2.16	0.38	1.38	14.43	1.50

注：$c_3=0$。

表2-63为根据上述方法整理的1号土料场心墙防渗土料不同破坏周次下总应力动强度指标。

表2-63 1号土料场心墙防渗土料不同破坏周次下动强度总应力指标

级配	固结比	破坏周数	总应力指标	
			c_d（kPa）	φ_d（°）
上包线	1.5	10	9.6	28.5
		20	9.8	28.3
		30	10.3	28.1
平均线	1.5	10	14.7	28.8
		20	15.3	28.4
		30	15.3	28.3
下包线	1.5	10	16.2	29.1
		20	16.4	28.9
		30	16.5	28.8
平均线（大样）	1.5	10	19.9	28.9
		20	19.0	28.6
		30	17.8	28.4

试验结果表明，固结应力比相同时，围压越大，要达到相同的破坏振次需要的动应力越大，但不同围压下的动应力比相差不大。对于同种围压，固结应力比越大，需要更大的动应力才能使试样在相同振次时破坏，但固结比对动应力比影响不显著。

第四节 接触土料试验

一、颗粒级配

共进行 110 组土样的颗粒级配试验，试验成果如图 2-43 所示。

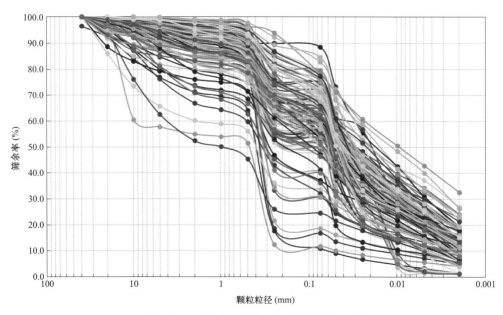

图 2-43 拉乌山接触土料颗粒级配分布曲线

对试验成果进行统计分析：黏粒含量范围值为 1.3%～42.6%，平均值为 19.4%；小于 0.075mm 颗粒含量 10.8%～88.3%，平均值为 58.7%；P_5 含量 0.1%～42.4%，平均为 7.4%。

二、天然含水率与液塑性指数

天然密度、含水率及液塑限试验成果见表 2-64。

表 2-64　　　　　　　　天然密度、含水率、液塑限试验成果统计

统计值	天然密度（g/cm³）	天然含水率（%）	最优含水率（%）	比重	液限（%）	塑限（%）	塑性指数
平均值	1.97	15.1	9.6	2.6	28.8	14.7	14.1
大值平均值	2.07	19.4	12.4	2.6	33.0	17.6	16.5
小值平均值	1.83	11.8	8.8	2.6	24.2	12.5	10.9

三、分散性

采用了针孔、双比重计、土块三种方法，进行了拉乌山接触土料的分散性判别，试验成果统计见表 2-65，其中针孔试验用水为澜沧江江水。

表 2-65 拉乌山接触土料分散性判别试验成果

试验类型及判别	双比重计试验分散度（%）			针孔试验判别			碎块试验判别		
	<30	30~50	>50	非分散性	过渡性	分散性	非分散性	过渡性	分散性
组数	40	1	4	45	无	无	45	无	无
占比（%）	88.9	2.2	8.9	100			100		

依据《水电水利工程天然建筑材料勘察规程》（DL/T 5388—2007），综合判断拉乌山接触土料场土料为非分散性土。

四、矿物、化学试验

进行了矿物成分及化学成分试验，试验统计成果见表 2-66 及表 2-67。

表 2-66 拉乌山接触土料化学成分试验成果

试验单位	统计指标/试验编号	Al_2O_3含量（%）	SiO_2含量（%）	Fe_2O_3含量（%）	CaO含量（%）	MgO含量（%）	烧失量（%）	水溶盐含量（%）	有机质含量（%）	SiO_2/R_2O_3
GY 组	最大值	22.66	54.41	7.96	8.95	2.80	7.40	0.74	1.70	3.96
	最小值	15.63	41.14	5.92	0.54	1.86	3.38	0.24	0.03	3.23
	平均值	18.31	48.46	6.73	2.23	2.28	4.74	0.40	0.32	3.66
NK 组	J-27	8.18	52.72	24.81				0.60	0.44	2.98
	J-22	8.47	52.28	22.11				0.50	0.61	3.23
	J-15	7.84	52.25	24.17				0.40	0.50	3.04

表 2-67 拉乌山接触土料矿物成分试验成果表

统计指标	矿物组成（%）							
	非黏土矿物					黏土矿物		
	石英	斜长石	钾长石	方解石	白云石	蒙脱石	伊利石	高岭石
最大值	97.50	22.74	2.68	9.25	5.82	3.20	4.25	3.16
最小值	57.14	1.00	1.20	0.70	0.80	1.25	1.20	1.10
平均值	87.53	4.87	1.94	2.74	3.31	1.91	2.24	2.30

从表 2-66 及表 2-67 可看出，拉乌山接触土料场黏土矿物成分主要为伊利石和高岭石，有机质含量小于 2%，水溶盐含量小于 3%，硅铁铝率 3.23~3.96，均满足规程要求。

五、击实、渗透、固结及三轴试验

击实试验 GY 组采用重型击实试验，NK 组采用轻型击实试验，成果见表 2-68，渗透、固结、三轴试验方法及数据处理方式同防渗土料，成果见表 2-69 及表 2-70。

表 2-68   拉乌山接触土料击实试验成果

试验单位	统计指标/试验编号	天然含水率 ω (%)	最大干密度 ρ_{dmax} （g/cm³）	最优含水率 ω_{op} （%）	备注
GY 组	最大值	26.2	2.20	13.6	重型击实，功能 2687.9kJ/m³
	最小值	10.9	1.93	7.8	
	平均值	17.4	2.05	9.6	
NK 组	J-27		1.96	11.2	轻型击实，功能 592.2J/m³
	J-22		1.97	10.8	
	J-15		2.01	9.6	

表 2-69   拉乌山接触土料渗透、固结、三轴试验成果

试验单位	统计值试验编号	试验干密度	渗透试验 渗透系数	固结试验 非饱和 压缩系数	固结试验 非饱和 压缩模量	固结试验 饱和 压缩系数	固结试验 饱和 压缩模量	三轴试验 CD 黏聚力	三轴试验 CD 摩擦角	三轴试验 UU 黏聚力	三轴试验 UU 摩擦角
		ρ_d （g/cm³）	k_{20} （cm/s）	a_{v1-2} （MPa⁻¹）	E_{s1-2} （MPa）	a_{v1-2} （MPa⁻¹）	E_{s1-2} （MPa）	c_d （MPa）	φ_d （°）	c_u （MPa）	φ_u （°）
GY 组	最大值	2.15	8.57×10^{-8}	0.132	39.3	0.21	27.5	122	23.3	425.8	8.4
	最小值	1.93	1.32×10^{-8}	0.022	10.3	0.034	6.5	33.1	14.2	162.0	1.9
	平均值	2.03	3.86×10^{-8}	0.046	23.6	0.068	17.1	81.5	19.2	241.7	4.8
NK 组	J-27	1.92	3.2×10^{-7}	0.1198	11.70	0.1715	8.17	51.0	23.1	95.0	0.9
	J-22	1.93	6.0×10^{-7}	0.1129	12.35	0.1642	8.49	66.3	24.3	101.0	0.2
	J-15	1.97	9.3×10^{-7}	0.0826	16.53	0.0864	15.81	75.0	25.8	105.0	0.6

表 2-70   拉乌山接触土料邓肯-张 E-B 模型试验参数

试验单位	统计/试验编号	线性指标 c_d （kPa）	线性指标 φ_d （°）	邓肯-张 E-B 模型试验参数 φ_0 （°）	$\Delta\varphi$ （°）	K	n	R_f	D	G	F	K_b	m
GY 组	平均值	81.5	19.2	27.8	5.43	153.7	0.54	0.84	0.51	0.50	0.07	153.0	0.53
	小值平均值	43.9	15.8	26.1	3.70	127.0	0.48	0.83	0.42	0.49	0.06	126.8	0.50
	大值平均值	103.0	21.1	29.1	7.60	185.8	0.59	0.89	0.62	0.52	0.10	174.8	0.59

续表

试验单位	统计/试验编号	线性指标		邓肯－张 E－B 模型试验参数									
		c_d (kPa)	φ_d (°)	φ_0 (°)	$\Delta\varphi$ (°)	K	n	R_f	D	G	F	K_b	m
NK组	J27	51	23.1	29.2	3.8	181.1	0.51	0.82	0.27	0.05	4.18	61.7	0.46
	J22	66.3	24.3	31.9	4.8	204	0.49	0.82	0.29	0.07	4.98	87	0.35
	J15	75	25.8	35.7	6.6	216.7	0.45	0.79	0.32	0.07	4.68	131.2	0.28

六、大剪切变形条件下接触黏土料与岸坡接触面渗流特性

根据《水电水利工程天然建筑材料勘察规程》（DL/T 5388—2007）、《碾压式土石坝设计规范》（DL/T 5395—2007）的规定，在拉乌山接触料场规划可开采储量范围内，部分区域接触黏土料的小于 0.075mm 含量、小于 0.005mm 含量指标不完全满足规范要求，本阶段采用直剪渗流试验、旋转连续剪切渗透试验、三轴剪切渗透试验等三种方法，研究了接触黏土料与岸坡接触大剪切变形－渗流特性。

1. 直剪渗流试验

当黏粒含量为 15%～27% 时，其土料与混凝土盖板接触面的渗透稳定性均能满足要求，未发生渗透破坏，其中黏粒含量为 15%（J－15 试样），在较低围压 50kPa、较大的剪切变形 5mm（相对应变约 10%）时，破坏坡降仍高达 109.8，如图 2－44 所示。

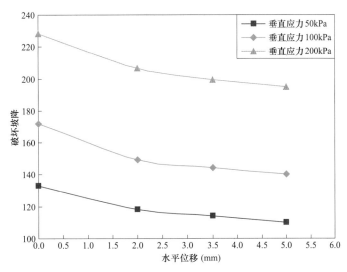

图 2－44　接触黏土（J－15 试样）接触面破坏坡降与剪切位移关系

2. 旋转连续剪切渗流试验

在剪切变形发生瞬间，接触黏土－接触面联合渗透系数突然增大，增大幅度为 1～2 个数量级；但之后在剪切变形稳定发生时，渗透系数迅速减小；多数试验在剪切变形停止后，

接触黏土—接触面联合渗透系数与未发生剪切变形时相比有所降低，如表2−71所示。在剪切变形达到3m、水力比降为300的条件下，试样未发生渗透破坏。

表2−71　　　　　　旋转连续剪切接触黏土−接触面的联合渗透系数试验结果

试验序号	接触黏土−接触面联合渗透系数（cm/s）				剪切变形发生形式（mm）
	未发生剪切变形	首次剪切变形阶段最大值	后期剪切变形阶段最大值	剪切变形后	
1−3	8.60×10^{-9}	7.86×10^{-8}	3.23×10^{-8}	1.32×10^{-9}	0, 50, 500, 1000, 3000
2−1	1.86×10^{-8}	3.73×10^{-6}	2.26×10^{-7}	2.61×10^{-8}	0, 100, 1000
2−4	6.57×10^{-9}	9.43×10^{-8}	4.72×10^{-8}	4.17×10^{-9}	0, 500, 1000
2−5	2.60×10^{-9}	6.60×10^{-8}	2.83×10^{-8}	2.88×10^{-9}	0, 100, 1000
2−8	1.60×10^{-9}	5.09×10^{-8}	2.26×10^{-8}	1.84×10^{-9}	0, 100, 1000
3−1	3.77×10^{-9}	6.60×10^{-8}	9.43×10^{-9}	1.50×10^{-9}	0, 500, 1000
3−2	6.57×10^{-9}	9.43×10^{-8}	4.72×10^{-8}	4.17×10^{-9}	0, 500, 1000
3−3	1.47×10^{-8}	4.53×10^{-7}	5.66×10^{-8}	6.88×10^{-9}	0, 500, 1000
5−1	6.57×10^{-9}	9.43×10^{-8}	4.72×10^{-8}	4.17×10^{-9}	0, 500, 1000

3. 三轴剪切渗透试验

在试样受力发生剪切变形的前期，渗透系数减小较快，随着轴向应变的增加，其变化速率越来越慢，围压较大时最后渗透系数基本上趋于稳定。渗透系数在试样轴向应变10%以内时变化幅度较大，应变大于10%后的变化幅度较小。低围压下试样的渗透系数绝对量变化幅度较大，围压较大时渗透系数绝对量变化幅度较小。但从变化的相对量来看，无论围压大小，在研究的应变范围内均有数倍的变化，如图2−45所示。

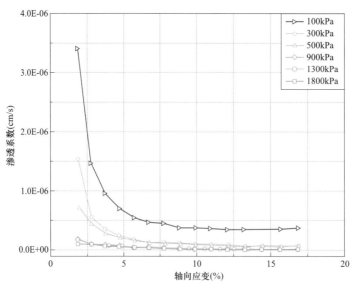

图2−45　接触黏土不同围压条件下试样的渗透系数的变化

在不同正应力条件下，围压较小时，在接触面剪切的起始阶段，流量明显减小，表明接触面渗透性降低；随着剪切位移的逐步增加，渗透性降低的速率越来越慢。当发生较大的剪切位移时，流量趋于稳定，没有出现反向增加。在较高的正应力条件下，流量基本趋于减小，最后趋于稳定。同样剪切位移下，渗流量随着围压的增加而减小。总的来说，接触面渗透性并没有随剪切作用的增加而明显增加，图 2-46 所示。

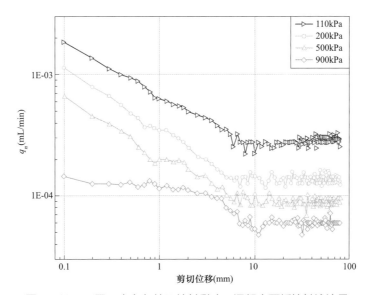

图 2-46 不同正应力条件下接触黏土−混凝土面板接触渗流量

综上，接触黏土料黏粒含量大于 15% 时，高水压力作用下接触土料仍具有较高的抗渗性能，不会发生剪切渗透破坏或形成集中渗漏通道，其渗透系数小于 1×10^{-6} cm/s。因此，塑性指数大于 10，渗透系数小于 1×10^{-6} cm/s 的土料，细粒含量不小于 50%，黏粒含量不小于 15% 的土料用作接触黏土是可行的。

第五节 防渗土料及接触黏土料设计控制指标

一、防渗土料

（一）规范要求

国内外已建 200m 以上的高土质心墙堆石坝统计结果表明，大部分都是采用砾石土作为防渗心墙土料，其主要目的是满足防渗的前提下，采用较高的砾石含量，以达到高坝变形控制需要。《碾压式土石坝设计规范》（DL/T 5395—2007）中关于土石坝防渗土料质量技术要求的规定见表 2-72。

表 2-72 土石坝规范防渗土料质量技术指标

序号	项 目	防渗土料质量技术指标
1	最大粒径	不宜大于 150mm 或碾压铺土厚度的 2/3
2	大于 5mm 颗粒含量	不宜超过 50%
3	小于 0.075mm 颗粒含量	不应小于 15%
4	小于 0.005mm 的黏粒含量	不宜小于 8%
5	塑性指数	应有较好的塑性
6	渗透系数	心墙不大于 1×10^{-5}cm/s
7	有机质含量,按质量计	心墙,不大于 2%
8	水溶盐含量,指易溶盐和中溶盐总量,以质量计	不大于 3%

规范适用于不同坝高,对防渗土料的指标为基本指标,RM 坝为特高坝,更要考虑防渗和变形控制要求后提出设计控制指标。

(二)级配

土料的各项性能受级配的分布影响极大,颗粒组成分布越好,压实后越容易取得较高密度,其不透水性越好,相应的抗剪强度等力学性能越好。一般说来,土中粗粒料越多,对取得较高的密度和抗剪强度等力学性质以及避免超孔压有利,但对防渗性能不利;反之,土料中细粒料越多,土体的防渗性能越好,但对取得较好的密度和抗剪强度等力学性质以及孔压的消散不利。

1. 最大粒径和 P_5 含量

砾石土的防渗特性受土料中粗粒(大于 5mm)含量的影响较大。目前已有研究结果表明,当粗粒含量较少,一般 P_5 低于 20%~40%时,压实土体的渗透系数略低于该土料全细料土的渗透系数;之后,渗透系数将随 P_5 增大而迅速增大。当 P_5 含量在 30%~60%左右时,压实土体的防渗性能能满足要求,同时力学性质也较好。当 P_5 含量高于 60%~65%时,虽然压实土体的抗剪强度较好,但粗粒部分形成的骨架孔隙不能被细粒部分充填饱满而出现架空现象,防渗性能已不能满足要求。

根据规范要求,特高坝防渗土料最大粒径不宜大于 150mm 或不超过碾压铺土层厚 2/3,大于 5mm 粒径颗粒含量范围应在 30%~50%。国内外几座高心墙堆石坝防渗土料特性见表 2-73。

表2-73   国内外几座高心墙堆石坝防渗土料特性表

坝名	国家	坝型	坝高（m）	心墙土料特性	建设情况
罗贡（Rogun）	塔吉克斯坦	斜心墙堆石坝	335	天然亚黏土和小于200mm砾石混合料	引水发电系统在建
努列克（Nurek）	塔吉克斯坦	直心墙堆石坝	300	壤土、砂壤土和小于200mm碎石的混合料，大于5mm颗粒含量25%～50%	已建
奇可森（Ckicoasen）	墨西哥	直心墙堆石坝	261	砾石含量高的黏土质砂，粗粒料为级配良好的含微风化泥质岩和冲积层，大于5mm颗粒含量18%～45%	已建
特里（Tehri）	印度	斜心墙堆石坝	260	黏土、砂砾石混合料，最大粒径200mm，大于5mm颗粒含量20%～40%	已建
麦加	加拿大	斜心墙堆石坝	242	冰碛土，最大粒径20mm，大于5mm颗粒平均含量35%	已建
奥洛维尔（Droville）	美国	斜心墙堆石坝	223	黏土、粉土、砂砾石和卵石混合料，最大粒径75mm，大于5mm颗粒平均含量45%，小于0.075mm的颗粒平均含量27%，小于0.005mm的颗粒平均含量10%	已建
两河口	中国	直心墙堆石坝	295	掺砾土料（掺砂砾石量约40%），最大粒径150mm，大于5mm含量30%～50%，小于0.075mm的颗粒含量应不小于15%；小于0.005mm的颗粒含量应不小于8%	已建
糯扎渡	中国	直心墙堆石坝	261.5	掺砾土料（掺砾石量35%），大于5mm含量约30%～40%	已建
长河坝	中国	直心墙堆石坝	240	天然砾石土，最大粒径150mm，大于5mm含量20%～63%，小于0.075mm的颗粒含量19%～45%，小于0.005mm的颗粒含量4%～18%	已建
瀑布沟	中国	直心墙堆石坝	186	天然砾石土，最大粒径80mm，大于5mm含量39%～70%，小于0.075mm的颗粒含量8%～38%，小于0.005mm的颗粒含量2.5%～15%	已建
双江口	中国	直心墙堆石坝	314	掺砾土料（掺砂砾石量约50%），最大粒径150mm，大于5mm含量25%～45%，小于0.075mm的颗粒含量39.2%～51.5%，小于0.005mm的颗粒含量8.4%～10.4%	在建

表2-73统计结果表明，200m以上高心墙堆石坝采用砾石土作为心墙料时，大于5mm粒径颗粒含量大部分要求小于45%～50%，并大于20%；采用掺砾土料作为心墙料时，大于5mm粒径颗粒含量一般在40%以下，而双江口则按45%控制。故300m级高心墙堆石坝防渗土料大于5mm粒径颗粒含量要求控制在25%～50%。

防渗土料颗分试验成果见表2-74。试验结果表明，各土料场防渗土料大于5mm粒径颗粒含量上限均超过规范要求，需采取剔除部分大粒径的措施。经剔除不同粒径颗粒进行分析，最终选择剔除60mm以上粒径颗粒。

表 2-74　　　　　　　　防渗土料颗分试验成果表（全料场）

料场名称		含量（%）					
		小于 0.005mm		小于 0.075mm		P_5	
		范围	平均值	范围	平均值	范围	平均值
原级配	1 号土料场	2.1~20.2	7.3	6.0~45.9	20.5	19.9~84.3	54.8
	5 号土料场	3.0~19	8.7	11.1~52.8	22.8	33.4~72.6	53.0
剔除大于 60mm	1 号土料场	3.2~24.3	10.3	10.4~55.3	28.9	11.5~62.4	36.4
	5 号土料场	3.2~25.8	10.7	11.8~54.6	27.6	22.3~73.4	43.0

表 2-75 统计了防渗土料满足不同粒径控制指标试验组数百分比。成果表明，防渗土料大于 5mm 粒径颗粒含量小于 25% 的几乎没有。其中，1 号土料场大于 5mm 粒径颗粒含量在 30%~50% 之间的占试验组数的 80.8%，而大于 5mm 粒径颗粒含量在 25%~30% 之间的占储量的约 13%。根据 1 号土料场、5 号土料场钻孔土料试验，颗分数据在纵向剖面及横向剖面上均不连续，相邻孔间对应性较差，因此，工程土料场土料分层不明显，土料均一性也较差。根据试验资料（含现场改性试验）及取样情况，结合土料场地形地质条件，开采规划，按 5m 一层划分，土料场可分为 I_A 区（筛分区）、I_B 区（筛分+混采区）及 II 区（弃料区或不开采区）。因此，工程砾石土心墙料粒径大于 5mm 的颗粒含量下限控制在不低于 30%。

表 2-75　　　　防渗土料满足不同粒径控制指标试验组数百分比统计表

料场名称	粒径						
	小于 0.005mm	小于 0.075mm		大于 5mm			
	大于 8%	大于 6%	大于 15%	小于 25%	25%~30%	30%~45%	45%~50%
1 号土料场	84.1	98.5	99.6	2.2	13	76.8	4.0
5 号土料场	93.5	100	100	0	2.6	61.7	18.2

注：剔除大于 60mm、按 5m 层厚平均。

结合施工开采规划，进一步按 5m 一层进行平均后，1 号土料场防渗土料 P_5 含量为平均值在 34.6%~39% 之间；5 号土料场防渗土料 P_5 含量为平均值一般在 40.6%~44.9% 之间。

渗透试验结果表明，渗透系数大于 $1×10^{-5}$cm/s 的试样 P_5 含量分别为 62.4%、58.7%、60.7%、50%，对应的黏粒含量分别为 3.2%、5.2%、7.1%、5.7%。渗透试验结果表明，部分土料黏粒含量小于 6%、细粒含量大于 15%，P_5 含量在 50% 以上时渗透系数不满足要求。因此，防渗土料黏粒含量应控制在 6% 以上，P_5 含量控制到 50% 以下。

故依据《碾压式土石坝设计规范》（DL/T 5395—2007）要求、参考国内外工程经验、物理试验成果，RM 砾石土心墙防渗土料粒径大于 5mm 的颗粒含量不超过 50%，不低于 30%。

2. 0.075mm 颗粒含量

砾石土的渗透系数和渗透变形型式与小于 0.075mm 颗粒含量密切相关。防渗土料中细粒土主要是充填粗粒土间孔隙，以提高砾石土的防渗性能。已有研究成果表明：一般情况下，当砾石土小于 0.075mm 颗粒含量小于 10%时，渗透系数就会大于 10^{-5}cm/s，而不适于作防渗材料；当砾石土小于 0.1mm 颗粒含量大于 17%时，渗透变形特性属于过渡型和流土型，可保证内部结构的稳定性。

根据规范要求，防渗土料小于 0.075mm 粒径颗粒含量应不小于 15%。国内已建瀑布沟（坝高 186m）和已建的长河坝（坝高 240m）两座采用砾石土作为心墙料的工程，防渗土料小于 0.075mm 粒径颗粒含量均按应不小于 15%进行要求。

表 2-75 试验结果表明，1 号土料场和 5 号土料场防渗土料在剔除大于 60mm 以上颗粒后，再按 5m 层厚平均，几乎全部防渗土料能满足小于 0.075mm 粒径颗粒含量大于 15%的要求。渗透试验结果表明，防渗土料小于 0.075mm 粒径颗粒含量大于 15%时，渗透系数均能满足小于 1×10^{-5}cm/s 的要求。

故防渗土料要求小于 0.075mm 粒径颗粒含量应不小于 15%。

3. 黏粒（小于 0.005mm）含量

美国 1948 年建成的高 130m 的泥山坝，心墙料为冰碛土，小于 0.074mm 颗粒含量为 9%～16%，黏粒（粒径小于 0.005mm）含量约为 1%～2%；加拿大 1967 年建成的高 183m 的波太基山坝，心墙料为冰碛土，小于 0.074mm 颗粒含量为 20%，黏粒（粒径小于 0.005mm）含量约为 2%；此两座坝已发生渗透破坏。而塔吉克斯坦的高 300m 的努列克坝、加拿大的高 244m 的麦加坝等几座国外 20 世纪 60、70 年代建成的心墙坝，其黏粒含量为 6%～15%，这些坝已运行 30～50 年，性态良好。

表 2-75 试验结果表明，1 号土料场和 5 号土料场防渗土料在剔除大于 60mm 以上颗粒后，再按 5m 层厚平均，84%以上的防渗土料能满足小于 0.005mm 粒径颗粒含量应大于 8%的要求；几乎全部防渗土料能满足小于 0.005mm 粒径颗粒含量应大于 6%的要求。渗透试验结果表明，防渗土料小于 0.005mm 粒径颗粒含量大于 6%时，渗透系数也可满足小于 1×10^{-5}cm/s 的要求。

故依据《碾压式土石坝设计规范》（DL/T 5395—2007）要求、工程经验及试验成果，RM 砾石土心墙料粒径小于 0.005mm 的颗粒含量不小于 6%。

（三）渗透性能指标

根据《碾压式土石坝设计规范》（DL/T 5395—2007）中的要求，击实后防渗土料的渗透系数要求小于 1×10^{-5}cm/s。

部分 150m 级以上高堆石坝心墙料渗透系数及渗流量统计表见表 2-76。

表2-76 高堆石坝心墙料渗透系数及渗流量统计表

序号	工程	坝高（m）	防渗体型式	防渗材料	渗透系数（cm/s）	渗流量
1	努列克	300	直心墙	含砾亚黏土	1×10^{-6}	实测：心墙单宽渗水量为 0.173～4.32m³/d
2	奇可森	261	直心墙	含砾黏土砂	—	实测：蓄水后坝体单宽渗流量为 13m³/d
3	瓜维奥	247	斜心墙	砾石、黏土混合料	—	实测：总渗水量 100L/s；心墙单宽渗流量约为 2.16m³/d
4	麦加	244	斜心墙	冰碛土	10^{-7}	
5	瀑布沟	186	直心墙	砾石土	4×10^{-6}	实测：坝体渗流量约 3.13L/s；坝体单宽渗流量约为 0.432m³/d
6	糯扎渡	261.5	直心墙	掺砾土料	5×10^{-6}	心墙单宽渗流量约为 1.61m³/d
7	两河口	295	直心墙	掺砾土料	1×10^{-5}	坝体渗流量约 14.07L/s

表 2-76 统计结果表明，七座典型大坝心墙料渗透系数均小于 1×10^{-5}cm/s，坝体单宽渗流量最大为 13m³/d（15L/s）。因此，RM 防渗土料料渗透系数要求小于 1×10^{-5}cm/s 是合适的。

（四）塑性指数

土的塑性指数 I_P，是表述土的黏性与可塑性的重要指标，它的数值等于液限 W_L 与塑限 W_P 的差值，即 $I_P = W_L - W_P$。土的塑性界限也称为稠度界限，W_L 是土从流动状态变为可塑状态的界限含水量，称为液限。W_P 是从可塑状态变为半固体状态的界限含水量，称为塑限。它们的差值正好是黏性土处于可塑状态的上下限距，所以塑性指数 I_P 表示了黏性土处在可塑状态的含水量变化的范围。塑性指数愈大，土处于可塑状态的含水量范围也愈大，换句话说，塑性指数的大小与土中结合水的可能含量有关，也就是与土的颗粒组成，土粒矿物成分以及土中水的离子成分和浓度等因素有关。

根据《水电水利工程天然建筑材料勘察规程》（DL/T 5388—2007）的要求，防渗土料的塑性指数应大于 8，而《碾压式土石坝设计规范》（DL/T 5395—2007）则未作具体要求。

防渗土料要求有一定塑性，发生裂缝后有较高的抗冲蚀能力和自愈能力，RM 砾石土防渗土料塑性指数要求大于 8。

（五）含水率

土料含水率最好接近最优含水率，以便于压实。过高或过低，需要翻晒或加水，增加施工复杂性，延长工期和增加造价。考虑本工程地处西藏高海拔少雨地区，防渗土料在筛分和摊铺时存在水分损失，要求土料含水量略高于最优含水率。从提高心墙土料密实度和降低孔压出发，宜将含水率控制在最优含水率附近 1%～2%。

二、接触土料

为适应心墙与混凝土盖板之间的剪切变形，防止心墙料中大颗粒与混凝土盖板接触而产生挤压破碎，在心墙与坝基混凝土盖板之间设置一层接触黏土。

（一）规范要求

《碾压式土石坝设计规范》（DL/T 5395—2007）未对土石坝接触黏土料质量技术指标作明确规定，参照《水电水利工程天然建筑材料勘察规程》（DL/T 5388—2007）中关于土石坝接触黏土料质量技术要求的规定，见表 2-77。

表 2-77　　　　　　　　　土石坝接触黏土料质量技术指标

序号	项目		规程技术要求
1	颗粒组成	>5mm	<10%
		<0.075mm	>60%
		<0.005mm	不应低于 20%～30%
2	塑性指数		>10
3	最大颗粒粒径		20～40mm
4	SiO_2/Al_2O_3		2～4
5	渗透系数		$<1\times10^{-6}$cm/s
6	允许坡降		宜大于 5
7	有机质含量		<2%
8	水溶盐含量		<3%
9	天然含水率		宜略大于最优含水率
10	分散性		宜采用非分散性土

根据 RM 接触黏土料勘察成果，土料黏粒含量、细粒含量不完全满足上述规范要求，需根据岸坡剪切变形和接触渗流试验研究成果，论证提出设计控制指标。

（二）设计要求

根据收集到的国内高土石坝的工程资料，土质防渗体与岩石或混凝土盖板接触处设置有接触黏土，使其结合良好。双江口等工程接触黏土的设计控制指标见表 2-78。

表 2-78　　　　　　　国内高心墙堆石坝接触土料设计控制指标表

序号	项　目		双江口	两河口	长河坝	糯扎渡
1	颗粒组成	>5mm	<3%	<10%	<3%	<5%
		<0.075mm	—	>60%	—	>65%
		<0.005mm	>27%	>20%	>27%	—

序号	项 目	双江口	两河口	长河坝	糯扎渡
2	塑性指数	13.8	>10	>19	24.1～28.4
3	最大颗粒粒径（mm）	20	40	20	10
4	渗透系数（cm/s）	3.6×10^{-8}～3.29×10^{-7}	$<1 \times 10^{-6}$	$<1 \times 10^{-6}$	6.14×10^{-8}～7.35×10^{-7}

双江口、长河坝及糯扎渡等心墙坝工程接触黏土的设计指标如下：

双江口大坝接触土料设计指标：最大粒径不大于 20mm，粒径小于 2mm 的颗粒含量不应小于 90%，粒径在 5～20mm 的颗粒含量应不大于 3%，小于 0.005mm 的黏粒含量应大于 27%。其中当卡料场接触黏土料塑性指数为 13.8。

长河坝大坝接触土料设计指标：① 最大粒径不大于 20mm，粒径小于 2mm 的颗粒含量不应小于 90%，粒径在 5～20mm 的颗粒含量应不大于 3%，小于 0.005mm 的黏粒含量应大于 27%；② 高塑性黏土的塑性指数应大于 19；③ 高塑性黏土的渗透系数应小于 1×10^{-6}cm/s，抗渗透变形的破坏坡降应大于 14。

糯扎渡大坝接触土料：可行性研究阶段对农场土料场坡积层料进行了初步试验研究，共进行 4 个探坑土样的试验检测，大于 2mm 颗粒含量为 3%，小于 0.074mm 颗粒含量在 66%～74%之间，平均 71%；塑性指数 24.1%～28.4%。

可见，上述几座典型工程采用的接触黏土料和规范要求一致，但 RM 接触土料表 2－79 试验结果表明，能够完全满足规范要求的接触黏土料约 11.7 万 m³，而 0.075mm 和 0.005mm 颗粒含量分别较规范值降低 10%和 5%后，可增加接触黏土料约 27.8 万 m³，能满足设计需要的 22.16 万 m³ 的储量要求。

表 2－79　　　　　　　　　　拉乌山土料场接触黏土颗分试验成果表

序号	项目		完全满足区	基本满足区
1	颗粒组成	>5mm	0.2%～6.2%，平均值 1.98%	0.2%～13.2%，平均值 4.51%，仅有 1 组试验成果大于 10%
		<0.075mm	60.8%～88.3%，平均值 73.5%	50.9%～88.3%，87%土料小于 0.075mm 颗粒含量大于 55%
		<0.005mm	20.1%～42.6%，平均值 26.5%	11.2%～42.6%，90%土料小于 0.005mm 颗粒含量大于 18%
2	塑性指数		14～18.5，平均值 15.42	>10
3	最大颗粒粒径（mm）		20	40
4	渗透系数（cm/s）		$<1 \times 10^{-6}$	$<1 \times 10^{-6}$
5	储量（万 m³）		11.7	27.8

根据《水电水利工程天然建筑材料勘察规程》（DL/T 5388—2007）、《碾压式土石坝设计规范》（DL/T 5395—2007）的规定，在拉乌山接触土料场规划可开采储量范围内，部分区域接触黏土料的小于 0.075mm 含量、小于 0.005mm 含量指标不完全满足规范要求，采用直剪

渗流试验、旋转连续剪切渗透试验、三轴剪切渗透试验等三种方法，研究了接触黏土料与岸坡接触大剪切变形–渗流特性。

试验结果表明，接触黏土料黏粒含量大于 15% 时，高水压力作用下接触土料仍具有较高的抗渗性能，不会发生剪切渗透破坏或形成集中渗漏通道，其渗透系数小于 1×10^{-6}cm/s。因此，塑性指数大于 10，渗透系数小于 1×10^{-6}cm/s 的土料，细粒含量不小于 50%，黏粒含量不小于 15% 的土料用作接触黏土是可行的。故将接触黏土料分为Ⅰ区和Ⅱ区，其中接触黏土料Ⅰ区指标与规范要求一致，接触黏土料Ⅱ区指标控制小于 0.075mm、小于 0.005mm 含量略有降低，其余指标与规范要求一致。

接触黏土料以塑性指数作为主要控制指标，级配次之。接触黏土料设计控制指标具体如下：

（1）颗粒级配：接触黏土Ⅰ区，最大粒径 20mm，粒径大于 5mm 的颗粒含量小于 10%，粒径小于 0.075mm 的颗粒含量大于 60%，小于 0.005mm 的黏粒含量大于 20%。接触黏土Ⅱ区，最大粒径不大于 40mm，粒径大于 5mm 的颗粒含量小于 10%，粒径小于 0.075mm 的颗粒含量大于 50%，小于 0.005mm 的黏粒含量大于 15%。

（2）塑性指数：塑性指数应大于 10。

（3）渗透指标：渗透系数应小于 1×10^{-6}cm/s。

（4）压实度：参照类似工程，接触黏土的压实度要求大于 95%。

（5）含水率：控制填筑含水率为 $\omega_o+2\%\leqslant\omega_f\leqslant\omega_o+4\%$（$\omega_o$ 为最优含水率）。

接触黏土Ⅰ区用于心墙与岸坡接触的中部高程、基础变坡部位及坝顶部位，以适应岸坡大剪切变形、地震脱空或不均匀变形微裂缝带来的渗漏稳定问题，其余部位均采用接触黏土Ⅱ区。

第六节　改性技术及现场试验

一、防渗土料加工工艺发展概述

目前，心墙土料加工主要为颗粒级配改善和含水量调整。

1. 颗粒级配改善

心墙土料颗粒级配改善方法主要有掺和和筛分。根据国内外工程资料，目前土石坝心墙防渗土料的掺和方法主要有 4 种：① 掺和场（或料场）平铺立采法；② 填筑面堆放掺和法；③ 带式输送机掺和法；④ 搅拌机掺合法。两河口和糯扎渡水电站均采用掺和场平铺立采法，双江口水电站也拟采用该方法。目前土石坝心墙防渗土料的筛分方法主要有 2 种：振动筛筛分和棒条给料机剔除大颗粒，前者代表性工程为瀑布沟水电站，后者代表性工程为长河坝水电站。

（1）双江口水电站土料颗粒级配改善工艺。

双江口水电站坝址位于大渡河上游足木足河与绰斯甲河汇口处以下 2km 河段，是大渡河干流上游的控制性水库工程。大渡河双江口水电站最大坝高 314m，库容 31.15 亿 m³，电站装机容量 200 万 kW。枢纽工程由土心墙堆石坝、洞式溢洪道、泄洪洞、放空洞、地下发电厂房、引水及尾水建筑物等组成。土心墙堆石坝坝高 314m，居世界同类坝型的第一位，大坝砾石土心墙料 508.05 万 m³，土料场选择下游的当卡土料场和上游的木尔宗土料场，以上两个土料场均存在颗粒偏细，强度较低等质量问题。该工程采用的土料改性措施为：粉质黏土与花岗岩破碎料按重量比 50%:50%比例掺和。根据对双江口水电站土料场开采条件及掺和场布置条件综合分析，采用了"掺和场平铺立采法"，掺和场地选在当卡土料场下侧河滩沟口。

（2）糯扎渡水电站土料颗粒级配改善工艺。

糯扎渡水电站位于云南省普洱市翠云区和澜沧县交界处的澜沧江下游干流上，属大（1）型一等工程，永久性主要水工建筑物为一级建筑物。该工程由心墙堆石坝、左岸溢洪道、左、右岸泄洪隧洞、左岸地下式引水发电系统及导流工程等建筑物组成。水库库容为 237.03 亿 m³，电站装机容量 5850MW。土心墙堆石坝坝高 261.5m，大坝心墙防渗土料约 465 万 m³，大坝心墙填筑的防渗土料全部从距坝址约 7.5km 的农场土料场开采。农场土料场天然土料明显偏细，黏粒含量偏大，土料的防渗性能很好，但力学性能特别是压缩性能难以满足 260m 级高坝的要求。经研究通过在天然土料中掺入人工级配碎石，构成砾质土，可以达到改善土料力学性质的目的。心墙土料由农场土料场开采的混合土料与砾石料进行掺和得到，掺和比例按重量比为混合土料:砾石料 = 65:35。土料加工系统位于大坝上游右岸码头公路旁。

（3）长河坝水电站土料颗粒级配改善工艺。

长河坝水电站位于四川省甘孜藏族自治州康定市境内，库容为 10.4 亿 m³，总装机容量 260 万 kW，该工程为一等大（1）型工程，枢纽建筑物主要由砾石土心墙堆石坝、泄水系统、引水发电系统组成。土心墙堆石坝坝高 240m，大坝砾石土心墙料约 416.14 万 m³，汤坝料场为其主要料场，新莲料场为补充料场。汤坝料场①层和②层砾石土料物理力学指标相近，均具有较好的防渗抗渗性能和较高的力学强度，为黏土质砾，质量基本满足要求，心墙土料场砾石土料分布极其复杂，土料颗粒级配在平面、立面上分布不均匀，P_5 含量变化范围 7%～90%，小于 0.075mm 含量变化范围 8%～64%。整个料场可直接上坝的合格料很少（约占 30%）。为确保土料上坝填筑质量，通过工艺比选及现场试验，选择广泛用于矿山及骨料生产系统的棒条式振动给料机作为超径（大于 150mm）剔除设备，并配套建设钢筋混凝土结构的筛分楼。目前 5 套土料超径筛分系统投产，截至 2014 年 11 月生产土料超过 160 万 m³，单台产能可达 670t/h。系统运行可靠，工艺流程可行，设备运行工况稳定。

（4）瀑布沟水电站土料颗粒级配改善工艺。

瀑布沟水电站位于四川省西部大渡河中游汉源县和甘洛县境内，总库容 53.90 亿 m³，装机容量 3300MW，工程枢纽由拦河大坝、泄洪建筑物、水库放空洞、引水发电系统及尼日河引水工程等建筑物组成。大坝为砾石土心墙堆石坝，最大坝高 186m，心墙料约 276.5 万 m³，所需砾石土全部来自黑马料场。黑马料场位于坝址上游右岸 15km 的黑马沟内，为洪积、坡积和冰川沉积形成的宽级配砾石土。试验结果表明，黑马土料强度较高，压缩性不大，具有较高的承载能力，但粗料含量偏高，抗渗性能稍差。因此，该工程采用的土料加工及输送工艺流程为：土料场开采→20t 自卸汽车运输→筛分系统筛去超径石（Ⅰ区砾石土筛去大于 80mm 大料，0 区筛去大于 60mm 大料）→筛分系统出料口→长距离皮带机→皮带机→堆料场。筛分系统设计由一次筛分和二次筛分系统组成，共 4 套（设计 3 套，实际施工时为 4 套），一次筛分包括接料斗、自制条筛、转运皮带机，二次筛分包括转运皮带、特制砾石土专用振动筛。单个条筛尺寸为 4.5m×6m（长×宽），由轻型钢轨制作。砾石土专用振动筛选用 LSS1848 砾石土专用筛，为施工单位与振动筛厂家联合研制。

2. 含水量调整

心墙土料含水量调整方法主要有提高含水率和降低含水率，降低含水率的工程主要有双江口水电站工程、长河坝水电站工程等，提高土料含水率的工程主要有毛尔盖水电站、南沟门水库工程、亭口水库工程等。根据工程经验，提高土料含水率的措施主要有筑畦灌水法、喷灌灌水法、表面洒水法，时序主要有料场内加水、加工厂加水、坝面加水。毛尔盖水电站、南沟门水库和亭口水库工程均采用加工厂筑畦灌水法提高土料含水率。降低含水率的措施主要有翻晒场翻晒、料场翻晒，如双江口水电站、长河坝水电站土料采取翻晒场翻晒降低含水率。

（1）双江口水电站土料降低含水率工艺。

1）在料区边缘开挖截水沟，排除积水并有效降低土料含水量。

2）料场开采时采用推土机平面薄层开采→推土至上一采区空地→翻晒→推土机集料→2m³ 挖掘机装 15t 自卸汽车运输至大石当掺和场的开采方式。料场开采先采用推土机进行平面开采，开采的土料推翻至上一采区已开采出的空地上，采用推土机曳引松土器耙松土料、圆盘齿耙破碎土块等方法使土料通风晾晒，降低含水量；然后采用推土机集料、2m³ 挖掘机装 15t 自卸汽车运输至大石当掺和场。

（2）长河坝水电站土料降低含水率工艺。

长河坝水电站工程的汤坝土料场砾石土料绝大部分含水率高于施工含水率要求，需对含水率偏高的土料进行规模化降水，设计拟订了常规调水工艺（即，推土机进行平面摊铺，在自然条件下进行含水调整）、农用四铧犁调水工艺（即，推土机进行平面摊铺，采用农用四铧犁进行翻土调水）以及推土机挂松土器调水工艺（推土机平面摊铺，采用推土机挂松土器进行翻土调水）等三种具体调水工艺。通过调水工艺试验研究，最终采用推土机挂松土器翻土的方式进行含水偏高土料的调整。现场运用结果说明，其调水质量及调水强度均满足上坝填筑要求。

（3）毛尔盖水电站土料增加含水率工艺。

毛尔盖水电站位于四川省阿坝藏族羌族自治州黑水县境内，为砾石土直心墙堆石坝，最大坝高147m，总填筑方量约1100万m³，其中砾石土心墙填筑157万m³。其防渗土料从物理性质分析判断，天然含水率平均为3.0%～9.8%，普遍低于最优含水率。土料级配和渗透特性差别大，含水量调整和均匀加水难度大（见图2-47）。通过现场试验与工艺调整，砾石土掺配与含水量调整施工工艺流程以及施工过程如下：

土料检测→土料分层立采→汽车运输→过磅称重→场内卸料→摊铺→挖畦→加水→闷水处理→含水量检测上坝。

采取分层立采、分层摊铺、畦灌加水贮存、斜面推料的工艺措施，解决了黏土和砾石土料的高质量和高强度掺配难题，通过生产性试验证明了砾石土含水量调整技术的可行性。

图2-47　毛尔盖水电站土料畦灌法加水实景图片

（4）南沟门水库和亭口水库工程土料的增加含水率工艺。

南沟门水库和亭口水库工程为解决水利水电工程筑坝用黄土土料含水率偏低的问题，对土料进行人工配（浸）水，提高其含水率。根据相关文献南沟门水库和亭口水库工程的配水试验方法分畦灌法和沟灌法两种。畦灌法的设计理念是分块分片整平后进行筑畦，对其进行大面积灌水，使水分下渗达到目的；沟灌法是在料场按一定间距挖成沟槽进行灌水，通过沟槽内水的侧向渗透和垂直下渗达到目的。试验结果表明，畦灌法优于沟灌法。

国内的砾石土心墙土料加工工艺统计见表2-80。

表2-80　　　　　　　　国内心墙土料改性措施统计（不完全统计）

序号	坝名	地点	坝高（m）	坝顶长（m）	坝体体积（万m³）	颗粒级配改善措施	含水量改善措施
1	双江口	四川	314	639	3990	平铺立采法，掺入花岗岩砾石	掺饱和砾料/推翻至空地，通风晾晒
2	两河口	四川	295	650	4160	砾石土"平铺立采"掺和工艺	畦灌加水

续表

序号	坝名	地点	坝高 （m）	坝顶长 （m）	坝体体积 （万 m³）	颗粒级配改善措施	含水量改善措施
3	糯扎渡	云南	261.5	608	3495	砾石料和混合土料 按比例掺拌	翻晒、深挖排水沟
4	长河坝	四川	240	502	4160	棒条给料机剔除大颗粒	推土机挂松土器翻土 的方式翻晒
5	瀑布沟	四川	186	573	2400	条筛＋砾石土振动筛	翻晒或喷雾加水
6	毛尔盖	四川	147	513.77	1100	砾石土和黏土的掺配	畦灌加水
7	小浪底	河南	160	1667	5073	不需要加工	
8	狮子坪	四川	136	309.4	581	剔除粒径大于 80mm 颗粒	—
9	黑河	西安	127.5	443.6	772	—	不同含水率土料掺 和，逐层机械翻晒
10	硗碛	四川	125.5	433.8	719	天然碎石土不需要加工	
11	石头河	陕西	114	590	835	—	翻晒
12	水牛家	四川	108	317	483	天然碎石土不需要加工	
13	恰甫其海	新疆	105	365	316	—	高坡溜土，人工洒水
14	鲁布革	云南	103.8	217	220	—	—
15	碧口	甘肃	101.8	297	389	天然壤土不需要加工	
16	南门沟	陕西	63.0	504.43	380	—	畦灌加水
17	亭口	陕西	49	476.2	317.8	—	畦灌加水

注："—"为土料不需要加工即满足设计指标，或未收集到资料。

二、级配改善措施

RM 水电站防渗土料存在的主要问题为天然级配不均匀，粗颗粒含量较多和含水率偏低问题，与瀑布沟水电站土料场的问题类似。参考已建同类工程经验，防渗砾石土料的级配改善措施主要有筛分、掺和、破碎等方法。

1. 级配改善措施比选分析

（1）筛分。

筛分工艺主要通过筛分设备将土料中的大颗粒剔除，从而提高余下颗粒的含量，但余下颗粒级配不能改善。目前筛分设备较为成熟，且设备和运营费用均较低。

由于 RM 工程土料天然级配的特殊性，即使选择掺和工艺，也要先剔除 150mm 以上的超径石。因此，无论选择何种工艺，筛分必不可少。

（2）掺和。

土料的掺和目的主要有掺和砾石提高强度及掺和黏土提高黏性。前者主要是针对纯黏土而言，其防渗指标满足要求，但强度不满足要求，为提高心墙的强度，需掺入一定比例的砾石。后者一般土料本身属于砾石土，由于黏粒含量偏小，为提高防渗指数，需掺入一定比例的黏土。

RM 水电站所选土料属于砾石土，根据土料试验成果，防渗土料大于 5mm 的颗粒含量略有偏高，若采用掺和工艺，则需要掺入一定比例小于 5mm 的颗粒含量。

防渗土料天然级配中小于 5mm 的粒径含量统计见表 2-81。

表 2-81　　　　　　　　　1 号料场小于 5mm 颗粒含量统计表

取样深度（m）	0～5	5～10	10～15	15～20	20～25	25～30	30～35	平均
小于 5mm 平均含量（%）	43.7	49.0	39.5	39.6	37.5	33.6	36.0	39.8
小于 0.075mm 平均含量（%）	20.4	20.9	18.0	18.2	18.1	14.9	15.2	18.0
小于 0.005mm 平均含量（%）	8.8	8.3	8.0	8.1	7.6	6.7	7.1	7.8

根据以上试验资料，土料天然级配中小于 5mm 的颗粒平均含量为 39.8%，小于 0.005mm 的颗粒平均含量为 7.8%，均不满足设计要求。若采取单纯的掺和工艺，则需掺入 0.005mm 以下的颗粒含量约 1.0%，需掺入 0.075～5mm 的颗粒含量约 15%。

掺和工艺的关键是如何寻找到需要掺和料源。RM 水电站附近料源质量调查结果表明，周边的土料均为砾石土，黏粒含量偏少，与选定土料场的质量相当。因此，该工艺需要更大范围地寻找掺和料源，由于芒康境内质量较好的土料在红拉山一带，而红拉山属于滇金丝猴自然保护区，不能进行土料开采。根据本阶段工作成果，掺和土料拟采用以下两种方式：

1）在云南或四川境内开采掺和土料。该方案存在的主要问题是土料的运距过远，无论是在云南丽江附近还是四川的巴塘附近选择土料场，其运距均在 200km 以上。

2）选择替代掺和料。选择粉煤灰或其他矿粉掺和料作为黏土的替代材料也是一种方案，但该方案也存在诸多问题。首先是矿粉的来源，电站附近目前没有大中型的工矿企业，粉煤灰等矿粉同样需要在四川或云南采购，运距较远；其次是矿粉与现有砾石土的掺和问题，其掺和的均匀性及防渗效果等需要通过一系列的试验进行验证。

（3）破碎。

破碎主要是将粒径较大的颗粒通过机械手段变为较小的粒径，从而达到减少大粒径增加小粒径颗粒的目的。

根据 RM 工程土料天然级配情况，若单一采用破碎方案，防渗土料需要将大于 150mm 粒径的颗粒破碎。根据天然级配，1 号土料场大于 150mm 的颗粒含量为 16.5%，即使对该部分超径石全部破碎，也无法解决小于 0.075mm 的黏粒偏少问题，目前还没有可破碎如此小颗粒的设备。因此，单纯的破碎工艺不能满足设计级配要求，需要与其他工艺配合。

（4）土料级配改善措施比选。

通过以上初步分析，土料的级配改善措施主要有筛分、外掺、破碎等几种方式。根据土料性质的不同，实际采用的方式可能是以上几种方式的一种，也可能是几种方式的组合。各单独的措施均有各自的优缺点，主要为：

1）筛分是相对简单的措施，其优点在于工艺流程简单。就 RM 工程而言，室内试验成果表明，剔除 60mm 以上的颗粒后，各项指标可满足设计要求。当然，筛分会增加弃料的数量增加，导致料场剥采比的增加。

2）外掺主要是针对无法通过破碎得到的极小颗粒（小于 0.005mm）的补充方法。由于超径石仍需筛除或破碎，因此外掺方法需与其他方法共同使用方能满足设计级配要求。本方法的最大优点是掺和无需专门的大型设备，只需用装运设备即可。缺点在于需要一定的土料掺和场地。若将外购黏土在土料筛分前掺和，则黏土的黏性会影响超径石的筛分效果，因此黏粒掺和需在土料筛分后进行，而为保证土料的均匀，需分层铺料，推土机或反铲翻采才能满足要求，土料翻采混合相对麻烦。就 RM 工程而言，外掺最主要问题为掺和土料或替代掺合料运距太远。

3）破碎是较为复杂且需与其他方法组合的方法。优点是可减少弃料，最大限度地利用开采毛料，既可减少毛料的开采量，也可减少弃渣场的占用场地，节约了施工占地。缺点在于破碎设备采购及运行费用较高，工艺相对复杂，目前无法解决小于 0.075mm 的黏粒偏少问题。

各措施综合比较见表 2－82。

表 2－82　　　　　　　　　　土料级配改善措施综合比较表

工艺	筛分工艺	掺和工艺	破碎工艺
优点	工艺流程简单可靠； 需要设备少； 无需外掺物料，筛分过程即是土料混合过程	可补充黏粒含量； 对土料级配调整效果好； 掺和无需专门的特殊设备	开采毛料及弃料少； 料场及渣场占地面积可减少； 植被破坏程度较小； 可调整级配
缺点	开采毛料及弃料均较多； 料场占地面积大； 余下颗粒级配无法调整	工程区黏粒缺乏，外购运距远； 需要专门的掺和及混合场地； 掺、混程序烦琐	无法获得小于 0.075mm 的黏粒； 破碎设备采购及运行费用高； 破碎工艺相对复杂
综合评价	简单可行，黏粒含量可通过筛除大颗粒而提高	需要解决黏粒供应问题	工艺较为复杂，无法获得小于 0.075mm 的黏粒

综合以上分析比较，推荐防渗土料颗粒级配改善工艺如下：

选用筛分工艺，筛除大于 60mm 粒径的颗粒，60mm 以下的颗粒再由强力搅拌机搅拌后，可进行充分的混合，以达到级配均匀的目的。

2. 筛分措施及流程

目前大型工程上用于防渗土料筛分改性的设备主要有振动筛和改进的棒条式振动给料机。

振动筛加工工艺主要流程为：土料场开采→自卸汽车运输→受料斗→受料斗下条筛（筛

除超大粒径）→转运皮带机→振动筛→转运皮带→强力搅拌机拌和。

棒条式振动给料机加工工艺主要流程为：土料场开采→自卸汽车运输→受料斗→受料斗下棒条给料机→转运皮带→强力搅拌机拌和。

振动筛可以筛除粒径较小的颗粒，而棒条式振动给料机一般应用于剔除颗粒较大的土料。前者已应用于瀑布沟水电站工程，后者正在长河坝水电站工程应用。瀑布沟水电站工程筛分系统设计由一次筛分和二次筛分系统组成。一次筛分包括接料斗、自制条筛、转运皮带机，筛除 200mm 的超大粒径砾石；二次筛分包括转运皮带、特制砾石土专用振动筛，筛除大于 60mm 或大于 80mm 的颗粒（Ⅰ区砾石土筛去大于 80mm 大料，0 区筛去大于 60mm 大料）。长河坝水电站工程筛分系统采用改进的棒条式振动给料机剔除大于 150mm 大料。

RM 防渗土料需剔除大于 60mm 的颗粒，与瀑布沟水电站工程的土料剔除大于 60mm 或大于 80mm 的颗粒类似，剔除颗粒较小，适宜使用振动筛，因此 RM 防渗土料剔除大于 60mm 的颗粒工艺初拟采用振动筛工艺，最终根据现场试验（振动筛和改进棒条式振动给料机两种工艺的现场试验）确定选择。

防渗土料初拟筛分工艺流程为：土料场开采→20t 自卸汽车运输→受料斗→受料斗下条筛→转运皮带机→振动筛→转运皮带机→强力搅拌机拌和。条筛用于预先剔除大于 200mm 粒径颗粒，由轻型钢轨制作；振动筛选用 YKR 系列标准圆振筛用于剔除大于 60mm 以上颗粒，此筛常用于砂石加工系统中筛分，随着筛分技术的发展，砂石加工系统经常在粗碎前的棒条给料机下方设置标准圆振筛用于筛除料源里面夹杂的土料，具体工艺流程可参见《混凝土骨料制备工程》（2014，阮光华）。该筛分工艺需在现场进行试验验证，若颗粒级配仍然不均匀或不满足要求，则可研究调整筛网方案。

三、含水率改善措施

提高土料含水率的措施主要有筑畦灌水法、喷灌灌水法、表面洒水法，加水时序主要有料场内加水、加工厂加水、坝面加水。

1. 加水时序的选择

（1）开采前料场内加水。

该方案在土料开采前进行表面洒水或开采过程中在开采工作面洒水。该方法在工程实施中较少采用，主要用于土料天然级配能满足设计要求，开挖后可直接上坝的土料表层的含水率补充。其优点在于洒水操作简单，与土料开采及后续加工相对独立，相互干扰较小，缺点在于对表层土的含水量改变较为明显，内部土层改变不明显，若开采时不严格控制挖装顺序，则很难实现土料含水率的均匀。因此，一般工程中不建议采用该种洒水方法。

（2）结合土料加工工艺，在加工厂加水。

该方案是土料含水量改善措施中较为常见的方法，即在土料掺和时洒水、土料筛分后进入成品料堆前或在成品料堆加水。在其他加工过程中或在加工厂掺水，通过一定时间的闷制，可最大限度地达到土料含水量的均匀性。

（3）坝面洒水。

该方案可避免土料开采及加工过程中的水分损失，但该方法存在仓面喷水不均匀、水量控制难度较大等问题。仓面洒水对后续的碾压施工等造成一定的干扰，如果洒水与碾压的时间控制不好，会对土料的质量造成影响，且洒水量的标准很难控制。因此，该方法一般用于含水量检测不足或特殊时段时的补救措施。

土料含水率提高时序比较见表2-83。

表2-83   土料加水时序比较表

工艺	开采前料场加水	加工过程中加工场加水	坝面加水
优点	具体操作简单； 需要设备少	土料含水率提高效果好； 含水率均匀； 可与其他加工工艺结合	局部含水率提高显著； 操作简单易行
缺点	洒水量控制较难； 对整体含水率改善效果差； 后续工艺含水量损失大； 不利于土料后续筛分	工艺相对复杂； 需要专门的供水系统及设备	洒水量控制较难； 对整体含水率改善效果差； 对仓面碾压施工影响较大
综合评价	简单易行，但效果差	效果可靠，工艺复杂	局部效果明显，整体效果差

RM水电站所选土料粗颗粒含量较多，需剔除大于60mm的颗粒；天然含水率偏低，需提高含水率。由于土料加工需有剔除大于60mm的颗粒的工艺，因此若在开采前加水则剔除工艺的时候土料含水量较高，不利于剔除大于60mm的颗粒，且在加工过程中含水量损失变化大，最终含水量不易控制。采取坝面加水对坝面碾压影响较大，对整体含水率改善效果差，对工程工期影响较大，不宜采用该方法。因防渗土料有剔除大于60mm的颗粒的工艺，若加水工艺结合剔除工艺在加工过程中完成，最为合适。通过上述分析，RM水电站防渗土料加水时序采取加工过程中在加工厂内加水。

2. 提高土料含水率措施

提高土料含水率的措施主要有筑畦灌水法、喷灌灌水法、表面洒水法。表面洒水法主要用于少量补充水分、加工规模小的工程，RM水电站防渗土料加水量为3%～6%，加水量较大，加工强度也较大，初拟筑畦灌水法、喷灌灌水法进行比较分析，其中喷灌灌水法根据选用设备的不同，流程分两种。

（1）筑畦灌水法。

其工艺流程为：筛分后在成品料堆装载机和推土机摊铺＋筑畦灌水＋闷制。用装载机将筛分合格的半成品料在成品料堆进行堆料，约1m高，推土机推平，挖机进行灌畦开挖，按计算量向每个畦沟内灌水，再循环铺料、灌水，最终形成 4～5m 高的料堆，然后进行闷制，检测含水率达到要求且均匀后，经立采混合后装载机装料给运输设备运至大坝填筑。

（2）喷灌灌水法一。

其工艺流程为：筛分后在成品料堆装载机和推土机分层摊铺＋喷水加水＋闷制。用装载机将筛分合格的半成品料在成品料堆进行堆料，约 1m 高，推土机推平，采用喷水设施按计算量喷水，再循环铺料、喷水，最终形成 4～5m 高的料堆，然后进行闷制，检测含水率达到要求且均匀后，经立采混合后装载机装料给运输设备运至大坝填筑。喷水设施设置水量自动控制系统，根据计算的加水量调节喷水强度。

（3）喷灌灌水法二。

其工艺流程为：筛分后在成品料堆皮带机端头喷水＋闷制。筛分合格的半成品料通过皮带机送至成品料堆，用皮带机下料，通过在皮带机端头设置的喷水设施，在土料下料的同时将水混合，然后在成品料堆进行闷制，检测含水率达到要求且均匀后，经立采混合后装载机装料给运输设备运至大坝填筑。喷水设施设置水量自动控制系统，根据计算的加水量调节喷水强度。

从筑畦灌水法工艺流程可以看出，操作过程简单，但加水是集中灌水，未能将水均匀地加入土料，导致需要较长的时间闷制；另外在分层摊铺和灌畦开挖的时候，机械设备在土料上来回行走，在灌水渗入土料之前土料已经局部压实，导致闷制时间加长和含水率不均匀。喷灌灌水法工艺流程一虽然解决了表层土料加水的不均匀性，但仍存在内部土料未充分与水混合，以及机械设备在土料上来回行走的问题。喷灌灌水法工艺流程二解决了上述问题，由于加工规模较大，还需解决皮带机堆大容积堆料的问题。通过设备调研，采用堆料机替代皮带机下料来解决该问题。堆料机是一种大型、连续、高效的散状、粒状物料堆取作业设备，采用移动堆料方式将物料堆积成料堆，主要由堆料皮带、悬臂架、液压系统、驱动装置、来料车、动力电缆卷盘、控制电缆卷盘等组成，作为一种技术成熟的料场堆料设备，在矿山、火力发电厂、港口都得到广泛应用。

综合以上分析比较，推荐防渗土料提高含水率的工艺如下：筛分后土料经转运皮带机→加水系统（堆料机→堆料机下料＋堆料机端头喷水形成成品料堆→闷制）。

四、推荐的改性工艺

通过工程经验类比、分析研究，防渗土料采取振动筛剔除大于 60mm 颗粒、强力搅拌机搅拌、胶带机换料端头喷水＋桥式布料机下料＋闷制工艺，流程为：土料开采前天然含水率检测→土料场开采→自卸汽车运输→受料斗→受料斗下条筛（筛除大于 200mm 超大粒径）→转运皮带机→标准圆振筛（筛除大于 60mm 粒径）→转运皮带机→强力搅拌机拌和→转运皮带机→胶带机换料端头喷水→桥式布料机下料→成品料堆→闷制。

五、现场试验验证

(一)试验内容

1. 筛分试验(含搅拌试验)

现场筛分试验的目的主要是验证筛分工艺可行性、设备可靠性以及确定该工艺下土料筛分获得率。根据试验目的,现场筛分工艺试验进行三个阶段,每个阶段均对 1 号土料场土料分别进行 I_A 区、I_B 区土料筛分试验。

第一阶段:进行筛分设备筛网尺寸的调试试验。

根据室内试验结果,筛除 60mm 以上的颗粒后,土料满足设计指标要求。对国内主要筛分设备厂家进行调研与咨询,振动筛的安装倾角、振幅、频率等参数根据设备选型有所区别,但出厂设备基本已经固定相关参数、调整范围不大。因此,考虑土料黏粒对筛分效率的影响,设备的安装倾角、振幅、频率采用设备的一般推荐值,不做对比试验,只对筛分设备的筛网尺寸做不同组对比试验。

根据室内试验成果,初步拟订 60mm、70mm、80mm 三组筛网尺寸的试验,通过测定土料筛前和筛后的颗粒级配、土料获得率等参数,对比选择适应 RM 工程土料要求(即满足颗粒级配要求前提下获得率最大)的筛网尺寸。

第二阶段:在确定筛网尺寸后,进行筛分工艺的筛分效率试验。

本阶段是在筛分设备的筛网尺寸确定后,进行筛分工艺的验证试验,以确定筛分工艺进行规模化生产时的生产能力、筛分效率、成品料获得率。对试验系统暴露的问题进行分析,进行筛分系统的改进措施研究和完善。

第三阶段:在筛分工艺完全确定后,进行土料的搅拌试验。

本阶段是在筛分系统进行改进和完善确定后进行土料搅拌效果验证试验。即将 I_A 区不同级配的两种土料、I_B 区土料与 I_A 区土料两种土料经过配料机控制 1:1 掺配后进入搅拌机搅拌,分析对比搅拌后土料的级配及均匀性。

2. 加水试验

现场试验主要内容为:

1)试验一:皮带机加水+桥式布料机下料+成品料堆闷制工艺试验。

结合堆料工艺,在筛分后运输成品料的皮带机上设置喷洒设备,通过加水控制系统的中央控制系统控制自动补水系统在带料皮带机上洒水,使水和物料经过堆料机后同时进入料仓闷料,达到自动化、定量补水以满足土料加水要求。土料加水完成后的含水率的测定需考虑闷制时间效应,对不同堆放时间的成品料进行分别测定,确定合理的闷制时间。

2)试验二:堆料仓分层摊铺、管网分层喷洒加水+成品料堆闷制工艺试验。

结合堆料仓的设计,在土料堆料仓上部布置喷洒管网,均布喷头,由自动化补水系统控制喷头采用雾状喷洒水。最后通过对成品料含水率进行测定,以确定闷制时间。

通过对两个加水工艺的闷制时间、加水均匀性、加水效率等指标进行综合对比,比选出较优的加水工艺。

(二)筛分试验

1. 试验流程

振动筛筛分环节简述如下:

(1)土料开采时采用反铲挖掘机清除表土后向下开挖土料,采用自卸汽车将土料运输至筛分受料仓,土料经过筛孔尺寸为200mm的振动棒条给料机,粒径大于200mm的颗粒将被A1皮带机运走,从而完成土料的初筛。

(2)粒径小于200mm经A2皮带机输送至振动筛,振动筛中有3层方孔筛网,网孔尺寸分别为80mm、70mm、60mm,土料进入此筛后,粒径为200~80mm、80~70mm、70~60mm、小于60mm的土颗粒分别经过A3、A4、A5、A6皮带机输送至不同位置进行收集。

至此,原级配土料被筛分为大于200mm、200~80mm、80~70mm、70~60mm、成品料(60mm筛孔下的土料)共5档不同粒径大小的颗粒料。成品料采用自卸汽车装载后运输到地磅进行称量,其他各粒组料采用装载机装运或焊制的料箱收集后分别运送到地磅进行称量。筛分成品料在称量后,由自卸汽车运输到指定位置按照取样位置及深度分别堆存,料堆采用塑料防水篷布覆盖防止日晒雨淋,并做好标识。

现场筛分试验场地总体布置见图2-48,振动筛及筛网结构见图2-49~图2-50,现场筛分试验照片见图2-51~图2-54,成品料堆存情况见图2-55、图2-56。

图2-48　现场土料筛分系统

图2-49　现场振动筛

图2-50　筛网结构

图2-51　自卸汽车入料斗卸料

图2-52　现场筛分皮带机系统

图2-53　自卸汽车装运成品料过磅计量

图2-54　铲车装运超径料称量

| 图2-55 成品料堆存 | 图2-56 成品料料堆标识 |

2. 试验成果

现场筛分试验共计完成 T_{L1} 区、T_{L2} 区全级配土料开采、振动筛分 26 场，约 8410t，其中 T_{L1} 区约 5845t，18 场，T_{L2} 区约 2565t，8 场。成品土料的获得率最低为 51.2%，最高为 81.6%，平均为 67.5%，平均值略低于可行性研究勘探大口径钻孔取样室内筛分成果（71.6%）。其中 T_{L1} 区共计筛分土料 5845t，成品料的获得率最大值为 75.1%，最小值为 51.2%，平均值为 63.9%；T_{L2} 区筛分土料 2565t 成品土料的获得率最大值为 81.6%，最小值为 71.6%，平均值为 76.4%。

原级配土料的 P_5 含量、小于 0.075mm 颗粒含量、小于 0.005mm 黏粒含量特征值见表 2-84。I_A、I_B 区土料的原级配颗粒分布曲线见图 2-57、图 2-58。

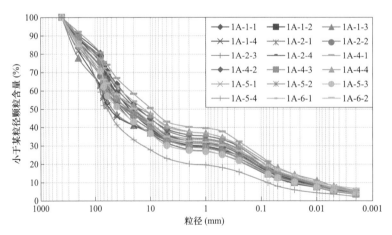

图2-57 I_A 区原级配土料颗分曲线

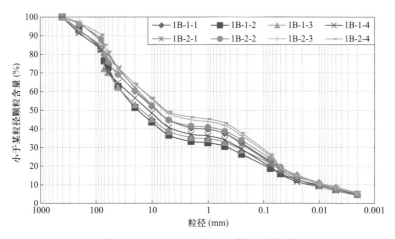

图 2-58　Ⅰ_B区原级配土料颗分曲线

表 2-84　　　　　　　　　原级配土料特征粒径含量统计

料源	特征值	特征粒径含量（%）		
		P_5	小于 0.075mm	小于 0.005mm
Ⅰ_A	最大值	77.0	21.4	8.2
	最小值	56.9	9.8	3.6
	平均值	65.1	16.6	6.3
Ⅰ_B	最大值	63.4	24.2	8.8
	最小值	55.1	18.9	6.8
	平均值	58.2	21.4	7.9

从天然土料原级配可以看出，天然土料最大粒径颗粒偏大，P_5 含量过高，细粒和黏粒含量偏低，不适宜直接用作特高砾石土心墙坝的心墙防渗土料。

（三）混合及搅拌试验

针对工程土料离散性大、土质不均匀的特点，分别对 T_{L1} 区土料、T_{L1} 和 T_{L2} 区土料各进行了 1 场搅拌试验。

T_{L1} 区土料搅拌试验的土料分别来自 T_{L1} 区第 1 开挖点第 2 层（T_{L1-1-2}）和第 4 层（T_{L1-1-4}），其中 T_{L1-1-2} 的 P_5 含量最大值为 67.3%，最小值为 35.1%，平均值为 50.3%，属于偏粗的料；T_{L1-1-4} 的 P_5 含量最大值为 49.5%，最小值为 24.9%，平均值为 36.1%，属于相对偏细的料。经过 1:1 比例搅拌后，P_5 含量最大值为 50.7%，最小值为 37.9%，平均值为 45.0%，如图 2-59 所示。

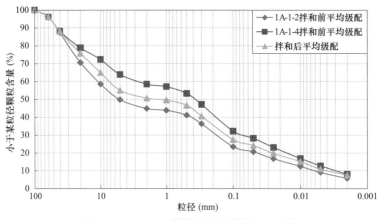

图 2-59　TL₁区搅拌前后土料的级配变化

T_{L1} 区与 T_{L2} 区土料的搅拌试验土料为 T_{L1} 区第 5 开挖点第 4 层（T_{L1-5-4}）和 T_{L2} 区第 1 开挖点第 4 层（T_{L2-1-4}），其中 T_{L1-5-4} 的 P_5 含量最大值为 71.1%，最小值为 44.6%，平均值为 54.2%，属于偏粗的料；T_{L2-1-4} 的 P_5 含量最大值为 48.0%，最小值为 31.7%，平均值为 42.2%，属于相对偏细的料。经过 1:1 的比例搅拌，P_5 含量最大值为 51.8%，最小值为 45.0%，平均值为 47.9%，如图 2-60 所示。

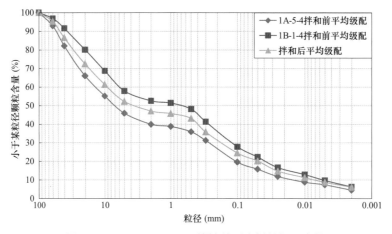

图 2-60　TL₁区 + TL₂区搅拌前后土料的级配变化

上述搅拌试验成果表明，对于级配（主要是 P_5 含量）相差较大的两类土料，搅拌可以显著的改善其级配，使得搅拌后土料的级配趋于粗细料的平均值。

（四）加水试验

1. 天然含水率试验成果

T_{L1} 区成品土料天然含水率范围为 2.8%～8.2%，平均值为 5.3%。含水率多数集中在 4.0%～6.0% 之间，占 63.0%，其次在 6.0%～8.0% 之间，占 24.0%。T_{L2} 区成品土料天然含水率范围为 3.7%～9.3%，平均值为 6.2%。含水率多数集中在 6.0%～8.0% 之间，占 47.0%，其次在 4.0%～6.0% 之间，占 43.0%。

2. 皮带机加水试验

（1）加水流程。

在加水前对土料进行全料重型击实试验，获得土料的最优含水率。将搅拌机的供料强度、土料的初始含水率、最优含水率及拟加水的目标含水率等信息输入加水控制设备，程序即自动计算出所需的加水强度（或加水量），自动对土料进行加水操作。加水试验采用皮带机端头自动控制加水系统对小于 60mm 的成品料进行补水。加水系统的补水喷头安装在皮带机上，土料经过搅拌机搅拌以后以一定的运输强度（t/h）输送到皮带机上通过补水喷头，加水系统根据皮带机来料强度（t/h）及初始含水率，计算出相应的补水强度（t/h 或 m³/h）后通过四个喷头喷洒在皮带机上的土料表面，完成补水过程。

补水完成的土料继续通过堆料机皮带运输系统运送至堆料场地上方的布料机上，通过垂向的溜管落至地面形成料堆。布料机通过开动大车及大车上的小车调整土料的落点进行堆料。

土料的搅拌、加水、闷制试验分别见图 2—61～图 2—64。

图 2—61 搅拌机向加水设备供给土料

图 2—62 加水系统对土料进行补水

图2-63 堆料机堆料

图2-64 堆料完成后防水篷布覆盖闷料

（2）闷制试验流程。

土料加水完毕后，皮带机将土料输送至堆料机，堆料机通过移动大车、小车，将加完水的土料自落料斗输送至堆料场地形成符合要求的料堆。采用菱形料堆的形式堆存土料。土料堆存完毕后，对料堆采用防水篷布进行覆盖，随即进入土料闷制阶段。在土料闷制过程中，每隔一段时间（1天或2天）对堆存的料堆表面及内部取样进行含水率检测，探究料堆表面及内部含水率随时间的变化规律。

对料堆取样进行含水率检测的取样方式为：对料堆表面的土料，只取表面1～2cm厚度的薄薄一层土料进行检测；对料堆内部的土料，从料堆侧面表面往里分不同深度进行取样，现场分表面以内20cm、50cm、内部约2m三个深度进行取样。表面以内20cm、50cm取样采用人工挖取，内部约2m处取样采用钢管插入式取样法，即用外力（装载机）将钢管强制插入料堆内部取样。为了避免钢管插入时将料堆浅部的土料带进取样端头，现场采用了大口径钢管先插入掏洞，小口径钢管再次顶进取样的方式。

（3）试验结果。

现场共完成3场堆料机加水试验及土料闷制试验。土料加水闷制试验是与搅拌试验衔接进行的，即土料搅拌后，搅拌机的出料皮带直接连接堆料机的加水设备皮带，加水完成后即进行堆料。

加水后土料的闷制试验时间持续了 12～14 天。共进行了 580 组含水率试验。三场土料闷制试验的料堆情况及含水率取样方式见表 2-85。其中，对第 1 场、第 2 场闷制试验的料堆进行了全覆盖，并且只对料堆表面及内部深处进行取样；对第 3 场闷制试验的料堆，将其一半覆盖、一半暴露，并分别对其表面、20cm 深处、50cm 深处、内部 2m 深处进行取样含水率检测，以进行对比，见图 2-65。

表 2-85　　　　　土料闷制试验场次、料堆情况及含水率试验取样方式

土料闷制试验场次	试验持续时间	料堆覆盖情况	含水率试验取样位置
第 1 场	14 天，每 1～2 天取样	全覆盖	料堆表面、料堆内部 2m 左右
第 2 场	12 天，每 1～2 天取样	全覆盖	料堆表面、料堆内部 2m 左右
第 3 场	12 天，每 2～3 天取样	覆盖 + 不覆盖	料堆表面、20cm 深处、50cm 深处、内部 2m 深处

图 2-65　第 3 场土料闷制试验覆盖 – 不覆盖对比

根据试验结果，绘制出加水料堆不同部位土料含水率随时间的变化关系见图 2-66～图 2-70。

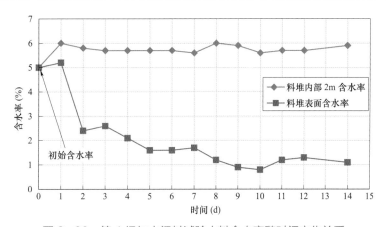

图 2-66　第 1 场加水闷料试验土料含水率随时间变化关系

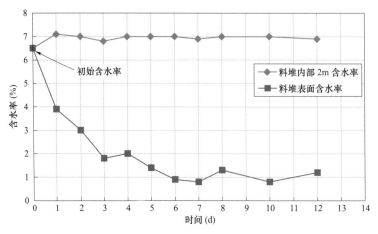

图2-67　第2场加水闷料试验土料含水率随时间变化关系

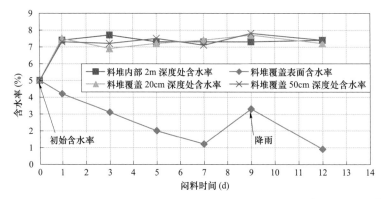

图2-68　第3场加水闷料试验土料含水率随时间变化关系（覆盖条件下）

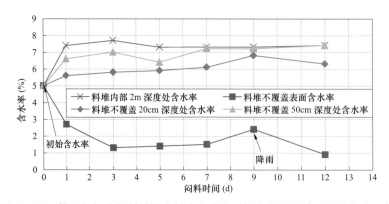

图2-69　第3场加水闷料试验土料含水率随时间变化关系（不覆盖条件下）

　　从以上关系曲线可以看出，土料加水完毕，闷制3～4天内部含水率基本稳定在某一定值附近，仅出现微小的波动变化。

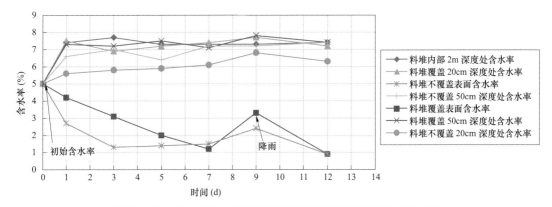

图 2-70 第 3 场加水闷料试验覆盖及不覆盖条件下含水率变化

第七节 本 章 小 结

依托 RM 水电站对土料场的勘探取得的地质资料和室内试验的阶段成果,结合已建和在建高心墙堆石坝防渗土料的研究工作,拟定 RM 心墙堆石坝的设计控制指标,选定代表性土料场,并通过室内试验对土样基本物理性能、基本力学性能和特殊性能等试验研究,进行土料技术指标评价,并开展现场改性试验改性措施的可行性。取得如下主要研究结论:

(1)防渗土料推荐采用 1 号土料场和 5 号土料场,两料场为早期冰水沉积、冲沟洪积及泥石流堆积的碎石混合土,主要存在粗颗粒含量较多,黏粒含量偏少、土质均匀性较差,含水率较低等问题,需采取筛分(剔除 60mm 以上粒径)、混采搅拌、加水等改性措施。

(2)接触土料采用拉乌山土料场,料场为冻融风化作用形成的含砾粉质黏土,塑性指数(大于 10)、渗透性(小于 10^{-6}cm/s)均满足规范要求,对部分区域细粒和黏粒略有偏少的问题,分区开挖利用。

(3)研究了砾石土 P_5 含量对坝体渗流和变形的影响。随 P_5 含量的增加,渗透系数增大,当 P_5 含量增至 55%左右时,渗透系数大于 $1×10^{-5}$cm/s。在满足渗透稳定条件下,心墙料 P_5 含量越大,心墙模量越高,坝体抵抗变形能力越强,对减小心墙拱效应、改善心墙与坝壳之间的变形协调性也更有利。从变形控制角度,300m 级高坝的 P_5 含量应控制在 50%附近。

(4)研究了砾石土"等应力比、真三轴、抗拉抗裂、湿化、流变固结"等特殊性能,表明具有剪胀性、显著的各向异性、较长的固结流变时间;应力水平越高,湿化和流变越大;随 P_5 含量的增加,强度越高、流变越小。

(5)采用了 3 种不同的剪切渗透试验方法研究了接触土料剪切渗流特性。在大剪切变形条件下,黏粒含量为 8%~27%时,其渗透稳定性均能满足要求。表明土料的黏粒及细粒含量不是制约能否应用于接触黏土层的因素。在工程区一定范围内,若没有满足规范要求的接触土料,仅从渗流角度分析,塑性指数大于 10、渗透系数小于 1×10^{-5} cm/s、P_5 含量小于 10%、细粒含量不小于 50%,黏粒含量不小于 15% 的土料可用作接触土料。

(6)防渗土料改性采取振动筛剔除大于 60mm 颗粒、强力搅拌机搅拌、胶带机换料端头喷水 + 桥式布料机下料 + 闷制的工艺是可行的。流程为:土料开采前天然含水率检测→土料场开采→自卸汽车运输→受料斗→受料斗下条筛(筛除大于 200mm 超大粒径)→转运皮带机→标准圆振筛(筛除大于 60mm 粒径)→转运皮带机→强力搅拌机拌合→转运皮带机→胶带机换料端头喷水→桥式布料机下料→成品料堆→闷制。

第三章
堆石料特性及缩尺效应

第一节 概　　述

坝址地处高山峡谷地区，自然气候条件恶劣，地形地质条件复杂，尤其是岩体风化卸荷问题突出，需通过相关试验技术深入研究筑坝材料的物理力学性能，以满足建设 300m 级高坝的要求。

针对 RM 工程堆石料特性研究，开展的主要试验内容包括：① 静动力特性试验，主要包括堆石料极值干密度、常规三轴压缩、大型固结压缩、动剪切模量和阻力比、动残余变形试验等；② 渗透特性试验，主要包括堆石料渗透系数、渗透比降及反滤排水性能试验等；③ 长期变形试验，主要包括浸水湿化变形试验、流变试验及风化劣化试验等；④ 接触面力学特性试验，主要包括堆石料与过渡料、过渡料与反滤料等接触面的力学特性试验。

堆石料作为坝体的主要填筑材料，最大粒径一般为 600～800mm。目前国内使用的大型三轴仪绝大多数为直径 300mm，高度 600～750mm，允许的堆石料级配最大粒径为 60mm，为避免超大粒径的粒径效应和仪器的边界效应影响，试验时必须对超径颗粒进行处理，使原级配缩小至试验仪器所容许的范围之内，往往要求仪器的尺寸大于最大粒径的 5 倍以上。由于缩尺后的堆石料试样与现场填筑料在级配、密实度、力学特性等方面存在较大差异，室内试验参数常无法代表现场实际，影响着堆石坝变形预测的准确性。长期以来堆石料缩尺效应一直是高坝工程建设的关键性难题。

近些年国内外关于缩尺效应的研究方法、技术手段和研究思路，主要包括基于室内 30cm 试样直径的多种缩尺方法，基于非连续理论的数值试验技术，研发试样直径为 800mm、1000mm 等多尺度三轴试验平台，基于现场大型载荷板试验、已建工程监测数据的反演分析。

针对 RM 工程堆石料缩尺效应研究，构建了粗粒料力学特性研究的跨尺度试验平台，联合采用室内超大三轴试验（直径 1m）、数值试验及反演分析等多种手段，系统研究了筑坝堆石料参数的变化规律，为工程实际应用提供了重要参考。

第二节 堆石料源及利用原则

一、料源概况

堆石料料源主要来源于工程开挖（明挖）料及右岸 2 号石料场，优先考虑利用溢洪洞进口明挖区、引水发电系统进口明挖区、泄洪消能系统出口明挖区、大坝明挖区、导流洞进口明挖区、导流洞出口明挖区等工程开挖料，不足部分从 2 号石料场补充。

二、物理力学性能试验

1. 工程开挖区

根据工程开挖区 609 组（密度试验 180 组、干抗压试验 235 组、饱和抗压试验 194 组）岩石物理力学试验成果，将岩石强度（大坝区含部分花岗岩岩石强度，其余各部位均为英安岩岩石强度）分卸荷风化状态、分部位统计见表 3-1，各部位岩石密度平均值为 2.58～2.70g/cm³。

表 3-1　　　　　　　　　　　开挖区岩块抗压强度试验成果统计表

岩体状态	位置		密度（g/cm³）		天然抗压（MPa）			饱和抗压（MPa）					软化系数平均值
			频数	平均值	频数	范围值	平均值	频数	范围值	平均值	小于40MPa组数及占比	小值平均值	
弱风化上带强卸荷	引水发电系统进口明挖区		2	2.65	6	75.2～168.7	104	3	54～118.1	82.4	—	58.7	0.79
	溢洪洞进口明挖区		49	2.62	57	37.6～121	71.5	34	18.3～105	48.7	23/40%	35	0.7
	泄洪消能系统出口明挖区	2830m以上	12	2.65	6	57.2～106.8	82.05	3	23.7～48.6	37	4/67%	28	0.45
		2830m以下	12	2.65	6	80.9～113.3	92.3	3	56.1～75.1	64	—	58.4	0.69
	大坝明挖区	左岸	1	2.58	3	54～62.6	57.6	3	43.9～44	43.9	—	43.9	0.76
		右岸	8	2.64	9	38.3～98.3	82.3	9	37～68.6	51.8	2/22%	45.7	0.63
弱风化上带弱卸荷	引水发电系统进口明挖区		2	2.66	6	60.7～147	103.7	3	54.6～128.5	88.3	—	56.7	0.86
	溢洪洞进口明挖区		4	2.64	12	52.4～86.6	67.3	12	32.2～63.2	46.5	3/25%	41.2	0.69
	泄洪消能系统出口明挖区	2830m以上	6	2.64	3	48.6～75.5	60	3	28.1～46.4	36.7	2/66%	31.8	0.61
		2830m以下	6	2.64	3	76～80.4	78	1	46.4～72.4	58.9	—	46.4	0.77
	大坝明挖区	左岸	4	2.63	8	58～82	66	8	33.4～56.1	40	5/63%	35.6	0.61
		右岸	5	2.65	7	48.8～97.2	79	7	37.3～62.7	48.7	1/14%	41.6	0.63

续表

岩体状态	位置		密度（g/cm³）		天然抗压（MPa）			饱和抗压（MPa）				小值平均值	软化系数平均值
			频数	平均值	频数	范围值	平均值	频数	范围值	平均值	小于40MPa组数及占比		
弱风化上带未卸荷	引水发电系统进口明挖区		3	2.67	9	63.7～164	113.5	4	55.9～104.4	81.2	—	65.3	0.72
	泄洪消能系统出口明挖区		6	2.65	12	51.1～245.5	124.2	12	45.9～146.2	85.1	—	58	0.76
	大坝明挖区	左岸	6	2.64	10	43.2～96.7	71.26	11	32.4～82.2	56.4	1/9%	45	0.79
		右岸	10	2.66	13	61.2～107.9	78.3	13	34.5～84.2	52.1	1/8%	45.6	0.67
弱风化下带	引水发电系统进口明挖区		1	2.69	3	77～86.2	82.2	2	56.6～68.6	62.7	—	58.3	0.76
	泄洪消能系统出口明挖区		5	2.61	10	38.2～141.4	104.5	11	47.2～137.6	68.3	—	52.1	0.66
	大坝明挖区	左岸	7	2.66	9	40.7～107.2	86.1	9	30.5～95.1	57.3	1/11%	45	0.67
		右岸	8	2.68	10	40～131.4	103.27	10	34～92.5	64	2/20%	50	0.62
	引水发电系统洞挖区		8	2.67	13	54～147	97.4	13	37.7～128.5	75.9	1/8%	58.4	0.78
微新岩体	引水发电系统进口明挖区		1	2.70	3	95.5～108	101.8	2	57.6～80.3	68.4	—	62.4	0.67
	大坝明挖区（左岸）		6	2.65	7	48.2～176.7	93	7	41.2～95.4	70	—	58.6	0.75
	引水发电系统洞挖区		12	2.63	22	50.8～217.7	117.2	23	46.2～155.7	85.2	—	60.2	0.73

弱风化上带强卸荷岩体：饱和抗压强度平均值在 37～82.4MPa 之间，小值平均值在 28～58.7MPa 之间，除泄洪消能系统出口明挖区 2830m 高程以上平均值小于 40MPa、小值平均值小于 35MPa 外，其余部位平均值均大于 40MPa、小值平均值大于 35MPa。

弱风化上带弱卸荷岩体：饱和抗压强度平均值在 36.7～88.3MPa 之间，小值平均值在 31.8～56.7MPa 之间，同强卸荷带岩体，泄洪消能系统出口明挖区 2830m 高程以上弱卸荷岩体平均值小于 40MPa、小值平均值小于 35MPa 外，其余部位平均值均大于 40MPa、小值平均值大于 35MPa。

弱风化上带未卸荷岩体：饱和抗压强度平均值在 52.1～85.1MPa 之间，小值平均值在 45～65.3MPa 之间，所有部位平均值及小值平均值均大于 40MPa。

弱风化下带岩体：饱和抗压强度平均值在 57.3～75.9MPa 之间，小值平均值在 45～58.4MPa 之间，所有部位平均值及小值平均值均大于 40MPa。

微新岩体：饱和抗压强度平均值在 68.4～85.2MPa 之间，小值平均值在 58.6～62.4MPa

之间，所有部位平均值及小值平均值均大于 40MPa。

2. 2 号石料场

根据 2 号石料场室内岩石物理力学试验成果，分卸荷风化状态统计见表 3-2。强卸荷、弱卸荷、弱风化上带、弱风化下带、微新岩体饱和抗压强度的平均值在 65～94MPa，且仅极少数块样饱和抗压强度小于 40MPa。

表 3-2   2 号石料场室内物理力学试验成果表

| 岩性 | 岩体状态 | 密度（g/cm³） | | 干抗压（MPa） | | | 饱和抗压（MPa） | | | | | 软化系数平均值 |
		平均值	频数	范围值	平均值	频数	范围值	平均值	小于40MPa组数及占比	小值平均值	频数	
英安岩	弱风化上带强卸荷	2.63	34	44～128.2	91.1	15	33～100.8	58.7	3/35.4	48.2	20	0.66
	弱风化上带弱卸荷	2.64	10	53.5～143.5	95.1	5	44.2～88.1	67.7	0/0	50.5	4	0.71
	弱风化上带未卸荷	2.64	10	75.4～120.6	101.5	7	54～98.2	77.3	0/0	67.1	5	0.76
	弱风化下带	2.65	10	71.5～240.1	128.8	6	53.6～152.6	80.8	0/0	65	8	0.62
	微新岩体	2.66	6	86.3～142.6	104.3	3	61.4～127.8	82.6	0/0	67.7	4	0.79

三、工程开挖料利用原则

根据料场位置、开挖料分布及料源情况，考虑施工规划和施工布置的要求，泄水建筑物进口、引水发电进口 3030m 高程以上以及导流洞进出口开挖岩体，饱和抗压强度小值平均值大于 35MPa 用作填筑堆石Ⅱ区；引水发电进水口 3030m 高程以下、泄洪消能出口 2830m 高程以下、大坝心墙槽以及 2 号石料场开挖岩体，饱和抗压强度小值平均值大于 40MPa 用作填筑堆石Ⅰ区（见表 3-3）。

表 3-3   工程开挖料利用原则

| 堆石分区 | 料源概况 | 饱和抗压强度小值平均值（MPa） | |
		试验值	控制标准
堆石Ⅰ区	引水发电进水口 3030m 以下，强卸荷至微新岩体	56.7～82.4	>40
	泄洪系统出口 2830m 以下，强、弱卸荷岩体	60 左右	
	大坝心墙槽，弱风化上带、弱风化下带	>40	
	2 号石料场开采	46.0～70.4	
堆石Ⅱ区	引水发电进水口 3030m 以上，强卸荷至微新岩体	56.7～82.4	>35.0
	泄水建筑物进口，强卸荷、弱卸荷及以下	>35.0	
	导流洞进出口	>40	

第三节 坝壳料级配与优化

一、设计级配拟订

根据反滤准则要求，反滤料需设置两层，第一层反滤料以保护防渗土料中小于 5mm 颗粒为目的，按照保护黏性土的设计方法确定设计级配，第二层反滤料以保护第一层反滤料为目的，按照保护无黏性土的设计方法确定设计级配。设计级配拟定按反滤Ⅰ区料最大粒径为 20mm、粒径小于 0.075mm 的颗粒含量均按不超过 5%，反滤Ⅱ区料最大粒径为 80mm、粒径小于 0.075mm 的颗粒含量均按不超过 5%进行控制。

过渡料介于反滤料和堆石料之间，起到粒径过渡、变形协调以及水力过渡的作用，按过渡料对反滤层Ⅱ区料满足反滤排水准则要求进行级配设计。设计级配拟定按最大粒径 300mm，小于 5mm 颗粒含量不高于 25%进行控制。

堆石料遵循就地取材原则，是大坝填筑主体，其坝料设计主要考虑抗剪强度、施工因素和渗透性等要求，级配设计主要对最大粒径、小于 5mm、小于 0.075mm 的颗粒含量进行控制。设计级配拟定按最大粒径为 800mm，粒径小于 5mm 的颗粒含量不超过 15%，0.075mm 以下的颗粒含量小于 5%进行控制。

根据以上原则，在表 3-4 防渗心墙料设计级配包络线基础上，初步拟定反滤层Ⅰ区料、反滤层Ⅱ区料、过渡料、堆石料设计级配包络线见表 3-5～表 3-8。绘制各分区坝料设计级配包络线如图 3-1 所示。

表 3-4 防渗心墙料设计级配包络线

粒径（mm）	小于某粒径颗粒质量百分含量（%）										
	60	40	20	10	5	2	1	0.5	0.25	0.075	0.005
上包线	100	91.75	83.21	78.49	70.00	66.32	65.56	62.34	57.57	37.15	17.55
平均线	100	89.44	75.19	67.42	59.92	52.95	51.69	47.78	43.45	27.07	11.69
下包线	100	76.45	59.29	54.88	50.00	43.83	42.43	39.44	36.26	15.00	6.00

表 3-5 反滤层Ⅰ区料设计级配包络线

粒径（mm）	小于某粒径颗粒质量百分含量（%）							
	20	10	5	2	1	0.5	0.25	0.075
上包线	—	—	100	90	75	50	25	5
平均线	—	100	89	74	52	32	15	3
下包线	100	90	78	57	28	13	5	0

表3-6　　　　　　　　　　　　　　反滤层Ⅱ区料设计级配包络线

粒径（mm）	小于某粒径颗粒质量百分含量（%）										
	80	60	40	20	10	5	2	1	0.5	0.25	0.075
上包线	—	—	100.0	85.0	65.0	45.0	27.0	18.0	12.0	8.0	3.5
平均线	—	100.0	84.8	66.3	48.3	32.5	18.2	11.0	6.0	4.0	1.8
下包线	100.0	86.2	69.6	47.5	31.6	20.0	9.4	4.0	0.0	—	—

表3-7　　　　　　　　　　　　　　　过渡料设计级配包络线

粒径（mm）	小于某粒径颗粒质量百分含量（%）												
	300	200	100	80	60	40	20	10	5	2	1	0.5	0.25	0.075
上包线	—	100.0	77.1	70.9	63.7	54.7	42.1	32.5	25.0	17.7	13.6	10.4	8.0	5.0
平均线	100.0	91.9	69.3	63.3	56.3	47.7	35.8	26.9	20.0	13.5	9.9	7.1	5.0	2.5
下包线	100.0	83.7	61.5	55.7	48.9	40.7	29.5	21.2	15.0	9.2	6.1	3.7	2.0	0.0

表3-8　　　　　　　　　　　　　　　堆石料设计级配包络线

粒径（mm）	小于某粒径颗粒质量百分含量（%）												
	800	600	400	300	200	100	80	60	40	20	10	5	2	1
上包线	—	—	100.0	89.6	76.6	58.2	53.2	47.3	40.0	29.5	21.4	15.0	8.6	5.0
平均线	—	100.0	85.4	75.4	63.1	46.4	41.9	36.7	30.4	21.6	15.0	10.0	5.2	2.5
下包线	100.0	86.7	70.7	61.1	49.6	34.5	30.6	26.1	20.8	13.7	8.6	5.0	1.7	0.0

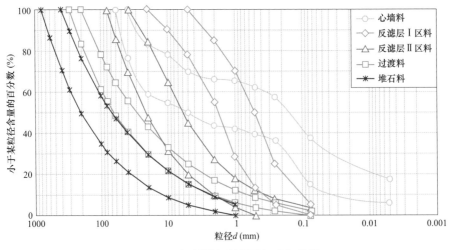

图3-1　初拟筑坝料设计级配包络线

二、室内试验级配

根据初拟的坝料设计级配，堆石料最大粒径为 800mm，过渡料最大粒径为 300mm，而室内常规大三轴试样的直径为 300mm，这就需要对堆石料及过渡料的级配进行缩尺。目前规范推荐的室内试验缩尺方法主要有剔除法、相似级配法、等量替代法、混合法等。室内试验制样对堆石料设计级配上包线、平均线、下包线以及过渡料设计级配平均线分别采用等量替代法、相似级配法、等量替代与相似级配相结合的混合法进行缩尺。

等量替代法计算公式：

$$P_i = \frac{P_{oi}}{P_5 - P_{d\max}} P_5 \tag{3-1}$$

式中：P_i——等量替代后某粒组的百分含量，%；

$\quad P_{oi}$——原级配某粒组的百分含量，%；

$\quad P_5$——大于 5mm 的百分含量，%；

$\quad P_{d\max}$——超粒径的百分含量，%。

相似级配法计算公式：

$$P_{dn} = \frac{P_{do}}{n} \tag{3-2}$$

式中：P_{dn}——粒径缩小 n 倍后相应的小于某粒径的百分含量，%；

$\quad P_{do}$——原级配相应的小于某粒径的百分含量，%；

$\quad n$——粒径的缩小倍数，即原级配的最大粒径/设备允许的最大粒径。

工程经验表明，混合法缩尺试验成果与原型试验成果最为接近，因此对堆石料、过渡料以混合法缩尺为主。采用混合法缩制时，堆石料试验级配上包线采用的粒径缩小倍数 n 分别为 1.7、2.2、2.6、3.7 和 5.2，平均线采用的粒径缩小倍数 n 分别为 1.6、2.6、3.3、4.0 和 6.0，下包线采用的粒径缩小倍数 n 分别为 2.3、4.2、5.1、6.3 和 9.5；过渡料试验级配平均线采用的粒径缩小倍数 n 分别为 1.6、2.2、3.0 和 4.0。

对于反滤层Ⅰ区料设计级配平均线级配最大粒径为 10mm，反滤层Ⅱ区料设计级配平均线级配最大粒径为 60mm，其平均线最大粒径均不超过 60mm，因此反滤层Ⅰ区料、反滤层Ⅱ区料不需进行缩尺，试验级配均取其设计级配平均线。

按照上述缩制方法，绘制堆石料设计级配上包线、平均线、下包线以及过渡料平均线缩制后的试验级配，如图 3-2～图 3-5 所示。

三、极值干密度与小于 5mm 颗粒含量的关系

为了研究极值干密度与小于 5mm 颗粒含量的关系，对堆石Ⅰ区料、过渡料设计级配缩制得到的 6～7 条室内试验模拟级配进行了极值干密度试验，并绘制极值干密度与小于 5mm 颗粒含量的关系如图 3-6 所示。

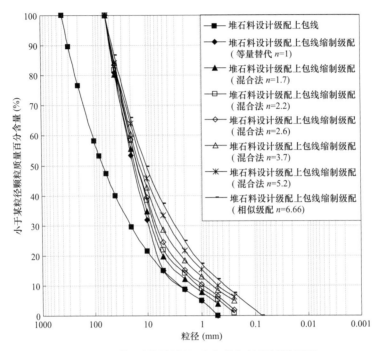

图 3-2　堆石料设计级配上包线与缩尺试验级配

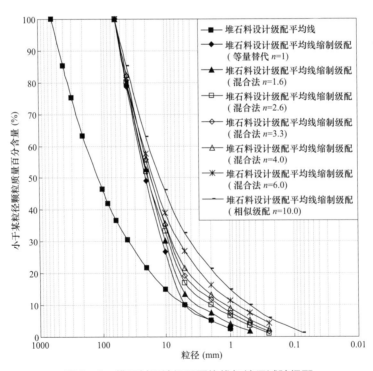

图 3-3　堆石料设计级配平均线与缩尺试验级配

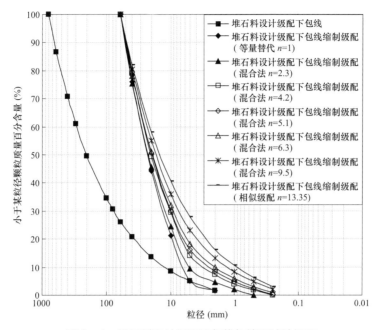

图 3-4　堆石料设计级配下包线与缩尺试验级配

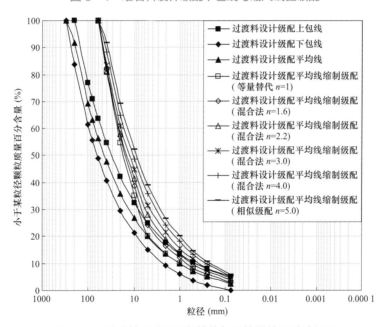

图 3-5　过渡料设计级配包络线与平均线缩尺试验级配

试验研究表明：

（1）堆石Ⅰ区料、过渡料的干密度与小于 5mm 颗粒含量密切相关，最小干密度和最大干密度均随小于 5mm 颗粒含量的增加而提高。其主要原因是：粗颗粒含量较高时，粗颗粒骨架形成的孔隙较大，细颗粒主要起到填充空隙作用，最小干密度和最大干密度随细颗粒含量增加而增加的幅度较大（见图 3-6）。

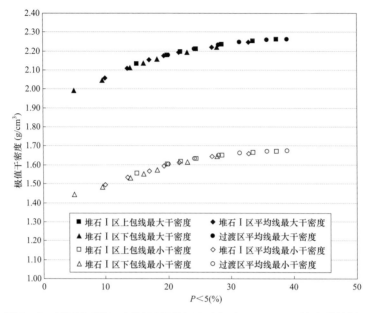

图 3-6 堆石 I 区料、过渡料极值干密度与小于 5mm 颗粒含量的关系

（2）当小于 5mm 颗粒含量超过约 30% 后，在 30%～40% 范围内极值干密度提高不明显，增加趋势变缓。其主要原因是：当小于 5mm 颗粒含量超过 30% 后，细颗粒逐渐参与骨架作用，粗颗粒形成的骨架会被细颗粒隔离，出现细颗粒包裹粗颗粒现象，此时最小干密度和最大干密度随细颗粒含量增加而增加的幅度较小，甚至可能出现极值干密度变小的情况，如反滤层 I 区料平均线小于 5mm 含量达到 89% 时，最小干密度和最大干密度均有所降低。

四、基于分形维数法的堆石料级配研究

堆石料的级配粒度分布、颗粒形状、表面特性及颗粒间的孔隙特性对其密实度产生直接影响，这些特征在某一尺度范围内均存在随机性及符合统计规律的自相似性，HH 组采用下述基于分形维数理论的堆石料级配优化方法，对堆石料设计级配进行研究。

堆石料是具有自相似的多孔介质，大于某一粒径 d_i 的土粒构成体积 $V(\delta > d_i)$ 可由公式（3-3）表示，即：

$$V(\delta > d_i) = A[1 - (d_i / k)^{3-D}] \tag{3-3}$$

堆石粒组重量分布与各粒组平均粒径间的分形关系可表示为：

$$\left(\frac{\bar{d}_i}{\bar{d}_{\max}}\right)^{3-D} = \frac{W(\delta < \bar{d}_{\max})}{W_0} \tag{3-4}$$

式中：A、k——描述形状、尺度的常数；

$\quad\quad d_i$——土颗粒粒径；

$\quad\quad D$——分形维数；

$V(\delta > d_i)$——大于某一粒径 d_i 的土粒构成体积；

$\overline{d}_i$ ——两筛分粒级 d_i 与 d_{i+1} 间粒径的平均值；

$W(\delta > \overline{d}_i)$ ——大于 $\overline{d}_i$ 的累积土粒重量；

$\overline{d}_{\max}$ ——最大粒级的平均直径。

将堆石料质量累积曲线与对应的粒径投影到双对数坐标上，相关直线的斜率为 λ，则可求分形维数 $D = 3 - \lambda$。通过上述分析，将颗粒之间填充的分形关系转换成各粒组质量之间的关系。若各粒组粒径与其对应的累积质量百分数（过筛百分数）之间满足方程式（3-4）的关系，则称粗粒料粒度分布具有分形特性。

根据拟定的设计级配范围，针对堆石 I 区料、堆石 II 区料开展了 15 组粒度分形维数为 2.0~2.8 的极值干密度试验，并以大型压缩试验、三轴试验进行级配优化验证。

图 3-7~图 3-10 给出了堆石 I 区料、堆石 II 区料极值干密度、孔隙率与粒度分形维数的关系。由图可见，随着粒度分形维数由 2.0 增大到 2.8，对应级配平均粒径由 30mm 减小到 1.88mm，级配颗粒逐步变细，无论是最大干密度还是最小干密度，均呈现出先逐步增大、然后减小的现象，如最大干密度由 1.958g/cm³ 增大到 2.277g/cm³ 时出现拐点，然后减小到 2.158g/cm³；最小干密度由 1.501g/cm³ 增大到 1.766g/cm³ 时出现拐点，然后减小到 1.652g/cm³，两者出现拐点的位置基本一致，均在粒度分形维数 2.59 附近。

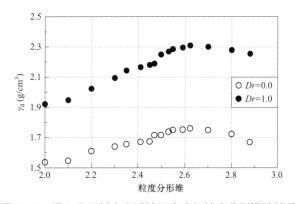

图 3-7　堆石 I 区料室内试验干密度与粒度分形维数关系

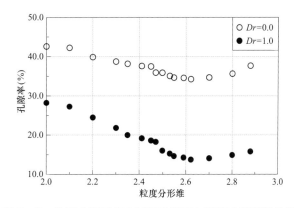

图 3-8　堆石 I 区料室内试验孔隙率与粒度分形维数关系

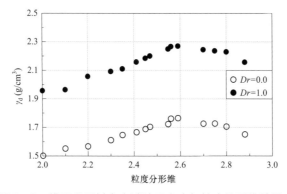

图 3-9　堆石Ⅱ区料室内试验干密度与粒度分形维数关系

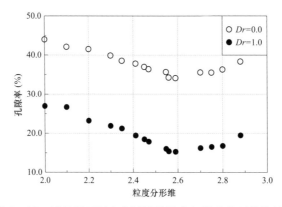

图 3-10　堆石Ⅱ区料室内试验孔隙率与粒度分形维数关系

图 3-11～图 3-12 给出了堆石Ⅰ区料、堆石Ⅱ区料大型压缩试验压缩模量与粒度分形维数的关系。由图可见，在加载应力小于 1.6MPa 时，级配对压缩模量的影响不明显；在加载应力大于 1.6MPa 时，级配对压缩模量的影响逐步增大，如在 1.6～3.2MPa 区间，$D = 2.0$ 级配的压缩模量为 62.47MPa，而 $D = 2.62$ 级配的压缩模量为 236.16MPa，两者相差 2.8 倍。在由 3.2MPa 卸载到 0 再加载到 3.2MPa 时，再加载模量的差异相对较小。在高应力条件下，压缩模量随粒度分形维数的增加而增大，在 $D = 2.62$ 时压缩模量最高。

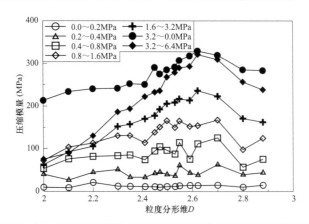

图 3-11　堆石Ⅰ区料室内试验压缩模量与粒度分形维数关系

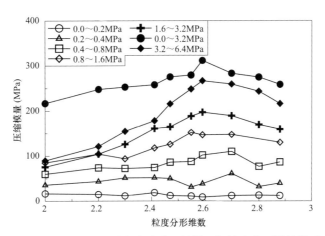

图 3-12 堆石Ⅱ区料室内试验压缩模量与粒度分形维数关系

图 3-13 给出了堆石Ⅰ区料大型室内三轴试验破坏应力与粒度分形维数关系。由图可见，在围压 400kPa 条件下，其破坏应力在 1978~2615kPa 之间；当围压在 800kPa 时，其破坏应力在 3462~4330kPa 之间；当围压在 1600kPa 时，其破坏应力在 6108~8142kPa 之间；当围压在 3100kPa 时，其破坏应力在 11189~13373kPa 之间；粒度分形维数等于 2.56 对应的破坏应力相对较大，在高围压时为最大值，强度最高。

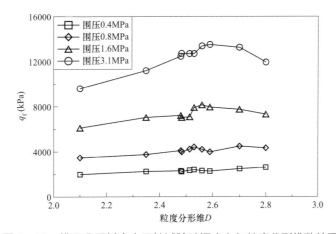

图 3-13 堆石Ⅰ区料室内三轴试验破坏应力与粒度分形维数关系

综合考虑堆石料颗粒充填关系、压缩模量以及破坏强度试验成果，对于堆石料的级配平均线，采用粒度分形维数 2.56 时的充填关系、压缩模量以及破坏强度最优。对于上包线，可采用粒度分形维数 2.62；对于下包线，研究建议采用粒度分形维数 2.48，考虑到实际爆破时细粒含量可能偏少，按 $P_5 = 5\%$ 进行修正得到下包线。

基于分形维数理论提出的堆石料级配见表 3-9；将基于分形维数理论提出的堆石料级配与设计级配进行对比，如图 3-14 所示。

表3-9　　　　　　　　　　　　基于分形维数理论的堆石料级配包络线

粒径 (mm)	小于某粒径颗粒含量质量百分比（%）													
	800	600	400	200	100	80	60	40	20	10	5	2	1	0.075
上包线			100.0	76.8	59.0	54.2	48.6	41.7	32.0	24.6	18.9	13.4	10.3	3.8
平均线		100.0	83.7	61.7	45.5	41.2	36.3	30.4	22.4	16.5	12.2	8.1	6.0	1.9
下包线	100.0	86.2	69.8	48.4	33.3	29.5	25.1	19.9	13.2	8.4	5.0	2.0	0.5	0.0

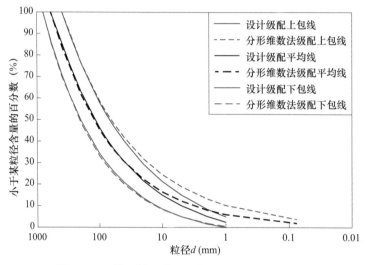

图3-14　堆石料设计级配与分形维数法级配对比

由图3-14可见，基于分形维数理论提出的堆石料级配下包线与设计级配下包线基本重合，基于分形维数理论提出的堆石料级配上包线、平均线小于5mm颗粒含量略高，其中设计级配控制在 10%～15%，基于分形维数理论提出的堆石料级配控制在 12.2%～18.9%。经对比分析，堆石料设计级配总体合适。

五、室内试验制样标准

借鉴已有工程经验，对于筑坝料现场填筑标准，在采用干密度控制的同时，反滤料采用相对密度控制，过渡料及堆石料采用孔隙率控制。在开展筑坝料特性室内试验研究时，试验制样标准采用与现场相同的孔隙率或相对密度标准，由此拟定坝料室内试验制样标准见表3-10。

表3-10　　　　　　　　　　　　坝料室内试验制样标准

坝料	控制指标		
	填筑干密度（g/cm³）	相对密度	孔隙率（%）
反滤层Ⅰ区料	2.06	0.80～0.85	—
反滤层Ⅱ区料	2.09	0.85～0.90	—
过渡料	2.11	—	22
堆石Ⅰ区料	2.17	—	19～21
堆石Ⅱ区料	2.11	—	20～23

第四节　静 力 特 性 试 验

一、干密度试验

根据表 3-11 试验成果，反滤层Ⅰ区料相对密度在 0.8～0.85，对应的试验干密度约为 1.957～1.993g/cm³，反滤层Ⅱ区料相对密度在 0.85～0.90，对应的试验干密度为 2.103～2.137g/cm³；反滤料相对密度越高，干密度也越大。根据表 3-12 试验成果，过渡料最大干密度为 2.172～2.179g/cm³，对应的孔隙率为 19.6%～19.9%，设计孔隙率 22%对应的干密度为 2.114～2.115g/cm³。

表 3-11　　　　　　　　　反滤料干密度试验成果

坝料	比重	最小干密度（g/cm³）	最小干密度对应孔隙率（%）	最大干密度（g/cm³）	最大干密度对应孔隙率（%）	试验相对密度	试验干密度（g/cm³）
反滤层Ⅰ区（平均线）	2.719	1.525	43.9	2.107	22.5	0.8	1.957
						0.85	1.993
反滤层Ⅱ区（平均线）	2.713	1.653	39.1	2.209	18.6	0.85	2.103
						0.9	2.137

表 3-12　　　　　　　　　过渡料干密度试验成果

坝料	试验分组	最小干密度（g/cm³）	最小干密度对应孔隙率（%）	最大干密度（g/cm³）	最大干密度对应孔隙率（%）	设计填筑孔隙率（%）	试验干密度（g/cm³）
过渡料（平均线）	NK 组	1.604	40.9	2.179	19.7	22	2.115
	GY 组	1.648	39.2	2.175	19.7		
过渡料（上包线）	GY 组	1.667	38.5	2.178	19.6	22	2.114
过渡料（下包线）	GY 组	1.647	39.2	2.172	19.9		

根据表 3-13 试验结果，堆石Ⅰ区料干密度在 1.552～2.195g/cm³ 之间，堆石Ⅱ区干密度在 1.506～2.174g/cm³ 之间；堆石Ⅰ区与堆石Ⅱ区最大、最小干密度试验成果相当，随着孔隙率减小，填筑干密度增大；试验孔隙率 19%～23%对应的干密度为 2.080～2.197g/cm³。

表 3-13　　　　　　　　堆石Ⅰ区料、堆石Ⅱ区料干密度试验成果

坝料	试验分组	干密度（g/cm³）		孔隙率（%）		试验干密度（g/cm³）	试验干密度对应孔隙率（%）
		最小	最大	最小	最大		
堆石Ⅰ区（上包线）	NK 组	1.618	2.195	19.1	40.3	2.170	20
	GY 组	1.623	2.189	19.2	40.1	2.168	20
						2.144	22

续表

坝料	试验分组	干密度（g/cm³）		孔隙率（%）		试验干密度（g/cm³）	试验干密度对应孔隙率（%）
		最小	最大	最小	最大		
堆石Ⅰ区（平均包线）	NK组	1.593	2.174	19.8	41.3	2.197	19
						2.170	20
						2.142	21
	GY组	1.644	2.176	19.7	39.3	2.168	20
						2.144	22
堆石Ⅰ区（下包线）	NK组	1.552	2.135	21.3	42.8	2.142	21
	GY组	1.615	2.155	20.5	40.4	2.168	20
						2.144	22
堆石Ⅱ区（上包线）	NK组	1.557	2.142	20.7	42.4	2.108	22
	GY组	1.608	2.174	20.8	40.7	2.168	20
						2.144	22
堆石Ⅱ区（平均包线）	NK组	1.550	2.126	21.3	42.6	2.134	21
						2.107	22
						2.080	23
	GY组	1.610	2.167	20.0	40.6	2.168	20
						2.114	22
堆石Ⅱ区（下包线）	NK组	1.506	2.089	22.7	44.2	2.107	22
	GY组	1.647	2.172	20.4	40.6	2.168	20

二、大型侧限压缩试验

结合 RM 水电站特高坝的特点，开展了高压力条件下堆石料、过渡料及反滤料侧限压缩试验，试验压力最大达 6.4MPa，按 0.05MPa、0.1MPa、0.2MPa、0.4MPa、0.8MPa、1.6MPa、3.2MPa、4.0MPa、4.8MPa、5.6MPa 和 6.4MPa 分级施加。根据《水电水利工程粗粒土试验规程》（DL/T 5356—2006）所述方法，一般经验取试验压力 0.1～0.2MPa 的试验结果计算压缩系数及压缩模量，见表 3-14。

表 3-14　　　　　　堆石料、过渡料及反滤料大型侧限压缩试验成果

坝料	试验分组	制样条件		饱和，0.1～0.2MPa		非饱和，0.1～0.2MPa	
		干密度（g/cm³）	孔隙率（或相对密度）	压缩系数 a_V（MPa⁻¹）	压缩模量 E_S（MPa）	压缩系数 a_V（MPa⁻¹）	压缩模量 E_S（MPa）
反滤层Ⅰ区（平均线）	GY组	1.957	0.80	0.0343	40.5	0.0272	51
反滤层Ⅱ区（平均线）	GY组	2.103	0.85	0.0178	72.6	0.0143	90
过渡料（平均线）	NK组	2.115	22%	0.0112	114	0.009	142.8

坝料	试验分组	制样条件		饱和，0.1～0.2MPa		非饱和，0.1～0.2MPa	
		干密度（g/cm³）	孔隙率（或相对密度）	压缩系数 a_V（MPa^{-1}）	压缩模量 E_S（MPa）	压缩系数 a_V（MPa^{-1}）	压缩模量 E_S（MPa）
过渡料（上包线）	GY 组	2.114	22%	0.0126	101.7	0.0109	117.6
过渡料（平均线）	GY 组	2.114	22%	0.0106	120.9	0.0091	140.9
过渡料（下包线）	GY 组	2.114	22%	0.0096	133.5	0.0082	156.3
堆石Ⅰ区（上包线）	NK 组	2.170	20%	0.00792	157.9	0.00658	189.8
	GY 组	2.168	20%	0.0113	110.5	0.0090	138.8
堆石Ⅰ区（平均线）	NK 组	2.170	20%	0.00713	175.4	0.00596	209.7
	GY 组	2.168	20%	0.0091	137.2	0.0071	175.9
堆石Ⅰ区（下包线）	NK 组	2.142	20%	0.0087	145.6	0.00705	179.6
	GY 组	2.155	20.5%	0.0080	156.1	0.0060	208.1
堆石Ⅱ区（上包线）	NK 组	2.108	22%	0.01056	121.4	0.00816	157.0
	GY 组	2.168	20%	0.0108	115.2	0.0094	132.9
堆石Ⅱ区（平均线）	NK 组	2.107	22%	0.00881	145.6	0.00735	174.4
	GY 组	2.168	20%	0.0088	141.9	0.0075	166.5
堆石Ⅱ区（下包线）	NK 组	2.107	22%	0.00799	160.4	0.00658	194.8
	GY 组	2.168	20.4%	0.0076	164.3	0.0066	189.2

试验研究可得出以下结论：

（1）反滤层Ⅰ区料饱和压缩模量 40.5MPa，反滤层Ⅱ区料饱和压缩模量 72.6MPa，过渡料饱和压缩模量 101.7～133.5MPa；堆石Ⅰ区料饱和压缩模量为 110～175MPa，堆石Ⅱ区料饱和压缩模量为 115～164MPa，堆石Ⅰ区料与堆石Ⅱ区料压缩模量差别不大。

（2）饱和压缩模量略低于非饱和压缩模量；堆石料、过渡料、反滤料均属低压缩性土，同一试样随着制样密度的提高，压缩模量提高。

（3）堆石区料、过渡区、反滤料的压缩模量依次降低，从试验结果角度分析，筑坝料分区基本协调。

三、大型三轴试验

大型三轴剪切固结排水（CD）试验直径为 30cm，高度为 60～70cm，试样最大粒径 60mm，制样干密度为 1.97～2.05g/cm³，按试验控制密度制备试样，围压根据坝体高度及侧压力系数估算，围压范围为 0.1～3.3MPa。

1. 反滤料

表 3-15 为反滤料大型三轴剪切邓肯-张 E-B 模型试验参数。由表可见，反滤层Ⅱ区

料相对密度由 0.85 提高至 0.90，φ 提高了 1.5°，K 值提高了 19%~21%；反滤层 I 区料相对密度由 0.8 提高至 0.85，φ 提高了 1°，K 值提高了 20%~29%。

在 1000~3000kPa 范围内，试验后反滤料的破碎率相同级配随围岩增大而增大，相同围压上包线、平均线、下包线的破碎率依次增大。马萨尔破碎率在 7.4%~13.6%，平均值为 10.7%；试验后小于 5mm 颗粒含量平均值为 33.9%，比试验前增加 16.4%~60%。

表 3-15　　　　　　　　　反滤料邓肯-张 E-B 模型试验参数

坝体分区	级配特性	试验干密度（g/cm³）	相对密度	试样状态	φ_0（°）	$\Delta\varphi$（°）	K	n	R_f	K_b	m
反滤层 II 区	平均线	2.103	0.85	风干	54.0	8.5	1137	0.31	0.60	—	—
				饱和	52.3	8.0	892	0.33	0.61	351	0.27
		2.137	0.90	风干	55.4	9.1	1356	0.29	0.60	—	—
				饱和	53.9	8.6	1079	0.31	0.61	445	0.25
反滤层 I 区	平均线	1.957	0.80	风干	50.8	8.1	671	0.32	0.66	—	—
				饱和	48.7	7.3	501	0.35	0.67	189	0.30
		1.993	0.85	风干	52.1	8.6	821	0.30	0.65	—	—
				饱和	50.1	8.0	648	0.32	0.67	260	0.25

2. 过渡料

由表 3-16 可见，过渡料饱和样非线性强度 φ 值为 52.3°~55.1°，平均值为 53.7°，邓肯-张 E-B 模型参数 K 值为 1062~1338，平均值为 1232，K_b 为 436~518，平均值为 478。将风干样与饱和样对比，非线性强度内摩擦角 φ_0 风干试样比饱和试样高约 0.1°~1.6°，K 值风干试样比饱和试样高为 150~268，n 值差异不大，表明了水在试样中起到了软化作用，浸水后堆石料的强度及变形参数都有所降低。

在 1000~3000kPa 范围内，试验后过渡料的破碎率相同级配随围岩增大而增大，相同围压上包线、平均线、下包线的破碎率依次增大。马萨尔破碎率在 4.7%~14%，平均值为 9.1%；试验后小于 5mm 颗粒含量平均值为 30.9%（室内缩尺级配），比试验前增加 6.5%~61.8%。

表 3-16　　　　　　　　　过渡料邓肯-张 E-B 模型试验参数

试验分组	级配	试验干密度（g/cm³）	孔隙率（%）	试验状态	φ_0（°）	$\Delta\varphi$（°）	K	n	R_f	K_b	m
GY 组	上包线	2.11	22	风干	52.4	7.8	1285	0.29	0.62	—	—
				饱和	52.3	6.9	1103	0.32	0.62	436	0.23
	平均线	2.11	22	风干	54.8	9.3	1405	0.27	0.60	—	—
				饱和	53.8	8.0	1256	0.30	0.65	467	0.19
	下包线	2.11	22	风干	55.5	9.9	1534	0.26	0.62	—	—
				饱和	55.1	8.8	1338	0.28	0.72	518	0.14
NK 组	平均线	2.11	22	风干	55.3	9.5	1330	0.28	0.60	—	—
				饱和	53.7	9.1	1062	0.30	0.61	472	0.19

3. 堆石料

由表 3－17 可见，堆石料饱和样非线性强度 φ 值为 48.2°～56.6°，平均值为 54.0°；邓肯－张 E－B 模型参数 K 值为 928.8～1640，平均值为 1307.8，K_b 为 338～1150，平均值为 696.2。

表 3－17　　　　　　　　　堆石料邓肯－张 E－B 模型试验参数

坝料	试验分组	级配	试验干密度（g/cm³）	孔隙率（%）	c（kPa）	φ（°）	φ_0（°）	$\Delta\varphi$（°）	K	n	R_f	K_b	m
堆石Ⅰ区	GY 组	上包线	2.168	20	295.8	41.8	55.4	7.7	1367.7	0.28	0.68	743.6	0.18
			2.114	22	216.9	41.9	53.2	6.6	1400.0	0.30	0.73	623.5	0.20
		平均线	2.168	20	295.8	40.6	55.5	8.9	1487.6	0.27	0.70	829.5	0.14
			2.114	22	202.3	40.9	52.8	6.8	1363.3	0.29	0.75	655.8	0.18
		下包线	2.155	20.5	301.9	41.4	56.6	10.0	1534.6	0.25	0.62	930.7	0.13
			2.114	22	145.7	41.0	53.3	7.2	1424.8	0.29	0.78	672.5	0.17
	NK 组	上包线	2.170	20	339.8	39.0	55.2	9.7	1352	0.28	0.62	680	0.17
		平均线	2.197	19	374.3	39.1	56.6	10.4	1640	0.25	0.61	1078	0.03
			2.170	20	356.8	38.7	55.7	10.1	1426	0.26	0.61	769	0.11
			2.142	21	337.8	38.3	54.9	9.9	1203	0.28	0.62	562	0.16
		下包线	2.142	21	348.9	38.1	55.2	10.2	1337	0.26	0.61	727	0.08
	QH 组	平均线	2.170	20			56.4	9.1	1400	0.28	0.77	915	0.02
	HH 组	上包线	2.168				54.7	6.8	1579	0.34	0.776	705	0.179
		平均线	2.137	20			53.7	6.3	1485	0.33	0.719	641	0.264
		下包线	2.107				51.7	5.4	1272	0.34	0.757	442	0.317
	DG 组	上包线	2.107				54.7	8.9	1150	0.43	0.78	700	0.08
		平均线	2.107	20			54.3	8.5	1200	0.45	0.80	900	0.06
		下包线	2.107				55.3	9.1	1250	0.41	0.79	1150	0.01
堆石Ⅱ区	GY 组	上包线	2.168	20	296.7	40.2	53.5	7.8	1361.5	0.29	0.68	710.0	0.17
			2.114	22	296.7	40.2	51.3	6.1	1024.3	0.30	0.67	494.6	0.19
		平均线	2.168	20	284.2	40.1	54.3	8.8	1446.0	0.28	0.69	820.1	0.14
			2.114	22	294.0	40.1	55.5	10.1	1005.5	0.31	0.72	485.6	0.17
		下包线	2.158	20.4	312.1	39.7	55.5	9.8	1503.9	0.26	0.74	957.7	0.10
			2.114	22	183.6	41.8	54.3	8.8	928.8	0.30	0.69	532.6	0.17
	NK 组	上包线	2.108	22	314.6	38.3	53.8	9.2	1146	0.27	0.61	486	0.21
		平均线	2.134	21	348.3	38.4	55.2	10.0	1443	0.25	0.62	854	0.04
			2.107	22	327.5	38.0	54.3	9.8	1230	0.26	0.61	611	0.12
			2.080	23	304.8	37.6	53.3	9.4	1017	0.28	0.62	451	0.17
		下包线	2.107	22	337.1	37.8	54.7	10.1	1339	0.25	0.62	739	0.05

续表

坝料	试验分组	级配	试验干密度（g/cm³）	孔隙率（%）	c（kPa）	φ（°）	φ_0（°）	$\Delta\varphi$（°）	K	n	R_f	K_b	m
堆石Ⅱ区	QH组	平均线	2.110	22			55.8	9.3	1391	0.28	0.78	777	0.04
	HH组	上包线	2.159	22			53.8	6.8	1572	0.36	0.688	794	0.191
		平均线	2.126				51.3	5.3	1452	0.30	0.775	435	0.236
		下包线	2.095				48.2	3.6	1258	0.30	0.820	338	0.320
	DG组	上包线	2.044	22			51.5	6.7	950	0.40	0.72	500	0.10
		平均线	2.044				52.1	6.8	1050	0.39	0.76	650	0.09
		下包线	2.044				52.1	7.1	1150	0.38	0.77	750	0.04

在 1000～3000kPa 范围内，试验后堆石料的破碎率相同级配随围岩增大而增大，相同围压上包线、平均线、下包线的破碎率依次增大。堆石Ⅰ区料马萨尔破碎率在 6.4%～18%，平均值为 11.8%；试验后小于 5mm 颗粒含量平均值为 50.7%（室内缩尺级配），比试验前增加 20.9%～95.7%。堆石Ⅱ区料马萨尔破碎率在 7.4%～14.8%，平均值为 11%；试验后小于 5mm 颗粒含量平均值为 42.7%（室内缩尺级配），比试验前增加 21.8%～67.7%。

（1）应力应变试验曲线。

图 3-15、图 3-16 分别给出了堆石Ⅰ区料（平均线）偏应力（$\sigma_1-\sigma_3$）与轴向应变 ε_1、体应变 ε_V 与轴向应变 ε_1 的关系曲线。可以看出堆石料在高围压下表现为体缩，在低围压下表现为剪胀；在剪切初始阶段，堆石料表现为体缩，随着轴向应变的增加，由体缩变为剪胀；随着围压的增加，体缩和剪胀的转换点对应的轴向应变也在增加，当围压达到 2.0MPa 时，体变均表现为体缩。

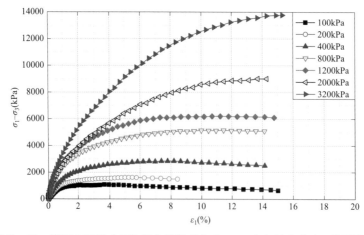

图 3-15 堆石Ⅰ区料（平均线）偏差应力（$\sigma_1-\sigma_3$）与轴向应变 ε_1 关系曲线

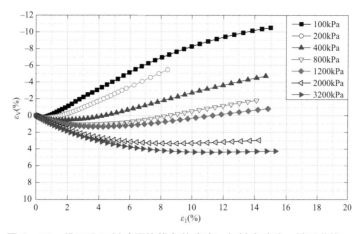

图3－16　堆石Ⅰ区料（平均线）体应变ε_V与轴向应变ε_1关系曲线

（2）邓肯－张E－B模型参数。

整理堆石Ⅰ区料、堆石Ⅱ区料邓肯－张E－B模型试验参数见表3－17。

从表3－17可见，同一坝料各分组试样参数存在一定差异，尤其是邓肯－张E－B模型的参数K_b值变化幅度大。为了分析差异性，选取围压分别为0.8MPa、2.0MPa、3.2MPa进行三轴试验参数应力应变关系曲线反算，如图3－17所示。由图可见，各分组堆石料试验参数经反算后的应力应变试验点均落在一个较小范围内，说明虽然各分组试验参数存在一定的差异性，但参数所代表的实际应力应变关系却十分接近，各分组试验结果基本一致。

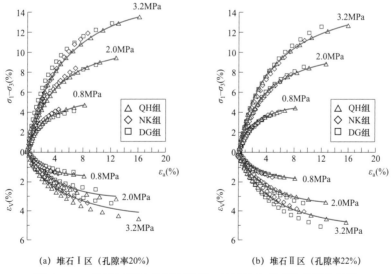

(a)　堆石Ⅰ区（孔隙率20%）　　　　　(b)　堆石Ⅱ区（孔隙率22%）

图3－17　堆石料平均线级配常规三轴试验参数反算曲线的比较

图3－18给出了堆石Ⅰ区料与堆石Ⅱ区料常规三轴试验曲线的比较。由此可见，堆石Ⅰ区料、堆石Ⅱ区料偏应力（$\sigma_1-\sigma_3$）～轴变ε_a曲线相差不大，但堆石Ⅱ区料的体变ε_V～轴变ε_a曲线低于堆石Ⅰ区料，表明堆石Ⅱ区料的体积变形量略大。

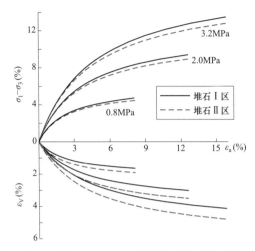

图 3−18　堆石Ⅰ区与堆石Ⅱ区常规三轴试验曲线的比较

（3）沈珠江双屈服弹塑性模型参数。

整理了沈珠江双屈服模型参数列于表 3−18。

表 3−18　　　　　　　　　　堆石料沈珠江双屈服模型参数

坝料	试验分组	级配	试验密度 （g/cm³）	φ_0	$\Delta\varphi$	K	n	R_f	C_d	n_d	R_d
堆石 Ⅰ区	NK 组	上包线	2.170	55.2	9.7	1351.5	0.28	0.62	0.0028	0.69	0.56
		平均线	2.197	56.6	10.4	1639.8	0.25	0.61	0.0019	0.82	0.55
			2.170	55.7	10.1	1425.7	0.26	0.61	0.0025	0.75	0.56
			2.142	54.9	9.9	1202.6	0.28	0.62	0.0033	0.70	0.57
		下包线	2.142	55.2	10.2	1337.4	0.26	0.61	0.0025	0.81	0.56
	QH 组	平均线	2.170	56.4	9.1	1400.3	0.28	0.771	0.0027	0.80	0.71
堆石 Ⅱ区	NK 组	上包线	2.108	53.8	9.2	1146	0.27	0.61	0.0034	0.70	0.55
		平均线	2.134	55.2	10.0	1442.7	0.25	0.62	0.0021	0.83	0.55
			2.107	54.3	9.8	1229.8	0.26	0.61	0.0028	0.77	0.55
			2.080	53.3	9.4	1016.9	0.28	0.62	0.0037	0.72	0.57
		下包线	2.107	54.7	10.1	1339.1	0.25	0.62	0.0021	0.88	0.57
	QH 组	平均线	2.110	55.8	9.3	1391.3	0.28	0.782	0.0026	0.81	0.73

第五节　渗透特性试验

一、渗透变形试验

渗透变形试验采用垂直渗透仪，仪器筒身内径 30cm，试验成果统计见表 3−19。

表 3-19　　　　　　　　　　　坝壳料渗透变形试验成果表

坝料	试验分组	级配	干密度（g/cm³）	孔隙率（或相对密度）	破坏方式	临界坡降	破坏坡降	渗透系数（cm/s）
堆石Ⅰ区	GY组	上包线	2.168	20%	管涌	0.38	0.70	4.74×10^{-2}
		平均线	2.168	20%	管涌	0.32	0.64	6.15×10^{-2}
		下包线	2.156	20.4%	管涌	0.25	0.54	1.31×10^{-1}
	NK组	上包线	2.170	20%	管涌	0.34	0.72	6.51×10^{-2}
		平均线	2.170	20%	管涌	0.28	0.67	9.12×10^{-2}
		下包线	2.142	21%	管涌	0.23	0.60	1.78×10^{-1}
堆石Ⅱ区	GY组	上包线	2.168	20%	管涌	0.35	0.71	3.26×10^{-2}
		平均线	2.168	20%	管涌	0.33	0.59	5.70×10^{-2}
		下包线	2.158	20.4%	管涌	0.24	0.51	1.01×10^{-1}
	NK组	上包线	2.108	22%	管涌	0.25	0.66	1.35×10^{-1}
		平均线	2.107	22%	管涌	0.22	0.58	1.93×10^{-1}
		下包线	2.107	22%	管涌	0.19	0.49	2.73×10^{-1}
过渡区	GY组	上包线	2.114	22%	管涌	0.52	0.71	1.07×10^{-2}
		平均线	2.114	22%	管涌	0.41	0.52	1.53×10^{-2}
		下包线	2.114	22%	管涌	0.35	0.50	2.69×10^{-2}
	NK组	平均线	2.115	22%	管涌	0.29	0.68	7.55×10^{-2}
反滤Ⅱ区	GY组	上包线	2.090	22.9%	管涌	0.70	0.84	4.34×10^{-3}
		平均线	2.090	22.9%	管涌	0.68	0.82	4.74×10^{-3}
		下包线	2.090	22.9%	管涌	0.50	0.73	2.74×10^{-2}
	NK组	平均线	2.103	0.85	管涌	0.36	0.82	4.35×10^{-2}
反滤Ⅰ区	GY组	上包线	2.060	24%	流土	0.75	1.80	2.12×10^{-4}
		平均线	2.060	24%	流土	0.72	1.88	4.82×10^{-4}
		下包线	2.060	24%	流土	0.72	1.88	1.59×10^{-3}
	NK组	平均线	1.957	0.80	流土	1.34	1.46	4.12×10^{-4}

堆石Ⅰ区料、堆石Ⅱ区料、过渡区料渗透系数为 $10^{-1} \sim 10^{-2}$cm/s 量级，临界坡降 0.19～0.52，破坏坡降 0.5～0.71；反滤层Ⅰ区料、反滤层Ⅱ区料由于细颗粒含量较多，其渗透系数为 $10^{-4} \sim 10^{-2}$cm/s 量级，临界坡降 0.36～1.34，破坏坡降 0.73～1.88，反滤层Ⅰ区料为流土破坏，反滤层Ⅱ区料仍为管涌破坏。渗透系数由堆石区向心墙区逐渐减小，其规律符合坝料分区特性，宏观上满足心墙堆石坝渗流设计原则。

二、反滤试验

反滤料渗透及联合抗渗试验采用常水头法，渗流方向为从下向上，试样直径为 ϕ300mm，保护料和被保护料的渗径分别为 300mm。表 3-20 给出了平均线级配的反滤料渗透及联合抗渗试验成果。

表3-20　　　　　　　　　反滤料渗透及联合抗渗试验成果表

被保护料	试验相对密度	试验干密度（g/cm³）	渗透变形试验			渗透系数（cm/s）	反滤试验		
			临界坡降	破坏坡降	破坏类型		保护料名称/试验级配/试样干密度（g/cm³）	被保护料临界坡降	被保护料破坏坡降
反滤层Ⅰ区	0.8	1.957	1.34	1.46	流土	4.12×10⁻⁴	反滤Ⅱ区料/2.103	11.15	12.02
反滤层Ⅱ区	0.85	2.103	0.36	0.82	管涌	4.35×10⁻²	过渡料/2.115	1.01	1.89

由表3-20可见，反滤层Ⅰ区料临界坡降1.34，在反滤层Ⅱ区料保护下临界坡降提高至11.15，临界坡降提高较为明显，反滤层Ⅱ区对反滤Ⅰ区料起到了较好的反滤保护作用；反滤层Ⅱ区料临界坡降0.36，在过渡区料保护下临界坡降提高至1.01，反滤层Ⅱ区料临界坡降有一定的提高，但过渡料的保护作用不明显。

由表3-20可见，反滤层Ⅰ区料的渗透系数为4.12×10⁻⁴cm/s，反滤层Ⅱ区料的渗透系数为4.35×10⁻²cm/s，二者渗透系数相差两个数量级，与其他同类工程经验存在一定的差异，为此对反滤层Ⅰ区料的设计级配进行了优化调整，调整后的反滤层Ⅰ区料设计级配如图3-19所示。

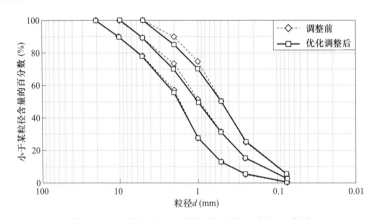

图3-19　反滤层Ⅰ区料调整后的设计级配曲线

调整级配后的反滤层Ⅰ区料渗透试验成果见表3-21。调整后的反滤层Ⅰ区料平均线级配渗透系数在1.8×10⁻³cm/s，反滤层Ⅱ区料的渗透系数为4.35×10⁻²cm/s，此时两者相差一个数量级，与其他同类工程试验规律相当。

表3-21　　　　　　　　　调整级配后的反滤层Ⅰ区料渗透试验成果

项目	级配	制样密度（g/cm³）	渗透系数k（cm/s）
反滤层Ⅰ区料（调整级配）	上包线	1.96	4.2×10⁻⁴
	平均线	1.96	1.8×10⁻³
	下包线	1.96	1.5×10⁻²

第六节　堆石料特殊性能试验

一、湿化试验

1. 试验方法

堆石料的浸水变形，是指在一定的应力状态下浸水，由于颗粒间被水润滑及颗粒矿物浸水软化等原因而使颗粒发生相互滑移、破碎和重新排列，从而发生变形，并使土体中的应力重新分布的现象。

按照试验方法的不同，浸水变形试验可分为"单线法"和"双线法"两种。所谓"单线法"就是将干样先剪切到一定的 $(\sigma_1 - \sigma_3)$ 后保持不变，然后使试样浸水饱和，测定饱和过程中的体积应变和轴向应变增加量，如图 3-20 所示水平直线段即为浸水变形引起的应变增量。所谓"双线法"就是分别对干样和饱和样进行三轴剪切试验，在某一应力状态下，饱和样和干样之间的应变差值即认为是浸水变形引起的应变增量。

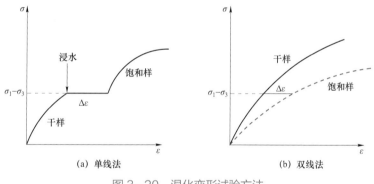

图 3-20　湿化变形试验方法

鉴于"双线法"的试验应力路径和现场的湿化路径不相符，试验研究采用"单线法"开展了堆石Ⅰ区和堆石Ⅱ区料的浸水变形试验。试样尺寸为 $\phi 300 \times 700\text{mm}$，采用振动击实法分层制样，振动器底板静压为 14kPa，振动频率为 40Hz。按要求施加围压并至固结稳定后，施加轴向应力至预定的应力水平。保持围压和轴向应力不变，待试样主变形稳定后，从试样底部进行浸水，对试样进行饱和。浸水过程中测量试样的轴向变形和试样的外部体积变形，直至试样主变形完成（30min 内应变小于 1×10^{-5}），然后施加轴向压力对试样继续剪切，直至试样破坏或至试样轴向应变的 15%。

由试验结果可以得到轴向湿化应变 ε_{1s}、体积湿化应变 ε_{vs} 及湿化剪应变 γ_s。广义剪应变和广义体积应变可表达为：

$$\begin{cases} \gamma_s = \sqrt{\dfrac{2}{9}[(\varepsilon_{1s} - \varepsilon_{2s})^2 + (\varepsilon_{2s} - \varepsilon_{3s})^2 + (\varepsilon_{3s} - \varepsilon_{1s})^2]} \\ \varepsilon_{vs} = \varepsilon_{1s} + \varepsilon_{2s} + \varepsilon_{3s} \end{cases} \qquad (3-5)$$

在轴对称的情况下，$\varepsilon_{2s} = \varepsilon_{3s}$，由上式可推导得到：

$$\gamma_s = \varepsilon_{1s} - \frac{1}{3}\varepsilon_{vs} \qquad (3-6)$$

2. NK 组湿化变形试验及模型参数

NK 组分别开展了堆石 I 区、堆石 II 区料上包线、平均线及下包线级配湿化变形试验，取围压分别为 400、800、1200、2000kPa 和 3200kPa，堆石 I 区料制样干密度为 2.170g/cm³，堆石 II 区料制样干密度为 2.107g/cm³，在每级围压下分 0、0.2、0.4 和 0.8 四种应力水平进行单线法三轴浸水变形试验。整理堆石 I 区、堆石 II 区料平均线级配湿化变形试验成果见表 3-22。

表 3-22　　　　　　　　　　NK 组堆石料湿化变形试验成果

材料	σ_3（kPa）	S_l	ε_{1s}（%）	ε_{vs}（%）	γ_s（%）
堆石 I 区（平均线）	400	0.000	0.032	0.095	0.000
		0.232	0.094	0.141	0.047
		0.440	0.301	0.188	0.239
		0.780	1.132	0.230	1.055
	800	0.000	0.052	0.155	0.000
		0.230	0.158	0.201	0.091
		0.399	0.375	0.276	0.283
		0.772	1.372	0.347	1.256
	1200	0.000	0.073	0.220	0.000
		0.240	0.230	0.299	0.131
		0.420	0.471	0.385	0.343
		0.788	1.482	0.474	1.324
	2000	0.000	0.103	0.310	0.000
		0.221	0.317	0.387	0.188
		0.426	0.659	0.497	0.493
		0.806	1.574	0.602	1.374
	3200	0.000	0.130	0.390	0.000
		0.227	0.383	0.489	0.219
		0.422	0.781	0.627	0.572
		0.780	1.707	0.757	1.455
堆石 II 区（平均线）	400	0.000	0.036	0.109	0.000
		0.237	0.118	0.155	0.066
		0.435	0.369	0.198	0.303
		0.767	1.166	0.248	1.084

续表

材料	σ_3（kPa）	S_l	ε_{ls}（%）	ε_{vs}（%）	γ_s（%）
堆石Ⅱ区（平均线）	800	0.000	0.058	0.174	0.000
		0.231	0.209	0.229	0.132
		0.397	0.450	0.300	0.350
		0.793	1.578	0.389	1.448
	1200	0.000	0.084	0.252	0.000
		0.248	0.291	0.319	0.185
		0.434	0.535	0.420	0.395
		0.784	1.788	0.514	1.617
	2000	0.000	0.116	0.348	0.000
		0.234	0.353	0.428	0.211
		0.406	0.642	0.543	0.461
		0.810	1.969	0.670	1.746
	3200	0.000	0.148	0.444	0.000
		0.203	0.434	0.547	0.252
		0.421	0.833	0.696	0.601
		0.807	2.247	0.838	1.968

试验结果表明，堆石料的湿化变形与应力状态密切相关，湿化变形量总体上随应力水平和围压的增加而增加，特别是应力水平对湿化剪切变形影响较明显。采用式（3-7）描述堆石体湿化体应变 ε_{vs} 和湿化剪应变 γ_s，整理 NK 组湿化模型试验参数见表3-23。

$$\begin{cases} \varepsilon_{vs} = c_w \left(\dfrac{\sigma_3}{P_a} \right)^{n_w} \\ \gamma_s = b_w \dfrac{S_l}{1-S_l} \end{cases} \qquad (3-7)$$

式中：c_w、n_w、b_w——模型参数；

　　　　S_l——应力水平。

表 3-23　　　　　　　　　　NK 组堆石料湿化变形模型试验参数

坝体分区	级配	试验干密度（g/cm³）	c_w（%）	n_w	b_w（%）
堆石Ⅰ区	上包线	2.170	0.069	0.602	0.365
	平均线	2.170	0.066	0.620	0.359
	下包线	2.142	0.070	0.622	0.384
堆石Ⅱ区	上包线	2.108	0.076	0.609	0.438
	平均线	2.107	0.072	0.628	0.419
	下包线	2.107	0.069	0.652	0.391

3. HH 组湿化变形试验及模型参数

HH 组开展了堆石Ⅰ区、堆石Ⅱ区料湿化变形试验，取围压分别为 0.4MPa、0.8MPa、1.6MPa、3.1MPa，按平均线级配制样，堆石Ⅰ区料制样干密度为 2.168g/cm³、堆石Ⅱ料制样干密度为2.159g/cm³，在每级围压下按 0、0.2、0.4、0.6 四级应力水平开展单线法三轴浸水变形试验。

图 3－21～图 3－22 给出了堆石Ⅰ区料湿化轴向应变与应力水平、围压的关系曲线；图 3－23 和图 3－24 给出了堆石Ⅰ区料湿化体积应变与应力水平、围压的关系曲线。

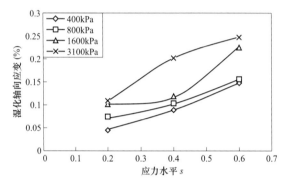

图 3－21　堆石Ⅰ区料湿化轴向应变与应力水平关系曲线

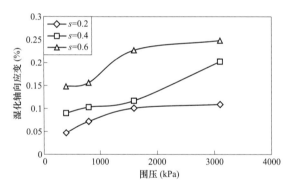

图 3－22　堆石Ⅰ区料湿化轴向应变与围压关系曲线

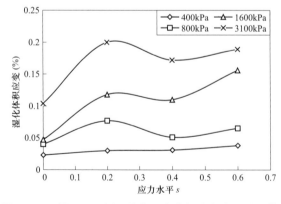

图 3－23　堆石Ⅰ区料湿化体积应变与应力水平关系曲线

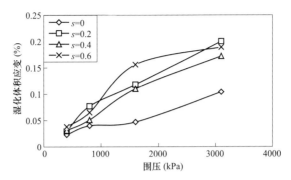

图3-24 堆石 I 区料湿化体积应变与围压关系曲线

列出 HH 组堆石料湿化变形试验成果见表3-24。

表3-24　　　　　　　　　HH 组堆石料湿化变形试验成果

材料	围压 （kPa）	应变 （%）	应力水平			
			0	0.2	0.4	0.6
堆石 I 区	400	ε_1	—	0.047	0.09	0.148
		ε_v	0.023	0.03	0.031	0.038
	800	ε_1	—	0.072	0.103	0.056
		ε_v	0.04	0.077	0.051	0.065
	1600	ε_1	—	0.101	0.117	0.227
		ε_v	0.047	0.118	0.110	0.156
	3100	ε_1	—	0.109	0.202	0.248
		ε_v	0.104	0.201	0.172	0.189
堆石 II 区	400	ε_1	—	0.047	0.168	0.263
		ε_v	0.078	0.068	0.056	0.01
	800	ε_1	—	0.105	0.199	0.33
		ε_v	0.092	0.094	0.101	0.041
	1600	ε_1	—	0.096	0.245	0.335
		ε_v	0.136	0.132	0.193	0.104
	3100	ε_1	—	0.128	0.315	0.466
		ε_v	0.173	0.299	0.23	0.224

　　HH 组认为堆石料的湿化剪应变主要受应力水平的影响，而湿化体应变主要由平均主应力决定；湿化剪应变与应力水平之间呈现较好的双曲线关系，而湿化体应变与围压之间呈现较好的双曲线关系，为此采用式（3-8）模拟试验结果。

$$\begin{cases} \varepsilon_v = C_w \left(\dfrac{p}{a+p} \right) \\[4mm] \varepsilon_s = D_w \dfrac{S}{b-S} \end{cases} \tag{3-8}$$

式中： p——平均主应力；

            S——应力水平；

C_w、D_w、a、b——拟合参数。

通过试验拟合，HH 组得到堆石Ⅰ区、堆石Ⅱ区料湿化模型试验参数见表 3-25。

表 3-25   HH 组堆石料湿化变形模型试验参数

坝体分区	级配	试验干密度（g/cm³）	C_w	D_w	a	b
堆石Ⅰ区	平均线	2.168	0.45	0.3	8000	1.6
堆石Ⅱ区	平均线	2.159	0.6	0.23	7500	1.0

二、流变试验

在堆石体流变室内试验中，由于试样尺寸及其最大粒径的限制，高接触应力-破碎和颗粒重新排列-应力释放、调整和转移的循环过程很快结束，并进入单纯的颗粒重新排列过程，室内流变试验宏观上表现为变形迅速平稳。

1. 试验条件和方法

堆石Ⅰ区、堆石Ⅱ区料流变试验在大型三轴流变仪上完成，试验围压分别为 400kPa、800kPa、1200kPa、2000kPa 和 3200kPa，在每级围压下分别进行应力水平约为 0、0.2、0.4、0.8 四种应力状态下的流变试验；试验级配分别取上包线、平均线和下包线，其中堆石Ⅰ区料制样干密度分别为 2.170g/cm³、2.170g/cm³、2.142g/cm³，堆石Ⅱ区料制样干密度分别为 2.108g/cm³、2.107g/cm³、2.107g/cm³。

试样尺寸为 $\phi300 \times 700$mm，采用振动击实法分层制样，振动器底板静压为 14kPa，振动频率为 40Hz。按要求施加围压并至固结稳定后，然后剪切至预定应力水平，保持围压和轴向应力恒定，测读不同时间试样的变形量，当每 24h 应变小于 5×10^{-5} 或者相邻两次（24h）读数差与从试验开始到此时总共发生的流变量之比小于 1‰~5‰时，即可认为试样变形稳定，停止试验。

定义流变变形的最终轴向流变量 ε_{af}、体积流变量 ε_{vf} 及剪应变流变量 γ_f，其中 γ_f 由式（3-9）ε_{af} 和 ε_{vf} 求得。

$$\begin{cases} \gamma = \sqrt{\dfrac{2}{9}[(\varepsilon_1 - \varepsilon_2)^2 + (\varepsilon_2 - \varepsilon_3)^2 + (\varepsilon_3 - \varepsilon_1)^2]} \\[4mm] \varepsilon_v = \varepsilon_1 + \varepsilon_2 + \varepsilon_3 \end{cases} \tag{3-9}$$

在轴对称的情况下，$\varepsilon_2 = \varepsilon_3$，由上式可推导得到：

$$\gamma_{\mathrm{f}} = \varepsilon_{\mathrm{af}} - \varepsilon_{\mathrm{vf}} / 3 \qquad (3-10)$$

2. NK 组流变试验及模型参数

表 3-26 列出了 NK 组堆石 I 区、堆石 II 区料平均线级配三轴流变试验成果。试验成果表明，堆石料三轴流变随应力水平、围压的增大而增大，受室内仪器设备影响，通常在几天之内达到稳定。

表 3-26　　　　　　　　　　NK 组堆石料（平均线）三轴流变试验成果

坝料	围压 σ_3（kPa）	应力水平 S_{L}	最终轴变 $\varepsilon_{\mathrm{af}}$（%）	最终体变 $\varepsilon_{\mathrm{vf}}$（%）	最终剪切应变 γ_{f}（%）
堆石 I 区（平均线）	400	0	0.068	0.204	0
		0.205	0.166	0.259	0.08
		0.411	0.311	0.292	0.213
		0.793	0.698	0.329	0.588
	800	0	0.093	0.279	0
		0.212	0.204	0.346	0.088
		0.407	0.376	0.39	0.246
		0.801	0.885	0.434	0.74
	1200	0	0.109	0.328	0
		0.209	0.234	0.405	0.099
		0.415	0.417	0.461	0.263
		0.786	1.05	0.517	0.877
	2000	0	0.132	0.396	0
		0.207	0.272	0.482	0.111
		0.404	0.469	0.543	0.288
		0.804	1.281	0.605	1.079
	3200	0	0.155	0.466	0
		0.208	0.315	0.567	0.126
		0.407	0.554	0.644	0.339
		0.796	1.52	0.709	1.283
堆石 II 区（平均线）	400	0	0.073	0.219	0
		0.207	0.184	0.287	0.088
		0.413	0.353	0.324	0.245
		0.795	0.838	0.366	0.716
	800	0	0.103	0.308	0
		0.211	0.228	0.384	0.099
		0.412	0.418	0.432	0.274
		0.796	1.026	0.481	0.866

坝料	围压σ_3（kPa）	应力水平S_L	最终轴变ε_{af}（%）	最终体变ε_{vf}（%）	最终剪切应变γ_f（%）
堆石Ⅱ区（平均线）	1200	0	0.121	0.363	0
		0.206	0.260	0.446	0.111
		0.413	0.459	0.508	0.290
		0.805	1.271	0.584	1.076
	2000	0	0.145	0.434	0
		0.206	0.305	0.529	0.128
		0.407	0.544	0.603	0.343
		0.804	1.588	0.692	1.357
	3200	0	0.171	0.512	0
		0.205	0.356	0.625	0.147
		0.411	0.623	0.709	0.387
		0.795	1.888	0.798	1.622

NK 组选用沈珠江建议的指数型 Merchant 衰减模型模拟常应力下 $\varepsilon \sim t$ 衰减曲线。其流变曲线可以写为：

$$\varepsilon(t) = \varepsilon_i + \varepsilon_f(1 - e^{-\alpha t}) \tag{3-11}$$

式中：$\varepsilon_i = \sigma / E_1$ ——瞬时变形，可假定由弹塑性模型求得的变形为此瞬时变形；

$\varepsilon_f = \sigma / E_2$ ——随时间发展的最终变形量。

最终体积流变量 ε_{vf} 和剪切流变量 γ_f 可用下列公式表示：

$$\varepsilon_{vf} = b\frac{\sigma_3}{P_a} \tag{3-12}$$

$$\gamma_f = d\frac{S_1}{1 - S_1} \tag{3-13}$$

在三参数流变模型基础上，NK 组将堆石体流变变形的体积流变 ε_{vf} 和剪切流变 γ_f 的计算公式修正为：

$$\begin{cases} \varepsilon_{vf} = b\left(\dfrac{\sigma_3}{P_a}\right)^{m_1} + c\left(\dfrac{q}{P_a}\right)^{m_2} \\ \gamma_f = d\left(\dfrac{S_1}{1 - S_1}\right)^{m_3} \end{cases} \tag{3-14}$$

式中：b、c、d、m_1、m_2、m_3 ——模型参数；

S_1 ——应力水平；

q ——偏应力。

根据三轴流变试验成果，NK 组整理得到流变模型试验参数见表 3-27。

表 3-27　　　　　　　　　　　　　NK 组堆石料流变模型试验参数

分区坝料	级配特性	试验干密度（g/cm³）	b	c	d	m_1	m_2	m_3
堆石 I 区	上包线	2.170	0.00124	0.00024	0.00322	0.387	0.515	0.784
	平均线	2.170	0.00120	0.00022	0.00313	0.396	0.542	0.794
	下包线	2.142	0.00125	0.00024	0.00330	0.400	0.538	0.807
堆石 II 区	上包线	2.108	0.00133	0.00028	0.00386	0.398	0.523	0.806
	平均线	2.107	0.00129	0.00026	0.00364	0.405	0.540	0.817
	下包线	2.107	0.00126	0.00025	0.00348	0.422	0.552	0.839

3. HH 组流变模型及参数

HH 组基于对堆石料流变特性的深入研究，提出了增量流变模型，该模型以滞后变形理论和继效理论为基础，适用于土石坝变应力条件下的流变计算。

对于心墙堆石坝而言，无论是施工期自重变化还是蓄水期水位改变，均伴随着大坝应力的变化，根据继效理论，堆石流变可用式（3-15）计算。

$$\varepsilon(t) = \int_0^{\sigma_n} \varepsilon_{\mathrm{fi}}(\sigma_i, \Delta\sigma_i) f(t - \xi_i) \qquad (3-15)$$

传统的流变模型相当于荷载级 $n=1$ 的流变过程，即：

$$\varepsilon(t) = f(\sigma, t) \qquad (3-16)$$

根据维亚洛夫、沈珠江等已有研究成果，堆石料在某级常应力下的流变可按下式拟合：

$$\varepsilon(t) = \varepsilon_{\mathrm{f}}(1 - \mathrm{e}^{-ct^{\alpha}}) \qquad (3-17)$$

设大坝在 ζ_n 时刻作用第 n 级应力增量，则其累积流变量为（ $t > \zeta_n$ ）：

$$\varepsilon_{\mathrm{V}}(t) = \sum_{i=1}^{n} \Delta\varepsilon_{\mathrm{vfi}}[1 - \mathrm{e}^{-c(t-\zeta_i)^{\alpha}}] \qquad (3-18)$$

$$\varepsilon_{\mathrm{s}}(t) = \sum_{i=1}^{n} \Delta\varepsilon_{\mathrm{sfi}}[1 - \mathrm{e}^{-c(t-\zeta_i)^{\alpha}}] \qquad (3-19)$$

其中，$\Delta\varepsilon_{\mathrm{vfi}} = \int_{\sigma_{vi-1}}^{\sigma_{vi}} \dfrac{\mathrm{d}p}{3K}$，$\Delta\varepsilon_{\mathrm{sfi}} = \int_{\sigma_{si-1}}^{\sigma_{si}} \dfrac{\mathrm{d}p}{3G}$ 分别为第 i 级应力增量作用下的最终体积流变量和剪切流变量；p、q 分别为体积应力和广义剪应力。

切线流变体积模量 K_{t} 和剪切模量 G_{t} 分别为：

$$K_{\mathrm{t}} = K_{\mathrm{v}} p_{\mathrm{a}} \left(\frac{\sigma_3}{p_{\mathrm{a}}} \right)^{n_{\mathrm{v}}} \qquad (3-20)$$

$$G_{\mathrm{t}} = K_{\mathrm{s}} p_{\mathrm{a}} \left(\frac{\sigma_3}{p_{\mathrm{a}}} \right)^{n_{\mathrm{s}}} (1 - R_{\mathrm{sf}} S)^2 \qquad (3-21)$$

式中：　　　　R_{sf} ——破坏比；

S ——应力水平；

p_a ——大气压力；

K_v、n_v、K_s、n_s ——模型参数，可根据室内流变试验结果整理。

（1）加载流变。

根据 HH 组堆石 I 区料、反滤层 II 区料不同应力水平下的流变曲线，拟合得到流变模型试验参数见表 3-28。

表 3-28 　　　　　　　　　HH 组流变模型试验参数

坝体分区	级配类型	K_s	n_s	K_v	n_v	R_{sf}	c	α
堆石 I 区	平均级配	3499	0.316	906	0.332	0.913	0.295	0.65
反滤层 II 区	平均级配	3162	0.304	863	0.325	0.945	0.335	0.58

（2）卸载流变。

卸载流变试验结果表明，一是坝壳料卸载过程中流变量值较小，仅为加载流变量的 15% 左右；二是变形稳定的时间较短，远小于加载流变的过程；三是试样体积变形宏观上出现了"收缩"现象。

由于试验流变量值相对较小，且稳定时间短，可以不考虑卸载过程中的流变。

4. 侧限压缩流变试验

为了研究尺寸效应对堆石料长期变形特性的影响，BK 组开展了 5 种不同级配堆石料侧限压缩试验。试验竖向加载条件为从初始状态加载至最大竖向荷载（3.57MPa）后，保持荷载稳定，试验曲线见图 3-25。

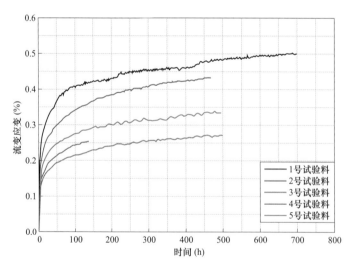

图 3-25　侧限流变应变时程曲线

试验成果表明，压缩变形主要发生在加载过程，但流变过程的流变变形仍不可忽视，至各组试验终止，流变变形占总压缩变形的 18%～24%。

根据堆石料侧限流变试验结果，以加载到最大竖向荷载作为流变变形的起点，将变形量与时间的关系绘制在一起，认为最终流变量可以通过式（3－22）对数幂流变模型表达。

$$\Delta\varepsilon^{\text{creep}} = [\varepsilon_{10}(\lg t - \lg t_0)]^{c_0} \tag{3－22}$$

也即：

$$\Delta\varepsilon^{\text{creep}} = \left[\varepsilon_{10}\left(\lg\frac{t}{t_0}\right)\right]^{c_0} \tag{3－23}$$

式中：$\Delta\varepsilon^{\text{creep}}$——最终流变量；

　　　t_0——长期流变变形的初始时刻；

　　　t——长期流变变形过程中的任意时刻；

　　　ε_{10}、c_0——拟合参数。

根据试验情况，认为 ε_{10} 与材料的级配有关，c_0 与材料的母岩特性有关，对 5 种试验料曲线拟合时，c_0 均取为 2.0，拟合得到堆石料对数幂流变模型试验参数见表 3－29。

表 3－29　　　　　　　　　　堆石料对数幂流变模型试验参数

试验料名称	ε_{10}	c_0
1 号试验料	0.1238	2.0
2 号试验料	0.1165	2.0
3 号试验料	0.0921	2.0
4 号试验料	0.1425	2.0
5 号试验料	0.1264	2.0

三、风化劣化试验

QH 组在堆石料风化仪上开展了堆石Ⅰ区、堆石Ⅱ区料风化劣化试验，试验主要内容包括：① 常规压缩试验；② 常规流变试验，该组流变试验进行了 360h；③ 干湿循环试验，共进行了 30 次的干湿循环；④ 湿冷－干热耦合循环试验，分别进行了 30 次和 70 次湿冷－干热耦合循环；⑤ 冻融循环试验，共进行了 20 次冻融循环（见表 3－30）。

在上述风化试验基础上，针对堆石Ⅰ区料、堆石Ⅱ区料还进行了新鲜和风化试验后堆石料抗剪强度试验，研究堆石料在风化过程中的抗剪强度变化特性（见表 3－31）。

表 3－30　　　　　　　　　　QH 组堆石料风化劣化变形试验

试验类型	竖向应力（MPa）	循环次数	时间（h）	试验个数
常规压缩	0.1，0.2，0.4，0.8，1.6，3.2	—	—	2
常规流变	0.1，0.2，0.4，0.8，1.6	—	360	5

续表

试验类型	竖向应力（MPa）	循环次数	时间（h）	试验个数
干湿循环	0.1、0.2、0.4、0.8、1.6	30	230	5
冻融循环	0.1、0.2、0.3、0.4	20	240	4
湿冷－干热耦合循环	0.1	30	200	1
		70	440	1
	0.2	30	200	1
		70	440	1
	0.4	30	200	1
		70	440	1
	0.8	30	200	1
		70	440	1
	1.6	30	200	1
		70	440	1

表 3-31   QH 组堆石料风化劣化抗剪强度试验

试验类型	竖向应力（MPa）	循环次数	试验个数
新鲜料直剪	0.1、0.2、0.4、0.8、1.6	—	5
常规流变后就机直剪	0.1、0.2、0.4、0.8、1.6	—	5
常规流变后再装机直剪	0.1、0.2、0.4、0.8、1.6	—	5
干湿循环后就机直剪	0.1、0.2、0.4、0.8、1.6	30	5
干湿循环后再装机直剪	0.1、0.2、0.4、0.8、1.6	30	5
冻融循环后就机直剪	0.1、0.2、0.3、0.4	20	4
冻融循环后再装机直剪	0.1、0.2、0.3、0.4	20	4
湿冷－干热循环后就机剪	0.1、0.2、0.4、0.8、1.6	30、70	10
湿冷－干热循环后再装机剪	0.1、0.2、0.4、0.8、1.6	30、70	10

1. 干湿循环试验

试验结果表明，在干湿循环情况下，堆石Ⅰ区料、堆石Ⅱ区料发生的劣化变形量远小于其加载瞬时变形量，30 次干湿循环后试验测得试样的抗剪强度与新鲜料直剪试验结果基本相同。由此说明，RM 堆石料具有较强的抗干湿循环变化的能力。

2. 湿冷－干热耦合循环试验

表 3-32 试验结果表明，堆石Ⅰ区料、堆石Ⅱ区料湿冷－干热耦合循环发生的劣化变形量明显高于单纯干湿循环试验，平均可达相应加载瞬时变形的 54%。30 次、70 次循环后再次剪切试验测得的抗剪强度和新鲜料直剪试验差别不大。由此说明，RM 堆石料具有较强的抗湿冷－干热耦合循环变化的能力。

表 3-32　　　　　　　　　QH 组堆石料湿冷-干热耦合循环试验成果

材料	竖向应力（MPa）	循环次数	瞬时加载变形（%）	湿冷-干热耦合循环变形（%）
堆石 I 区	0.2	30	0.193	0.060
		70	0.193	0.080
	0.4	30	0.280	0.060
		70	0.267	0.120
	0.8	30	0.420	0.060
		70	0.373	0.220
	1.6	30	0.513	0.100
		70	0.507	0.300
堆石 II 区	0.2	30	0.207	0.140
		70	0.193	0.153
	0.4	30	0.313	0.127
		70	0.293	0.213
	0.8	30	0.480	0.193
		70	0.527	0.207
	1.6	30	0.633	0.320
		70	0.627	0.313

3. 冻融循环试验结果

冻融循环试验结果表明，在竖向荷载作用下，堆石 I 区料、堆石 II 区料冻融循环过程中试样均会发生显著的回弹膨胀，回弹量甚至可超过试样初始的位置。由于试样回弹后密度下降，可造成冻融循环后试样的剪切强度明显低于新鲜料直剪试验或再剪试验的剪切强度（见表 3-33）。

表 3-33　　　　　　　　　QH 组堆石料冻融循环试验成果

材料	竖向应力（MPa）	瞬时加载变形（%）	冻融循环变形（%）
堆石 I 区	0.1	0.107	−0.840
	0.2	0.153	−0.440
	0.3	0.213	−0.367
	0.4	0.260	−0.087
堆石 II 区	0.1	0.033	−0.547
	0.2	0.180	−0.867
	0.3	0.260	−0.593
	0.4	0.207	−0.580

四、循环加卸载试验

NK 组对堆石Ⅰ区料、堆石Ⅱ区料和过渡料平均线试样进行了大型三轴循环加载试验，试样尺寸、制样方式、试验方法同大型静力三轴试验，不同之处在于当轴向应变为 1%～3% 范围内时，将轴向应力卸载至 0kPa 后，再继续加载进行剪切试验，直至试样破坏。

加载时，堆石料弹性模量 E_t 可用下式表示：

$$E_t = \left[1 - R_f \frac{(1 - \sin\varphi) \cdot (\sigma_1 - \sigma_3)}{2c\cos\varphi + 2\sigma_3\sin\varphi} \right]^2 KP_a \left(\frac{\sigma_3}{P_a} \right)^{n_{ur}} \quad (3-24)$$

式中：R_f、K、n 为邓肯－张 E－B 模型参数，卸载时弹性模量 E_{ur} 用下式表示：

$$E_{ur} = K_{ur} P_a \left(\frac{\sigma_3}{P_a} \right)^n \quad (3-25)$$

K_{ur}、n_{ur} 可通过三轴循环加载试验求得，n_{ur} 一般与加载时 n 的差异不大。表 3－34 列出了常规三轴加载的 c、φ、K、n 与卸载时的 K_{ur}、n_{ur} 值。

表 3-34　　　　　　　　NK 组堆石料循环加载与常规加载试验成果

材料	级配特性	干密度（g/cm³）	循环加载				常规加载			
			c（kPa）	φ（°）	K_{ur}	n_{ur}	c（kPa）	φ（°）	K	n
堆石Ⅰ区	平均线	2.170	347.3	38.7	3381.0	0.48	356.8	38.7	1425.7	0.26
堆石Ⅱ区	平均线	2.107	328.6	37.9	3039.5	0.50	327.5	38.0	1229.8	0.26
过渡区	平均线	2.115	299.8	38.5	2688.6	0.54	306.7	38.5	1062.1	0.30

由表 3－34 可见，卸载后再加载与常规加载时强度基本一致，堆石体卸载产生塑性变形，再加载时与原应力应变曲线不重合，卸载后再加载的卸载弹性模量参数 K_{ur} 是加载时弹性模量参数 K 的 2.4～2.5 倍，n_{ur} 比常规加载 n 增大，符合一般规律。

五、复杂应力路径试验

土石坝内坝料在填筑期的应力路径可近似为等应力比的路径（q/p = 常数），但在蓄水过程中坝体不同部位将经历不同的应力状态的变化，例如在上游部位可能是大主应力不变而小主应力减小或大小主应力同时减小，而在下游部位可能是大主应力不变而小主应力增加或小主应力不变大主应力增加，或者两者同时增加。

复杂应力路径试验可验证现有本构模型的适应性，为本构模型改进、计算精度提高提供支持。为此根据 RM 坝可能出现的应力比范围，并考虑试验的可行性，对堆石Ⅰ区料、堆石Ⅱ区料和过渡区料进行了 6 种复杂应力路径试验，试验方案见表 3－35。

表3-35 复杂应力路径试验方案

应力路径	试验料	试验应力路径
路径1		等应力比 $R=2$ 加载，分别至 $\sigma_3=0.2$、0.6、1.2、2.0MPa 和 3.0MPa 时转折，σ_3 和 σ_1 均减小且其减小量比值为1.6，直至试样破坏。
路径2		等应力比 $R=2$ 加载，分别至 $\sigma_3=0.2$、0.6、1.2、2.0MPa 和 3.0MPa 时转折，σ_3 和 σ_1 均减小且其减小量比值为1.2，直至试样破坏。
路径3	堆石Ⅰ区、堆石Ⅱ区、过渡料	等应力比 $R=2$ 加载，分别至 $\sigma_3=0.2$、0.6、1.2、2.0MPa 和 3.0MPa 时转折，σ_3 和 σ_1 均增加且其增加量比值为1，直至 $\sigma_3=3.2$MPa。
路径4		等应力比 $R=2$ 加载，分别至 $\sigma_3=0.4$、0.8、1.2、2.0MPa 和 3.2MPa 时转折，σ_3 不变，σ_1 增大直至试样破坏。
路径5		等应力比 $R=2$ 加载，分别至 $\sigma_3=0.4$、0.8、1.2、2.0MPa 和 3.2MPa 时转折，σ_3 不变，σ_1 减小直至试样破坏。
路径6		等应力比 $R=2$ 加载，分别至 $\sigma_3=0.4$、0.8、1.2、2.0MPa 和 3.2MPa 时转折，σ_1 不变，σ_3 减小直至试样破坏。

部分试验成果见图3-26～图3-30。

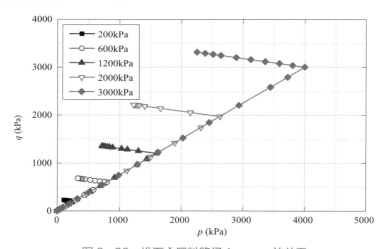

图3-26 堆石Ⅰ区料路径1，$p\sim q$ 的关系

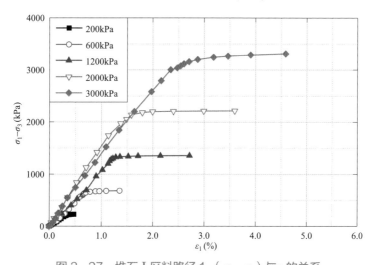

图3-27 堆石Ⅰ区料路径1，$(\sigma_1-\sigma_3)$ 与 ε_1 的关系

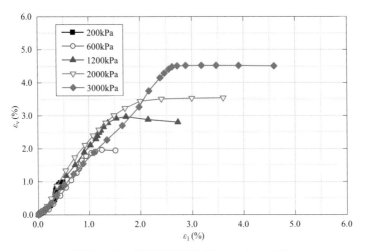

图 3-28 堆石 I 区料路径 1，ε_v 与 ε_1 关系

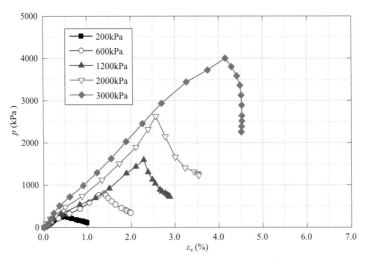

图 3-29 堆石 I 区料路径 1，p 与 ε_v 关系

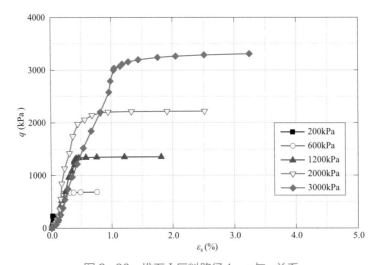

图 3-30 堆石 I 区料路径 1，q 与 ε_s 关系

复杂应力路径试验成果表明：

（1）常规三轴加载、等比加载，即应力路径 1、路径 2、路径 4、路径 6 的峰值摩擦角与围压的关系是一致的，即随围压增大，摩擦角降低，这些路径均是三轴压缩状态，等比加载过程中，偏差应力与轴向应变的关系近乎直线关系；体应变从加载初期至试验结束一直处于压缩状态。

（2）应力发生转折后，路径 1 和路径 2 试验结果基本一致，即在 $\Delta\sigma_1/\Delta\sigma_3 = 2.0$ 等比加载至设定围压后，σ_3 和 σ_1 均减小，且其减小量比值为 1.6 及 1.2 的结论为：剪应力继续增加，剪切变形也随之增加直至破坏。应力路径转折后体应变并没有随平均主应力的减小而减小，而是有所增加。

（3）对于路径 3，即在 $\Delta\sigma_1/\Delta\sigma_3 = 2.0$ 等比加载至设定围压后，σ_3 和 σ_1 均增加，其增加量比值为 1，直至 $\sigma_3 = 3.2MPa$，应力路径转折后偏差应力 q 不变，平均主应力值 p 不断增加。随着平均主应力值的增加，竖向应变和体变不断增加，体应变呈现出明显地随着轴向应变增加的趋势，转折点对应的围压越低，体变增加的趋势越明显；引起这种现象的原因是，应力路径转折前剪应力逐渐增加，产生剪胀效应较强，而应力路径转折后剪应力不变，且平均应力增加，剪胀效应较弱，使体积有增加的趋势。平均主应力与体变关系不明显，应力路径转折点对应的围压较小时体积模量较大，但各围压下的差别并不明显。

（4）对于路径 4，即 $\Delta\sigma_1/\Delta\sigma_3 = 2.0$ 等比加载至设定围压后，σ_3 不变、$\Delta\sigma_1 > 0$ 试验，试样继续剪切后，能达到破坏线，发生剪切破坏。其 $q \sim p$ 平面上强度破坏线与静力三轴相比略有增加，但变化不大。试样在继续剪切过程中，应力应变线呈现软化特性，并不同程度出现剪胀现象。

（5）对于路径 5，即 $\Delta\sigma_1/\Delta\sigma_3 = 2.0$ 等比加载至设定围压后，σ_3 不变、$\Delta\sigma_1 < 0$ 试验，试样逐渐远离破坏线，当最大主应力 σ_1 等于围压时，试样并未破坏。减少最大主应力 σ_1，属于卸载阶段，由此引起的轴向变形表现为试样伸长，且其值较小。

（6）对于路径 6，即 $\Delta\sigma_1/\Delta\sigma_3 = 2.0$ 等比加载至设定围压后，σ_1 不变，$\Delta\sigma_3 < 0$ 试验，初始围压较小时，试样未能达到破坏线，产生的轴向变形和体积变形较小；随初始围压的增大，减少围压后，应力路径逐渐接近或达到破坏线，试样产生了较大的轴向变形和体积变形。

六、接触面特性试验

土石坝中混凝土面板与垫层料、防渗土体与坝基岩体等之间的接触特性常用 Clough-Duncan 非线性弹性模型模拟，该模型假定接触面剪应力 – 切向位移曲线可以用双曲线表达式：

$$\tau = \frac{s}{a + bs} \tag{3-26}$$

式中： τ ——剪应力；

  s ——切向位移；

 a、b ——试验常数，可由接触面试验的 $s/\tau\sim s$ 关系曲线拟合得到，a 为拟合直线的截距，

   b 为拟合直线的斜率。

  接触面起始剪切模量 k_i 不是常数，与接触面法向正应力大小有关，可参照土体的 Janbu 公式，用下式来表示。

$$k_i = \frac{1}{a} = k_1\gamma_w\left(\frac{\sigma_n}{P_a}\right)^n \qquad (3-27)$$

式中： k_i ——初始剪切模量；

  γ_w ——水的重度；

  σ_n ——接触面法向正应力；

  P_a ——大气压；

 k_1、n ——试验常数。

  接触面强度采用摩尔-库仑强度准则，联立各式可得接触面剪切模量 k_{st} 的表达式：

$$k_{st} = k_1\gamma_w\left(\frac{\sigma_n}{P_a}\right)^n\left(1 - \frac{R_f\tau}{\sigma_n\,\mathrm{tg}\,\delta + c}\right)^2 \qquad (3-28)$$

式中： δ ——接触面摩擦角；

  c ——接触面黏聚强度；

  R_f ——破坏比，其值为破坏剪应力与剪应力-切向位移曲线趋近值之比。

  以上 Clough-Duncan 模型共有 5 个模型常数，分别为试验常数 k_1、n，破坏比 R_f，摩擦角 δ 和黏聚力 c，均可由一组接触面直剪试验确定。

  RM 心墙堆石坝开展了堆石Ⅰ区料与过渡料、堆石Ⅱ区与过渡料、反滤层Ⅱ区料与过渡料、反滤层Ⅱ区料与反滤层Ⅰ区料之间的直剪和单剪试验，以研究接触面之间的应力变形特性。直剪试验在 NK 组 NHRI-4000 大型接触面直剪仪上完成，上剪切盒尺寸为 500mm×500mm×150mm，下剪切盒尺寸为 500mm×670mm×150mm。单剪试验在 QH 组大型土与结构接触面循环加载剪切仪上完成，接触面尺寸长 25cm，宽 25cm。整理 Clough-Duncan 接触面模型参数见表 3-36。

表 3-36   Clough-Duncan 接触面模型试验参数

接触界面	剪切类型	c（kPa）	δ（°）	R_f	k_1	n
堆石Ⅰ区料—过渡料		50.7	37.2	0.619	2270	0.689
堆石Ⅱ区料—过渡料	单剪	54.8	38.5	0.713	3690	0.618
反滤层Ⅱ区料—过渡料		48.0	37.1	0.693	3060	0.659

接触界面	剪切类型	c（kPa）	δ（°）	R_f	k_1	n
堆石Ⅰ区料—过渡料		351.8	43.2	0.63	5235	0.32
堆石Ⅱ区料—过渡料	直剪	331.7	42.9	0.64	4961	0.32
反滤层Ⅱ区料—过渡料		261.5	41.7	0.67	3983	0.40
反滤层Ⅱ区料—反滤层Ⅰ区料		108.7	39.9	0.77	2110	0.58

试验结果表明，采用直剪试验的接触面强度 c、δ 高于单剪试验，其原因在于接触面的直剪试验有固定剪切面（即接触带），而单剪试验表明发生剪切变形相对集中的剪切带或剪切面的位置不是固定的，而是随着应力条件的变化在改变，即破坏面发生在较弱的位置；Clough-Duncan 模型参数里 R_f 差异不大，k_1 及 n 有一定差异，这可能与试验方法及参数拟合有关。

七、动力特性试验

1. 动模量与阻力比

根据动力三轴试验成果，动剪应力幅值和动剪应变幅值之间的关系可以用双曲线来近似表示，如下式所示：

$$\tau = \frac{\gamma}{a + b\gamma} \tag{3-29}$$

式中：τ ——动剪应力；

　　　γ ——动剪应；

a、b ——两个参数由试验确定。

定义动剪切模量为：

$$G = \frac{\tau}{\gamma} \tag{3-30}$$

将式（3-29）代入式（3-30）中，得

$$1/G = a + b\gamma \tag{3-31}$$

绘制 $1/G - \gamma$ 关系曲线，可求得系数 a、b，如下式所示。

$$\left. \begin{array}{l} a = 1/G_{max} \\ b = 1/\tau_{ult} \end{array} \right\} \tag{3-32}$$

式中：G_{max} ——最大动剪切模量；

　　　τ_{ult} ——最终应力幅值，相当于 $\gamma \to \infty$ 时的 τ 值。将式（3-32）代入式（3-31）中。

$$\frac{G}{G_{max}} = \frac{1}{1 + \gamma/\gamma_r} \tag{3-33}$$

式中： γ_r —— $\gamma_r = \dfrac{\tau_{ult}}{G_{max}}$ 。

G_{max} 为最大动剪切模量，可用 $1/G_{max}$ 与动剪应变幅 γ 在纵轴上的截距的倒数求得，这主要是基于动应力与应变关系符合双曲线模型的假定。但实际的试验曲线往往不满足这一假定，所以确定最大动剪切模量 G_{max} 时，按实际回归曲线上将动剪应变幅为 10^{-6} 对应的等效动剪切模量作为最大动剪切模量 G_{max} 。 G_{max} 与土体所受的初始平均静应力 p 有关，如下式所示：

$$G_{max} = K p_a \left(\frac{p}{p_a} \right)^n \qquad (3-34)$$

式中： p ——试样固结时的平均主应力；

p_a ——大气压力；

K 、 n ——动剪模量系数和动剪模量指数，由试验确定。

这里仅列出动剪模量系数和动剪模量指数试验结果列于表 3-37。

表 3-37 动剪切模量系数和指数

分区材料	级配特性	制样密度（g/cm³）	K_c	k	n
堆石 I 区料	平均级配	2.107	1.5	2593.3	0.55
			2.0	2485.4	0.58
堆石 II 区料	平均级配	2.044	1.5	2023.1	0.56
			2.0	2026.8	0.58
过渡区料	平均级配	2.054	1.5	2322.4	0.50
			2.0	2092.7	0.57
反滤 I 区料	平均级配	2.041	1.5	1179.7	0.47
			2.0	1165.0	0.51

根据试验结果，分别给出了动模量阻尼比试验 $G_d \sim \gamma_d$ 、 $G_d/G_{max} \sim \gamma_d$ 和 $\lambda \sim \gamma_d$ 的关系曲线，其中堆石 I 区料固结比 $K_c = 2.0$ 的试验结果见图 3-31~图 3-34。

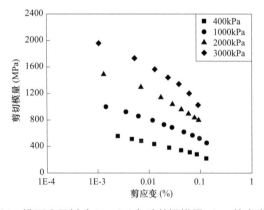

图 3-31 堆石 I 区料（ $K_c = 2.0$ ）动剪切模量 $G_d \sim$ 剪应变 γ_d 关系

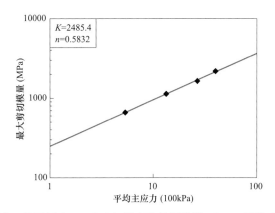

图 3-32　堆石 I 区料（K_c = 2.0）最大动剪切模量 G_{dmax} ～平均主应力 p 关系

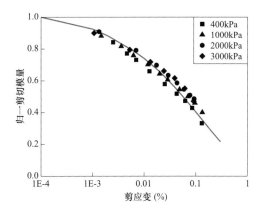

图 3-33　堆石 I 区料（K_c = 2.0）归一动剪切模量 G_d/G_{dmax} ～剪应变 γ 关系

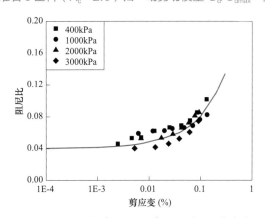

图 3-34　堆石 I 区料（K_c = 2.0）阻尼比 λ ～剪应变 γ 关系

从试验结果可以看出，动剪模量比 G/G_{max} 随动剪应变幅 γ 的增大而减小（衰减），阻尼比 D 随动剪应变幅 γ 的增大而增大；固结比一定时，围压力对动剪模量比衰减曲线 G/G_{max} ～ γ 和阻尼比递增曲线 λ ～ γ 有一定影响。围压力越大，动剪模量比 G/G_{max} 随动剪应幅 γ 增大而衰减的速度越慢；围压力越大，同样动剪应幅 γ 下，阻尼比 λ 越小。

2. 动力残余变形特性

动力残余体积应变增量 $\Delta\varepsilon_v$ 和残余剪切应变增量 $\Delta\gamma_s$ 可按下式计算

$$\Delta\varepsilon_v = c_1(\gamma_d)^{c_2}\exp(-c_3 S_1)\frac{\Delta N_L}{1+N_L} \qquad (3-35)$$

$$\Delta\gamma_s = c_4(\gamma_d)^{c_5}S_1\frac{\Delta N_L}{1+N_L} \qquad (3-36)$$

式中：　　　　ΔN_L、N_L——等效振动次数的增量和累加量；

c_1、c_2、c_3、c_4、c_5——5 个动力残余变形计算参数。

动应变幅值和残余应变随着动应力幅值的增大而明显增大。但垂直向动应变幅值是不均匀的，一般开始几周较大，后期略有减小。在整理资料时，以第 10 次循环的幅值为准。动力残余变形包括残余体积应变 ε_{vr} 和残余剪切应变 γ_r，后者主要发生在不等向固结试样中，等向固结试样中有时也会出现少量残余剪应变，但其值较小，在整理资料时可将其忽略不计。残余应变的发展大体上符合半对数衰减规律，但初期的体积应变衰减慢于半对数规律，而剪切应变衰减则初期快、后期慢。体积应变初期读数较小的原因，似与孔隙水来不及排出有关，因而实际情况可能更接近于半对数规律。总的说来，半对数曲线仍是描述残余变形发展趋势的一个较好选择。设 c_{vr} 和 c_{dr} 分别为各试验曲线在半对数坐标上的斜率，则残余应变为：

$$\varepsilon_{vr} = c_{vr}\log(1+N) \qquad (3-37)$$

$$\gamma_r = c_{dr}\log(1+N) \qquad (3-38)$$

其中，c_{vr} 和 c_{dr} 还应该是动应力比 R_d 和固结应力比 K_c 的函数，用动剪应变幅值 γ_d 代替动应力比 R_d，用剪应力比或应力水平 $S_1(=\tau/\tau_f)$ 代替 K_c，可使表达更为清晰。即有

$$c_{vr} = c_1\gamma_d^{c_2}\exp(-c_3 S_1^2) \qquad (3-39)$$

$$c_{dr} = c_4\gamma_d^{c_5}S_1 \qquad (3-40)$$

等向固结时 $S_1 = 0$，故式（3-39）、式（3-40）分别退化为 $c_{vr} = c_1\gamma_d^{c_2}$ 和 $c_{dr} = 0$。

以往的研究表明，不同应力比（应力水平）对 c_{vr} 影响很小，故可假定 S_1 对 c_{vr} 无影响，即式（3-39）中的 $c_3 = 0$。由式（3-39），对在 $c_{vr}\sim\gamma_d$ 的双对数关系曲线进行线性拟合，c_1 即为 $\gamma_d = 1\%$ 处的直线截距，c_2 即为拟合直线的斜率。根据式（3-40），对 $c_{dr}/S_1\sim\gamma_d$ 的双对数关系曲线进行线性拟合，c_4 即为 $\gamma_d = 1\%$ 处的直线截距，c_5 即为拟合直线的斜率。其中应力水平 S_1 根据静三轴试验结果求取。当以 10 为底的对数整理参数时，c_1 和 c_4 要乘 0.4343。

列出堆石 I 区料平均线 $c_{dr}/S_1\sim\gamma_d$ 的关系曲线、$c_{vr}\sim\gamma_d$ 等的关系曲线见图 3-35～图 3-40，整理的动力残余变形模型参数见表 3-38，同时给出了堆石料试验点与已有工程试验成果的比较见图 3-41。

表3-38　　　　　　　　　　　　沈珠江动力残余变形模型试验参数

分区坝料	级配特性	制样密度（g/cm³）	固结比 K_c	体变参数		剪应变参数		
				c_1（%）	c_2	c_3	c_4（%）	c_5
堆石Ⅰ区	上包线	2.17	1.5、2.0	0.56	0.78	0.00	4.69	0.91
	平均线	2.17	1.5、2.0	0.46	0.77	0.00	4.53	0.9
	下包线	2.142	1.5、2.0	0.61	0.8	0.00	4.95	0.98
堆石Ⅱ区	上包线	2.108	1.5、2.0	0.71	0.87	0.00	5.84	1.03
	平均线	2.107	1.5、2.0	0.66	0.82	0.00	5.23	0.99
	下包线	2.107	1.5、2.0	0.58	0.81	0.00	4.88	1.02
过渡区	平均线	2.115	1.5、2.0	0.82	0.78	0.00	6.88	0.89
反滤层Ⅱ区	平均线	2.103	1.5、2.0	0.96	0.82	0.00	7.14	0.83
反滤层Ⅰ区	平均线	1.957	1.5、2.0	0.34	0.78	0.00	8.35	1.24

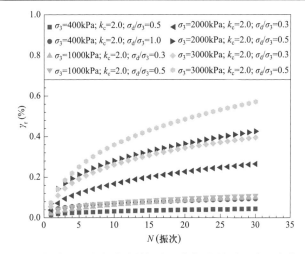

图3-35　堆石Ⅰ区料（平均线）残余剪切变形与振次的关系（干密度2.107g/cm³）

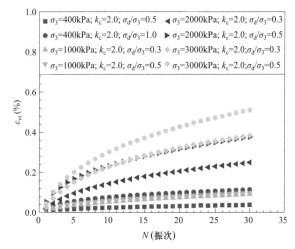

图3-36　堆石Ⅰ区料（平均线）残余体积变形与振次的关系（干密度2.107g/cm³）

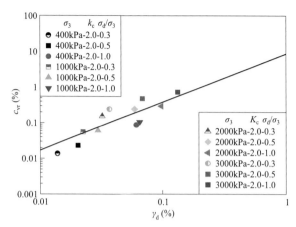

图 3-37　堆石Ⅰ区料（平均线）$c_{vr} \sim \gamma_d$ 的关系曲线（干密度 2.107g/cm³）

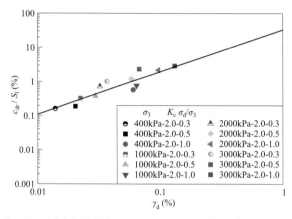

图 3-38　堆石Ⅰ区料（平均线）$c_{dr} / S_l \sim \gamma_d$ 的关系曲线（干密度 2.107g/cm³）

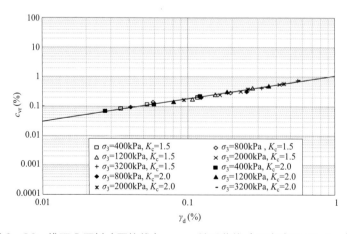

图 3-39　堆石Ⅰ区料（平均线）$c_{vr} \sim \gamma_d$ 关系曲线（干密度 2.17g/cm³）

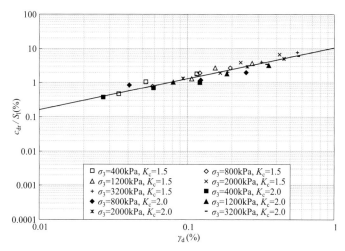

图 3-40　堆石 I 区料（平均线）$c_{dr}/S_l \sim \gamma_d$ 关系曲线（干密度 2.17g/cm^3）

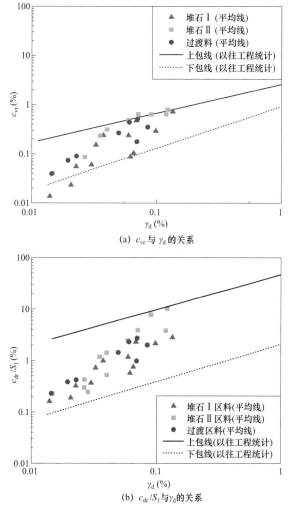

(a) c_{vr} 与 γ_d 的关系

(b) c_{dr}/S_l 与 γ_d 的关系

图 3-41　RM 堆石料残余变形试验结果与近 30 个工程堆石料试验成果对比

试验结果可以得出，堆石料残余变形量与级配、试验密度、固结比等因素密切相关；相同剪应变幅值条件下，堆石Ⅰ区料、过渡区料和堆石Ⅱ区料的残余体变和剪切变形依次增大；堆石Ⅰ区料、过渡区料和堆石Ⅱ区料的试验点大都位于以往工程堆石料试验点范围内。

3. 反滤料动强度

反滤层液化通常以动剪应力比、动孔压比（孔压比指孔隙水压力与有效压力的比值，下同）作为判别指标，其中动剪应力比是以动剪应力与平均固结应力之比来表示，即 $\sigma_d/2\sigma_0$（或 τ_d/σ_0）；动孔压比是以动孔压与平均固结应力之比来表示，即 σ_u/σ_0。

表 3-39 给出了 DG 组反滤层Ⅰ区料动剪应力比试验参数，试验采用相对密度 0.8，固结比分别为 1.0 和 1.5，振次分别为 12 次、20 次和 30 次。

表 3-39　　　　　　　　　　　DG 组反滤层Ⅰ区料动剪应力比参数

试样名称	干密度 ρ_d (g/cm³)	固结比 K_c	围压 σ_3 (kPa)	动剪应力比 $\sigma_d/2\sigma_0$					
				振次 $N_f=12$		振次 $N_f=20$		振次 $N_f=30$	
反滤层Ⅰ区料	1.874	1.0	200	0.478	0.322	0.452	0.303	0.434	0.289
			600	0.308		0.293		0.282	
			1000	0.275		0.253		0.235	
			2000	0.226		0.213		0.203	
		1.5	200	0.443	0.356	0.405	0.334	0.375	0.317
			600	0.404		0.393		0.384	
			1000	0.305		0.288		0.275	
			2000	0.271		0.251		0.235	

按等效振动次数 12、20、30 次得到动抗剪强度包线，整理反滤层Ⅰ区料动强度参数，见表 3-40。

表 3-40　　　　　　　　　　　DG 组反滤层Ⅰ区料动强度指标参数

土样	干密度 ρ_d (g/cm³)	固结比 K_c	振次 $N_f=12$		振次 $N_f=20$		振次 $N_f=30$	
			c (kPa)	φ (°)	c (kPa)	φ (°)	c (kPa)	φ (°)
反滤层Ⅰ区料	1.874	1.0	36.1	24.3	34.5	24.0	33.5	23.7
		1.5	24.2	31.4	20.6	31.2	17.7	31.0

图 3-42 给出了 NK 组采用反滤层Ⅰ区料试验的动剪应力比、动孔压比与振动次数的关系。

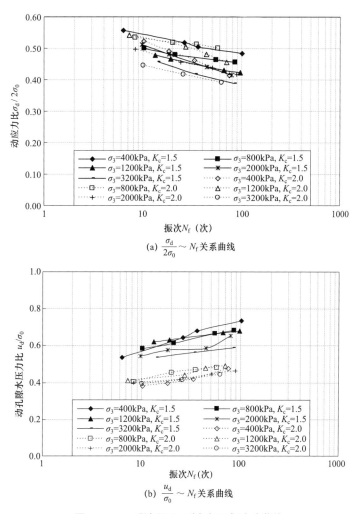

(a) $\dfrac{\sigma_d}{2\sigma_0} \sim N_f$ 关系曲线

(b) $\dfrac{u_d}{\sigma_0} \sim N_f$ 关系曲线

图 3-42 反滤层 I 区料动强度试验曲线

第七节 堆石料缩尺效应研究

一、室内超大三轴试验

室内超大三轴试验在国内研制的超大型三轴仪上完成（见图 3-43），该设备的主要参数如下：

（1）试样尺寸：直径 1000mm，高 2050mm；直径 800mm，高 1760mm。围压范围为 0～3MPa，配备围压传感器，上部、下部孔压传感器，反压传感器。

（2）负荷控制：10000kN 传感器建置的闭环控制系统，静态加载 0～10000kN，动态激振 0~3000kN，控制精度优于±1%F.S，测量精度优于±0.3%F.S；可根据试验负荷范围选择使用。其中包括负荷传感器放大器，负荷控制通道。在三轴压力室内还配置内置力传感器，所有传感器的测量分辨率优于±1/50000，静态负荷测量精度优于±1%R.O。轴向振动频率在0.01~0.5Hz 范围内振幅可达到±10mm。

（3）控制系统：可实现位移控制、应力控制、应变控制、轴向加载与施加围压同步和相位控制等多种应力路径加载。轴向负荷和围压控制可以采用正弦波、三角波及各种随机波。且具有加载速度可调功能，可以实现各种控制方式间无冲击平滑切换。

图 3-43　高精度超大型液压伺服静动三轴仪

按照相似级配法对 RM 堆石 I 区料原型级配进行缩尺得到试验级配，试验级配曲线见图 3-44。根据堆石 I 区料实测比重和孔隙率控制指标，确定试样干密度为 2.107g/cm³，控制试验孔隙率为 20%。

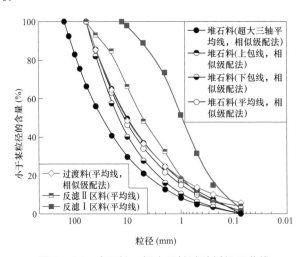

图 3-44　大三轴、超大三轴试验料级配曲线

图 3-45 给出了直径 100cm 超大三轴、围压 1MPa 的试验前后试样变形照片。

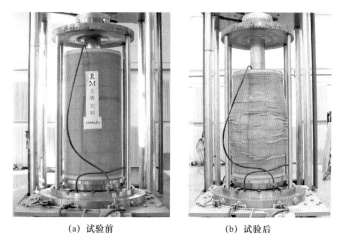

(a) 试验前　　　　　　　　(b) 试验后

图 3-45　直径 100cm 超大三轴试样试验前后变形图

图 3-46 给出了大型三轴（30cm）与超大型三轴（100cm）试验强度指标 φ 值与围压关系的对比。图 3-47、图 3-48 分别给出了堆石 I 区料平均线饱和样大型三轴（30cm）与超大型三轴（100cm）试验偏应力—轴变、体变与轴变模拟结果对比。

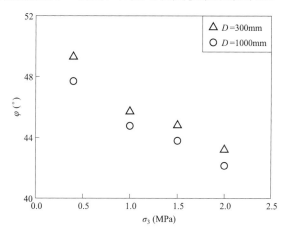

图 3-46　大型三轴（30cm）与超大型三轴（100cm）试验强度指标与围压的关系

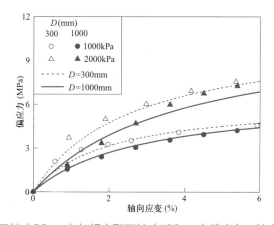

图 3-47　大型三轴（30cm）与超大型三轴（100cm）偏应力—轴变模拟结果的对比

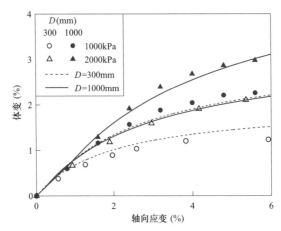

图 3-48 大型三轴（30cm）与超大型三轴（100cm）轴变~体变模拟结果的对比

分别将直径 80cm、100cm 超大三轴围压为 1~2MPa 的三组试验成果拟合得到邓肯-张 E-B 模型参数，并与室内常规大型三轴（直径 30cm）试验参数进行对比，见表 3-41。

表 3-41 大型三轴及超大型三轴试验邓肯-张 E-B 模型试验参数

试样名称	ρ_d （g/cm³）	φ_0 （°）	$\Delta\varphi$ （°）	K	n	R_f	K_b	m
大三轴（30cm）	2.107	54.4	8.6	1200	0.42	0.80	900	0.06
超大型三轴（80cm）	2.107	51.5	6.47	1020	0.39	0.75	780	0.01
超大型三轴（100cm）	2.107	52.2	7.6	980	0.41	0.74	650	0.01

以上研究得出，随着试样直径的增大，邓肯-张 E-B 模型试验参数的 K、K_b 均减小，堆石体的模量降低。以室内超大型三轴（100cm 直径）及大型三轴（30cm 直径）试验结果的对比为例，可以得出：

（1）相同围压下，大型三轴试验的峰值强度要高于超大型三轴试验，随着围压的增大，两者差距从 400kPa 的 2.1° 减小到 2000kPa 的 0.7°。

（2）相同围压下，超大型三轴试验的最大应变要大于大型三轴试验的最大体应变，且随围压的增大两者的差距有逐渐增大的趋势。

（3）超大型三轴试验的邓肯-张 E-B 模型参数 φ_0、$\Delta\varphi$、K 和 K_b 均低于大型三轴试验参数，K 值降低约 15%，K_b 值降低约 13%。

二、数值试验

（一）常规三轴数值试验

根据 RM 工程堆石 I 区料、堆石 II 区料特性，建立了考虑颗粒破碎以及颗粒强度尺寸效应的随机散粒体 SGDD 数值模型。

图 3-49 为细观数值模拟加载示意图，试样上下端为刚性板，底部板全约束，采用位移控制式加载施加在顶部板上，模型四周用橡胶膜包裹住，橡胶膜上下端绑定在刚性板上，围压施加在橡胶膜上。数值模拟开始时，先对试样施加围压进行固结，再采用位移控制进行轴向加载，加载速率 0.0001mm/步，加载进行到 20%轴向应变时停止。

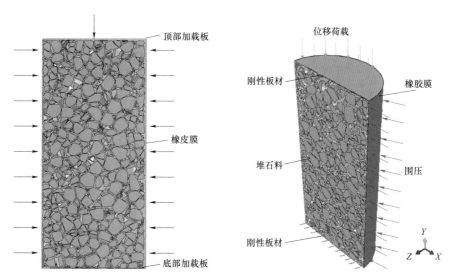

图 3-49 细观数值模拟加载示意图

采用不规则多面体颗粒随机生成算法 SPG 生成数值试样，常规三轴数值剪切试样尺寸为 300mm×600mm，最大粒径为 60mm，试样级配曲线如图 3-50 所示，采用相对密度 $D_r = 0.95$ 控制试样压实度。

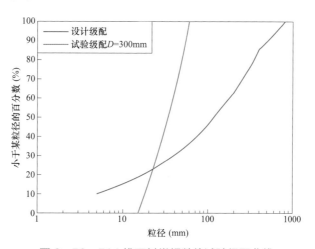

图 3-50 RM 堆石料常规数值试验级配曲线

在进行常规三轴数值剪切试验时，细观参数的率定参照室内试验数据，通过调节细观参数使得数值试验得到的应力应变曲线、体积应变—轴向应变曲线与室内试验成果接近，最终数值试验结果见图 3-51 及图 3-52 所示。

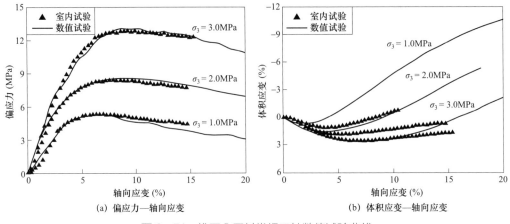

图 3-51 堆石 I 区料常规三轴数值试验曲线

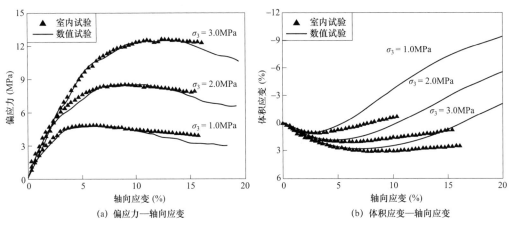

图 3-52 堆石 II 区料常规三轴数值试验曲线

（二）原级配三轴数值试验

采用不规则多面体颗粒随机生成算法生成数值试样（4000mm×8000mm），模拟设计原级配试样的常规三轴剪切试验。试样级配曲线如图 3-53 所示，采用相对密度 $D_r = 0.95$ 控制试样压实度；细观参数采用常规三轴数值剪切试验率定参数。

图 3-54 和图 3-55 为 RM 原级配堆石 I 区料和堆石 II 区料试样在不同围压下的常规三轴试验曲线。在加载初期，不同围压下的偏应力曲线相差较小。随着加载的进行，偏应力随着轴向应变的增加而增大，围压较低时，试样达到峰值偏应力后发生软化；随着围压的增大，应力—应变曲线由应变软化型逐渐变为应变硬化型，不出现明显的峰值强度；峰值偏应力随着围压的增加而增加。相同的轴向应变下，围压越高，剪缩体积应变越大，剪胀体积应变越小。

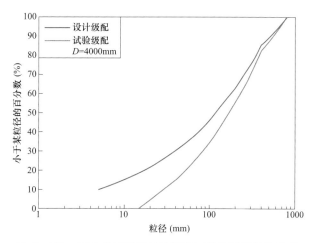

图 3-53 RM 堆石料设计原级配料数值试验级配曲线

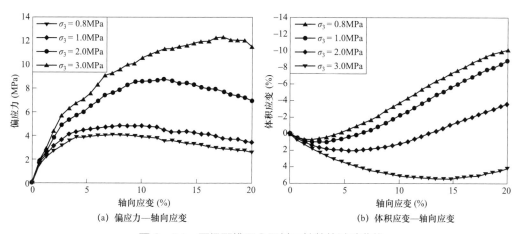

图 3-54 原级配堆石 I 区料三轴数值试验曲线

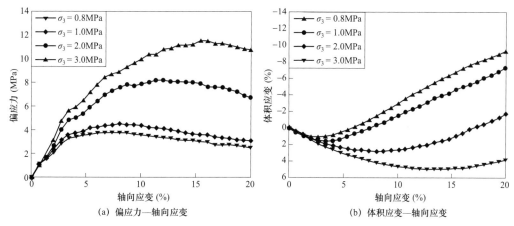

图 3-55 原级配堆石 II 区料三轴数值试验曲线

（三）试验结果的比较

1. 宏观力学特性的比较

图 3-56 给出了堆石 I 区、堆石 II 区料偏应力—轴向应变数值试验曲线的比较。由图可见，对于相同的坝壳料，不同尺寸试样的曲线初始段斜率存在差异，尺寸越小，初始段曲线越陡；峰值强度存在尺寸效应，在低围压时，原级配试样和试验级配试样的峰值强度差异较小，随着围压的增加，原级配试样的峰值强度明显低于试验级配试样的峰值强度。

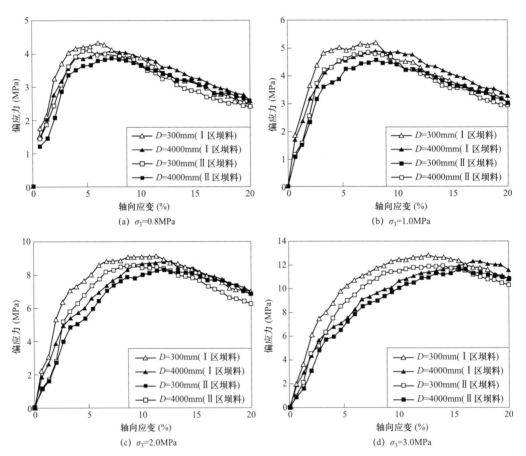

图 3-56　堆石 I 区、堆石 II 区料偏应力—轴向应变数值试验曲线的比较

图 3-57 给出了堆石 I 区、堆石 II 区料体积应变—轴向应变数值试验曲线的比较。由图可见，相同轴向应变下，原级配试样尺寸越大，剪缩体积应变越大，剪胀体积应变越小。与堆石 II 区料相比，堆石 I 区料峰值强度偏高，剪缩体积应变偏小，剪胀体积应变偏大。

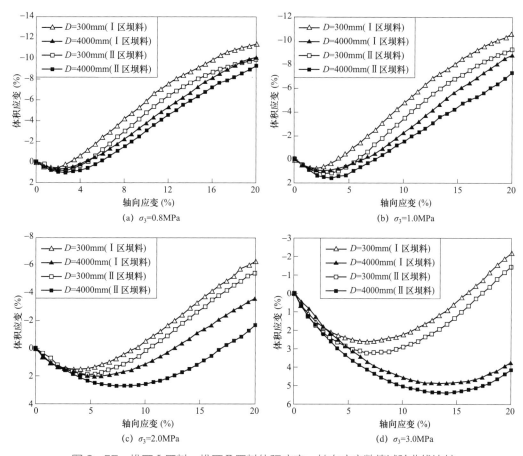

图3-57 堆石Ⅰ区料、堆石Ⅱ区料体积应变—轴向应变数值试验曲线比较

2. 主要力学指标参数的比较

堆石料初始切线模量与围压的非线性关系可表示为：

$$E_i = K P_a (\sigma_3 / P_a)^n \tag{3-41}$$

切线体积模量 B_t 随围压的变化可表示成：

$$B_t = K_b P_a (\sigma_3 / P_a)^m \tag{3-42}$$

为定量说明缩尺效应对堆石料力学参数的影响，根据数值剪切试验结果整理堆石Ⅰ区料、堆石Ⅱ区料主要力学指标参数，见表3-42。

表3-42 堆石Ⅰ区、堆石Ⅱ区料数值试验主要力学指标参数对比

试样尺寸		σ_3（MPa）	E_i（MPa）	B_t（MPa）	E_{50}（MPa）	$(\sigma_1-\sigma_3)_f$（MPa）	Φ_f（°）
堆石Ⅰ区	$D=300mm$	0.8	266.8	115.8	165.9	4.31	46.8
		1.0	282.1	119.1	198.9	5.18	46.2
		2.0	338.6	131.5	256.6	9.08	44.0
		3.0	379.7	140.2	299.3	12.81	42.9

续表

试样尺寸		σ_3 (MPa)	E_i (MPa)	B_t (MPa)	E_{50} (MPa)	$(\sigma_1-\sigma_3)_f$ (MPa)	Φ_f (°)
堆石Ⅰ区	$D=4000\text{mm}$	0.8	214.6	97.5	161.8	4.11	46.0
		1.0	226.2	100.5	189.3	4.89	45.2
		2.0	266.1	108.9	234.7	8.78	43.5
		3.0	290.4	114.5	258.1	12.28	42.2
堆石Ⅱ区	$D=300\text{mm}$	0.8	245.2	110.9	135.9	4.00	45.9
		1.0	261.7	113.7	161.9	4.81	45.5
		2.0	311.2	125.7	216.6	8.53	42.9
		3.0	347.4	133.3	279.3	11.90	41.7
	$D=4000\text{mm}$	0.8	188.2	90.4	114.8	3.89	45.1
		1.0	199.6	91.9	135.3	4.61	44.8
		2.0	231.8	100.5	176.6	8.28	42.5
		3.0	251.1	104.8	228.1	11.65	41.3

对围压 0.8MPa、1.0MPa、2.0MPa 及 3.0MPa 下不同尺寸试样的初始切线模量、切线体积模量分别进行拟合，见图 3-58～图 3-59。

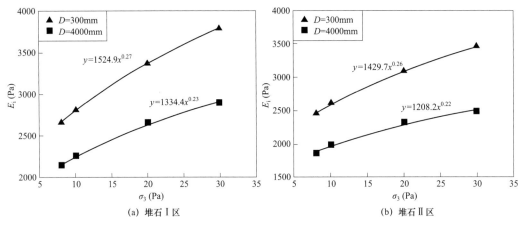

图 3-58 不同尺寸试样 $E_i/P_a \sim \sigma_3/P_a$ 关系曲线

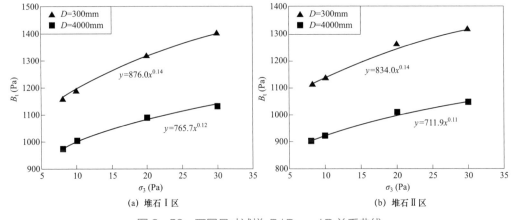

图 3-59 不同尺寸试样 $B_t/P_a \sim \sigma_3/P_a$ 关系曲线

由表 3-42、图 3-58、图 3-59 对比结果可知，对于试验级配料和原级配料，随着围压的增加，初始切线模量 E_i、切线体积模量 B_t、割线模量 E_{50}、峰值强度 $(\sigma_1 - \sigma_3)_f$ 逐渐提高，峰值内摩擦角 Φ_f 降低。随试样尺寸的增加，初始切线模量 E_i、切线体积模量 B_t、割线模量 E_{50}、峰值强度 $(\sigma_1 - \sigma_3)_f$、峰值内摩擦角 Φ_f 均降低。

3. 邓肯-张 E-B 模型参数的比较

根据数值试验成果，整理邓肯-张 E-B 模型参数见表 3-43。

表 3-43 　　　　　　　邓肯-张 E-B 模型数值试验参数的比较

堆石料	试样尺寸	C（kPa）	φ（°）	φ_0（°）	$\Delta\varphi$（°）	K	n	K_b	m
堆石 I 区	室内试验	350.6	40.7	55.7	9.2	1482.6	0.28	825.1	0.15
	$D=300\text{mm}$	291.7	41.2	52.9	6.8	1524.9	0.27	876.0	0.14
	$D=4000\text{mm}$	270.7	40.6	52.0	6.6	1334.4	0.23	765.7	0.12
堆石 II 区	室内试验	348.5	38.3	54.3	8.8	1446.0	0.28	820.1	0.14
	$D=300\text{mm}$	286.0	39.9	52.6	7.3	1429.7	0.26	834.2	0.14
	$D=4000\text{mm}$	255.8	39.7	51.1	6.6	1208.2	0.22	711.9	0.11

对于不同坝料，$D=300\text{mm}$ 数值试验级配试样的强度参数与 $D=300\text{mm}$ 室内试验得到的强度参数较为相近。与 $D=300\text{mm}$ 数值试验级配试样的强度参数相比，$D=4000\text{mm}$ 原级配试样的强度参数均下降；不同坝料的线性强度指标、应力水平的下降幅度规律不明显；变形参数 K、n、K_b、m 均随着试样尺寸的增加而减小；而对于不同堆石料，变形参数的变化幅度不同。

与试验级配试样的强度参数相比，原级配试样的强度参数下降，变形参数 K、K_b 均减小，降低幅度在 12%～17%。

三、已建工程反演分析

我国建成了小浪底（160m）、瀑布沟（186m）、糯扎渡（261.5m）等具有代表性的高心墙堆石坝，积累了丰富的监测资料。从这些工程施工及运行监测成果来看，采取前期试验参数的数值计算结果与大坝实际工作性状均存在较大的差异。大量研究工作表明，造成差异的主要原因是室内试验参数存在缩尺效应问题。目前，解决此问题的主要方法之一是以原形观测资料为基础，通过反演分析确定计算参数，进而达到检验或改进模型的目的。

（一）反演分析方法

反演分析是基于原型观测资料，通过反演分析达到检验计算模型、确定或验证计算参数的目的。其基本步骤为：依据大坝原型监测变形资料，选择合理的数学模型和计算方法，建立仿真有限元数值计算模型，比较原型观测点的实测变形量与计算预测值的差异，构筑目标函数，计算个体适应度，直至反演分析计算预测值与实测值基本一致，得到对应的模型参数，比较分析模型参数的试验值和反演值的差，确定合理的最终模型参数，并将这些参数应用于有限元计算，复核施工及运行期的大坝应力变形性状。

目前，国内较为广泛采用的堆石体本构模型为邓肯－张 E－B 模型及沈珠江双屈服面弹塑性模型等。相比而言，邓肯－张 E－B 模型的参数物理意义较为明确，由计算参数反算的应力应变关系与试验实测的应力应变关系曲线符合较好，且工程应用中积累了丰富的经验。

结合小浪底、糯扎渡和瀑布沟三座大坝监测资料，进行反演分析，并考虑流变、湿化等因素的影响，得出能反映堆石料真实应力变形的计算参数，与原试验参数进行对比分析，建立缩尺后试样力学特性与原级配试样力学特性的相关性，由缩尺后的力学参数推知原级配试样的力学参数。

采用的主要反演分析方法见表 3－44。

表 3－44　　　　　　　　　反演分析对象及方法统计表

序号	坝名	计算单位	位移反演分析方法
1	糯扎渡	BK 组、QH 组	神经网络、遗传算法
2	瀑布沟	WD 组、HH 组	神经网络、演化算法、遗传法
3	小浪底	WD 组、HH 组	神经网络、演化算法、遗传算法

邓肯－张 E－B 模型，共有 R_f、K、n、K_b、m、K_{ur}、n_{ur}、φ_0、$\Delta\varphi$、c、ρ_d 等 11 个参数，材料参数对堆石坝应力变形的影响程度不同，如对全部参数进行反演分析，计算工作量将是非常繁重的。因此，有必要借助于参数敏感性分析来选取对堆石坝应力变形起主要影响的参数，只对这部分参数进行反演分析，对一些能较准确获取或影响较低的参数予以剔除，以减轻反演工作量。

在堆石坝非线性计算中，堆石体的内凝聚力 c 一般取为 0。反映堆石体卸载力学特性的参数 K_{ur}、n_{ur}，分别取 K 的 1.2～3.0 倍和 n 的 1.0 倍，因此对这三个参数可不进行敏感性分析。根据瀑布沟工程资料，应用正交试验设计方法对邓肯－张 E－B 模型中的其他 8 个参数进行敏感性分析，确定敏感性较强的参数，为选取邓肯－张 E－B 模型待反演参数提供依据，同时也能为减少反分析的参数个数提供帮助（见图 3－60）。

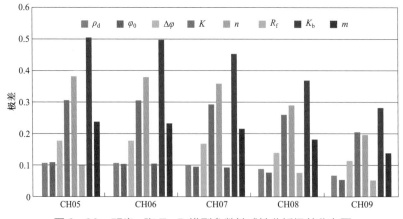

图 3－60　邓肯－张 E－B 模型参数敏感性分析极差分布图

根据正交试验设计判断方法，样本点所得的级差 R 可以综合判断出，K、n、K_b、m 等对坝体变形影响较大，其他参数敏感性相对较弱，因此将 K、n、K_b、m 作为待反演参数（见图3-61）。

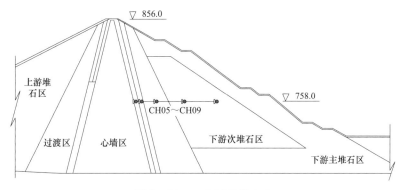

图3-61　正交试验样本点

（二）糯扎渡、瀑布沟、小浪底工程反演分析

表3-45 统计了糯扎渡、瀑布沟、小浪底坝三个典型工程堆石料、心墙料的反演参数，并与试验参数进行对比；表 3-46 给出了反演参数/试验参数比值平均值。三个典型工程堆石料、心墙料邓肯-张 E-B 模型参数反演值与试验值的比值，见图3-62～图3-65。

表3-45　　　　　　　　邓肯-张 E-B 模型参数试验值与反演值对比表

坝名	计算分组	材料	K		n		K_b		m	
			试验值	反演值	试验值	反演值	试验值	反演值	试验值	反演值
糯扎渡	QH 组	堆石 I 区	1425	1578	0.26	0.20	540	691	0.16	0.10
		堆石 II 区	1530	1240	0.175	0.20	376	409	0.10	0.10
		掺砾土	421	351	0.56	0.25	299	207	0.25	0.15
	BK 组	堆石 I 区	1852	1250	0.32	0.26	1418	650	0.07	0.05
		堆石 II 区	1486	1100	0.26	0.26	873	500	0.14	0.14
		掺砾土	402	310	0.48	0.38	309	200	0.27	0.23
瀑布沟	WD 组	上游堆区	1000	807	0.52	0.40	420	462	0.34	0.37
		下游堆石区	1000	807	0.52	0.40	420	462	0.34	0.37
		下游次堆石区	800	666	0.50	0.54	318	261	0.30	0.26
		心墙掺砾土	550	532	0.42	0.46	240	264	0.29	0.32
	HH 组	上游堆石区	1076	905.3	0.37	0.36	420	396	0.34	0.29
		下游堆区	1076	905.3	0.37	0.36	420	396	0.34	0.29
		下游次堆石区	875	438.1	0.34	0.38	318	291	0.30	0.27
		心墙掺砾土	550	506.5	0.31	0.36	240	275	0.29	0.26
小浪底	WD 组	上游堆石体区	700	769	0.43	0.26	250	201	0.55	0.60
		下游堆石体区	750	601	0.50	0.30	280	224	0.40	0.24
		心墙掺砾料	300	328	0.25	0.27	150	165	0.00	0.00
	HH 组	下游堆石体区	750	870.5	0.50	0.51	280	320.1	0.40	0.42
		心墙掺砾料	300	445.7	0.25	0.52	150	303.6	0.00	0.12

表 3-46   反演参数/试验参数比值平均值

坝料	K	n	K_b	m
堆石料	85.2%	89.9%	90.2%	91.6%
心墙料	91.7%	91.5%	93.7%	86.3%

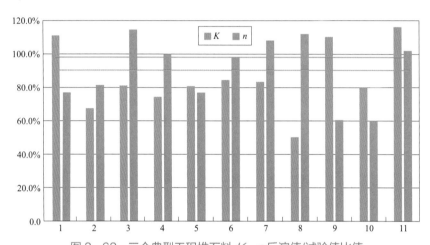

图 3-62   三个典型工程堆石料 K、n 反演值/试验值比值

1—糯扎渡Ⅰ区料（QH 组）；2—糯扎渡Ⅰ区料（BK 组）；3—糯扎渡Ⅱ区料（QH 组）；

4—糯扎渡Ⅱ区料（BK 组）；5—瀑布沟上游堆石料（WD 组）；6—瀑布沟上游堆石料（HH 组）；

7—瀑布沟下游次堆石料（WD 组）；8—瀑布沟下游次堆石料（HH 组）；9—小浪底上游堆石料（WD 组）；

10—小浪底下游堆石料（WD 组）；11—小浪底下游堆石料（HH 组）

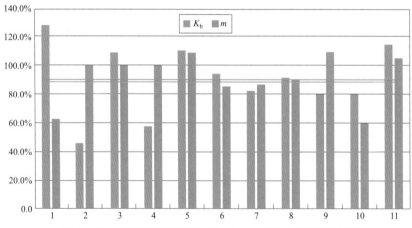

图 3-63   三个典型工程堆石料 K_b、m 反演值/试验值比值

1—糯扎渡Ⅰ区料（QH 组）；2—糯扎渡Ⅰ区料（BK 组）；3—糯扎渡Ⅱ区料（QH 组）；

4—糯扎渡Ⅱ区料（BK 组）；5—瀑布沟上游堆石料（WD 组）；6—瀑布沟上游堆石料（HH 组）；

7—瀑布沟下游次堆石料（WD 组）；8—瀑布沟下游次堆石料（HH 组）；9—小浪底上游堆石料（WD 组）；

10—小浪底下游堆石料（WD 组）；11—小浪底下游堆石料（HH 组）

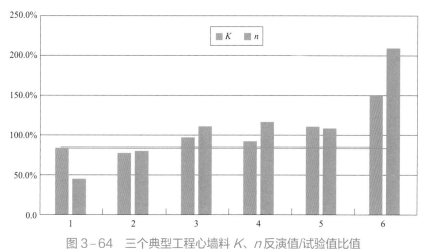

图 3-64　三个典型工程心墙料 K、n 反演值/试验值比值

1—糯扎渡（QH 组）；2—糯扎渡（BK 组）；3—瀑布沟（WD 组）；4—瀑布沟（HH 组）；

5—小浪底（WD 组）；6—小浪底（HH 组）

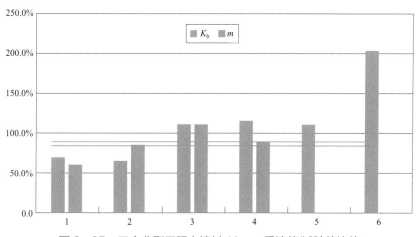

图 3-65　三个典型工程心墙料 K_b、m 反演值/试验值比值

1—糯扎渡（QH 组）；2—糯扎渡（BK 组）；3—瀑布沟（WD 组）；4—瀑布沟（HH 组）；

5—小浪底（WD 组）；6—小浪底（HH 组）

（三）反演参数与试验参数的函数关系

受试样材料差异性、试样扰动、取样随机性、缩尺效应以及实际工程具体施工工艺、施工方法和施工质量等因素的影响，实际工程的坝料力学参数与室内试验参数往往存在较大差异。

以糯扎渡工程为例，表 3-47 列出了糯扎渡心墙堆石坝邓肯-张 E-B 模型反演参数与试验参数的比较。由表可知，反演参数比试验参数要小，其中反演参数与试验参数的比值，K 值约为 0.7、K_b 值约为 0.6 倍，R_f、n、m 值变化不大。而对于过渡料及堆石料而言，室内试验参数明显高于反演参数，说明堆石料缩尺效应问题突出。

表3-47　　　糯扎渡心墙堆石坝邓肯-张E-B模型反演参数与试验参数比较

材料	R_f	K	n	K_b	m	备注
掺砾土料	0.80	402	0.48	309	0.27	试验参数
	0.80	310	0.38	200	0.23	反演参数
	1.00	0.77	0.79	0.65	0.85	反演参数/试验参数
反滤料Ⅰ	0.71	1016	0.28	744	0.15	试验参数
	0.71	720	0.28	380	0.15	反演参数
	1.00	0.71	1.00	0.51	1.00	反演参数/试验参数
反滤料Ⅱ	0.75	1416	0.28	1113	0.02	试验参数
	0.75	1050	0.3	450	0.02	反演参数
	1.00	0.74	1.07	0.40	1.00	反演参数/试验参数
细堆石料（过渡料）	0.75	1693	0.25	1108	0.12	试验参数
	0.75	1100	0.25	550	0.15	反演参数
	1.00	0.65	1.00	0.50	1.25	反演参数/试验参数
Ⅰ区弱风化花岗岩	0.76	1852	0.32	1418	0.07	试验参数
	0.76	1250	0.26	650	0.05	反演参数
	1.00	0.67	0.81	0.46	0.71	反演参数/试验参数
Ⅱ区弱风化砂泥岩	0.75	1486	0.26	873	0.14	试验参数
	0.75	1100	0.26	500	0.14	反演参数
	1.00	0.74	1.00	0.57	1.00	反演参数/试验参数

为了便于对反演参数和试验参数进行定量化研究，由于参数 R_f、n、m 差别不大，仅整理参数 K 值、K_b 值的比例关系，如表3-48所示。

表3-48　　　　　　　糯扎渡筑坝材料反演参数与试验参数的关系

材料	细堆石料（过渡料）	Ⅰ区堆石料	Ⅱ区堆石料
K 值	$K_{-I}=0.649K_{-L}$	$K_{-I}=0.675K_{-L}$	$K_{-I}=0.740K_{-L}$
K_b 值	$K_{b-I}=0.496K_{b-L}$	$K_{b-I}=0.458K_{b-L}$	$K_{b-I}=0.572K_{b-L}$

注：表中 K_{-L}、K_{b-L} 为试验参数，K_{-I}、K_{b-I} 为反演参数。

导致试验料参数与现场筑坝料参数差异的因素较多，如材料属性、级配缩尺、材料密度、颗粒破碎等。如果将级配缩尺产生的影响用函数关系表示，则邓肯-张E-B模型 K 值试验参数和现场原级配料参数的关系可用指数形式表达：

$$K_{-I}=K_{-L}e^{-cd} \qquad (3-43)$$

式中：　　　　c——参数，由不同粒径材料试验获得；

$d=d_{max\_I}/d_{max\_L}$——原级配的最大粒径和缩尺级配最大粒径的比值（径径比）。

四、原级配堆石料力学参数推求方法

堆石料的缩尺效应是客观存在的，受多种因素影响，经过缩尺后的替代级配堆石材料，在颗粒大小、形状、组成和强度方面和原型级配堆石料存在较大差别，这就必然导致缩尺后的堆石材料与现场原级配筑坝材料力学性质之间存在一定的差异。如何分析颗粒的尺度效应对堆石料变形特性的影响，以及将室内试验参数与实际筑坝材料参数相联系，是关系到推求实际筑坝材料力学性质的关键因素。

（一）不同粒径室内试验力学参数分析

A. Varadarajan 对几个不同工程的砂砾料和爆破料进行了大量试验，研究了相同相对密度（87%）条件下，经过相似级配缩尺得到的不同最大粒径级配料（最大粒径分别为 25mm、50mm、80mm）的力学性质的差异，并得出了一个推算原级配力学参数的方法。图 3–66 为砂砾石料和爆破料弹性模型参数 K 值的室内试验结果。由结果可以看出，对于砂砾石料，参数 K 值随着试样最大粒径的增加而增加；对于爆破料，参数 K 值随着最大粒径的增加而减小。根据得出的三个粒径的室内试验数据 K 值，拟合了一条指数函数曲线如图 3–67 所示。

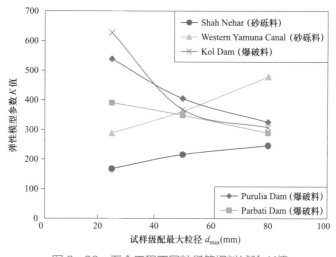

图 3–66 五个工程不同粒径筑坝料试验 K 值

（二）原型级配料和缩尺级配料力学参数的关系

通过超大三轴试验、数值试验以及反演分析研究可以发现：试样粒径尺度差别越大，筑坝材料的力学性质差别越大；对于堆石材料或可破碎的材料，试样的弹性模量随着试样最大粒径的增大而减小；对于砂砾石料或不可破碎的材料，试样的弹性模量随着试样最大粒径的增大而增大；并且对于试样的摩擦角 ϕ 有相似的变化趋势。

从不同级配的试验结果可以看出，在相同试验条件下，不同级配试样的弹性模量之间随着粒径的变化并不是单纯的呈线性关系，而是近似呈指数的变化趋势。如果将颗粒尺度效应考虑到这一变化趋势中，则两种不同最大粒径级配试样的弹性模量的关系式可表示为：

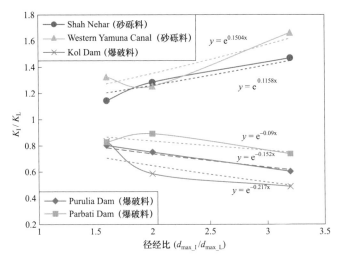

图 3-67 K_I/K_L 随径经比 $d_{\max\_I}/d_{\max\_L}$ 的变化趋势

$$E_I = E_L \cdot e^{-c \cdot d_{\max\_I}/d_{\max\_L}} \qquad\qquad (3-44)$$

式中：　　　E_I——现场筑坝材料的弹性模量；

　　　　　　E_L——缩尺后室内试验料的弹性模量；

$d_{\max\_I}/d_{\max\_L}$——原型级配料最大粒径与试验级配料最大粒径的比值；

　　　　　　c——参数，根据不同粒径的试验获得，其中对于堆石材料 c 取正值，对于砂砾石材料 c 取负值（见图 3-68）。

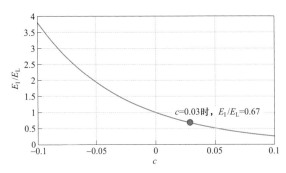

图 3-68 不同筑坝材料参数 c 取值曲线

从堆石材料缩尺效应研究得出规律，颗粒的尺度效应对 K、K_b、K_{ur} 值影响较大，而对 m、n 值影响较小。参数 K 值与切线模量 E_t 的关系式为：

$$E_t = KP_a\left(\frac{\sigma_3}{P_a}\right)^n \qquad\qquad (3-45)$$

由公式可知，在相同的围压条件下，切线模量 E_t 和参数 K 值表现出相同的变化趋势。因此，将颗粒尺度效应对堆石材料变形特性的影响推广到 Duncan 模型。模型计算参数与颗粒尺度变化的关系为：

$$K_{in\text{-}situ} = K_{LAB} \mathrm{e}^{-c_1 \cdot d_{\max-1}/d_{\max-L}} \qquad (3-46)$$

$$K_{b_{in\text{-}situ}} = K_{b_{LAB}} \mathrm{e}^{-c_1 \cdot d_{\max-1}/d_{\max-L}} \qquad (3-47)$$

$$K_{ur_{bin\text{-}situ}} = K_{ur_{LAB}} \mathrm{e}^{-c_1 \cdot d_{\max-1}/d_{\max-L}} \qquad (3-48)$$

式中：$in-situ$——原型级配参数；

$\qquad LAB$——室内试验参数；

$\qquad c_1$——比例控制参数，对砂砾石取负值，对堆石取正值。

大量室内试验研究认为，筑坝材料的摩擦角随着颗粒最大粒径的增大而降低；也有研究认为，砂砾石类材料的摩擦角随着最大粒径的增加而增加，堆石类材料则是相反的变化趋势。根据研究得出，摩擦角随着颗粒最大粒径的变化与弹性模量随着最大粒径变化的趋势基本相似。因此，可以引入一个新的参数 c_2，建立原型级配筑坝料摩擦角和试验级配筑坝料摩擦角的关系式为：

$$\phi_{in\text{-}situ} = \phi_{LAB} \mathrm{e}^{-c_2 \cdot d_{\max-1}/d_{\max-L}} \qquad (3-49)$$

式中：c_2——参数，根据室内试验整理获得，对砂砾石取负值，对堆石取正值。

根据 A.Varadarajan 三个粒径的室内试验 K 值，可求得上述推算公式的 c_1 值，基于室内试验最大粒径为 80mm 的试验结果，可以推算得到最大粒径为 300mm 的试样的力学参数 K 值。A.Varadarajan 试验结果参数 c_1 取值及推算值，列于表 3-49、图 3-69～图 3-70 分别给出了砂砾石料和爆破料参数 K 值试验值及推测值。

表 3-49　　　　　　　A.Varadarajan 试验结果参数 c_1 取值及 K 推算值

工程名称	砂砾料		爆破料		
	Shah Nehar	Western Yamuna Canal	Kol Dam	Purulia Dam	Parbati Dam
参数 c_1	-0.116	-0.150	0.217	0.152	0.090
本研究公式推算值 K	379.79	839.82	135.60	183.45	205.29
A.Varadarajan 推算值 K	300.75	603.72	167.00	110.22	194.11

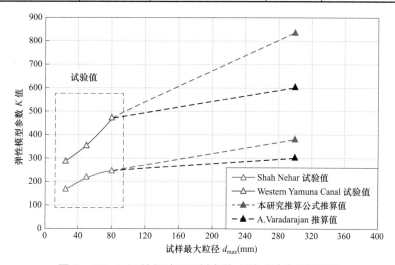

图 3-69　不同粒径砂砾石料参数 K 值试验值及推测值

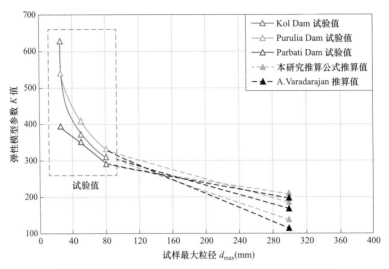

图 3-70　不同粒径爆破料参数 K 值试验值及推测值

由上述推算结果可知，对于爆破料，本研究公式推算值 K 与 A.Varadarajan 推算结果基本相当；对于砂砾石料，特别是 Western Yamuna Canal 砂砾石料推算结果有较大差别，分析其主要原因是该砂砾料最大粒径 50mm 试样进行试验得出的 K 值有明显差异性，导致了拟合得到的参数 c_1 值偏小。

综合上述几个工程的推算验证，本研究提出的由室内试验参数推求原级配堆石料力学参数的方法具有一定理论应用价值。

第八节　本　章　小　结

（1）堆石料基本特性试验表明，弱风化强卸荷堆石料的原岩强度略低，小值平均值不小于 35MPa，可作为坝壳堆石Ⅱ区料；弱风化未卸荷堆石料的原岩强度较高，小值平均值不小于 40MPa，可作为坝壳堆石Ⅰ区料。

（2）通过多组相对密度试验、固结压缩试验、三轴剪切试验，采用分形维数提出的堆石料级配与设计级配差异不大，说明设计级配合适。

（3）中低围压下堆石料的剪胀现象明显，堆石Ⅰ区 φ_0 范围为 51.7°～56.2°，$\Delta\varphi$ 范围 5.4°～10.3°，堆石Ⅱ区 φ_0 范围为 48.2°～55.7°，$\Delta\varphi$ 范围 3.6°～10.0°，堆石Ⅰ区强度参数高于堆石Ⅱ区，这些参数与糯扎渡、双江口等工程相当。堆石Ⅰ区料、堆石Ⅱ区料偏应力 $(\sigma_1-\sigma_3)$～轴变 ε_a 曲线相差不大，但堆石Ⅱ区料的体变 ε_v～轴变 ε_a 曲线低于堆石Ⅰ区料，表明堆石Ⅱ区料的体积变形量略大。

（4）堆石Ⅰ区料、堆石Ⅱ区料、过渡料的渗透系数量级为 10^{-2}～10^{-1}cm/s，临界坡降 0.19～0.52，破坏坡降 0.48～0.71，管涌破坏方式；反滤Ⅰ区料、反滤Ⅱ区料的渗透系数为 10^{-4}～10^{-2}cm/s 级，反滤层Ⅰ区料为流土破坏、反滤层Ⅱ区料为管涌破坏。渗透系数由堆石区向心墙区逐渐减小，宏观上满足心墙堆石坝渗流特性设计要求。

（5）反滤层Ⅰ区料临界坡降1.34，在反滤层Ⅱ区料保护下临界坡降提高至11.15，临界坡降提高较为明显；反滤层Ⅱ区料临界坡降0.36，在过渡区料保护下临界坡降提高至1.01，过渡区料对反滤层Ⅱ区料的保护作用不明显。

（6）堆石料湿化变形与试样的应力状态、级配和密度密切相关。湿化变形量总体上随应力水平和围压的增加而增加，特别是应力水平对湿化剪切变形影响较明显，围压3.2MPa、应力水平0.8时堆石Ⅰ区料湿化轴向变形1.707%～2.003%，湿化体变0.757%～0.804%，湿化剪切变形1.455%～1.735%；堆石Ⅰ区料湿化轴向变形2.076%～2.081%，湿化体变0.817%～0.838%，湿化剪切变形1.802%～1.968%；堆石Ⅱ区料湿化变形量略大于堆石Ⅰ区料。

（7）堆石料由于颗粒破碎重新排列等产生的宏观流变变形，通常3天左右可达稳定状态，围压、应力水平越大，流变越大；围压3.2MPa、应力水平0.8时，堆石Ⅰ区最终轴向流变1.520%～1.750%，体积流变0.703%～0.762%，剪切流变1.283%～1.496%；堆石Ⅱ区轴向流变1.888%～1.964%，体积流变0.798%～0.819%，剪切流变1.622%～1.695%；堆石Ⅰ区流变量低于堆石Ⅱ区。大型侧限压缩流变的变形稳定时间相对较长，28天的侧限压缩流变中，流变变形占总压缩变形的18%～24%。

（8）垂直压力的升高，堆石料风化劣化现象增强，但对堆石Ⅰ、堆石Ⅱ的强度影响不大，表明RM堆石料具有较强的抗风化劣化能力。

（9）卸载后再加载与常规加载时的强度基本一致，堆石Ⅰ区料、堆石Ⅱ区料、过渡料卸载后再加载的卸载弹性模量参数 K_{ur} 介于2689～3381之间，是加载时弹性模量参数 K 的2.4～2.5倍，符合一般规律。

（10）多种常规三轴复杂应力路径及真三轴复杂应力路径反映的剪胀、剪缩现象均是邓肯－张E－B模型未考虑的，采用真三轴试验的强度指标均高于常规三轴试验指标。

（11）两种散粒体间的接触面由于两者之间的嵌入咬合，会形成一个材料组成上的过渡带，剪切变形相对集中的剪切带或剪切面的位置不是固定的，采用直剪试验的接触面强度高于单剪试验的接触面强度，堆石料、过渡料、反滤料之间的接触面抗剪强度差异不大，单剪时摩擦角 $\delta = 37.1° \sim 38.5°$，咬合力在48.0～54.7kPa，直剪时摩擦角 $\delta = 39.9° \sim 43.2°$，咬合力在108.7～351.8kPa，Clough－Duncan接触面模型参数 k_1 在2110～5235，R_f 在0.619～0.77，n 在0.32～0.689。

（12）动剪模量比 G/G_{max} 随动剪应变幅 γ 的增大而减小（衰减），阻尼比 D 随动剪应变幅 γ 的增大而增大；固结比一定时，围压力对动剪模量比衰减曲线 $G/G_{max} \sim \gamma$ 和阻尼比递增曲线 $\lambda \sim \gamma$ 有一定影响。围压力越大，动剪模量比 G/G_{max} 随动剪应幅 γ 增大而衰减的速度越慢；围压力越大，同样动剪应幅 γ 下，阻尼比 λ 越小。相同剪应变幅值条件下，堆石Ⅰ区料、堆石Ⅱ区料和过渡料的残余体变和剪切变形依次增大，残余变形大都位于以往工程堆石料试验点范围内，与其他工程类似。

（13）基于室内超大三轴试验、数值试验、已建工程反演分析，系统研究了堆石料的缩尺效应及参数变化规律。

1）室内超大三轴试验表明，相同围压下，随着试样尺寸的增大，峰值体变逐渐增大，邓肯－张 E－B 模型参数 φ_0、$\Delta\varphi$、K 和 K_b 均减小，试验直径 1000mm 与 300mm 的试验参数相比，K 值降低约 15%，K_b 值降低约 13%。

2）数值试验表明，与室内 30cm 试验级配试样相比，4m 原级配试样的强度参数、模量参数 K、K_b 均减小，参数 K、K_b 下降幅度在 12%～17%之间。

3）糯扎渡、瀑布沟、小浪底工程反演分析表明，总结反演参数与试验参数的比值平均值，堆石料 K 值约 0.85、n 值约 0.9、K_b 值约 0.9、m 值约 0.92。

4）总的来说，考虑堆石料缩尺效应后，原级配坝料的模量降低，与室内常规三轴试验参数相比，原级配坝料的 K 值、K_b 值降低 10%～20%。在此基础上，研究提出了一种由室内试验参数推求原级配堆石料力学参数的方法，经多个工程验证具有一定理论应用价值。

第四章
RM 坝设计技术方案

第一节 概 述

RM 水电站坝址处控制流域面积 79449km²，多年平均流量为 652m³/s，利用水头 280m，水力资源丰富，开发条件较好。

电站采用堤坝式开发，开发任务主要为发电，促进清洁能源基地综合开发、地方经济社会发展和生态环境保护。电站正常蓄水位 2895.0m，死水位 2815.0m，总库容 38 亿 m³，调节库容 24.33 亿 m³，库容系数 11.9%，为年调节水库，最大坝高 315m。电站装机容量为 2600MW，多年平均发电量 112.81 亿 kW•h，装机利用小时 4339h，对下游邦多至功果桥 11 座梯级水电站补偿效益显著，补偿电量为 54.17 亿 kW•h。建设 RM 水电站，合理开发和利用澜沧江水力资源，可为受电区域提供优质电能，提高河段梯级水电站整体规模效益和水资源调控能力。

枢纽布置方案为砾石土心墙堆石坝 + 右岸溢洪洞 + 右岸泄洪洞 + 右岸放空洞 + 右岸地下输水发电系统，工程规模为一等大（1）型工程。

砾石土心墙堆石坝坝顶高程 2907.00m，最大坝高 315.00m，坝顶长 650.20m，大坝上游坡比为 1:2.1，下游综合坡比为 1:2.0，坝体分区从上游至下游分为：上游围堰、上游压重区、上游堆石Ⅰ区料、上游堆石Ⅱ区料、过渡料、反滤层Ⅱ区料、反滤层Ⅰ区料、砾石土心墙、反滤层Ⅰ区料、反滤层Ⅱ区料、过渡料、下游堆石Ⅰ区料、下游堆石Ⅱ区料、大块石护坡、下游压重区、排水堆石区及混凝土挡墙等。大坝总填筑量约 5483 万 m³。

溢洪洞引渠段底板高程 2860.00m，控制段溢流堰顶高程为 2873.00m，平均长度约 956m，共设 3 孔弧形工作闸门，孔口尺寸为 15.0m×22.0m（宽×高，下同）。最大下泄流量 10009.86m³/s，最大流速 49.07m/s。泄洪洞进口底板高程为 2827.00m，总长 925.75m，孔口尺寸为 7.0m×13.0m，最大下泄流量 2689.14m³/s，最大流速 48.39m/s。第一层放空洞进口底板高程为 2784.00m，总长 1108.50m，孔口尺寸为 7.0m×13.0m，最大放空深度 104m；第二层放空洞进口底板高程为 2745.00m，总长 1540.62m，孔口尺寸为 6.0m×13.0m，最大放空深度 143m。

输水建筑物布置于右岸，由岸塔式无极分层取水进水口、引水隧洞、压力钢管、尾水调压室、尾水隧洞、尾水洞检修闸室及尾水出口等建筑物组成，采用"单机单管供水"及"两机一室一洞尾水"的布置格局。输水线路共 4 条，总长 1940.7～2137.2m，进水口底板高程 2794.00m，单机引用流量 296.7m³/s。

发电厂房采用首部式布置，厂房纵轴线方位为 N55°E，地下厂房洞室群主洞包括主厂房洞、主变压器洞、尾水调压室洞，附属洞室有母线洞、进厂交通洞、副厂房联系洞、排风竖井及平洞、进风竖井及平洞、周边排水廊道、出线竖井及平洞、尾调室交通洞等。主厂房开挖尺寸为 232.95m×31.0/28.0m×78.5m（长×宽×高），机组安装高程 2601.00m，安装 4 台单机容量 650MW 的水轮发电机组。采用地面出线场和地面中控楼布置。

工程设计通过砾石土心墙堆石坝、面板堆石坝、混凝土拱坝和混凝土重力坝四种坝型方案比选，混凝土重力坝和拱坝方案经济性较差，面板堆石坝与心墙堆石坝方案投资相近，但面板堆石坝要实现向 300m 级的跨越，近期尚不具备建设的可行性；从工程条件、建坝技术、工程投资等综合分析，心墙堆石坝建坝技术相对成熟，技术经济条件优于其他坝型。

本章针对砾石土心墙堆石坝心墙型式及轮廓、心墙建基面选择、坝体轮廓设计、堆石料分区、筑坝材料设计、坝坡稳定、坝基处理等开展设计技术方案研究工作。

第二节　心墙型式及轮廓比较研究

一、心墙型式比选

（一）方案拟订

据不完全统计，世界上已建和在建的坝高在 230m 以上的当地材料坝主要采用土质心墙堆石坝坝型，其防渗体布置一般采用直心墙和斜心墙两种型式。苏联建成了目前世界最高的努列克坝（300m）、国内已建最高的糯扎渡坝（261.5m），以及在建的两河口坝（295m）、双江口坝（314m），均采用了直心墙型式。而国外已建成坝高 230m 以上的博鲁卡、特里、瓜维奥、买加、契伏和奥洛维尔等 6 座高心墙堆石坝，防渗体均采用了斜心墙型式。

已有研究表明，心墙结构形式与防渗体的应力变形特性、抗渗特性、工程量、施工难易程度、材料单价和地震设防烈度等有关，应开展综合比选。RM 坝址同样具备直心墙坝和斜心墙坝的条件。因此，本节主要就土质心墙堆石坝的两种主要心墙型式——直心墙和斜心墙进行了比较研究。

1. 直心墙方案

直心墙堆石坝坝顶高程为 2907.00m，防浪墙顶高程为 2908.20m，河床部位心墙底开挖高程 2592.00m，基底设 2m 厚混凝土垫层，横河向宽 35m、顺河向宽 181.80m，垫层上铺设 2m 厚接触黏土后再填筑心墙料，最大坝高 315m。坝顶宽 18m，坝顶长 655.40m，坝体最大底宽约 1250m。大坝上游坡比为 1:2.1，高程 2860.00m 和 2810.00m 分别设置 5m 宽马道，下游综合坡比为 1:2.0，坝后布置宽 12m 的 "之" 字形坝后公路，解决施工期及运行期的交通问题。坝体分区从上游至下游分为：上游堆石Ⅰ区、上游堆石Ⅱ区、过渡料、反滤层Ⅱ区、反滤层Ⅰ区、砾石土心墙、反滤层Ⅰ区、反滤层Ⅱ区、过渡料、下游堆石Ⅰ区、下游堆石Ⅱ区、大块石护坡及混凝土挡墙等。

大坝防渗体采用直心墙型式，位于坝体中部，心墙轴线与坝轴线相同，心墙与上、下游坝壳堆石之间均设有反滤层、过渡层。心墙顶高程 2905.00m，2900～2905m 高程心墙宽 5m，2900m 高程以下心墙上、下侧坡比为 1:0.23，心墙与岸坡连接部位，按水平 1:5 坡度加厚，心墙顺河向最大底宽 158m。为了增强心墙与坝基接触部位的抗渗性能，同时利于心墙与岸坡之间的变形协调，在心墙与垫层混凝土之间设有一层接触黏土，河床段厚 2m、岸坡段水平厚 4m。心墙、反滤层Ⅰ区及反滤层Ⅱ区底部坐落在混凝土垫层上，垫层混凝土河床段厚 2.0m，岸坡部位垂直厚 1.0m，坝线位置垫层下设帷幕灌浆廊道（3m×3.5m）。心墙及反滤层部位左岸坝肩在高程 2770.0m 以下开挖坡比为 1:0.85，在高程 2770.0m 以上开挖坡比为 1:1.2；右岸坝肩在高程 2760.0m 以下开挖坡比为 1:0.65，在 2760.0～2780.0m 之间开挖坡比为 1:1，在高程 2780.0m 以上开挖坡比为 1:1.3。

心墙上游侧设两层均厚 4m、下游侧设两层均厚 6m 的反滤层，靠内侧为反滤层Ⅰ区，靠外侧为反滤层Ⅱ区，坡比均为 1:0.23。上、下游反滤层与坝体堆石之间设置过渡层，其顶高程略低于反滤层，顶高程 2897.00m，顶宽 7m，上下游侧坡比均为 1:0.4。坝体上游设置堆石Ⅰ区和堆石Ⅱ区，其中 2683m 高程以下为堆石Ⅱ区。坝体下游设置堆石Ⅱ区，高程位于 2655.00～2780.00m 之间，顶宽 90m，连接下游堆石Ⅰ区的坡比为 1:1.6，其余部位为堆石Ⅰ区。上游坝顶至高程 2810.00m 之间的坝面、下游沿坝面全部设置干砌石护坡，垂直厚度均为 1.0m。在上、下游坝坡 2840.00m 高程以上的堆石体内铺设坝内钢筋，表面为格宾网，以提高坝体上部的抗震性能。

2. 斜心墙方案

斜心墙坝轴线与直心墙相同，坝顶高程 2907.00m，河床部位心墙建基面高程为 2592.00m，基底设 2m 厚混凝土垫层，横河向宽 52.00m、顺河向宽 187m，垫层上铺设 2m 厚接触黏土后再填筑心墙料，最大坝高 315m。坝顶宽度 18.00m，上、下游坝坡为 1:2.1 和 1:2.0，上、下游坝坡马道位置、宽度均与直心墙坝相同。

斜心墙顶高程 2905.00m，平面上，斜心墙顶部为直线，建基面中心线为倾向上游的折线。心墙 2862.00m 高程以上为直立式心墙，2900～2905m 高程心墙宽 5m，2900m 高程以下心墙上、下游坡均为 1:0.23，2862.00m 高程以下为斜心墙，上、下游坡度为 1:0.6、1:0.14，均倾向上游。心墙与岸坡连接部位，按水平 1:5 坡比加厚，心墙最大底宽 158m。心墙、反滤层Ⅰ区及反滤层Ⅱ区底部坐落在混凝土垫层上，河床段厚 2.0m，岸坡部位垂直厚 1.0m，在垫层底部沿心墙底面中心线下设帷幕灌浆廊道（3m×3.5m）。为了增强心墙与坝基接触部位的抗渗性能，同时利于心墙与岸坡之间的变形协调，在心墙与垫层混凝土之间设有一层接触黏土，河床段厚 2m、岸坡段水平厚 4m。心墙及反滤层部位左岸坝肩在高程 2800.0m 以下开挖坡比为 1:1，在高程 2800.00m 以上开挖边坡为 1:1.4；右岸坝肩在高程 2820.0m 以下开挖边坡为 1:0.7，在高程 2820.0m 以上开挖边坡为 1:1.4。

心墙反滤层设置的高程、层数、尺寸与直心墙坝相同，反滤与堆石之间的过渡层顶高程 2895.00m，顶宽 7m，2862.00m 高程以上过渡层上、下游坡度均为 1:0.4，2862.00m 高程以下，上游过渡层坡比为 1:0.77，倾向上游，下游过渡层坡比为 1:0.03，接近直立坡。因此，与直心墙相比，斜心墙方案在心墙尺寸、反滤料及过渡料厚度方面，均保持与直心墙等宽设计，而坝壳堆石料、上下游护坡布置原则同直心墙方案，坝体上游设置堆石Ⅰ区和堆石Ⅱ区，其中 2683m 高程以下为堆石Ⅱ区。坝体下游设置堆石Ⅱ区，高程位于 2655.00~2780.00m 之间，顶宽 90m，连接下游堆石Ⅰ区的坡比为 1:1.6，其余部位为堆石Ⅰ区。上游坝顶至高程 2810.00m 之间的坝面，下游沿坝面全部设置大块石护坡，厚度均为 1.0m。在上、下游坝坡 2840.00m 高程以上的堆石体内铺设坝内钢筋，表面为格宾网，以提高坝体上部的抗震性能。

直、斜心墙堆石坝大坝横剖面图分别见图 4-1、图 4-2。

（二）地形地质条件比较

两种方案的坝轴线相同，且与河流大致正交，坝址所处原始地形地质条件完全相同。但由于斜心墙倾向上游，斜心墙建基面中心线大致位于坝轴线上游 102m，该部位沿心墙纵剖面左岸相对平缓，右岸凸出且岩体风化卸荷相对明显，斜心墙左右岸表现的不对称性略明显。因此，从地形地质条件方面比较，直心墙坝略优。

（三）坝体结构布置比较

由于斜心墙倾向上游，斜心墙建基面位置与直心墙略有差异，斜心墙河床部位防渗中心线位于直心墙上游约 102m，见图 4-3。另外，受地形地质条件影响，斜心墙所处河谷地形，在 2760m 高程以下相对开阔，直心墙所处河段略向左岸弯曲，斜心墙河床底面中心线较直心墙向右岸偏移了约 25m。与直心墙坝相比，斜心墙坝方案心墙填筑量增加约 21 万 m³。

根据心墙基础所处的坝基岩石条件、承载力和变形要求，两种方案心墙及反滤层基础均开挖至 2592.00m 高程，心墙基础坐落于 T_2z 英安岩弱风化岩体上，两岸坝肩由弱风化上部渐变至弱卸荷上部，心墙基础地质条件基本相同，两方案的坝基处理措施无明显差别。由于斜心墙凸向上游，防渗帷幕轴线的长度略大，帷幕灌浆工程量比直心墙坝增加约 0.80 万 m。

比较两者的坝体填筑量及坝基处理工程量，两者基本相当，无明显差别。但斜心墙基础面开挖及防渗体的布置相对复杂，斜心墙坝方案涉及的坝基处理、心墙基础开挖临时边坡处理难度稍大。因此，从坝体布置条件比较，直心墙堆石坝方案略优。

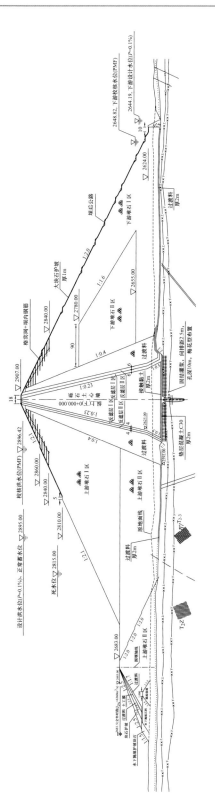

图 4-1　直心墙方案大坝横剖面图

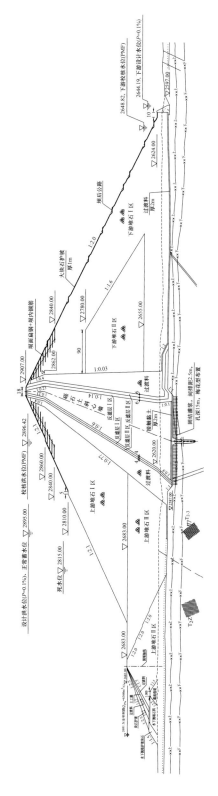

图 4-2　斜心墙方案大坝横剖面图

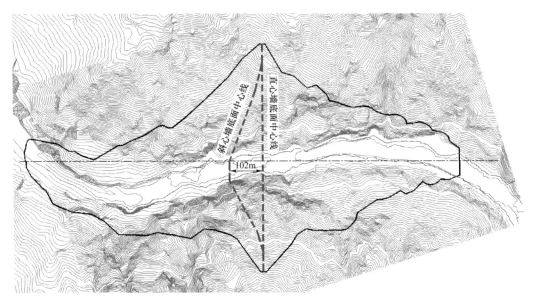

图 4-3　坝址防渗中心位置地形条件比较图

（四）坝体及坝基渗流特性比较

选取河床最大横剖面，采用河海大学 AutoBank 5.5 软件进行了坝体及坝基平面稳定渗流计算分析。其中在正常蓄水位工况下，坝体及坝基渗流坡降及单宽渗流量最大，但无论是直心墙坝还是斜心墙坝，坝体及坝基的渗透稳定性均满足要求。从计算结果的对比来看，斜心墙的渗透坡降较直心墙稍大，且单宽总渗流量略有增加，见表 4-1。因此，从坝体渗流稳定的角度对比，直心墙堆石坝略优。

表 4-1　　　　　最大渗透坡降、单宽总渗流量比较表（正常蓄水位工况）

项目	直心墙坝	斜心墙坝	允许水力坡降
心墙顶部最大渗透坡降	0.90	0.71	4
心墙下游侧出逸最大渗透坡降	3.25	3.41	4
心墙与混凝土基座接触最大渗透坡降	3.30	3.92	6
帷幕最大渗透坡降	9.67	10.72	15
心墙+坝基单宽总渗流量［m³/（d·m）］	8.90	10.34	—

（五）坝坡稳定比较

由表 4-2 坝坡稳定安全系数比较表来看，直心墙坝的上游坝坡安全系数稍大，斜心墙坝的下游坝坡安全系数略大，但两者的总体差别很小。无论是直心墙坝还是斜心墙坝，各工况下坝坡稳定安全系数均大于允许值，表明坝坡稳定均是安全的，两者没有本质区别（见图 4-4）。

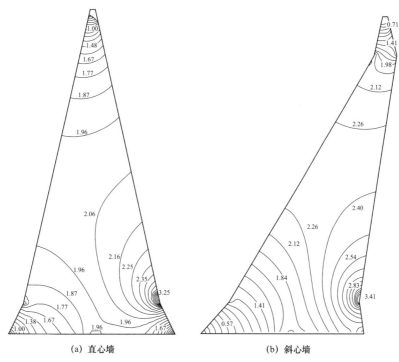

（a）直心墙　　　　　　　　　　　（b）斜心墙

图 4-4　心墙渗透坡降比较（正常蓄水位工况）

表 4-2　　　　　　　　　　坝坡稳定安全系数比较表

运行条件	计算工况		部位	安全系数		允许安全系数
	工况	工况说明		直心墙坝	斜心墙坝	
正常运用	工况 1	正常蓄水位稳定渗流期，上游水位 2895m，下游水位 2618.32m	上游坡	2.871	2.865	1.65
			下游坡	2.393	2.436	
	工况 2	上游为正常蓄水位：2895.00m，相应下游水位：2644.19m	上游坡	2.871	2.871	
			下游坡	2.410	2.410	
	工况 3	死水位稳定渗流期，上游水位 2815m，下游水位 2616.47m	上游坡	2.588	2.537	
			下游坡	2.437	2.447	
非常运用 Ⅰ	工况 4	施工期，上下游均无水	上游坡	2.710	2.684	1.40
			下游坡	2.417	2.437	
	工况 5	校核洪水位稳定渗流期，上游水位 2896.11m，下游水位 2648.82m	上游坡	2.876	2.874	
			下游坡	2.398	2.433	
	工况 6	上游水位自正常蓄水位 2895.00m 降落至死水位 2815.00m	上游坡	2.386	2.307	—
非常运用 Ⅱ	工况 7	正常蓄水位稳定渗流期 + 设计地震 0.44g，上游水位 2895m，下游水位 2618.32m	上游坡	1.627	1.618	1.35
			下游坡	1.706	1.748	
	工况 8	死水位稳定渗流期 + 设计地震 0.44g，上游水位 2815m，下游水位 2616.47m	上游坡	1.635	1.605	
			下游坡	1.765	1.767	

（六）坝体应力变形比较

对直心墙堆石坝、斜心墙堆石坝分别开展了三维有限元应力变形分析，计算结果见表 4-3。

表 4-3 基于有效应力法的三维应力变形计算结果比较

项目		直心墙方案		斜心墙方案	
		竣工期	蓄水期	竣工期	蓄水期
河床最大横剖面	指向上游位移（cm）	25.3	20.4	27.5	20.8
	指向下游位移（cm）	69.5	100.6	44.3	79.0
	沉降（cm）	249.6	250.0	241.6	248.0
	大主应力（MPa）	4.42	4.45	4.21	4.47
	小主应力（MPa）	1.99	2.05	1.91	2.00
心墙迎水面	指向右岸位移（cm）	43.3	46.1	23.3	22.4
	指向左岸位移（cm）	48.5	51.9	23.0	26.6
	顺河向位移（cm）	-13.3/9.6	0/65.2	-14.8/5.7	0/54.7
	沉降（cm）	230.5	232.1	233.8	243.0
	大主应力（MPa）	3.33	3.32	3.43	3.42
	小主应力（MPa）	1.87	1.75	1.50	1.47

计算结果表明：

（1）无论是直心墙堆石坝还是斜心墙堆石坝，竣工期和蓄水期的坝体位移和应力分布均符合一般规律，无异常情况出现。与直心墙堆石坝相比，斜心墙方案坝体沉降和坝轴向位移略大，沉降相差约 4.2%，斜心墙坝指向下游的顺河向位移稍小，两者最大顺河向位移相差约 24.4%，这主要与斜心墙承受的竖向水压力分量大有关。因受两岸坝肩不对称因素的影响，两种方案坝轴向位移左岸相差 23%、右岸相差 13%。

（2）无论是直心墙坝还是斜心墙坝，坝体主应力分布规律均符合一般规律，坝体主应力较大的区域主要位于心墙底部上下游侧的反滤层和过渡料内。其中，心墙有效大主应力最大值，直心墙为 3.33MPa，斜心墙为 3.43MPa。

（3）无论是最大横剖面应力水平分布，还是坝轴向纵剖面应力水平分布，斜心墙坝的整体应力水平稍低，说明斜心墙堆石坝的应力变形更为协调。

因此，从坝体应力变形角度分析，斜心墙坝沉降、顺河向水平位移、坝轴向位移略小。斜心墙应力略大，坝体应力略小，但二者的应力极值及分布整体差别不大。

（七）心墙拱效应及抗水力劈裂性能比较

以 $R = \sigma_y/\gamma_s H$，表征心墙拱效应的强弱，$R \leqslant 1.0$。由于心墙拱效应受坝肩岸坡约束、心墙与坝壳模量差异，以及心墙超静孔压的影响，故σ_y为心墙有效应力与总应力的叠加。

计算结果表明，满蓄期直心墙拱效应系数在 0.75～0.91 之间，斜心墙拱效应系数在 0.73～0.87 之间。从河床典型横剖面、纵剖面的心墙拱效应系数分布可见，无论是直心墙堆石坝还是斜心墙堆石坝，均存在一定的心墙拱效应，斜心墙上游面大部分区域的拱效应系数略高于直心墙。另外，斜心墙的有效应力略大、堆石体的应力略小，这也是斜心墙拱效应稍弱的一个表现。

在同一高程处，斜心墙的拱效应系数略大于直心墙，说明斜心墙的抗水力劈裂性能略优。由于斜心墙上游水压力的竖向分量大，一定程度上更有利于大坝心墙稳定。根据水力劈裂的有效应力法判别标准，两者心墙上游均未出现拉应力区域，蓄水期心墙均不会发生水力劈裂。尽管直心墙坝方案的拱效应稍强，但心墙仍有较大的安全裕度，直心墙和斜心墙在抗水力劈裂方面，两者并无本质差别（见图 4-5）。

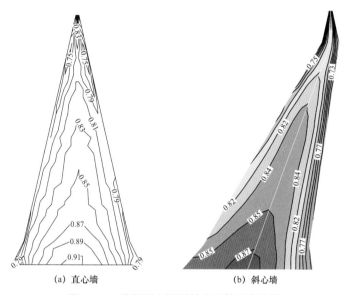

（a）直心墙　　　　　　　　　（b）斜心墙

图 4-5　满蓄期心墙拱效应系数分布比较

（八）大坝动力反应及抗震能力比较

对直心墙堆石坝、斜心墙堆石坝进行了二维、三维动力计算，动力计算采用沈珠江动力模型，计算结果见表 4-4。计算结果表明，无论是直心墙堆石坝还是斜心墙堆石坝，坝体动力反应及残余变形分布规律基本一致，坝体动力反应及永久变形主要发生在 1/5 坝高的坝体顶部。与直心墙堆石坝相比，斜心墙堆石坝的加速度反应总体稍大，但地震残余变形略小。其主要原因在于斜心墙坝的心墙上游饱水区的范围小，坝体总体刚度，斜心墙坝大于直心墙坝，但总体上两者坝体动力反应和抗震性能基本相当，并无本质差别，总体上都是稳定和安全的。

表4-4   直心墙坝、斜心墙坝二维、三维动力反应及永久变形计算结果比较

方案	工况	计算条件	水平向加速度放大倍数	竖向加速度放大倍数	水平向加速度最值（m/s²）	竖向加速度最值（m/s²）	顺河向残余变形（m）		竖向残余变形（m）
							向上游	向下游	
直心墙方案	设计地震	二维	1.31	1.85	4.03	3.77	−0.77	0.49	1.25
		三维	1.98	2.92	6.10	5.95	−0.59	0.41	1.20
	校核地震	二维	1.28	1.80	5.11	4.77	−0.90	0.72	1.37
		三维	1.74	2.32	6.93	6.16	−0.97	0.52	1.30
斜心墙方案	设计地震	二维	1.38	2.64	4.24	5.39	−0.79	0.30	1.12
		三维	2.28	2.72	7.00	5.54	−0.37	0.26	1.07
	校核地震	二维	1.36	1.83	5.39	4.86	−0.81	0.35	1.22
		三维	2.01	2.24	8.00	5.94	−0.29	0.33	1.02

（九）大坝施工组织设计比较

由于直心墙坝、斜心墙坝的坝高相同，根据地形地质条件，两种方案对应的坝体填筑道路布置基本相同。

由于两种方案的工程量基本相当，因此在料场选择、施工强度、施工进度控制、施工机械设备选型以及施工辅助工程等方面，两者基本相同，无本质差别。但是，由于直心墙坝的心墙料略少，差值约为直心墙量总量的 4.5%，有利于节约土料；在坝体填筑施工过程中，斜心墙坝在坝体顶部，心墙上游堆石区的工作面变小，坝体施工控制技术要求相对较高。另外，由于斜心墙凸向上游，斜心墙基础开挖面及防渗布置相对复杂，坝基处理难度及边坡稳定问题相对突出。

根据上述比较，两方案的施工条件基本相当，直心墙堆石坝略优。

（十）工程量及投资比较

与直心墙堆石坝相比，斜心墙堆石坝心墙建基面相对开阔，斜心墙填筑量比直心墙多约 21 万 m³，但坝基开挖量略小，坝体总填筑量略小于直心墙堆石坝。由于斜心墙凸向上游，而斜心墙堆石坝固结灌浆及帷幕灌浆工程量略大（见表4-5）。两方案工程量总体相差不大，大坝及防渗工程直接投资，斜心墙方案比直心墙方案高约 0.66 亿元。

表4-5   坝体及基础处理主要工程量比较

项目	直心墙坝	斜心墙坝
土方开挖（万 m³）	114.02	131.23
石方明挖（万 m³）	345.04	318.21
堆石区（万 m³）	3028.21	2981.33
过渡料（万 m³）	512.99	535.44
反滤料（万 m³）	195.73	199.38

项目	直心墙坝	斜心墙坝
砾石土心墙料（万 m³）	488.25	509.41
接触黏土料（万 m³）	22.16	22.16
混凝土（万 m³）	26.81	27.52
钢筋（万 t）	1.49	1.53
帷幕灌浆钻孔（万 m）	50.53	51.33
固结灌浆钻孔（m）	27.57	27.81
大坝及防渗工程直接投资（万元）	542909.45	549524.01

（十一）综合比选

综合表 4-6 所述，针对 RM 工程地形地质条件，两种心墙型式均可行。斜心墙的主要优点体现在支撑水荷载的下游堆石体量大，坝体应力水平整体略低，心墙抗水力劈裂的效果略好；直心墙的主要优点体现在坝体变形的适应性较好，心墙抗渗透稳定性略好，施工及防渗处理略方便，心墙料总体用量略少，大坝投资较省。鉴于 RM 工程抗水力劈裂、坝体应力水平不是制约因素，且两种型式的抗震性能基本相当，考虑到超高坝变形协调和渗透稳定的重要性，故选择施工较为便利、投资较省的直心墙型式。

表 4-6　　　　　直心墙堆石坝和斜心墙堆石坝综合比较表

项目	直心墙堆石坝	斜心墙堆石坝	结论
地形地质条件	河谷地形对称性好，风化卸荷深度，左岸浅于右岸略	2760m 高程以下河谷地形相对开阔，左岸相对平缓，右岸凸出且岩体风化卸荷略深	直心墙堆石坝略优
大坝布置条件	岸坡开挖平顺，心墙左右岸基本对称	心墙中下部左右岸不对称性略明显；与直心墙相比，心墙河床中心线向右岸移动了约 25m	直心墙堆石坝略优
坝坡稳定	坝坡稳定均满足要求，上游坝坡安全系数略大	坝坡稳定均满足要求，下游坝坡安全系数略大	基本相当
坝体及坝基渗流安全	渗透稳定均满足要求，但心墙渗透坡降、渗流量略小	渗透稳定均满足要求，但心墙渗透坡降、渗流量略大	直心墙堆石坝略优
坝体应力变形特性	指向下游的水平位移略大，坝体最大沉降略小，坝体应力水平整体略高	坝体及心墙应力变形均符合一般规律；指向下游的水平位移略小，最大沉降略大，心墙应力略大；坝体应力水平整体稍低，变形协调性略好	斜心墙堆石坝略优
心墙拱效应及抗水力劈裂性能	心墙拱效应系数在 0.75~0.91 之间，心墙上游面大部分区域的应力略小，但仍不会发生心墙水力劈裂	心墙拱效应系数在 0.73~0.87 之间，心墙上游面大部分区域的应力略大，心墙抗水力劈裂能力略优	斜心墙堆石坝略优
大坝动力反应及抗震性能	加速度放大倍数略小，坝顶永久变形略大	加速度放大倍数略大，坝顶永久变形略小	基本相当
施工组织设计	无明显制约施工的不利因素	基础开挖面及防渗布置相对复杂，坝基处理难度及临时边坡稳定问题相对突出	直心墙堆石坝略优
主要工程量	坝体填筑量略大，但心墙填筑量、固结灌浆及帷幕灌浆工程量略小	坝基开挖量、坝体总填筑量略小；心墙填筑量比直心墙多约 21 万 m³；固结灌浆及帷幕灌浆工程量略大	直心墙堆石坝略优
大坝及防渗工程静态投资（万元）	542909.45	549524.01	直心墙堆石坝略优

二、心墙轮廓比选

心墙体型主要是结合采用心墙土料的物理力学性质以及工程经验选取的。《碾压式土石坝设计规范》（NB/T 10872—2021）规定：土质防渗体断面应自上而下逐渐加厚，顶部的水平宽度应考虑机械化施工的需要，不宜小于 3m；对于直心墙，其底部厚度不宜小于水头的 1/4。设计地震烈度为Ⅷ度、Ⅸ度的地区，防渗体断面尺寸应适当加厚。

表 4-7 总结了国内外 200m 级高堆石坝防渗心墙结构设计参数。200m 以上的砾石土心墙坝中，心墙顶宽 4～10m、直心墙坡比 1:0.2～1:0.25 的布置方式均有成功工程实例。高 300m 的努列克大坝心墙土为壤土、砂壤土和小于 200mm 碎石的混合料，小于 5mm 颗粒含量 60%～80%，渗透系数为 $1×10^{-6}$cm/s，心墙顶宽 6.5～7m，坡比采用 1:0.25；高 261m 的墨西哥奇科森坝，其心墙料分别采用砾石含量高的黏土砂和砾质土料，心墙坡比接近 1:0.2；我国已建的糯扎渡、在建的两河口及拟建的双江口大坝心墙料均采用黏土与砂砾石掺配料，心墙顶宽分别为 10m、6m 和 4m，心墙坡比均为 1:0.2；从工程经验比较，心墙顶宽在 4～10m 之间、心墙坡比在 1:0.2～1:0.25 之间均是可行的。

表 4-7 典型工程防渗心墙结构设计参数表

序号	工程名称	工程位置	坝高（m）	心墙型式	心墙坡比	心墙顶宽（m）	心墙底宽（m）	承担水力梯度
1	努列克	塔吉克斯坦瓦赫什河	300	直心墙	1:0.25	6.5～7	156.0	1.92
2	双江口	大渡河	314	直心墙	1:0.20	4.0	150.40	2.09
3	两河口	雅砻江	295	直心墙	1:0.20	6.0	123.60	2.39
4	糯扎渡	澜沧江	261.5	直心墙	1:0.20	10.0	110.64	2.63
5	长河坝	大渡河	240	直心墙	1:0.25	6.0	125.20	1.91
6	RM	澜沧江	315	直心墙	1:0.23	5.0	157.80	1.99

1. 心墙顶宽比较

RM 工程各土料场的土料化学成分、渗透性、分散性等主要指标能满足或基本满足规范要求，但不同程度地存在土质均匀性差、粗颗粒含量较多、黏粒含量偏少等问题，考虑到 RM 工程场地地震设计烈度已超过Ⅷ度以及工程规模的重要性，针对心墙顶宽 4m、5m 及 6m 三种方案进行综合比较，确定 RM 工程合适的心墙顶部宽度。

（1）坝体应力变形比较。

本阶段通过基于 Biot 固结的二维有限元应力变形计算得出，心墙顶宽的三种方案的坝体变形分布规律一致，向下游水平位移最大值位于心墙中下部稍靠下游侧，竖向沉降最大值位于心墙中部靠上游侧，占坝高（315m）的 1.16%～1.18%，符合同类工程的一般规律。由表 4-8 可知，随着心墙顶宽的增加，坝体变形分布基本不变，变形值逐渐增大。心墙顶宽

6m及5m方案与4m方案相比,沉降分别增加1.65%、0.7%,向上游水平位移分别增加13.25%、4.89%,向下游水平位移增加1.97%、0.91%,说明三种心墙顶宽对坝体变形影响幅度不大。随着心墙顶宽的增加,心墙厚度增大,拱效应减弱,但总体上,三个方案应力变形无本质差别,均可行。

表4-8 不同心墙顶宽方案计算成果表

方案编号	心墙顶宽（m）	水平位移（cm）		竖向沉降（cm）	大主应力（MPa）	小主应力（MPa）	心墙孔压（MPa）
		向上游	向下游				
1	4	13.51	167.80	365.44	8.05	2.27	3.22
2	5	14.17	169.33	368.01	7.98	2.24	3.23
3	6	15.30	171.10	371.48	7.39	2.18	3.23

（2）坝体渗流比较。

进行了三个不同心墙顶宽方案的二维渗流计算分析,心墙最大渗透坡降、坝体及坝基单宽渗流量见表4-9。计算结果表明,心墙顶宽为6m时,心墙的最大渗透坡降最小,为2.98,坝体及坝基单宽渗流量也最小,为8.7m³/（d·m）。当心墙顶宽为5m时,心墙坡降增大至3.02,与6m方案相比增大了1.34%,渗流量增大至8.9m³/（d·m）,与6m方案相比增大了2.30%。当心墙顶宽为4m时,心墙坡降增大至3.07,与6m方案相比增大了3.02%,渗流量增大至9.2m³/（d·m）,与6m方案相比增大了5.75%。总体上,三种心墙顶宽对坝体渗流场影响幅度不大。随着心墙顶宽的减小,心墙最大渗透坡降及渗流量小幅增加,但无本质差别,均可行。

表4-9 最大渗透坡降计算成果表

方案编号	心墙顶宽（m）	心墙最大渗透坡降	坝体及坝基单宽渗流量 [m³/（d·m）]
1	4	3.30	9.2
2	5	3.25	8.9
3	6	3.21	8.7

（3）工程量比较。

心墙顶宽为4m、5m、6m时所需的心墙土料分别为478万m³、488万m³、498万m³。可行性研究阶段拟推荐拉乌1号、5号土料场为防渗土料主选料场。拉乌1号、5号料场设计开挖量换算为坝上方866.7万m³（压实方）,满足防渗土料规划开采量要求。

（4）方案比选结论。

通过三种不同心墙顶宽方案在应力变形、渗流及工程量投资等方面比较,各方面没有本质的区别。综合考虑到RM工程的土料特性、工程规模及工程区地震烈度,所以选定防渗心墙顶部宽度为5m。

2. 心墙坡比比较

RM工程各土料场的土料化学成分、渗透性、分散性等主要指标能满足或基本满足规范要求，但不同程度地存在土质均匀性差、粗颗粒含量较多、黏粒含量偏少等问题，考虑到工程的重要性，针对心墙 1:0.20、1:0.23 及 1:0.25 三种坡比进行综合比较，确定心墙坡度。

（1）坝体应力变形比较。

本阶段通过基于 Biot 固结的二维有限元应力变形计算得出，心墙坡比三个方案的坝体变形分布规律一致，向下游水平位移最大值位于心墙中下部稍靠下游侧，竖向沉降最大值位于心墙中部靠上游侧，占坝高（315m）的 1.07%～1.23%，符合同类工程的一般规律。由表 4-10 可知，随着心墙坡比的减小，心墙坡度越缓，坝体变形分布基本不变，变形值逐渐增大。1:0.25 及 1:0.23 心墙坡比方案与 1:0.20 方案相比，沉降分别增加 15%、9%，向上游水平位移分别增加 4.9%、0.3%，向下游水平位移增加 15%、12%，说明三种心墙坡度对坝体变形影响幅度不大。随着心墙坡度变缓，心墙厚度增大，拱效应减弱，但总体上，三个方案应力变形无本质差别，均可行。

表 4-10　　　　　　　　　　　不同心墙坡比方案计算成果表

方案序号	心墙坡比	水平位移（cm）		竖向沉降（cm）	大主应力（MPa）	小主应力（MPa）	心墙孔压（MPa）
		向上游	向下游				
1	1:0.20	14.13	151.41	337.88	7.32	2.17	3.21
2	1:0.23	14.17	169.33	368.01	7.98	2.24	3.23
3	1:0.25	14.82	174.62	387.27	8.10	2.41	3.23

（2）坝体渗流比较。

本阶段进行了三个不同坡比方案的二维渗流计算分析，心墙最大渗透坡降、坝体及坝基单宽渗流量见表 4-11。计算结果表明，心墙坡比设为 1:0.25 时，心墙的最大渗透坡降最小，为 3.03，坝体及坝基单宽渗流量也最小，为 7.85m³/（d·m）。当心墙坡比设为 1:0.23 时，心墙坡降增大至 3.0，与 1:0.25 方案相比增大了 7%，渗流量增大至 8.9m³/（d·m），与 1:0.25 方案相比增大了 13%。当心墙坡比设为 1:0.20 时，心墙坡降增大至 3.3，与 1:0.25 方案相比增大了 18%，渗流量增大至 9.0m³/（d·m），与 1:0.25 方案相比增大了 15%。总体上，三种心墙坡度对坝体渗流场影响幅度不大。随着心墙坡度变陡，心墙最大渗透坡降及渗流量小幅增加，但无本质差别，均可行。

表 4-11　　　　　　　　　　　最大渗透坡降计算成果表

方案编号	心墙坡比	心墙最大渗透坡降	坝体及坝基单宽渗流量 ［m³/（d·m）］
1	1:0.20	3.57	9.0
2	1:0.23	3.25	8.9
3	1:0.25	3.03	7.85

（3）工程量及投资比较。

心墙不同坡比方案主要工程量及大坝直接投资见表4-12。

表4-12 不同心墙坡比的坝体及基础处理主要工程量及投资对比

项目	工程量		
	心墙坡比1:0.20	心墙坡比1:0.23	心墙坡比1:0.25
覆盖层开挖（万 m³）	114.02	114.02	114.02
石方明挖（万 m³）	326.53	345.04	357.27
堆石料（万 m³）	3028.21	3028.21	3028.21
过渡料（万 m³）	576.49	512.99	470.79
反滤料（万 m³）	194.35	195.73	196.42
砾石土心墙（万 m³）	426.21	488.25	529.84
接触土料（万 m³）	19.91	22.16	23.66
混凝土（万 m³）	25.95	26.81	27.38
钢筋（万 t）	1.45	1.49	1.52
帷幕灌浆钻孔（万 m）	50.53	50.53	50.53
固结灌浆钻孔（万 m）	25.71	27.57	28.81
挡水工程直接投资（万元）	528305.48	542909.45	552706.00

由表4-12看出，1:0.20、1:0.23及1:0.25三种坡比所需的心墙土料分别为426.21万 m³、488.25万 m³、529.84万 m³。三种坡比方案的大坝直接投资分别为52.83亿元、54.29亿元、55.27亿元，大坝直接投资依次增加2.77%、4.62%。

（4）方案比选结论。

通过三种不同心墙坡比方案在应力变形、渗流及工程量投资等方面比较，各方面没有本质的区别，考虑到三个方案主要区别体现在心墙土料的工程量上，综合考虑到RM工程的土料特性，所以本阶段选定防渗心墙上、下游坡度均为1:0.23。

第三节 心墙建基面选择

一、河床建基面

《碾压式土石坝设计规范》（NB/T 10872—2021）规定，土质防渗体和反滤层宜与坚硬、不冲蚀和可灌性的岩石连接，若风化层较深时，高坝宜开挖至弱风化层上部。

根据RM工程地质条件分析，坝基河床覆盖层以冲积砂卵砾石层为主，局部有砂层透镜体及崩积碎块石，主河床厚10～17m，两侧变浅（2.4～7.8m）。其深度起伏较大、物质成分较复杂、结构松散、透水性强，存在不均匀沉降、渗透稳定、渗漏大、局部砂土地震液化等问题，考虑到 RM 工程为 300m 级高坝，不宜作为防渗心墙区坝基，且其深度不大，坝体底部覆盖层全部挖除。

河床无强风化层，在心墙基础范围内，弱风化上带厚 12～17.7m，弱风化下带厚 8～17m，见图 4-6。

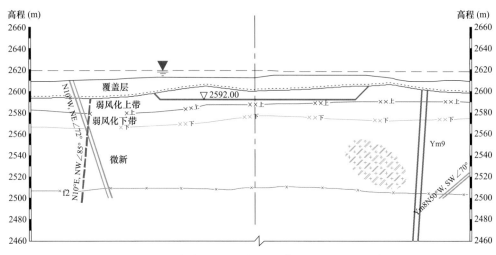

图 4-6 河床地层分布横剖面图（河床中心线部位）

调研国内高心墙堆石坝建基岩体利用情况可知，糯扎渡、双江口大坝挖除河床覆盖层后，基岩为微新岩体，两河口挖除覆盖层后基岩以弱风化变质粉砂岩为主；两河口、糯扎渡的覆盖层相对较浅，基岩挖深 8～10m，覆盖层深厚的双江口大坝基岩挖深 5～8m；RM 坝基岩体的湿抗压强度、变形模量与两河口、双江口、糯扎渡工程基本相当（见表 4-13）。

表 4-13　　　　　国内外 300m 级高心墙堆石坝心墙建基面统计表

序号	坝名	坝高（m）	地形地质条件	心墙底部建基面的确定	心墙两岸基础及岸坡开挖设计
1	罗贡	335	坝址地处"S"形峡谷段，两岸岸坡 50°～70°；基岩由粉岩、粉砂岩和泥质板岩组成	心墙底部设厚混凝土基座，基座坐落于新鲜基岩上	不详
2	双江口	314	左岸 35°～50°、右岸 45°～60°；呈不对称的峡谷状"V"形谷；基岩主要以花岗岩为主。河床岩体弱风化深度为 0～10.85m	心墙范围内覆盖层全部挖除，最大开挖深度达 69m（基岩开挖深度约 5～8m）。心墙基础坐落在微风化岩体上，局部呈弱风化下部，属于Ⅱ类岩体	左岸坝肩以弱风化下部为主，少量弱风化上部，水平开挖深度约 10～40m，强卸荷带基本挖除；右岸以弱风化上部、下部为主，底部为微风化岩体，水平开挖深度 8～30m，中高程部分强卸荷带未予全部挖除。左岸坝肩坡度 1:1.25，右岸坝肩坡度 1:0.7。两岸开挖平顺、无变坡，左岸缓于右岸，呈不对称性
3	努列克	300	峡谷状，深达 300m 以上，河床宽 40m；基岩为坚固的白垩纪沉积岩和砂岩、粉砂岩互层	心墙底部设厚混凝土基座，基座坐落于新鲜基岩上	自坝底至坝顶，岸坡由缓变陡，左岸开挖坡比 1:2.6～1:1，右岸开挖坡比 1:2.1、1:1.1，两岸基本对称，左岸缓于右岸

续表

序号	坝名	坝高 (m)	地形地质条件	心墙底部 建基面的确定	心墙两岸基础及 岸坡开挖设计
4	两河口	295	左岸凸向右岸,平均坡度 55°;右岸为凹岸,平均坡度 45°;呈略显不对称的"V"形深切峡谷; 基岩以变质粉砂岩、薄层砂岩夹板岩为主。河床中不存在全强风化和弱上风化带,仅有弱风化下带,风化深度 10~20m	河床部位将覆盖层全部挖除。心墙基础建基面置于弱风化、弱卸荷变质粉砂岩岩体,岩体工程类别为 III_1、IV_2 类。基岩开挖深度 8~10m	左岸 2740m、右岸 2750m 高程以上置于弱风化、强卸荷,工程岩体分类分别为 IV、V_1 类。左岸水平开挖深度范围约 20~45m,右岸水平开挖深度范围约 10~40m; 以 1/2 坝高为界,上部缓于下部,左岸坡比 1:1.3、1:0.9,右岸坡比 1:1.1、1:0.9,两岸基本对称
5	糯扎渡	261.5	右岸 EL.1000m 以下平均坡度约为 40°,左岸 EL.850 以下平均坡度约 45°;河谷呈不对称"V"形; 基岩为花岗岩。河床部位弱风化下部埋深 20~30m	河床区冲积层厚度相对不大,开挖工程量较小,予以全部挖除,心墙基础置于微新花岗岩上。基岩开挖深度约 10m	左岸心墙基础置于弱风化基岩上,垂直开挖深度 10~20m; 右岸底部置于弱风化上部,开挖深度一般为 5~20m;中部置于强风化岩体中下部,780m 高程以上基础置于弱上风化岩体,垂直开挖深度一般为 20~40m。 自坝体底部至顶部,岸坡逐渐变陡,两岸基本对称:左岸坡比 1:1.8~1:0.8;右岸坡比 1:1.52~1:0.78

根据现有规范要求,并参照同类工程的开挖深度范围,本阶段重点从不同坝基岩层质量、透水性条件、垫层混凝土受力以及坝基处理措施等方面考虑,心墙及反滤层基础宜置于弱风化上带的中下部岩体。为了在该范围内确定合适的心墙基础底高程,假定岸坡开挖条件不变,分别拟定两个方案进行比较:

方案 1:心墙及反滤层基础开挖至弱风化上带中部岩体,心墙基础底高程为 2592m。根据河床中部钻孔揭露情况,确定固结灌浆孔的间距、排距均为 2.5m,梅花形布置,垂直于岩基面钻孔,孔深 15m。

方案 2:心墙及反滤层基础开挖至弱风化上带下部岩体,心墙基础底高程为 2587m。根据河床中部钻孔揭露情况,固结灌浆孔深取 10m,其他与方案 1 相同。

计算结果表明,上述两种方案蓄水后心墙底部垫层混凝土最大压应力在 6.76~6.78MPa 之间,存在于上下游边缘附近的最大拉应力在 2.49~2.58MPa 之间,可通过沿坝轴线方向布置纵向结构缝、提高混凝土强度等级、配置限裂钢筋、加强坝基固结灌浆等措施予以解决。总体而言,从应力变形角度分析,两种方案总体差别不大。

由于两种方案的坝基开挖深度仅相差 5m,且同属于弱风化上带岩层,坝体及坝基应力变形条件相差不大,重点从工程量及投资方面进行比较。对比分析表明,方案 1 的坝基开挖量及心墙料填筑量比方案 2 减少 3.1 万 m^3,但方案 1 的固结灌浆量比方案 2 增加约 3925m,工程投资方案 1 比方案 2 相当。总的来看,两个方案在技术上均是可行的,但清除河床覆盖层后,方案 1 的开挖深度在 7~12m,与国内同类工程基本相当,方案二的开挖深度在 12~17m,开挖深度略深(见图 4-7)。

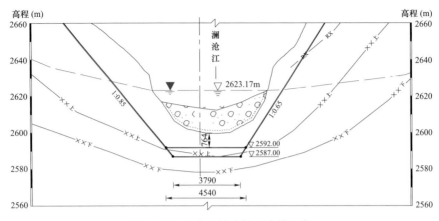

图4-7　河床心墙建基面比较方案

因此，推荐的河床心墙及反滤层基础底高程为2592m，心墙基础坐落于弱风化上带中部岩体上。

二、岸坡建基面

从两岸地形地质条件看，在大坝心墙基础范围内，基本以2780m高程为界，在2780m高程以上，两岸地形相对平缓，岩体卸荷深度较大。其中左岸弱风化上带极强卸荷岩体的水平深度0～32m，弱风化上带强卸荷岩体的水平深度15～30m，弱风化上带弱卸荷岩体的水平深度15～105m；右岸弱风化上带极强卸荷岩体的水平深度0～60m，弱风化上带强卸荷岩体的水平深度20～80m，弱风化上带弱卸荷岩体的水平深度15～40m。在2780m高程以下部分，河谷两岸地形变陡，岩体卸荷深度变浅，其中左岸弱风化上带强卸荷岩体的水平深度0～20m，弱风化上带弱卸荷岩体的水平深度0～20m；右岸弱风化上带强卸荷岩体的水平深度0～20m，弱风化上带弱卸荷岩体的水平深度0～30m。

从坝高和作用水头看，2780m高程以上对应坝高127m，考虑到坝体上部100m范围内的作用水头及坝体应力水平相对较低，弱风化上带极强卸荷岩体的坝基处理难度较大，予以全部挖除；弱风化上带强卸荷岩体，可考虑利用部分或全部挖除。在坝体中部100m、坝体下部100m范围内，由于卸荷深度不大，考虑到该部位坝体的作用水头及坝体应力水平相对较高，宜全部挖除强卸荷岩体，心墙基础坐落在弱风化上带弱卸荷和未卸荷岩体上。

研究表明岸坡越陡，心墙与岸坡之间的剪切作用越强，当岸坡坡度达到0.5时，竖向剪切变形明显增大；在自上而下由缓变陡的变坡点附近，心墙的变形倾度值明显增大，过大时有诱发心墙产生坝肩横向裂缝的可能性。因此，根据《碾压式土石坝设计规范》（DL/T 5395—2007）规定，岸坡开挖应大致平顺，自上而下由缓坡变陡坡时，变坡坡度小于20°，岸坡开挖不宜陡于1:0.5，岸坡应能保持施工期稳定。

参考双江口、两河口、糯扎渡、长河坝等工程经验可知，对于两岸心墙建基岩体，坝体中部至河床部位基本挖除了强卸荷岩体，心墙坐于弱风化、弱卸荷岩体上，坝体中部至坝顶部位可适当利用部分强卸荷岩体。

　　根据以上分析结果及拟定原则，并参照同类工程经验，本阶段拟定以下两种心墙岸坡开挖方案进行比较，详述如下：

　　（1）方案1：坝体上部100m范围内的极强卸荷岩体全部挖除，利用部分强卸荷岩体，坝体中部100m、坝体下部100m范围内，全部挖除强卸荷岩体，心墙基础坐落在弱风化上带弱卸荷和未卸荷岩体上。其中左岸坝肩在2770m高程以下开挖坡比为1:0.85，2770m高程以上开挖坡比为1:1.2；右岸坝肩在2760m高程以下开挖坡比为1:0.65，2760～2780m高程之间开挖坡比为1:1，2780m高程以上开挖坡比为1:1.3，见图4-8和图4-9。根据钻孔揭露情况，岸坡部位固结灌浆孔的间距、排距均为2.5m，梅花形布置，垂直于岩基面钻孔，在高程2690.00m以下钻孔深度15m，高程2690.00～2790.00m范围钻孔深度12m，高程2790.00m以上钻孔深度10m，在坝体顶部利用的强卸荷带岩体范围内，固结灌浆孔加密至2.0m，固结灌浆的底边界保持与方案2相同。

　　（2）方案2：坝体上部100m范围内的极强卸荷岩体和强卸荷岩体均全部挖除，坝体中部100m、坝体下部100m范围内开挖同方案1。其中左岸坝肩在2770m高程以下开挖坡比为1:0.85，2770～2800m高程之间开挖坡比为1:1.2，2800m高程以上开挖坡比为1:1.4；右岸坝肩在2760m高程以下开挖坡比为1:0.65，2760～2780m高程之间开挖坡比为1:1.1，2780m高程以上开挖坡比为1:1.3，见图4-8和图4-9。岸坡部位固结灌浆孔的布置同方案1。

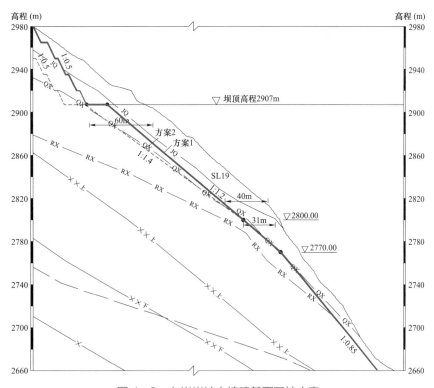

图4-8　左岸岸坡心墙建基面开挖方案

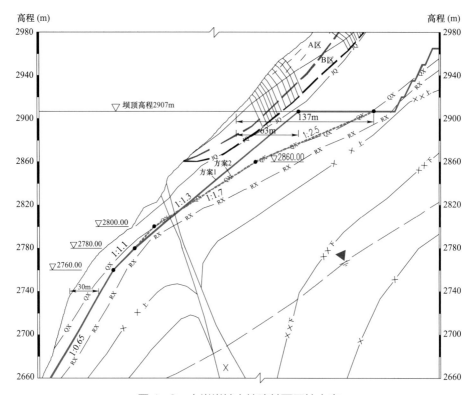

图4-9 右岸岸坡心墙建基面开挖方案

从心墙体型方面比较，方案2的坝顶长度比方案1长95.8m，无论是左岸还是右岸，自上而下由缓变陡的变坡，方案2的变坡幅度均大于方案1，其中方案2右岸的最大总变坡角度35.2°。两种方案心墙体型参数比较见表4-14。根据心墙应力变形规律，两岸坝肩变坡点附近的变形倾度值方案2大于方案1，表明心墙的不均匀变形问题，方案2更为突出。

表4-14 两种方案心墙体型参数比较

方案	坝顶长度（m）	坝体高宽比	自上而下，由缓变陡的变坡情况			
			左岸		右岸	
			坡比	总变坡角度（°）	坡比	总变坡角度（°）
方案1	655.40	1:2.074	1:1.2→1:0.85	8.2	1:1.3→1:1→1:0.65	19.4
方案2	749.20	1:2.378	1:1.4→1:1.2→1:0.85	12.5	1:2.5→1:1.7→1:1→1:0.65	35.2

从工程量及投资方面比较，方案1的开挖量（含坝顶以上左岸坝肩）比方案2少17.38万m³，方案1的心墙填筑量比方案2少10.43万m³，但方案1的固结灌浆量比方案2增加约2.97万m，帷幕灌浆量比方案2增加3726m，工程总投资方案1比方案2少约400万元。

总的来讲，两种方案的工程量及投资相差不大，设计方案均符合岸坡心墙建基面的拟订原则，在技术上均是合理性可行的。考虑到心墙料的用料及岸坡不均匀变形控制的难度，推荐方案1为岸坡心墙建基面的选择方案，即坝体上部100m范围内的极强卸荷岩体全部挖除，利用部分强卸荷岩体；坝体中部100m、坝体下部100m范围内，全部挖除强卸荷岩体，心墙基础坐落在弱风化上带弱卸荷和未卸荷岩体上。

第四节 坝体轮廓比较研究

一、坝坡和坝顶宽度对坝坡稳定影响分析

《碾压式土石坝设计规范》（NB/T 10872—2021）规定的坝坡设计思路为，根据大坝的特点，先参照已建成坝的实践经验或用近似方法初步拟定，然后再进行稳定计算，确定合理的坝体断面。坝顶宽度根据构造、施工、运行和抗震等因素确定。

根据RM坝料特性，并参照国内外同类工程经验，初拟坝顶宽度18m，上游坝坡坡比选取1:2.0、1:2.1和1:2.2，下游坝坡坡比选取1:1.9、1:2.0和1:2.1；在此基础上，拟定上游坝坡坡比1:2.1，下游坝坡坡比1:2.0，坝顶宽度选取16m、18m和20m，分别开展不同坝坡坡比、不同坝顶宽度对RM心墙坝坝坡稳定性影响分析。

计算工况为正常蓄水位、死水位、正常蓄水位遇设计地震、死水位遇设计地震和正常蓄水位遇校核地震工况。计算采用河海大学Autobank软件，计算方法采用简化毕肖普法。

由表4-15、图4-10和图4-11不同上下游坡比的坝坡稳定计算结果可知，不同坝坡坡比设计方案的坝坡稳定均满足规范要求。上下游坝稳定安全系数随着坝坡变缓逐渐增加，上游坝坡坡比在1:2.0~2.2范围内，相同工况下稳定安全系数变化在1.2%~5.5%，其中上游坝坡最小安全系数为1.235，出现在上游坝坡1:2.0情况下正常蓄水位遇校核地震工况；下游坝坡坡比在1:1.9~2.1范围内，相同工况下稳定安全系数变化在3%~5%，下游坝坡最小安全系数为1.515，出现的工况与上游坝坡相同，安全裕度较大。

表4-15　　　　　　　　　不同上下游坡比的坝坡稳定计算成果表

运用条件	工况	上游坡比	下游坡比	最小稳定安全系数		设计标准
				上游	下游	
正常运用	正常蓄水位	1:2.0	1:1.9	2.651	2.267	1.5
		1:2.1	1:2.0	2.761	2.373	
		1:2.2	1:2.1	2.869	2.473	
	死水位	1:2.0	1:1.9	2.424	2.318	
		1:2.1	1:2.0	2.521	2.416	
		1:2.2	1:2.1	2.631	2.518	

续表

运用条件	工况	上游坡比	下游坡比	最小稳定安全系数		设计标准
				上游	下游	
非常运用 I	施工期	1:2.0	1:1.9	2.545	2.325	1.3
		1:2.1	1:2.0	2.648	2.416	
		1:2.2	1:2.1	2.748	2.521	
	水库降落期	1:2.0	1:1.9	2.228	—	
		1:2.1	1:2.0	2.317	—	
		1:2.2	1:2.1	2.426	—	
非常运用 II	正常蓄水位+设计地震（0.44g）	1:2.0	1:1.9	1.424	1.629	1.2
		1:2.1	1:2.0	1.496	1.687	
		1:2.2	1:2.1	1.547	1.755	
	死水位+设计地震（0.44g）	1:2.0	1:1.9	1.550	1.695	
		1:2.1	1:2.0	1.582	1.757	
		1:2.2	1:2.1	1.642	1.818	
	正常蓄水位+校核地震（0.54g）	1:2.0	1:1.9	1.235	1.515	—
		1:2.1	1:2.0	1.303	1.569	
		1:2.2	1:2.1	1.346	1.631	

注：初拟坝顶宽度取 18m。

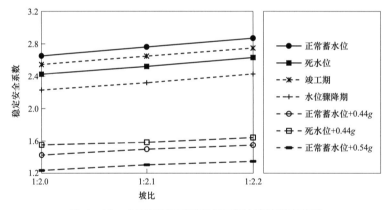

图 4-10　上游坝坡不同坡比稳定计算结果变化图

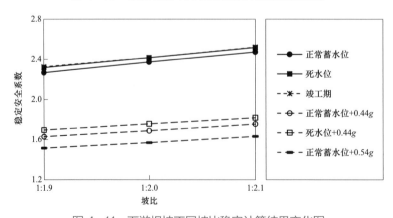

图 4-11　下游坝坡不同坡比稳定计算结果变化图

由表 4-16 不同坝顶宽度的坝坡稳定计算结果可知，不同坝顶宽度设计方案的坝坡稳定均满足规范要求。坝顶宽度对坝坡稳定影响较小，坝顶宽度分别为 16m、18m 和 20m 三种宽度情况下，坝坡稳定安全系数变化不大。

表 4-16　　　　　　　　　　不同坝顶宽度的坝坡稳定计算成果表

运用条件	工况	坝顶宽度（m）	最小稳定安全系数		设计标准
			上游	下游	
正常运用	正常蓄水位	16	2.752	2.376	1.65
		18	2.761	2.373	
		20	2.761	2.373	
	死水位	16	2.536	2.424	
		18	2.521	2.416	
		20	2.523	2.415	
非常运用 I	施工期	16	2.639	2.424	1.40
		18	2.648	2.416	
		20	2.648	2.415	
	水库降落期	16	2.328	—	
		18	2.317	—	
		20	2.319	—	
非常运用 II	正常蓄水位 + 设计地震（0.44g）	16	1.497	1.688	1.35
		18	1.496	1.687	
		20	1.499	1.689	
	死水位 + 设计地震（0.44g）	16	1.605	1.739	
		18	1.582	1.757	
		20	1.575	1.759	
	正常蓄水位 + 校核地震（0.54g）	16	1.302	1.571	—
		18	1.303	1.569	
		20	1.309	1.571	

注：上游坝坡为 1:2.1、下游坝坡为 1:2.0。

二、坝体轮廓设计参数拟订

心墙堆石坝的坝体轮廓设计主要包括上下游坝坡和坝顶宽度，其中堆石料特性、坝高、设防烈度为主要控制因素。表 4-17 和表 4-18 分别总结了国内外 200m 级高心墙堆石坝坝体轮廓设计参数，壳料为堆石料的心墙堆石坝上游坝坡一般为 1:1.9～1:2.6，多为 1:2.0，下游坝坡一般为 1:1.8～1:2.0，坝顶宽度 16～20m。

表4-17 国内200m以上高心墙堆石坝坝体轮廓设计参数表

序号	工程名称	坝高（m）	坝壳料	顶宽（m）	上游	下游	地震烈度（度）
1	双江口	314	堆石	16	1:2.0	1:1.9	Ⅶ
2	两河口	295	堆石	16	1:2.0	1:1.9	Ⅶ
3	糯扎渡	261.5	堆石	18	1:1.9	1:1.8	Ⅶ
4	长河坝	240	堆石	16	1:2.0	1:2.0	Ⅷ

表4-18 国外200m以上高心墙堆石坝坝体轮廓设计参数表

序号	工程名称	坝高（m）	坝壳料	坝顶宽度（m）	上游	下游	地震烈度（度）
1	罗贡	335	砾石料	20	1:2.4	1:2.0	Ⅸ
2	努列克	300	卵砾石	20	1:2.2	1:2.2	Ⅸ
4	奇科森	261	堆石料	25	1:2.1	1:2.0	Ⅸ
5	特里	260	块石、砂砾石混合料		1:2.5	1:2.0	Ⅷ
6	瓜维奥	247	含泥石英岩		1:2.2	1:1.8	
7	麦加	242	云母片岩、片麻岩	33.5	1:2.25	1:2.0	Ⅶ～Ⅷ
8	契伏	237	堆石料		1:1.8	1:1.8	
9	奥洛维尔	230	砂卵漂石	15.4	1:2.6	1:2.0	Ⅶ～Ⅷ
10	凯班	207	堆石料	11	1:1.86	1:1.86	Ⅷ～Ⅸ
11	圣罗克	200			1:2.0	1:2.0	

根据坝坡和坝顶宽度对坝坡稳定影响分析结论，并结合表4-17、表4-18已建和在建工程经验，考虑RM工程坝高较高、坝顶构造、交通及抗震要求，同时保证更高的安全性，选择坝顶宽度18m，上游坝坡为1:2.1，下游坝坡1:2.0。

第五节 堆石料分区研究

一、坝料分区原则

首先拟定各种可能的坝体分区方案，然后从各个方面研究其可行性，并对各分区方案进行比较，从而得出坝料分区设计准则。根据RM枢纽建筑物的石方开挖料和2号石料场的特性，拟订了七个分区方案进行研究（见图4-12、表4-19）。

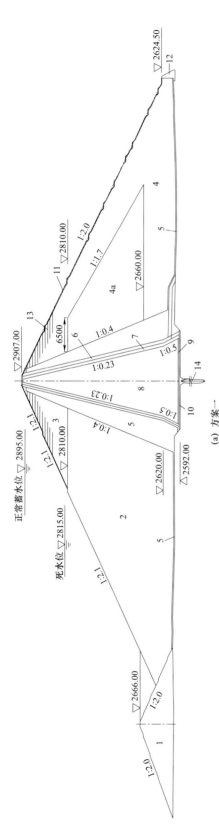

(a) 方案一

1—围堰；2—上游堆石Ⅱ区；3—上游堆石Ⅰ区；4—下游堆石Ⅰ区；4a—下游堆石Ⅱ区；5—过渡料；6—反滤层Ⅱ区；7—反滤层Ⅰ区；8—砾石土心墙；9—接触黏土；
10—混凝土盖板；11—块石护坡；12—混凝土挡墙；13—坝顶抗震钢筋；14—防渗帷幕

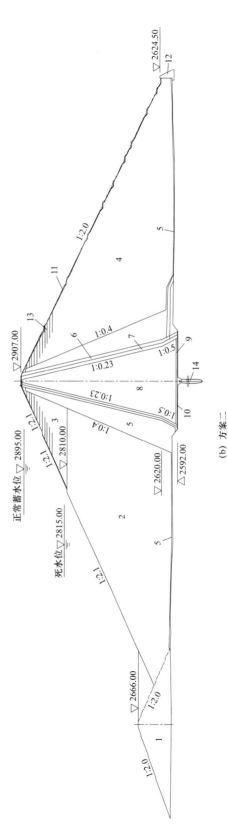

(b) 方案二

1—围堰；2—上游堆石Ⅱ区；3—上游堆石Ⅰ区；4—下游堆石Ⅰ区；5—过渡料；6—反滤层Ⅱ区；7—反滤层Ⅰ区；8—砾石土心墙；9—接触黏土；10—混凝土盖板；
11—块石护坡；12—混凝土挡墙；13—坝顶抗震钢筋；14—防渗帷幕

图 4-12 坝料分区设计准则研究方案（一）

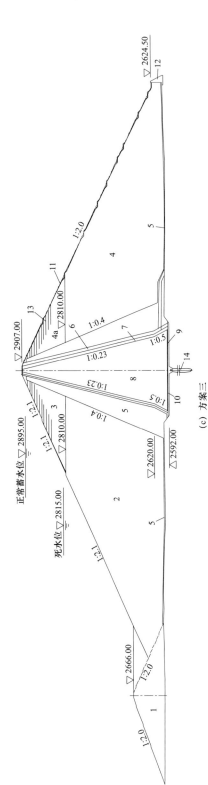

(c) 方案三

1—围堰; 2—上游堆石Ⅱ区; 3—上游堆石Ⅰ区; 4—下游堆石Ⅰ区; 4a—下游堆石Ⅰ区; 5—过渡料; 6—反滤层Ⅱ区; 7—反滤层Ⅰ区;
8—砾石土心墙; 9—接触黏土; 10—混凝土盖板; 11—块石护坡; 12—混凝土挡墙; 13—坝顶抗震钢筋; 14—防渗帷幕

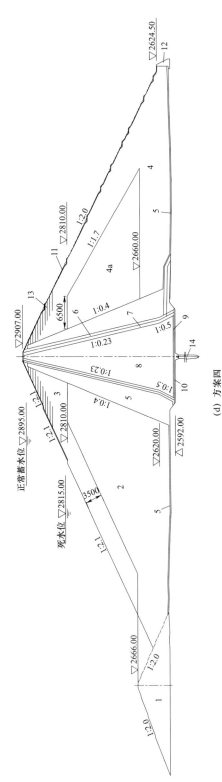

(d) 方案四

1—围堰; 2—上游堆石Ⅱ区; 3—上游堆石Ⅰ区; 4—下游堆石Ⅰ区; 4a—下游堆石Ⅰ区; 5—过渡料; 6—反滤层Ⅱ区; 7—反滤层Ⅰ区;
8—砾石土心墙; 9—接触黏土; 10—混凝土盖板; 11—块石护坡; 12—混凝土挡墙; 13—坝顶抗震钢筋; 14—防渗帷幕

图4-12 坝料分区设计准则研究方案（二）

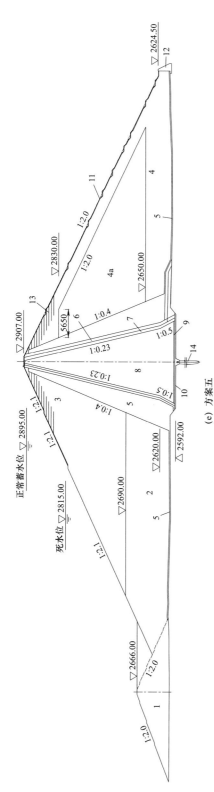

(e) 方案五

1—围堰；2—上游堆石Ⅱ区；3—上游堆石Ⅰ区；4—下游堆石Ⅰ区；4a—下游堆石Ⅱ区；5—过渡料；6—反滤层Ⅱ区；7—反滤层Ⅰ区；8—砾石土心墙；9—接触黏土；10—混凝土盖板；11—块石护坡；12—混凝土挡墙；13—坝顶抗震钢筋；14—防渗帷幕

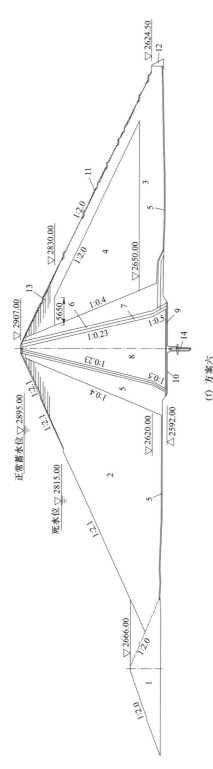

(f) 方案六

1—围堰；2—上游堆石Ⅰ区；3—下游堆石Ⅱ区；4—下游堆石Ⅰ区；5—过渡料；6—反滤层Ⅱ区；7—反滤层Ⅰ区；8—砾石土心墙；9—接触黏土；10—混凝土盖板；11—块石护坡；12—混凝土挡墙；13—坝顶抗震钢筋；14—防渗帷幕

图4—12　坝料分区设计准则研究方案（三）

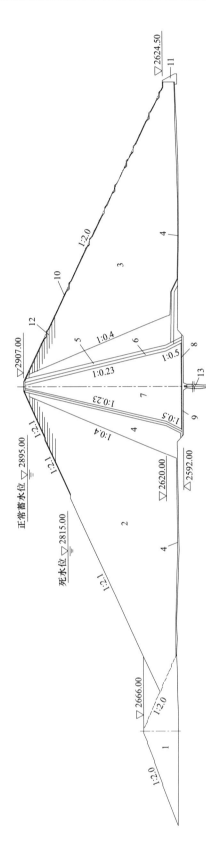

(g) 方案七

图 4-12　坝料分区设计准则研究方案（四）

1—围堰；2—上游堆石 I 区；3—下游堆石 I 区；4—过渡料；5—反滤层 II 区；6—反滤层 I 区；7—砾石土心墙；
8—接触黏土；9—混凝土盖板；10—块石护坡；11—混凝土挡墙；12—坝顶抗震钢筋；13—防渗帷幕

表4-19 坝料分区设计准则方案研究成果表

方案编号	方案布置	坝坡稳定分析比较	坝体应力变形比较	施工规划比较
方案一	将堆石Ⅰ区料放置于上游水位变化区及下游外部坝壳。上游堆石Ⅱ区布置在上游2810m高程以下；下游堆石Ⅱ区设置在下游紧靠过渡料坝体内部，高程范围为2660～2810m，顶宽65m，坡比1:1.7	从坝坡稳定角度分析可知，各分区坝坡稳定安全系数均满足规范要求，且安全系数的富裕度较大，各分区方案均可行。可尽可能多利用建筑物开挖料，以降低工程投资	从坝体应力和变形方面，在所拟定的坝体材料分区和给定的模型参数的条件下，坝体应力变形均在合理范围内，各分区方案差别很小。因此，从坝体应力和变形方面考虑，扩大次堆石料的利用范围是可行的。方案七虽然计算成果与其他方案差别不大，但坝体变形均匀性差，不利于整个坝体变形协调	从堆石Ⅱ区料的利用方面，方案一、三、四、五、七均能将建筑物开挖的强卸荷料用于大坝填筑，利用率较高。方案二、六存在建筑物开挖可用料弃用的问题，不宜采用。从石料料源动态平衡方面，方案一、二、四、五、七较优，从枢纽建筑物开挖的堆石Ⅰ区料、堆石Ⅱ区料均能就近上坝，运距短，中转环节少。方案三、六均存在上游堆石区和下游堆石区在同一高程堆石料相同的问题，导致先期开挖的部分可用料不能直接上坝填筑，需转存。方案一、五相对方案四分区简单，便于施工组织。方案五与方案一比较，大坝下部堆石Ⅰ区料用量相对较少，部分开挖料需二次转运。方案七存在坝料随机填筑施工质量控制难度较大
方案二	在方案一基础上去掉下游堆石Ⅱ区，下游堆石全部采用堆石Ⅰ区料			
方案三	以方案一为基础，研究下游堆石Ⅱ区范围大小对坝体应力变形的影响，下游堆石Ⅱ区布置在2810m高程以下			
方案四	以方案一为基础，将上游坝坡附近区域全部改为堆石Ⅰ区，上游堆石Ⅱ区			
方案五	以方案一为基础，为研究减小上游堆石Ⅱ区料的范围尽量扩大下游堆石Ⅱ区料的范围			
方案六	与方案五类似的目的，只是将上游堆石区全设置为Ⅰ区料，即在方案五的基础上去掉上游堆石Ⅱ区			
方案七	取消前述方案堆石Ⅰ区和堆石Ⅱ区的区分，在料源上不区分Ⅰ区料和Ⅱ区料，在坝体上混合填筑			

上述分区方案研究表明：

（1）遵循高心墙堆石坝堆石分区的普遍原则，即用于防震抗震要求高的坝顶部位、作为主要承载体的下游堆石部位以及水库上游水位变动区的堆石部位要用较好的料；受环境影响变化小的部位（如上游死水位以下部位、下游干燥区部位等区域）堆石料可采用相对略差的料。

（2）根据枢纽工程开挖料和料场开挖料各种风化卸荷程度料的比例，将堆石料划分为堆石Ⅰ区、堆石Ⅱ区，尽可能多地利用开挖料。将建筑物开挖料中弱风化弱卸荷及以下岩体定义为堆石Ⅰ区料（饱和抗压强度不小于40MPa），用于坝顶部位、下游坝壳底部、上游坝壳水位变化区以上；将建筑物开挖料中弱风化上带强卸荷岩体定义为堆石Ⅱ区料（饱和抗压强度小值平均值不小于35MPa），用于上游坝壳死水位以下及下游坝壳内部。

（3）根据石料料源动态平衡、料源与填筑时间衔接关系来确定分区方案，使枢纽建筑物开挖料能就近上坝，运距短。

（4）由于各料场堆石料性质存在差异，对坝壳堆石料进行相应的分区，既需满足300m级高坝坝坡稳定、渗透稳定、应力变形及抗震的要求，又需做到经济合理。

二、坝料分区方案拟订

RM工程坝壳堆石料主要采用枢纽建筑物的石方开挖料和上游容松石料场（即2号石料场），地层岩性主要为三叠系中统竹卡组（T_2z）英安岩，两坝肩中下部为花岗岩。除泄水建筑物进口石方开挖料质量相对略差外，容松石料场、枢纽建筑物的石方开挖料的质量均较好。

由于各料场堆石料性质存在差异，对坝壳堆石料进行相应的分区，既需满足 300m 级高坝坝坡稳定、渗透稳定、应力变形及抗震的要求，又需做到经济合理。

枢纽建筑物开挖料可用于大坝堆石Ⅱ区的石料约 850 万 m³，堆石料分区按充分利用建筑物开挖料的原则，以及结合上述研究成果，拟定了如下三个坝料分区方案进行研究（各分区方案堆石Ⅱ区填筑量基本相当）：

（1）方案一：上游死水位以下和下游中部干燥区是坝体受环境变化影响较小的区域，将堆石Ⅱ区料放置于上游死水位以下及下游坝壳内部。上游堆石Ⅱ区设置在上游围堰 2683m 高程以下；下游堆石Ⅱ区设置在下游坝体内部，高程范围为 2655～2780m，顶宽 90m，坡比 1:1.6（见图 4-13）。

（2）方案二：上游堆石Ⅱ区设置在上游围堰 2683m 高程以下以及 2780m 高程以下坝体内部，顶宽 125m，坡比 1:1.8；下游全部为堆石Ⅰ区（见图 4-14）。

（3）方案三：上游堆石Ⅱ区设置在上游围堰 2683m 高程以下以及 2780m 高程以下坝体内部，顶宽 50m，坡比 1:1.4；下游堆石Ⅱ区设置在下游坝体内部，高程范围为 2683～2780m，顶宽 50m，坡比 1:1.3（见图 4-15）。

三、方案比较

1. 坝坡稳定比较

计算方法采用简化毕肖普法，计算参数采用非线性强度参数，施工期和库水位骤降期按总应力法考虑，运行期按有效应力法考虑，采用中国水利水电科学研究院 Stab 2018 软件。坝坡稳定计算结果见表 4-20。

表 4-20　　　　　　　　　各分区方案坝坡稳定计算成果表

运行条件	计算工况	部位	方案一	方案二	方案三
正常运用	正常蓄水位	上游	2.766	2.740	2.766
		下游	2.362	2.393	2.372
	设计洪水位	上游	2.766	2.740	2.766
		下游	2.329	2.357	2.341
	死水位	上游	2.546	2.508	2.534
		下游	2.408	2.435	2.426
非常运用条件Ⅰ	施工期	上游	2.651	2.625	2.651
		下游	2.419	2.446	2.443
	校核洪水位	上游	2.769	2.743	2.769
		下游	2.318	2.343	2.330
	正常蓄水位骤降至死水位	上游	2.345	2.316	2.345
非常运用条件Ⅱ	正常蓄水位+0.44g	上游	1.475	1.475	1.475
		下游	1.679	1.702	1.690
	死水位+0.44g	上游	1.615	1.588	1.607
		下游	1.710	1.710	1.710
	正常蓄水位+0.54g	上游	1.278	1.278	1.278
		下游	1.555	1.555	1.555

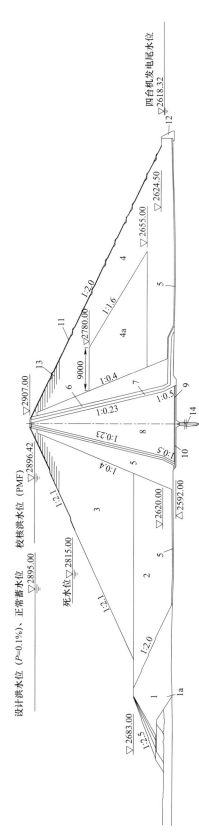

图 4-13 坝体最大横剖面图（分区方案一）

1—围堰；1a—基础覆盖层；2—上游堆石Ⅱ区；3—上游堆石Ⅰ区；4—下游堆石Ⅰ区；4a—下游堆石Ⅱ区；5—过渡料；6—反滤层Ⅱ区；7—反滤层Ⅰ区；8—砾石土心墙；9—接触黏土；10—混凝土盖板；11—块石护坡；12—混凝土挡墙；13—坝顶抗震钢筋；14—防渗帷幕

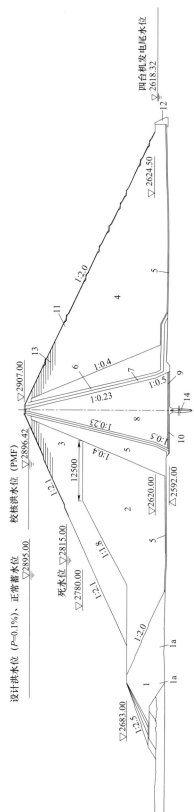

图 4-14 坝体最大横剖面图（分区方案二）

1—围堰；1a—基础覆盖层；2—上游堆石Ⅱ区；3—上游堆石Ⅰ区；4—下游堆石Ⅰ区；4a—下游堆石Ⅱ区；5—过渡料；6—反滤层Ⅱ区；7—反滤层Ⅰ区；8—砾石土心墙；9—接触黏土；10—混凝土盖板；11—块石护坡；12—混凝土挡墙；13—坝顶抗震钢筋；14—防渗帷幕

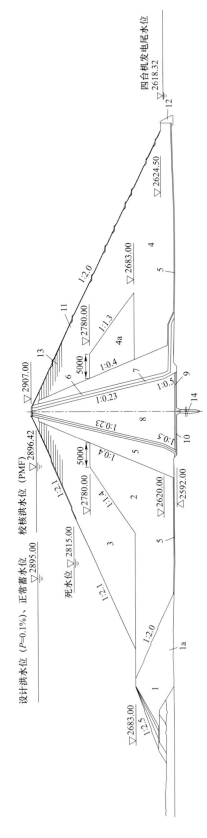

图4-15 坝体最大横剖面图（分区方案三）

1—围堰；1a—基础覆盖层；2—上游堆石Ⅱ区；3—上游堆石Ⅰ区；4—下游堆石Ⅰ区；4a—下游堆石Ⅱ区；5—过渡料；6—反滤层Ⅱ区；7—反滤层Ⅰ区；8—砾石土心墙；9—接触黏土；10—混凝土盖板；11—块石护坡；12—混凝土挡墙；13—坝顶抗震钢筋；14—防渗帷幕

由上述分析可知，相同分区方案各工况计算结果符合一般规律，各方案上下游坝坡稳定计算安全系数均满足规范要求。此外，由于堆石Ⅰ区料和堆石Ⅱ区料抗剪强度均较高，且相差较小，故计算所得的上下游坝坡稳定安全系数较高，安全富裕度较大。因此，坝坡稳定因素对坝料分区的影响不是制约性的。可尽可能多利用建筑物开挖料，以降低工程投资。

2. 应力变形比较

二维坝体应力变形计算成果见表 4-21。

表 4-21　　　　　　　　　各分区方案应力变形计算成果汇总

特征值名称			方案一		方案二		方案三	
			竣工期	满蓄期	竣工期	满蓄期	竣工期	满蓄期
坝体位移极值（m）	沉降	铅直向	3.83	3.96	3.81	3.94	3.84	3.97
	顺河向	向上游	0.61	0.31	0.70	0.53	0.60	0.29
		向下游	0.60	1.44	0.53	1.38	0.53	1.41
堆石区应力极值（MPa）	大主应力		6.41	7.09	6.44	7.12	6.45	7.08
	小主应力		2.76	2.81	2.74	3.02	2.73	2.89
心墙区应力极值（MPa）	大主应力		5.23	6.28	5.25	6.49	5.26	6.50
	小主应力		2.63	3.17	2.49	3.01	2.58	3.13

坝体二维应力变形计算结果表明，各方案应力变形结果没有本质差别，均满足坝体运行要求。因堆石Ⅰ区料和堆石Ⅱ区料的邓肯-张 E-B 模型参数差别不大，导致各分区方案应力变形计算成果基本相当。从应力变形角度来看，各分区方案均可行，不制约方案的选择。

3. 施工组织设计比较

RM 水电站主体工程洞挖料总量为 519.5 万 m³（自然方），石方明挖强卸荷可用料总量为 846.1 万 m³（自然方），弱卸荷可用料总量为 1409.5 万 m³（自然方）。三种堆石料的分区方案料源的需要量相差不大，均充分利用了开挖料，对石料场料的需要量基本相当，三种方案石料场的开采规模相当。

经对三种方案进行石料料源动态分析可知：在上游围堰 2683.0m 高程以下，三种方案的石料料源调配情况一致；在 2683.0m 高程至 2780.0m 高程，三种方案的区别主要是在堆石Ⅱ区料的分区，三种方案均是使用溢洪洞开挖、坝后中转场及容松中转场的强卸荷石料补充，结合目前的场内交通方案，方案一坝后中转场和容松中转场强卸荷料的中转上坝平均运距较方案二和方案三分别近 1.5、0.75km。方案一、方案二和方案三在大坝填筑阶段，石料料源调配情况基本一致。

综合比较后三种方案在施工组织设计方面差别不大。

通过以上比较，各方案均可行，考虑本工程枢纽建筑物开挖料的特性，参考国内外已建或在建高心墙堆石坝的经验，在上游围堰顶高程以下及心墙下游干燥区设置部分堆石Ⅱ区，因此选择方案一作为本阶段推荐方案。下阶段将根据枢纽建筑物和料场开挖揭露后的具体情况，紧密结合大坝施工组织设计，对坝壳堆石料分区方案进行动态调整。

本工程最大坝高315m，设计地震烈度为IX度，设计地震动峰值加速度0.44g，校核地震动峰值加速度0.54g，大坝抗震安全至关重要。

表4-22给出了上下游压重对坝坡稳定安全系数影响计算结果的比较。由表4-22可见，增加上、下游压重体后，上下游坝坡稳定安全裕度均有一定程度的提高。正常运用条件（正常蓄水位），上、下游坝坡稳定安全系数分别提高约7.2%、2.7%；非常运用条件II（正常蓄水位+设计地震），上、下游坝坡稳定安全系数分别提高约2.5%、2.3%。

表4-22　　　　考虑上下游压重坝坡抗滑稳定最小安全系数计算结果对比表

运行条件	计算工况	坝坡	计算安全系数		规范允许安全系数
			无压重	上游压重2695m、下游2645m	
正常运用	正常蓄水位	上游	2.677	2.871	1.65
		下游	2.329	2.393	
非常运用条件I	竣工期	上游	2.512	2.710	1.40
		下游	2.386	2.417	
非常运用条件II	正常蓄水位+设计地震	上游	1.587	1.627	1.35
		下游	1.667	1.706	
	正常蓄水位+校核地震	上游	1.420	1.422	—
		下游	1.570	1.584	

表4-23给出了考虑上下游压重大坝二维静动力计算结果的比较。由表4-23可见，增加上下游压重体后，满蓄期大坝最大沉降和顺河向变形基本不变，顺河向、竖向加速度反应放大倍数分别减小5%和3.6%，震后竖向永久变形量减小2%。

表4-23　　　　考虑上下游压重大坝二维静动力计算结果的比较

项目		无压重	上游压重2695m、下游2645m	相差（%）
满蓄期变形（m）	顺河向变形	0.44	0.44	—
	竖向沉降	2.10	2.10	—
加速度反应（设计地震0.44g）	顺河向加速度（m/s²）（放大倍数）	6.0（1.41）	5.7（1.34）	5.0
	竖向加速度（放大倍数）	5.5（1.94）	5.3（1.87）	3.6
震后变形（m）	顺河向变形（向上游）	0.42	0.37	11.9
	顺河向变形（向下游）	1.21	1.20	0.8
	竖向变形	2.50	2.45	2.0

以上计算分析可见，压重有助于提高大坝的抗滑稳定性及抗震安全性，因此结合枢纽建筑物开挖料利用及土石方再平衡分析，在上、下游分别设置了压重区。上游压重区顶高程以不超过3号导流洞底板高程（2695.00m）为限，顶高程取2695.00m，向上游与围堰连为一体，总长度约1.2km，上游坡比1:3，顶宽约170m。下游压重区上接坝后"之"字上坝公路，下接消能防冲区水垫塘，距水垫塘约30m，顶高程取2645.00m，下游坡比1:2.5，压重体总长约400m，尾部设置混凝土挡墙，挡墙顶高程为2624.50m，挡墙高27.50m。为了满足坝体正常排水要求，在下游压重区内部2622.00~2626.00m高程范围内设置4m厚的排水堆石区（见图4-16）。

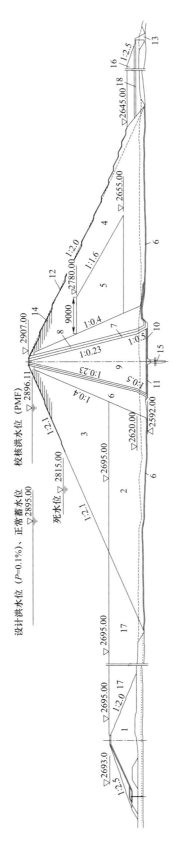

图 4-16　推荐坝体最大横剖面图

1—围堰；2—上游堆石Ⅱ区；3—上游堆石Ⅰ区；4—下游堆石Ⅰ区；5—下游堆石Ⅱ区；6—过渡料；7—反滤层Ⅰ区；8—反滤层Ⅱ区；9—防渗心墙；10—接触黏土；11—混凝土盖板；12—护坡；13—混凝土挡墙；14—坝顶抗震钢筋；15—防渗帷幕；16—下游压重区；17—上游压重区；18—排水堆石区

四、反滤层及过渡层设计

为保护心墙土料，根据反滤设计原则，在心墙上下游各设置了两层反滤。表 4-24 给出了国内坝高大于 150m 典型工程反滤层及过渡料区结构设计。

表 4-24　　　　　　　　　　典型工程反滤层及过渡区结构设计

序号	工程名称	工程位置	坝高（m）	心墙型式	反滤料		过渡料	
					上游（m）	下游（m）	宽（m）	坡比
1	双江口	大渡河	312	直心墙	4+4	6+6	10	1:0.3
2	两河口	雅砻江	295	直心墙	4+4	6+6	6.5	1:0.2
3	糯扎渡	澜沧江	261.5	直心墙	4+4	6+6	10	1:0.2
4	长河坝	大渡河	240	直心墙	8	6+6	20	1:0.25
5	瀑布沟	大渡河	186	直心墙	4+4	6+6		1:0.4
6	小浪底	黄河	160	斜心墙	4+4	6+4	4	1:0.1

考虑到应力变形因素和大型机械化施工要求，并参考类似工程经验，结合试验成果，心墙上游设置两层水平厚度为 4m 反滤层，下游设两层水平厚度为 6m 的反滤层，上、下游坡度均与心墙坡度相同，为 1:0.23。心墙下游侧水平延伸铺设反滤料，长度按 0.3 倍坝高控制。坝体反滤层 I 区约 92 万 m³，反滤层 II 区约 97 万 m³。

上、下游第二层反滤料与坝体堆石料之间粒径相差较大，在其间设置过渡层，以加强变形协调，保护反滤层。过渡层上、下游均设一层，顶高程 2897.00m，顶宽 7.0m，坡度均为 1:0.4。坝体过渡料约为 509 万 m³。

五、上、下游护坡

为防止地震时坝面局部不稳定块石滚落，增加坝面抗震性能，防止暴雨等对坝面堆石体的冲刷，以及防止水库波浪、浮冰、漂浮物等对上游坝面的侵蚀并兼顾美观，坝体上游坡面在 2810m 高程（死水位 2815.00m 以下 5m）至 2840m 高程铺设 1m 厚的干砌石护坡，2840m 高程以上至坝顶铺设 1.5m 厚的格宾笼护坡；下游坝坡在高程 2840~2645m 以下铺设垂直厚 1m 的干砌石护坡，在 2840m 高程以上坡面铺设 1.5m 厚的格宾笼护坡。干砌石护坡约为 28.08 万 m³，格宾笼护坡约 24.05 万 m³。

第六节　筑坝材料设计

一、防渗土料

根据防渗土料的研究成果，拉乌 1 号和 5 号土料场防渗土料在筛除 60mm 以上颗粒后大于 5mm 的颗粒含量小于 25% 的分别占 5.1%、0.4%，25%～30% 之间分别占 13.1%、2.6%；小于 0.005mm 的颗粒含量小于 6% 的占 5.5%、7.5%，6%～8% 之间的分别占 12.7%、12.3%。拉乌 1 号和 5 号土料场防渗土料不满足要求的部分分布较随机，规律性不强，单独剔除困难，施工开挖时进行左右或上下混采后，拉乌 1 号和拉乌 5 号防渗土料 5m 一层的 P_5 含量平均值分别在 40.6%～44.9%、33.6%～36.6% 之间，小于 0.005mm 的颗粒含量在 10.9%～11.8%、7.3%～8.5% 之间。防渗土料试验结果表明，小于 0.005mm 的颗粒含量不小于 6%，防渗土料经混采后，P_5 含量平均值均在 30% 以上，大于 5mm 的颗粒含量不超过 50%，各项技术指标均能满足规范要求。因此，依据规范要求和参考类似工程，RM 工程心墙防渗土料控制指标规定如下：

（1）颗粒级配：防渗土料最大粒径为 60mm；大于 5mm 的颗粒含量不超过 50%，不低于 30%；小于 0.075mm 粒径颗粒含量应不小于 15%；小于 0.005mm 的颗粒含量不小于 6%。

（2）渗透指标：渗透系数控制在小于 1×10^{-5}cm/s。

（3）塑性指数：塑性指数大于 8。

（4）含水率：从提高心墙土料密实度和降低孔压出发，宜将含水率控制在最优含水率附近 +1%～+2%。

（5）压实度：根据规范要求，天然砾石土防渗土料的填筑标准采用细料压实度和全料压实度双控标准，对于特高坝砾石土重型击实全料压实度应不小于 97%～100%，轻型击实细料压实度应不小于 98%～100%。结合 RM 工程 300m 级高坝情况，暂定心墙土料填筑全料压实度大于或等于 98%，细料压实度为 100%，使土料达到较高干容重和抗剪强度，较小的渗透系数和压缩系数。

通过对筛分、掺和、破碎等级配改善措施比选分析以及心墙防渗土料含水率改善措施研究，RM 水电站防渗土料初拟采取剔除大于 60mm 颗粒和筛分后在成品料桥式布料机下料斗端头喷水 + 闷制工艺，并经现阶段防渗土料现场改性及碾压试验验证，改性后的防渗土料满足设计要求。

二、接触土料

通过大量勘察、不同试验方法的接触黏土料与岸坡大剪切变形-渗流特性试验研究，在满足渗透及变形的条件下，适当降低接触黏土料小于 0.075mm、小于 0.005mm 指标是可行的，故将接触黏土料分为 I 区和 II 区，其中接触黏土 I 区料指标与规范要求一致，接触黏土 II 区料指标控制小于 0.075mm、小于 0.005mm 含量略有降低，其余指标与规范要求一致。

接触黏土料以塑性指数作为主要控制指标，级配次之，具体如下：

（1）颗粒级配：接触黏土 I 区，最大粒径 20mm，粒径大于 5mm 的颗粒含量小于 10%，粒径小于 0.075mm 的颗粒含量大于 60%，小于 0.005mm 的黏粒含量大于 20%。接触黏土 II 区，最大粒径不大于 40mm，粒径大于 5mm 的颗粒含量小于 10%，粒径小于 0.075mm 的颗粒含量大于 50%，小于 0.005mm 的黏粒含量大于 15%。

（2）塑性指数：塑性指数应大于 10。

（3）渗透指标：渗透系数应小于 1×10^{-6} cm/s。

（4）压实度：参照类似工程，接触黏土的压实度要求大于 95%。

（5）含水率：控制填筑含水率为 $\omega_o + 2\% \leqslant \omega_f \leqslant \omega_o + 4\%$（$\omega_o$ 为最优含水率）。

接触黏土 Ⅰ 区用于心墙与岸坡接触的中部高程、基础变坡部位及坝顶部位，以适应岸坡大剪切变形、地震脱空或不均匀变形微裂缝带来的渗漏稳定问题，其余部位均采用接触黏土 Ⅱ 区。

三、反滤料

反滤料在整个心墙坝的分区中起着举足轻重的作用，反滤料最大的作用就是"滤土、排水"，保护心墙的细颗粒不发生流失，避免发生渗透破坏。采用工程洞挖料，洞挖料主要为英安岩弱风化下带至微新岩体，其岩石饱和抗压强度平均值均在 40MPa 以上，满足反滤料原岩质量要求。反滤料经人工破碎后配制而成。根据反滤准则并参照类似工程，RM 工程心墙上游侧设两层厚度均 4m、下游侧设两层厚度均 6m 的反滤层，靠内侧为反滤层 Ⅰ 区，靠外侧为反滤层 Ⅱ 区，坡比均为 1:0.23。

1. 反滤料设计原则及分类

按照填筑部位和被保护土类型以及重要性，反滤层分为两大类。心墙下游面的第一层反滤层和第二层反滤层，位于渗流出口处，可确保防渗体不致发生渗透破坏，对土石坝的安全起着关键作用，通常称为"关键性反滤"。心墙上游侧反滤层只有库水位发生水位骤降时发挥作用，其骤降的水力坡降远小于下游水力坡降，称为"非关键性反滤"。

参考国内外反滤料设计经验，本工程反滤料设计应遵循以下原则或具有以下功能：

（1）反滤层可起到滤土和排水作用，并在防渗体开裂时控制裂缝处流速，促使裂缝自愈。

（2）反滤层应在坝壳和心墙之间起过渡作用，改善心墙应力条件，减小拱效应。

（3）根据各层反滤料重要性，提高下游关键性反滤的可靠性；并在确保工程安全的情况下，尽量简化非关键性反滤料，降低工程造价。

2. 反滤料级配设计

下游第一层反滤料的被保护土是心墙防渗土料，设计中以保护小于 5mm 颗粒为目的进行级配设计，同时满足滤土要求、排水要求、防止间断级配和分离级配要求。

下游第二层反滤料关键粒径根据《碾压式土石坝设计规范》（NB/T 10872—2021）规定的反滤设计准则，确定下游第二层反滤料的被保护土是第一层反滤料，按照保护无黏性土的设计方法确定设计级配。上游反滤料与下游反滤料结合利用，采用同一级配，本阶段参考其他工程人工破碎料作为反滤料级配，反滤料设计级配曲线见图 4-17。

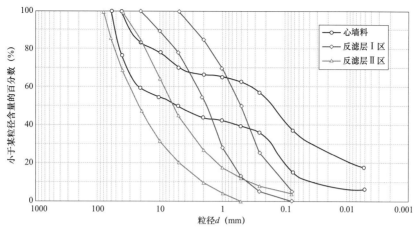

图 4-17　反滤料、心墙料设计级配曲线

反滤层 I 区料最大粒径为 20mm，D_{15} 为 0.16～0.57mm，不均匀系数 C_u 为 6.32～6.53，曲率系数 C_v 为 1.01～1.07，粒径小于 0.075mm 的颗粒含量不超过 5%；反滤层 II 区料的最大粒径为 80mm，不均匀系数 C_u 为 14.5～23.3，曲率系数 C_v 为 1.29～1.90，粒径小于 0.075mm 的颗粒含量不超过 5%。

3. 反滤准则验算

以心墙防渗土料作为被保护土，全级配上包线 $d_{15} < 0.005$mm、下包线 $d_{15} = 0.075$mm。按小于 5mm 颗粒级配确定小于 0.075mm 颗粒含量的百分数，上包线为 53.1%、下包线为 30%；按小于 5mm 颗粒级配确定上包线 $d_{85} = 0.351$mm、下包线 $d_{85} = 1.052$mm。对于防渗土料上包线，反滤层 I 区料的 $D_{15} = 0.16～0.57$mm，$D_{15} < 0.7$mm，满足反滤准则；对于防渗土料下包线，0.7mm +（40 - 30）($4d_{85}$ - 0.7mm)/25 = 2.103mm，反滤层 I 区料的 $D_{15} = 0.16～0.57$mm，$D_{15} < 2.103$mm，满足反滤准则。

对于反滤层 I 区料上包线（粗）/防渗土料下包线（细）$D_{15}/d_{15} = 9.75 > 4$，同时反滤层 I 区料上、下包线 $D_{15} = 0.16～0.57$mm > 0.1mm，故反滤层 I 区料与心墙防渗土料满足排水准则。

以反滤层 I 区料作为被保护土，反滤层 I 区料的不均匀系数 $C_u = 6.32～6.53 < 8$，取反滤层 I 区料全级配的 $d_{15} = 0.16～0.57$mm，$d_{85} = 2～7.92$mm；反滤层 II 区料不均匀系数 $C_u = 14.5～23.3$，不均匀系数 $C_u > 8$，取 5mm 以下的细颗粒部分 $D_{15} = 0.2～0.88$mm。反滤层 II 区料下包线（粗）/反滤层 I 区料上包线（细）的 $D_{15}/d_{85} = 0.44 < 4～5$，故反滤层 II 区料与反滤层 I 区料之间满足反滤要求。

4. 反滤料填筑指标要求

综合《碾压式土石坝设计规范》（NB/T 10872—2021）和《水电工程水工建筑物抗震设计规范》（NB 35047—2015）对反滤料填筑指标的规定，反滤料应采用相对密度作为设计控制指标，特高坝不应低于 0.80。糯扎渡心墙坝反滤层 I 区料和反滤层 II 区料的设计相对密度分别为 0.8 和 0.85，长河坝、两河口和瀑布沟心墙坝的反滤料设计相对密度为 0.8～0.9。

考虑到 RM 工程重要性，依据规范要求和代表性工程经验，RM 工程反滤料填筑指标：反滤层Ⅰ区料相对密度 $Dr>0.8$；反滤层Ⅱ区料相对密度 $Dr>0.85$。

四、过渡料

1. 级配设计

过渡料主要填筑在上、下游反滤层和坝壳堆石料之间，起粒径过渡、变形协调以及水力过渡的作用，其渗透系数应大于反滤层Ⅱ区料并小于堆石料渗透系数，并应符合反滤准则。另外，在坝顶部位填筑过渡料，同时为适应坝体与岸坡之间的变形协调，在上下游堆石体与岸坡接触部位也填筑 2m 厚的过渡料。过渡料料源为消力塘开挖料、右岸 2 号英安岩石料场开采料，其岩石饱和抗压强度平均值均在 40MPa 以上，满足过渡料原岩质量要求。

过渡料级配要求如下：最大粒径为 300mm；粒径小于 5mm 的颗粒含量不超过 25%；0.075mm 以下的颗粒含量小于 5%，过渡料设计级配曲线见图 4-18。

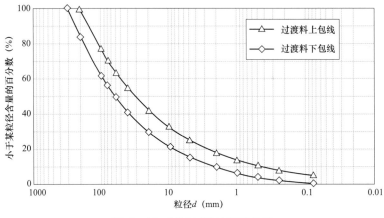

图 4-18　过渡料设计级配曲线

2. 反滤准则验算

过渡料全级配不均匀系数 $C_u=39.15\sim78.20>8$，曲率系数 $C_v=1.90\sim2.03$，选用 5mm 以下细粒部分计算 $D_{15}=0.075\sim0.284mm$。以反滤层Ⅱ区料作为被保护土，反滤层Ⅱ区料全级配不均匀系数 $C_u=14.51\sim28.33>8$，取小于 2~5mm 细粒部分计算 d_{15}、d_{85}，其中下包线小于 5mm 颗粒 $C_u=3.63<5$，$d_{15}=0.878mm$、$d_{85}=4.147mm$；上包线小于 1mm 颗粒 $C_u=5.67$ <8，$d_{15}=0.075mm$、$d_{85}=0.775mm$。过渡料下包线（粗）/反滤层Ⅱ区料上包线（细）的 $D_{15}/d_{85}=0.37<4\sim5$，故过渡料与反滤层Ⅱ区料之间满足反滤要求。

3. 过渡料填筑指标要求

根据《碾压式土石坝设计规范》（NB/T 10872—2021）有关规定，过渡料宜采用孔隙率设计控制指标。但国内也有已建工程采用孔隙率和相对密度双控指标。糯扎渡心墙坝采用孔隙率控制过渡料压实标准，设计孔隙率为 22%~25%；长河坝心墙坝采用孔隙率与相对密度双控，设计指标为孔隙率 20%～24%，相对密度不小于 0.85。参考已建代表性工程，要求过渡料母岩质地致密，具有抗水性和抗风化性，不允许采用风化料。结合本工程过渡料料源特性及室内试验，过渡区压实标准暂定为：孔隙率小于 22%。

五、堆石料

1. 级配设计

根据堆石料抗剪强度、施工因素和渗透性要求，对堆石最大粒径、小于 5mm、小于 0.075mm 的颗粒含量进行控制，对堆石料级配要求如下：最大粒径为 800mm；粒径小于 5mm 的颗粒含量不超过 15%；0.075mm 以下的颗粒含量小于 5%，设计级配曲线见图 4－19。

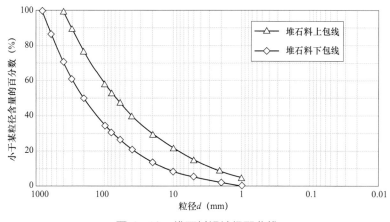

图 4－19　堆石料设计级配曲线

2. 反滤准则验算

堆石料全级配不均匀系数 $C_u = 18.94～41.39 > 8$，曲率系数 $C_v = 1.35～1.50$，选用 5mm 以下细粒部分计算 $D_{15} = 0.725～1.139$mm。以过渡料作为被保护土，过渡料全级配不均匀系数 $C_u = 39.15～78.20 > 8$，取小于 2～5mm 细粒部分计算 d_{15}、d_{85}，其中下包线小于 2mm 颗粒 $C_u = 5.92 < 8$，$d_{15} = 0.191$mm、$d_{85} = 1.558$mm；上包线小于 2mm 颗粒 $C_u = 7.05 < 8$，$d_{15} = 0.075$mm、$d_{85} = 1.352$mm。堆石料下包线（粗）/过渡料上包线（细）的 $D_{15}/d_{85} = 0.84 < 4～5$，故堆石料与过渡料之间满足反滤要求。

3. 堆石料填筑指标要求

参考同类工程堆石料填筑指标，瀑布沟小于或等于 22%，糯扎渡Ⅰ区粗堆石料小于或等于 22.5%、Ⅱ区粗堆石料小于或等于 21%，长河坝小于或等于 20%～23%，两河口小于或等于 20%～22%，双江口小于或等于 21%～25%。考虑 RM 大坝为 300m 级特高坝，设计地震烈度为 9 度，本阶段暂定堆石的填筑标准为：坝壳堆石Ⅰ区料、堆石Ⅱ区料孔隙率均小于 20%。

六、上、下游压重填筑料

建筑物开挖料及料场剥离料用于填筑上游围堰堆石区、上游压重区和下游压重区，要求填筑压实后的孔隙率小于 26%。

为了满足坝后正常排水要求，下游压重区内部 2622.00～2626.00m 高程设置的排水堆石区，采用堆石Ⅱ区料填筑，填筑标准同下游压重区，要求渗透系数大于 10^{-2}cm/s。

七、坝料填筑标准及设计指标

根据大量的试验研究及已建工程经验，各区筑坝料填筑设计控制指标见表 4-25，级配曲线见图 4-20。

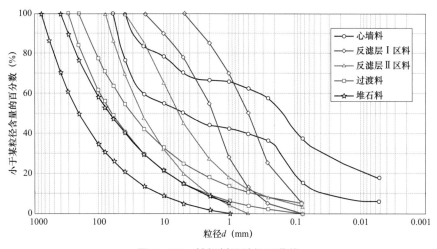

图 4-20 筑坝料设计级配曲线

表 4-25 筑坝料填筑设计控制指标

坝料	填筑标准	渗透系数（cm/s）	料源
堆石Ⅰ区料	孔隙率小于 20%	$i \times (10^{-2} \sim 10^{0})$	引水发电进水口 3030m 高程以下、泄洪消能出口 2830m 高程以下、大坝心墙槽开挖料以及 2 号石料场
堆石Ⅱ区料	孔隙率小于 20%	$i \times (10^{-2} \sim 10^{0})$	溢洪洞进口、引水发电进口 3030m 高程以上以及导流洞进出口开挖料
过渡料	孔隙率小于 22%	$i \times (10^{-2} \sim 10^{-1})$	英安岩开挖料
反滤层Ⅱ区料	相对密度大于 0.85	$i \times (10^{-3} \sim 10^{-2})$	英安岩洞挖料加工
反滤层Ⅰ区料	相对密度大于 0.8	$i \times (10^{-4} \sim 10^{-3})$	英安岩洞挖料加工
砾石土心墙料	全料压实度大于或等于 98% 细料压实度 100%	$< 1 \times 10^{-5}$	1 号土料场、5 号土料场
接触黏土料	压实度大于 95%	$< 1 \times 10^{-6}$	拉乌山土料场
上游围堰堆石及上、下游压重填筑料	孔隙率小于 26%	—	建筑物开挖料及料场剥离料
排水堆石区	孔隙率小于 26%	$> 1 \times 10^{-2}$	堆石Ⅱ区填筑料

第七节　坝坡稳定分析

一、分析方法

坝坡稳定方面主要研究思路及内容如下：

1. 基于刚体极限平衡法的坝坡稳定性分析

应用稳定与非稳定渗流有限元方法，分析大坝在不同水位条件下的稳定渗流期、库水位骤降期的自由水面位置变化情况，为下一步的坝坡抗滑稳定分析提供渗流荷载边界条件。采用规范建议的刚体极限平衡法，在设计提出的材料物理力学参数建议值的基础上，对RM高心墙堆石坝在竣工期、正常运行期、水位骤降期等不同工况条件下进行非线性坡抗滑稳定分析计算。

2. 基于强度折减有限元法的坝坡稳定性分析

考虑竣工期（假定无蓄水）和正常蓄水位稳定渗流期两种计算工况，采用强度折减有限元法对RM高心墙堆石坝进行二维和三维稳定性计算，分析坝体的稳定性、滑动机理和三维效应。

3. 坝坡稳定可靠度分析

传统的单一安全系数方法不能很好地考虑计算中参数与荷载的变异特征和各种不确定因素，而基于概率统计理论的可靠度分析方法从风险分析的角度分析大坝的可靠度指标与失效概率，可以充分考虑材料抗剪强度参数的变异特征，作为单一安全系数法的一个有益补充，具有十分重要的意义。利用Monte-Carlo法和Rosenblueth法，结合刚体极限平衡法，对RM高心墙堆石坝的坝坡稳定进行可靠度与风险分析。对于地震工况，进行考虑超越概率基础上的坝坡抗滑稳定可靠度与风险分析计算工作。

二、刚体极限平衡法

1. 计算条件

计算剖面取河床中部最大横剖面，由于上游坝脚与围堰部分结合，计算中考虑围堰料强度指标取值略低于坝壳堆石料。坝料线性强度指标及非线性强度指标均根据三轴试验原始资料按小值平均值整理而得，由于坝高为300m级，堆石料的计算参数采用非线性强度指标（见表4-26）。

表4-26　　　　　　　　　　　　　计　算　工　况

运用条件	工况描述	水位	分析坝坡
正常运用	正常蓄水位稳定渗流期	上游为正常蓄水位：2895.00m，相应下游水位：2618.32m	上游
			下游

续表

运用条件	工况描述	水位	分析坝坡
正常运用	设计洪水位稳定渗流期	上游为正常蓄水位：2895.00m，相应下游水位：2644.19m	上游
			下游
	死水位稳定渗流期	上游为死水位：2815.00m，相应下游水位：2618.32m	上游
			下游
非常运用条件 I	校核洪水位稳定渗流期	上游为校核水位：2896.11m，相应下游水位：2648.82m	上游
			下游
	竣工期	无水	上游
			下游
	库水位骤降期	上游水位自正常蓄水位2895.00m降落至死水位2815.00m	上游
非常运用条件 II	正常蓄水位稳定渗流期遇设计地震	上游为正常蓄水位：2895.00m，相应下游水位：2618.32m	上游
			下游
	死水位稳定渗流期遇设计地震	上游为死水位：2815.00m，相应下游水位：2618.32m	上游
			下游
	正常蓄水位稳定渗流期遇校核地震	上游为正常蓄水位：2895.00m，相应下游水位：2618.32m	上游
			下游

RM 水电站场地基本烈度为Ⅷ度，工程抗震设防类别为甲类。大坝采用基准期 100 年超越概率 2%的地震动参数 0.44g 进行设计；采用基准期 100 年超越概率 1%的地震动参数 0.54g 进行校核。

计算方法采用简化毕肖普法，计算参数采用非线性强度参数，施工期和库水位骤降期按总应力法考虑，运行期按有效应力法考虑。

根据《碾压式土石坝设计规范》（NB/T 10872—2021），采用中国水利水电科学研究院 Stab 2018 软件，分别按单一安全系数法、分项系数法计算。其中分项系数法结构重要性系数 γ_0 取 1.1，结构系数 γ_d 取 1.35，设计状况系数 Ψ 持久状况取 1.0、短暂状况取 0.95、偶然状况（1）取 0.95、偶然状况（2）取 0.85。

2. 计算结果

单一安全系数法最危险滑裂面位置如图 4−21 所示，坝坡稳定安全系数计算成果见表 4−27。分项系数法安全系数计算成果见表 4−28。

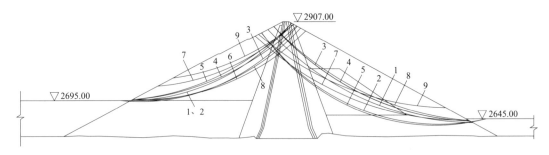

图 4−21　计算最危险滑裂面示意图

1—正常蓄水位；2—设计洪水位；3—死水位；4—施工期；5—校核洪水位；6—正常蓄水位骤降至死水位；
7—正常蓄水位遇设计地震；8—死水位遇设计地震；9—正常蓄水位遇校核地震

表4-27 单一安全系数法计算结果

运行条件	计算工况	坝坡	最小安全系数计算值	规范允许安全系数
正常运用	正常蓄水位	上游	2.871	1.65
		下游	2.393	
	设计洪水位	上游	2.871	
		下游	2.410	
	死水位	上游	2.588	
		下游	2.437	
非常运用条件Ⅰ	竣工期	上游	2.710	1.40
		下游	2.417	
	校核洪水位	上游	2.876	
		下游	2.398	
	正常蓄水位骤降至死水位	上游	2.386	
非常运用条件Ⅱ	正常蓄水位+设计地震	上游	1.627	1.35
		下游	1.706	
	死水位+设计地震	上游	1.635	
		下游	1.765	
	正常蓄水位+校核地震	上游	1.422	—
		下游	1.584	

表4-28 分项系数法计算结果

运行条件	计算工况	坝坡	最小安全系数计算值	安全系数标准 ($\gamma_0 \cdot \gamma_d \cdot \Psi$)
正常运用	正常蓄水位	上游	2.619	1.485
		下游	2.187	
	设计洪水位	上游	2.619	
		下游	2.208	
	死水位	上游	2.361	
		下游	2.225	
非常运用条件Ⅰ	竣工期	上游	2.471	1.411
		下游	2.204	
	校核洪水位	上游	2.629	
		下游	2.191	
	正常蓄水位骤降至死水位	上游	2.178	
非常运用条件Ⅱ	正常蓄水位+设计地震	上游	1.484	1.262
		下游	1.561	
	死水位+设计地震	上游	1.492	
		下游	1.613	
	正常蓄水位+校核地震	上游	1.296	
		下游	1.431	

计算结果表明，RM 心墙堆石坝设计上游坝坡 1:2.1、下游坝坡 1:2.0，各工况下抗滑稳定安全系数均能满足规范要求，坝坡稳定是安全的。

三、有限元强度折减法

进行了坝坡稳定有限元强度折减法分析，计算结果见表 4－29。竣工期安全系数在 2.36～2.65，稳定渗流期 2.16～2.61。

表 4－29　　　　　　　　　　有限元强度折减法计算结果

维数	工况	F_s
二维	竣工期	2.36
	稳定渗流期	2.16
三维	竣工期	2.65
	稳定渗流期	2.61

图 4－22 为竣工期破坏时位移增量等值线图，等值线密集处为潜在滑裂面。可以看出，竣工期潜在的滑动面从上游顶部开始，穿过心墙，滑向下游。虽然没有形成向上游滑动的连续滑动体，但有向上滑动的趋势。与二维计算结果相比，三维计算安全系数从 2.36 增加到 2.65，明显变大，增幅为 12.3%，说明三维效应很明显。

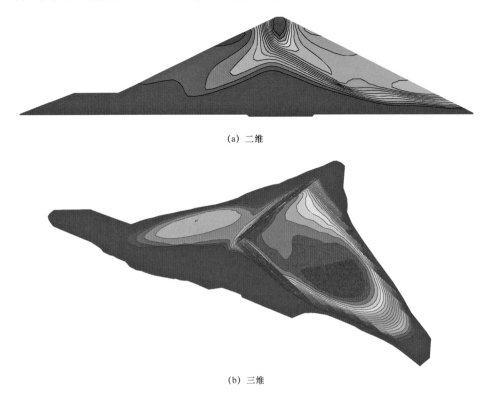

(a) 二维

(b) 三维

图 4－22　竣工期破坏时位移增量等值线图

图4-23为稳定渗流期破坏时位移增量等值线图。二维计算结果中正常蓄水位稳定渗流期的安全系数比竣工期明显小，小约 8.5%。在正常蓄水位稳定渗流期，由于向下游渗透力的作用，一方面将心墙向下推，另一方面上游上部堆石料的应力状态也变得较差，所以整体滑向下游，安全系数减小，潜在滑裂面位置明显变深。

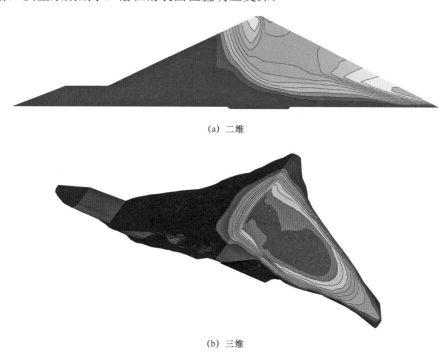

(a) 二维

(b) 三维

图4-23　稳定渗流期破坏时位移增量等值线图

四、可靠度法

采用 Monte-Carlo 法、Rosenblueth 法进行了坝坡稳定可靠度分析。计算结果表明，坝坡稳定可靠度指标最小值4.334，地震工况最小值4.485；失效概率最大值 1.49×10^{-11}，设计坝坡满足安全稳定要求（见表4-30、表4-31）。

表4-30　　　　　　　　　坝坡可靠度指标计算结果（Monte-Carlo法）

运行条件	计算工况	坝坡	可靠度指标	
			简化毕肖普法	Morgenstern-Price 法
正常运用	正常蓄水位	上游	6.081	6.841
		下游	5.382	6.423
	设计洪水位	上游	6.260	6.493
		下游	5.737	5.609
	死水位	上游	5.986	6.223
		下游	5.687	5.600

续表

运行条件	计算工况	坝坡	可靠度指标	
			简化毕肖普法	Morgenstern-Price 法
非常运用条件Ⅰ	施工期	上游	4.334	4.446
		下游	4.650	5.036
	校核洪水位	上游	5.008	5.126
		下游	5.883	5.768
	正常蓄水位骤降至死水位	上游	4.755	4.845
非常运用条件Ⅱ	正常蓄水位+设计地震	上游	4.928	5.062
		下游	5.539	5.153
	死水位+设计地震	上游	4.904	4.729
		下游	5.249	5.415
	正常蓄水位+校核地震	上游	4.485	4.993
		下游	5.534	5.252

表 4-31   坝坡可靠度与风险分析计算成果（Rosenblueth 法）

计算工况	上游坝坡		下游坝坡	
	可靠指标 β	失效概率 P_f	可靠指标 β	失效概率 P_f
正常蓄水位	8.493	1.50×10^{-16}	9.958	8.2×10^{-21}
设计洪水位	8.493	1.50×10^{-16}	9.357	4.55×10^{-19}
正常蓄水位+设计地震	6.541	4.85×10^{-12}	8.082	2.34×10^{-15}
正常蓄水位+校核地震	6.731	1.49×10^{-11}	7.477	1.26×10^{-13}

第八节　坝　基　处　理

一、坝基地质条件

1. 河床段心墙基础地质条件

河床覆盖层厚度 10～17m，以冲积砂卵砾石层为主，局部有砂层透镜体及崩积碎块石。覆盖层以下为印支期侵入的花岗岩，两侧略高，岩石大多为灰白色，中细粒结构，块状构造。此外发育两条陡倾辉绿岩脉及一条煌斑岩脉，岩脉产状与河流斜交。河床区物理地质现象主要为风化，结合河床区钻孔波速测试及定性划分，河床区岩体风化可划分为弱风化上带、弱风化下带、微新岩体。

河床覆盖层以下弱风化上带花岗岩，对心墙附近钻孔破碎岩体深度进行统计，各孔基岩顶面高程 2594.99～2609.5m 之间，相对破碎岩体厚 4.5～16.7m，相对完整基岩顶面高程为

2578.2～2605m 之间，其中心墙上游及下游完整基岩顶面略深于心墙区，尤其是心墙上游受 f2 断层影响，其 30～34m 钻孔声波波速仅略高于 3000m/s。

2. 两岸岸坡心墙基础地质条件

大坝范围内两岸岩土体由表及里、由上至下主要有覆盖层、碎裂松动岩体、弱上极强卸荷岩体、弱上强卸荷岩体、弱上弱卸荷岩体、弱风化上带（未卸荷，下略）岩体、弱风化下带岩体、微新岩体（见表 4－32）。

表 4－32　　　　　　　　　两岸坝基岩土体特征统计表

岩土体类型		分布高程（m）	水平深度（m）	岩体结构	岩块饱和抗压强度（MPa）	透水率（Lu）	平洞洞壁波速（m/s）	承载力（MPa）	岩体质量
覆盖层		自下至上均有分布	3～15	散体结构	—	—	—	—	—
碎裂松动岩体		2800 以上	15～45	散体～碎裂结构	45～35	—	1800～3000	2	V
弱风化上带	极强卸荷	2800 以上	4～60	碎裂结构	45～50	大于或等于 1cm/s	2500～3500	2.8	V
	强卸荷	2660 以上	10～140	块裂结构及碎裂结构	45～50	1×10^{-2}～6×10^{-2}cm/s	3000～4200	3	IV$_{2A}$
	弱卸荷	2660 以上	10～155	块裂结或碎裂结构	45～50	10～20	3200～4200	4.5	IV$_{1A}$
	未卸荷		20～190	镶嵌结构为主	45～50	3～15	3400～5000	5	III$_{2A}$
弱风化下带		自下至上均有分布	60～200m 以上	主要为镶嵌结构，其次为次块状和碎裂	55～65	0.1～5.0	4500～5500	5.5	III$_{1A}$
微新岩体			—	次块状结构为主	65～75	0.1～3.0	>4800	7	II$_A$

考虑到 RM 水电站坝高 315m，为世界特高坝，结合 RM 水电站两岸坝基部位地质条件，建议对坝基岩体按如下标准进行利用：

（1）河床建基面 2592～2680m 高程一带：考虑到水头较高，且坝基应力较大，建议挖除强、弱卸荷，将心墙置于直接利用岩体上，进行常规固结灌浆。心墙坝基附近左右岸共 3 个平硐揭露，该区域岩体无强卸荷发育，弱卸荷深度在 8～28m 之间，则该部位建议挖深约 10～30m，利用岩体为弱风化上带未卸荷岩体，岩体洞壁地震波波速基本在 4000m/s 以上。

（2）2680～2800m 高程一带：水头中等，坝基应力中等，挖除强卸荷，将心墙置于需适当处理的弱卸荷岩体上，此种岩体主要是局部透水性较强，存在一定的渗漏问题，需加强固结灌浆及防渗处理。心墙坝基附近左右岸共 3 个平硐揭露，该区域岩体强卸荷发育深度 25～40m，则建议挖深约 25～40m，利用岩体为弱风化上带弱卸荷岩体，岩体洞壁地震波波速基本在 3500m/s 以上。

（3）2800m～坝顶 2907m 高程一带（近 0.65 倍坝高～坝顶）：水头较低，坝基应力也较低，建议挖除极强卸荷，将心墙置于卸荷形式以陡倾张裂形式的强卸荷岩体上。心墙坝基附近左右岸共 4 个平硐揭露，该区域岩体极强卸荷发育深度 10～60m，则建议挖深 10～60m，利用岩体为弱风化上带强卸荷岩体，岩体洞壁地震波波速基本在 3000m/s 以上。

二、坝基开挖

1. 防渗心墙及反滤层基础开挖及处理

（1）河床岩石基础开挖。

河床无强风化带，弱风化上带铅直深度 5～25m，岩体呈镶嵌或中厚层状结构，结构面中等发育，多闭合，岩块间嵌合力较好，贯穿性结构面不多见，透水率一般在 2.0～3.5Lu 之间。弱风化下带铅直深度 20～40m，岩体呈镶嵌～次块状结构，结构面中等发育，透水率一般在 1.0～3.0Lu 之间。微新岩体以次块状结构为主，结构面中等发育，软弱结构面分布不多，透水率一般小于 2.0Lu，大部分岩体透水率在 1.0Lu 附近。

根据该部位岩体条件和基础防渗要求，挖除基岩表层松动、破碎岩体和突出岩石。河床部位心墙及反滤层基础开挖至 2592.00m 高程，使基础位于弱风化上带中部，坝基岩石开挖深度 4～7.5m，局部破碎部位或局部深槽部位采用混凝土回填处理。

（2）两岸坝肩岩石基础开挖。

两岸坝肩基础开挖线根据坝肩地形地质条件、基础防渗要求、土质心墙与岸坡连接的开挖要求和施工期边坡稳定要求来确定。根据两岸坝基工程地质条件，左坝肩出露地层岩性主要为三叠系中统竹卡组（T_2z）英安岩和花岗岩，花岗岩出露于 2900m 高程以下至河床，此外局部分布有辉绿岩脉和煌斑岩脉。右坝肩出露地层岩性 2760m 高程以上主要为英安岩，2760m 高程以下主要为花岗岩，边坡主要由风化卸荷岩体组成。鉴于坝肩两岸的基岩条件，心墙建基面开挖线主要根据两岸的地形，以开挖量少、基面顺、边坡稳定等原则拟定。

心墙部位左岸坝肩在高程 2770.00m 以下开挖坡比为 1:0.85，在高程 2770.00m 以上开挖坡比为 1:1.2；心墙部位右岸坝肩在高程 2800.00m 以下开挖坡比为 1:0.75，在 2800.00m 高程以上开挖坡比为 1:1.3。2680～2800m 高程挖除强卸荷，将心墙置于需适当处理的弱卸荷岩体上，2800m～坝顶 2907m 高程挖除碎裂松动岩体，将心墙置于强卸荷岩体上。左岸水平开挖深度 0～34m，右岸水平开挖深度 0～70m。

2. 堆石体基础清理及开挖

大坝堆石体范围内的左、右岸岸坡，全部清除覆盖层（表层覆盖层较浅），包括碎石土、块碎石土、含有机质土、凹处积土、有机质（如树木、树根、草皮、垃圾等）等；全面清除大孤石、松动岩块和局部风化严重的岩石；修整岸坡形状，避免出现倒坡和岸坡突变。

三、坝基处理

坝体防渗心墙的岩石基础表层发育有节理裂隙，且开挖爆破也会破坏表层岩体的完整性。因此，对防渗心墙及上下游反滤区底部混凝土盖板范围内的基岩进行水泥固结灌浆，加强基岩的完整性，减弱浅层基岩的透水性，防止心墙土料接触冲蚀。

固结灌浆孔采用梅花形布置，间排距均为 2.5m，垂直于岩基面钻孔，特别是在两坝肩心墙基础尚有部分强卸荷岩体未予挖除的部位，固结灌浆孔间排距调整为 2m。高程 2690.00m 以下钻孔深度 15m，高程 2690.00~2790.00m 范围钻孔深度 12m，高程 2790.00m 以上钻孔深度 10m，坝基混凝土盖板（河床 2m 厚、岸坡垂直 1m 厚）兼作固结灌浆盖板。

对于两岸岩体卸荷强烈，出现张开节理裂隙的部位用过渡料或混凝土作充填处理后铺筑堆石料。在大坝范围内的所有勘探平硐和钻孔均进行回填混凝土处理。

四、防渗处理

1. 水文地质条件

根据坝址区防渗线钻孔水位观测，坝址区水位在枯期及雨季水位变幅不大，地下水位最大变幅集中在 10~20m。坝址区防渗帷幕水位长观孔位置如图 4-24 所示。水位观测成果统计如表 4-33。

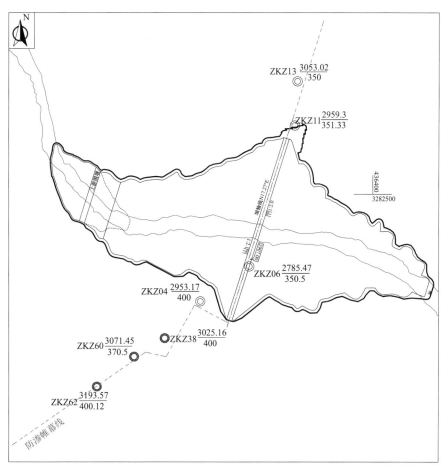

图 4-24 坝址区防渗帷幕水位长观钻孔位置分布图

根据两岸防渗帷幕长观钻孔水位观测成果（见表 4-33），结合各钻孔与河床的位置关系可知，左岸岸坡水力坡降为20%～54%之间，右岸岸坡水力坡降为12%～41%，总体上来说，坝址两岸水力坡降较陡，表现为两岸地下水补给河水的水动力类型。

表4-33　　　　　　　防渗帷幕轴线两岸主要钻孔地下水位观测成果简表

岸别及钻孔编号	水位观测成果：[水位观测时间年.月.日]　[水位埋深（m）]							
左岸 ZKZ07 (2885.1m)	2016.6.24 212.0	2016.8.22 211.0	2017.3.11 209.5					
ZKZ11 (2959.3m)	2015.6.4 167.0	2016.1.15 160.8	2016.4.11 168.0	2016.6.24 172.0	2016.8.22 171	2017.3.11 169.0	2017.6.10 172.5	2022.7.23 179.7
ZKZ13 (3053.0)	2015.10.25 160	2016.1.15 136.8	2016.4.11 140	2016.6.5 142	2016.9.1 139	2017.3.5 142		
右岸 ZKZ06 (2785.5m)	2015.5.10 160.3	2016.1.16 168.0	2016.4.11 165.0	2016.6.6 164.0	2016.7.10 165.0	2016.9.8 164.0	2017.6.5 164.5	2017.9.7 164.0
ZKZ04 (2953.2m)	2015.9.2 286.0	2016.4.11 289.6	2016.6.22 292.0	2016.7.10 291.0	2016.9.8 293	2017.6.5 292	2017.10.8 294.5	2021.1.10 295.6
ZKZ38 (3025.2m)	2016.7.11 350.5	2016.9.28 366.0	2017.3.9 355.5	2017.4.15 359	2017.6.5 353	2017.9.7 352.6	2020.4.26 356.8	2021.1.10 357.2
ZKZ60 (3071.5m)	—	2021.1.10 340.2	2021.3.10 343	2021.4.15 345	2021.4.10 342	2021.6.5 341.5	2021.8.10 339	2021.10.10 340
ZKZ62 (3193.6m)	—	2020.11.23 345.0	2021.1.10 356.8	2021.4.15 358	2021.4.10 360	2021.6.5 355	2021.8.10 354	2021.10.10 357

2. 防渗标准

根据《碾压式土石坝设计规范》（NB/T 10872—2021）第 7.3.11 节要求，1 级坝、2 级坝和高坝的透水率宜为 3～5Lu，其中特高坝的透水率不宜大于 3Lu。已建的糯扎渡、两河口，以及在建的双江口等特高心墙堆石坝防渗帷幕透水率控制标准是 1Lu。根据坝基钻孔压水试验成果，微新岩体的透水率大部分仍大于 1Lu。根据规范及地质条件等因素，本工程防渗标准取为小于或等于 3Lu。

3. 防渗范围的确定

根据《碾压式土石坝设计规范》（NB/T 10872—2021）和《水电工程坝址工程地质勘察规程》（NB/T10339—2019），高土石坝防渗帷幕标准一般应满足以下要求：

河床部位宜以透水率 q 为 3～5Lu 为相对隔水岩体，当相对隔水层埋藏较深或分布无规律时，需设置悬挂式帷幕，帷幕深度一般按 0.3～0.7 倍坝高考虑，必要时结合渗流分析计算、地质条件、工程规模等，综合选择。考虑到 RM 工程高度达 300m 级，宜以 $q<3$Lu 为相对隔水岩体。两岸帷幕的延伸长度应延伸到相对隔水层或正常蓄水位与地下水位交汇处，并适当留有余地。

根据已有钻孔压水试验资料，本区岩体透水性的总体特点是岩体透水率随着埋深的加大而逐渐减小，两岸强卸荷岩体由于裂隙多普遍张开，岩体透水率多在 100Lu 以上，属极强～强透水性岩体，弱卸荷岩体透水率多在 10～20Lu 之间，属中等透水性岩体，弱风化上带未卸荷岩体透水率大部分在 1～10Lu，少部分在 10Lu 以上，说明弱风化上带岩体透水性均一性较差，岩体透水性主要为弱透水，局部为中等透水；弱风化下带岩体透水率小于 5Lu 占 85%，少部分为 5～12Lu 约 15%，说明弱风化下带岩体以弱透水中下带为主，但有少数为弱透水上带。微新岩体除少数孔段（13%）在 3～5Lu 外，大量压水孔段（85%）试验结果在小于 3Lu 之间，说明微新岩体主要呈现为微透水～弱透水下带。

同时根据河床心墙部位钻孔压水试验统计（见图 4-25），在高程 2550m 以下岩体透水率多数小于 5Lu，少数在 5～6Lu 之间，2490m 高程以下透水率多数小于 3Lu，偶见 3～3.5Lu 之间，4 个钻孔相同高程岩体透水率平均值均在 3Lu 以下。根据上述分析，建议坝基防渗帷幕底界按 2490m 考虑，进入基岩深度约 102m（进入微新岩体 90m），防渗深度约为 0.3 倍坝高。两岸部位防渗端头与底界亦均按透水率小于 3Lu 岩体考虑，并接至地下水位，据此左岸由坝轴线方向直接向山体内部延伸，自左坝头起算长约 226.23m；右岸结合地下厂房防渗，防渗帷幕自泄水建筑物进口附近向上游偏转，整体经引水隧洞下平段向山体内部延伸，延伸至导流洞堵头部位，自左坝头起算长约 1472.55m。防渗帷幕总长度为 1698.78m，总防渗面积约 43.41 万 m²，见图 4-26。

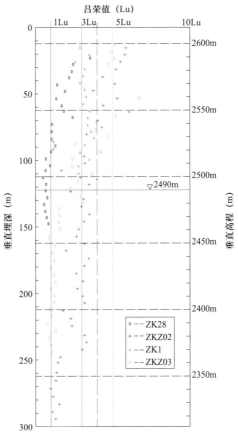

图 4-25　河床坝基岩体透水率与高程关系散点图

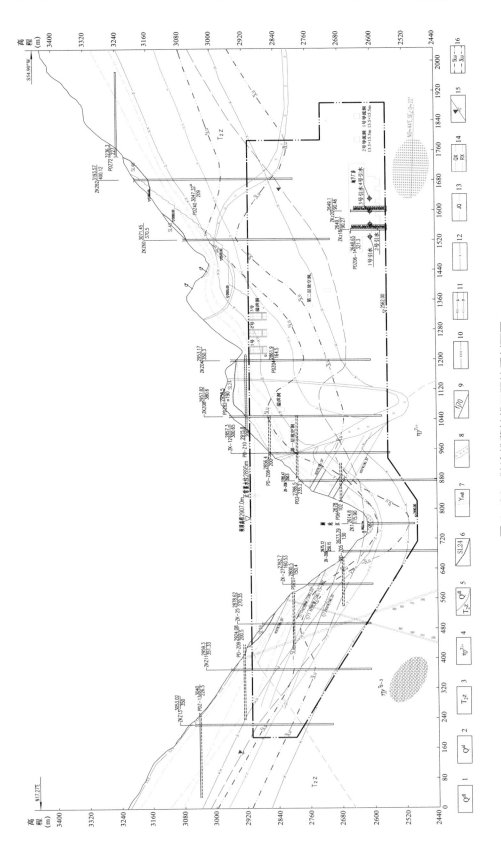

图 4-26 防渗帷幕轴线工程地质剖面图

1—坡积碎石土；2—冲积砂卵砾石、漂石；3—英安岩；4—花岗岩；5—基覆界线；6—碎裂松动岩体边界；7—辉绿岩脉；8—煌斑岩脉；9—缓倾角错动带；10—强风化下限；11—弱风化下限；12—微风化下限；13—极强卸荷带底限；14—强、弱卸荷带底限；15—推测地下水位线；16—吕荣等值线

上带、下带下限

4. 防渗帷幕排数、孔排距

已建高心墙堆石坝的灌浆帷幕设计中，大部分设立 2～3 排帷幕灌浆孔，根据不同基岩条件灌浆排距一般为 2～2.5m，孔距 3～4m。考虑 RM 工程为特高土石坝，水头高以及帷幕的耐久性，通过工程类比，防渗帷幕孔布置初拟为：对近坝区透水率相对较大、水头较高的中下部采用三排孔，孔距 3m，排距为 1.2m，对于煌斑岩脉区孔距加密至 2m；远坝区及低水头区域采用单排孔或双排孔，单排孔距 1.5m，双排孔距 2m，排距 1.2m。

高压灌浆可以提高灌浆质量和增加注浆量，大大提高灌浆帷幕的防渗效果，但灌浆压力应该有限度。各种岩体都有临界压力，当灌浆压力超过临界压力时，很容易引起浆劈，起反作用。RM 工程灌浆压力可根据现场生产性试验最终确定。

5. 灌浆廊道布置

帷幕灌浆通过沿心墙基础面布设的河床和坝肩基础灌浆廊道、左右两岸分层设置的灌浆廊道进行。

由于 RM 工程右岸布置有溢洪洞、泄洪洞、两层放空洞及引水隧洞，在布置灌浆廊道时需考虑避开不同高程的隧洞，同时相邻两层灌浆廊道高差宜控制在 50～60m。因此，左岸在 2586.50m、2652.00m、2715.00m、2760.00m、2805.00m、2855.00m 和 2907.00m 高程，共设置 7 层灌浆廊道；右岸在 2586.50m、2652.00～2660.00m、2715.00～2723.00m、2760.00～2768.00m、2805.00～2815.00m、2860.00m 和 2907.00m 高程，共设置 7 层灌浆廊道。单排或双排区帷幕采用 A 型灌浆廊道，断面尺寸为 3.0m×3.5m（宽×高），三排区帷幕采用 B 型灌浆廊道，断面尺寸为 4.0m×4.5m（宽×高）。为方便灌浆施工，每隔 50m 设置一个 5m 长的横向灌浆机室（设备洞），断面尺寸为 3.0m×2.5m（宽×高）。

第九节　本　章　小　结

（1）心墙型式。针对本工程地形地质条件，两种心墙型式均可行。斜心墙的主要优点体现在支撑水荷载的下游堆石体量大，坝体应力水平整体略低，心墙抗水力劈裂的效果略好；直心墙的主要优点体现在坝体变形的适应性较好，心墙抗渗透稳定性略好，施工及防渗处理略方便，心墙料总体用量略少，大坝投资较省。鉴于 RM 工程抗水力劈裂、坝体应力水平不是制约因素，且两种型式的抗震性能基本相当，考虑到超高坝变形协调和渗透稳定的重要性，故选择施工较为便利、投资较省的直心墙型式。

（2）心墙轮廓。通过对不同心墙顶宽、坡比在坝体渗流、应力变形、工程量等方面的比较，各方案没有本质的区别，考虑 RM 土料特性、工程规模及工程区地震烈度，本工程推荐防渗心墙顶宽 5m，上、下游坡比为 1:0.23。

（3）心墙建基面。通过对大坝河床建基面的应力分析和工程量比较，结合其他工程经验，心墙河床建基面选择在弱风化上带中部，高程为 2592.00m；心墙两岸建基面上部约 100m 范围保留部分弱风化上带强卸荷岩体，加强固结灌浆处理，以下挖除全部弱风化上带强卸荷岩体作为心墙基础。

（4）坝体轮廓。通过对不同坝顶宽度、坡比的坝坡稳定分析，对比其他同规模工程，考虑本工程地震动峰值加速度比其他工程高，最终选定心墙坝坝顶宽度为 18m，上游坝坡为1:2.1，下游坝坡为 1:2.0。

（5）堆石料分区。根据本工程料源特性和枢纽建筑物开挖可利用料数量，通过不同方案比选，最终选择泄洪系统进口及右坝肩开挖的弱风化上带强卸荷岩体（饱和抗压强度小值平均值大于 35MPa）作为堆石Ⅱ区，布置在上游围堰顶高程 2695m 以下以及心墙下游 2655～2780m 高程之间靠心墙侧，顶宽 90m，坡比 1:1.6；其余枢纽建筑物开挖有用料及料场开挖料（饱和抗压强度小值平均值大于 40MPa）作为堆石Ⅰ区，布置在大坝上游 2695m 高程以上、大坝下游 2655m 高程以下、2655～2780m 高程之间大坝下游侧，以及大坝下游 2780m 高程以上的范围。

（6）筑坝材料。综合考虑防渗变形性能和规范要求，300 米级特高坝防渗土料黏粒含量应不小于 6%，细粒含量不小于 15%，P_5 含量控制在 30%～50%；堆石料原岩饱和抗压强度小值平均值为 35～40MPa，可作为坝壳料堆石Ⅱ区料，原岩饱和抗压强度小值平均值大于40MPa，可作为坝壳料堆石Ⅰ区料。

（7）坝坡稳定分析。RM 心墙堆石坝设计上游坝坡 1:2.1，下游坝坡 1:2.0，采用单一完全系数法、分项系数法、有限元强度折减法、可靠度法等不同方法进行分析，坝坡稳定均能满足需求。

（8）坝基处理。对于 300 米级特高坝、坝基覆盖层不厚时，宜全部清除，心墙基础宜坐落在弱风化基础上；防渗标准不应小于 3Lu。

第五章

坝体变形预测与控制技术

第一节 概 述

糯扎渡、长河坝、两河口等 200～300m 级心墙堆石坝工程建设与实践，推动了特高心墙堆石坝技术进步，尤其是坝体总变形、心墙与岸坡之间剪切变形、坝体分区之间的变形协调性、大坝全寿命期变形演化规律等关键技术，近些年取得重要创新与突破。

高心墙堆石坝的变形是一个复杂过程，按照变形产生的原因，坝体变形包括施工填筑、蓄水荷载引起的瞬时变形，心墙固结以及坝料湿化、流变与风化劣化等长期变形。坝体变形按空间分布规律划分，可分为整体变形和内部变形两大类。整体变形主要表现为三个方向的变位，即垂直方向的沉降、水平方向的顺河向位移以及两岸向河谷方向的坝轴向位移。值得说明的是，由于坝顶纵向位移的存在，在两岸岸坡附近较易出现拉应变区，在河谷出现压应变区，此拉应变区的存在是产生横向裂缝的原因。内部变形按发生部位及作用效果来区分，主要包含心墙与岸坡之间的大剪切变形、心墙与坝壳料之间，以及河谷与两岸之间的不均匀变形等。

心墙堆石坝的渗透破坏及渗漏、心墙水力劈裂、坝体裂缝以及坝坡稳定等，无不与坝体变形密切相关。例如，若坝体总沉降过大，在河床与两岸坡坝段较易因不均匀沉降梯度过大而发生横向裂缝；在坝体内部，若心墙沉降量过大，而坝壳堆石区沉降量较小，就会使得心墙拱效应增强、土体有效压应力减小，诱发心墙产生水平裂缝，带来水力劈裂风险；若竣工后坝体后期变形量过大，不仅可能诱发坝顶裂缝，严重时还会因设计对安全超高的估计不足导致库水漫顶和溃坝事故的发生。

另外，在土工建筑物中，经常会遇到不同材料的交界面，也即不同材料的接触界面。由于两种接触界面两侧材料特性的差异，在界面两侧常存在较大的剪应力并发生位移不连续现象，从而导致较为复杂的应力和变形状态。例如，在心墙堆石坝就存在着心墙土料—反滤料、坝体土石料—基岩、接触黏土—混凝土盖板以及地基覆盖层—防渗墙等不同材料间的接触问题。这些不同材料间的接触界面常出现在坝体防渗的关键部位，例如心墙上下游面、狭窄河谷心墙与陡峻岸坡之间的大剪切变形通常被认为是诱发岸坡部位接触渗透破坏的薄弱环节。

瀑布沟、糯扎渡、长河坝等工程监测资料表明，现场监测的坝体变形一般大于前期预测结果。其主要原因可归纳为三个方面：① 堆石料室内试验存在缩尺效应，试验参数无法代表现场实际；② 本构模型在反映土体的剪胀性、复杂应力路径以及加卸载准则等方面存在一定的不足；③ 现有计算方法未充分考虑心墙固结、坝料湿化、流变和颗粒破碎等因素对坝体长期变形的影响。

针对以上技术重点及难点，本章综合考虑湿化、流变、循环荷载、风化劣化等多因素作用，研究心墙与陡峻岸坡、坝体材料分区之间的相互作用规律，揭示了高坝复杂变形特性及其演变机制，提出心墙适应岸坡大剪切变形、心墙 P_5 含量、心墙与坝壳变形协调、心墙抗水力破坏、预防坝顶裂缝等技术措施，构建土体变形预测与控制成套技术。

第二节　坝体变形预测理论方法

一、本构模型

近几十年来，结合国家"七五""八五"直至"十四五"科技攻关以及重大水利水电工程建设，土石坝本构模型一直是重要研究方向，在邓肯－张 E－v 模型、邓肯－张 E－B 模型的基础上，提出或发展了多个具有鲜明特色的本构模型，例如沈珠江双屈服面弹塑性模型、清华非线性解耦 K－G 模型、殷宗泽双屈服面弹塑性模型及其上述模型的各类改进模型。但总的来说理论研究仍滞后于工程实践。本章重点介绍非线性弹性模型和弹塑性本构模型两大类。

非线性弹性模型采用变形模量取代弹性模量的全量法，或者用切线模量取代弹性参数的增量法，根据广义胡克定律建立刚度矩阵，并假定两个独立的弹性常数 (E,v) 或 (E,B) 或 (K,G) 是应力状态的函数，最为典型的是邓肯－张 E－v 模型、邓肯－张 E－B 模型、清华非线性解耦 K－G 模型。

弹塑性模型是根据土的塑性增量理论建立的，应变增量 $d\varepsilon$ 为弹性应变增量 $d\varepsilon^e$ 与塑性应变增量 $d\varepsilon^p$ 之和，其中弹性应变增量根据广义胡克定律确定，塑性应变增量的确定则基于塑性理论，塑性理论包括三个方面的假定，即屈服条件、硬化规律和流动法则。目前使用较多的是剑桥模型、修正剑桥模型、清华弹塑性模型、沈珠江双屈服面弹塑性模型、殷宗泽双屈服面模型等。

1984 年 Zienkiewicz 和 Mroz 最早提出广义塑性理论，近 30 年来基于该理论框架的一系列弹塑性本构模型得到了快速发展，该类模型不需要显式给出屈服函数和塑性势函数的表达式，也不需要使用复杂的算法去判断应力点相对于屈服面或塑性势面的位置，认为土体在加载和卸载条件下都可以发生塑性变形。例如，姚仰平等人在修正剑桥模型基础上通过引入一个统一硬化参数，将修正剑桥模型改进为能够统一反映土体的剪胀（缩）现象，并建立了考虑颗粒破碎的粗粒土本构模型。国外 Alonso 等人分别在 1990 年和 2001 年提出了 Barcelona

Basic Model（BBM）模型和 Rock-fill Model（RM）模型，并用于预测了 Beliche 坝的变形和心墙孔隙压力。Pastor 和 Zienkiewicz 等人提出的 P-Z 广义塑性模型，在土工计算中得到了较为广泛的应用。与邓肯-张 E-B 模型、沈珠江双屈服面模型相比，在模拟土体的非线性、剪胀（剪缩）性、应变软化、循环荷载作用下的残余变形特性等方面，广义塑性本构模型表现出了明显优势。

（一）邓肯-张模型

1. 邓肯-张 E-v 模型

1963 年，康纳（Kondner）根据大量土的三轴试验应力应变关系曲线的特点，提出可以用双曲线拟合一般土的三轴试验的 $(\sigma_1 - \sigma_3) - \varepsilon_a$ 曲线，即：

$$(\sigma_1 - \sigma_3) = \frac{\varepsilon_a}{a + b\varepsilon_a} \tag{5-1}$$

式中：a、b——试验常数。

对于常规三轴压缩试验，$\varepsilon_a = \varepsilon_1$。邓肯等人根据这一双曲线应力应变关系提出了一种目前被广泛采用的增量弹性模型，一般被称为邓肯-张（Duncan-Chang）模型。

根据上述假定，结合常规三轴试验结果，可推导出切线变形模量的表达式为：

$$E_t = Kp_a \left(\frac{\sigma_3}{p_a} \right)^n (1 - R_f S_1)^2 \tag{5-2}$$

式中：σ_3——土体单元的小主应力；

p_a——大气压；

S_1——剪应力动用水平（简称应力水平），由下式计算：

$$S_1 = \frac{(1 - \sin\phi)(\sigma_1 - \sigma_3)}{2c \cdot \cos\phi + 2\sigma_3 \cdot \sin\phi} \tag{5-3}$$

式（5-2）切线变形模量的表达式有 c、ϕ、K、n 和 R_f 共 5 个参数。对堆石材料，一般黏聚力 c 取值为 0，摩擦角 ϕ 使用非线性强度参数 ϕ_0 和 $\Delta\phi$ 通过下式计算得到：

$$\varphi = \varphi_0 - \Delta\varphi \log(\sigma_3 / p_a) \tag{5-4}$$

邓肯等人根据试验资料，假定在常规三轴试验中轴向应变 ε_1 与侧向应变 ε_3 之间也存在双曲线关系，结合常规三轴试验结果可推导出切线泊松比的表达式为：

$$v_t = \frac{G - F \lg(\sigma_3 / p_a)}{\left[1 - \dfrac{D(\sigma_1 - \sigma_3)}{Kp_a \left(\dfrac{\sigma_3}{p_a} \right)^n \left[1 - \dfrac{R_f(\sigma_1 - \sigma_3)(1 - \sin\varphi)}{2c\cos\phi + 2\sigma_3\sin\phi} \right]} \right]^2} \tag{5-5}$$

式中：G、F、D——模型参数。

为了反映土变形的可恢复部分和不可恢复部分，邓肯-张模型在弹性理论的范围内，采用了卸载再加载模量，其表达式为：

$$E_{ur} = K_{ur} p_a (\sigma_3 / p_a)^n \qquad (5-6)$$

可见，邓肯-张 E-v 模型共有 9 个参数：c、ϕ、K、n、R_f、K_{ur}、G、F 和 D，可由一组常规三轴排水试验确定。

2. 邓肯-张 E-B 模型

试验表明，假定在常规三轴试验中轴向应变 ε_1 与侧向应变 $-\varepsilon_3$ 之间也存在双曲线关系与实际相差较多，同时使用切线泊松比在计算中也有一些不便之处。1980 年邓肯等人提出了邓肯-张 E-B 模型，其中，E_t 计算公式和邓肯-张 E-v 模型相同，另外引入体积模量 B 代替泊松比。B 的表达式为：

$$B = K_b p_a (\sigma_3 / p_a)^m \qquad (5-7)$$

可见，邓肯-张 E-B 模型共有 8 个参数：c、φ、K、n、R_f、K_{ur}、K_b 和 m，可由一组常规三轴排水试验确定。

3. 加卸荷判别准则

邓肯-张模型的加卸荷判别准则主要有两类方法：

第一类方法是根据计算的单元应力水平和偏应力，满足式（5-8）条件时土体为卸载，采用式（5-6）的卸荷回弹模量 E_{ur} 进行计算。

$$\begin{aligned} S_i &\leqslant 0.95 S_{i-1} \\ (\sigma_1 - \sigma_3)_i &\leqslant 0.95 (\sigma_1 - \sigma_3)_{i-1} \end{aligned} \qquad (5-8)$$

第二类方法是引入式（5-9）应力状态函数：

$$SS = S_l \cdot (\sigma_3 / p_a)^{1/4} \qquad (5-9)$$

如果将土体在历史上曾经受到的最大 SS 值记为 SS_m，则可按下式计算出用当前的应力 σ_3 标准化的应力水平 S_c：

$$S_c = SS_m / (\sigma_3 / p_a)^{1/4} \qquad (5-10)$$

然后将当前应力水平 S_l 与 S_c 比较来判别土单元所处的加卸载状态，确定切线弹性模量 E_t' 的取值。具体如下：

（1）当 $S_l \geqslant S_c$ 时，为加载，取 $E_t' = E_t$；

（2）当 $S_l \leqslant 0.75 S_c$ 时，为卸载，取 $E_t' = E_{ur}$；

（3）当 $S_c > S_l > 0.75 S_c$ 时，为过渡区，按下式计算：

$$E_t' = E_t + \frac{S_c - S_l}{0.25 S_c} (E_{ur} - E_t) \qquad (5-11)$$

4. 邓肯-张模型适应性评价

总体而言，邓肯-张模型简单、易于理解，模型参数可通过一组固结三轴排水试验（CD）确定；可以描述土体应力应变关系的非线性和压硬性，模型对加卸载分别采用不同的模量公式，一定程度上反映了土体变形的弹塑性，但由于模型建立在广义胡克定律的基础上，属于非线性弹性模型，不能描述土体的剪胀性。

（二）沈珠江双屈服面模型

1. 弹塑性理论

弹塑性模型将应变增量分成弹性部分和塑性部分，即：

$$\{\Delta\varepsilon\} = \{\Delta\varepsilon^{e}\} + \{\Delta\varepsilon^{p}\} \tag{5-12}$$

式（5-12）中，前一项按胡克定律计算，后一项一般写成下列形式：

$$\{\Delta\varepsilon^{p}\} = \Delta\lambda\{n\} \tag{5-13}$$

式中：$\Delta\lambda$——塑性应变增量的大小，常称塑性乘子；

$\{n\}$——方向。

如果塑性应变方向 $\{n\}$ 与应力路线无关，这就等同于应力空间中存在塑性势面 g，塑性应变方向垂直于此面，即：

$$\{n\} = \frac{1}{N}\left\{\frac{\partial g}{\partial\sigma}\right\} \tag{5-14}$$

其中，$N = \left[\left\{\frac{\partial g}{\partial\sigma}\right\}^{T}\left\{\frac{\partial g}{\partial\sigma}\right\}\right]^{1/2}$ 为法向矢量的模。g 可以假定与屈服面 f 一致或不一致。前者称相适应的流动法则，后者称不相适应的流动法则。

如果定义屈服面扩大或移动一个单位所产生的塑性应变增量称为塑性系数 A，则式（5-13）中的 $\Delta\lambda$ 可以写为：

$$\Delta\lambda = A\left\{\frac{\partial g}{\partial\sigma}\right\}^{T}\{\Delta\sigma\} \tag{5-15}$$

假定通过应力空间中一点有 2 个屈服面通过，分别为体积屈服面和剪切屈服面。每一屈服面的屈服均对塑性应变产生一定贡献。此时式（5-12）应写为：

$$\{\Delta\varepsilon\} = \{\Delta\varepsilon^{e}\} + \{\Delta\varepsilon^{p}\}_{1} + \{\Delta\varepsilon^{p}\}_{2} \tag{5-16}$$

采用相适应的流动法则时有：

$$\{\Delta\varepsilon\} = \{\Delta\varepsilon^{e}\} + \sum_{i=1}^{2} A_{i}\frac{1}{N}\left\{\frac{\partial f_{i}}{\partial\sigma}\right\}\left\{\frac{\partial f_{i}}{\partial\sigma}\right\}^{T}\{\Delta\sigma\} \tag{5-17}$$

或写为：

$$\{\Delta\varepsilon\} = \{\Delta\varepsilon^{e}\} + A_{1}\left\{\frac{\partial f_{1}}{\partial\sigma}\right\}\Delta f_{1} + A_{2}\left\{\frac{\partial f_{2}}{\partial\sigma}\right\}\Delta f_{2} \tag{5-18}$$

式中：f_{i}——第 i 重屈服面；

A_{i}——相应的塑性系数与法向矢量的模的比，为非负数，只在卸载和中性变载时等于零。

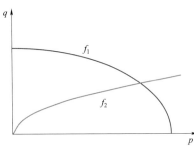

图 5-1 沈珠江模型的双屈服面

2. 沈珠江双屈服面模型

为克服邓肯-张模型不能描述土体剪胀性的不足，沈珠江院士以邓肯-张模型为基础，采用抛物线描述堆石料的体变曲线，并引入两个屈服面分别反映剪胀和剪缩特性，建立了沈珠江双屈服面弹塑性本构模型，又称"南水"模型。其屈服面方程为（见图 5-1）：

$$f_1 = p^2 + r^2 q^2 \tag{5-19}$$
$$f_2 = q^s / p$$

式中：r、s ——根据土性特点调整的参数，对于堆石料均取为 2；

q、p ——广义剪应力和平均应力。

$$q = \frac{1}{\sqrt{2}}[(\sigma_1 - \sigma_2)^2 + (\sigma_2 - \sigma_3)^2 + (\sigma_3 - \sigma_1)^2]^{\frac{1}{2}} \tag{5-20}$$
$$p = \frac{1}{3}(\sigma_1 + \sigma_2 + \sigma_3)$$

在 π 平面上应用 Prandtl-Reuss 法则，可以得到弹塑性矩阵 $[D]_{ep}$ 的具体表达式。

假定塑性系数 A_1 和 A_2 为应力状态的函数，与应力路径无关，因此可通过室内简单应力路径（如常规三轴压缩试验的试验结果）来确定。在常规三轴压缩应力路径上有：$\Delta \varepsilon_2 = \Delta \varepsilon_3$，$\Delta p = \Delta \sigma_1 / 3$，$\Delta q = \Delta \sigma_1$。据此由式（5-19）可算出 Δf_1、Δf_2、$\left\{\frac{\partial f_1}{\partial \sigma}\right\}$ 和 $\left\{\frac{\partial f_2}{\partial \sigma}\right\}$ 代入式（5-18），并计及 $\Delta \varepsilon_v = \Delta \varepsilon_1 + 2\Delta \varepsilon_3$ 后可得：

$$\frac{\Delta \varepsilon_1}{\Delta \sigma_1} = \frac{1}{E} + \frac{4}{9}(p + 3r^2 q)^2 A_1 + \frac{1}{9}\left(\frac{1}{p} - \frac{3s}{q}\right)^2 \frac{q^{2s}}{p^2} A_2 \tag{5-21}$$

$$\frac{\Delta \varepsilon_v}{\Delta \sigma_1} = \frac{1-2v}{E} + \frac{4}{3}p(p + 3r^2 q)A_1 + \frac{1}{3p}\left(\frac{1}{p} - \frac{3s}{q}\right)\frac{q^{2s}}{p^2} A_2 \tag{5-22}$$

当通过三轴试验测定切线杨氏模量 $E_t = \Delta \varepsilon_1 / \Delta \sigma_1$ 和切线体积比 $\mu_t = \Delta \varepsilon_v / \Delta \varepsilon_1$ 后，由上式可解出 A_1、A_2 的表达式：

$$A_1 = \frac{1}{4p^2} \frac{\eta\left(\frac{9}{E_t} - \frac{3\mu_t}{E_t} - \frac{3}{G}\right) + 3s\left(\frac{3\mu_t}{E_t} - \frac{1}{B}\right)}{3(1 + 3r^2\eta)(r^2\eta^2 + s)} \tag{5-23}$$

$$A_2 = \frac{p^2 q^2}{q^{2s}} \frac{\left(\frac{9}{E_t} - \frac{3\mu_t}{E_t} - \frac{3}{G}\right) - 3r^2\eta\left(\frac{3\mu_t}{E_t} - \frac{1}{B}\right)}{3(3s - \eta)(s + r^2\eta^2)} \tag{5-24}$$

对常规三轴试验，假定偏差应力（$\sigma_1 - \sigma_3$）与轴向应变 ε_1 关系仍然采用邓肯-张模型的双曲线关系，则切线模量 E_t 的表达式同式（5－2）。而对于体应变 ε_v 与轴向应变 ε_1 关系，为了描述堆石体的剪胀特性，沈珠江建议采用由图5－2所示的抛物线来描述。

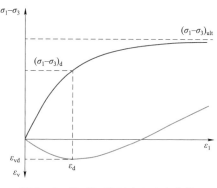

图5－2　沈珠江模型应力应变曲线

则可得 $\mu_t = \Delta\varepsilon_v / \Delta\varepsilon_1$ 的表达式为：

$$\mu_t = 2c_d\left(\frac{\sigma_3}{p_a}\right)^{n_d}\frac{E_i R_f}{(\sigma_1-\sigma_3)_f}\frac{1-R_d}{R_d}\left(1-\frac{R_f S_1}{1-R_f S_1}\frac{1-R_d}{R_d}\right)$$

（5－25）

式中：c_d、n_d、R_d——试验参数，分别由下面的公式决定：

$$\varepsilon_{vd} = c_d\left(\frac{\sigma_3}{p_a}\right)^{n_d}$$

$$R_d = \frac{(\sigma_1-\sigma_3)_d}{(\sigma_1-\sigma_3)_{ult}}$$

（5－26）

可见，沈珠江双屈服面模型有 φ_0、$\Delta\varphi$、R_f、K、n、c_d、n_d、R_d 和 E_{ur} 共9个模型参数，它们均可由一组常规三轴试验结果确定，且除 c_d、n_d 和 R_d 外，其余参数均同邓肯－张模型共用。

3. 本构模型适应性评价

沈珠江双屈服面模型是典型的弹塑性模型，采用一组幂函数反映剪切屈服，另一组椭圆反映体积屈服，可反映土体的剪胀性和剪缩性。大量研究表明，土石坝内堆石料在填筑期的应力路径可近似为等应力比的路径（q/p 为常数）；蓄水期的应力路径将发生转折，呈复杂应力路径。结合 RM 心墙坝料常规三轴试验、常规三轴复杂应力路径试验、真三轴复杂应力路径等试验成果，验证模型对复杂应力路径的适应性，并与邓肯－张 E－B 模型对比。

试验方案和应力路径见表5－1；求取邓肯－张 E－B 模型、沈珠江双屈服面模型的试验参数见表5－2。

表5－1　　　　　　　　　　　　　　试验方案和应力路径

试验类型	材料	试验点	试验应力路径描述
常规三轴	堆石Ⅰ区、堆石Ⅱ区、过渡料	7	$\sigma_3 = 100\text{kPa}$、200kPa、400kPa、800kPa、1200kPa、2000kPa、3200kPa
复杂应力路径常规三轴	堆石Ⅰ区、堆石Ⅱ区、过渡料	5	进行 $R = 2$ 的等比加载，分别至 $\sigma_3 = 200\text{kPa}$、600kPa、1200kPa、2000kPa 和 3000kPa 时转折，σ_3 和 σ_1 均增加，其增加量比值为1，直至 $\sigma_3 = 3200\text{kPa}$
复杂应力路径真三轴	堆石Ⅰ区料	6	按 $\sigma_3:\sigma_2:\sigma_1 = 1.0:1.5:2.0$ 的路径分别加载至 $\sigma_3 = 100\text{kPa}$、300kPa、600kPa、1000kPa、1600kPa、2200kPa，然后按 $\Delta\sigma_3:\Delta\sigma_2:\Delta\sigma_1 = 1.0:1.0:1.0$ 的路径加载

表 5-2　　　　　　　　邓肯-张 E-B 模型、沈珠江双屈服面模型试验参数

材料	C	ϕ_0 (°)	$\Delta\phi$ (°)	R_f	K	K_{ur}	n	邓肯-张 E-B 模型		沈珠江弹塑性模型		
								K_b	m	c_d	n_d	R_d
堆石 I 区	0.0	56.4	9.09	0.771	1400.3	2800.6	0.276	915.3	0.020	0.0027	0.80	0.71
堆石 II 区	0.0	55.8	9.30	0.782	1391.3	2782.6	0.281	777.4	0.041	0.0026	0.81	0.725
过渡料	0.0	53.3	7.49	0.840	1346.7	2693.5	0.413	882.5	0.068	0.0017	0.91	0.817

上述研究得出以下结论：

（1）与邓肯-张 E-B 模型相比，在模拟堆石料复杂应力路径试验方面，沈珠江双屈服面模型对土体应力应变试验曲线的拟合效果较好，但两种模型仍存在着一定的局限性，尚需改进。

（2）沈珠江双屈服面模型的不足主要体现在两个方面：① 当材料的应力水平达到 1.0 时，切线模量始终为正，无法模拟应力不变条件下，应变无限增长的破坏特点；② 不足之处是采用抛物线描述体应变 ε_v 与轴向应变 ε_1 的关系，当剪应变较大时，无论是低围压还是高围压状态，沈珠江双屈服面模型均高估了堆石料的剪胀性。

（3）在加卸载模拟方面，由于蓄水期上游坝壳及心墙中广泛区域内围压或平均应力都是减小的，两种模型均将上述区域中的所有单元都判为卸荷，从而不产生塑性应变，这显然与实际不符。

（三）考虑颗粒破碎的广义塑性本构模型

在广义塑性理论框架下，根据多个工程堆石料应力变形特性研究，魏匡民等建立了一个考虑颗粒破碎的堆石料广义塑性本构模型，通过分别定义塑性流动方向、加载方向、塑性模量，可以灵活完成不同加载条件下的预测任务，在实际工程应用中具有明显优势和良好的应用前景。

1. 模型介绍

在弹塑性模型中，总应变增量可以分解为弹性应变增量和塑性应变增量。

$$\Delta\varepsilon_{ij} = \Delta\varepsilon_{ij}^e + \Delta\varepsilon_{ij}^p \qquad (5-27)$$

式中：$\Delta\varepsilon_{ij}$ ——总应变增量；

　　　　$\Delta\varepsilon_{ij}^e$ ——弹性应变增量；

　　　　$\Delta\varepsilon_{ij}^p$ ——塑性应变增量。

粗粒土的应力应变关系可以表示为：

$$\Delta\boldsymbol{\sigma} = \boldsymbol{D}^{ep} : \Delta\boldsymbol{\varepsilon} \qquad (5-28)$$

式中：$\Delta\boldsymbol{\sigma}$ ——应力增量；

　　　　$\boldsymbol{D}^{ep}$ ——弹塑性矩阵。

广义塑性模型的弹塑性矩阵可以表示为：

$$D^{\mathrm{ep}} = D^{\mathrm{e}} - D^{\mathrm{p}} = D^{\mathrm{e}} - \frac{D^{\mathrm{e}} : n_{\mathrm{gL/U}} : n^{\mathrm{T}} : D^{\mathrm{e}}}{H_{\mathrm{L/U}} + n^{\mathrm{T}} : D^{\mathrm{e}} : n_{\mathrm{gL/U}}} \tag{5-29}$$

式中：　D^{e} ——弹性矩阵；

　　　　D^{p} ——塑性矩阵；

　　$n_{\mathrm{gL/U}}$ ——加载或卸载时的塑性流动方向；

　　　　n ——加载方向；

　　$H_{\mathrm{L/U}}$ ——加载或卸载时的塑性模量。

广义塑性模型中加载时的塑性流动方向为：

$$n_{\mathrm{gL}} = \left(\frac{d_{\mathrm{g}}}{\sqrt{1+d_{\mathrm{g}}^2}}, \frac{1}{\sqrt{1+d_{\mathrm{g}}^2}} \right) \tag{5-30}$$

为了模拟所谓的粗粒土"卸载体缩"现象，仿照 Pastor 等人的做法，将土体处于卸载时的塑性流动方向定义为：

$$n_{\mathrm{gU}} = \left[-abs\left(\frac{d_{\mathrm{g}}}{\sqrt{1+d_{\mathrm{g}}^2}} \right) \frac{1}{\sqrt{1+d_{\mathrm{g}}^2}} \right] \tag{5-31}$$

陈生水等人建议，对于堆石材料，d_{g} 采用下式：

$$d_{\mathrm{g}} = (1+\alpha)\frac{M_{\mathrm{d}}^2 - \eta^2}{2\eta} \tag{5-32}$$

式中：　M_{d} ——材料由剪缩向剪胀过渡的相变应力比；

　　　　α ——一般取 0.5。

$$M_{\mathrm{d}} = \frac{6\sin\psi}{3-\sin\psi} \tag{5-33}$$

$$\psi = \psi_0 - \Delta\psi \lg\left(\frac{p}{p_{\mathrm{a}}} \right) \tag{5-34}$$

式中：　ψ ——考虑了颗粒破碎的剪胀特征摩擦角；

ψ_0、$\Delta\psi$ ——反映剪胀特征摩擦角变化的参数。

加载方向可以定义为：

$$n = \left(\frac{d_{\mathrm{f}}}{\sqrt{1+d_{\mathrm{f}}^2}}, \frac{1}{\sqrt{1+d_{\mathrm{f}}^2}} \right) \tag{5-35}$$

其中，d_{f} 可以定义为：

$$d_{\mathrm{f}} = (1+\alpha)\frac{M_{\mathrm{f}}^2 - \eta^2}{2\eta} \tag{5-36}$$

根据邓肯等人提出堆石料强度非线性公式：

$$M_f = \frac{6\sin\varphi}{3-\sin\varphi} \qquad (5-37)$$

$$\varphi = \varphi_0 - \Delta\varphi \lg\left(\frac{p}{p_a}\right) \qquad (5-38)$$

式中：φ——内摩擦角；

φ_0 和 $\Delta\varphi$——反映剪胀特征摩擦角变化的参数。

对于无黏性土，材料的等向压缩性可以由下式表示：

$$\varepsilon_v^p = (\lambda-k)\left[\left(\frac{p}{p_a}\right)^m - \left(\frac{p_0}{p_a}\right)^m\right] \qquad (5-39)$$

式中：λ——压缩参数；

k——回弹参数；

m——粗粒土的一个材料参数；

p_a——大气压力；

p_0——参考压力。

粗粒土广义塑性模型中将弹性模量建议为：

$$E = \frac{3(1-\upsilon)p_a^m}{mkp^{m-1}} \qquad (5-40)$$

式中：υ——泊松比，一般认为是常数 0.3。

等向压缩过程中的塑性模量可以由上式取微分形式：

$$\Delta\varepsilon_v^p = m(\lambda-k)\frac{1}{p_a}\left(\frac{p}{p_a}\right)^{m-1}\Delta p \qquad (5-41)$$

考虑到粗粒土的剪胀性和剪切效应后，上式可改进为一个半经验的塑性模量表达式，具体为：

$$H_L = \frac{p_a^m}{m(\lambda-k)p^{m-1}}\frac{1+(1+\eta/M_d)^2}{1+(1-\eta/M_d)^2}\left(1-\frac{\eta}{M_f}\right)^d \qquad (5-42)$$

该模型考虑了颗粒破碎引起堆石料强度和剪胀特性与围压之间非线性关系，以及堆石料颗粒自身性质对应力变形特性的影响，为研究堆石料颗粒劣化引起的变形（湿化、流变）奠定了基础，模型具有参数少、参数确定简单等优势，对于复杂应力路径具有良好的适用性。

2. 试验参数整理

上述考虑颗粒破碎的堆石料广义塑性模型共有 φ、$\Delta\varphi$、ψ_0、$\Delta\psi$、λ、k、m、d 等 8 个参数，φ_0、$\Delta\varphi$、ψ_0、$\Delta\psi$ 可通过三轴试验曲线直接得到，在缺乏等向压缩试验资料时，

λ、k、m、d 可通过优化算法确定。根据 RM 高心墙堆石坝堆石料室内大型三轴剪切试验成果，整理试验参数见表 5–3。

表 5–3　　　　　考虑颗粒破碎的 RM 筑坝料广义塑性本构模型试验参数

材料	ρ (g/cm³)	φ (°)	$\Delta\varphi$ (°)	ψ (°)	$\Delta\psi$ (°)	λ	k	m	d
堆石Ⅰ区料	2.170	61.0	11.1	52.6	7.2	0.0149	0.0047	0.448	0.636
堆石Ⅱ区料	2.107	60.6	11.4	52.1	6.8	0.0136	0.0043	0.490	0.725
过渡料	2.115	59.5	10.5	50.2	5.54	0.0110	0.0035	0.527	0.748
反滤层Ⅰ区料	1.957	62.3	11.8	53.9	7.3	0.0100	0.0032	0.513	0.639
反滤层Ⅱ区料	2.103	57.6	9.5	53.3	7.3	0.0110	0.0035	0.540	0.647
砾石土心墙料	2.22	42.87	5.88	42.87	5.88	0.0385	0.0100	0.334	1.327
接触黏土	1.97	32.0	4.60	32.0	4.60	0.0308	0.0097	0.450	1.498

3. 本构模型的适应性评价

绘制堆石Ⅰ区料、堆石Ⅱ区料、过渡料、反滤层Ⅱ区料、反滤层Ⅰ区料、砾石土心墙料和接触黏土料三轴试验偏应力（$\sigma_1 - \sigma_3$）—轴向应变 ε_a、轴向应变 ε_a –轴向应变 ε_v 试验值与预测值的拟合情况，详见图 5–3～图 5–9。由图可见，考虑颗粒破碎的堆石料广义塑性本构模型，在模拟筑坝料的强度和变形特性，尤其是剪胀和剪缩特性方面，该模型的适应性较好。

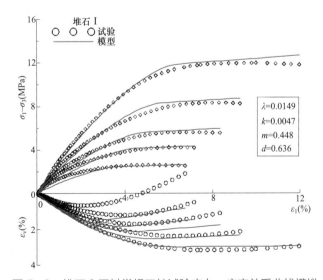

图 5–3　堆石Ⅰ区料常规三轴试验应力—应变关系曲线模拟

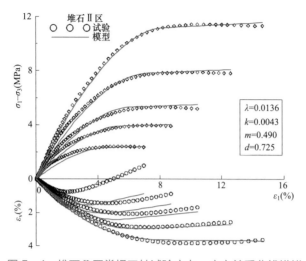

图 5-4　堆石Ⅱ区常规三轴试验应力—应变关系曲线模拟

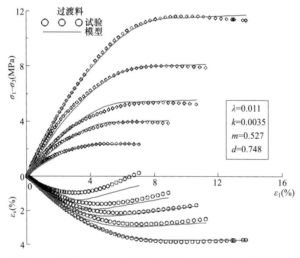

图 5-5　过渡料常规三轴试验应力—应变关系曲线模拟

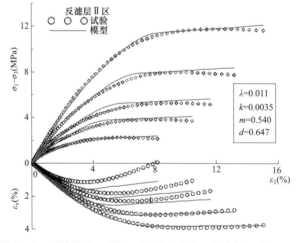

图 5-6　反滤层Ⅱ区常规三轴试验应力—应变关系曲线模拟

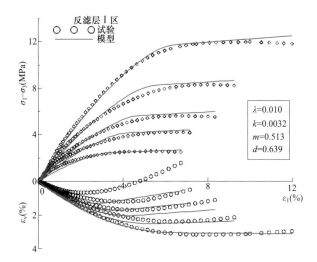

图 5-7　反滤层 Ⅰ 区常规三轴试验应力—应变关系曲线模拟

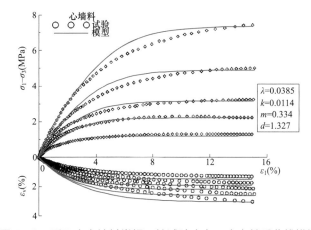

图 5-8　砾石土心墙料常规三轴试验应力—应变关系曲线模拟

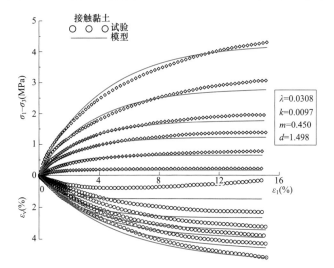

图 5-9　接触黏土料常规三轴试验应力—应变关系曲线模拟

4. 工程应用

采用考虑颗粒破碎的堆石料广义本构模型及试验参数，进行 RM 大坝工程应用分析，并与邓肯-张 E-B 模型的计算结果进行比较，计算结果见表 5-4。

表 5-4   考虑颗粒破碎的广义塑性模型与邓肯-张 E-B 模型计算结果的比较

部位	特征极值	考虑颗粒破碎的广义塑性模型		邓肯-张 E-B 模型	
		竣工期	满蓄期	竣工期	满蓄期
河床最大横剖面	指向上游位移（cm）	12.5	10.4	28.0	23.6
	指向下游位移（cm）	22.1	54.9	41.0	83.1
	沉降（cm）	329.3	335.6	315.8	317.4
	大主应力（MPa）	4.81	4.98	4.71	4.79
	小主应力（MPa）	1.71	1.81	1.68	1.92
坝轴线纵剖面	指向右岸位移（cm）	39.4	39.3	65.9	65.7
	指向左岸位移（cm）	34.6	34.4	62.8	62.6
	沉降（cm）	329.3	335.6	315.9	317.4
	大主应力（MPa）	3.37	3.57	3.35	3.65
	小主应力（MPa）	1.41	1.45	1.35	1.74

研究得出的主要结论如下：

（1）从变形分布规律对比可见，两种模型的顺河向水平位移分布规律存在着较大差异。主要表现为广义塑性模型计算水平位移最大值出现在心墙上游表面 2/3 坝高处，而邓肯-张 E-B 模型计算结果水平位移最大值出现在心墙上游表面 1/2 坝高处，如图 5-10 所示。从变形量值上分析，广义塑性模型计算的坝体最大沉降量较邓肯-张 E-B 模型增加约 5.7%，竣工期和蓄水期指向上游、下游的变形广义塑性模型较邓肯-张 E-B 模型分别减小约 55%、33%。广义塑性模型计算结果更符合已建高坝变形原型观测结果。

（2）分析广义塑性模型和邓肯-张 E-B 模型计算结果差异的主要原因为，广义塑性模型能够考虑粗颗粒材料低围压下的剪胀性以及高围压下的颗粒破碎效应，而对于 300m 级特高坝，无疑筑坝料承受压力大颗粒破碎明显，表现为坝壳向内收缩。由此，广义塑性模型计算的沉降较邓肯-张 E-B 模型大，水平位移较邓肯-张 E-B 模型小。

（3）广义塑性模型和邓肯-张 E-B 模型计算坝体主应力较为接近，其中广义塑性模型大主应力较邓肯-张 E-B 模型略大，小主应力较邓肯-张 E-B 模型略小。主要原因在于广义塑性较好考虑了颗粒破碎效应，其泊松效应较邓肯-张 E-B 模型弱，河谷对坝体的约束效果也随之较弱，表现为第三主应力较邓肯-张 E-B 模型小。

（四）考虑"卸荷体缩"的土石料统一广义塑性模型

RM 心墙堆石坝材料的三轴试验结果发现，堆石体在卸载过程中表现出"卸荷体缩"的体积变形特性。工程监测也表明，堆石坝的长期运行性状不仅与坝料的流变特性有关，与运行期水库消落带循环加载条件下的变形特性也有关。为此，河海大学朱晟等人提出了土石料统一广义塑性模型，该模型改进了 Pastor 等广义塑性本构模型剪胀方程不能合理反映等向压缩特性的缺陷，适应于复杂应力路径条件下土石料塑性变形特性的应力、应变关系，可较好地体现堆石坝体的卸载体缩特性。

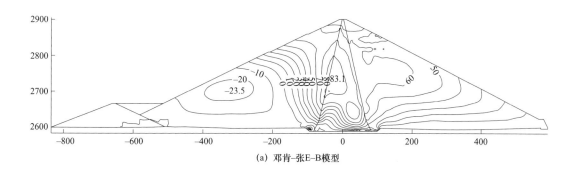

(a) 邓肯–张E–B模型

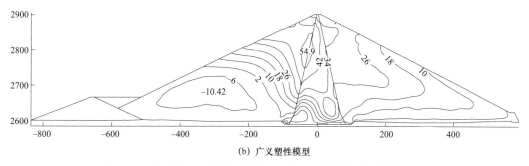

(b) 广义塑性模型

图 5–10 满蓄期最大横剖面顺河向位移分布规律比较（单位：cm）

1. 模型介绍

剪胀方程如下：

$$d_{\mathrm{g}} = \alpha\left(1 + \beta\frac{M_{\mathrm{c}}}{\eta}\right)(M_{\mathrm{c}} - \eta) \tag{5-43}$$

式中：β、α、M_{c}——土体参数。

加载时的塑性流动方向为

$$\boldsymbol{n}_{\mathrm{gL}} = \left(\frac{d_{\mathrm{g}}}{\sqrt{1 + d_{\mathrm{g}}^2}}, \frac{1}{\sqrt{1 + d_{\mathrm{g}}^2}}\right) \tag{5-44}$$

为了模拟土体的"卸载体缩"现象，将卸载时的塑性流动方向定义为：

$$\boldsymbol{n}_{\mathrm{gU}} = \left(-abs\left(\frac{d_{\mathrm{g}}}{\sqrt{1 + d_{\mathrm{g}}^2}}\right), \frac{1}{\sqrt{1 + d_{\mathrm{g}}^2}}\right) \tag{5-45}$$

采用非关联流动法则，加载方向为：

$$n = \left(\frac{d_f}{\sqrt{1+d_f^2}}, \frac{1}{\sqrt{1+d_f^2}} \right)^T \qquad (5-46)$$

式中： d_f —— $d_f = \alpha \left(1 + \beta \frac{M_f}{\eta} \right) (M_f - \eta)$ 。

定义加载时的塑性模量为：

$$H_L = \frac{p_r^m \Omega}{m (c_t - c_e) p^{m-1}} \qquad (5-47)$$

式中： Ω —— $\Omega = \frac{1+(\eta/M_f)^2}{1+(\eta/M_c)^2} \frac{1+\eta/M_f}{1+\eta/M_c} (1-\eta/M_f)^d e^{-\frac{\eta}{M_c}}$ ；

d —— 土体的参数。

在复杂加载条件下，再加载塑性模量需要反映应力历史和硬化行为的影响，定义为：

$$H_{RL} = \frac{p_r^m \Omega}{m(c_t - c_e) p^{m-1}} H_{DM} H_{den} \qquad (5-48)$$

其中： $H_{DM} = \left(\frac{\eta}{\eta_{max}} \right)^{-\gamma_{DM}}$ 可反映应力历史影响。

采用老化函数 H_{den} 反映材料的硬化行为：

$$H_{den} = \exp(-\gamma_{den} \varepsilon_{v0}^p) \qquad (5-49)$$

式中： ε_{v0}^p —— 当前再加载起点的塑性体积应变（受压或 0）；

γ_{den} —— 无量纲参数。

卸载模量表示为：

$$H_U = \frac{\Omega p_r^m}{m c_e p^{m-1}} H_{DM} H_{den} \left(\frac{M_c}{\eta_u} \right)^{\gamma_u}, \quad 当 \left| \frac{M_c}{\eta_u} \right| > 1 \text{时}; \qquad (5-50)$$

$$H_U = \frac{\Omega p_r^m}{m c_e p^{m-1}} H_{DM} H_{den}, \quad 当 \left| \frac{M_c}{\eta_u} \right| \leqslant 1 \text{时}; \qquad (5-51)$$

式中： η_u —— 上一次卸载发生时的应力比；

γ_{DM} 、 γ_{den} —— 无量纲模型参数。

土体弹性模量则根据等向压缩试验成果推导，其中泊松比 υ ，一般可取常数 0.3。

$$E = \frac{3(1-2\upsilon) p_a^m}{m c_e p^{m-1}} \qquad (5-52)$$

由于堆石体、砂砾料等粗粒土的峰值应力比 M_f 并不是一个常数，而是与平均压力或者是围压相关的，这里将土体的峰值强度统一描述为以下形式。其中， M_{f0} 与 n_f 为材料参数，可通过常规三轴试验峰值强度拟合得到。

$$M_f = M_{f0} \left(\frac{p}{p_r} \right)^{n_{f-1}} \qquad (5-53)$$

2. 试验参数整理

根据 RM 筑坝料循环加卸载三轴试验成果，计算试验峰值强度的破坏应力比 M_f 及对应的 p/p_r，利用式（5-53）进行拟合，得到参数 M_{f0} 和 n_f；绘制坝壳料试验点 d_g 与对应 $\eta=q/p$，利用式（5-43）进行拟合，得到剪胀方程参数 α 和 β；通过反演常规三轴初始加载试验结果，得到变形控制参数 C_t、C_e、m、d；通过反演三轴试验的卸载-再加载段，得到塑性模量控制参数 γ_{DM}、γ_{den}、γ_u。整理考虑"卸荷体缩"土石坝统一广义塑性模型参数见表 5-5。

表 5-5　　　考虑"卸荷体缩"的 RM 筑坝料统一广义塑性模型试验参数

材料分区	C_t	C_e	m	M_{f0}	n_f	M_c	α	β	d	γ_{DM}	γ_{den}	γ_u
堆石 I 区	0.0036	0.0006	0.557	2.360	0.939	1.744	1.35	0.04	1.056	2	380	30
堆石 II 区	0.0030	0.0005	0.545	2.391	0.924	1.687	1.02	0.05	1.113	2	400	30
过渡区	0.0032	0.0002	0.532	2.255	0.942	1.707	1.28	0.04	1.121	2	380	30
反滤层 II 区	0.0030	0.0004	0.572	2.263	0.938	1.754	1.25	0.02	1.072	20	300	30
反滤层 I 区	0.0046	0.0011	0.601	2.871	0.872	1.741	0.71	0.04	1.049	5	500	30
防渗心墙料	0.0045	0.0010	0.682	2.601	0.853	1.425	0.483	0.03	1.113	—	—	—
接触黏土料	0.0127	0.0006	0.521	1.571	0.889	1.069	0.69	0.005	1.063	—	—	—

3. 本构模型的适应性评价

选取 RM 筑坝材料堆石 I 区、堆石 II 区、过渡区、反滤层 II 区、反滤层 I 区，将考虑"卸荷体缩"的土石料统一广义塑性模型的预测值与试验值绘制于图 5-11。由图 5-11 可见，该模型的预测值与试验值吻合较好，在反映坝壳料的卸载体缩方面具有良好的适应性。

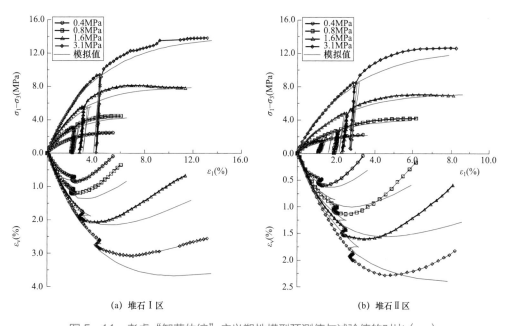

(a) 堆石 I 区　　　　　　　　　(b) 堆石 II 区

图 5-11　考虑"卸荷体缩"广义塑性模型预测值与试验值的对比（一）

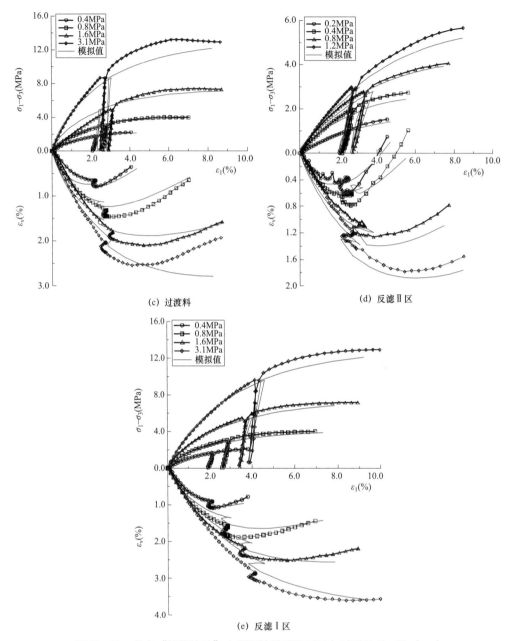

图 5-11 考虑"卸荷体缩"广义塑性模型预测值与试验值的对比（二）

4. 工程应用

模拟水库在正常蓄水位至死水位之间经历 5 次库水升降循环,图 5-12 和图 5-13 给出了坝体位移增量分布图。由图可见,库水位升降循环引起了指向上游的水平变形和竖向沉降;其中竖向沉降极值为 48.15cm,主要发生在坝顶附近的上游堆石区域;坝顶附近整体向上游方向移动了 30.62cm,而死水位以下的坝体向下游方向移动了 4.47cm。

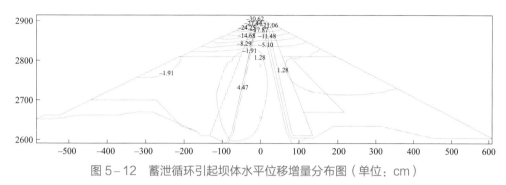

图 5-12　蓄泄循环引起坝体水平位移增量分布图（单位：cm）

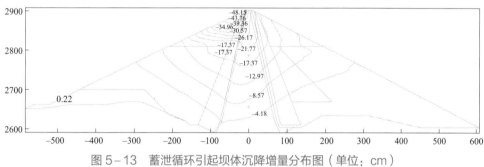

图 5-13　蓄泄循环引起坝体沉降增量分布图（单位：cm）

二、渗流固结有限元法

（一）Biot 固结有限元法

1. 基本假定

基于 Biot 固结理论的有效应力法，是心墙堆石坝流固耦合有限元分析最常用的方法，近几十年来积累了丰富的工程经验。该方法假定土体中的孔隙气以气泡形式封闭或溶解在孔隙水中，把水汽混合体当作一种可压缩的流体对待。根据该假定，可以认为心墙等接近饱和的土体处于"拟饱和"状态，从而采用了类似 Biot 固结理论的拟饱和土固结理论来进行分析。拟饱和土固结理论实质上是非饱和土固结理论的一种简化形式，基本假定如下：

（1）土体为均质的各向同性材料；

（2）土骨架只有小变形发生；

（3）土颗粒不可压缩；

（4）忽略温度的影响；

（5）假定孔隙气溶于孔隙水中，并忽略孔隙气压力和孔压的差异；

（6）假定土中孔隙完全被含气泡的水充满，忽略孔隙水中溶解的孔隙气的运动；

（7）假定孔隙水本身不可压缩；

（8）假定孔隙水的连通性和连续性，并假定孔隙水的运动服从 Darcy 定律。

2. 固结方程

通过伽辽金加权残值法推导，可得到 Biot 固结有限元支配方程如下：

$$\begin{bmatrix} K_{\mathrm{e}} & K_{\mathrm{c}} \\ K_{\mathrm{c}}^{\mathrm{T}} & -\theta\Delta tK_{\mathrm{s}} \end{bmatrix} \begin{Bmatrix} \Delta\delta \\ \Delta p \end{Bmatrix} = \begin{Bmatrix} \Delta R \\ \Delta R_{\mathrm{p}} \end{Bmatrix} \qquad (5-54)$$

式中：$[K_{\mathrm{e}}] = \iiint\limits_{V^{\mathrm{e}}} [B]^{\mathrm{T}}[D][B]\mathrm{d}x\mathrm{d}y\mathrm{d}z$ 为整体刚度矩阵；

$\qquad [K_{\mathrm{c}}] = \iiint\limits_{V^{\mathrm{e}}} [B]^{\mathrm{T}}[M][\bar{N}]\mathrm{d}x\mathrm{d}y\mathrm{d}z$ 为耦合矩阵；

$\qquad \{R\} = \iint\limits_{D^{\mathrm{e}}} [N]^{\mathrm{T}}\{F\}\mathrm{d}s$ 为等效结点荷载列阵；

$\qquad [K_{\mathrm{s}}] = \iiint\limits_{V^{\mathrm{e}}} [\bar{N}]^{\mathrm{T}}\{\partial'\}^{\mathrm{T}}[k]\{\partial'\}[\bar{N}]\mathrm{d}x\mathrm{d}y\mathrm{d}z$ ；

$\qquad \{\Delta R_{\mathrm{p}}\} = \Delta t(\{R_{\mathrm{q}}\}+[K_{\mathrm{s}}]\{p\}_{\mathrm{n}})$ ；

$\qquad \{R_{\mathrm{q}}\} = \iint\limits_{D^{\mathrm{e}}} [\bar{N}]^{\mathrm{T}}v_{\mathrm{n}}\mathrm{d}s$ 。

3. 简化非饱和土模拟方法

由于堆石料的渗透系数很大，通常不考虑坝壳的固结过程，只计算心墙的固结。土质防渗墙压实后的饱和度一般在 90%左右，这时孔隙气将以气泡的形式封闭在孔隙水中，并且和孔隙水一起运动。因此，计算中把这样的含气水当作单一的可压缩流体来看待，认为其流动服从 Darcy 定律，并取渗透系数为常量。由于心墙的饱和度较高，通常采用如下简化公式计算含气水的压缩系数：

$$\beta = n\frac{1-S_{\mathrm{r}}}{P_{\mathrm{w}}+P_{\mathrm{a}}} \qquad (5-55)$$

式中：n——孔隙率；

$\qquad S_{\mathrm{r}}$——饱和度，按下述 Hilf 公式计算：

$$S_{\mathrm{r}} = (S_{\mathrm{r}})_{\mathrm{o}}\frac{P_{\mathrm{w}}+P_{\mathrm{a}}}{P_{\mathrm{a}}+(1-C_{\mathrm{h}})(S_{\mathrm{r}})_{\mathrm{o}}P_{\mathrm{w}}} \qquad (5-56)$$

式中：$(S_{\mathrm{r}})_{\mathrm{o}}$——填筑时的初始饱和度；

$\qquad C_{\mathrm{h}}$——亨利溶解系数，20℃时为 0.02；

$\qquad P_{\mathrm{a}}$——大气压；

$\qquad P_{\mathrm{w}}$——孔隙压力。

（二）多场耦合分析方法

砾石土三轴渗透试验研究表明，心墙土料在高应力大剪切变形条件下，其渗透特性会随土体物理力学特性发生明显改变，也即土体的应力变形状态和物理状态改变土体的渗透性。土体的渗透性及其分布又对超静孔压的消散起着决定性作用，从而影响土体力变形状态和物理状态的改变。总的来说，在大坝施工、蓄水和运行过程中，心墙内部的应力场、变形场、物态场和渗流场之间存在着复杂的相互耦合作用，如图 5-14 所示。

对于 300 米级特高心墙堆石坝而言，防渗土料上坝碾压的饱和度一般达到 90% 以上，心墙中下部较宽，排水路径较长，心墙填筑过程中的高应力状态将导致孔压上升较快而消散速度较慢，有可能形成较大的超孔压，从而导致心墙中有效应力及强度降低，心墙变形稳定收敛时间较长。已建工程也揭示，努列克、小浪底、糯扎渡、两河口等工程均存在高孔压问题，高孔压经历施工期后仍未完全消散，有的甚至持续 10～20 年以上，这也是近年来高坝工程建设值得关注的一个重要现象。

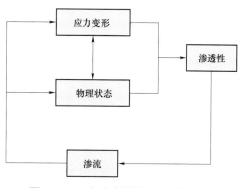

图 5-14　土体多场耦合关系示意图

常规 Biot 固结有限元法假定心墙渗透系数为常量，不考虑土体固结过程中应力变形状态对渗透系数的影响，将造成心墙孔压计算存在较大误差，尤其对于高应力大变形条件下的高心墙堆石坝而言，将无法准确模拟高孔压问题。本研究基于 RM 高心墙堆石坝砾石土三轴渗透试验成果，在传统 Biot 固结理论的基础上引入非线性渗透系数函数，考虑了应力变形、物态与土体渗透系数之间的相互耦合作用。

1. QH 组渗透系数模型

RM 防渗土料三轴剪切渗流试验研究可知，黏性土在饱和状态下发生大剪切变形后，渗透性的变化特性与土体物理力学状态密切相关，土体剪切过程中土体的渗透性将发生显著的变化。根据试验成果，QH 组在多场耦合分析时采用下述指数函数的数学模型描述黏性土大剪切变形后的渗透系数：

$$k = \exp(ae + b\varepsilon_s^{1/4} + c) \qquad (5-57)$$

式中：k ——试样的渗透系数；

　　　e ——孔隙比；

　　　ε_s ——广义剪应变；

a、b、c ——待定系数。可进一步将上式写为如下形式：

$$k = \exp(ae + c) \cdot \exp(b\varepsilon_s^{1/4}) \qquad (5-58)$$

式中：$\exp(ae + c)$ ——土体的体应变对渗透系数的影响；

　　　$\exp(b\varepsilon_s^{1/4})$ ——剪切作用对渗透系数的影响。

图 5-15 给出了该饱和渗透系数模型在三维空间构成的曲面，三个坐标轴分别为渗透系数 k、孔隙比 e 和剪应变幂函数 $\varepsilon_s^{1/4}$。从图中可以看出，在一般情况下，土体的渗透系数在剪切变形的作用下会沿着图中的"一般轨迹"线变化。当土体中的剪应变为 0 时，土体只发生等向固结压缩而不发生剪切变形。在这种情况下，土体的渗透系数模型则演变为：

$$k = \exp(ae + c) \qquad (5-59)$$

在这种等向固结压缩条件下，土体的饱和渗透系数将沿着图中的"等向固结k线"变化。

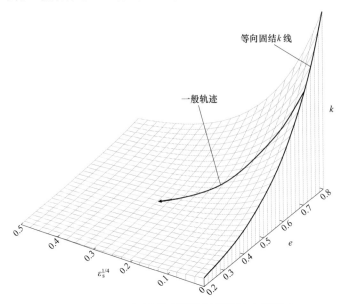

图 5-15　QH 组渗透系数数学模型的空间形式

根据 1 号土料场土料的三轴渗透试验结果，通过曲线拟合的方法求得式（5-58）的参数 $a=229.0$、$b=-1.41$、$c=-72.6$。图 5-16 和图 5-17 给出了试验值与计算值的拟合情况，可以看到上述公式能较好地模拟孔隙比和剪应变大小对渗透系数的影响。

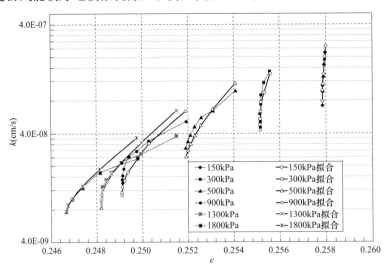

图 5-16　拉乌 1 号土料渗透系数-孔隙比实测值与计算值的拟合

对非饱和土而言，饱和度对渗透系数的影响要远远大于孔隙比、应力状态等其他因素的影响。土体从饱和状态变为非饱和状态的过程中，其渗透系数会发生急剧变化。随着土体饱和度的降低，土骨架中的水不断排出，使得孔隙空间中水渗流的通道不断减小，渗透路径变曲折，渗透系数显著降低。图 5-18 所示为渗透系数与有效饱和度的关系曲线示意图。

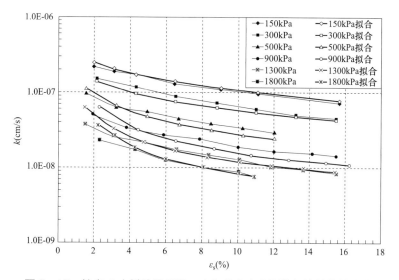

图 5－17　拉乌 1 土料渗透系数－广义剪应变实测值与计算值的拟合

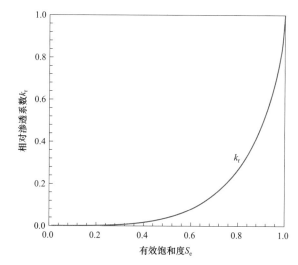

图 5－18　相对渗透系数 k_r 与有效饱和度 S_e 的关系曲线

选用 Mualem 定义的非饱和土渗透系数函数，如下所示：

$$\begin{cases} k = k_s \cdot k_r \\ k_r = S_e^{\frac{1}{2}} \left[1 - \left(1 - S_e^{\frac{1}{m}} \right)^m \right]^2 \end{cases} \qquad （5－60）$$

式中：k_s ——饱和渗透系数；

　　　k_r ——相对渗透系数，是一个取值范围在 0～1 的无量纲量；

　　　S_e ——有效饱和度；

　　　m ——土－水特征曲线 Van Genuchten 模型参数。

有效饱和度 S_e 可用体积含水量 θ、饱和体积含水量 θ_s 和残余体积含水量 θ_r 表示：

$$S_e = \frac{\theta - \theta_r}{\theta_s - \theta_r} \qquad (5-61)$$

2. BK 组渗透系数模型

试验表明,孔隙比是影响土体渗透系数的最主要因素,剪切变形对土体渗透性能的影响,在一定程度上也是通过密度或孔隙比来体现。不少学者针对不同土料提出了渗透系数与孔隙比/密度的相关关系。

对于粗粒土,渗透系数主要取决于特征粒径和孔隙比,太沙基曾建议如下式:

$$k = 2e^2 d_{10}^2 \qquad (5-62)$$

中国水利水电科学研究院曾建议如下形式的经验公式:

$$k = 234 d_{20}^2 \frac{e^3}{(1+e)^3} \qquad (5-63)$$

对于黏性土,Casagrande、Taylor、Mesri 等研究者,提出了不同形式的经验公式,其中 Taylor 认为渗透系数的对数 $\ln k$ 与孔隙比 e 之间近似存在线性关系,提出了如下的经验公式:

$$\ln k = \frac{e - e_0}{c_k} \ln k_0 \qquad (5-64)$$

对于给定初始密度的砾石土,渗透系数主要取决于其体应变。如果采用邓肯-张 E-B 模型描述土体的应力-应变关系,则在等向固结条件下,体应变与球应力 p 存在如下关系:

$$\varepsilon_v = \frac{1}{k_b(1-m)} \left(\frac{p}{p_a} \right)^{1-m} \qquad (5-65)$$

测得 RM 心墙堆石坝拉乌 1 号心墙土料不同制样密度条件下的渗透系数,并假设填筑密度为 2.16g/cm³,得到渗透系数与不同体应变的关系,如图 5-19(a)所示;并根据式(5-65)进一步得到渗透系数与球应力 p 的关系,如图 5-19(b)所示。

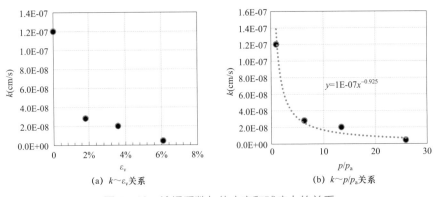

图 5-19　渗透系数与体应变和球应力的关系

根据图 5-19(b)显示的规律,BK 组认为渗透系数 k 与 p/p_a 大致呈指数关系,提出式(5-66):

$$k = k_0 \left(\frac{p}{p_a} \right)^{-\alpha} \qquad (5-66)$$

对图 5-19（b）中的试验点据进行拟合，可以得到 $k = 1.2 \times 10^{-7}\text{cm/s}$ 和 $\alpha = 0.925$。

3. 多场耦合控制方程

多场耦合分析方法在渗流固结理论的孔隙水连续方程中，渗透系数 k 随土体状态的变化而发生改变。土体的渗流系数通过渗透系数函数模型进行描述，渗透系数函数表示了渗透系数 k 与应力、体应变等变量之间的复杂函数关系。对该连续方程进行求解时，拟采用非线性迭代算法，在迭代过程中不断对土体的渗透系数 k 进行修正，最终逼近精确值。

$$\begin{cases} \dfrac{\partial \sigma_x}{\partial x} + \dfrac{\partial \tau_{xy}}{\partial y} + \dfrac{\partial \tau_{xz}}{\partial z} = 0 \\[2mm] \dfrac{\partial \tau_{yx}}{\partial x} + \dfrac{\partial \sigma_y}{\partial y} + \dfrac{\partial \tau_{yz}}{\partial z} = 0 \\[2mm] \dfrac{\partial \tau_{zx}}{\partial x} + \dfrac{\partial \tau_{zy}}{\partial y} + \dfrac{\partial \sigma_z}{\partial z} + F_g = 0 \\[2mm] -\dfrac{1}{\gamma_w}\left[\dfrac{\partial}{\partial x}\left(k_x \dfrac{\partial \overline{h}}{\partial x} \right) + \dfrac{\partial}{\partial y}\left(k_y \dfrac{\partial \overline{h}}{\partial y} \right) + \dfrac{\partial}{\partial z}\left(k_z \dfrac{\partial \overline{h}}{\partial z} \right) \right] + \tilde{S}_r \dfrac{\partial \varepsilon_v}{\partial t} + S_s \dfrac{\partial \overline{h}}{\partial t} = 0 \\[2mm] k = f(\varepsilon_v, \sigma, \cdots) \end{cases} \qquad (5-67)$$

有限元控制方程中包含了土骨架平衡方程、孔隙水连续方程、渗透系数函数，控制方程式为：

$$\begin{bmatrix} [K] & -[K_c] \\ -[K_c]^T & -\theta \Delta t [K_s] \end{bmatrix} \begin{Bmatrix} \{\Delta \delta\} \\ \{\Delta \overline{h}\} \end{Bmatrix} = \begin{Bmatrix} \{\Delta R_F\} \\ \Delta t (\{R_q\} + [K_s]\{\overline{h}\}_{n-1}) \end{Bmatrix} \qquad (5-68)$$

（三）工程应用

1. 非饱和多场耦合计算结果

采用 QH 组渗透系数模型，并考虑土体饱和度对渗透系数的影响，开展了 RM 大坝多场耦合分析。图 5-20 给出了坝体完工时心墙内饱和渗透系数的分布情况。由图 5-20 可见，在应力变形的影响下，心墙内部的饱和渗透系数发生了较大变化，不同部位的渗透系数存在较大的差异。心墙顶部的渗透系数较大，在 $2 \times 10^{-9}\text{m/s}$ 左右，心墙内中下部受应力变形影响较大的地方，渗透系数明显减小，减小到 $5 \times 10^{-10}\text{m/s}$，比顶部降低了一个数量级，比初始渗透系数 $7 \times 10^{-8}\text{m/s}$ 降低两个数量级。

图 5-21 给出了满蓄期不同位置高程传统 Biot 固结与非饱和多场耦合固结孔压计算结果的比较。由图 5-21 可见，常规方法计算得到的孔压在满蓄时已趋于稳定，亦即超静孔压已基本消散。而多场耦合分析方法得到的孔压分布与常规方法的结果明显不同，① 下游有一定的负孔压，且越往上负孔压绝对值越大；② 心墙中下区域的中部有较大的超静孔压，这与已建成的糯扎渡大坝心墙的实测结果一致。

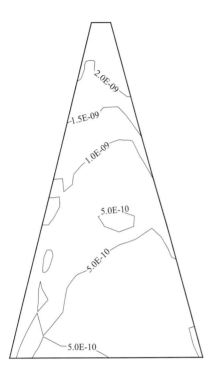

图 5-20　坝体完工时心墙内的饱和
渗透系数分布（m/s）

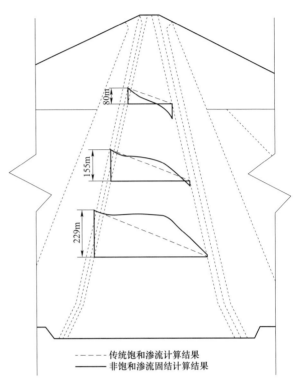

------ 传统饱和渗流计算结果
—— 非饱和渗流固结计算结果

图 5-21　传统 Biot 固结与非饱和多场耦合固结孔压
计算结果的比较

　　由于多场耦合分析方法考虑了非饱和渗流特性和应力变形对渗透系数的影响。心墙中下部受应力变形影响较大，渗透系数较小，超静孔压未消散，导致孔压较高。心墙顶部由于上游侧的不均匀变形，导致上游侧渗透系数较小，孔压在心墙上游侧迅速降低，导致心墙中部孔压较低。因此多场耦合分析方法计算得到的孔压分布更加合理。

　　2. 考虑孔隙比变化的多场耦合计算结果

　　采用 BK 组渗透系数模型，模拟 RM 大坝填筑及蓄水过程，并将多场耦合分析结果与传统 Biot 固结计算结果进行比较。

　　由图 5-22 和图 5-23 可见，采用传统 Biot 固结方法，由于不考虑渗透系数的非线性变化，竣工期心墙内最大孔压为 4.04MPa，满蓄期最大孔压为 3.47MPa，且蓄水过程中孔压就开始逐步消散。采用多场耦合分析方法，考虑了渗透系数的非线性变化，竣工期心墙内最大孔压为 4.66MPa，满蓄期心墙内最大孔压为 4.68MPa。与传统 Biot 固结方法相比，多场耦合分析方法考虑了渗透系数非线性，一方面竣工期心墙产生的孔压比前者大约 15%，另一方面在蓄水过程中孔压不但没有消散，反而还有缓慢增长的趋势。

　　3. 孔压时程变化的比较

　　采用 BK 组考虑孔隙比变化的渗透系数模型，模拟 RM 大坝填筑、蓄水及运行过程，并将多场耦合分析结果与传统 Biot 固结计算结果进行比较。

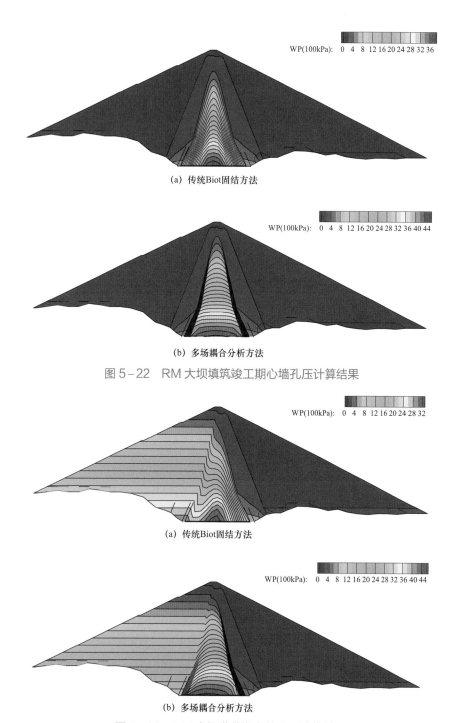

WP(100kPa):　0　4　8　12 16 20 24 28 32 36

(a)　传统Biot固结方法

WP(100kPa):　0　4　8　12 16 20 24 28 32 36 40 44

(b)　多场耦合分析方法

图5-22　RM大坝填筑竣工期心墙孔压计算结果

WP(100kPa):　0　4　8　12 16 20 24 28 32

(a)　传统Biot固结方法

WP(100kPa):　0　4　8　12 16 20 24 28 32 36 40 44

(b)　多场耦合分析方法

图5-23　RM大坝满蓄期心墙孔压计算结果

在有限元模型的最大断面上，选取编号为P1～P9的9个节点，分布在不同高程，其中P1～P3距离坝基27m，P4～P6距离坝基111m，P7～P9距离坝基181m，输出其孔压变化时程进行比较，如图5-24所示。

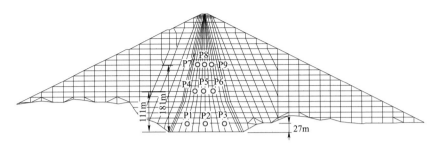

图 5-24　典型孔压时程结点位置示意图

图 5-25 为传统 Biot 固结方法 P1～P9 点的孔压变化时程。由图 5-25 可见：① 心墙内各点的孔压在坝体填筑过程中（第 0～48 个月），开始阶段孔压有一个明显的上升过程，其后逐渐下降；② 在水库蓄水过程中（第 49～68 个月），靠近上游坝壳位置的心墙 P1、P4 和 P7 结点，随着水库蓄水上升，孔压均有明显的二次上升过程，而靠近坝轴中心及下游坝壳位置的心墙结点，孔压二次上升过程总体不明显，仅在中高高程以上的结点，孔压有一定程度的上升；③ 各点孔压在第一次蓄水后 4～5 年（第 120 个月前后）趋于稳定，说明满蓄运行 5 年心墙固结基本完成。

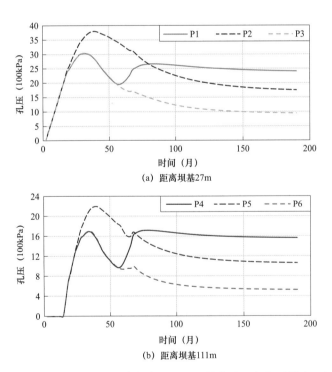

图 5-25　传统 Biot 固结方法 P1～P9 结点孔压变化时程（一）

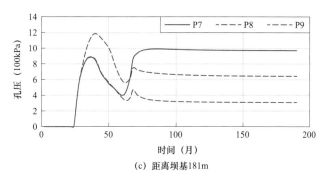

(c) 距离坝基181m

图 5-25 传统 Biot 固结方法 P1~P9 结点孔压变化时程（二）

图 5-26 为多场耦合方法 P1~P9 点的孔压变化时程。由图 5-26 可见：① 坝体填筑期各点孔压均迅速上升，各点孔压变化趋势一致，心墙自上游至下游孔压量值差别不大；② 在距离坝基 181m 高程的 P7~P9 点，蓄水期孔压略有升高，而其余各点则变化不明显；③ 由于多场耦合方法考虑了渗透系数的非线性变化特性，各点的孔压在第一次蓄水 10 年后仍未达到稳定。以上特点与已建的小浪底心墙孔压实测规律较为接近。

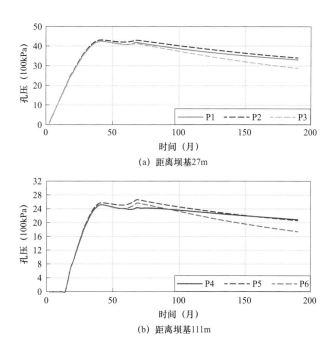

(a) 距离坝基27m

(b) 距离坝基111m

图 5-26 多场耦合方法 P1~P9 结点孔压变化时程（一）

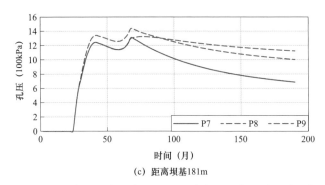

(c) 距离坝基181m

图 5-26　多场耦合方法 P1~P9 结点孔压变化时程（二）

三、湿化计算方法

1. 概述

土石坝初次蓄水时，土石料会发生较大的沉降和水平变形，这种现象被普遍认为是由坝壳料浸水湿化造成的。刘祖德认为，所谓粗粒料的湿化变形是指其浸水后颗粒之间充水及颗粒中的矿物浸水软化，使颗粒相互滑移、破碎和重新排列而发生的变形。除了初次蓄水外，地下水位上升、心墙土坝非稳定渗流过程、水位上下反复波动以及降雨入渗等都会引起筑坝材料的湿化。湿化变形会引起坝体沉降、侧移和应力重分布，尤其会使防渗心墙的有效应力减小，甚至局部区域产生拉应力，当变形较大或不均匀时，易导致坝体和心墙产生裂缝。例如，委内瑞拉高 30m 埃尔西罗坝，蓄水期的湿化变形使坝体在下游坝坡发生了长约 90m、宽 40~60cm 的纵向裂缝；墨西哥的埃尔因菲尼罗坝，心墙堆石坝高约 148m，首次快速蓄水时上游堆石体突然湿陷，引起坝顶发生增量值达 26cm 的沉降，并使坝顶在蓄水初期向上游变位，三周内实测的坝轴线水平位移达到 140mm。同时，反复的水位升降或雨水入渗也可导致坝体产生后续变形。

针对湿化试验研究工作，国内外始于 20 世纪 70 年代，提出过多种湿化变形计算模型与方法，其中以"双线法"和"单线法"为主。

"双线法"是用干土和饱和土分别进行三轴试验，根据相同应力状态下的变形差计算湿化变形。Nobari 和邓肯率先用双线法试验研究湿化问题，采用全量本构关系，并用于计算奥洛维尔坝的蓄水变形；殷宗泽在 Nobari 方法的基础上加以改进，采用增量的应力—应变关系计算初应力，分析了小浪底土坝的初次蓄水变形；魏松改进了计算湿化变形的"双线法"，提出了最大湿化应力水平的概念。

"单线法"是土在干态下加载到某一应力状态，然后在这一应力状态下浸水湿化饱和，此过程中发生的变形即为湿化变形量。沈珠江在国内最先开展单线法试验，并建立了相应的浸水变形模型，提出类似"单线法"的湿化变形计算理论。沈珠江湿化体应变近似为常数，没有考虑浸水前应力状态的影响，与实际不符。基于以上缺陷，在沈珠江湿化模型的基础上，国内学者提出了多个改进模型。例如：李全明考虑周围压力对湿化体变的影响；王富强认为湿化体变不仅与围压有关，还与应力水平有关；彭凯基于"单线法"湿化模型，提出一种计算堆石料湿化变形的经验公式；邹德高根据砾岩砂砾料的湿化试验结果，认为湿化体应变主要取决于平均主应力和应力水平。

2. "单线法"湿化计算方法

研究表明，与实际情况相比，"双线法"的试验结果误差较大，工程中以"单线法"应用最为广泛。根据 RM 心墙堆石坝上游坝壳料浸水湿化变形试验结果，建议堆石体湿化变形计算模型如下：

$$\begin{cases} \varepsilon_{vs} = c_w \left(\dfrac{\sigma_3}{P_a} \right)^{n_w} \\ \gamma_s = b_w \dfrac{S_1}{1-S_1} \end{cases} \tag{5-69}$$

式中：c_w、n_w、b_w——模型参数；

S_1——应力水平。

由试验结果的湿化轴向应变 ε_{1s}、湿化体积应变 ε_{vs} 及湿化剪应变 γ_s，整理出湿化体应变 ε_{vs} 以及湿化剪应变 γ_s。广义剪应变和广义体积应变可表达为：

$$\begin{cases} \gamma_s = \sqrt{\dfrac{2}{9}[(\varepsilon_{1s}-\varepsilon_{2s})^2 + (\varepsilon_{2s}-\varepsilon_{3s})^2 + (\varepsilon_{3s}-\varepsilon_{1s})^2]} \\ \varepsilon_{vs} = \varepsilon_{1s} + \varepsilon_{2s} + \varepsilon_{3s} \end{cases} \tag{5-70}$$

在轴对称的情况下，$\varepsilon_{2s} = \varepsilon_{3s}$，由上式可推导得到：

$$\gamma_s = \varepsilon_{1s} - \frac{1}{3}\varepsilon_{vs} \tag{5-71}$$

在有限元应力变形分析中，湿化变形按初应变法考虑。假定应变主轴与应力主轴重合，浸水引起的附加应变采用 Prandt-Reuss 流动法。

$$\begin{Bmatrix} \dot{\varepsilon}_x \\ \dot{\varepsilon}_y \\ \dot{\varepsilon}_z \\ \dot{\gamma}_{xy} \\ \dot{\gamma}_{yz} \\ \dot{\gamma}_{zx} \end{Bmatrix} = \frac{\dot{\varepsilon}_v}{3} \begin{Bmatrix} 1 \\ 1 \\ 1 \\ 0 \\ 0 \\ 0 \end{Bmatrix} + \frac{\dot{\varepsilon}_s}{2q} \begin{Bmatrix} S_x \\ S_y \\ S_z \\ 2\tau_{xy} \\ 2\tau_{yz} \\ 2\tau_{zx} \end{Bmatrix} \tag{5-72}$$

式中，$p = \dfrac{1}{3}(\sigma_1+\sigma_2+\sigma_3)$，$q = \dfrac{1}{\sqrt{2}}\sqrt{(\sigma_1-\sigma_2)^2+(\sigma_3-\sigma_2)^2+(\sigma_1-\sigma_3)^2}$。

3. 工程应用

图 5-27 给出了上游坝壳料湿化变形增量计算结果。由图 5-27 可知，蓄水后湿化引起的上游坝壳料变形主要发生在 1/2 坝高以上部位，其中顺河向位移指向上游，满蓄期最大位

移增量为 33.1cm，坝壳沉陷增量为 44.6cm，位于接近 2/3 坝高的上游坝坡处。

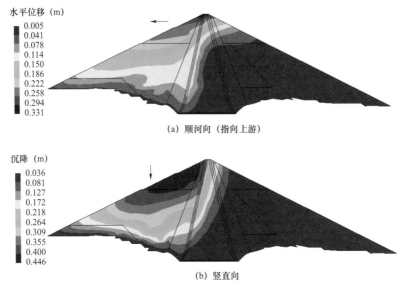

图 5-27　上游坝壳料湿化变形增量图

国内在建的双江口坝计算得到的湿化变形量，顺河向指向上游的最大位移增量为 28.6cm，坝壳竖向沉陷增量最大值为 42.6cm，约位于 1/2 坝高上游坝坡 2440m 高程处，如图 5-28 所示。RM 大坝湿化变形规律与双江口坝基本一致，上游坝壳最大湿化沉陷量约占坝高的 0.1%～0.2%之间，变形呈现沿上游坝壳向库内滑动的趋势，极值大致发生在 1/2 坝高～2/3 坝高的上游坝坡部位。

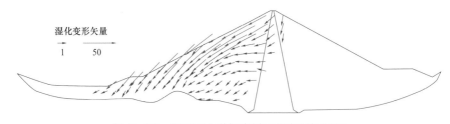

图 5-28　双江口上游坝壳料湿化变形矢量图

四、流变计算方法

采用薄层碾压施工技术的现代堆石坝，有效控制了坝体变形量，但受筑坝材料、河谷形状、施工条件等复杂因素的影响，运行监测结果表明，坝体后期变形仍然明显。对于面板堆石坝来说，后期变形主要由坝料流变引起；而对于心墙堆石坝而言，后期变形除了心墙固结、上游坝壳浸水湿化变形外，主要也由坝料流变引起。例如，国内西北口面板堆石坝（95m），1990 年蓄水后 7 年，坝体垂直变形仍未稳定，每年沉降变形仍有 20～50mm；天生桥一级面板堆石坝（178m），2000 年坝顶最大沉降量 100cm，6 年后沉降仍未稳定，且累计沉降值为

145cm 左右。因坝体后期变形的存在，面板堆石坝常引起面板脱空，导致面板发生水平向裂缝或挤压破坏。对于心墙堆石坝，若坝顶不均匀沉降持续发展，可能导致横向张拉裂缝的出现，诱发防渗体水力劈裂或渗透破坏风险。

为了模拟计算筑坝料的流变效应，在以往的研究中国内外研究者提出不同类型的流变函数式，例如指数型、幂函数型、双曲线型、对数型等，其中最为典型属于指数型和对数型两类。第一类，指数型流变模型是指用指数函数来描述流变变形与时间的关系，如沈珠江院士建议的三参数、七参数流变模型等，这类模型假设流变变形有上限，即最终收敛；第二类，对数型流变模型是指用对数函数来描述流变变形与时间的关系，流变变形没有上限，但发生同样大小的变形量，所需的时长呈指数增加。

（一）指数型流变模型

1988 年，沈珠江院士开创了堆石料流变特性试验的先河，并在试验研究的基础上，运用指数型衰减的 Merchant 模型来模拟常应力下的 $\varepsilon \sim t$ 衰减曲线，提出了一个简单实用的三参数流变模型，时至今日仍在高土石坝应力变形数值计算中应用广泛，也积累了丰富的工程经验。

近 30 年来，结合国家科技攻关项目，郭兴文（2000 年）等沿用沈珠江、左元明的研究成果，将最终的体积流变量改为与围压的平方根成正比，提出了一个四参数堆石流变分析模型。李国英（2004 年）等研究了公伯峡面板坝主要堆石料的流变特性，提出了计算最终体积流变和最终剪切流变的七参数流变模型。程展林（2004 年）等采用大型应力式三轴仪进行了水布垭茅口组灰岩粗粒料流变试验，分析了堆石料蠕变与时间、应力状态的关系，并分别采用幂函数和指数衰减函数对流变曲线进行了拟合，提出了九参数堆石料蠕变数学表达式及相应的参数指标。朱晟（2011 年）等基于继效理论，提出了粗粒筑坝土石料七参数增量流变模型。

1. 改进的七参数流变模型

指数型流变模型假设流变引起的体应变 $\varepsilon_v^{\text{creep}}$ 的上限值为 ε_{vf}，剪应变 γ_s^{creep} 的上限值为 γ_{sf}，任意时刻 t 流变引起的体应变和剪应变分别为：

$$\begin{cases} \varepsilon_{vt} = \varepsilon_{vf}[1 - \exp(-\alpha t)] \\ \gamma_t = \gamma_f[1 - \exp(-\alpha t)] \end{cases} \tag{5-73}$$

式中：α——流变速率控制参数，控制流变值逼近其上限的快慢。

不同的指数形式的流变模型，其主要区别在于对流变应变的上限 ε_{vf} 和 γ_{sf} 的确定方法不同。

对上述体积流变和剪切流变公式求导，经变换可以得到：

$$\begin{cases} \dot{\varepsilon}_v = \alpha \varepsilon_{vf}\left(1 - \dfrac{\varepsilon_{vt}}{\varepsilon_{vf}}\right) \\ \dot{\gamma} = \alpha \gamma_f\left(1 - \dfrac{\gamma_t}{\gamma_f}\right) \end{cases} \tag{5-74}$$

改进的七参数流变模型体积流变 ε_{vf} 和剪切流变 γ_{f} 的计算公式如下:

$$\begin{cases} \varepsilon_{\text{vf}} = b\left(\dfrac{\sigma_3}{p_a}\right)^{m_1} + c\left(\dfrac{q}{p_a}\right)^{m_2} \\ \gamma_{\text{f}} = d\left(\dfrac{S_1}{1-S_1}\right)^{m_3} \end{cases} \tag{5-75}$$

式中: α、b、c、d、m_1、m_2、m_3 ——模型参数;

$\quad\quad\quad q$ ——偏应力,共 7 个模型参数,故称为七参数模型。

ε_{vt} 和 γ_{t} 为 t 时段已积累的体积变形和剪切变形,由下式计算:

$$\begin{cases} \varepsilon_{\text{vt}} = \sum \varepsilon_v \Delta t \\ \gamma_{\text{t}} = \sum \gamma \Delta t \end{cases} \tag{5-76}$$

2. 计算参数

根据 RM 心墙堆石坝筑坝材料试验,整理改进的沈珠江七参数流变模型、沈珠江三参数湿化模型试验参数,如表 5-6 所示。

表 5-6　　　　　　　　　　RM 筑坝材料流变及湿化模型计算参数

材料	沈珠江七参数流变模型							沈珠江三参数湿化模型		
	α	b	β	d	m_c	n_c	L_c	c_w	n_w	b_w
堆石Ⅰ区	0.006	0.00124	0.00024	0.00322	0.387	0.515	0.784	0.0007	0.61	0.0037
堆石Ⅱ区	0.006	0.00133	0.00028	0.00386	0.398	0.523	0.806	0.0008	0.61	0.0044
过渡料	0.007	0.00147	0.00031	0.00426	0.398	0.523	0.806	0.0008	0.61	0.0048
反滤层Ⅱ区	0.007	0.00106	0.00019	0.00209	0.339	0.479	0.79	0.0008	0.31	0.0018
反滤层Ⅰ区	0.007	0.00156	0.00028	0.00307	0.339	0.479	0.79	0.0012	0.31	0.0027
砾石土心墙	0.003	0.00309	0.00055	0.00607	0.339	0.479	0.79	—	—	—

3. 工程应用

图 5-29 为大坝竣工后 5 年后期变形引起的最大横断面水平位移和沉降增量图。由图 5-29 可知,后期变形引起的坝体顺河向位移,基本由上游指向下游,最大值约 0.58m,位于心墙中约 3/4 坝高处。而竖向位移增量主要发生在坝体的中上部,最大变形发生部位位于坝顶或接近坝顶的上游坝坡上,最大值约 0.6m,占最大坝高的 0.19%。

图 5-30 为最大纵断面由后期变形引起的三向位移增量。后期流变引起的坝轴向位移较小,基本对称分布,位移的方向都是指向河中心。坝体顺河向位移增量也较小,最大位移值约 0.58m,出现在河谷部位心墙的中部。竖直沉降的分布规律是坝体土层厚度越大处沉降越大,最大沉降增量出现在坝顶,最大值约为 0.40m,占最大坝高的 0.13%。

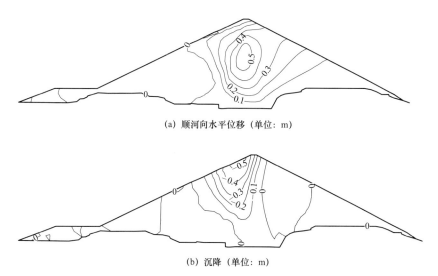

(a) 顺河向水平位移（单位：m）

(b) 沉降（单位：m）

图 5-29　大坝竣工后 5 年后期变形引起的最大横断面位移增量

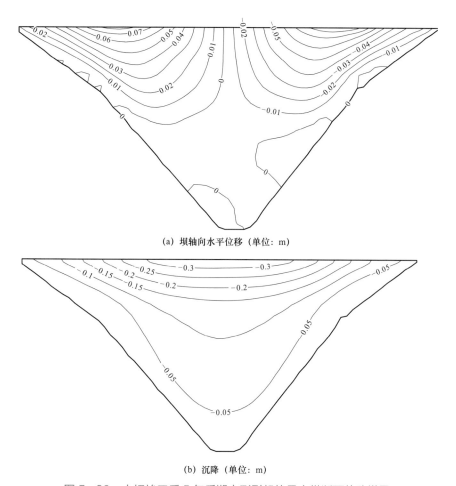

(a) 坝轴向水平位移（单位：m）

(b) 沉降（单位：m）

图 5-30　大坝竣工后 5 年后期变形引起的最大纵断面位移增量

国内的糯扎渡后期变形沉降增量最大值为 0.42m，约占坝高的 0.16%，变形稳定时间约需 2500 天（约 6.8 年）；双江口后期变形沉降增量最大值为 0.37m，约占坝高的 0.12%，坝体变形稳定时间约需要 1600 天（约 4.4 年）；两河口后期变形沉降增量最大值为 0.37m，约占坝高的 0.13%；后期变形最大沉降增量出现均在坝顶的河谷中部。与同类工程基本相当，大坝后期变形符合一般规律。

（二）对数－幂流变模型

1. 对数流变模型

Ronald，P.C（1984）总结了若干座堆石坝（包括面板堆石坝和心墙堆石坝）坝顶沉降的过程线，得出大部分堆石坝在建成后数年甚至数十年后沉降并没有收敛，而沉降变化过程近似与时间的对数呈线性关系。

假设流变引起的体应变 ε_v^{creep} 和剪应变 γ_s^{creep} 均与时间 t 的对数存在线性关系，建议的表达形式为：

$$\varepsilon_v^{creep} = \varepsilon_v^{10}(\lg t - \lg t_0) \tag{5-77}$$

$$\gamma_s^{creep} = \gamma_s^{10}(\lg t - \lg t_0) \tag{5-78}$$

式中：ε_v^{10} 和 γ_s^{10} ——流变时间延长 10 倍体应变和剪应变的增加值；

t_0 ——基准时间，可令其为试验时间的 1/10，从而 ε_v^{10} 和 γ_s^{10} 是试验过程中流变引起的总体应变和总剪应变。

不同的对数形式模型，主要差别在于确定 ε_v^{10} 和 γ_s^{10} 的方法不同。

2. 对数－幂流变模型

对数模型能在一定程度时间范围内可以反映多数堆石坝坝顶沉降与时间的关系，但不完全呈直线关系。根据 RM 堆石料侧限压缩流变试验结果，以加载到最大竖向荷载作为流变变形的起点，绘制变形量与时间的关系，综合不同最大控制粒径条件下的试验结果认为，计算的流变变形量与时间对数存在幂函数关系。因此，研究提出了一个对数－幂函数形式的流变模型，如下式：

$$\varepsilon^{creep} = \varepsilon^{10}[(\lg t - \lg t_0)]^{c_0} \tag{5-79}$$

式中：ε^{creep} ——流变变形量；

t_0 ——流变变形的初始时刻；

t ——流变变形过程中的任意时刻；

ε^{10}、c_0 ——参数。

其中，t_0 是起算时间，ε_{10} 和是 c_0 参数，ε_{10} 控制时间每延长 10 倍时流变变形的增量，c_0 控制流变变形～时间关系曲线的形状。当 $c_0=1$ 时，流变变形与时间的对数呈线性关系；当 $c_0>1$ 时，流变变形和时间的关系在半对数坐标中是一条下凹的曲线；当 $c_0<1$ 时，流变变形和时间的关系在半对数坐标中是一条的上凸曲线。从图 5-31（a）、（b）可见，c_0 取不同

值时，在一般坐标系和半对数坐标系中，当 $c_0=2$ 时尽管"流变应变 – 时间的对数"关系呈上翘的曲线，但"流变应变 – 时间"的关系越来越趋缓。

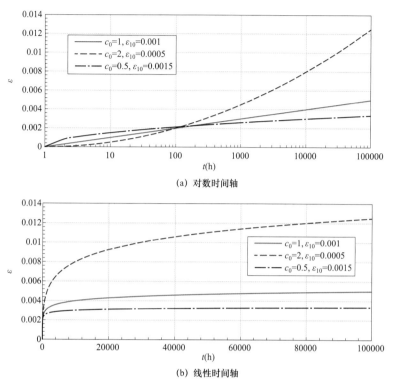

(a) 对数时间轴

(b) 线性时间轴

图 5–31　c_0 取不同值时对数幂流变模型变形 – 时间关系曲线

参考沈珠江建议的三参数流变模型，建立模拟堆石料体积流变和剪切流变的对数 – 幂流变计算模型，如下式：

$$\varepsilon_v^{creep} = \varepsilon_v^{10}(\lg t - \lg t_0)^{c_0} \tag{5–80}$$

$$\gamma_s^{creep} = \gamma_s^{10}(\lg t - \lg t_0)^{c_0} \tag{5–81}$$

$$\varepsilon_v^{10} = c_1\left(\frac{\sigma_3}{P_a}\right)^{c_2} \tag{5–82}$$

$$\gamma_s^{10} = c_3\frac{S_1}{1-S_1} \tag{5–83}$$

其中，参数 c_1、c_2 和 c_3 决定了一段固定的时间内，流变应变的大小；c_0 则决定了 $\varepsilon \sim \ln t/t_0$ 曲线的弯曲方向和弯曲程度。假设三轴流变试验确定的 c_2 不因试验方法而改变，可补充侧限流变试验来确定 c_1、c_3 和 c_0。近似地认为，应力水平 S_1 在侧限压缩试验中为常数（比如取 $S_1=0.3$），并且在侧限压缩试验中 $\varepsilon_v = \gamma = \varepsilon_1$，$\varepsilon_1$ 为试样轴向应变。

根据 RM 心墙堆石坝堆石料侧限流变试验成果，拟合两组对数 – 幂流变模型计算参数，见表 5–7。当模型中参数 c_0 较小时，坝体的早期变形较大，后期变形增加较缓慢；反之，当 c_0 较大时，坝体的早期变形较小，后期变形增加较快。根据小浪底斜心墙堆石坝的工程经验，拟定 c_0 的取值在 1～2 之间。

表 5-7　　　　　　　　　RM 筑坝料对数－幂流变模型计算参数

材料	第 1 组参数				第 2 组参数			
	c_0	c_1（%）	c_2（%）	c_2	c_0	c_1（%）	c_2（%）	c_2
堆石 I 区	1	0.0703	0.183	0.7	2	0.0297	0.0715	0.7
堆石 II 区	1	0.0761	0.214	0.7	2	0.0274	0.0834	0.7
反滤区	1	0.0351	0.0916	0.7	2	0.0137	0.0358	0.7
过渡区	1	0.0527	0.137	0.7	2	0.0206	0.0536	0.7

3. 工程应用

对于心墙堆石坝而言，在坝体的不同区域，其长期变形的主导机制不同。从小浪底、瀑布沟等工程的监测情况来看，蓄水以后心墙的长期变形主要是由排水主固结引起，心墙的孔压消散在大坝完工十几年后仍未全部完成；坝壳的长期变形取决于材料的流变、湿化和劣化等，其中流变是引起坝体在初次蓄水后变形的主要因素。

为了进一步研究对数－幂流变模型的变形规律，选取表 5-7 中的第 2 组流变参数进行计算，分析流变的影响机制。在最大横断面上选取了 27 个点，即 $A1$～$A3$、$B1$～$B7$、$C1$～$C7$、$D1$～$D7$ 和 $E1$～$E3$，记录其变形过程。其中，从心墙底部算起 $A1$～$A3$ 的高程为 69m，$B1$～$B7$ 的高程为 125m，$C1$～$C7$ 的高程为 195m，$D1$～$D7$ 的高程为 265m，$E1$～$E3$ 的高程为 315m（见图 5-32）。

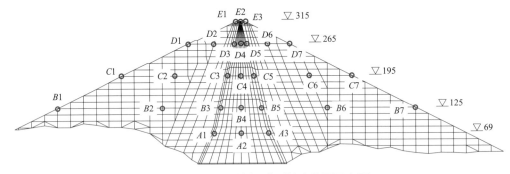

图 5-32　大坝横剖面典型结点位置示意图

图 5-33（a）～（e）绘制了全部 27 个记录点从大坝开始填筑到初次蓄水后 20 年的沉降变化过程线。图中虚线表示未考虑流变的沉降变化过程，实线表示考虑流变的沉降变化过程。

从各典型点沉降随时间变化时程可知，在坝体填筑的过程中沉降逐步增加；在蓄水的过程中，坝体发生一定的回弹，回弹主要发生在坝体上游侧和心墙内部，究其原因为坝体内的孔压升高，有效球应力减小引起。

　　无论是否考虑流变，蓄水完成后，各点的沉降都在缓慢增加。不计入流变时，坝体蓄水后继续发生的变形全部由心墙的排水固结引起；计入流变后，坝体的长期变形是心墙排水固结和坝壳流变综合作用的结果。不计入流变，坝体的最大沉降发生在距离坝基 1/2～2/3 坝高的位置，坝顶沉降不明显；计入流变后，坝顶发生明显的沉降，单纯由流变引起的沉降，其最大值出现在坝顶。

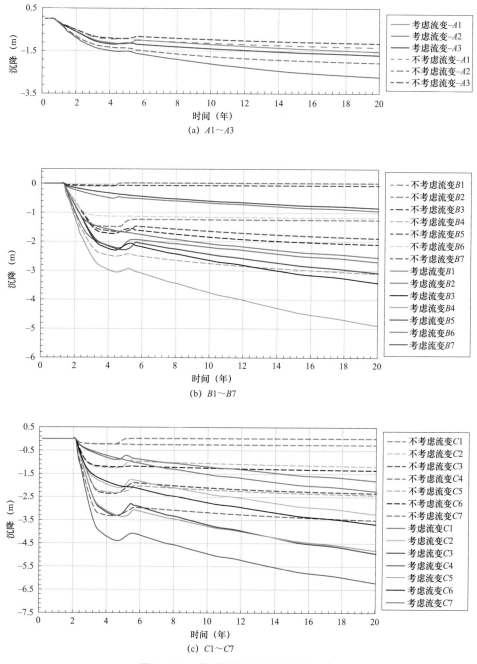

图 5-33　典型结点沉降过程线（一）

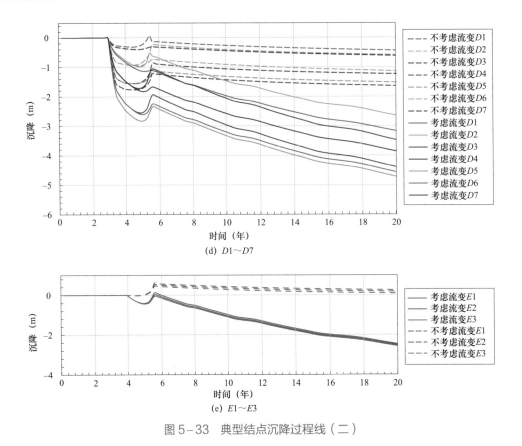

(d) $D1 \sim D7$

(e) $E1 \sim E3$

图 5-33　典型结点沉降过程线（二）

五、堆壳风化劣化计算方法

在长期运行过程中，堆石料受水库蓄水位波动、降雨浸入、蒸发以及温度变化等外界环境的影响，会出现堆石料的力学特性降低，发生风化劣化变形的现象。糯扎渡泥质粉砂岩堆石料劣化试验表明，堆石料试样在经历 70 个湿冷－干热耦合循环后，堆石料发生了约 7.8%的竖向应变，这说明堆石料在环境因素作用下所发生的劣化变形不可忽视。

RM 工程地处西藏高寒、高海拔地区，坝壳料主要为英安岩，受自然环境条件的长期影响，坝体堆石料难免发生劣化过程，由劣化导致的变形也将是后期变形的重要组成部分。

（一）劣化变形非线性模型

堆石料湿冷－干热耦合循环试验结果表明，堆石料劣化应变 ε_{wea} 随试验循环次数 N 的增加逐步增加。根据试验结果分析，劣化应变 ε_{wea} 可通过式（5-84）所示的指数衰减函数来拟合：

$$\varepsilon_{wea} = \varepsilon_f [1 - e^{(-\beta N)}] \qquad (5-84)$$

式中：β——劣化指数，是一个反映堆石料劣化速度的系数，其大小与堆石料岩性和环境因素变化的剧烈程度（如最大温度差等）相关；

ε_f——该应力状态下堆石料劣化应变的最大值，其大小与应力的大小相关。

根据试验结果,最大劣化应变ε_f与竖向应力σ_n的关系,可采用如下的双曲线模型来拟合:

$$\varepsilon_f = \frac{\sigma_n}{a + b\sigma_n} \tag{5-85}$$

试验常数a和b均具有一定的物理意义。它们的倒数分别为双曲线的初始斜率和极限值。因此,可将a和$1/b$分别定义为劣化初始压缩模量E_{f0}和极限劣化应变ε_{ult}。劣化初始压缩模量E_{f0}反映了竖向应力对最大竖向劣化应变的影响。极限劣化应变ε_{ult}则是某种堆石料可以发生的最大极限劣化应变。

采用增量法计算时,可将式(5-84)写成增量的形式,即:

$$\Delta\varepsilon = \varepsilon_f \beta e^{(-\beta N)} \Delta N \tag{5-86}$$

并有:

$$\Delta\varepsilon = \beta(\varepsilon_f - \varepsilon_N)\Delta N = \beta\varepsilon_f\left(1 - \frac{\varepsilon_N}{\varepsilon_f}\right)\Delta N \tag{5-87}$$

式中: ε_N——第N个循环时累积的劣化应变,代表已经发生的劣化变形。

对于一般应力状态,可将这由侧限压缩试验得到的劣化变形规律推广为体积变形与剪切变形的增量形式,即:

$$\Delta\varepsilon_v = \beta\varepsilon_{vf}\left(1 - \frac{\varepsilon_{vN}}{\varepsilon_{vf}}\right)\Delta N \tag{5-88}$$

$$\Delta\varepsilon_s = \beta\varepsilon_{sf}\left(1 - \frac{\varepsilon_{sN}}{\varepsilon_{sf}}\right)\Delta N \tag{5-89}$$

式中: ε_{vf}、ε_{sf}——最终体积劣化应变和最终剪切劣化应变;

ε_{vN}、ε_{sN}——第N个循环时累积的劣化应变。

最终体积劣化应变的表达式可通过式(5-90)拟合得到,即:

$$\varepsilon_{vf} = \frac{\sigma_m}{\dfrac{\sigma_m}{\varepsilon_{vult}} + K_{f0}} \tag{5-90}$$

式中: σ_m——平均主应力;

K_{f0}——劣化初始压缩模量;

ε_{vult}——极限劣化体应变。

最终剪切劣化应变ε_{sf}的具体表达式需要进行三轴风化试验等研究确定。但目前进行此类复杂试验还存在较大困难。借鉴沈珠江流变模型的表达式,假定为其应力水平的函数,即:

$$\varepsilon_{sf} = d\left(\frac{S_1}{1 - S_1}\right)^m \tag{5-91}$$

式中: S_1—— $S_1 = (\sigma_1 - \sigma_3)/(\sigma_1 - \sigma_3)_f$;

d—— $S_1 = 0.5$时的最终剪切劣化应变。

上述模型共包含β、K_{f0}、ε_{vult}、d和m共5个模型参数,且均具有明确的物理意义。其中，β 可通过本文的风化压缩试验直接确定，其余参数可根据对压缩风化试验结果的拟合情况通过优化方法选取。当已经取得现场变形的观测资料时，通过反演分析可以得到更加可靠的模型参数值。

类似堆石坝湿化、流变计算方法，采用 Prandtl–Reuss 流动法则，则可得到劣化应变增量各分量：

$$\Delta\varepsilon_{ij} = \frac{1}{3}\delta_{ij}\Delta\varepsilon_{\mathrm{v}} + \frac{3}{2\sigma_{\mathrm{s}}}s_{ij}\Delta\varepsilon_{\mathrm{s}} \qquad (5-92)$$

式中：s_{ij} ——偏应力张量；

δ_{ij} ——Kronecker δ 符号。

在有限元计算中，风化循环引起的变形可根据上式采用初应变方法进行计算。

（二）工程应用

根据 RM 堆石 I 区、堆石 II 区的湿冷–干热耦合循环试验结果，采用劣化变形非线性模型进行模型参数拟合，得到试验参数如表 5–8 所示。

表 5–8   堆石料劣化变形模型试验参数

材料	β	K_{f0}（kPa）	$\varepsilon_{\mathrm{vult}}$	d	m_3
堆石 I 区	0.1	79987	0.002493	0.002242	0.784
堆石 II 区	0.1	39966	0.003690	0.004108	0.806

图 5–34 为上述参数反算结果与试验结果的对比。由图可见，所建立的模型较好地拟合了试验结果的规律。

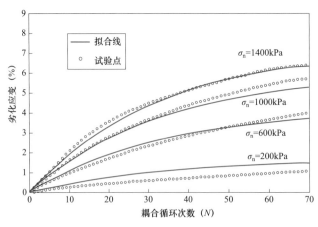

图 5–34   劣化变形模型参数反算结果与试验值的对比

表 5–9 给出了堆石料经过风化循环 20 次后（$N=20$）劣化变形引起的坝体及坝顶位移增量极值；图 5–35 给出了风化循环 20 次后劣化变形引起的坝体表面变形分布规律。

表5-9				堆石料劣化变形引起的坝体及坝顶位移增量极值		
计算工况	坝体水平位移（m）		坝体沉降（m）		坝顶最大沉降（m）	
	横河向	顺河向	数值	坝高比（%）	数值	坝高比（%）
蓄水完成时	0.32	0.85	2.04	0.65	0	0
$N=20$ 风化循环后	0.34	0.91	2.08	0.66	0.13	0.04

从表5-9可知，坝料经历风化循环后，坝体的变形量和变形分布都发生了一定的变化，但坝体的水平位移和沉降增加值很小。坝体最大沉降从2.04m（占坝高的0.65%）增大到2.08m（占坝高的0.66%），仅增加4cm。

从图5-35可以看出，除坝体上部局部区域外，大部分坝体区域由风化作用所引起的坝体顺河向水平位移增量指向下游，最大值约为0.22m，位于河谷中央下游坝坡接近坝顶处。

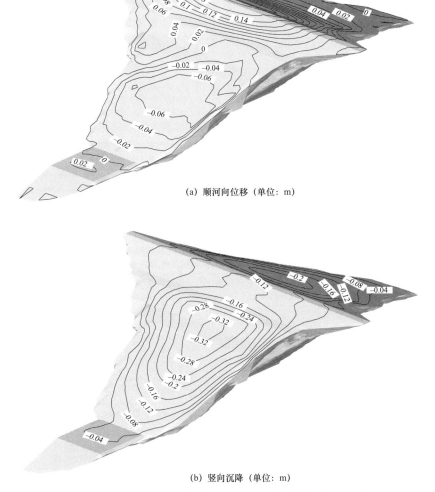

(a) 顺河向位移（单位：m）

(b) 竖向沉降（单位：m）

图5-35　$N=20$ 次风化循环后坝体表面位移增量计算结果

由于心墙部分不发生风化变形，所以由风化作用所产生的垂直沉降主要发生在上下游堆石体中。上游侧发生的沉降增量最大值约为 0.35m，发生在河谷中央坝坡的中部；下游侧发生的沉降增量最大值约为 0.2m，发生在河谷中央坝坡的中上部。

由于 RM 英安岩堆石料的抗风化能力总体较好，因此风化变形在坝体总变形中所占的比重不大，对坝体的应力变形特性影响相对较小。

第三节 心墙变形控制

一、工程经验

心墙土料工程特性试验表明，P_5 含量（大于 5mm 的颗粒含量）是影响土料强度和变形的主要因素，渗透系数随 P_5 含量增大而迅速增大。若 P_5 含量过低，心墙具备良好的防渗性能，但压缩变形大，不利于心墙变形稳定；若 P_5 含量过高，压实土体的抗剪强度虽好，但粗粒部分形成的骨架孔隙不能被细粒部分充填饱满而出现架空现象，防渗性能也不能满足要求。因此，如何既满足压实土体的防渗性能要求，又具备良好的力学性质，是坝体变形控制的一项重要内容。

表 5-10 统计了国内外 200m 以上特高心墙堆石坝防渗土料 P_5 含量设计情况。

表 5-10　　国内外 200m 以上特高心墙堆石坝防渗土料 P_5 含量统计

坝名	国家	坝型	坝高（m）	心墙土料特性	建设情况
罗贡（Rogun）	塔吉克斯坦	斜心墙堆石坝	335	天然亚黏土和砾石混合料，最大粒径 200mm	引水发电在建
努列克（Nurek）	塔吉克斯坦	直心墙堆石坝	300	壤土、砂壤土和小于 200mm 碎石的混合料，大于 5mm 颗粒含量 20%～40%	已建
奇可森（Ckicoasen）	墨西哥	直心墙堆石坝	261	砾石含量高的黏土质砂，粗粒料为级配良好的含微风化泥质岩和冲积层，大于 5mm 颗粒含量 18%～45%	已建
特里（Tehri）	印度	斜心墙堆石坝	260	黏土、砂砾石混合料，最大粒径 200mm，大于 5mm 颗粒含量 20%～40%	已建
麦加	加拿大	斜心墙堆石坝	242	冰碛土，最大粒径 20mm，大于 5mm 颗粒平均含量 35%	已建
奥洛维尔（Oroville）	美国	斜心墙堆石坝	230	黏土、粉土、砂砾石和卵石混合料，最大粒径 75mm，大于 5mm 颗粒平均含量 45%	已建
糯扎渡	中国	直心墙堆石坝	261.5	掺砾土料（掺砾含量 35%），最大粒径 150mm，大于 5mm 颗粒含量 30%～45%，现场检测为 28.2%～52.5%	已建
双江口	中国	直心墙堆石坝	314	掺砾土料（掺砂砾石量约 50%），最大粒径 100mm，大于 5mm 含量 30%～40%	在建
两河口	中国	直心墙堆石坝	295	掺砾土料（掺砂砾石量 40%），最大粒径 150mm，大于 5mm 颗粒含量 30%～50%，现场检测为 31.8%～48.2%	已建
长河坝	中国	直心墙堆石坝	240	天然砾石土，最大粒径 150mm，大于 5mm 颗粒含量 30%～50%，现场检测为 30.4%～49.8%	已建

由表 5－10 可知，200m 以上高心墙堆石坝采用砾石土作为心墙料时，大于 5mm 粒径颗粒含量大部分要求小于 45%～50%，并大于 20%，其中两河口、长河坝按 50% 控制。现行《水电工程天然建筑材料勘察规程》（NB/T 10235—2019）要求，采用风化土料作为防渗土料时，P_5 含量宜为 20%～50%；采用碎（砾）石土作为防渗土料时，P_5 含量不宜大于 50%，高坝应为 20%～50%，特高坝应为 30%～50%。《碾压式土石坝设计规范》（NB/T 10872—2021）也规定，用于填筑防渗体的砾石土粒径大于 5mm 的颗粒含量不宜超过 50%，最大粒径不宜大于 150 mm 或铺土厚度的 2/3。

二、P_5 含量的影响

工程经验表明，P_5 含量是影响高坝心墙力学性能的主要因素，防渗土料在满足渗透稳定前提下，尽可能提高心墙模量以降低心墙变形量，而心墙模量的高低通常与大于 5mm 的粗颗粒含量（P_5 含量）有关。

表 5－11 给出了 P_5 含量与强度及变形参数的统计关系，选取表 5－12 中 P_5 含量平均值分别为 26.8%、31.0%、37.7%、42.0% 和 47.0% 等共 5 组参数进行大坝变形计算，计算结果见表 5－12。

表 5－11 P_5 含量与强度及变形参数的关系统计表

P_5 含量（%）	压缩模量	黏聚力	内摩擦角	邓肯－张 E－B 模型主要参数				
	E（MPa）	C_d（kPa）	Φ_d（°）	K	n	R_f	K_b	m
17.1	13.7	93.6	30.0	310.7	0.48	0.82	228.9	0.35
23.5	15.0	98.9	30.5	305.2	0.47	0.78	221.8	0.40
26.8	20.8	79.3	30.9	339.2	0.48	0.81	243.2	0.36
31.1	21.1	103.0	31.5	383.7	0.46	0.79	267.5	0.37
37.7	27.8	123.6	33.5	500.1	0.44	0.84	325.4	0.35
42.0	28.7	130.2	33.6	535.6	0.45	0.83	298.7	0.32
47.0	28.3	138.1	33.4	542.4	0.44	0.82	345.0	0.32
52.9	30.5	137.5	33.7	558.0	0.43	0.83	339.3	0.35
62.8	36.7	139.5	34.1	594.5	0.40	0.79	349.1	0.32

表 5－12   不同 P_5 含量大坝变形计算结果的比较

项目		P_5 含量百分比（%）				
		25～30	30～35	35～40	40～45	45～50
顺河向位移（cm）	向上游	22.74	22.88	23.06	23.07	23.09
	向下游	127.82	118.70	107.37	110.50	108.45
沉降（cm）	铅直向下	407.30	375.58	334.80	334.32	329.58
坝轴向位移（cm）	左岸向河床	60.50	57.88	55.61	57.76	56.75
	右岸向河床	64.45	62.87	63.03	64.28	65.00

上述表 5－11 可见，随着 P_5 含量的增加，心墙强度、压缩模量及变形参数 K、K_b 值依次增大，说明心墙抗变形能力依次增强。表 5－12 有限元计算结果表明，随着 P_5 含量的增加，大坝向下游的顺河向位移、沉降、坝轴向位移均减小；当 P_5 含量为 26.8%时，坝体最大沉降 4.07m，约占最大坝高的 1.29%；当 P_5 含量增加至 47%时，坝体最大沉降 3.30m，约占最大坝高的 1.05%，两者变化幅度约 24.4%，说明 P_5 含量对大坝变形有重要影响，对于高坝尽可能 P_5 含量是必要的。

三、级配离散性的影响

RM 工程推荐 1 号、5 号防渗土料场，料场颗粒级配存在空间分布不均匀的特性。结合施工开采规划，按 5m 一层进行混采后，防渗土料大于 5mm 含量试验组数百分比统计见表 5－13。

表 5－13　　　　　　　　　防渗土料大于 5mm 含量试验组数百分比统计表

料场	大于 5mm 含量			
	小于 25%	25%～30%	30%～45%	45%～50%
1 号土料场	2.2%	17.0%	76.8%	4.0%
5 号土料场	0	21.5%	58.5%	20.0%

注：剔除大于 60mm、按 5m 层厚平均。

针对防渗土料 P_5 含量不均性的特点,研究建立了心墙料二维随机有限元网格模型如图 5－36 所示，进行了心墙料 P_5 含量两种工况的对比分析。其中，工况一 P_5 含量全为 30%～45%；工况二 P_5 含量 30%～45%占心墙总量的 85%，P_5 含量 25%～30%占心墙总量的 15%。

心墙邓肯－张 E－B 模型计算参数见表 5－14，心墙应力变形二维随机有限元计算成果见表 5－15。

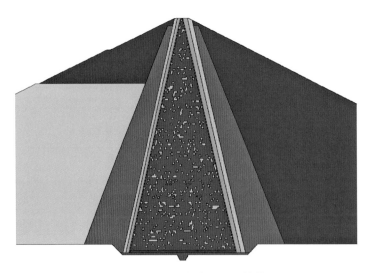

图 5－36　二维随机有限元网格模型

表5-14 心墙料二维随机有限元邓肯-张E-B模型计算参数

P_5含量	C_d (kPa)	φ_d (°)	φ_0 (°)	$\Delta\varphi$ (°)	K	n	R_f	k_b	m
31.1%	112.6	31.8	38.7	3.7	383.7	0.46	0.79	267.5	0.37
26.8%	93.8	29.7	35.1	3.6	339.2	0.48	0.81	243.3	0.36

表5-15 心墙二维随机有限元计算成果

计算工况	最大沉降（m）	最大水平位移（m）	最大主压应力（MPa）
工况一	4.19	1.30	5.26
工况二	4.23	1.31	5.23

由表5-15可见，两种工况下心墙料的沉降、顺河向位移、主压应力分布规律基本相同。由于P_5含量25%～30%土料占心墙总量的15%，比例较小，两种工况的计算结果整体差别很小。其中，工况一心墙的最大沉降约为4.19m，最大顺河向位移约为1.30m，最大主压应力约为5.3MPa；工况二心墙的最大沉降约为4.23m，最大顺河向位移约为1.31m，最大主压应力约为5.3MPa。

由此可见，防渗土料P_5含量存在的离散性对坝体应力变形的影响总体较小。

四、心墙固结的影响

采用传统Biot固结有限元法，预测心墙排水固结引起的变形量，计算取砾石土心墙料渗透系数为7.0×10^{-6}cm/s，接触黏土渗透系数为1.0×10^{-6}cm/s。计算结果表明，大坝蓄水运行3～5年心墙固结已完成。

图5-37给出了大坝蓄水运行10年心墙固结引起的坝体变形增量分布图。由图5-37可见，心墙固结引起的坝体变形主要表现为心墙收缩，变形最大区域主要发生在心墙中下部，其中向下游的顺河向位移增量约0.4m，向上游的顺河向位移增量约0.25m，沉降增量约0.6m。

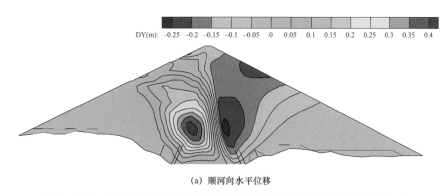

DY(m): -0.25 -0.2 -0.15 -0.1 -0.05 0 0.05 0.1 0.15 0.2 0.25 0.3 0.35 0.4

(a) 顺河向水平位移

图5-37 大坝蓄水后10年心墙固结引起的坝体位移增量分布图（一）

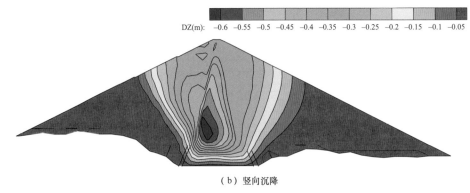

（b）竖向沉降

图 5-37 大坝蓄水后 10 年心墙固结引起的坝体位移增量分布图（二）

第四节 心墙与坝壳变形协调控制

从坝体变形协调角度出发，心墙堆石坝设计基本遵循"自中部心墙至上、下游坝壳堆石体，筑坝料颗粒由细到粗，渗透系数由小到大，模量由低到高"的原则。一般工程经验而言，心墙堆石坝的最大变形发生在 1/2 坝高的心墙中部。由于心墙模量低、坝壳堆石体模量高，心墙变形量往往大于坝壳堆石体，而心墙的变形速率则慢于坝壳堆石体，因两者变形的时空差异性，将产生心墙拱效应，若拱效应过大，可能诱发心墙裂缝或水力破坏风险。

邓肯－张 E-B 模型参数 K 值、K_b 值是心墙与坝壳堆石体模量差异的主要影响指标，以三维有限元计算的坝体沉降和心墙大主应力作为主要评价指标，通过 8 个方案计算对比分析，揭示心墙与坝壳料之间变形差异的一般规律，为变形协调控制提供依据。

1. 计算方案

心墙模量选取室内三轴试验参数大值平均值、平均值（基本参数）、小值平均值；堆石Ⅰ区料、堆石Ⅱ区料、过渡料基本参数室内三轴试验制样孔隙率分别按 20%、20%、22%控制，通过提高或降低邓肯－张 E-B 模型参数的 K 值、K_b 值来体现模量的高低；反滤层Ⅰ区料低模量参数相对密度取 0.80，基本参数相对密度取 0.85，反滤层Ⅱ区料高模量参数相对密度取 0.90，基本参数相对密度取 0.85。坝体变形协调计算参数见表 5-16，计算方案见表 5-17。

表 5-16 坝体变形协调方案计算参数表

项目		ρ (g/cm³)	线性强度		非线性强度		K	n	R_f	K_b	m	K_{ur}
			c (kPa)	φ(°)	φ_0 (°)	$\Delta\varphi$(°)						
堆石Ⅰ区	提高 K 值、K_b 值 10%	2.17	—	—	56.4	9.1	1540	0.28	0.77	847	0.10	3080
	基本参数	2.17	—	—	56.4	9.1	1400	0.28	0.77	770	0.10	2800
	降低 K 值、K_b 值 10%	2.17	—	—	56.4	9.1	1260	0.28	0.72	693	0.10	2520
	降低 K 值、K_b 值 20%	2.17	—	—	56.4	9.1	1120	0.28	0.72	616	0.10	2240

续表

项目		ρ (g/cm³)	线性强度		非线性强度		K	n	R_f	K_b	m	K_{ur}
			c (kPa)	$\varphi(°)$	φ_0 (°)	$\Delta\varphi$ (°)						
堆石Ⅱ区	提高 K 值、K_b 值10%	2.11	—	—	55.8	9.3	1529	0.28	0.78	693	0.10	3058
	基本参数	2.11	—	—	55.8	9.3	1390	0.28	0.78	630	0.10	2780
	降低 K 值、K_b 值10%	2.11	—	—	55.8	9.3	1251	0.28	0.78	567	0.10	2502
	降低 K 值、K_b 值20%	2.11	—	—	55.8	9.3	1112	0.28	0.78	504	0.10	2224
过渡料	提高 K 值、K_b 值10%	2.12	—	—	53.2	7.5	1386	0.30	0.71	748	0.11	2772
	基本参数	2.12	—	—	53.2	7.5	1260	0.30	0.71	680	0.11	2520
	降低 K 值、K_b 值10%	2.12	—	—	53.2	7.5	1134	0.30	0.71	612	0.11	2264
	降低 K 值、K_b 值20%	2.12	—	—	53.2	7.5	1008	0.30	0.71	544	0.11	2016
反滤层Ⅱ区	相对密度0.90	2.14	—	—	53.9	8.6	1079	0.31	0.61	680	0.10	2158
	相对密度0.85（基本参数）	2.10	—	—	52.3	8.0	892	0.33	0.61	351	0.27	1784
反滤层Ⅰ区	相对密度0.85（基本参数）	2.00	—	—	50.1	8.0	850	0.31	0.74	460	0.09	1700
	相对密度0.80	1.96	—	—	48.7	7.3	501	0.35	0.67	190	0.30	1002
砾石土心墙料	大值平均值	2.28	154.6	34.6	—	—	500	0.47	0.79	410	0.39	1000
	平均值（基本参数）	2.25	130.5	33.0	—	—	430	0.45	0.77	350	0.38	800
	小值平均值	2.22	112.5	31.8	—	—	375	0.43	0.76	310	0.34	750
接触黏土料	基本参数	1.97	75	25.8	—	—	220	0.45	0.79	130	0.28	400

表5-17　　　　　　　　　　坝体变形协调计算方案

方案序号	方案内容	备注
方案1	基本参数，堆石Ⅰ区、堆石Ⅱ区、过渡料孔隙率分别为20%、20%、22%，反滤层Ⅰ区、反滤层Ⅱ区相对密度均取0.85，心墙取试验平均值	基准方案
方案2	堆石Ⅰ区、堆石Ⅱ区、过渡料参数提高 K 值、K_b 值10%，反滤层Ⅰ区相对密度0.85，反滤层Ⅱ区相对密度0.90，心墙取试验大值平均值	整体高模量方案
方案3	堆石Ⅰ区、堆石Ⅱ区、过渡料参数降低 K 值、K_b 值20%，反滤层Ⅰ区相对密度0.80，反滤层Ⅱ区相对密度0.85，心墙料取试验小值平均值	整体低模量方案
方案4	心墙采用试验小值平均值，其他同方案1	心墙低模量方案
方案5	堆石Ⅰ区、堆石Ⅱ区、过渡料参数提高 K 值、K_b 值10%，其他同方案1	坝壳粗堆石区高模量方案
方案6	堆石Ⅰ区、堆石Ⅱ区、过渡料参数降低 K 值、K_b 值20%，其他同方案1	坝壳粗堆石区低模量方案
方案7	反滤层Ⅰ区相对密度0.80，反滤层Ⅱ区取0.85，其他同方案1	反滤层低模量方案
方案8	反滤层Ⅰ区相对密度取0.85，反滤层Ⅱ区0.90，其他同方案1	反滤层高模量方案

2. 计算结果与分析

坝体变形协调计算方案三维有限元计算结果，见表5-18。

表 5-18   坝体变形协调计算方案三维有限元计算结果

部位	项目		方案1		方案2		方案3		方案4		方案5		方案6		方案7		方案8	
			竣工期	蓄水期	竣工期	蓄水期	竣工期	蓄水期	竣工期	蓄水期	竣工期	蓄水期	竣工期	蓄水期	竣工期	蓄水期	竣工期	蓄水期
坝体	顺河向最大位移（m）	指向上游	0.24	0.22	0.24	0.21	0.33	0.30	0.26	0.23	0.25	0.22	0.33	0.31	0.30	0.24	0.26	0.24
		指向下游	0.55	0.72	0.49	0.65	0.73	0.95	0.59	0.79	0.56	0.72	0.62	0.83	0.64	0.82	0.55	0.72
	最大沉降（m）	竖向	2.81	2.75	2.46	2.41	3.51	3.43	3.19	3.13	2.80	2.75	3.05	2.97	2.94	2.88	2.77	2.69
		增幅（%）	—	—	−12.5	−12.4	24.9	24.7	13.5	13.8	0.0	0.0	8.5	8.0	4.6	4.7	−1.4	−2.2
	大主应力极值（MPa）	极值	5.16	5.31	4.99	5.01	4.75	4.88	5.52	5.54	4.69	4.73	4.68	4.88	4.68	4.88	5.26	5.41
		增幅（%）	—	—	−3.3	−5.6	−7.9	−8.1	7.0	4.3	−9.1	−10.2	−9.3	−8.1	−9.3	−8.1	1.9	1.8
	小主应力极值（MPa）		2.01	2.14	2.03	2.17	2.00	2.14	1.91	2.09	1.99	2.11	2.11	2.25	2.01	2.14	2.06	2.16
防渗心墙	顺河向最大位移（m）	指向上游	0.23	0.17	0.22	0.16	0.33	0.24	0.25	0.19	0.25	0.19	0.28	0.20	0.30	0.23	0.24	0.18
		指向下游	0.55	0.72	0.49	0.65	0.73	0.95	0.59	0.79	0.56	0.72	0.62	0.83	0.64	0.82	0.55	0.72
	最大沉降（m）	竖向	2.81	2.75	2.46	2.41	3.51	3.43	3.19	3.13	2.80	2.75	3.05	2.97	2.94	2.88	2.77	2.69
		增幅（%）	—	—	−12.5	−12.4	24.9	24.7	13.5	13.8	0.0	0.0	8.5	8.0	4.6	4.7	0.4	0.7
	大主应力（MPa）	极值	3.76	3.85	4.00	4.08	3.73	3.78	3.51	3.58	3.74	3.81	3.98	4.04	3.83	3.90	3.74	3.81
		增幅（%）	—	—	6.4	6.0	−0.8	−1.8	−6.6	−7.0	−0.5	−1.0	5.9	4.9	1.9	1.3	−0.5	−1.0
	小主应力（MPa）		2.01	2.14	2.03	2.17	2.00	2.14	1.91	2.03	1.99	2.11	2.11	2.25	2.01	2.14	2.06	2.16

注：方案2～方案8坝体及心墙沉降、大主应力极值增幅均以方案1为对比基础。

与方案1（基本方案，下同）相比，方案2心墙与坝壳区材料模量整体提高，坝体变形显著减小，最大沉降由2.81m减小至2.46m，减小约12.5%，心墙与岸坡变形梯度减小，有利于坝体裂缝控制；由于坝体整体模量提高，心墙大主应力由3.85MPa增大至4.08MPa，有利于提高心墙抗水力劈裂能力。说明整体提高坝体模量，既有利于坝体裂缝控制，又有利于心墙抗水力劈裂，但由于大坝整体模量提高，需较高的坝体填筑标准，大坝工程投资将会增加。

与方案2相反，方案3心墙与坝壳区材料模量整体降低，坝体变形显著增大，最大沉降由2.81m增大至3.51m，增大约24.5%，心墙与岸坡变形梯度增大，不利于坝体裂缝控制。虽然心墙模量降低，但由于方案3坝壳料与心墙之间的模量差异减小，心墙应力减小并不明显，如坝壳堆石Ⅰ区料与心墙料邓肯-张E-B模型参数K的比值，方案1为3.26、方案3为2.98，满蓄期心墙大主应力由3.85MPa仅减小至3.78MPa，减小约1.8%。说明即使心墙模量较低，但坝壳堆石区与心墙模量差异降低的条件下，心墙应力仍不会明显降低。

与方案 1 相比，方案 4 仅心墙模量采用小值平均值，坝体变形增加，发生在心墙区的最大沉降由 2.81m 增大至 3.19m，增大约 13.5%，心墙与岸坡变形梯度增大，不利于坝体裂缝控制。由于方案 4 心墙与坝壳区材料模量差异进一步增大，心墙拱效应增强，致使心墙上、下游侧反滤层及过渡区应力增大，仅心墙应力减小，如满蓄期心墙应力由 3.85MPa 减小至 3.58MPa，减小约 7%，不利于心墙抗水力劈裂。

与方案 1 相比，方案 5 仅提高坝壳堆石区（堆石Ⅰ区、堆石Ⅱ区、过渡料）模量，引起的坝体变形增量主要发生在坝壳堆石区，坝壳堆石区沉降减小约 0.14m，发生在心墙区的坝体最大沉降由 2.81m 仅减小至 2.80m，心墙沉降几乎无变化。就坝体应力而言，由于坝壳堆石区模量提高，心墙及反滤区应力减小，发生在反滤区的大主应力由 5.31MPa 减小至 4.73MPa，减小约 10.2%，而心墙大主应力由 3.85MPa 减小至 3.81MPa，心墙几乎无变化。说明仅提高坝壳堆石区模量，受心墙与坝壳堆石区相隔较远影响，即使坝壳堆石区与心墙模量差异增大，带来的心墙拱效应影响有限，心墙变形及应力也不会发生明显变化。

与方案 5 相反，方案 6 仅降低坝壳堆石区（堆石Ⅰ区、堆石Ⅱ区、过渡料）模量，由于坝壳堆石区与心墙模量差异降低，坝体总体沉降增加明显，发生在心墙区的坝体最大沉降由 2.81m 增大至 3.05m，增大约 8.5%，心墙与岸坡变形梯度增大，不利于坝体裂缝控制。由于坝壳堆石区模量降低，坝体应力由 5.31MPa 减小至 4.88MPa，心墙应力由 3.85MPa 增大至 4.04MPa，有利于提高心墙抗水力劈裂能力。说明降低坝壳堆石区的模量，坝壳堆石区与反滤区、心墙的模量差异降低，坝体变形将增加，心墙应力也将增大，对坝体裂缝控制不利，对心墙抗水力劈裂有利。

与方案 1 相比，方案 7 仅将与心墙紧邻的反滤层Ⅰ区相对密度降低为 0.8，坝体沉降有一定程度的增加，最大沉降由 2.81m 增大至 2.94m，增大约 4.6%。由于进一步减小了心墙与反滤层料之间的模量差异，心墙受到的拱效应作用减弱，心墙应力由 3.85MPa 增大至 3.90MPa，有利于提高心墙抗水力劈裂能力。总体而言，仅降低反滤层Ⅰ区模量，坝体变形及心墙应力受影响较小，但考虑到较低的反滤层模量，可能带来强震区高坝反滤料抗地震液化不足问题。

与方案 7 相比，方案 8 仅将反滤层Ⅱ区相对密度提高至 0.9，坝体沉降有一定程度的减小，最大沉降由 2.81m 减小至 2.77m，减小约 1.4%。由于心墙与反滤层Ⅱ区之间有反滤层Ⅰ区过渡，心墙受到反滤区的拱效应增强作用十分有限，心墙大主应力仅由 3.85MPa 减小至 3.81MPa。总体而言，仅提高反滤层Ⅱ区模量，坝体变形及心墙应力受影响也总体较小。

3. 研究结论

（1）上述各方案计算研究表明，坝体最大沉降在 2.41～3.51m，心墙大主应力在 3.85～4.08MPa，坝体变形及心墙应力变化幅度总体不大，均符合一般规律。

（2）整体提高坝壳堆石体及心墙模量，坝体变形减小，有利于坝体裂缝控制，但工程投资会增加；整体降低坝壳堆石体及心墙模量，若坝壳堆石区与心墙模量差异降低，心墙应力仍不会明显降低；仅降低心墙模量，心墙拱效应将增强，不利于坝体裂缝控制及心墙抗水力劈裂；仅提高坝壳堆石区模量，心墙变形及应力受影响不明显；仅降低坝壳堆石区模量，对坝体裂缝控制不利，对心墙抗水力劈裂有利；仅增大或降低反滤层模量，坝体变形及心墙应力受影响总体较小，但考虑到较低的反滤层模量，可能带来强震区高坝反滤料抗地震液化不足问题。

（3）仅从计算分析角度，心墙与坝壳变形协调还有待进一步深入研究。从减小坝体后期变形量、控制心墙堆石坝顶部裂缝角度考虑，高坝心墙与坝体变形协调控制，宜采用坝料高模量、相邻坝料模量低梯度的原则。

第五节　心墙与岸坡剪切变形控制

对于心墙堆石坝而言，心墙基础岸坡接触黏土与混凝土盖板之间存在着典型的非连续接触问题。由于两种材料性质差异较大，受坝体与岸坡高应力、大剪切相互作用的影响，在接触界面两侧常存在较大的剪应力并发生位移不连续现象，其应力变形条件较为复杂，通常被认为是诱发接触渗透破坏的薄弱部位。

早期国外建造的高心墙堆石坝，多见心墙防渗土料与开挖平顺的岸坡基岩直接接触，例如努列克坝、买加坝等，另有奇科森坝，防渗心墙与基岩接触面设高塑性接触黏土，但无混凝土过渡垫座。美国 Teton 坝的溃决，人们充分认识到了心墙与基岩连接的重要性。近些年来，国内设计建造的糯扎渡、长河坝、两河口、双江口等特高心墙堆石坝，均在防渗心墙与基础混凝土盖板之间设置了一层接触黏土，并要求接触黏土料的黏粒含量高、塑性好，填筑时的含水率略高于最优含水率等。同样地，RM 砾石土心墙堆石坝在心墙与坝基接触也设置了一层接触黏土层，其中岸坡段水平厚 4m、河床段厚 2m。以上设计，不仅可以增强心墙与坝基接触部位（河床、岸坡）的抗渗性能，还有利于适应心墙与岸坡之间的大剪切变形，避免因不均匀沉降产生心墙剪切裂缝，提高心墙与岸坡接触带之间的抗裂能力。

RM 坝受高寒、高海拔等自然条件限制，满足设计要求的接触土料相对缺乏，而高坝工程的接触土料需求量一般又较大，如何通过深入研究，从根本上揭示心墙与岸坡之间大剪切变形作用机理、应力变形传递规律，科学合理开展接触黏土层设计，是高原筑坝面临的重要课题，对其他同类工程也具有十分重要的借鉴意义。

一、工程经验

1. 高心墙堆石坝河谷宽高比统计

图 5-38 给出了国内外 200m 级以上高心墙堆石坝河谷宽高比的统计结果。从国内外 200m 级以上高心墙堆石坝建设条件可知，高心墙堆石坝心墙建基面型式主要表现为以下几个特点，即河谷狭窄、岸坡陡峻、"V"或"U"形河谷两岸多不对称、心墙基础岸坡开挖不

平顺且变坡，除了少数覆盖层建坝条件外，大部分心墙基础均坐落于基岩上。从图 5－38 可见，除了奥洛维尔坝和小浪底坝外，其他工程的河谷宽高比均在 1.18～3.37 之间，属于狭窄河谷建坝；奇科森坝（261m）是狭窄谷上最为典型工程，其心墙两岸几乎接近垂直，左岸坡最陡处坡比为 1:0.1，在国内外实属罕见；国内的双江口坝（314m），心墙基础左岸开挖坡比为 1:1.25，右岸开挖坡比为 1:0.7，属于两岸明显不对称建坝。

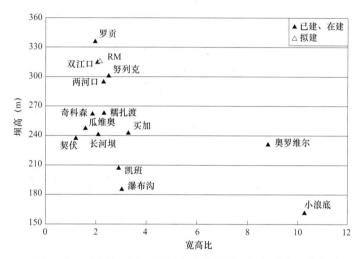

图 5－38 国内外 200m 级以上高心墙堆石坝河谷宽高比统计

由于受上述心墙基础地形地质条件、岸坡开挖型式等复杂条件的影响，坝体及心墙的变形就可能存在着下述三个方面的问题：① 由坝体横河向不均匀沉降、心墙拱效应以及心墙与岸坡之间大剪切变形，导致两岸坝肩易产生横向裂缝。其主要原因是河床中部沉降大于两岸，若左右岸不对称明显，或岸坡突变过大，两者之间的变形梯度就会在突变部位加剧；② 狭窄河谷带来的心墙拱效应，使心墙竖向应力降低，严重时就会导致心墙底部应力小于墙前水压力，无法满足防渗要求，诱发心墙水力劈裂；③ 若岸坡过于陡峻，心墙与岸坡之间将发生较大的非连续接触变形且随时间持续发展，应力条件也将发生改变，成为诱发接触渗透破坏发生的薄弱部位。

以上问题都是导致心墙发生水力劈裂或渗透破坏的直接原因，也是高坝密切关注的关键技术问题。

2. 奇科森坝经验

1980 年，墨西哥建成了一座 261m 高的奇科森坝，坝顶高程 402m，坝顶长 485m，顶厚 25m；上游坝坡 1:2.1，下游坝坡 1:2.0。该工程防渗心墙原设计采用斜心墙，在考虑地处强地震区以及施工期进行了大坝应力变形研究后，将高程 200m 以上改为直心墙，在高程 200m 以下心墙已填筑成微斜心墙，见图 5－39。

该工程的独特之处在于坝址地形属狭窄河谷，两岸壁立，左岸在坝上 1/3 部位显著变缓，右岸有一缺口，见图 5－40。大坝设计需要解决三个关键技术问题：① 心墙与坝肩接触层的相互作用;② 心墙与反滤接触层的相互作用,这两个问题均会使心墙底部应力降低;③ 在左岸边坡有突变处可能会产生拉应力区。

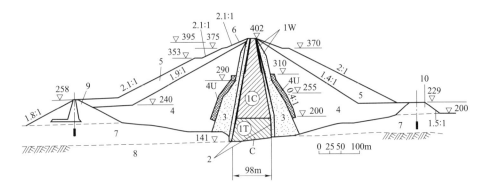

图 5-39 奇科森坝横剖面图

1—防渗心墙;2—反滤层;3—过渡层;4—压实的堆石;4U—均质堆石;5—混合堆石;
6—选用料堆石;7—覆盖层;8—石灰岩;9—上游围堰;10—下游围堰

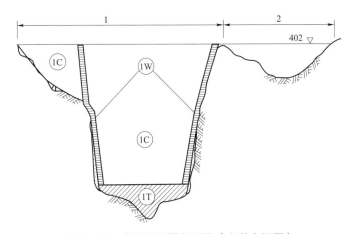

图 5-40 奇科森坝纵剖面图(上游立视图)

1T—用 Tejeria 料场的料,最优含水量;1C—用 La Costilla 料场的料,
比最优含水量低 0.8%;1W—同上,比最优含水量高 2%~3%;1—主坝;2—缺口

　　工程设计中,首先考虑了沿两岸坝肩自高程 200m 到坝顶铺设宽 4m 的软弱土条带,如图 5-41(a)所示。假设施工分为 6 层填筑,经三维有限元法计算发现,心墙深部总垂直应力为 3.0MPa,达到了相应水压力的 1.5 倍,但在高程 220~300m 间总垂直应力在靠近坝肩处出现有低于相应水压力的情况,该区域有可能发生水力劈裂问题,特别是靠近左岸高程 260m 处问题更为突出。

　　为了改进奇科森坝的应力情况,提出了图 5-41(a)～(f)共 6 个方案进行比较,并最终从垂直应力对称分布和应力强度角度考虑,确定了方案 6 为最终设计方案,见上图 5-40。用有限元法假定坝纵剖面为平面应变问题进行数值分析,施工按 12 层考虑,纵剖面应力计算结果见图 5-42。另外,在最大的横剖面上,从高程 310m 到坝顶的心墙和反滤层之间铺设一层软黏土材料，又可以减小该区内的相互作用。

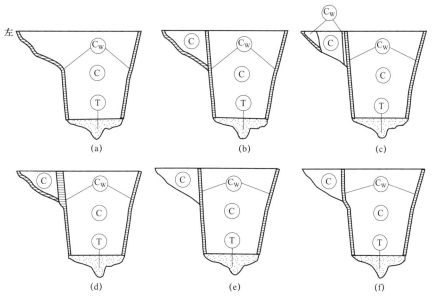

图 5-41　奇科森坝改善岸坡应力的 6 种接触黏土铺设方案

T—用 Tejeria 料场的料，最优含水量；C—用 La Costilla 料场的料，
比最优含水量低 0.8%；W—同上，比最优含水量高 2%～3%

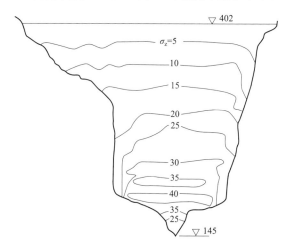

图 5-42　奇科森坝推荐方案纵剖面应力图（上游立视图）

注：单位 0.1MPa，高程 m。

从奇科森坝的工程实践可以得出，合理设置接触黏土的部位及厚度，对改善心墙与岸坡之间的应力条件具有重要作用。

3. 现行规范要求

《碾压式土石坝设计规范》（NBT 10872—2021）第 7.3.3 条、《碾压式土石坝设计规范》（SL 274—2020）第 7.1.11 条、《水工设计手册（第 2 版）》（第 6 卷　土石坝）等规范规程建议，为满足心墙与岸坡变形协调条件，与土质防渗体连接的岸坡开挖宜满足以下要求：

（1）岸坡应大致平顺，不应成台阶状、反坡或突然变坡，岸坡上缓下陡时，变坡角应小于20°；

（2）土质边坡不宜陡于1:5.5，岩石岸坡不宜陡于1:0.5，陡于此坡度时应有专门论证，并采取相应工程措施；

（3）岸坡应保持施工期稳定。

（4）土质防渗体与基岩（或其上的混凝土盖板）接触处，在邻近接触面1～3m范围内（高坝采用大值）应填筑黏粒含量高、塑性好的接触黏土，其含水率略高于最优含水率（1%～4%）。在填土前应用黏土浆抹面。土质防渗体与岸坡连接处附近，宜扩大防渗体断面并加强反滤层保护。

二、心墙建基面型式的影响

研究表明，心墙拱效应不仅受心墙与坝壳料上下游的模量差影响，也与心墙建基面的轮廓形状密切相关。河谷越窄，心墙拱效应愈强；相同宽高比条件下，V形河谷心墙拱效应一般大于U形河谷。研究考虑两岸不同坡比、不对称性及岸坡突变等多因素的影响，从心墙应力变形、心墙拱效应、心墙与岸坡之间的剪切变形等角度，探讨不同心墙建基面型式的影响。

拟定心墙建基面开挖型式计算方案，如图5-43所示。计算采用"D-S-2"的形式进行编号，其各字母的含义为：P—岸坡坡比方案；D—非对称岸坡方案；S—岸坡为直线；L—左岸相对底部逆时针弯折；R—左岸相对底部顺时针弯折。

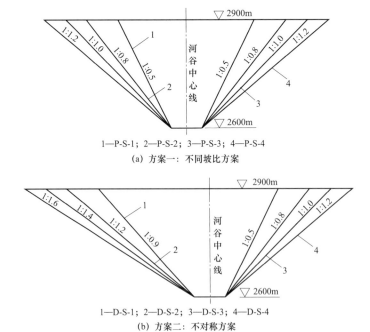

1—P-S-1；2—P-S-2；3—P-S-3；4—P-S-4
(a) 方案一：不同坡比方案

1—D-S-1；2—D-S-2；3—D-S-3；4—D-S-4
(b) 方案二：不对称方案

图5-43 心墙建基面开挖型式计算方案（一）

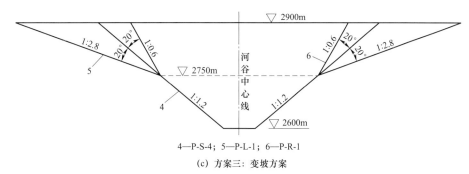

4—P-S-4；5—P-L-1；6—P-R-1

(c) 方案三：变坡方案

图5-43 心墙建基面开挖型式计算方案（二）

表5-19给出了不同心墙建基面开挖型式计算结果的比较，研究得出主要结论如下：

表5-19 不同心墙建基面开挖型式计算结果的比较

方案	方案编号	三向变形极值（cm）			拱效应系数最小值	心墙与岸坡之间剪切变形（cm）	
		顺河向	竖直向	坝轴向		竖直向	坝轴向
方案一（不同坡比）	P-S-1	144.5	423.1	53.7	0.69	91.3	55.6
	P-S-2	175.6	447.3	66.8	0.71	66.8	53.5
	P-S-3	191	457.6	69.9	0.74	50.3	50.2
	P-S-4	205	466.4	70.6	0.76	37.7	45.0
方案二（不对称）	D-S-1	165.6	439.6	67.7	0.66	90.9	58.0
	D-S-2	191.0	458.1	68.5	0.71	66.7	53.3
	D-S-3	204.2	466.3	72.9	0.74	54.7	50.5
	D-S-4	215.0	473.7	73.1	0.76	38.0	45.5
方案三（岸坡折坡）	P-S-4	205.0	466.4	70.6	0.76	37.7	45.0
	P-L-1	205.9	466.1	67.8	0.74	37.5	44.8
	P-R-1	203.8	466.5	67.2	0.74	76.2	45.7

注：表中拱效应系数定义为竖向应力σ_z与理论水压力$\gamma_d H$的比值。

（1）随着岸坡坡度变缓，坝体受到岸坡的轴向约束作用减弱，土体泊松效应增强，心墙拱效应减弱，对心墙应力条件有利；无论是竖直向还是坝轴向，心墙与岸坡之间的剪切作用，都呈现规律性的减弱。当岸坡坡度达到0.5时，竖向剪切变形明显增大。缓岸坡对心墙应力以及心墙与岸坡之间的剪切变形有利，但从经济条件考虑，应适应岸坡固有地形条件。

（2）对于不对称岸坡，陡岸坡侧的拱效应系数越小，如图5-44所示。产生此种现象的主要原因是陡峻岸坡对心墙的约束作用更强，拱效应更为明显，限制了其侧向变形。岸坡是否存在不对称性，对坝体总体变形影响不大，但在不对称条件下，需重点关注陡岸的拱效应和剪切变形。

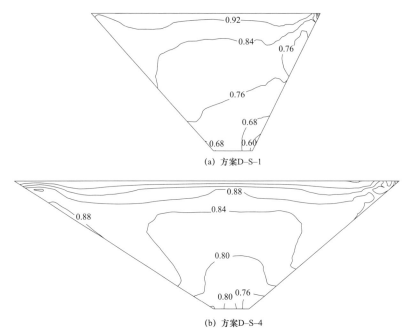

(a) 方案D-S-1

(b) 方案D-S-4

图5-44 不对称条件下心墙拱效应系数分布规律

（3）如图 5-45（a）所示的内倾型河谷，因受上部陡峻岸坡的约束作用，在 1/2 坝高以上临近岸坡部位，心墙与岸坡之间的竖向剪切作用及心墙拱效应显著。图 5-45（b）所示的外倾型河谷，变坡使得心墙拱效应减弱，对心墙受力有利，但对心墙与岸坡之间的剪切作用影响很小。对内倾型变坡，需重点关注竖向剪切变形对坝体的不利影响；对外倾型变坡，需重点关注变坡附近的变形倾度问题。

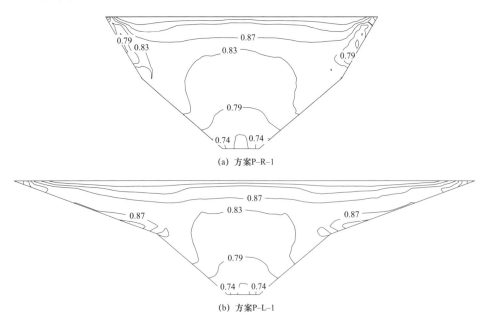

(a) 方案P-R-1

(b) 方案P-L-1

图5-45 变坡条件下心墙拱效应系数分布规律

三、接触黏土区剪切变形规律

采用三维有限元数值计算方法，接触黏土按厚度的 1.0 倍、0.75 倍、0.5 倍、0.25 倍划分有限元网格，计算接触黏土层切向位移绝对极值沿厚度的变化，如表 5-20 所示。

表 5-20 接触黏土层切向位移绝对极值沿厚度的变化规律

方案	部位	竣工期极值（cm）		蓄水期极值（cm）	
		左岸切向位移	右岸切向位移	左岸切向位移	右岸切向位移
基本方案 （设接触面）	1.0 倍厚度处	84.7	113.6	87.8	114.5
	0.75 倍厚度处	68.5	77.7	71.3	78.5
	0.5 倍厚度处	47.4	53.9	48.6	54.6
	0.25 倍厚度处	27.1	27.6	27.2	28.1
比较方案 （不设接触黏土）	1.0 倍厚度处	40.6	49.5	41.5	51.0
	0.75 倍厚度处	32.3	35.4	34.6	37.7
	0.5 倍厚度处	26.8	26.1	27.2	26.4
	0.25 倍厚度处	14.8	13.4	14.8	14.1

从表 5-20 计算结果可见，由自上表面（心墙与接触黏土界面）至下表面（接触黏土与混凝土界面），切向位移接近线性递减。例如，1.0 倍厚度处左右岸接触黏土的切向位移在 80～120cm 之间，而 0.25 倍厚度处接触黏土与垫层混凝土之间的错位变形小于 30cm。分析上述原因可知，在接触黏土上部，心墙与接触黏土的材料性质基本相同，在受力作用下近似认为二者可以沿着接触界面产生连续变形；而在接触黏土的下部，由于接触黏土与垫层混凝土材料性质相差甚大，二者之间的变形已无法相互适应，接触界面的变形也已变得不再连续，二者之间的变形可全部归结为错位变形。而接触黏土层的摩擦阻滑力也由接触黏土的上部向下部逐渐增大，在接触黏土与垫层混凝土的交界面达到最大。

比较左右岸的切向位移量值可知，右岸切向位移最大值稍大于左岸，由于右岸开挖坡比 1:0.8 稍陡于左岸 1:0.9，说明岸坡越陡对心墙与岸坡之间的剪切变形影响越大，也体现了岸坡形状对接触黏土切向变形的作用。

图 5-46 为蓄水期不同厚度处接触黏土切向位移分布。由图 5-46 可见，接触黏土层切向位移的最大值均出现在靠近坝基 1/3～1/2 坝高的位置，出现切向位移较大的区域也偏向上游迎水侧，这种现象在满蓄期表现尤为明显。由于蓄水初期，水压力主要作用于心墙上游面，靠近心墙上游侧的土体首先受到挤压产生侧向滑移，在水压力向下游侧传递的过程中，受接触黏土区阻滑力的影响，这种剪切变形效果得到了一定程度的削弱，由此出现了上下游侧剪切变形不对称的情况。

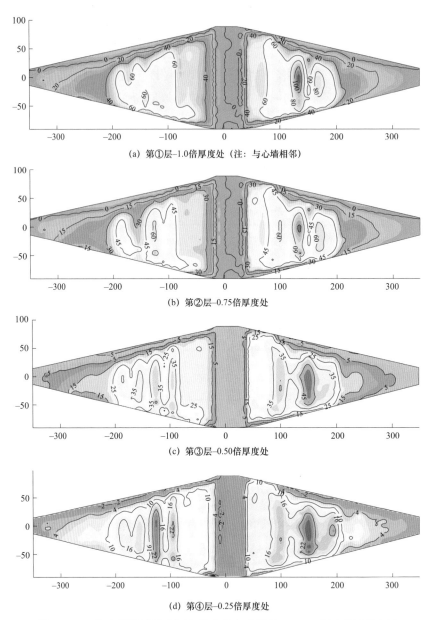

(a) 第①层-1.0倍厚度处（注：与心墙相邻）

(b) 第②层-0.75倍厚度处

(c) 第③层-0.50倍厚度处

(d) 第④层-0.25倍厚度处

图5-46　蓄水期接触黏土切向位移分布（单位：cm，指向河床为正）

图5-47为蓄水期不同厚度处接触黏土剪应力水平分布。由图5-47可见，接触黏土上游部位部分区域应力水平达到了1.0，此区域内接触黏土层达到了塑性破坏状态，接触黏土层沿厚度方向塑性破坏区域面积有所增大，第②层较第①层塑性破坏区域面积增加尤为明显。

接触黏土的最大剪应变均出现在两岸岸坡的中部，最大顺坡向剪应变的绝对值可超过15%。顺坡向剪应变在上表面较小，最大值约为7%，在接触黏土层内部均较大，除上表面外，各层接触黏土的最大顺坡向剪应变均超过14%。

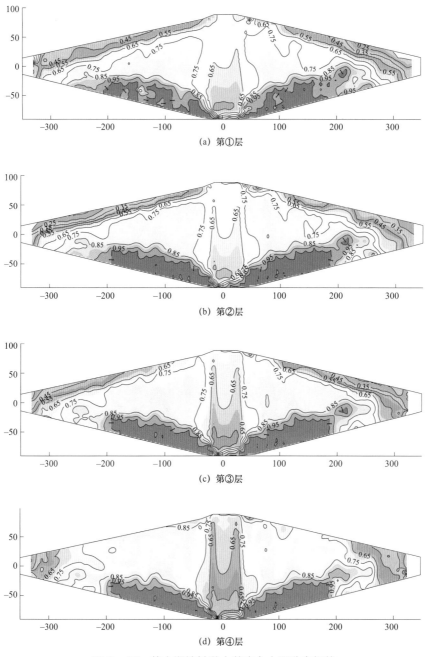

(a) 第①层

(b) 第②层

(c) 第③层

(d) 第④层

图 5-47 蓄水期接触黏土剪应力水平分布规律

接触黏土除在顺坡向发生很大的剪切外，垂直于坡向还被明显压缩，除表层外，接触黏土内部的法向应变可达 12%～14%，最大法向应变出现在岸坡下部。

由表 5-20 可见，若心墙与岸坡之间不设接触黏土，防渗心墙料直接与岸坡垫层混凝土接触，原设计的接触黏土层部位切向位移极值均减小约 50%。这主要与心墙料的强度高、模量大，与岸坡之间的摩擦阻力大有关。若从剪应力水平角度分析，从图 5-48 可以看出，在临近岸坡的高剪切带上，设置接触黏土的心墙剪应力水平稍低，不设置接触黏土的大剪切带有向心墙内部延伸的趋势。

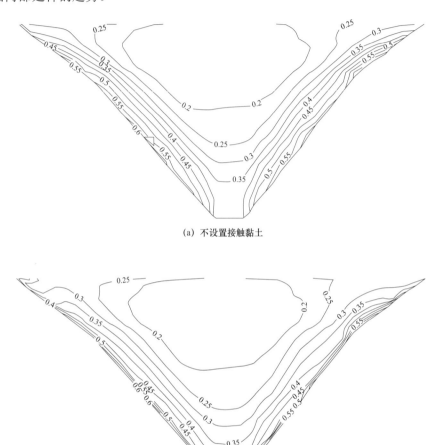

(a) 不设置接触黏土

(b) 设置接触黏土

图 5-48 坝轴线剖面防渗心墙区剪应力水平

根据 1.0 倍厚度、0.75 倍厚度、0.5 倍厚度、0.25 倍厚度处接触黏土的剪切性状计算结果，接触黏土作用机制可归纳为三点：

（1）在坝基与心墙之间合理设置接触黏土，有利于改善心墙与岸坡之间的应力变形条件。设接触黏土层，剪切变形主要发生在接触黏土层，如果不设接触黏土层，剪切变形区域将向心墙内部延伸，接触黏土起到了很好的缓冲剪切变形的作用。

（2）接触黏土与混凝土盖板之间的接触面，对靠近岸坡接触部位的影响较大，对远离接触部位的影响较小，以适应心墙与岸坡之间变形角度，接触面宜尽量光滑。

（3）临近岸坡影响带的土体可划分为剪切错动带和小剪切应变两个区域，接触黏土主要承担大剪切变形作用，位于剪切错动带，其几何形状、土体结构、力学特性及渗流特性均发生变化；而心墙料所受到的剪应变较小，可被认为处于小剪应变区，受接触界面应力状态的影响较小，土体的各项性质几乎不会发生变化（见图 5-49）。

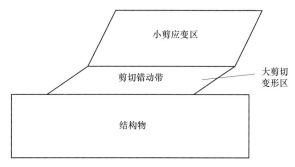

图 5-49　心墙与岸坡之间接触剪切错动示意图

四、心墙与岸坡界面应力传递规律

在接触黏土与混凝土岸坡之间设置摩擦接触单元模拟界面的接触关系，以进一步揭示接触面的力学特性和应力传递规律。摩擦单元为八节点等参单元，单元厚度为零，结点对之间不能相互嵌入，但是可以张开或者滑移。研究认为摩擦系数是影响接触黏土与混凝土岸坡之间剪切变形和应力传递最为敏感参数，故取摩擦系数分别为 0.4、0.6、0.8 进行对比分析。

从图 5-50 可见，摩擦系数越大，其剪切错动变形越小，最大沉降值出现在中部偏下的位置，且对于摩擦系数的敏感性较强，当摩擦系数为 0.4 时变形值达到了 13cm，摩擦系数为 0.8 时其变形值达到 8cm。

从图 5-51 可见，摩擦系数对于应力水平的敏感性较高，摩擦系数越大，应力水平越高，最大值出现在转折处（2800m）以下的高程，且在转折处出现应力水平的突变现象。

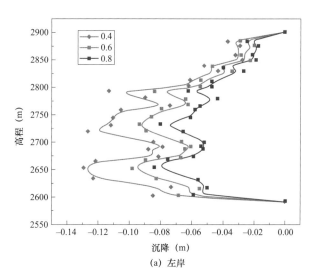

(a) 左岸

图 5-50　左右岸坡接触界面剪切变形沿高程分布规律图（一）

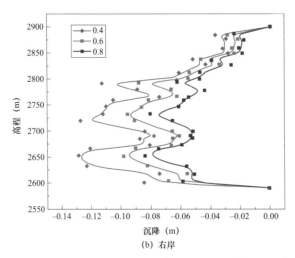

(b) 右岸

图 5-50   左右岸坡接触界面剪切变形沿高程分布规律图（二）

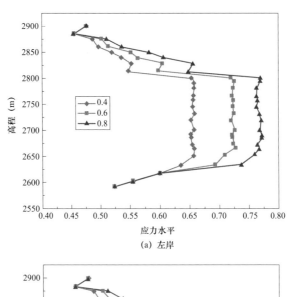

(a) 左岸

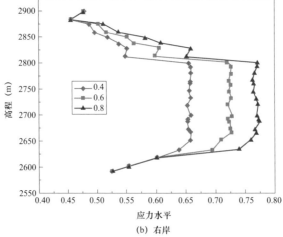

(b) 右岸

图 5-51   左右岸坡接触界面应力水平沿高程分布规律

五、心墙与岸坡接触剪切离心机模型试验

通过 4 组接触黏土层变形特性离心模型试验，研究了 RM 大坝心墙与岸坡之间接触黏土层在上部荷载作用下的变形特性。

1. 试验模型

沿着左侧坝基的岸坡，选择了 4 个不同高程的位置，开展 6 组接触黏土层变形特性离心模型试验，如表 5-21，重点分析接触黏土的变形情况。模型为平面模型，几何比尺为 1/20。局部模型的布置如图 5-52～图 5-55 所示。

表 5-21　　　　　　　　　　接触黏土层变形特性试验条件

编号	高程（m）	上覆压力（MPa）	岸坡情况
L1	2853～2859	0.59	1:1.2
L2	2803～2809	1.23	1:1.2
L3	2767～2773	1.56	1:1.2 和 1:0.85 交界处
L4	2713～2719	2.33	1:0.85

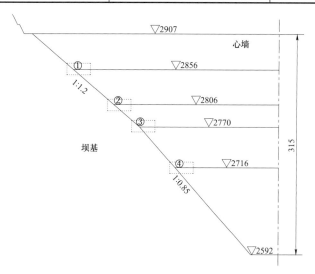

图 5-52　接触黏土层变形特性试验点（单位：m）

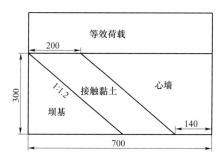

图 5-53　局部试验模型布置示意图
（L1、L2，单位：mm）

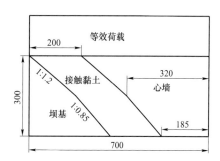

图 5-54　局部试验模型布置示意图
（L3，单位：mm）

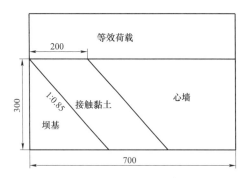

图 5-55　局部试验模型布置示意图（L4，单位：mm）

每组局部模型试验，分别模拟了特定上覆压力（采用铅丸作为等效荷载）下，高度为6m 范围内的接触黏土层和部分心墙土体的变形情况。利用高清摄像机记录试验过程中的模型照片，利用 PIV 技术分析得到局部模型的变形情况。

对于心墙料，采用《土工试验方法标准》（GB/T 50123—2019）的"粗颗粒土的试样制备"混合法，进行缩尺模拟。

2. 试验加载过程

L1~L4 局部试验加载过程如表 5-22 和图 5-56 所示。

表 5-22　　　　　　　　　局部试验加载过程

编号	上覆压力（MPa）	加载过程（kPa）
L1	0.59	0→148→295→442→590，稳定运行 4h
L2	1.23	0→308→615→922→1230，稳定运行 4h
L3	1.56	0→390→780→1170→1560，稳定运行 4h
L4	2.33	0→518→1036→1553→1942→2330，稳定运行 4h

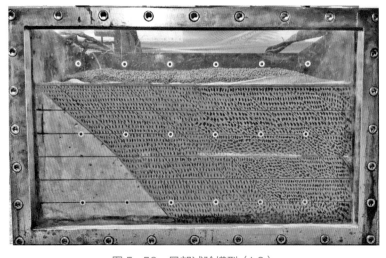

图 5-56　局部试验模型（L3）

3. 接触黏土静力变形特性

从图 5-57 和图 5-58 的试验照片、土体位移矢量场和网格图可以直观地看出：

（1）接触黏土层与岸坡之间的相对变形较小，有轻微错动但没有明显的分离现象，即便是变坡点也是如此；

（2）上覆荷载引起接触黏土产生垂直坝基的压缩变形和平行坝基的剪切变形，荷载施加和稳定过程中，接触黏土层压缩变形和剪切变形大体相当，接触黏土始终处于压剪状态，荷载越大变形越大；

（3）心墙土体在荷载下则产生以竖向下沉为主的变形；

（4）接触黏土与心墙土体之间也没有错动，很好地起到了协调变形的作用。

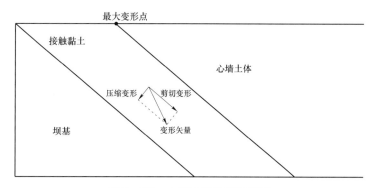

图 5-57　土体变形分解示意图

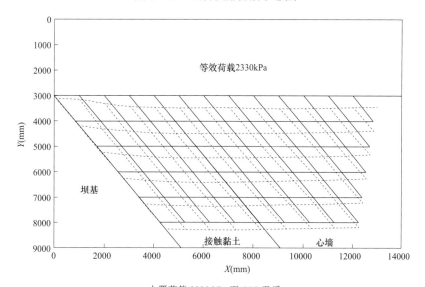

上覆荷载 2330 kPa 下 66.7 天后

图 5-58　模型 L4 变形网格图（放大 2 倍）

图 5-59 和图 5-60 给出了 4 组局部模型接触黏土最大压缩变形和剪切变形与上覆荷载的关系。可以发现：

（1）接触黏土变形随着荷载逐渐增加，大体呈现出随着荷载对数线性增加的趋势；

（2）试验测得的最大剪切变形约 14.5cm，最大压缩变形约 14cm，压缩变形和剪切变形大体相当，说明接触黏土处于压剪状态；

（3）接触黏土变形随荷载的发展程度，在坝基坡度较缓时较小，坝基坡度较陡时较大，在坝基坡度变化处则介于两者之间。

另外根据上覆荷载施加稳定后接触黏土最大压缩变形和剪切变形随时间的发展情况得出：接触黏土层的压缩和剪切变形在填筑完成的初期有所增加，而后变形增长速度较慢；接触黏土层始终保持压剪状态；最大变形增长速度较慢，平均约为 0.8mm/天；在试验所模拟的约 66.7 天时间内，变形逐渐趋于稳定。

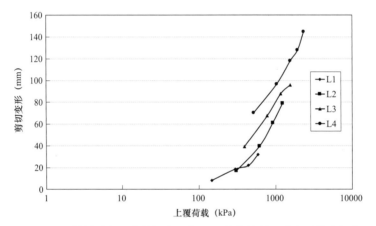

图 5-59 接触黏土最大剪切变形与上覆荷载的关系（半对数坐标）

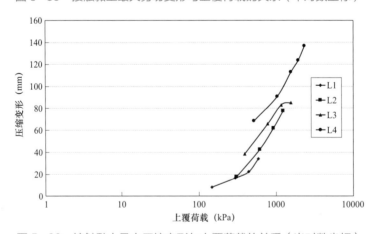

图 5-60 接触黏土最大压缩变形与上覆荷载的关系（半对数坐标）

根据图 5-59 可见，根据旋转连续剪切变形与渗流耦合试验成果，当接触黏土与混凝土盖板之间的剪切变形量达到 15cm 时，渗透系数仍小于 1×10^{-7}cm/s，对照上述离心机模型试验结果，此条件下接触黏土与混凝土接触面之间仍具有较高的防渗抗渗能力。

第六节　水库蓄泄水控制

国内外诸多工程运行经验表明，心墙堆石坝初次蓄水速率过快可能会对坝体安全带来一些不利影响。例如：美国 Cougar 心墙堆石坝（坝高 159m），在坝体填筑完成后水库 7 个月快速蓄水到最高蓄水位，此后运行两年内库水位季节性变幅 40～70m，由于坝顶上、下游侧沉降差异较大，导致了坝体横向裂缝和纵向裂缝的产生；奥地利 Gepatsch 心墙堆石坝（坝高 153m），初蓄完成后出现坝壳湿陷变形较大、心墙拱效应强烈、坝顶有严重的纵向裂缝等问题；墨西哥 Elinfiernillo 心墙堆石坝（坝高 148m），在坝体填筑结束后半年内即快速蓄水至距最高水位 1m，导致坝体填筑结束后的 3～6 年时间内，坝顶沉降速度和朝向下游位移的速度一直在增加。

理论研究也表明，蓄水速率对心墙变形、水力劈裂、坝顶裂缝等均有一定的影响，并与心墙渗透系数、压实标准存在一定的关联性。高海拔地区水库一般为典型河道型水库，蓄水时库水位上升较快，工程运行过程中遇到检修或地震等紧急情况时，还可能存在放空或应急放空的情况，此过程为典型的非稳定渗流工况，本研究采用 Biot 流固耦合三维有限元分析方法，研究蓄水速率对坝体应力变形和渗透稳定的影响，进而提出水库蓄泄水速率控制标准。

一、初次蓄水

1. 蓄水方案

RM 水库初次蓄水过程计划，分别按 75%、80%、85%蓄水保证率考虑，研究拟定的不同蓄水速率计算方案，见表 5-23。

（1）初期蓄水。1 号、2 号导流洞在第十一年 11 月下闸封堵，水库开始初期蓄水，按 75%蓄水保证率进行计算，水库蓄至 2680.0m 高程需要约 4.6 天，80%蓄水保证率需要 4.7 天，85%蓄水保证率需要 4.8 天。

（2）中期蓄水。3 号导流洞在第十二年 11 月封堵，封堵期为第十二年 11 月～第十三年 1 月，封堵期由第二层放空洞敞泄。水库水位继续上升至第二层放空洞进口高程，按 75%蓄水保证率进行计算，水库蓄至 2740.0m 高程需要约 9.6 天，80%蓄水保证率需要 9.8 天，85%蓄水保证率需要 10.2 天。

（3）后期蓄水。3 号导流洞封堵完成，水库水位继续上升，按 75%蓄水保证率进行计算，水库蓄至发电死水位 2815.0m 高程所需时间约 25.4 天，80%蓄水保证率需要 27.4 天，85%蓄水保证率需要 33.4 天。水位由 2740.0m 上升至发电死水位 2815.0m 过程，可通过第二层放空洞控泄，将蓄水时间延长至 75 天，期间控制大坝蓄水速率按小于或等于 1.0m/d。水库水位蓄至死水位后，第一台机组可投入运行，第十二年～第十三年之间的枯水期，可利用机组发电流量、第一层放空洞向下游供水，水库水位保持在死水位运行。

第十三年 11 月，第二层放空洞开始下闸，由第一层放空洞、泄洪洞控泄，按大坝蓄水速率按小于或等于 0.5m/d 的控制要求，将水位蓄至 2895.0m，大坝蓄水完成。

表 5-23　　　　　　　RM 水库初次蓄水工况蓄水速率计算方案

蓄水时段	开始时间	起始水位	结束水位	蓄水时间（天）		
				75%蓄水保证率	80%蓄水保证率	85%蓄水保证率
初期蓄水	第十一年 11 月	2620	2680	4.6	4.7	4.8
中期蓄水	第十二年 11 月～第十三年 1 月	2680	2740	9.6	9.8	10.2
后期蓄水 I	第十三年 2 月初	2740	2815	小于或等于 1.0m/d		
后期蓄水 II	第十三年 11 月	2815	2895	小于或等于 0.5m/d		

2. 不同蓄水保证率的差异

计算结果表明，在拟定的 75%、80% 和 85% 三种蓄水保证率下，计算的坝体变形结果差别很小。心墙上游侧有效应力随高程分布形态相似，数值接近，心墙内上游侧以及心墙上游面与岸坡交界部位，有效小主应力均大于 0，均不会发生由水压力造成心墙发生劈裂的现象。

图 5-61（a）～（c）分别为蓄水保证率 75%、80% 和 85% 满蓄时心墙拱效应系数 F_z 的分布规律的比较。结果表明，① 心墙拱效应系数 F_z 最大值都小于 1，说明拱效应存在，但各方案应差别不明显；② 在蓄水速度不是很快且心墙料渗透系数相对较大时，心墙拱效应与蓄水过程的关系不大；③ 在同一高程上，上游心墙的 F_z 值的梯度大于内部，说明上游心墙受堆石料的拱托作用明显，是发生水力劈裂的潜在危险区域。

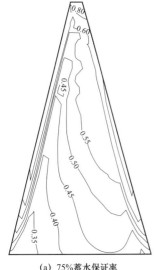 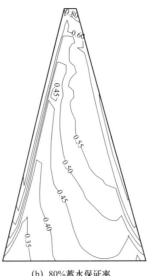 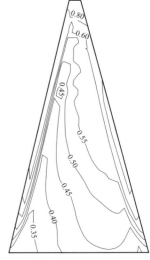

(a) 75%蓄水保证率　　　　　(b) 80%蓄水保证率　　　　　(c) 85%蓄水保证率

图 5-61　不同蓄水保证率心墙拱效应系数的比较

3. 蓄水速率敏感性分析

以 75%蓄水保证率方案为基础,拟定了 3 个初次蓄水工况蓄水速率敏感性分析方案进行比较,见表 5-24。其中,方案 2 假定发电死水位 2815m 以上蓄水速度也按 1.0m/d 考虑;方案 3 假定整个后期蓄水过程 2740m 以上蓄水速度均按 2m/d 考虑;方案 4 假定水库整个蓄水过程均为较高的蓄水速率,中期蓄水及后期蓄水 I 按 10m/d 考虑,发电死水位 2815m 以上蓄水速度按 7.5m/d 考虑。

表 5-24　　　　　初次蓄水工况蓄水速率敏感性分析方案

方案编号	2620～2680m 蓄水速度（m/d）	2680～2740m 蓄水速度（m/d）	2740～2815m 蓄水速度（m/d）	2815～2895m 蓄水速度（m/d）	备注
方案 1	13.0	6.3	1.0	0.5	75%蓄水保证率
方案 2	13.0	6.3	1.0	1.0	可能工况
方案 3	13.0	6.3	2.0	2.0	可能工况
方案 4	15.0	10.0	10.0	7.5	可能工况

（1）应力变形分析比较。

不同蓄水速率方案对坝体变形影响很小,各方案计算结果差别不大。增大蓄水速率,各方案心墙上游面处有效小主应力仍大于 0,均不会导致水力劈裂,蓄水速率主要影响坝顶处的局部应力。当上游水位上升时,坝体底部的心墙中部孔压增长较缓,坝体顶部的心墙中部孔压增长较快,这是由于越接近坝顶,心墙越薄,对上游水位上升响应也越敏感。蓄水速率增大,心墙上游侧孔压增长明显,心墙中部的孔压在坝体顶部对上游水位增长响应也明显。

（2）渗透坡降分析比较。

计算结果表明,坝壳堆石区、过渡区和反滤层等区域在水位快速上升条件下,会存在一定的水头损失,但渗透坡降均较小,小于材料的允许渗透坡降,均不会发生渗透破坏。坝壳堆石体渗透坡降最大值出现在方案 4 的后期阶段（2815.00～2895.00m）,其中堆石区为 0.055、过渡料为 0.082,均小于允许值 0.11,反滤料为 0.42,小于允许值 0.50。

表 5-25 给出了 HH 组、NK 组初次蓄水工况不同蓄水速率敏感性分析方案心墙渗透坡降计算结果。

表 5-25　　　　　初次蓄水工况蓄水速率敏感性分析心墙渗透坡降计算结果

方案编号	HH 组					NK 组				
	2620m	2680m	2740m	2815m	2895m	2620m	2680m	2740m	2815m	2895m
方案 1	—	4.64	6.15	6.08	5.67	—	1.83	17.02	13.40	7.46
方案 2	—	4.64	6.15	6.08	5.87	—	1.83	17.02	13.40	8.78
方案 3	—	4.64	6.15	9.98	13.83	—	1.83	17.02	15.13	12.70
方案 4	—	5.01	7.15	15.87	26.09	—	1.02	26.03	41.41	46.04

蓄水初期（2620～2680m），由于库水位较低，蓄水速度对心墙渗透坡降的影响较小，心墙最大渗透坡降为5.01。

蓄水中期（2680.00～2740.00m）水位上升也较快，上游堆石体的厚度减小，需要达到的饱和区域也相应的减小，所承担的水头损失亦减小，心墙的渗透坡降迅速增大。方案1～方案3最大值达到17.02，方案4最大值达到26.03。

蓄水后期（2740.00～2815.00m、2815.00～2895.00m）方案1、方案2的蓄水速率减缓，蓄水速率小于或等于1.0m/d，心墙最大渗透坡降有所下降，但方案3蓄水后期（2815.00～2895.00m）速率较快，心墙最大渗透坡降仍较高，达到12.7～13.83。相比方案1～方案3，方案3整个蓄水阶段的速率持续保持在较高水平，心墙渗透坡降也不断增加，水位2895.00m时最大值达到26.09～46.04。

试验研究表明，心墙料在反滤料保护下的临界坡降和破坏坡降在79.6～96.9之间。上述方案渗透坡降的最大值超过了土料计算设定允许坡降4.0，其位置发生在心墙上游侧内部，但未超过土料的破坏渗透坡降，各蓄水方案心墙仍是安全的。若蓄水速率过大，将影响心墙上游侧的渗透坡降，因此控制蓄水速率是必要的。

二、常规放空

当工程运行期遇到建筑物检修时，需通过放空设施降低库水位，为了尽可能减小放空过程对大坝安全的影响，表5-26拟定了3个方案进行计算分析比较。

表5-26　　　　　　　　　　　水库常规放空工况放空速率比较方案

方案编号	EL.2895～2880m 放空速度（m/d）	EL.2880～2855m 放空速度（m/d）	EL.2855～2840m 放空速度（m/d）	EL.2840～2805m 放空速度（m/d）	EL.2805～2795m 放空速度（m/d）
方案5	3.0	3.0	3.0	1.5	0.3
方案6	2.0	2.0	2.0	1.5	0.3
方案7	1.0	1.0	1.0	1.0	0.3

（1）应力变形分析比较。

放空过程中，心墙上游侧的孔压对上游水位变化较为敏感，心墙中部孔压在泄水过程中下降较为缓慢。水位下降，心墙上游侧小主应力增大，心墙中部和心墙下游侧小主应力减小。增大泄水速率，心墙中部及下游侧有效小主应力仍大于0，均不会发生水力劈裂。

（2）渗透坡降分析比较。

库水位降落时，由于上游坝壳堆石区、过渡区和反滤层的渗透系数大，上游坝壳区内的自由面降落较快，与库水位下降速度基本一致，各坝壳料的渗透坡降很小，不会对上游坝坡稳定造成不利影响。下游坝壳区的自由面变化较小，渗透坡降很小，不会对下游坝坡稳定造成不利影响。

表 5-27 给出了水库常规放空工况心墙渗透坡降计算结果。从表 5-27 中心墙浸润面随时间和库水位变化情况看，由于心墙的渗透系数较小，随着库水位不断下降，心墙内的自由面也随之下降，但降落速度较慢，远小于库水位的下降速度。在水库放空过程中，心墙内的自由面始终保持在很高的位置。心墙上部上游侧的渗透坡降方向会发生变化，由库水位降落前的指向下游转为指向上游，但坡降值不大，其他部位的渗透坡降随库水位的下降而减小，即小于库水位降落前的渗透坡降，因此心墙的渗透稳定满足要求。

表 5-27 常规放空工况心墙渗透坡降计算结果

工况	时刻（d）	库水位（m）	心墙自由面最高点高程（m）	高于库水位高度（m）	心墙最大渗透坡降
方案 5	0	2895.00	2894.12	—	—
	5	2880.00	2883.32	3.32	3.28
	13	2855.00	2865.60	10.60	5.17
	18	2840.00	2853.14	13.14	5.49
	41	2805.00	2827.53	22.53	4.19
	74	2795.00	2809.57	14.57	2.64
方案 6	0	2895.00	2894.12	—	—
	7.5	2880.00	2882.17	2.17	2.55
	20	2855.00	2862.38	7.38	4.22
	27.5	2840.00	2850.44	10.44	4.37
	50.5	2805.00	2826.61	21.61	4.08
	74	2795.00	2809.22	14.22	2.60
方案 7	0	2895.00	2894.12	—	—
	15	2880.00	2880.24	0.24	2.62
	40	2855.00	2857.62	2.62	2.94
	55	2840.00	2846.79	6.79	3.09
	90	2805.00	2818.43	13.43	3.32
	123	2795.00	2802.01	7.01	2.41

三、应急放空

当工程遇到地震、恐怖袭击等紧急情况时，需快速降低库水位，防止溃坝等次生灾害事故发生。表 5-28 拟定了两种应急放空方案进行计算分析。

表 5-28 应急放空工况不同泄水速率计算方案

方案编号	EL.2895~2877m 放空速度（m/d）	EL.2877~2855m 放空速度（m/d）	EL.2855~2830m 放空速度（m/d）	EL.2830~2810m 放空速度（m/d）	EL.2810~2793m 放空速度（m/d）
方案 8	3.0	3.0	3.0	1.5	0.3
方案编号	EL.2895~2877m 放空速度（m/d）	EL.2877~2855m 放空速度（m/d）	EL.2855~2813m 放空速度（m/d）	EL.2813~2772m 放空速度（m/d）	EL.2772~2720m 放空速度（m/d）
方案 9	1.0	1.0	1.0	1.0	0.3

（1）应力变形分析比较。

应急放空与常规放空基本相似，心墙上游侧孔压迅速下降，心墙中部孔压下降速度小于上游侧，开始下降时间略晚于上游侧。

（2）渗透坡降分析比较。

应急放空条件下，与常规放空类似，上下游坝壳堆石区、过渡区和反滤层的渗透坡降均很小，不会对坝坡稳定造成不利影响。

表 5-29 给出了水库应急放空工况心墙渗透坡降计算结果。心墙渗透坡降的变化规律与常规放空相似，但由于应急放空速率较大，心墙上游侧的渗透坡降有一定的增大，但仍小于蓄水阶段的渗透坡降。

表 5-29　　　　　　　　　　应急放空工况心墙渗透坡降计算结果

工况	时刻（d）	库水位（m）	心墙自由面最高点高程（m）	高于库水位高度（m）	心墙最大渗透坡降
方案 8	0	2895.00	2894.12	—	—
	1	2877.00	2884.38	7.38	7.86
	4.1	2855.00	2866.62	11.62	7.49
	7.2	2830.00	2848.17	18.17	8.43
	10.2	2810.00	2838.39	28.39	8.12
	17	2793.00	2820.06	27.06	6.37
方案 9	0	2895.00	2894.12	—	—
	1	2877.00	2884.38	7.38	7.97
	4.1	2855.00	2866.62	11.62	7.51
	8.3	2813.00	2838.18	25.18	7.83
	13.4	2772.00	2809.46	37.46	6.83
	18	2720.00	2786.85	66.85	6.18

虽然从渗透坡降角度分析，应急放空工况上游坝坡不会发生渗透失稳，但对于大坝上部高程而言，若水位降速过大，可能在上游坝壳内形成高水头反向水压，加之反滤及过渡料区排水不畅，易在坝顶心墙与坝壳界面产生不均匀变形开裂。

四、水库蓄泄水速率控制指标

国内瀑布沟、糯扎渡、两河口等工程，对大坝施工及蓄水影响均作了较全面深入研究与严格控制，主要工程经验简述如下：

（1）瀑布沟蓄水速率控制。瀑布沟心墙堆石坝最大坝高 186m，坝顶高程 854.00m，水库正常蓄水位 850.00m，汛期运行限制水位 841.00m，死水位 790.00m。2009 年 11 月，2 号导流洞下闸封堵，水库开始蓄水。

为了保证大坝的安全，当水库水位到达 760m 时，停止蓄水观察 5d；为给导流洞进口段加固和临时堵头施工提供更多的施工时间，上游水位 760～770m 之间水库蓄水上升速率按小于或等于 2.0m/d 控制；其后水库蓄水上升速率按小于或等于 2.0m/d 控制，逐渐蓄至死水位 790.00m。在 790.00～810.00m 蓄水期间，按蓄水上升速率小于或等于 1.0m/d 控制，水位蓄至 810.00m 后，维持 810.00m 水位 10d；810.00～830.00m，按蓄水上升速率小于或等于 0.5m/d 控制，水位蓄至 830.00m 后，维持 830.00m 水位 10d；830.00～841.00m，按蓄水上升速率小于或等于 0.5m/d 控制，汛期控制水库水位 841m；841.00～850.00m，按蓄水上升速率小于或等于 0.5m/d 控制。汛末水库蓄至正常蓄水位 850m。

（2）糯扎渡蓄水速率控制。糯扎渡心墙堆石坝最大坝高 261.5m，坝顶高程 821.5m，正常蓄水位 812m，死水位 765m。工程于 2004 年 4 月开始筹建工作，2007 年 11 月截流，2011 年 11 月开始下闸蓄水，2012 年 7 月首台（批）机组投产发电。

设计蓄水速率 671.67m 以下水位上升相对较快，最大速度达 9.25m/d；在 671.67～760.00m 水位的蓄水过程中，蓄水速度相对平均，最大速度为 0.84m/d；在 760.00m 水位以后，水位上升速度较低，最大速度为 0.17m/d。经计算分析，设计蓄水速度条件下，大坝应力变形、抗水力劈裂、非稳定渗流特性等均较为正常，心墙不会发生水力劈裂，坝坡稳定性也有安全保证，表明设计蓄水速度是可行的。

研究表明，蓄水速度对坝坡稳定性影响很小，可以不予考虑。决定蓄水速度的因素主要是心墙水力劈裂等问题。研究建议：① 水位 780m 高程以下，蓄水速度的变化对大坝安全影响不大，可以按照丰水年保证率 15%的设计蓄水速度或稍快一些蓄水，但为充分保证大坝初蓄安全，蓄水速度最好控制在 8m/d 以下。② 当水位介于 780～800m 高程时，需对水位上升速度进行进一步控制，建议小于 4m/d。③ 水位高位 800m 高程时，需严格控制水位上升速度小于 2m/d。④ 为充分保证大坝上、下游坝坡的稳定，需严格控制水位骤降速度小于 1m/d。

（3）长河坝心墙堆石坝最大坝高 240m，坝顶高程 1697.00m，正常蓄水位 1690m，死水位 1600m。计算表明，取心墙渗透系数 1×10^{-6}cm/s，当蓄水速率 0.5m/d 时，在心墙顶部上游面水压力与心墙最小主应力已非常接近；当 2m/d 时，心墙顶部有发生水力劈裂的可能。

（4）另外根据有关高心墙堆石坝的孔压监测资料分析，如果初期蓄水速度过快，心墙内孔压在尚未进行一定消散的情况下，在较短时间内受到了墙前巨大水压力的作用，将加剧了心墙内孔压不容易消散问题。

（5）RM 工程蓄泄水速率控制指标。计算结果表明，初次蓄水、常规放空、应急放空各工况，大坝均不会产生心墙水力劈裂和坝坡稳定问题。与初次蓄水工况相比，常规放空、应急放空工况心墙上游侧的渗透坡降均小于蓄水工况。在初次蓄水过程中，按 75%蓄水保证率考虑，水位由 2740m 上升至 2815m，蓄水速率按 1m/d 控制，心墙最大渗透坡降为 6.08～13.4；水位由死水位 2815m 上升至 2895m 时，蓄水速率按 0.5m/d 控制，心墙最大渗透坡降为 5.67～7.46，虽然未超过土料的临界破坏坡降，但均已超过设计允许的渗透坡降 4.0。因此，借鉴其他同类工程经验，控制 RM 工程蓄水速率为：2815m（死水位）以下按小于或等于 1.0m/d

控制，2815m以上至正常蓄水位2895m按小于0.5m/d控制。

采用流固耦合方法，按放空速率1m/d控制，计算心墙上游侧的最大渗透坡降为7.97；按放空速率3m/d控制，计算心墙上游侧的最大渗透坡降为8.43。按现行《碾压式土石坝设计规范》（NB/T 10872—2021）建议安全系数2.5考虑，心墙料在反滤料保护下的临界坡降为79.6，则根据试验结果计算的允许渗透坡降为31.8，计算渗透坡降远小于试验允许的渗透坡降。鉴于在水库降水条件下，工程安全受渗透坡降、坝坡稳定、库区不良堆积体稳定等多种因素影响，因此RM工程泄水速率控制建议为：正常运行水位降幅速率控制在1m/d以内，一般放空检修条件下放空速率宜控制在不大于3m/d，特殊情况下应急放空时放空速率可适当加大。

第七节　大坝变形演化规律及控制指标

综合考虑了渗透固结、湿化、流变、风化劣化以及蓄泄水循环等影响因素，研究了大坝全生命期复杂应力变形特性及演化规律。

一、坝体应力变形一般规律

1. 坝体位移

在顺河向，在坝体自重和上游水库蓄水引起的水压力的共同作用下，坝体位移基本指向下游方向，主要发生在1/2～2/3坝高的心墙下游侧与反滤料、过渡料交界部位，最大位移在0.87m，如图5-62所示。在竖直向，由于重力及渗透力作用，加之心墙部分材料较软、压缩模量较小且所承受荷载较大的缘故，竖向位移在心墙中部较大，最大位移值为2.11m，如图5-63和图5-64所示。

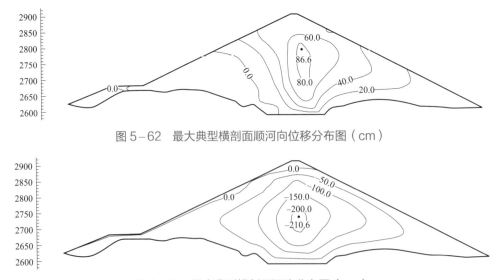

图5-62　最大典型横剖面顺河向位移分布图（cm）

图5-63　最大典型横剖面沉降分布图（cm）

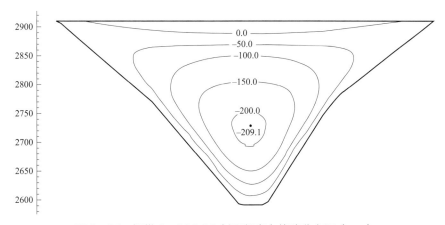

图 5-64　坝纵 0+000.00 剖面竖直向位移分布图（cm）

2. 坝体应力

在坝体内，由于心墙材料总体较软，而两侧的堆石料总体会比心墙土料硬很多，导致心墙部位变形较大，这种变形不协调引起一定的拱效应，使其应力状态表现为心墙两侧堆石料的竖向应力高于自重应力，而心墙部位的竖向应力低于自重应力。心墙两侧堆石料自重应力低于竖向应力而心墙部位自重应力高于竖向应力。下游侧的大主应力值大于上游侧的大主应力值，这是因为上游水库蓄水，导致上游部分浮力较大，而水压力致使心墙变形总体指向下游方向，这使得下游小主应力比上游小主应力大。从坝纵 0+000.00 剖面图可以看出，左右两岸岸坡附近的主应力明显小于中部，尤其是小主应力，说明应力分布的三维效应明显。此外，在上游坝坡中上部表层存在一定范围的拉应力区（见图 5-65）。

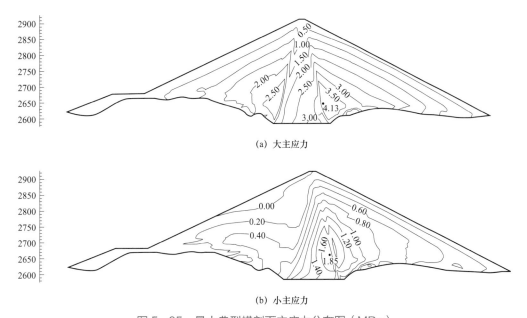

(a) 大主应力

(b) 小主应力

图 5-65　最大典型横剖面主应力分布图（MPa）

大主应力最大值出现在心墙下部下游侧与过渡料交界处,这是由于建基面摩擦作用和上下游水头差以及自重作用下在坝底产生力矩所造成的。大主应力最大值 4.57MPa。小主应力最大值为 1.86MPa。

3. 计算结果对比分析

表 5–30 汇总了各研究组邓肯–张 E–B 模型三维应力变形计算结果的比较。竖直最大沉降主要发生在 1/2 坝高中部的心墙内,最大值在 2.11~3.05m 之间,约占坝高的 0.67%~0.97%;满蓄期坝体顺河向最大水平位移为 0.73~1.01m,主要发生在 1/2~2/3 坝高的心墙下游侧与反滤料、过渡料交界部位。坝体大、小主应力最大值分别在 4.05~5.13MPa、1.63~2.55MPa 之间,大主应力最大值出现在心墙下部下游侧与过渡料交界处,小主应力最大值出现在心墙内下游下部。

表 5–30　　　　　　　　邓肯–张 E–B 模型三维应力变形计算结果的比较

项目		考虑心墙固结					不考虑心墙固结		
		BK 组		NK 组		QH 组	DG 组	GY 组	
		竣工期	满蓄期	竣工期	满蓄期	满蓄期	满蓄期	竣工期	满蓄期
顺河向水平位移（m）	向上游	0.29	0.28	0.25	0.21	0.16	0.27	0.28	0.23
	向下游	0.61	0.79	0.69	1.01	0.87	0.73	0.49	0.97
坝轴向位移极值（m）	向左岸	0.44	0.43	0.46	0.46	0.29	—	0.53	0.53
	向右岸	0.39	0.38	0.38	0.36	0.29	—	0.59	0.60
最大沉降（m）		3.03	2.95	2.50	2.50	2.11	2.68	3.0	3.05
坝体大主应力极值（MPa）		4.10	4.05	4.42	4.45	4.57	4.26	4.89	5.13
坝体小主应力极值（MPa）		1.63	1.64	1.99	2.05	1.86	2.23	2.44	2.55

表 5–31 给出了不考虑湿化、流变的坝体变形与其他同类工程的比较。比较可得,RM大坝变形计算结果与其他同类工程基本相当,符合一般规律。

表 5–31　　　　　　　不考虑湿化、流变的坝体变形与其他同类工程的比较

工程名称	坝高（m）	最大竖向沉降（m）	最大水平位移（m）	最大沉降与坝高的百分比（%）
RM	315	2.11~3.05	0.73~1.00	0.68~0.95
双江口	314	2.09~2.95	0.72~1.38	0.67~0.94
两河口	295	2.42	1.73	0.82
糯扎渡	261.5	2.40	1.10	0.92

注：表中双江口、两河口为可行性研究阶段成果,糯扎渡为招标阶段成果。

二、坝体总变形量

表 5–32 汇总了 RM 大坝满蓄期及运行期大坝总变形计算结果。从表 5–32 中可见,采

用邓肯－张 E－B 模型基本参数，不考虑坝料湿化、流变，满蓄期坝体最大沉降为 2.11～3.05m，占最大坝高的 0.67%～0.97%；考虑堆石料缩尺效应或弹塑性本构模型，满蓄期坝体最大沉降为 3.05～3.36m，占最大坝高的 0.97%～1.07%。考虑坝料湿化、流变，满蓄期坝体最大沉降 3.1～4.35m，占最大坝高的 0.98%～1.38%；运行 5～8 年大坝变形基本稳定，变形稳定时的最大沉降 2.88～5.61m，占最大坝高的 0.91%～1.78%。

表 5－32　　　　　　　　　满蓄期及运行期大坝总变形量计算结果

计算条件	计算单位	本构模型	最大沉降（m）	顺河向位移（m）	备注
满蓄期，不考虑坝料湿化、流变	QH 组	邓肯－张 E－B 模型	2.11	0.87	考虑心墙固结，基本参数
	NK 组	邓肯－张 E－B 模型	2.50	1.01	考虑心墙固结，基本参数
	DG 组	邓肯－张 E－B 模型	2.68	0.73	不考虑心墙固结，基本参数
	GY 组	邓肯－张 E－B 模型	3.05	0.97	不考虑心墙固结，基本参数
	NK 组	邓肯－张 E－B 模型	3.17	0.83	考虑心墙固结，南科院参数
	NK 组	广义塑性模型	3.36	0.55	考虑心墙固结
	DG 组	邓肯－张 E－B 模型	3.05	0.97	不考虑心墙固结，考虑堆石料缩尺效应参数（超大三轴）
满蓄期，考虑坝料的湿化、流变	NK 组	邓肯－张 E－B 模型	3.49	1.02	南科院参数，考虑心墙固结
	NK 组	广义塑性模型	3.58	0.74	考虑心墙固结
	BK 组	邓肯－张 E－B 模型	3.10	1.98	考虑心墙固结、仅考虑坝料湿化，基本参数
	BK 组	邓肯－张 E－B 模型	4.35	3.06	考虑心墙固结、基本参数
运行期，考虑坝料湿化、流变	QH 组	邓肯－张 E－B 模型	2.88	1.04	考虑心墙固结，大坝竣工后 5 年
	HH 组	广义塑性模型	3.60	0.58	考虑心墙固结，大坝蓄水运行 5 年
	NK 组	邓肯－张 E－B 模型	3.84	1.21	南科院参数，考虑心墙固结，大坝蓄水运行 8 年
	NK 组	广义塑性模型	3.91	0.9	考虑心墙固结，大坝蓄水运行 8 年
	BK 组	邓肯－张 E－B 模型	3.60	1.70	考虑心墙固结、仅考虑坝料湿化，蓄水后运行 10 年
	BK 组	邓肯－张 E－B 模型	5.61	3.10	考虑心墙固结、蓄水后运行 10 年

注：BK 组流变计算采用对数－幂流变模型。

表 5－33 给出了 RM 大坝总变形计算结果与其他同类工程的比较。考虑湿化、流变等复杂因素的影响后，RM 大坝满蓄期最大沉降在 3.1～4.35m，最大沉降约占坝高的 0.98%～1.38%；水库运行 5～8 年大坝变形基本稳定，变形稳定时的最大沉降 2.88～5.61m，占最大坝高的 0.91%～1.78%。从国内已建的瀑布沟、糯扎渡、长河坝等工程变形实测值来看，实测值明显大于前期预测值。

表 5-33　　　　　　　　RM 大坝总变形计算结果与其他同类工程的比较

工程名称	坝高（m）	最大竖向沉降（m）		最大沉降与坝高的百分比（%）
		计算值	实测值	
RM	315	2.88～5.61	—	0.91～1.78
双江口	314	3.54～3.8	—	1.13～1.21
两河口	295	3.09		1.05
糯扎渡	261.5	2.4	4.79（竣工后 8 年）	1.83（实测）
长河坝	240	2.17～3.15	3.10（竣工后 1 年）	1.29（实测）
瀑布沟	186	2.39～2.55	2.49（竣工后 3 年）	1.34（实测）

注：表中双江口、两河口等同类工程均为变形稳定时的计算值。

三、后期变形

后期变形通常指坝体最终变形量与竣工期（坝体填筑至坝顶时）的变形之差，主要由坝料湿化和流变引起。

由表 5-34 可知，QH 组计算大坝蓄水运行 5 年后期变形接近稳定，心墙内的超静孔压基本消散完成，稳定时的坝顶沉降量为 42cm，约占坝高的 0.13%。BK 组考虑了心墙渗透系数的非线性变化、坝壳堆石料缩尺效应以及采用对数-幂流变模型，计算得到水库运行 15 年时，后期变形趋于稳定，接近稳定时的坝顶沉降量为 84cm，约占坝高的 0.27%。NK 组采用可统一考虑堆石料流变、湿化效应的静动力统一弹塑性本构模型，计算大坝蓄水运行 10 年后坝顶沉降基本趋于稳定，最大值达到了 107cm，竣工后沉降占坝高的 0.34%。

表 5-34　　　　　　　　RM 大坝后期变形计算成果表

项目	QH 组		BK 组		NK 组	
	坝顶沉降（cm）	与坝高的比（%）	坝顶沉降（cm）	与坝高的比（%）	坝顶沉降（cm）	与坝高的比（%）
满蓄期	20	0.06	—	—	40	0.13
运行 5 年	42	0.13	69	0.22	85	0.27
运行 10 年	42	0.13	78	0.25	107	0.34
运行 15 年	42	0.13	84	0.27	107	0.34
备注	采用常规 Biot 固结计算方法、指数型流变模型，考虑了坝料湿化、流变的影响		多场耦合分析方法、对数幂流变模型，考虑了心墙渗透系数的非线性变化，坝料湿化、流变以及坝壳堆石料缩尺效应的影响		常规 Biot 固结计算方法，采用统一考虑堆石料流变、湿化效应的静动力统一弹塑性本构模型，以及坝体与岸坡的摩擦接触作用	

注：表中均以竣工期（坝体填筑至坝顶）起算。

由表 5-35 和表 5-36 可知，RM 大坝后期变形计算结果与其他同类工程相当，与国内外已建工程后期变形实测值相比，量值也相当。

表 5-35　　　　　　　　　　后期变形计算值与其他同类工程的比较

工程名称	坝高（m）	变形稳定时间（年）	坝顶沉降（cm）	与坝高的比（%）
RM	315	5～15	42～107	0.13～0.34
双江口	314	6.8	42	0.16
两河口	295	4.4	37	0.12
糯扎渡	261.5	—	37	0.13

注：表中均以竣工期（坝体填筑至坝顶）起算。

表 5-36　　　　　　　　　　国内外典型工程后期变形实测值

工程名称	坝高（m）	竣工后截止时间（年）	坝顶沉降（cm）	与坝高的比（%）	变形收敛情况
糯扎渡	261.5	3	79.1	0.30	变形速率变缓
奇科森	261	29	51	0.20	已收敛
瓜维奥	247	3	99	0.40	—
长河坝	240	1	31	0.13	未收敛
契伏	237	大于 1	122	0.51	—
瀑布沟	186	3	37	0.13	接近收敛

注：表中均以竣工期（坝体填筑至坝顶）起算。

四、大坝变形控制指标

拟定 RM 大坝变形控制指标为：不考虑湿化、流变等长期变形因素的坝体沉降量控制在最大坝高的 1%以内；考虑湿化、流变、心墙固结、堆石料缩尺效应等复杂因素影响，大坝全生命期沉降量宜控制在最大坝高的 1.6%左右；竣工后坝顶沉降不超过最大坝高的 1%。为控制坝体不均匀变形、预防坝顶出现裂缝，防渗心墙土体变形倾度控制在 2%以内。

第八节　大坝静力离心机模型试验

通过两组大型整体 3D 模型试验，研究了 RM 特高心墙堆石坝填筑期和运行期的整体变形特性，包括：填筑期的坝体沉降、运行期的坝顶沉降、填筑期和运行期心墙土体孔压发展、试验前后心墙剖面位移情况、接触黏土的变形情况等。

一、试验方案

1. 模型设计

在南京水利科学研究院 NHRI-400gt 大型土工离心机上开展模型，模型的几何比尺为 1/400，离心加速度为 200g，开展两组 3D 整体模型试验（平行试验，编号 W1 和 W2）。整体模型布置如图 5-66 所示，埋设于心墙中的水头测点自下向上为 H1～H6，H1 位于河床处，向上每间隔 52m（模型尺寸为 130mm）布置 1 个测点。

模型设计作如下简化：坝基坡度为 1:0.85，不考虑坝基上部的 1:1.2 坡度；心墙顶部宽度取为坝顶宽度，即将反滤层当作心墙土体来制备；不考虑心墙底部沿建基面的扩宽，模型心墙上下游坡度均为 1:0.23；对上、下游堆石体均进行了截取，不考虑上下游堆石料的分区情况。按照堆石料级配平均线，根据《土工试验方法标准》（GB/T 50123—2019）的"粗颗粒土的试样制备"混合法，进行试验坝料缩尺。

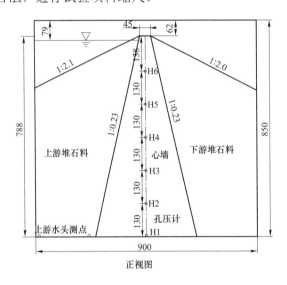

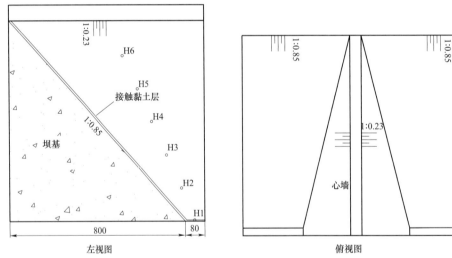

图 5-66 整体模型设计图（W1、W2，单位：mm）

2. 试验材料

对于心墙料，采用《土工试验方法标准》（GB/T 50123—2019）的"粗颗粒土的试样制备"混合法，进行缩尺模拟。试验土样详细情况如下：

（1）心墙土料。

心墙土中含有石料，而在缩尺离心模型中，需要对石料进行缩尺。按照防渗料的级配（平均线），结合前期大三轴试验结果，进行缩尺制备。结合以往粒径效应研究成果，模型土料的限制粒径应小于土作用构件最小边长的 1/30～1/15，模型箱内尺寸约 900mm，心墙土中的限制粒径取 60mm，砾石土心墙料设计最大粒径也为 60mm。设计心墙土最优含水率为 6.3%，最大干密度 2.20g/cm³。试验最优含水率为 6.3%，按 0.98 压实度控制，制样干密度约 2.15g/cm³。

（2）接触黏土料。

将接触黏土充分混合，按四分法取样，送至土工实验室进行了黏粒含量的测定，结果如表 5-37。接触黏土最优含水率 10.8%，最大干密度 1.97g/cm³，实际施工时含水率将有所增加。试验中接触黏土按照含水率 14%配置，制备时采用分层击实法，按 0.98 压实度控制，制样干密度约 1.93g/cm³。

表 5-37　　　　　　　　　　　　　接触黏土颗分试验结果

颗粒组成					界限粒径				界限系数	
粗砂 2.00～0.50	中砂 0.50～0.25	细砂 0.25～0.075	粉粒 0.075～0.005	黏粒 <0.005	有效粒径 d10	中间粒径 d30	平均粒径 d50	限制粒径 d60	不均匀系数 C_u	曲率系数 C_c
%	%	%	%	%	mm	mm	mm	mm	—	—
8.3	7.7	23.2	38.2	22.6	0.002	0.01	0.037	0.071	35.5	0.7

（3）堆石料。

根据以往的土石坝试验以及粒径效应研究成果，模型土料的限制粒径应小于模型箱构件最小边长的 1/30～1/15，模型箱内尺寸约 900mm，因此模型堆石料的限制粒径取为 60 mm。按照堆石料设计平均级配，堆石料设计干密度 2.17 g/cm³，制备模型堆石料采用分层击实并振捣的方法，按相对密度 0.98 控制，制样干密度约为 2.10g/cm³。心墙土料、接触黏土料和堆石料的试验级配曲线，如图 5-67 所示。

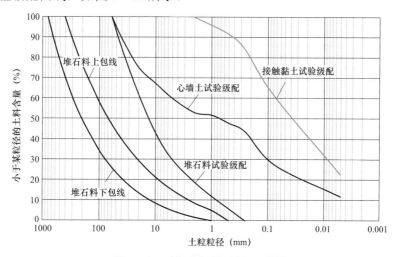

图 5-67　模型试验坝料级配曲线

3. 大坝分层填筑过程模拟

众所周知，土石坝是分层填筑完成的，而模型坝体是试验前一次性做成的。依据相似理论，从离心模拟的加速过程入手，用加速度的增加过程来模拟坝体逐步升高的过程（见图 5-68），并建立了一个简便的分析方法，用这一方法可以得到符合实际的变形分布，最大值也基本合理。例如，某原型坝高 100m，按几何比尺 1/100 设计，模型高为 1m。当离心加速度上升到 10g 时，模型模拟的原型坝高为 10m；上升到 20g 时模型模拟原型坝高为 20m；上升到 30g 时原型坝高为 30m；当加速度达到 100g 时，模型所模拟的原型坝就升到了竣工高度 100m。因此，离心加速度的增加过程就模拟了坝体逐步填筑升高的过程。

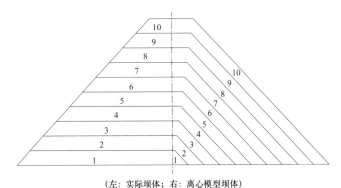

（左：实际坝体；右：离心模型坝体）

图 5-68　大坝分层填筑模拟过程示意图

从图 5-68 可见，离心模型所模拟的填筑过程在上下游坝坡处与实际工程并不完全一致，但在坝轴线处的填筑模拟是与实际工程一致的。

二、试验结果与分析

1. 填筑期坝体沉降

将模拟填筑过程 M1、M2 模型试验最大沉降试验结果列于表 5-38，坝体沉降分布规律绘制于图 5-69 所示。由图 5-69 可见，填筑期坝体累积最大沉降均发生在 1/2 坝高部位，推算至原型的坝轴线处最大沉降量约为 3363～3568mm，约占最大坝高的 1.07%～1.13%。

表 5-38　　　　　　　　　　　　填筑期坝体最大沉降量试验结果

施工时期	最大沉降量（mm）		期末填筑高程（m）	填筑高度（m）
	W1	W2		
Ⅰ	130	589	2666	79
Ⅱ	239	889	2686	99
Ⅲ	1630	1926	2759	172
Ⅳ	2339	2745	2828	241
Ⅴ	2629	2975	2849	262
Ⅵ	2987	3259	2875	288
Ⅶ	3363	3568	2902	315

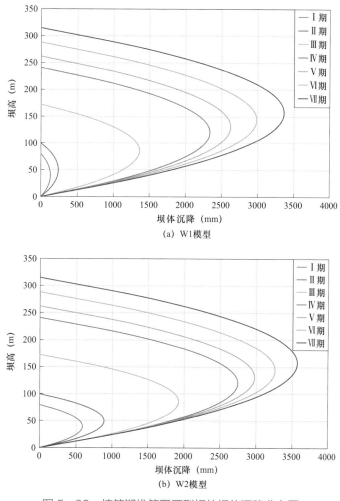

图 5-69　填筑期推算至原型坝的坝体沉降分布图

2. 运行期坝顶沉降

以填筑完成作为时间零点，换算至原型的坝顶沉降和上游水头过程线，如图 5-70 和图 5-71 所示。W1 模型实际模拟了约 176 天（运行第 95 天至 271 天）的蓄水过程，蓄水至约 2894m，达到蓄水位约 307m；W2 模型实际模拟了约 405 天（运行第 87~492 天）的蓄水过程，蓄水至约 2895m，达到蓄水位约 308m。两组模型在填筑完成后均模拟了约 10 年（含蓄水期）的运行过程。

值得说明的是，试验中所模拟的蓄水过程与实际工程有所不同。试验中是填筑期模拟完成后，再向运转中的模型上游加水，一次性蓄水至正常蓄水位（2895m 高程）。而实际工程中是边填筑、边蓄水，第一期蓄水至死水位 2815m 高程，此时坝体填筑尚未完成；第二期蓄水坝体填筑完成，蓄水至正常蓄水位 2895m 高程。模型换算成原型时，选取第二期蓄水开始时刻作为分析运行期坝顶沉降的时间零点，得到大坝运行期的坝顶沉降。

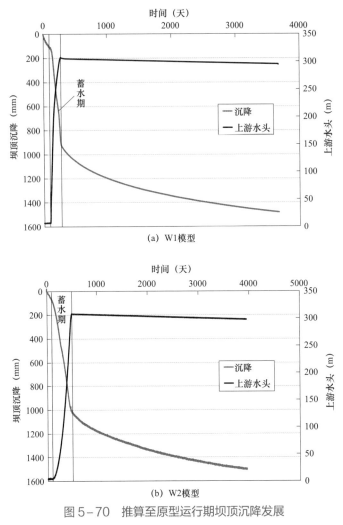

(a) W1模型

(b) W2模型

图5-70　推算至原型运行期坝顶沉降发展

　　图5-71还给出了运行期坝顶沉降试验值和计算值的对比。可以看出：由于试验模拟的蓄水过程较实际情况要快，得到第二期蓄水时的坝顶沉降约为448mm和504mm，略大于计

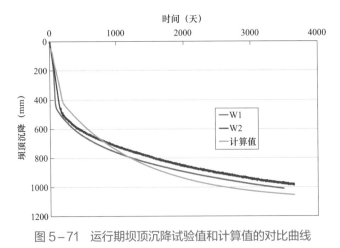

图5-71　运行期坝顶沉降试验值和计算值的对比曲线

算值 409mm；蓄水完成后的坝顶沉降过程基本呈指数型曲线发展和收敛，试验得到的坝顶沉降过程较计算收敛更快；运行 10 年后坝顶沉降基本趋于稳定，最大值达 985～1011mm，竣工后坝顶沉降约占最大坝高的 0.31%～0.32%。

3. 填筑期心墙测点水头

在整体模型中，埋设于心墙中的孔压测点自下向上为 H1～H6，H1 位于河床处，向上每间隔 52m 布置 1 个测点，测点布置情况及填筑完成时心墙测点超静孔压，如表 5-39 所示。图 5-72 给出了模型 W1、模型 W2 填筑期心墙测点孔压发展。

表 5-39　　　　　　　　　　填筑完成时心墙测点超静孔压

测点编号	距正常蓄水位（m）	距坝顶（m）	上覆压力（kPa）	W1	W2	W1	W2
				超静孔压（kPa）		超静孔压/上覆压力（%）	
H1	308	315	3955	842	824	21.3	20.8
H2	256	263	3302	1022	917	31.0	27.8
H3	204	211	2649	484	477	18.3	18.0
H4	152	159	1996	298	328	14.9	16.4
H6	48	55	690	140	150	20.3	21.7

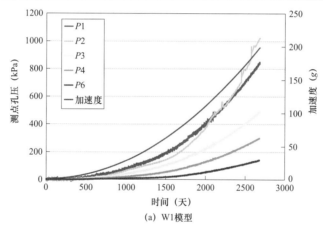

(a) W1模型

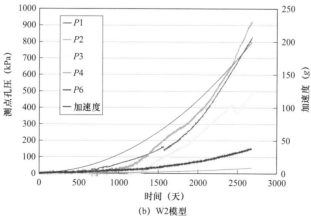

(b) W2模型

图 5-72　填筑期心墙测点孔压发展过程

由图 5-72 可见，随着填筑的进行，心墙各测点水头均有所增加，心墙土体内产生了超静孔压，基本呈现测点位置越低，超静孔压越大规律。表 5-39 分析了填筑完成时测点超静孔压与上覆压力之比，表明心墙土体中的超静孔压与上覆压力相关，比例约 15%~31%。

4. 运行期心墙测点水头

表 5-40 给出了运行 10 年心墙测点水头；图 5-73 给出了模型 W1 运行期心墙测点孔压发展。

表 5-40 运行 10 年心墙测点水头

测点编号	距正常蓄水位（m）	W1	W2	W1	W2
		测点水头（m）		测点水头/距正常蓄水位（%）	
H1	308	96	89	31.17	28.90
H2	256	112	122	43.75	47.66
H3	204	87	61	42.65	29.90
H4	152	86	55	56.58	36.18
H6	48	35	40	72.92	83.33

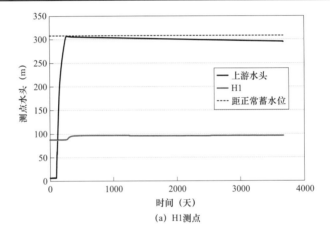

(a) H1测点

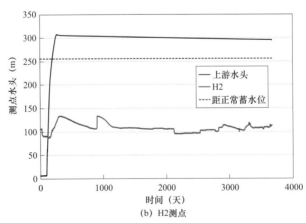

(b) H2测点

图 5-73 模型 W1 运行期心墙测点水头发展过程（一）

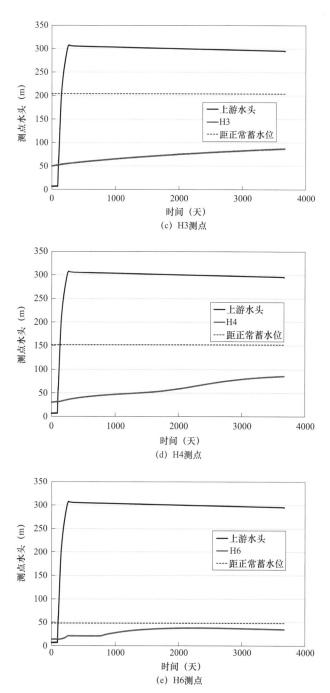

图5-73　模型 W1 运行期心墙测点水头发展过程（二）

　　填筑完成后模型大坝进入蓄水期，由于填筑期心墙土体中产生的超静孔压不容易消散，导致蓄水过程中，心墙中各测点的水头增加速度均滞后于上游水头的增加，并且在上游蓄水完成、上游水头稳定后继续缓慢增加并渐趋稳定。总体来看，心墙挡水效果较好。

5. 心墙变形

通过对观察窗口截取图片 PIV 分析得出，试验过程心墙主要发生沉降变形，伴有微微收缩，并没有观测到明显的向下游的变形。

6. 接触黏土错动变形

试验后拆除模型，观察心墙和接触黏土的情况，如图 5-74 和图 5-75 所示。总的来说心墙和接触黏土层拆除难度大，土体压实效果非常密实；接触黏土与岸坡接触也很紧密，铲下的接触黏土背面平整光滑，无明显变形；通过对岸坡的观察，也没有发现接触黏土向下游的明显错动。

图 5-74　试验后心墙拆除照片

图 5-75　试验拆除后接触黏土与混凝土界面照片

7. 与计算结果的对比

将大坝静力离心机试验结果与数值计算结果对比可见：试验推算至原型坝体最大沉降量约为 3.36~3.57m，计算预测满蓄期坝体最大沉降 3.10~4.35m；运行 10 年后坝顶沉降基本趋于稳定，试验测得竣工后坝顶最大沉降 0.99~1.01m，计算预测坝顶最大沉降 0.42~1.07m；由此可见，离心机模型试验结果与数值计算结果基本相当。

第九节　心墙水力破坏评价方法及防治措施

近几十年来，国内外通过工程地质查勘、室内水力劈裂试验、有限元应力判别法、土工离心模型试验等手段，对心墙坝水力劈裂开展了大量研究，深化了对问题本质的认识。针对心墙水力劈裂的发生机理，国内外学者提出了心墙拱效应、心墙中可能存在的初始渗水弱面（或裂缝）以及水库快速蓄水形成的水压楔劈效应等观点，并通过室内试验、土工离心模型试验、工程实例分析等手段进行了验证。但由于数值计算和物理模型试验均很难模拟再现库水位上升导致心墙发生水力劈裂现象，对已建心墙坝突然渗漏现象的解读，工程界尚未获得一致的看法。

关于心墙在高孔压作用下的破坏模式，目前有两类观点：一种观点认为，水力破坏沿着某个作用面或某个薄弱面发生，呈"劈裂"状破坏，具有方向性，通常将这种破坏模式狭义地称为"水力劈裂"；另一种观点认为，水力破坏在一定应力条件下可沿着任意孔隙发生，不具备明显的方向性，将这种破坏模式称为"水力击穿"。

传统的水力劈裂研究方法，通常假定存在与小主应力面正交的劈裂面。采用有效应力或总应力与心墙前水压力比较是心墙水力劈裂判别最常用方法。此外数值计算、土工离心模型试验也被应用于水力劈裂的研究。为了模拟水力劈裂的发生及发展过程，清华大学建立了有限元-无单元耦合的水力劈裂缝数值模拟方法和程序系统，该方法不仅可考虑与心墙拱效应、快速蓄泄水循环等复杂因素影响，又可直观模拟裂缝扩展情况，是目前较为先进的方法，已成功应用于糯扎渡、双江口等工程。刘令瑶等认为对于宽级配砾石土心墙，其水力破坏形式既不完全与黏性土相同，也不完全与非黏性土相同，而是随含砾量（大于 5mm）变化而变化；当含砾量小于等于 15%时，其破坏形式为水力劈裂，含砾量大于 20%时，破坏形式转变为水力击穿。

工程经验表明，心墙拱效应不仅受心墙上下游侧坝壳堆石体的拱托作用，还要受到两岸岸坡的强约束作用，拱效应相对较强的心墙上部和两岸坝肩岸坡部位是诱发心墙水力劈裂风险相对较高的部位，而以往的研究多关注发生在心墙上游面的水力劈裂，而对心墙沿岸坡部位可能发生接触渗透破坏的研究并不多。

因此，对于高心墙堆石坝心墙水力破坏的研究，不仅要保证心墙有足够的抗水力劈裂破坏能力，又要进一步研究砾石土心墙料水力击穿的可能性，解决好心墙与岸坡接触部分的抗渗透破坏问题。

一、心墙水力劈裂判别方法

1. 总应力法

总应力法的基本思路是基于有限元计算结果,提取初次蓄水时心墙上游面单元的主应力（大主应力、中主应力、小主应力）或竖向应力,沿高程方向绘制分布曲线,并与墙前水压力进行比较,如果心墙中某位置处的水压力值大于主应力或竖向应力,则判断该处有发生水力劈裂的可能性。已有研究指出,该法适应于心墙采用固结不排水剪（CU）试验参数,由于当前心墙堆石坝有限元计算普遍采用固结排水剪（CD）试验参数,计算结果通常会夸大心墙中下部发生水力劈裂的可能性,判别结果欠合理。

2. 有效应力法

从水力劈裂发生条件及裂缝扩展机理上分析,水力劈裂是土体在水力作用下有效应力降低至受拉状态时产生的张拉裂缝。根据土体有效应力原理,总应力等于土体内部起骨架作用的有效应力与孔压之和,当土体的孔压不断上升,导致有效应力不断降低为零时,此时认为土体受拉产生裂缝。从理论上看,采用有效应力小于零作为是否发生水力劈裂的判别标准更具合理性。

基于比奥固结理论的有效应力法,图 5-76 为蓄水期心墙上游迎水面有效小主应力计算结果。由图 5-76 可见,心墙内有效小主应力在各时刻均大于 0,由此判别心墙不会产生水力劈裂现象。

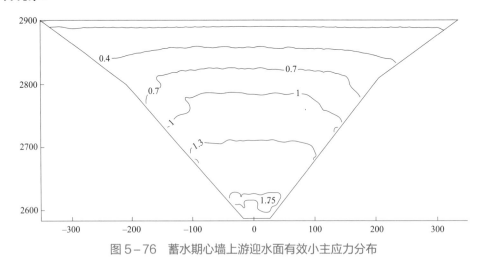

图 5-76　蓄水期心墙上游迎水面有效小主应力分布

但值得说明的是,水力劈裂破坏的过程是外部水体与裂缝连通造成裂缝不断扩展直至破坏的过程。采用有效小主应力为拉的判别方法确定是否发生水力劈裂是可行的,但应进一步判断拉应力区域是否与外部水体连通,若是心墙内部局部土体孔压升高导致的有效拉应力裂缝,则不会产生水力劈裂破坏。

研究还发现，由于心墙受左右岸坡的约束作用，蓄水之后在水压力作用下的土体主应力方向发生了明显偏转，大主应力方向与水压力方向接近平行。在这种情况下，如果土体表面的有效小主应力出现拉应力，其裂缝方向将接近水平。传统的观点认为心墙中应力方向为竖直方向，小主应力方向为上下游方向，这种假定在心墙上游侧的局部区域与实际情况并不符合。

3. 综合法

根据殷宗泽等人的研究结论，较为合理的水力劈裂判别方法是采用固结理论计算确定心墙内土体的孔压和有效主应力，二者叠加得总应力，再与心墙上游水压力作比较，判别是否可能发生水力劈裂，即综合法：

$$\sigma_3 = \sigma_3' + u \tag{5-93}$$

式中：σ_3——土体单元的总应力；

　　　σ_3'——土体的有效小主应力；

　　　u——固结计算的土体孔压。

若用 u_f 表示外水压力，则水力劈裂产生条件为：

$$u_f > \sigma_3 \tag{5-94}$$

图 5-77 给出了 RM 心墙堆石坝采用综合法的水力劈裂判别结果。由图 5-77 可见，心墙上游侧单元总小主应力值均大于外水压力，不会发生水力劈裂，但在靠近坝顶 2850m 高程附近处，总小主应力值与外水压力较为接近，是发生水力劈裂的薄弱环节，此判别结果与 Sherard 等人认为的水力劈裂多发生在坝顶附近，并且均在很小的水头作用下产生的结论基本一致。

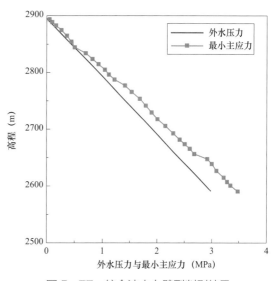

图 5-77　综合法水力劈裂判别结果

二、砾石土心墙水力击穿模拟方法

1. 水力击穿模拟方法

RM 1 号土料渗透破坏模式试验证实，不对破坏模式做预先假定，在砾石含量较大的条件下（大于 5mm 颗粒含量大于 45%），心墙土的破坏模式为水力击穿。击穿压力微大于破坏时的围压，小于破坏时的竖向压力，击穿压力与围压之比在 1.001～1.097 之间。从略有安全裕度的角度，可将 $u/\sigma_3 \geqslant 1$ 作为水力击穿的判据。

考虑到水力击穿发生时通过试样的渗流量突然增大，集中渗水通道呈点状分布且没有明显的方向性，可以假定水力击穿位置处土料渗透系数突然增大，有限元计算时采用下述处理方式来近似模拟水力击穿前后土体的渗透特性：

（1）在达到水力击穿的临界条件前，即 $\sigma_3' > 0$ 时，土体的渗透系数按正常处理；

（2）在达到水力击穿的临界条件后，即 $\sigma_3' \leqslant 0$ 时，土体的渗透系数按放大一个较大的倍数（如 1000 倍）来处理。

考虑水力击穿的可能性后，并综合考虑渗透系数的非线性，心墙的渗透系数按照下述模式确定：

$$k = \begin{cases} k_0(\sigma_3'/p_a)^{-\alpha}, & \text{如果} \sigma_3' > 0.01p_a \\ k_0 \times 0.01^{-\alpha}, & \text{如果} 0 < \sigma_3' \leqslant 0.01p_a \\ 10000k_0, & \text{如果} \sigma_3' \leqslant 0 \end{cases} \quad (5-95)$$

在这一模式中，如果水力击穿发生后，孔隙水排出，有效应力恢复至 $\sigma_3' > 0$，土体的渗透系数也恢复至正常水平。

2. 砾石土心墙水力击穿数值模拟

根据心墙水力劈裂/水力击穿发生的临界条件，控制防渗心墙和接触黏土层不发生水力破坏的条件应满足：$\sigma_3' > 0$ 或 $u/\sigma_3 < 1.0$，其中 u 为心墙内部孔压（或墙前水压力），σ_3 为总小主应力（或围压），σ_3' 为有效小主应力。

图 5-78 为竣工时坝体内的孔压分布图，图 5-79 为竣工时坝体内的有效小主应力分布图。由图可见，竣工时心墙内将产生较高的孔压，最大值为 4.29MPa，位于心墙底部；心墙

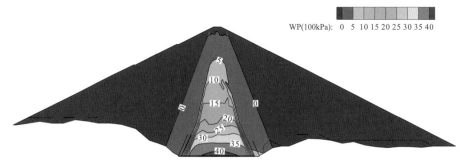

图 5-78 竣工时坝体内的孔压分布

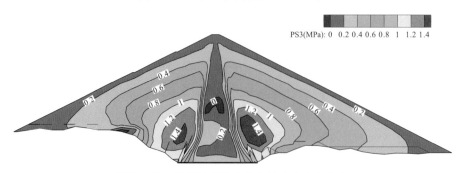

图 5-79 竣工时坝体内的有效小主应力分布

中部局部有效小主应力有小于零的区域，形成可能发生水力击穿的条件，但由于周围土体的有效小主应力仍较大，使得孔隙水不能穿透心墙排出。

图 5−80 为满蓄期坝体内的孔压分布图，图 5−81 为满蓄期坝体内的有效小主应力分布图。由图 5−80 可见，在每天 2.6m 的蓄水速率下，心墙内满蓄期的最大孔压达 4.51MPa，比竣工时略有升高。在蓄水过程中，竣工期残留的有效小主应力小于零的区域内，过多的孔隙水会被挤出，从而使得小主应力恢复，但该区域的孔压仍相对较高，有效小主应力仍较小。

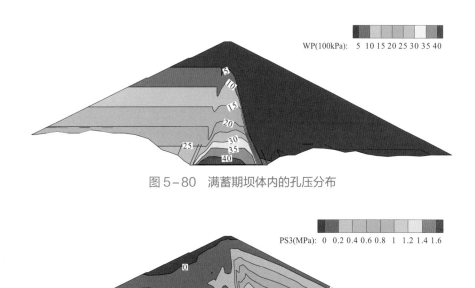

WP(100kPa): 5 10 15 20 25 30 35 40

图 5−80 满蓄期坝体内的孔压分布

PS3(MPa): 0 0.2 0.4 0.6 0.8 1 1.2 1.4 1.6

图 5−81 满蓄期坝体内的有效小主应力分布

从作用机制上分析，蓄水期由于心墙内的孔压高于上游库水压力，一方面心墙内的孔隙水向水库和下游的渗流会导致心墙内的孔压降低，另一方面水荷载挤压心墙，也会导致心墙内的孔压进一步升高，心墙内实际孔压的大小由上述两种作用综合决定。

3. 心墙与岸坡接触区水力击穿数值模拟

根据水力劈裂/水力击穿的临界条件，u/σ_3 越接近 1，则发生水力劈裂/水力击穿的风险越大。图 5−82 分别给出了接触黏土层不同厚度部位 u/σ_3 值。计算结果表明，各层接触黏土的 u/σ_3 均小于 1.0，均不会沿岸坡接触部位发生水力劈裂/水力击穿破坏。

图 5−83 给出了满蓄时心墙上游表面有效小主应力分布。由图可见，满蓄期在心墙的上游表面，在左岸岸坡距坝基 80m 高程处、右岸岸坡距坝基 160～200m 高程处的边缘，也有局部小主应力小于零。以上两个区域随着库水的渗入，小主应力小于零的区域可能向心墙内扩展至一定深度，但在心墙中心处高孔压作用下，不会进一步深入或贯穿心墙。

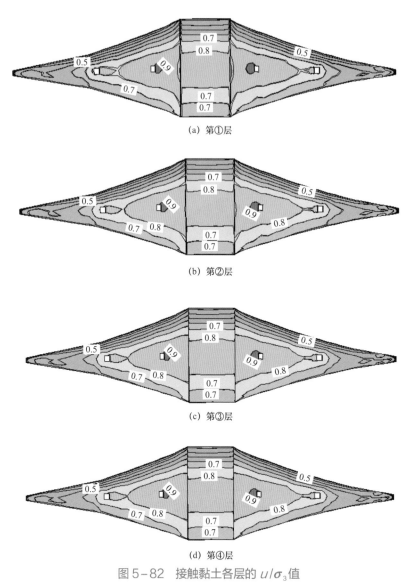

(a) 第①层

(b) 第②层

(c) 第③层

(d) 第④层

图5-82　接触黏土各层的 u/σ_3 值

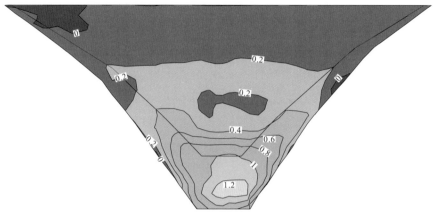

图5-83　满蓄时心墙上游表面有效小主应力分布（MPa）

三、有限元−无单元耦合模拟方法

QH 组将弥散裂缝理论和压实黏土脆性断裂模型引入水力劈裂问题的研究，并建立了水力劈裂发生与扩展过程的数学模型和有限元−无单元耦合数值仿真算法，具体水力劈裂发生与扩展过程仿真模拟步骤如图 5−84 所示。

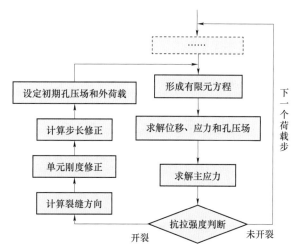

图 5−84　水力劈裂发生与扩展过程仿真算法流程图

为了模拟 RM 心墙堆石坝的水压楔劈效应，在坝体中上部的 2792.1m、2840m 和 2865m 三个高程心墙上游迎水面设置了厚度约 100cm，长约 7m 的初始渗透弱面，如图 5−85 所示，前缘单元编号分别为 31233#、34604#和 37651#。

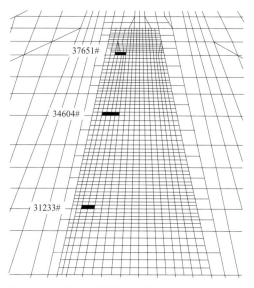

图 5−85　初始渗透弱面前缘单元的位置和编号

图 5-86 给出了存在初始软弱带和不存在初始软弱带两种工况下蓄水期末的孔压分布情况。从图 5-86 可见，在初始软弱带位置存在着明显的水压楔劈效应。

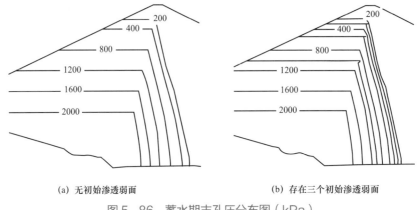

(a) 无初始渗透弱面   (b) 存在三个初始渗透弱面

图 5-86　蓄水期末孔压分布图（kPa）

表 5-41 统计了蓄水期末渗透弱面前缘单元垂直应力的大小。图 5-87 给出了存在渗透弱面、不存在渗透弱面以及蓄水速度增大时，渗透弱面前缘单元垂直应力随计算时间的变化过程曲线。

表 5-41　　　　　　　　　　蓄水期末渗透弱面前缘单元垂直应力

计算工况	31233#单元（kPa）	34604#单元（kPa）	37651#单元（kPa）
无渗透弱面	984.33	647.48	423.13
设置渗透弱面，设计蓄水速度	894.73	550.84	381.93
设置渗透弱面，3 倍蓄水速度	894.97	552.67	383.55
设置渗透弱面，9 倍蓄水速度	894.88	557.88	388.17

从表 5-41 和图 5-87 可知，当蓄水位超过该单元所在高程时，由于渗透弱面水压楔劈效应的存在，使得前缘单元垂直应力的数值相对于无初始渗透弱面情况均存在一定程度的降低。例如，对于 31233#单元，由于渗透弱面水压楔劈效应的存在，使其垂直应力降低了约 99.6kPa，降幅 10.1%。尽管如此这些单元在垂直方向仍具有较大的压应力，具有较大的抗水力劈裂安全度，心墙不会发生水力劈裂破坏。

需特别注意的是，上述计算结果是假设心墙在厚度方向存在长约 7m 的小规模初始渗透弱面，当若初始渗透弱面规模增大时，计算结果将更加偏于危险。因此，为了防止心墙形成层状分布的大规模"渗透弱面"，大坝现场填筑碾压施工过程中对可能存在的冻损薄弱带、富水薄弱带和高砾石含量集聚带等问题，需加强质量控制。

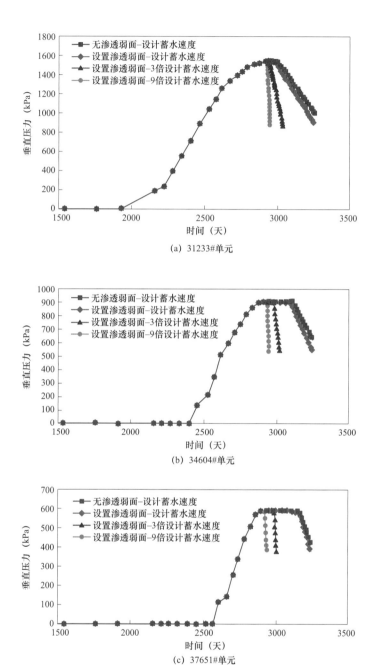

图 5-87　各渗透弱面前缘单元垂直应力的发展过程

四、基于内聚力模型的水力劈裂模拟方法

基于内聚力模型的水力劈裂分析方法，将心墙离散为由实体单元和无厚度界面单元组成的系统。实体单元只发生弹性变形，实体单元假定为可渗透的线弹性介质，渗透系数保持不变，并且处于饱和状态，流体流动满足 Darcy 定律；损伤和裂缝发生只发生于界面单元上，

采用内聚力模型来模拟界面单元的力学
行为,通过界面单元的失效来模拟心墙水
力劈裂裂缝的发生与扩展。

在心墙 2828m 高程、2748m 高程和
2666m 高程处设置初始裂缝,同时在正常
蓄水位荷载的基础上,以一定的比例加大
水荷载,计算不同初始裂缝长度条件下,
发生水力劈裂对应的水荷载值,计算结果
见图 5-88～图 5-90。

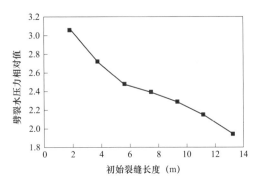

图 5-88 2828m 高程初始裂缝长度与劈裂水压力关系

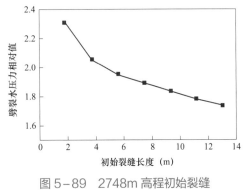

图 5-89 2748m 高程初始裂缝
长度与劈裂水压力关系

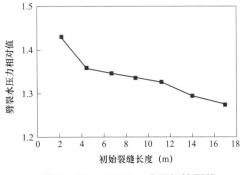

图 5-90 2666m 高程初始裂缝
长度与劈裂水压力关系

上述研究得出,初始裂缝越大,劈裂水压力越小。初始裂缝出现在 2666m 高层处形成
水力劈裂的水压力相对正常蓄水位的比值较小,而初始裂缝在 2828m 高层处的情况下相对
比值较大,这是因为高程较低处水压力较大,增大一定比例后水压力的绝对值也比较大,所
以发生水力劈裂对应的相对值较小。控制心墙初始裂缝或缺陷长度将有效降低发生水力劈裂
的可能性。

五、心墙水力破坏防治措施

心墙发生水力劈裂后,容易在心墙内部形成集中的渗漏通道,危及大坝安全,甚至给下
游带来灾难性的后果。结合已有研究成果,心墙水力破坏防治措施主要从设计、施工及水库
运行等三个方面控制:

1. 设计方面

由于心墙拱效应的存在,导致心墙应力降低,增加了水力劈裂发生的可能性。从改善心
墙拱效应出发,高坝宜采用宽级配砾石土作为心墙料,对于颗粒偏细的心墙料,可通过掺砾
(碎石)来提高心墙模量,但粗粒含量应以满足心墙防渗要求为前提。同时,尽可能减小心
墙与坝壳堆石料之间的模量差异,通过合理的坝体分区及堆石料孔隙率控制实现。但不建议

采取降低坝壳堆石料压实度的方法来减小心墙拱效应。因为降低堆石料压实度，会增加坝体施工期和后期变形量，增大坝体发生张拉裂缝的风险。

鲁布革、瀑布沟、糯扎渡等工程心墙料与反滤料联合抗渗研究表明，有效的反滤层防护措施，心墙产生裂缝后不一定会危及大坝安全，只要裂缝中的渗流不会连续冲刷缝壁，土体自身有裂缝自愈能力。

牛起飞等通过离心模型试验再现了坝肩变坡引起心墙的不均匀沉降现象，而心墙的不均匀沉降增加了心墙发生水力劈裂的可能性。结构设计时不仅要重点关注心墙上游面水力破坏的可能性，更要关注心墙与两岸坡接触等薄弱部位。通过合理设置心墙与岸坡之间的接触黏土层厚度，减弱岸坡约束对心墙拱效应的影响，并提高接触部位的抗渗透破坏能力。在容易发生坝肩裂缝的部位，通过设置一定厚度的接触黏土予以改善，例如墨西哥的奇科森坝就是成功的例子。

2. 施工方面

王俊杰等研究指出，在土质心墙堆石坝的施工中，可采用大吨位的碾压机械或减小碾压层厚度，增大碾压功等施工方式，提高心墙土体的断裂韧度，进而提高心墙的抗水力劈裂性能。

渗透弱面水压楔劈效应是诱发心墙发生水力劈裂的重要因素。在土石坝心墙的施工过程中，形成心墙渗透弱面的一些可能情况包括：偶然局部掺入的堆石料、未充分压实的局部土层、由偶然因素产生的初裂缝以及掺砾石不均形成局部架空等情况。因此，为了减少渗透弱面发生的可能性，应着重从三个方面控制：① 保证掺砾心墙料的均匀性，防止砾石集中导致局部渗透性增加，以避免为水楔形成提供条件。② 保证坝体的填筑质量，尤其是心墙上游面与过渡料的结合部位、各碾压层之间以及同一碾压层的不同施工段之间的碾压质量，尽可能避免在施工中形成薄弱面。③ 为防止在黏土心墙中形成层状分布的大规模"渗透弱面"，需要特别注意不同天气条件下（如下雨后）碾压表面的处理等。

殷宗泽等研究认为，增大心墙的初始饱和度，有利于预防水力劈裂的发生。但考虑到初始含水率过高，若大于最优含水率时，心墙无法取得最优压实效果，同时又会带来高孔压问题，反而对心墙抗水力劈裂不利。因此，现场施工应结合土料特性及自然条件，选择合适的碾压含水率控制标准。

3. 水库运行方面

心墙水力劈裂通常发生在水库初次蓄水之后，如著名的美国 Teton 坝和挪威 Hyttejuvet 坝等，并且朱俊高等人在研究土石坝心墙水力劈裂机制时，指出水力劈裂发生的危险期不是稳定渗流期，而是水库蓄水的初期。此外，蓄水时上部压重的大小、水库的快速蓄水等也是水力劈裂的重要影响因素。因此，一方面应根据坝址处的水文资料分析，合理确定蓄水方案；另一方面，在进行水库快速蓄水时，应注意控制在库水位和坝体填筑高程之间保持一定的高差压重，当水位距坝顶较近时，应特别注意对水库蓄水速率的控制。为了降低运行期水力劈裂风险，可在防渗体易发生裂缝或水力破坏的薄弱部位，预埋一定的灌浆补强措施，遇到问题及时进行补救。

第十节　坝体裂缝预测方法及防治措施

裂缝是土石坝运行期最常见且最易发生的问题之一。就心墙堆石坝而言，在自重、水荷载等作用下，若坝体不能适应变形就有可能产生裂缝。在国内外已建的心墙堆石坝中，已有不少工程出现了坝体裂缝。例如，美国库加尔坝、巴西 Bmborcacao 坝、挪威 Hyttejuvet 坝、菲律宾 Anbuklao 坝以及我国的小浪底、瀑布沟、苗尾等工程。由于裂缝的存在与出现，水库需在限制水位长时间运行，工程效益不能充分发挥；若裂缝持续发展，又可能致使整个坝体溃决，带来灾难性的重大事故。300m 级高心墙堆石坝裂缝问题，无疑是高土石坝工程建设必须解决好的关键问题。开展裂缝成因分析及机理研究，掌握裂缝发生及发展规律，探讨合适的裂缝防治措施，避免在新建土石坝中出现裂缝问题，是裂缝研究的重要方向。

针对心墙堆石坝蓄水运行期坝顶开裂问题，国内外不少学者结合工程实例，研究了裂缝发生的成因和机理：

殷宗泽根据花凉亭土坝有限元的应力应变计算成果，分析了花凉亭土坝纵向裂缝发生的原因后认为，花凉亭土坝心墙出现竖直纵向张开裂缝，不是由于静应力或静应变引起的，而是由钻孔注水压力或灌浆压力超过了心墙中的接近水平向小主应力导致。林道通等利用外观监测变形资料，从时间与空间上分析了瀑布沟大坝初次蓄水时纵向裂缝。徐建建立了变形倾度准则、剪切破坏准则和拉裂破坏准则来判别坝顶裂缝。周伟和彭翀等通过在有限元计算程序中嵌入变形倾度算法，来估算是否会发生表面张拉裂缝。胡超和吉恩跃等分别基于扩展有限元方法和内聚力模型模拟了高心墙堆石坝的坝顶裂缝，计算成果与实际情况高度吻合。

土工离心机是重要的土工试验手段，国内外不少学者利用离心机对土体裂缝进行过离心模型试验研究，证明了土工离心机模型试验对于模拟土体裂缝问题的适用性。朱维新利用离心模型试验研究了羊毛湾土石坝的心墙裂缝，试验的结果与羊毛湾土坝严重裂缝原型观测资料基本一致，证明了采用离心模型试验研究心墙裂缝的方法是可行的。张丙印使用糯扎渡高心墙堆石坝心墙混合土料进行了土工离心机模型试验，试验中再现了岸坡坡度变化导致坝顶发生横向裂缝的现象。清华大学张琰，提出了基于无单元法的弥散裂缝模型，进行了高土石坝三维有限元–无单元耦合的裂缝分析，研究了高土石坝张拉裂缝的开展机理。

韩朝军等通过已建的埃尔因菲尼罗坝、库加尔坝、小浪底斜心墙坝、长河坝等工程实例研究表明，坝顶裂缝产生的根本原因是土体承受的应力应变超过其抗拉强度或抗剪强度后而发生三种破坏形式，即张拉破坏、剪切破坏或张拉剪切复合破坏；其直接原因是坝顶不均匀沉降的持续发展；蓄水作用、湿化变形和流变变形是影响坝顶不均匀沉降的关键因素；坝顶变位是一个复杂的变化过程，蓄水速率和高水位对坝顶变位表现得更加敏感。张延亿首次结合高土石坝工程运行期实际工作状态和应力状态变化过程，以室内试验为基础，研究了浸水湿化和水位升降两种条件下堆石材料的变形发展规律，为深入开展蓄水及运行期坝顶裂缝研究提供了理论基础。

一、心墙坝裂缝工程实例

土石坝裂缝按其方向可分为纵向裂缝、横向裂缝、水平裂缝和龟裂缝；按部位可分为表面裂缝和内部裂缝；按成因可分为变形裂缝、水力劈裂缝、干缩和冻融裂缝、滑坡裂缝和振动裂缝等。

（1）纵向裂缝。

纵向裂缝是指走向平行于坝轴线的裂缝。纵向裂缝一般可长达数十米，甚至数百米。纵向裂缝一种出现在坝面，另一种出现在坝面以下一定的深度。坝面纵向缝往往是由于坝壳填筑质量较差，坝壳本身出现较大的沉降和横向位移；坝面以下一定的深度的纵向裂缝往往发生在竣工后，这种裂缝主要是由于心墙与坝壳料变形差异过大引起，受心墙与坝壳模量差异大、水库蓄水、上游坝壳浸水湿化、坝料流变、库水位往复升降循环、降雨等诸多因素影响，产生的变形不协调的成因机理比较复杂。

（2）横向裂缝。

横向裂缝是指走向垂至于坝轴线的裂缝。绝大多数横向裂缝发生在坝体与岸坡接头处、岸坡坡度突变处或坝体与水工结构物连接处。岸坡越陡，出现横向裂缝的可能性越大。横向裂缝主要由坝料纵向不均匀沉降或无法承受较大的张拉作用引起，一般见于坝顶表面，并铅直或倾斜延伸到一定深度而尖灭。当横向裂缝延伸到正常水位以下，有可能形成集中渗流，甚至导致坝体溃决，由于其裂缝方向与水流平行，也是对大坝危害性最大的裂缝。

（3）水平裂缝。

水平裂缝是指裂缝的破裂面大致呈水平方向分布的裂缝，通常出现在坝顶以下某一深度。当坝壳沉降变形量小且稳定较快，而心墙沉降变形量大且稳定较慢时，则坝壳将对心墙的变形产生顶托作用，即所谓的"拱作用"。坝壳对心墙的拱作用整体上减小了心墙的应力，并导致坝壳与心墙接触表面应力状态的变化。心墙上游面应力状态和主应力方向的变化将进一步导致心墙表面在水压力的作用下产生水力劈裂破坏，形成接近水平方向的裂缝。

表 5-42 列举了国内外 100m 以上心墙堆石坝裂缝工程实例统计表。从表 5-42 坝体裂缝统计规律来看，水平裂缝的实例不多，由于水平裂缝多发生在土质心墙内部，除非裂缝导致的坝体渗漏量特别大，否则很难判别。但总的来说，无论是坝顶纵向裂缝还是横向裂缝，裂缝的总体深度不大，除了美国 101m 樱桃谷坝纵向裂缝深度达 25~30m，其他工程的裂缝深度均小于 10m。

表 5-42 　　　　　　　国内外 100m 以上心墙堆石坝裂缝工程实例统计表

序号	坝名	国家	坝型	坝高（m）	坝顶长（m）	建成年份	裂缝发生情况
1	库加尔坝	美国	斜心墙堆石坝	156	527	1963	坝顶纵向裂缝，缝宽 6～13mm，缝深1.52m，主要发生在心墙与反滤层的分界面上
2	隆德巴特坝	美国	斜心墙堆石坝	134	402	1964	坝顶纵向裂缝，缝宽 4～15mm，缝长150m，发生在心墙边和过渡层之间
3	泥山坝	美国	心墙堆石坝	130	212	1941	坝顶心墙与上下游过渡层结合处出现纵向裂缝，最大缝宽 100mm，深 1.8m
4	樱桃谷坝	美国	心墙堆石坝	101	792	1955	坝顶心墙与上下游过渡层交界面出现纵向裂缝，长 9～12m，深 25～30m
5	界伯奇坝	奥地利	心墙堆石坝	153	630	1965	坝顶纵向裂缝
6	拉格兰德-2 坝	加拿大	斜心墙堆石坝	156	2835	1982	心墙与坝壳交界面出现纵向裂缝
7	Masjed-E-Soleyman 坝	伊朗	心墙堆石坝	176	480	2000	坝顶纵向裂缝，心墙上游与反滤层及反滤层与坝壳堆石料之间出现分离
8	贾提路哈尔坝	印度	斜心墙堆石坝	112	1200	1967	坝顶中部心墙下游侧与反滤层交界面出现长约 300m 的纵向裂缝，缝宽 25～38m
9	埃尔因菲尼罗坝	墨西哥	心墙堆石坝	148	344	1964	两岸坝肩发生横向裂缝，缝宽 1mm
10	瀑布沟	中国	心墙堆石坝	186	540.5	2009	坝顶纵向裂缝，心墙下游 5.0～6.0m
11	小浪底	中国	斜心墙堆石坝	160	1667	2001	坝顶纵向裂缝，距离心墙下游 6.3m 的过渡区内，最大缝深 2.0～3.9m

从引起坝体裂缝的原因角度分析，坝体各部位不均匀沉降是最直接的原因，另外还有库水位上升的速度较快而引起的防渗体的水力劈裂缝，反滤保护不良的防渗体的渗流管涌，坝坡失稳产生滑动，天气炎热或严寒使坝面干缩或冻胀以及地震裂缝等，可大致归纳为三类：

第一类，20 世纪 60 年代左右修建的土石坝，碾压技术刚引入土石坝填筑，坝壳堆石料多采取抛填或水力冲填，即便碾压，铺层厚度也很大，碾压激振力不大，碾压遍数有限且不加水，这就导致坝壳密实度不如心墙密实度，有的工程甚至上下游堆石体密实度差异大。

第二类，建在深厚覆盖层上的心墙堆石坝，如小浪底、瀑布沟和毛尔盖等。这些坝的心墙和坝壳料均采用了现代碾压技术，坝体各分区填筑密实度差异不大。已有研究普遍认为深厚覆盖层不均匀变形是产生裂缝的主要原因，但值得说明的是几座建在基岩上的心墙堆石坝，也同样出现了坝体裂缝问题。例如，糯扎渡坝（261.5m）蓄水后上游坝坡湿化沉陷，在靠近坝顶部位出现了倾向上游库区的拉裂缝；苗尾坝（131.3m）2018 年 8～9 月蓄水至正常蓄水位时，坝顶也出现了纵向裂缝，最大裂缝深度 0.5m，监测值显示蓄水湿化引起的沉降骤增量达到 13cm；土耳其的 Ataturk 坝，最大坝高 184m，坝体填筑量 8450 万 m^3，蓄水后上游坝壳料发生了严重的遇水崩解湿化沉陷，上游坝坡向库内滑动。由此也说明，坝壳浸水湿化变形与坝顶裂缝的关系是一个值得深入研究的问题。

第三类，坝体填筑速度过快，或蓄水速度过快，或库水位快升快降，这与坝体沉降固结尚未完全收敛有关。

二、变形倾度有限元法

变形倾度法是根据坝体现场沉降观测资料来预测坝体裂缝的一种简洁估算方法。在坝身同一高程处，有两个观测点 a、b，两点间的水平距离为 Δy（见图 5-91）。

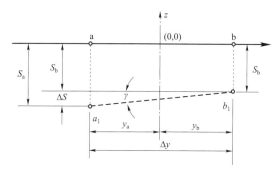

图 5-91　变形倾度法示意图

从坝填筑上升到此二点的日期 T_i 至某一计算日期 T_j 的累积沉降量，分别测得为 S_a、S_b。于是定义 a、b 两点在日期 T_j 的倾度为：

$$\gamma \approx \tan\gamma = \frac{\Delta S}{\Delta y} \times 100 = \frac{S_a - S_b}{|y_a - y_b|} \times 100 \qquad (5-96)$$

式中：γ ——a、b 两点间的倾度（%）；

　　Δy ——a、b 两点间的水平距离（mm）；

　　ΔS ——a、b 两点间的累计沉降差（mm）。

设土层 a、b 处的破坏临界倾度为 γ_c，如果计算出来的倾度 $\gamma > \gamma_c$，则认为该处的土层要发生错动破坏面；如果 $\gamma = \gamma_c$，该处的土层处于产生破坏的极限状态；$\gamma < \gamma_c$，则认为该处土层将不产生破坏。根据已建土坝经验，γ_c 值约在 1%～2%。

清华大学将现场监测变形的变形倾度法进行了扩展，将变形倾度法与有限元数值计算方法相结合，通过数值计算可以得到坝体在施工期或运行期的变形倾度，据此可以进行坝体发生裂缝可能性的判断。如用 x 表示坝轴线方向，y 表示顺河向。S 为沉降变形，则 x 和 y 两个方向的倾度可分别表示为，

$$\gamma_x = \frac{\partial S}{\partial x}, \quad \gamma_y = \frac{\partial S}{\partial y} \qquad (5-97)$$

图 5-92 为坝体表面顺河向和横河向变形倾度分布图。竣工期，坝体表面顺河向变形倾度值均小于 1%。蓄水期，在上游坝坡以及下游坝坡靠近坝顶局部位置出现顺河向变形倾度值大于 1% 的区域，范围和深度均较小。大坝运行 5 年后，在坝顶出现顺河向变形性倾度值大于 1% 的很小区域。由于河谷岸坡较为平顺，对控制坝体发生横向裂缝较为有利，且坝体变形的量级相对较小，不会发生坝体表面张拉裂缝。

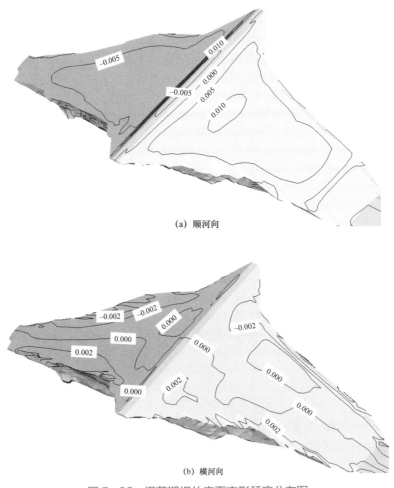

(a) 顺河向

(b) 横河向

图 5-92　满蓄期坝体表面变形倾度分布图

图 5-93 为满蓄期坝体最大横断面顺河向变形倾度分布图。坝壳堆石料与心墙上下游接触面附近是顺河向变形倾度值较大的区域，这是由于心墙和坝体堆石体模量差别较大所致。在该区域发生较大的不均匀沉降，从而导致较大的错切变形。竣工期顺河向变形倾度值最大值约为 1%，主要分布在坝体内部，蓄水之后逐渐向上游坝坡以及坝顶扩散。运行 5 年后，上游坝坡和心墙顶部会出现小范围变形倾度值达到 1% 的区域，但不会发生表面张拉裂缝。

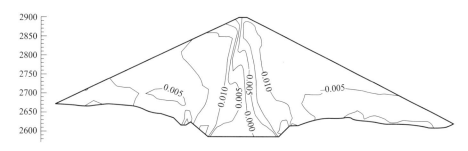

图 5-93　满蓄期最大横断面横向变形倾度分布图

图 5-94 为满蓄运行 5 年坝体最大纵断面横河向变形倾度分布图。在两岸岸坡与坝体接触部位计算得到高变形倾度值，在沿坝坡一定宽度内变形倾度值大于 1%，最大值达到约 6%。在该区域由于岸坡陡峻，坝体会发生较大的沿岸坡向的错切变形，并会在临近的堆石体和心墙底部形成剪切带。当剪切变形较大时可在坝体堆石体表面形成剪切张拉型裂缝。此类在堆石体内发生的剪切张拉裂缝，张开部分只会发生在坝体表面一定的深度之内，具体同堆石体的咬合强度有关，不会危及坝体的整体稳定性和心墙的安全。

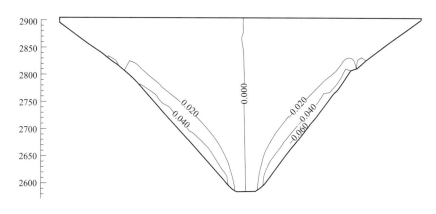

图 5-94　满蓄运行 5 年最大纵断面横河向变形倾度分布图

三、坝体张拉裂缝有限元-无单元耦合法

1. 计算方案

基于高土石坝坝体张拉裂缝的有限元-无网格耦合三维模拟计算方法，结合 RM 工程 1 号防渗心墙料拉伸、断裂试验成果，拟定了方案 M1-C1-W1～方案 M1-C8-W1 共 8 个方案进行研究，预测模拟 RM 大坝裂缝发生条件及扩展过程。其中，M1-C1-W1 方案为基本方案，邓肯-张 E-B 模型、湿化模型、流变模型均采用试验参数；方案 M1-C2-W1～方案 M1-C8-W1 的坝料流变参数 b、β 和 d 分别增大 1 倍、2 倍、3 倍、4 倍、5 倍、6 倍、7 倍，作为敏感性分析对比方案。

2. 坝顶后期变形分析

表 5-43 给出了各方案大坝满蓄期、竣工运行 5 年、10 年、15 年的坝顶后期变形计算结果。计算结果表明，大坝满蓄运行 5 年变形已基本稳定。

表 5-43　　　　　　　　　　　坝顶后期变形敏感性计算结果

方案编号	满蓄期		运行 10 年		运行 10 年		运行 15 年	
	坝顶最大沉降（m）	坝高比（%）	坝顶最大沉降（m）	坝高比（%）	坝顶最大沉降（m）	坝高比（%）	坝顶最大沉降（m）	坝高比（%）
M1-C1-W1	0.13	0.04	0.38	0.12	0.39	0.12	0.39	0.12
M1-C2-W1	0.33	0.10	0.80	0.25	0.81	0.26	0.81	0.26
M1-C3-W1	0.52	0.16	1.25	0.40	1.26	0.40	1.26	0.40
M1-C4-W1	0.65	0.21	1.62	0.51	1.63	0.52	1.63	0.52
M1-C5-W1	0.76	0.24	1.99	0.63	2.01	0.64	2.01	0.64
M1-C6-W1	0.83	0.26	2.34	0.74	2.36	0.75	2.36	0.75
M1-C7-W1	0.87	0.28	2.77	0.88	2.81	0.89	2.81	0.89
M1-C8-W1	0.98	0.31	3.32	1.05	3.39	1.06	3.39	1.06

3. 坝肩横向裂缝数值模拟

将流变参数放大 7 倍（方案 M1-C8-W1），图 5-95 为满蓄期坝体表面横河向正应力分布。由图 5-95 可见，在两岸坝肩的坝顶部位都出现了一定范围的张拉应力区，但右岸坝肩部位的张拉应力区范围较大，故坝顶横向张拉裂缝的模主要拟计算选取右岸坝肩部位的坝顶区域。

图 5-95　坝体表面横河向正应力分布（蓝色为拉应力区）

计算在坝横 0+290.00 的右岸坝顶预设了一定范围的开裂区域，并在该处附近设立了无单元结点加密区域，如图 5-96 所示。

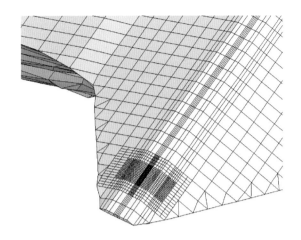

图 5-96　右坝肩 0+290.00 桩号附近无单元结点局部加密布置图

　　计算结果表明，若流变参数放大 7 倍（方案 M1-C8-W1），蓄水期横向裂缝开裂的最大宽度约为 6cm，裂缝开裂的最大深度约为 5m，如图 5-97 所示。蓄水运行 5 年后，横向裂缝开裂的最大宽度约为 10cm，最大深度约为 6m，但仍没有穿过心墙形成上下游贯穿的张拉裂缝。

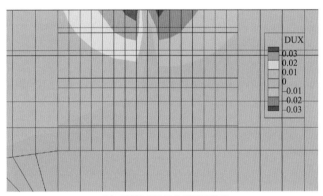

(a) 坝纵0-009.00上游坝顶剖面

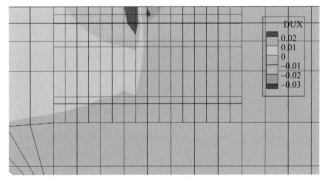

(b) 坝纵0+015.00下游坝坡剖面

图 5-97　右坝肩 0+290.00 剖面横向裂缝张开位移（单位：m）

4. 坝体纵向裂缝数值模拟

将流变参数放大 7 倍（方案 M1-C8-W1），图 5-98 为满蓄期坝体表面顺河向水平正应力的分布。除了上游位于水下的坝坡部分之外，顺河向水平正应力拉应力区主要出现在下游坝坡接近坝顶处，沿坝轴线方向呈条带状分布，故坝体纵向裂缝模拟计算选取该区域。

图 5-98　坝体表面顺河向正应力分布（蓝色为拉应力区）

计算在坝纵 0+052.00 的下游坝坡预设了一定大小的开裂区域，并在该处附近设立了无单元结点加密区域，如图 5-99。

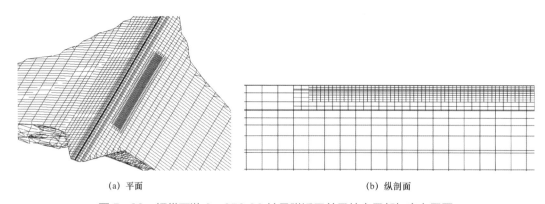

（a）平面　　　　　　　　　　　　　　　　（b）纵剖面

图 5-99　坝纵下游 0+052.00 桩号附近无单元结点局部加密布置图

计算结果表明，若流变参数放大 7 倍（方案 M1-C8-W1），蓄水期纵向裂缝开裂的最大宽度约为 0.3cm，深度约为 4m，如图 5-100 和图 5-101 所示。蓄水运行 5 年后，纵向裂缝开裂的最大宽度约为 0.6cm，深度约为 6m；裂缝表面开裂不明显且没有形成连续的大范围开裂区。

5. 坝体裂缝预测敏感性分析

表 5-44 汇总了各敏感性分析工况大坝运行 5 年后坝体裂缝预测结果。

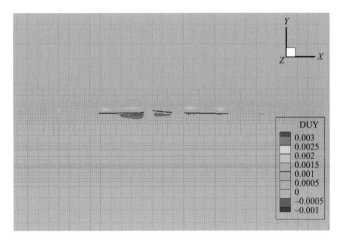

图5-100 下游坝坡0+052.00附近纵向裂缝张开位移平面图（单位：m）

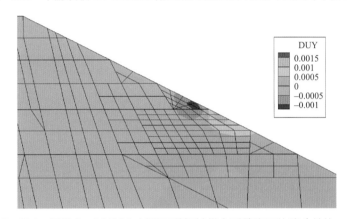

图5-101 坝横0-035.00剖面下游坝坡纵向裂缝张开位移（单位：m）

表5-44 大坝满蓄运行5年后坝体裂缝预测结果

方案编号	右坝肩坝顶横向裂缝		下游坝坡纵向裂缝	
	裂缝宽度（cm）	裂缝深度（m）	裂缝宽度（cm）	裂缝深度（m）
M1-C1-W1	0	0	0	0
M1-C2-W1	0	0	0	0
M1-C3-W1	2.0	3.0	0	0
M1-C4-W1	4.0	3.0	0.1	2.6
M1-C5-W1	4.0	3.5	0.3	4.8
M1-C6-W1	7.0	3.5	0.4	5.3
M1-C7-W1	8.0	5.8	0.6	6.0
M1-C8-W1	10.0	6.0	0.6	6.0

由表5-44可见，采用筑坝料室内流变、湿化试验的基本参数，计算预测RM大坝满蓄期及运行5年以后，均不会发生左右岸坝肩横向张拉裂缝，坝顶和下游坝坡部位也不会发生纵向张拉裂缝。敏感性分析表明，当坝顶最大沉降1.25m（方案M1-C3-W1）时，右岸坝肩开始出现横向张拉裂缝，最大裂缝宽度2cm，裂缝深度3m；当坝顶最大沉

降 1.62m（方案 M1－C4－W1）时，下游坝坡开始出现纵向张拉裂缝，最大裂缝宽度 0.1cm，裂缝深度 2.6m。

四、坝顶开裂扩展连续－离散耦合法

基于连续－离散耦合分析的思路，在变形体离散元法的基础上引入基于弹塑性断裂力学的内聚力模型，将岩土体离散为由实体单元和无厚度界面单元组成的系统，实体单元只发生弹性变形，损伤和断裂发生于界面单元上，通过界面单元的起裂、扩展和失效，实现开裂扩展的数值模拟。

1. 计算条件

对坝顶 2896m 高程以上可能产生裂缝区域采用连续－离散耦合方法模拟，该区域内每相邻两个实体单元之间定义无厚度的界面单元，其他部位单元仍然采用有限元法模拟。为了更准确地模拟开裂行为，对坝顶的单元进行了加密，计算模型如图 5－102 所示。

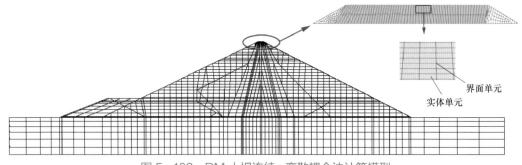

图 5－102　RM 大坝连续－离散耦合法计算模型

在采用连续－离散耦合分析方法模拟坝顶开裂过程中，假定：① 将岩土体视为胶凝颗粒材料，在数值模拟时将其离散为实体单元和无厚度界面单元，实体单元对应于堆石体颗粒，无厚度界面单元对应于颗粒间的胶结层；② 损伤和断裂发生在界面单元上，界面单元的破坏准则为带拉断的 Mohr－Coulomb 准则，实体单元只发生弹性变形；③ 界面单元的应力状态满足破坏准则后，采用基于断裂能的线性损伤演化模型，损伤因子达到 1 后完全失效；④ 将失效的界面单元从模型中删除，两侧实体单元的关系采用接触模拟，当全部界面单元失效后，堆石体转化为完全离散的散体材料。

计算中考虑了筑坝料的流变和湿化变形，坝顶界面单元计算参数，见表 5－45。

表 5－45　坝顶界面单元计算参数

k_n^e（N·m^{-1}）	k_s^e（N·m^{-1}）	f_t（kPa）	c（kPa）	φ（°）	G_n^e（N/m）	G_s^e（N/m）
1.05×10^{10}	4.375×10^9	10	15	35	80	120

2. 坝顶裂缝可能性分析

图 5－103 所示的坝顶区域高程 2884m 以上，分别间隔 16m、7m 高程提取坝轴线处以

及上下游分别距坝轴线 9m 处点的沉降值，得到各高程不同时期的沉降增量列于表 5－46。

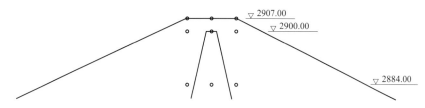

图 5－103　提取沉降值的位置示意图（单位：m）

表 5－46　　　　　　　　　　　　坝体各高程不同时期的沉降增量

高程（m）	水平位置	沉降增量（m）						
		竣工期－蓄水期	蓄水期－第二次满蓄	第二次满蓄－第三次满蓄	第三次满蓄－第四次满蓄	第四次满蓄－第五次满蓄	第五次满蓄－第六次满蓄	第六次满蓄－第七次满蓄
2907	上游距坝轴线 9m	0.285	0.329	0.208	0.136	0.090	0.060	0.040
	坝轴线	0.234	0.313	0.197	0.127	0.084	0.056	0.037
	下游距坝轴线 9m	0.166	0.289	0.184	0.120	0.080	0.054	0.037
2900	上游距坝轴线 9m	0.283	0.330	0.210	0.138	0.093	0.064	0.044
	坝轴线	0.255	0.322	0.205	0.135	0.091	0.063	0.043
	下游距坝轴线 9m	0.179	0.295	0.188	0.123	0.083	0.056	0.039
2884	上游距坝轴线 9m	0.279	0.328	0.208	0.137	0.093	0.063	0.044
	坝轴线	0.173	0.286	0.183	0.121	0.082	0.056	0.039
	下游距坝轴线 9m	0.173	0.286	0.183	0.121	0.082	0.056	0.039

以坝顶 2907m 高程为例，不同时期上下游沉降增量如图 5－104 所示。由图可知，坝顶区域竣工期至蓄水期的沉降增量较小，但是上下游沉降增量不均匀程度较大；坝顶区域沉降增量最大值发生在蓄水期至第二次满蓄阶段，但是上下游沉降增量不均匀程度较小；蓄水期之后坝顶的沉降有所增加，但是增量逐年减小且上下游的沉降增量差较小，沉降增量趋于均匀。

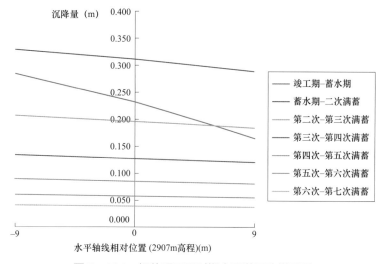

图 5－104　坝体顶不同时期上下游沉降增量图

图 5-105 给出了最大断面坝顶节点沉降随时间发展的过程曲线。由图 5-105 可见，坝顶在大坝完建初期，沉降速度较大，坝顶中部和两侧节点沉降增量差值较大，在运行后期，坝体沉降趋于稳定，不同节点沉降差也基本保持不变。计算坝顶各段变形倾度值，在后期水位升降变化过程中，变形倾度值均未超过临界破坏倾度 1%，表明坝顶不会产生纵向裂缝。

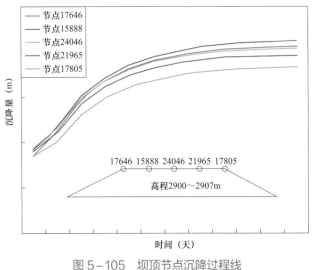

图 5-105 坝顶节点沉降过程线

基于连续-离散耦合方法，运用内聚力模型描述界面单元的力学行为来模拟开裂过程，坝顶开裂预测情况如图 5-106 和图 5-107。在各个蓄水阶段，坝顶界面单元未达到开裂状态，坝顶均未出现裂缝，判别结果与变形倾度法基本一致。

图 5-106 坝顶裂缝预测结果

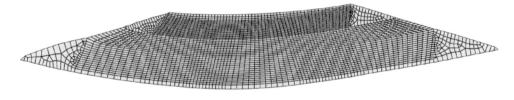

图 5-107 坝顶变形扩大 4 倍示意图

五、坝体裂缝防治措施

研究表明，变形是导致心墙堆石坝产生坝体裂缝的主要原因。无论是纵向裂缝、横向裂缝还是水平裂缝，做好坝体变形控制，化有害变形为无害变形，是预防坝体裂缝最有效的手段。RM 大坝裂缝防治措施可从以下几个方面考虑：

1. 坝体变形协调控制

尽可能提高各坝料分区的填筑压实标准，减小坝体总变形量，堆石Ⅰ区、堆石Ⅱ区采用相同的孔隙率控制标准，设计孔隙率小于 20%。对坝体横向裂缝的预防，重视心墙与岸坡之间接触黏土层的科学设计；对坝体纵向裂缝的预防，重视心墙与坝壳堆石区之间的模量梯度设计。就变形协调控制，提出了高坝宜采用坝料高模量、相邻坝料模量低梯度的控制原则。

除了严格坝体变形控制措施外，对左右岸坝肩易发生裂缝的部位，采用塑性指数较高的砾石土填筑，在堆石区与岸坡接触部位采用 2m 厚的过渡料填筑，以适应坝体与岸坡之间的不连续变形。

2. 坝体结构布置及坝体分区

经心墙结构型式比选研究，采用直土心墙结构型式。心墙河床及两岸坡建基面应尽量开挖平顺，避免突变，不应呈台阶状、反坡或突然变坡；岸坡上缓下陡时，变坡角应小于 20°，岩质岸坡不宜陡于 1:0.5。

心墙与岸坡之间宜设置水平厚 4m 接触黏土区，用黏粒含量高、塑性好的高塑性黏土填筑，其含水率略高于最优含水率；为适应岸坡接触带中部高程大剪切变形，以及预防变坡部位、坝顶部位附近因地震脱空或微裂缝带来渗漏稳定问题，在两岸 2710～2820m 高程、2877m 高程以上设置接触黏土Ⅰ区；其余部位（河床、岸坡 2710m 高程以下、岸坡 2820～2877m 高程）均设置为接触黏土Ⅱ区。

设置安全可靠的反滤层和过渡层结构。心墙上游设置两层水平厚度为 4m 反滤层，下游设两层水平厚度为 6m 的反滤层；上、下游第二层反滤料与坝体堆石料之间粒径相差较大，在其间设置过渡层。

控制心墙土料和坝体堆石料模量差别不能过大，并保持心墙土料、反滤料、过渡料、堆石料的强度平顺过渡，过渡关系应从物理力学试验、考虑坝体湿化和流变的三维应力应变计算、改性试验等综合分析，使各坝料满足变形协调关系。自坝体中部防渗心墙至上下游坝壳，防渗心墙、反滤区Ⅰ区料、反滤区Ⅱ区料、过渡料、堆石料的渗透系数依次增大，模量依次增高，以满足变形协调要求。

3. 坝料设计及填筑施工

合理选用土心墙料和坝壳堆石料，保证合格均匀的土料上坝。做好填筑分区及施工缝处理，控制各种坝料均衡填筑，避免过大的高差造成相邻不同填筑时序坝料因沉降时段不一致，而形成裂缝。严格按照材料分区确定各种料填筑的先后次序。

通过以往计算分析和国内外部分工程经验总结，大坝填筑应严格控制坝体填筑速度，并结合监测资料综合分析后，在坝体沉降基本稳定后进行坝顶结构施工。

4. 水库蓄水控制

严格控制水库蓄水、降落速度。大坝初期蓄水过程中一般可适当加快，大坝中、后期蓄水过程应适当放缓，一般等于或小于初期蓄水速度。控制 RM 工程蓄水速率为：2815m（死水位）以下按小于或等于 1.0m/d 控制，2815m 以上至正常蓄水位 2895m 按小于 0.5m/d 控制。

第十一节　本　章　小　结

1. 本构模型改进

在过去几十年间，邓肯-张 E-B 模型、沈珠江双屈服面弹塑性模型在我国高土石坝工程建设中得到了广泛应用，并积累了丰富经验，但该两类模型在模拟堆石料低围压下的剪（缩）胀特性、复杂应力路径条件下的加卸荷准则方面仍存在显著的不足。

根据 RM 工程筑坝料室内常规三轴试验、复杂应力路径试验、真三轴试验验证，考虑颗粒破碎的堆石料广义塑性本构模型、考虑"卸荷体缩"的土石料统一广义塑性模型，在模拟复杂应力路径等方面具有较大改进，具有良好的推广应用前景。

2. 多场耦合计算方法

高心墙堆石坝高孔压是近年来工程建设中被广泛关注的一个重要问题。常规 Biot 固结有限元法假定心墙渗透系数为常量，不考虑土体固结过程中应力变形状态对渗透系数的影响，传统方法主要存在两个方面的不足：一是计算的心墙孔压值往往小于监测值，二是现场实测的超静孔压消散过程要远远慢于有限元计算结果。

基于 RM 砾石土三轴渗透试验成果，在传统 Biot 固结理论的基础上，引入非线性渗透系数函数，考虑了应力变形、物态与土体渗透系数之间的相互耦合作用，建立的多场耦合分析方法更加符合工程实际。

3. 对数幂函数流变模型

通过对 700h（28 天）堆石料侧限压缩流变试验成果的分析研究，在三参数对数模型的基础上，提出了一个"对数幂函数"形式的流变模型，丰富了坝体长期变形预测方法。

4. 坝体变形控制

（1）全生命期大坝变形预测方法。采用薄层碾压技术的现代堆石坝，有效地控制了坝体变形，但受筑坝材料、河谷形状、施工条件等复杂因素的影响，坝体变形稳定时间仍需要 1～3 年或更久。高心墙堆石坝全生命期变形预测方法，需综合考虑湿化、流变、风化劣化和循环荷载等多因素作用。

（2）心墙变形控制。对于高坝工程，为了减小心墙拱效应，提高心墙料变形模量，更好地与坝壳料变形协调，通常采用模量较高的砾石土料。当砾石含量不够时，需要掺级配碎石，以改善土料的力学性能，而宽级配砾石土常存砾石含量不均匀、离散性大，对心墙力学性能可能带来不利影响。通过随机有限元手段，研究表明宽级配砾石土 P_5 含量的不均匀性，对坝体应力变形的整体影响较小。在满足渗透稳定条件下，心墙料 P_5 含量越大，心墙模量越大，坝体抵抗变形能力越强，对减小心墙拱效应、改善心墙与坝壳之间的变形协调性也更有利，高坝心墙防渗土料的 P_5 含量下限不宜低于 30%，上限指标宜控制在 50% 以下。

（3）心墙与坝壳变形协调控制。从适应心墙与坝体变形协调、减小坝体后期变形量、控制心墙堆石坝顶部裂缝角度考虑，高坝宜采用坝料高模量、相邻坝料模量低梯度的控制原则。

（4）心墙与岸坡变形协调控制

1）心墙岸坡陡缓控制。岸坡越陡，心墙与岸坡之间的剪切作用越强，当岸坡坡度达到 0.5 时，竖向剪切变形明显增大。缓岸坡对心墙应力以及心墙与岸坡之间的剪切变形有利，但从经济条件考虑，应适应岸坡固有地形条件。岸坡是否存在不对称性，对坝体总体变形影响不大；但在不对称条件下，需重点关注陡岸的拱效应和剪切变形。对内倾型变坡，需重点关注竖向剪切变形对坝体的不利影响；对外倾型变坡，需重点关注变坡附近的变形倾度问题。合理设置接触黏土的部位及厚度，对改善心墙与岸坡之间的应力条件具有重要作用。

2）接触黏土作用机制。在坝基与心墙之间合理设置接触黏土，有利于改善心墙与岸坡之间的应力变形条件；设接触黏土层，剪切变形主要发生在接触黏土层，如果不设接触黏土层，剪切变形区域将向心墙内部延伸，接触黏土起到了很好的缓冲剪切变形的作用。自接触黏土的上表面（心墙与接触黏土界面）至下表面（接触黏土与混凝土界面），切向位移接近线性递减，最大值出现在 1/3~1/2 坝高位置；在接触黏土上部，心墙与接触黏土界面接近连续变形；在接触黏土的下部，接触黏土与垫层混凝土会产生一定的错动变形。

3）心墙与岸坡界面应力变形传递规律。接触黏土与混凝土盖板之间的接触面特性，对靠近岸坡接触部位的区域影响较大，对远离接触部位的区域影响较小，为适应心墙与岸坡之间协调变形角度，接触面宜尽量光滑。临近岸坡影响带的土体可划分为剪切错动带和小剪切应变两个区域，接触黏土主要承担大剪切变形作用，心墙料所受到的剪应变较小，可被认为处于小剪应变区。摩擦系数对接触黏土区域的应力变形性状影响较大，摩擦系数越小，该接触黏土区的剪切变形越大，应力水平越低；反之，则剪切变形越小，应力水平越高。

（5）RM 大坝变形控制标准。不考虑湿化、流变等长期变形因素的坝体沉降量控制在最大坝高的 1% 以内；考虑湿化、流变、心墙固结、堆石料缩尺效应等复杂因素影响，大坝全生命期沉降量控制在最大坝高的 1.6% 左右；竣工后坝顶沉降不超过最大坝高的 1%。为控制坝体不均匀变形，预防坝顶出现裂缝，防渗心墙土体变形倾度控制在 2% 以内。

（6）水库蓄泄水速率控制。初次蓄水、常规放空、应急放空各工况，大坝均不会产生心墙水力劈裂和坝坡稳定问题。借鉴其他同类工程经验，控制 RM 工程蓄水速率为：2815m（死水位）以下按小于或等于 1.0m/d 控制，2815m 以上至正常蓄水位 2895m 按小于 0.5m/d 控制。水库降水条件下工程安全受渗透坡降、坝坡稳定、库区不良堆积体稳定等多种因素影响，RM 工程泄水速率控制建议为：正常运行水位降幅速率控制在 1m/d 以内，一般放空检修条件下放空速率宜控制在不大于 3m/d，特殊情况下应急放空时放空速率可适当加大。

5. 大坝静力离心模型试验

（1）坝体变形在填筑初期发展较慢，而后随着填筑过程大体呈线性发展，填筑完成时坝体累积最大沉降发生在 1/2 坝高部位，推算至原型的坝轴线处最大沉降量约为 3363～3568mm，约占最大坝高的 1.07%～1.13%。

（2）运行 10 年后坝顶沉降基本趋于稳定，最大值达 985～1011mm，竣工后坝顶沉降约占最大坝高的 0.31%～0.32%

（3）随着填筑的进行，心墙各测点水头均有所增加，心墙土体内产生了超静孔压；超静孔压与上覆压力相关，比例约 15%～31%。超静孔压导致蓄水过程中，心墙中各测点的水头增加速度均滞后于上游水头的增加，并且在上游蓄水完成、上游水头稳定后继续缓慢增加并渐趋稳定。总体来看，心墙挡水效果较好。

（4）通过试验后的拆模观察，心墙土体和接触黏土并没有明显的湿润和渗漏现象；接触黏土与岸坡接触也很紧密，铲下的接触黏土背面平整光滑，无明显变形；通过对岸坡的观察，也没有发现接触黏土向下游的明显错动。

6. 心墙与岸坡接触剪切离心机模型试验

（1）上覆荷载引起接触黏土产生垂直坝基的压缩变形和平行坝基的剪切变形，荷载施加和稳定过程中，接触黏土始终处于压剪状态；试验测得接触黏土最大剪切变形约 14.5cm，最大压缩变形约 14cm，压缩变形和剪切变形量大体相当。

（2）接触黏土层与岸坡之间有轻微错动但没有明显的分离现象，即便是变坡点也是如此；接触黏土与心墙土体之间也没有错动，接触黏土较好协调了心墙与岸坡之间的不连续变形。

（3）填筑完成后的运行期，接触黏土层的压缩和剪切变形在初期有所增加，而后变形增长速度较慢，平均约为 0.8mm/d；在试验所模拟的约 66.7 天时间内，变形渐趋稳定。

7. 心墙水力破坏评价方法及防治措施

采用三轴仪注水加压试验方法，进一步验证了防渗土料中砾石含量对水力破坏形式的影响，当较高砾石含量时，存在水力击穿破坏形式。根据心墙水力劈裂/水力击穿发生的临界条件，控制防渗心墙和接触黏土层不发生水力破坏的条件应满足：$\sigma_3' > 0$ 或 $u/\sigma_3 < 1.0$，其中 u 为心墙内部孔压（或墙前水压力），σ_3 为总小主应力（或围压），σ_3' 为有效小主应力。

基于室内试验、有限元数值计算结果的应力判别法以及有限元－无单元耦合裂缝数值仿真三种方法，RM 工程大坝心墙具有较大的抗水力劈裂和水力击穿安全裕度，心墙不会发生水力破坏。渗透弱面水压楔劈效应是诱发心墙发生水力劈裂的重要因素，大坝现场填筑碾压施工过程中对可能存在的冻损薄弱带、富水薄弱带和高砾石含量集聚带等问题，需加强质量控制。

8. 坝体裂缝预测方法及防治措施

基于变形倾度有限元法、有限元－无单元耦合法、连续－离散耦合法等三种方法，RM

工程大坝均不会出现危害工程安全的坝顶纵向裂缝和坝肩横向裂缝。敏感性分析表明，当坝顶最大沉降 1.25m 时，右岸坝肩开始出现横向张拉裂缝，最大裂缝宽度 2cm，裂缝深度 3m；当坝顶最大沉降 1.62m 时，下游坝坡开始出现纵向张拉裂缝，最大裂缝宽度 0.1cm，裂缝深度 2.6m。

为了防止坝体裂缝的发生，除了严格坝体变形控制措施外，对左右岸坝肩易发生裂缝的部位，采用塑性指数较高的砾石土填筑，在堆石区与岸坡接触部位采用 2m 厚的过渡料填筑，以适应坝体与岸坡之间的不连续变形。

第六章
坝体渗流稳定分析

第一节 概　述

坝体的渗流分析是高心墙堆石坝中变形稳定、坝坡稳定、渗透稳定及动力稳定等四大主要稳定分析的核心内容之一，坝体防渗性能是最能检验心墙坝设计水平和建造质量的关键环节，对工程安全起到至关重要的作用。坝体的渗流分析涉及到防渗土料初步选择、土料的基本特性试验和特殊性能试验、防渗体系的构建、心墙体形设计、坝基渗控设计、渗流计算分析及指标评价等方面的内容。本章坝体渗流分析包括的主要内容是坝体及坝基防渗体系构建、反滤层设计控制方法及反滤试验研究、心墙裂缝愈合研究、大剪切变形条件心墙与岸坡接触面抗渗性能研究、坝体及坝基渗流分析、渗透稳定指标评价等。

针对 RM 坝的渗流计算，采用了三种程序对重要环节的数据进行了对比复核，从而确定成果的合理性。第一种：采用 SPG3D 三维渗流计算软件分析，该计算软件基于饱和非稳定渗流基本方程，采用伽辽金变分法离散的有限单元法开发而成；该软件的技术特点包括：采用饱和非稳定渗流基本方程、连续介质模型、固定网格法离散、采用干区虚拟流动、排水孔模拟采用改进的"排水子结构法"（一种解析法与有限元相结合的方法）。第二种：采用 CNPM3D 三维渗流计算软件分析，该计算软件基于饱和—非饱和、非稳定渗流基本方程，该软件的技术特点包括：采用饱和—非饱和及非稳定渗流基本方程、连续介质模型、排水孔结构等。第三种：采用 AUTOBANK 二维商业软件分析，该计算软件基于饱和非稳定渗流基本方程，该软件的技术特点包括：采用饱和非稳定渗流基本方程、等效连续介质模型等。

第二节　坝体及坝基防渗体系构建

分析坝体及坝基渗流首先要建立起坝体及坝基防渗体系，防渗体系包括坝体、坝基及两岸山体的防渗，体系是三维立体的模式，可通过帷幕平面布置、大坝横轴线防渗剖面设计和大坝纵轴线防渗剖面设计来反映建立的思路。在防渗帷幕平面布置中帷幕线是以心墙纵向中心线为基准向两岸延伸的轴线，基于 RM 坝的右岸集中布置了泄洪、放空、引水发电及导流洞建筑物，右岸帷幕线一般是要能拦住这些贯通右岸上下游建筑物的可能形成的渗漏通道，同时要与右岸地下水位线衔接，平面走向可随建筑物布置而适当改变；左岸无永久建筑物，以与左岸地下水位线衔接为主，同时兼顾临建工程形成的贯通上下游通道的防渗需要，防渗帷幕平面布置简图见图 6-1。大坝横轴线防渗剖面设计仍以砾石土心墙为核心，向上游设计反滤层 I 区料、反滤层 II 区料及过渡堆石料，向下游设计反滤层 I 区料、反滤层 II 区料、过渡堆石料及低高程的排水堆石料，底部设置接触黏土料、混凝土基础和防渗帷幕，大坝横轴线防渗剖面图见图 6-2。大坝纵轴线防渗剖面设计以河床中的砾石土心墙为核心，依次向两岸及坝基设置高塑性接触黏土料、混凝土基础和防渗帷幕，防渗帷幕的水平端头衔接两岸地下水位线，防渗帷幕的竖向深度在两岸需伸入高心墙坝要求的低于 3Lu 渗透系数的区域，右岸还需包住较远的导流洞区域，在坝基河床段则按不低于 0.3 坝高的帷幕深度设计，RM 坝的坝基帷幕深度约 102m，帷幕底线至 2490.00m 高程，大坝纵轴线防渗剖面见图 6-3。

第三节　反滤层设计控制方法及反滤试验研究

一、反滤层设计控制方法

1. 反滤设计准则

20 世纪 50 年代以前，渗流控制以防为主，主要根据土的抗渗强度，控制渗径长度。但事实证明，即使满足"控制渗径长度"的要求，仍然有很多大坝发生渗透破坏，工程师们通过总结失事原因，得出渗流出口缺少保护是失事的主要原因。随着渗流和土力学理论的发展，20 世纪 50 年代提出了"防渗与排渗相结合，以反滤层为坚实后盾"的渗流控制理论。特别是反滤层的采用，既解决了分区坝的渗透稳定问题，又显著提高了防渗体的抗渗梯度，从而使得"薄心墙"得到广泛应用。评价大坝安全的首要标准不再是防渗体的厚度和压实干密度标准，而是渗流出口特别是大坝防渗体和坝基下游出口处是否设有满足滤土减压要求的合格滤层。

大半个世纪的时间，反滤层设计方法的研究蓬勃发展，太沙基滤层设计理论得到进一步深化，并不断完善发展出其他反滤设计准则。

2. 反滤层设计的"滤土"准则

具有代表性的反滤准则主要为太沙基准则、谢拉德准则，以及我国《碾压式土石坝设计规范》建议准则。

（1）保护无黏性土的反滤设计准则。

1）太沙基准则。

$$D_{15} / d_{85} \leqslant 4 \sim 5 \qquad (6-1)$$

$$D_{15} / d_{15} \geqslant 4 \sim 5 \qquad (6-2)$$

式中：D_{15}——反滤层有效粒径；

d_{15}、d_{85}——被保护土料的有效颗径、控制粒径。

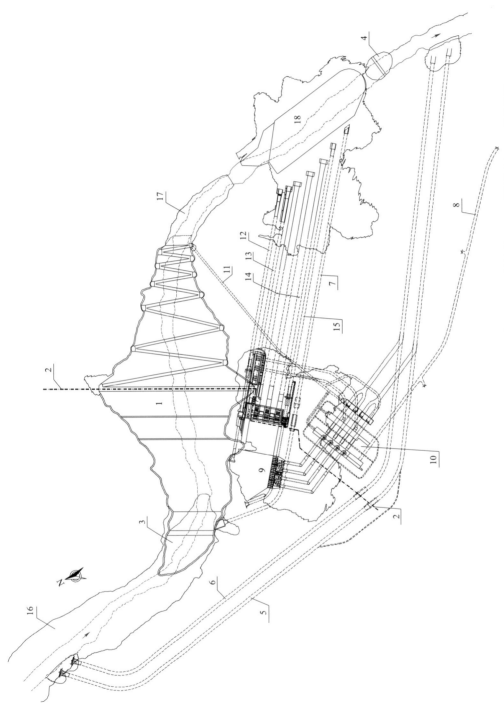

图6-1 工程防渗平面布置图

1—砾石土心墙堆石坝；2—防渗帷幕；3—上游围堰；4—下游围堰；5—1号导流洞；6—2号导流洞；7—3号导流洞；8—进厂交通洞；9—发电进水口；10—地下厂房；11—尾水调压室交通洞兼通气洞；12—第一层放空洞；13—泄洪洞；14—1号、2号、3号溢洪洞；15—第二层放空洞；16—上游压重区；17—下游压重区；18—水垫塘

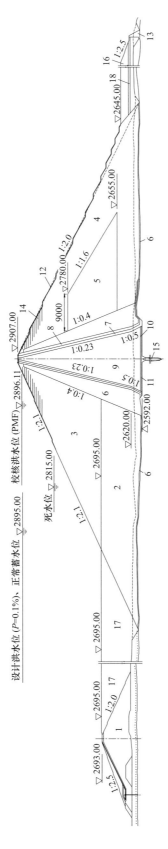

设计洪水位 (P=0.1%)、正常蓄水位 ▽2895.00

校核洪水位 (PMF) ▽2896.11

死水位 ▽2815.00

图6-2 大坝防渗横剖面布置图

1—上游围堰堆石区; 2—上游堆石Ⅱ区; 3—上游堆石Ⅰ区; 4—下游堆石Ⅰ区; 5—下游堆石Ⅱ区; 6—过渡层; 7—反滤层Ⅰ区;
8—反滤层Ⅱ区; 9—防渗心墙; 10—接触黏土; 11—混凝土盖板; 12—护坡; 13—混凝土挡墙; 14—坝顶抗震加固措施;
15—防渗帷幕; 16—下游堆石区; 17—下游压重区; 18—排水堆石区

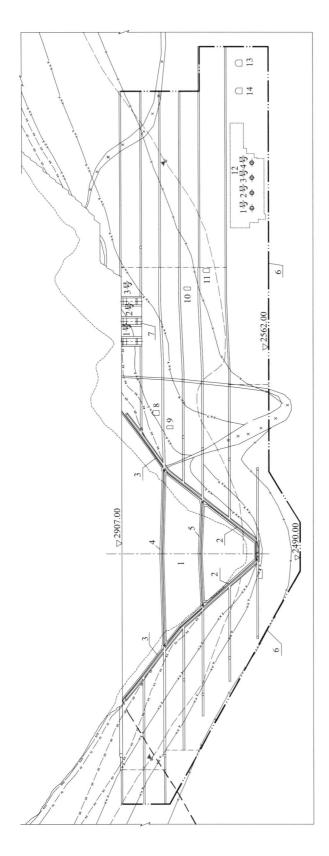

图6-3 大坝防渗纵剖面布置图

1—砾石土心墙；2—垫层混凝土盖板；3—接触黏土区；4—心墙上层监测廊道；5—心墙下层监测廊道；6—防渗帷幕底线；7—溢洪洞；8—泄洪洞；9—第一层放空洞；10—第二层放空洞；11—3号导流洞；12—地下厂房；13—1号导流洞；14—2号导流洞

试验证明，当被保护土的不均匀系数 $C_u \leqslant 5$ 时，用太沙基准则选择的反滤料允许的用料范围比较大，而且是安全的，优于其他各种方法；但当 $C_u > 5$ 时太沙基准则可能不安全。太沙基准则不宜直接用于宽级配反滤料，也不宜直接用该准则为宽级配土料设计反滤料。

2）谢拉德反滤准则。

表6-1　　　　　　　　　　　谢拉德反滤准则

被保护土料			"滤土"准则
分类	土性[a]	$d<0.075$mm 颗粒含量（%）	
1	细粉土、黏土	大于85	$D_{15}/d_{85} \leqslant 9^{(c)}$
2	砂、粉土、黏土及粉质土和黏土质砂	40~85	$D_{15} \leqslant 0.7$mm
3	粉质土和黏土质砂或砾石	15~39	$D_{15} \leqslant \frac{1}{25}(40-A)(4d_{85}-0.7\text{mm})+0.7\text{mm}^{(d)(e)}$
4	砂、砂砾石	小于15	$D_{15} \leqslant 4d_{85}^{(f)}$

3）《碾压式土石坝设计规范》建议准则。

被保护土为无黏性土，且不均匀系数 $C_u \leqslant 5\sim8$ 时，其第一层反滤层的级配宜按下式确定：

$$D_{15}/d_{85} \leqslant 4\sim5 \qquad (6-3)$$
$$D_{15}/d_{15} \geqslant 5 \qquad (6-4)$$

（2）保护黏性土的反滤设计准则。

1）谢拉德准则。

谢拉德的保护黏性土滤层准则见表6-1。

2）《碾压式土石坝设计规范》建议准则。

规范建议当被保护土为黏性土时应采用谢拉德准则。该准则对被保护土的分类简单明了，设计步骤明确，可直接求出反滤料级配。

3. 反滤层设计"排水"准则

（1）太沙基"排水"准则：

$$D_{15}/d_{15} \geqslant 4 \qquad (6-5)$$

需要注意的是，d_{15} 应是被保护土料的 d_{15}；同时当 $4d_{15}<0.075$mm 时，滤层土的 D_{15} 应满足 $D_{15} \geqslant 0.075$mm。

（2）刘杰提出的反滤料"排水"准则应满足以下要求：

1）被保护土为非管涌土，应满足：

$$D_{20}/d_{20} \geqslant 4 \qquad (6-6)$$

2）被保护土为管涌土，应满足：

$$D_{20}/d_{20} \geqslant 2 \qquad (6-7)$$

4. 反滤设计原则及分类

按照填筑部位和被保护土类型以及重要性，反滤层分为两大类。心墙下游面的第一层反滤层和第二层反滤层，位于渗流出口处，可确保防渗体不致发生渗透破坏，对土石坝的安全起着关键作用，通常称为"关键性反滤"。心墙上游侧反滤层只有库水位发生水位骤降时发挥作用，其骤降的水力坡降远小于下游水力坡降，称为"非关键性反滤"。

参考国内外反滤料设计经验，RM 工程反滤料设计应遵循以下原则或具有以下功能：

（1）反滤层可起到滤土和排水作用，并在防渗体开裂时控制裂缝处流速，促使裂缝自愈。

（2）反滤层应在坝壳和心墙之间起过渡作用，改善心墙应力条件，减小拱效应。

（3）根据各层反滤料重要性，提高下游关键性反滤的可靠性；并在确保工程安全的情况下，尽量简化非关键性反滤料，降低工程造价。

结合以上原则，反滤料要求采用质地致密，具有较高的、能满足工程运用条件要求的抗压强度、抗水性和抗风化能力；具有满足要求的级配和透水性，且小于 0.075mm 的颗粒含量不宜超过 5%。反滤料填筑碾压标准应以相对密度为设计控制指标，在 0.7 以上，同时《水电工程水工建筑物抗震设计规范》（NB 35047—2015）规定，对于无黏性土压实，要求浸润线以上材料的相对密度不低于 0.75，浸润线以下材料的相对密度则根据设计烈度大小适当提高。

设计时按照反滤准则及设计原则计算初步拟定反滤料，最终通过物性、力学、联合抗渗等试验满足功能要求，从而确定反滤料级配。

国内外 200m 以上心墙堆石坝反滤层资料见表 6-2。

表 6-2　　　　　　　　国内外 200m 以上堆石坝反滤层资料汇总

序号	坝名	国名	坝高 H（m）	坝体防渗型式	心墙材料	反滤层	建设年份
1	罗贡（Rogun）	塔吉克斯坦共和国	335	斜心墙堆石坝	亚黏土、砾石混合料	下游侧两层，上游侧在死水位以上两层，以下一层，第一层厚 5～6m，为人工砂。第二层厚 8～12m，为砂砾石	在建
2	双江口	中国	314	心墙堆石坝	砾石土	上下游均设两层反滤料，上游两层反滤水平厚度均为 4m，下游两层反滤水平厚度均为 6m。第一层反滤以保护心墙料小于 5mm 的细粒土为目的，第二层反滤以保护第一层反滤为目的。第一层反滤最大粒径为 20mm，$D_{15}=0.5\sim0.15$mm，粒径小于 0.075mm 的颗粒含量不超过 5%。第二层反滤料的最大粒径为 80mm，$D_{15}=2.5\sim0.9$mm，粒径小于 0.075mm 的颗粒含量不超过 5%	在建
3	努列克（Nurek）	塔吉克斯坦共和国	300	心墙堆石坝	含砾亚黏土	下游侧两层，第一层 $D_{15}=0.5$mm 粒径为 0.05～10mm；第二层为 0.05～40mm。单层粒径为 0.01～40mm，每层厚 5～6m	1980

续表

序号	坝名	国名	坝高 H（m）	坝体防渗型式	心墙材料	反滤层	建设年份
4	两河口	中国	295	心墙堆石坝	砾石土	上下游均设两层反滤料，上游侧两层宽度均为4m，下游两层均为6m。第一层反滤料最大粒径不大于20mm，$D_{15}=0.2\sim0.6mm$，$D_{60}=1.8\sim4.1mm$，$D_{85}=4.5\sim10mm$，小于0.075mm的颗粒含量小于5%；第二层反滤料最大粒径应不大于60mm，$D_{15}=1.4\sim4.4mm$，$D_{60}=7.8\sim24mm$，$D_{85}=20\sim42mm$，小于0.075mm的颗粒含量小于3%	2021
5	糯扎渡	中国	261.5	心墙堆石坝	掺砾石土料，掺砾量为35%	上下游各两层。上游侧两层宽度均为4m，下游两层均为6m。第一层反滤料 $D_{15}\leqslant0.7mm$。最大粒径20mm，小于0.075mm的粒径不超过5%，大于5mm含量为17%～55%。第二层反滤料 $D_{15}=5\sim17mm$，最大粒径100mm，小于2mm的粒径不超过5%	2014
6	奇科森（Chicoasen）	墨西哥	261	心墙堆石坝	含砾黏土砂	上游侧反滤料用粒径76mm的河床冲积层过筛的材料；下游侧用人工破碎石灰岩过筛的材料。过渡层料采用最大粒径为150mm的人工破碎石灰岩过筛材料	1980
7	特里（Tehri）	印度	260	心墙堆石坝	黏土、砂砾石混合料	设计时，假设心墙开裂，因而心墙会被冲蚀并分离出颗粒来，故要求与心墙直接接触的反滤层级配能阻止住这些颗粒（分离颗粒不超过心墙总量的5%），使心墙裂缝自愈。该坝采用的反滤层级配为 $D_{15}=0.3mm$。在试验室内通过高水力梯度的验证，可以满足要求，建成后运行良好	2005
8	瓜维奥（Guavio）	哥伦比亚	247	斜心墙堆石坝	砾石、黏土混合料	下游2层，上游2层，采用 $D_{15}\leqslant(4\sim5)d_{85}$ 设计。紧贴心墙的反滤料要求经过50号筛的颗粒不大于50%，且压实前要降低心墙材料的天然含水率	1989
9	长河坝	中国	240	心墙堆石坝	砾石土	心墙上游设一层反滤层厚8m，下游设两层反滤层各厚6m。心墙上下游各设1层过渡层，各厚20m	2018
10	契伏（Chivor）	哥伦比亚	237	斜心墙堆石坝	砾质土	$D_{15}\leqslant(4\sim5)d_{85}$。为保证心墙的整体性，防止不均匀沉降或水力劈裂造成集中渗流，在斜心墙下游侧设双反滤层。在心墙下游与地基连接处设置砂质反滤层，防止可能发生的管涌	1975
11	凯班（Keban）	土耳其	207	心墙堆石坝	黏土	反滤料用沙砾料	1975

二、反滤试验研究

反滤试验采用垂直向渗透仪，渗流方向为从下向上，试样直径为 $\phi300mm$，保护料与被保护料渗径为300mm。保护料为反滤层 I 区料，级配见表6-3，根据相对密度试验，取相对密度0.80得到保护料的试验密度。被保护的防渗土料试验级配与密度同大型渗透系数试验。

被保护料采用人工击实法分3层击实，且在每层试样接触面处刨毛；保护料采用表面振动法分3层制样。试样顶部加固定位移装置，防止试样浮起。采用抽气饱和法进行试样饱和。在每级压力稳定后测记测压管水位及渗透流量，计算出渗透流速和渗透坡降，然后逐级提高水头压力，直至试样破坏。反滤试验结果见表6-4。

表6-3 反滤层Ⅰ区料试验级配与试验密度

级配特性	相对密度0.8对应的干密度（g/cm³）	小于某粒径颗粒质量百分含量（%）						
		10mm	5mm	2mm	1mm	0.5mm	0.25mm	0.075mm
设计级配上包线	1.943	—	100	90	75	50	25	5
设计级配平均线	1.957	100	89	73.5	51.5	31.5	15	2.5

表6-4 反滤试验结果

心墙土料（被保护料）			反滤Ⅰ料（保护料）		临界坡降	破坏坡降
土料场	试验编号（黏粒含量%）	ρ_d（g/cm³）	级配特性	ρ_d（g/cm³）		
拉乌1号	1%～10.2（10.2%）	2.24	平均线	1.957	93.4	95.8
	1%～8（8%）	2.25	上包线	1.943	81.2	83.5
拉乌5号	5%～10.6（10.6%）	2.23	平均线	1.957	94.7	96.9
	5%～8（8%）	2.24	上包线	1.943	79.6	81.8

试验结果显示，在反滤料的保护下心墙料临界坡降和破坏坡降在79.6～96.9之间，能保证大坝心墙不发生渗透破坏。

第四节 心墙裂缝愈合研究

裂缝自愈试验的目的就是论证反滤料是否能起到有效阻止裂缝渗流冲刷及防止土颗粒流失的作用。与早期的完整试样的反滤试验相比较，裂缝自愈试验的反滤保护试验考虑了更加危险的工况，由此确定的反滤料设计标准更加可靠。因此，本次试验中，裂缝自愈试验反滤试验方法用来验证设计方面提出的反滤料级配的合理性，是否满足最危险状态下滤土保护和排水要求。

一、心墙裂缝愈合试验研究

1.试验方法

试验是在直径为200mm大型垂直渗透变形仪上进行，如图6-4所示。裂缝模拟采用缝隙式裂缝，缝隙尺寸为3mm×70mm，上下游相连通。试验全部采用预埋式造缝方法，这可避免后制缝（试验样制备好后再钻孔造缝）对缝周围土体有一定的挤密作用，改变了初始试样密度，对试验结果有一定的影响。

试样制好后，立即施加水头进行试验，采用一次性加压到位的方法施加水头，以防止试样在饱和或小水头下首先自愈的可能性，以模拟水库初次蓄水，并快速达到高水位的最不利条件。一次性施加的水头，相当于试样土体未产生裂缝时所承受的水力比降为140。施加水头后测量记录不同时间的渗流量以及出水是否浑浊，试验结束后拆样察看裂缝自愈的情况，以及裂缝的土体是否进入到反滤料中。

图6-4　试验仪器照片

2. 裂缝愈合机理分析

防渗土料出现裂缝条件下的裂缝自愈试验，是在有反滤料保护下进行的，一次性施加的水头相当于防渗土料未产生裂缝时承受的水力比降高达140，3个试验渗流量从试验开始到结束均有所减小。表6-5为防渗土料出现裂缝条件下的裂缝自愈试验结果。图6-5为裂缝自愈试验渗流量与时间关系曲线。

从试验成果可以看出：

（1）3个试验渗流量从试验开始到结束均有所减小。防渗土料P_5含量50%在反滤料上包线的保护下渗流量逐渐减小，渗流量从8.6mL/s减小到2.2mL/s；防渗土料P_5含量50%在反滤料平均级配的保护下渗流量逐渐减小，渗流量从13.8mL/s减小到3.1mL/s；防渗土料P_5含量50%在反滤料下包线的保护下渗流量逐渐减小，渗流量从18.8mL/s减小到4.1mL/s，3个试验过程均未出浑水，缝出口处有淤堵，说明反滤起到保护心墙渗流出口、防止裂缝扩展进而发生破坏的作用，反滤料的设计是合理的。

（2）试验后检查试样，3个试验均发现在裂缝出口处有淤堵，缝中部有局部闭合现象，对此现象可作如下解释：在本次试验条件下，裂缝的自愈表现为渗流出口在反滤料的保护下，裂缝沿壁受水力冲刷剥落的土粒，在裂缝出口处被堵截、淤积，而非裂缝自身的闭合。在试验过程中土裂缝壁吸水膨胀，使裂缝局部闭合，变小了。试验中裂缝是人工形成的，试验前抽取成缝，板对所形成的缝壁有涂抹作用，造成裂缝表面较为平整光滑，而实际工作中的裂缝大部分是粗糙不平的，因此更易受到冲刷，即在渗流出口处会比试验条件下淤积更多的心墙料，渗流量会进一步降低。在实际工程中裂缝表面粗糙，缝宽是变化的，缝的开度不一定会达到3mm，由于土体浸水膨胀等因素，在下包线的反滤保护下裂缝有可能发生完全闭合。

表6-5　　　　　　　　　防渗土料出现裂缝条件下的裂缝自愈试验结果

试验编号	被保护土	保护土	渗流量（mL/s）		试验现象描述
			开始	结束	
试验1	P_5 含量50% 防渗土料	反滤料上包线	8.6	2.2	试验过程中未出浑水， 缝出口处有淤堵
试验2		反滤料平均级配	13.8	3.1	试验过程中未出浑水， 缝出口处有淤堵
试验3		反滤料下包线	18.8	4.1	试验过程中未出浑水， 缝出口处有淤堵

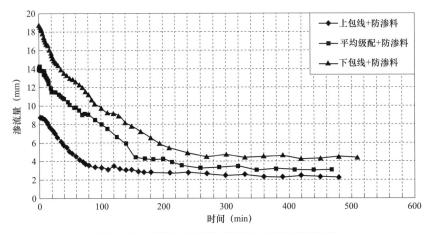

图6-5　裂缝自愈试验渗流量与时间关系曲线

二、裂缝形状和大小对愈合效果的影响

为研究裂缝形状和大小对愈合效果的影响，开展了室内不同开度、不同形状贯通裂缝的联合抗渗试验。

裂缝与孔洞愈合试验设备如图6-6所示，主体为有机玻璃材质，内壁进行了粗糙处理，桶壁设有压力传感器安装接口，可按桶内实际填充高度进行传感器布置。传感器通过数据采集仪器将压力信号传输至电脑，实现压力的实时自动监测和记录。

试样直径300mm，被保护防渗土料试样总高度为310mm，保护土反滤料试样高度为350mm。

本次试验防渗土料裂缝宽度分4种，分别为1.0mm、2.0mm、3.0mm、4.0mm；防渗体孔洞直径为2mm、4mm、6mm和10mm。试验参考《水电水利工程粗粒土试验规程》（DL/T 5356—2006）、《水电水利工程土工试验规程》（DL/T 5355—2006）进行。试验过程中通过实时监测心墙料的渗透系数变化曲线来判断其内部是否发生裂缝或孔洞愈合，如监测到渗透系数显著下降并低于初始渗透系数，则认为其内部裂隙或孔洞出现了愈合，如试验开始后在48h内，心墙段渗透系数无明显下降趋势，则认为其在该水力条件下无法愈合。

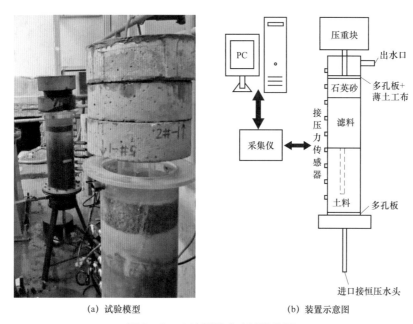

(a) 试验模型　　　　　　　　　(b) 装置示意图

图6-6　心墙裂缝愈合试验装置

1号料场平均线黏粒含量为10.2%的1～10.2试样的裂缝愈合试验曲线见图6-7，孔洞愈合试验曲线见图6-8；1号料场下包线黏粒含量为8%的1-8试样的裂缝愈合试验曲线见图6-9，孔洞愈合试验曲线见图6-10；5号料场平均线黏粒含量为10.6%的5-10.6试样的裂缝愈合试验曲线见图6-11，孔洞愈合试验曲线见图6-12。各料场料裂缝与孔洞愈合试验结果见表6-6。由表6-6，绘制了各料场料愈合坡降随裂缝宽度、孔洞直径的关系曲线，见图6-13和图6-14。

表6-6　　　　　　　　　　裂缝愈合试验结果

心墙土料（被保护料）			反滤层 I 区料（保护料）		裂缝愈合		孔洞愈合	
土料场	样品编号	ρ_d（g/cm³）	级配特性	ρ_d（g/cm³）	裂缝宽度（mm）	愈合坡降	孔洞直径（mm）	愈合坡降
1号	1-10.2	2.24	平均线	1.957	1	32.6	2	37.6
					2	28.3	4	34.4
					3	23.1	6	27.5
					4	15.0	10	13.4
	1-8	2.25	上包线	1.943	1	30.6	4	32.0
5号	5-10.6	2.23	平均线	1.957	1	32.6	2	37.3
					2	28.2	4	34.3
					3	23.0	6	27.3
					4	14.7	10	13.2

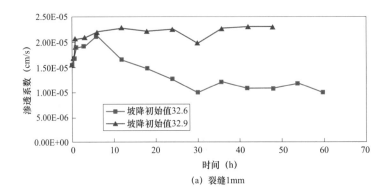

(a) 裂缝1mm

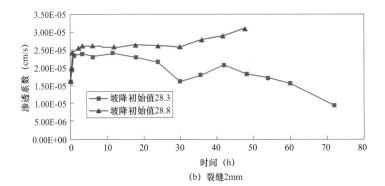

(b) 裂缝2mm

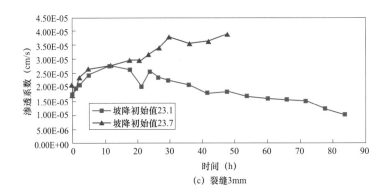

(c) 裂缝3mm

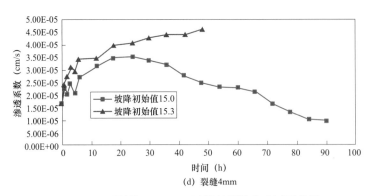

(d) 裂缝4mm

图6-7 1号料场1-10.2试样的裂缝愈合试验曲线

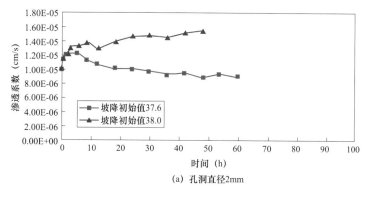

(a) 孔洞直径2mm

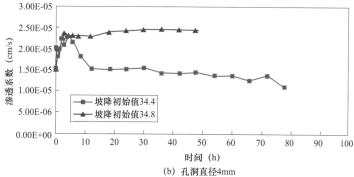

(b) 孔洞直径4mm

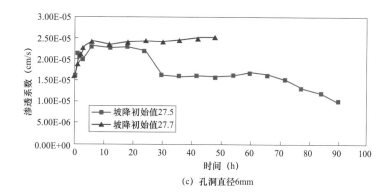

(c) 孔洞直径6mm

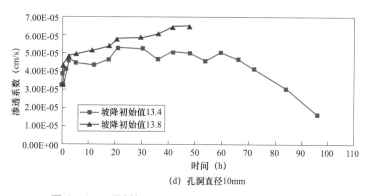

(d) 孔洞直径10mm

图6-8　1号料场1-10.2试样的孔洞愈合试验曲线

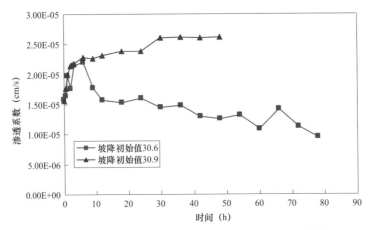

图6-9　1号料场1-8试样的1mm裂缝愈合试验曲线

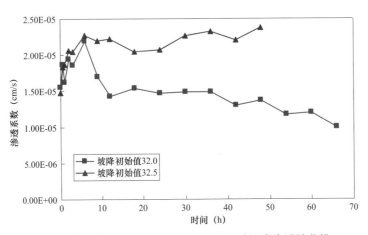

图6-10　1号料场1-8试样的4mm孔洞愈合试验曲线

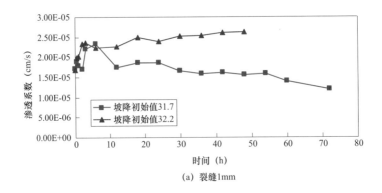

(a) 裂缝1mm

图6-11　5号料场5-10.6试样的裂缝愈合试验曲线（一）

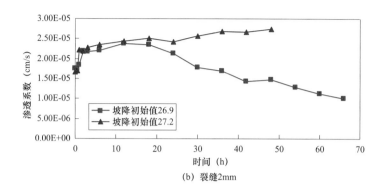

(b) 裂缝2mm

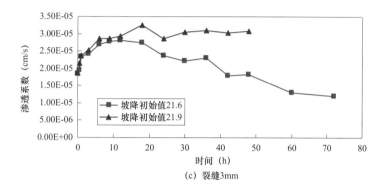

(c) 裂缝3mm

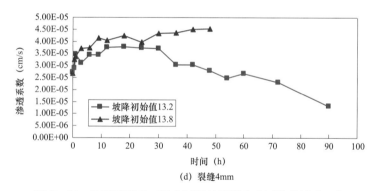

(d) 裂缝4mm

图6-11　5号料场5-10.6试样的裂缝愈合试验曲线（二）

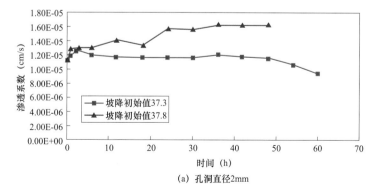

(a) 孔洞直径2mm

图6-12　5号料场5-10.6试样的孔洞愈合试验曲线（一）

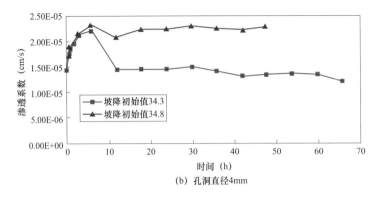

（b）孔洞直径4mm

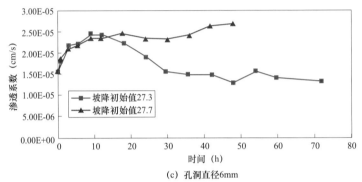

（c）孔洞直径6mm

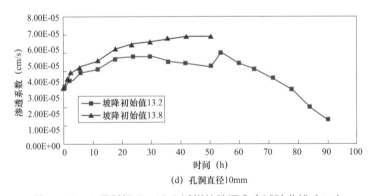

（d）孔洞直径10mm

图6-12　5号料场5-10.6试样的孔洞愈合试验曲线（二）

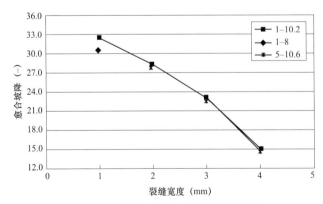

图6-13　愈合坡降随裂缝宽度的变化

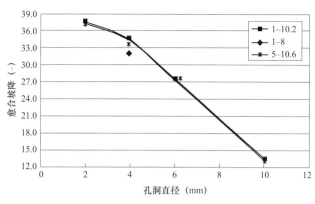

图 6-14　愈合坡降随孔洞直径的变化

表 6-6 总体表明，在合适的水力坡降条件下，在反滤层保护状态下防渗土料的细颗粒在水流作用下能逐渐堵塞心墙裂缝或孔洞产生自愈。

试验结果显示，试验初始阶段防渗土料整体渗透系数存在较明显增大的情况。这是因为上游水头压力的施加后，裂缝或孔洞成为重要的水流通道，防渗土料内部细小颗粒被水流溶解和带出，造成一定程度上的"扩孔"效应。对于相同材料，裂缝宽度或孔径越小，其增大幅度相对较小，这是由于小裂缝本身与水的接触冲刷面积较小，而大隙宽或大孔径则更容易接受水流冲刷，从而溶解和带出更多细颗粒。其后随反滤料和心墙料中细颗粒逐渐往裂缝或孔洞中迁移重分布，心墙渗透性逐渐降低，产生自愈。

由图 6-13 和图 6-14，随裂缝宽度和孔洞直径的增大，愈合坡降迅速降低，且大隙宽或大孔径试样的愈合时间更长，当孔径 10mm 时三组试样渗透系数降低到初始渗透系数所需的时间均超过了 72h。这是因为当裂缝截面积越小时，土粒流动后的迁移和沉淀更容易填满裂缝，有利于迅速完成自愈合，愈合极限水力坡降值也相应越高。

由图 6-13 和图 6-14，在心墙料内部缺陷尺寸一致的条件下，1 号料场 1-10.2 试样与 5 号料场 5-10.6 试样的自愈临界坡降较为接近，这主要是因为 1-10.2 试样与 5-10.6 试样的小于 5mm 颗粒含量分别达到了 63.6% 和 57%，黏粒含量分别达到了 10.2% 和 10.6%，细颗粒含量较高，更易淤堵而产生自愈。对于 1 号料场 1-8 试样，虽然黏粒含量达到了 8%，但由于小于 5mm 含量仅为 45%，因此愈合坡降进一步降低。

第五节　大剪切变形条件心墙与岸坡接触面抗渗性能研究

一、研究背景

坝高 200m 以上的心墙堆石坝，除长河坝外，其余均修建在基岩上。努列克、特里、奥洛维尔、凯班和瓜维奥等均在心墙底部设置一混凝土垫座，其目的是把深槽部位用混凝土填平，便于施工。因为深槽积水不易排除，可以浇筑混凝土，但不能填筑心墙。另外，混凝土垫座可以使心墙不与岩石裂隙直接接触，以免裂隙中渗流水冲刷与之接触的黏土。

对于 RM 河谷中心断面处心墙底部与混凝土的接触面间设计水力比降约 1.67（心墙底宽 183m、承受最大水头 306m），可以认为，河谷中心断面处心墙底部的含砾土与混凝土之间的接触抗渗比降远高于心墙底部的实际水力比降，在抵抗接触渗透破坏上具有足够的设计安全系数。狭窄河谷中高心墙堆石坝的渗透破坏一般都不发生在河谷附近的最大断面上，一是因为接触面上基本都是正应力，二是在施工和运行中基本不发生错动变形，反而是越来越紧密接触；但是在陡峻岸坡、岸坡中上缓下陡的变坡点附近是集中渗透破坏最可能的出现位置，主要原因是正应力相比河谷中心断面较小，且易发生剪切错动变形。从极限渗透坡降来看，接触面正应力为 1.0MPa、2.0MPa、3.2MPa 时，心墙料与混凝土之间接触界面的极限渗透比降分别不低于 700、1800、2000，远高于心墙堆石坝的心墙与岸坡、心墙与坝基界面中实际可能出现的渗透比降 2.1（渗流计算）。因此，在不考虑接触面上位移的条件下，心墙与岸坡、心墙与坝基界面不会发生渗透破坏。

从已建工程运行安全监测资料看，心墙与岸坡混凝土底板间的差异变形集中在其接触带上，防渗心墙土料会经历较大的顺岸坡向剪切变形。如《糯扎渡高心墙堆石坝安全监测系统设计与实践》论文所述"心墙与岸坡间相对变形主要采用 5 测点式 500mm 量程的位移计，其监测范围为 45m；左岸土体位移计组 45m 范围内最大累计为 677.44mm，实测分段位移在 0～3m 段达到最大 199.3mm。右岸土体位移计组 45m 范围内最大累计位移为 871.99mm，分段位移在 0～3m 段达到最大 258.22mm"；又如"长河坝水电站大坝安全监测及初期运行性态评价咨询报告"所述"高塑性黏土与岸坡垫层混凝土之间位错计实测最大变形值在右岸高程 1648m，顺坡向为 80.36mm、顺河向为 67.66mm，蓄水后增量分别为 65.15mm、54.41mm；水平向土体位移计实测最大值左岸为 251.85mm，位于高程 1510m，右岸为 112.64mm 位于高程 1586m。"从两个已建高坝工程的心墙与岸坡混凝土底板间的实际变形来看，其剪切变形值相对较大，且蓄水后仍有增量。鉴于 RM 坝较高且两岸岸坡较陡，在施工期和运行期必将发生一定的心墙与岸坡混凝土底板接触面上的剪切变形，尽管在两岸的岸坡混凝土底板上设置了水平厚度为 4.0m 的高塑性接触黏土料，但为了进一步研究在大剪切变形条件下接触黏土料与岸坡混凝土底板接触面的变形渗透特性，RM 工程开展了大剪切变形条件心墙与岸坡接触面抗渗性能研究，采用了直剪渗透试验、三轴剪切渗流试验、旋转连续剪切渗流试验三种方法进行了研究，直剪渗透试验采用的试验试件较小，直线剪切变形值也较小只有 5mm；三轴剪切渗流试验采用的试验试件较高达 110mm，直线剪切变形值较大达 80mm；旋转连续剪切渗流试验采用的试验试件较大，试件圆筒直径达 700mm、高 300mm，旋转变形达 1000mm 以上，试验土料可以直接用接触黏土料原级配。

二、直剪渗透试验研究

接触土料接触面渗流试验在改造的剪切仪上进行，设备上盒尺寸 50mm×50mm×25mm，下盒尺寸 50mm×60mm×25mm，接触面尺寸 50mm×50mm，开缝值为 2mm，最大水头坡降 240。下盒放置表面抹平的混凝土预制试块，上盒内采用人工击实法制接触土料试样，采用抽气饱和法进行试样饱和。试样饱和后，将剪切盒放入直剪仪，施加垂直应力，立刻按照每分钟 1mm 的速率剪切至预定位移状态。再逐级施加与剪切面垂直的水平向水头压力，当出水量稳定后（约 12h）测试出水量与时间。接触面剪切与渗流耦合试验剪切方向与水头方向示意如图 6-15 所示。

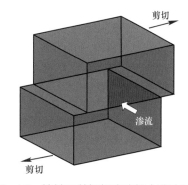

图 6-15　接触面剪切与渗流耦合试验示意图

试验中水平位移依次为 0mm、2mm、3.5mm 和 5mm，黏粒含量 27%的 J-27、黏粒含量 22%的 J-22、黏粒含量 15%的 J-15 的接触土料试样的接触面渗流试验结果见表 6-7。

表 6-7　　　　　　　　　　　接触面渗流试验结果

垂直应力 (kPa)	水平位移 (mm)	J-27		J-22		J-15	
		临界坡降	破坏坡降	临界坡降	破坏坡降	临界坡降	破坏坡降
50	0.0	158.1	161.3	146.6	149.7	129.4	132.8
	2.0	137.5	140.8	126.8	130.2	114.6	118.2
	3.5	129.5	132.8	121.6	125.3	111.3	114.2
	5.0	124.3	128.2	117.3	120.8	106.5	109.8
100	0.0	196.6	199.7	184.3	187.6	168.6	172.0
	2.0	171.3	174.6	158.5	161.9	146.1	149.2
	3.5	161.7	164.9	153.9	157.1	140.3	144.2
	5.0	156.8	160.4	148.2	151.3	136.5	140.2
200	0.0	大于 240	大于 240	235.6	238.7	224.2	228.4
	2.0	232.6	236.1	216.4	219.6	203.6	206.8
	3.5	222.1	225.8	208.6	212.1	195.3	199.2
	5.0	216.9	220.3	203.5	207.2	191.2	194.9
500	0.0	大于 240	大于 240	大于 240	大于 240	大于 240	大于 240
	2.0	大于 240	大于 240	大于 240	大于 240	大于 240	大于 240
	3.5	大于 240	大于 240	大于 240	大于 240	大于 240	大于 240
	5.0	大于 240	大于 240	大于 240	大于 240	大于 240	大于 240

点绘 J-27、J-22、J-15 试样的破坏坡降与剪切位移的关系曲线如图 6-16～图 6-18 所示。

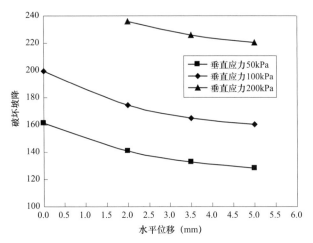

图 6-16 接触土料 J-27 试样接触面渗流破坏坡降与水平位移关系曲线

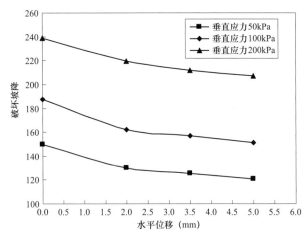

图 6-17 接触土料 J-22 试样接触面渗流破坏坡降与水平位移关系曲线

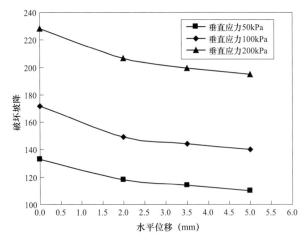

图 6-18 接触土料 J-15 试样接触面渗流破坏坡降与水平位移关系曲线

根据表 6-7 和图 6-16~图 6-18，可以得到以下结论：

（1）接触土料的破坏坡降随上覆垂直应力的增大而显著提高，如 J-22 试样当垂直应力为 50kPa 时，破坏坡降为 120.8～149.7，当垂直应力超过 500kPa 后，临界坡降与破坏坡降均要大于 240，已超出了试验设备允许范围。

（2）在相同垂直应力条件下破坏坡降随水平位移的增加而降低。当试样未受剪切（水平位移为 0mm）时，由于未受扰动也不存在薄弱面，因此破坏坡降要大于受剪切试样的。对于各水平位移条件下的渗流试验，由于各接触土料在水平位移在 2～5mm 范围内接近峰值强度或达到峰值强度，因此随水平位移的增加破坏坡降降低并不显著。

（3）黏粒含量对临界坡降和破坏坡降的影响。J-27 试样由于黏粒含量较高，接触面上的黏结力大，因此在相同垂直应力与水平位移条件下的破坏坡降最大，J-15 黏粒含量最小、大于 5mm 粒径颗粒含量最高因此破坏坡降最低，J-22 试样居于两者之间。

三、三轴剪切渗流试验研究

1. 试验装置的组成与结构

该试验装置是在常规三轴仪的基础上通过改进底座及上帽、增加接触面及渗流管路研制而成。图 6-19 为试验装置的结构及原理示意图。

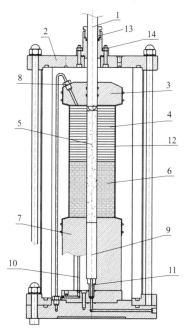

图 6-19　剪切接触渗流联合试验装置示意图

1—活塞杆；2—压力室；3—顶帽；4—套筒；5—结构面板；6—土样；7—底座；
8—平行剪切面方向渗流进水管路；9—底座深槽；10—垂直剪切面方向渗流出水管路；
11—平行剪切面方向渗流出水管路；12—密封膜；13—压圈和 O 形圈；14—螺母

底座为椭圆形向长方形的渐进过渡，在方形断面上中间部位开设方形深槽，方形平台上放置两块同样大小的长方体试样，试样尺寸为长 4.5cm，宽 3.5cm，高 11cm。方形槽中放置混凝土结构面板，结构面板宽度与厚度比方形槽略小，以便于将面板放置槽内。结构面板的高度大于试样，上下两侧均有预留高度。在方形槽中预先放置两个弹簧以实现对结构面板的平稳支撑。

结构面板下端预留部分置于深槽中，将两块同样大小的试样放置于结构面板两侧，对试样施加侧向压力时，试样即贴紧结构面板，在结构面板两侧形成接触面。用橡皮膜将底座、结构面板、试样、上帽等包裹后放入三轴仪压力室内，通过围压系统对接触面施加正应力，通过三轴仪轴向加压系统对接触面施加剪应力实现竖向剪切作用，使结构面板与试样发生剪切错动。

为实现接触面剪切错动后的渗流，在底座及上帽中设置渗流管路。在底座的方形槽底开设排水孔并通往外部量水管，上帽开设进水通道并连接至外部水箱，在上帽底面铺设透水性能良好的土工织物，并延伸至试样与结构面板接触处。通过改变水箱水位即可实现接触土体竖直方向的渗透，渗透水的路径为：水箱→上帽管路→上帽出水口→套筒出水口→接触面→槽底出水口→底座管路→外部量水管。

2. 试验方法与方案

采用混凝土面板进行试验，均采用同一面板，且预先将混凝土面板充分浸水，以减少混凝土面板的差异带来的影响。

为研究接触黏性土在不同剪切变形条件下的渗流特性，分别选定了不同的剪切位移、正应力，对若干个试样进行了接触渗流试验，其中每改变正应力时，均更换一个新的试样进行试验，以消除试样的剪切及渗流历史的影响。试验方案见表 6-8。

表 6-8　　　　　　　　　剪切接触渗流试验方案

试验土料和种类	正应力（100kPa）	剪切位移（mm）	水压力差（kPa）
JC1 剪切渗流	1.1、2.0、5.0、9.0	0～80	50
JC2 剪切渗流	1.0、2.0、5.0、9.0	0～80	50
JC3 剪切渗流	1.0、2.0、5.0、9.0	0～80	50

3. 接触渗流特性试验结果与分析

图 6-20～图 6-22 分别表示不同正应力条件下 JC1、JC2 和 JC3 接触黏性土料与混凝土面板接触面渗流时的流量随剪切位移的变化，q_n 为单位水力梯度的流量。可以看出，在接触面发生不同剪切位移后，接触面的流量随之发生变化。

由图可知，在不同正应力条件下，围压较小时，在接触面剪切的起始阶段，流量明显减小，表明接触面渗透性降低，随着剪切位移的逐步增加，渗透性降低的速率越来越慢。当发生较大的剪切位移时，流量整体较为稳定，没有出现反向增加。在较高的正应力条件下，流量基本趋于减小，最后趋于稳定。同样剪切位移下，渗流量随着围压的增加而减小。总的来说，接触面渗透性并没有随剪切作用的增加而明显增加。

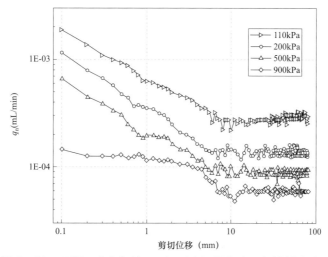

图 6-20　不同正应力条件下 JC1 土料-混凝土面板接触渗流量

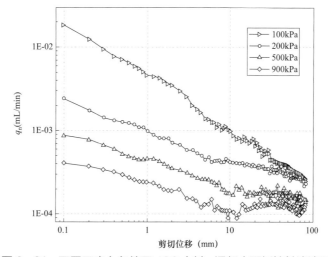

图 6-21　不同正应力条件下 JC2 土料-混凝土面板接触渗流量

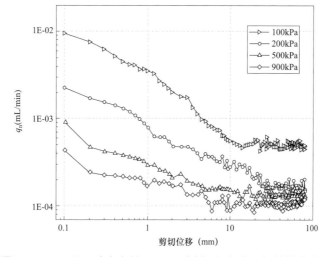

图 6-22　不同正应力条件下 JC3 土料-混凝土面板接触渗流量

整体上 JC2 土料和 JC3 土料的接触面渗流量大于 JC1 土料的接触面渗流量，这与其级配不同有关。

四、旋转连续剪切渗流试验研究

1. 试验装置的组成与结构

大尺寸接触面抗渗设备由机架、压力室、电机减速机组、同步带、制样模具、控制操作台、接触面正应力控制器及渗透压力控制器等组成，试验原理及设备见图6-23和图6-24。

压力室用于安放试样及在试验要求环境下做剪切渗流试验，通过伺服电机、减速机组、控制操作台为试验提供相应转速，通过同步带将所需要转速传递到压力室内。试样中心安装直径为100mm的混凝土柱，混凝土柱可根据试验设计速度进行旋转，旋转过程中混凝土柱不偏离中心。渗流方向为下进上出，进水端、出水端进出水的覆盖范围包括试样中混凝土和土样部分。试件尺寸见图6-25，试样外直径为700mm，混凝土芯棒直径为 100mm，试样高度为 300mm， 被剪切土层厚度、高度均为 300mm，可容纳最大粒径为 60mm 全级配接触黏土料。

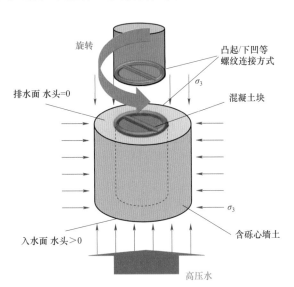

图6-23 大尺寸旋转剪切变形下土料与混凝土接触面抗渗原理示意图

图6-24 大尺寸接触面抗渗试验设备

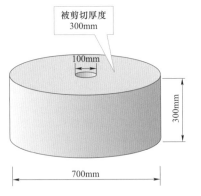

图6-25 大尺寸接触面抗渗试验土样尺寸

2. 试验方法、方案与渗透系数测值

大剪切变形条件下接触黏土料与混凝土接触面抗渗性能试验的过程为：

（1）根据控制含水率和干密度制备试样，采用抽气饱和法和静水头法对试样进行饱和。当监测的试样入渗、出渗水量平衡时，认为试样饱和完成。

（2）对试样施加接触面正应力进行固结，待固结完成后，从试样底部施加水力比降，待试样入渗、出渗水量平衡时，认为该条件下试样达到渗透平衡状态。

（3）对于发生剪切变形的试样，剪切变形过程中始终保持稳定的正应力和水力比降，在试样达到渗透平衡状态以后，开始按照设定的速率发生剪切变形，并监测变形过程中入渗、出渗水量。待达到设定的剪切变形量后停止剪切，待入渗、出渗达到平衡后，继续进行下一级剪切直至试样发生渗透破坏或剪切变形达到目标值。

例如以剪切变形量为 0～500～1000mm 代表：待渗流量稳定后按照设定速度旋转混凝土棒，当剪切变形达到 500mm 时停止剪切；待入渗、出渗稳定后，继续按照设定速度旋转混凝土棒，待剪切变形达到 1000mm 时停止剪切；当入渗、出渗水量稳定后，停止试验。

（4）当渗透流量突然增大且长时间不减小时，认为试样发生渗透破坏。

试验的接触黏土料采用两种级配，接触黏土料 H 的黏粒含量在 29.0%～33.2%之间，接触黏土料 L 的黏粒含量在 13.5%～19.2%之间；每一种土料开展 350kPa、700kPa 两类接触面正应力条件下剪切试验，其对应的水力比降分别为 66、166。试验方案及渗透系数测值见表 6-9。

表 6-9　　　　　　　　　　　试验方案及渗透系数测值

土料类型	试验编号	制样干密度（g/cm³）	剪切变形（mm）	剪切速率（mm/d）	接触正应力（kPa）	水力比降	渗透系数测值（cm/s）
H	8-C-3	1.81	0	0	350	66	4.15E-08
		1.81	500	200	350	66	3.79E-08
		1.81	1000	200	350	66	1.15E-08
	9-C-4	1.81	0	0	700	166	2.25E-08
		1.81	500	200	700	166	9.78E-09
		1.81	1000	200	700	166	7.54E-09
L	10-C-3	1.88	0	0	350	66	8.52E-09
		1.88	500	200	350	66	6.86E-09
		1.88	1000	200	350	66	4.41E-09
	11-C-4	1.88	0	0	700	166	5.24E-09
		1.88	500	200	700	166	4.09E-09
		1.88	1000	200	700	166	4.02E-09

3. 接触渗流特性试验结果与分析

接触黏土料大尺寸接触面抗渗性能试验中，渗透系数随剪切变形发展过程曲线如图 6-26～图 6-29 所示。

大剪切变形条件下，接触黏土料与混凝土接触面的抗渗特性试验基本规律以试验 8-C-3 为例进行说明，其他试验具有一致的规律。由图可见：未发生剪切变形时，渗透系数为 4.15×10^{-8} cm/s；首次发生剪切变形时，渗透系数最大值为 1.08×10^{-7} cm/s，出现在剪切变形发生的瞬间，之后渗透系数逐渐减小；当剪切变形稳定在 500mm 时，渗透系数为 3.79×10^{-8} cm/s，较未发生剪切变形时的渗透系数有所降低；再次发生剪切变形时，渗透系数最大值为 4.64×10^{-8} cm/s，增大幅度小于首次剪切变形时，之后渗透系数逐渐减小；当剪切变形稳定在 1000mm 时，渗透系数为 1.15×10^{-8} cm/s，较剪切变形前的渗透系数进一步降低。

大剪切变形条件下，接触黏土料与混凝土接触面的抗渗性能试验具有以下基本规律：① 剪切变形发生的瞬间，渗透系数突然增大，但之后渗透系数逐渐减小；② 渗透系数突增的幅度在剪切变形首次发生时最大，增大幅度小于 1 个数量级；③ 多数试验在剪切变形停止后，渗透系数与未发生剪切变形时相比有所降低；④ 黏粒含量稍低的试样在大剪切变形下渗透系数的变化规律与较高黏粒含量试样的变化规律基本一致，表明小于规范要求黏粒含量 20%以下在 13%~19%间的接触黏土料仍然具有较好的大剪切变形抗渗稳定性。

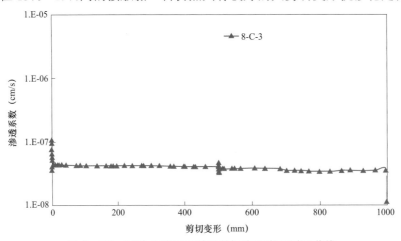

图 6-26　试验 8 渗透系数随剪切变形发展过程曲线

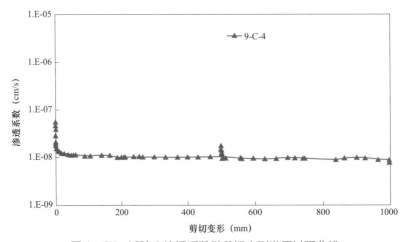

图 6-27　试验 9 渗透系数随剪切变形发展过程曲线

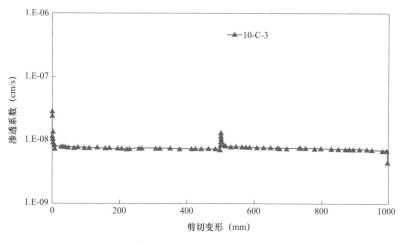

图 6-28　试验 10 渗透系数随剪切变形发展过程曲线

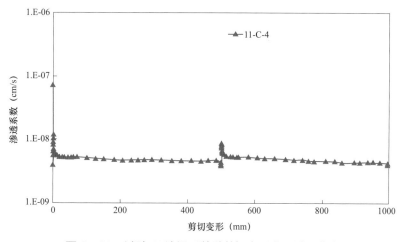

图 6-29　试验 11 渗透系数随剪切变形发展过程曲线

第六节　坝体及坝基渗流分析

一、主要分析内容

主要计算内容包括天然渗流场反演、二维稳定渗流计算、三维稳定渗流计算、三维非稳定渗流计算、渗透系数敏感性分析计算及防渗系统随机缺陷条件下三维稳定渗流场计算。其中天然渗流场反演主要通过计算与各钻孔实测水位及地质剖面地下水位比较，进行模型的率定；二维稳定渗流计算重点在计算坝体各填筑料及坝基的渗流稳定基本情况；三维稳定渗流计算包含了坝体、左右岸坝肩、坝基、防渗帷幕及区域内的地下建筑物组成的范围，是在水库蓄水后坝体和坝基形成稳定渗流场的情况下分析坝体及区域渗透稳定性；三维非稳定渗流计算的分析范围仍是坝体、左右岸坝肩、坝基、防渗帷幕及区域内的地下建筑物组成的范围，主要考虑库水位升降变化条件下心墙等区域的渗透坡降、渗流量等指标，并通过不同水位升降工况比较，研究水位变化速率对坝体渗透稳定性的影响；坝体及坝基渗透系数敏感性分析主要考虑心墙、接触黏土、防渗帷幕及岩层等渗透系数发生变化的情况下研究其对枢纽区整体稳定渗流场的影响及变化规律；防渗系统随机缺陷条件下三维稳定渗流场计算主要考虑坝体心墙、混凝土垫层、坝基帷幕等防渗结构体在施工过程中随机产生的缺陷对坝区防渗性能的影响。

二、渗流控制基本标准

根据坝体防渗土料及堆石料的大量试验成果及已建工程经验，提出了各坝料的渗流控制基本指标见表 6-10，供后续计算分析参考。

表 6-10 　　　　　　　　坝体及坝基渗流控制主要设计技术指标

坝料	渗透系数（cm/s）	计算设定允许坡降	最大渗漏量（L/s）
砾石土心墙	小于 1×10^{-5}	4.0	
接触土料	小于 1×10^{-6}	6.0	
反滤料 I	$i \times (10^{-4} \sim 10^{-3})$	0.50	总渗流量：240
反滤料 II	$i \times (10^{-3} \sim 10^{-2})$	0.14	坝体：40
过渡料	$i \times (10^{-2} \sim 10^{-1})$	0.11	坝基及两岸坝肩：200
堆石料	$i \times (10^{-2} \sim 10^{0})$	0.09	
坝基帷幕	小于 1×10^{-5}	20.0	

三、天然渗流场反演计算及模型率定

1. 天然渗流场反演的目的

根据坝址区地下水位勘查资料，通过比较和反演分析，确定计算模型的截取边界，模拟坝址区天然地下水渗流场，分析其特性，并修正计算模型。

2. 计算模型

建立如下的计算坐标系：以坝轴线上右坝端为坐标原点；取 X 轴为垂直于坝轴线方向，上游指向下游为正；Y 轴为坝轴线方向，右岸指向左岸为正；Z 轴为垂直方向，向上为正，与高程一致。根据渗流分析的一般原则确定计算模型的范围和边界。上下游边界：上游截取坝踵以上 700m，边界至坝轴线上游约 1200m，下游截取坝趾以下 1343m，边界至坝轴线下游约 1600m。左右岸边界：左岸截至距离左坝端 800m，右岸截至距离右坝端 774m。底边界：截取坝基帷幕最深处以下一倍坝高，至高程 2000m。

在综合分析计算区域内的地形、岩层、断层等特征的基础上形成三维超单元网格。根据建筑物布置、岩体分层，以及计算要求等信息，取控制断面 12 个。首先形成三维超单元网格，其结点总数为 858 个，超单元总数为 630 个。加密细分后形成三维有限元网格，生成的有限元网格结点总数为 94047 个，单元总数为 90932 个。三维有限元模型网格如图 6-30 所示。

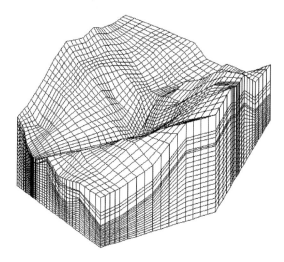

图 6-30　三维有限元网格

3. 计算参数

计算模型中涉及的计算参数，均参考坝址区钻孔压水试验资料并结合实际地质情况，选取坝基岩体各分层的渗透系数如表 6-10 所示。岩体的渗透系数为一范围，是给定的上下限，需要通过反演分析确定。

4. 天然地下水渗流场分析

采用三维有限元法计算渗流场各点水头，利用可变容差法寻优拟合各钻孔水位，从而反演分析地下水渗流场。不计降雨入渗等影响因素，按稳定渗流场考虑。根据地质勘察资料，拟定计算模型的边界条件（边界地下水位）。计算枢纽区的天然地下水渗流场，并比较钻孔位置处地下水位的计算值和实测值，分析枢纽区地下水位的分布规律以及钻孔位置处地下水位计算值随边界地下水位变化的规律，逐步调整计算模型截取边界处的边界地下水位和计算模型的岩性分区、计算参数等，反复计算分析，直到钻孔位置处地下水位的计算值与实测值的差别满足工程精度要求，由此确定计算模型和天然渗流场，包括截取边界的地下水位、计算模型的岩性分区和计算参数等。经反演分析，坝基岩体各分层渗透系数反演值如表 6-11 所示，天然地下水渗流场钻孔水位实测值与反演计算值的比较如表 6-12 所示。

天然地下水渗流场钻孔水位实测值与反演计算值的比较如表 6-12 和图 6-31 所示。

表6-11　　　　　　　　　　坝基岩体各分层渗透系数反演值

材料名称	渗透系数 K（cm/s）
基岩（微风化以下）	1.0×10^{-5}
微风化～微新岩体	3.5×10^{-5}
弱风化下带	9.0×10^{-5}
弱风化上带	2.0×10^{-4}
弱卸荷	5.0×10^{-3}
强卸荷	5.0×10^{-2}

表6-12　　　　　　　　　　地下水位实测值与反演计算值比较

钻孔编号	实测值（m）	反演计算值（m）	误差（m）	相对误差（%）
ZK25	2736.49	2738.23	−1.74	−0.37
ZK27	2664.61	2669.24	−4.63	−0.99
ZK12	2665.4	2667.66	−2.26	−0.48
ZKB15	2625.42	2626.35	0.93	0.20
ZKB16	2648.33	2641.00	7.33	1.56
ZKB09	2625.85	2627.36	3.99	0.32
ZKZ09	2631.82	2632.24	−0.42	−0.09
ZK32	2656.44	2659.63	−3.19	−0.68
ZKE18	2744.02	2741.89	2.13	−0.46
ZKZ04	2644.00	2642.27	1.73	0.37
ZKZ06	2624.70	2621.08	3.62	0.77
ZKZ10	2816.00	2819.98	−3.98	−0.85
ZKZ11	2737.00	2739.11	−2.11	−0.45
ZK7	2622.70	2619.01	3.69	0.79
ZK8	2604.74	2602.08	2.76	0.59
ZK15	2679.53	2681.76	−2.23	−0.48
ZK30	2649.15	2651.22	−2.07	−0.44
ZKD02	2642.50	2645.44	−2.94	−0.63

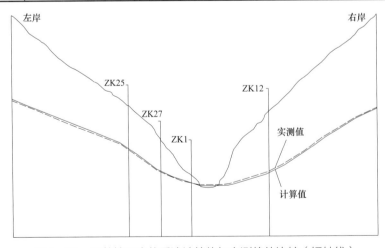

图6-31　天然地下水位反演计算值与实测值的比较（坝轴线）

以上分析表明，该有限元模型较好地模拟了枢纽区的工程地质情况以及岩体渗透性分区，模拟的天然地下水分布基本符合勘察的实际情况，因此，本模型可用于运行期的渗流场计算分析。

四、二维稳定渗流分析

1. 计算模型

二维有限元模型边界范围，上下游自坝踵、坝趾各取 1.5 倍以上坝高，底高程截至 2000.00m，顶高程截至 2907.00m。采用控制断面超单元自动剖分技术，根据需要对上述计算区域切取控制剖面，并据此形成超单元。加密细分后形成有限单元网格，生成的有限元模拟结点总数为 9180，单元总数为 6651，有限元网格如图 6–32 所示。

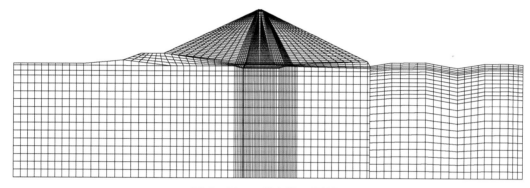

图 6–32　二维有限元网格图

2. 计算参数与计算工况

坝体各材料渗透系数根据防渗土料及堆石料试验成果拟定，坝基各材料渗透系数采用 HH 组天然地下水渗流计算分析成果。

计算参数见表 6–13，坝体坝基均采用固定渗透系数。计算工况见表 6–14。

表 6–13 　　　　　　　　　　　　坝体各料区渗透系数

材料名称	渗透系数 K（cm/s）	计算设定允许坡降	备注
帷幕（弱风化上带以下）	1.00×10^{-5}	15.0	
帷幕（弱风化上带以上）	3.00×10^{-5}	15.0	
混凝土结构	1.00×10^{-7}	—	
上游堆石料Ⅱ区	2.0×10^{-1}	0.09	
上游堆石料Ⅰ区、下游堆石料	9.0×10^{-2}	0.11	
过渡料	8.0×10^{-2}	0.11	坝体
反滤料Ⅰ	4.0×10^{-4}	0.5	
反滤料Ⅱ	4.0×10^{-2}	0.14	
砾石土心墙料	7.0×10^{-6}	4.0	
接触黏土	6.0×10^{-7}	6.0	

续表

材料名称	渗透系数 K（cm/s）	计算设定允许坡降	备注
基岩（微风化以下）	1.0×10^{-5}		
微风化～微新岩体	3.5×10^{-5}		
弱风化下带	9.0×10^{-5}		坝基
弱风化上带	2.0×10^{-4}		
弱卸荷	5.0×10^{-3}		
强卸荷	5.0×10^{-2}		

表6-14　　　　　　　　　　　　　渗流分析计算工况表

编号	工况	上游水位（m）	下游水位（m）
1	正常蓄水位	2895.00	2618.32
2	设计洪水位	2895.00	2644.19
3	校核洪水位	2896.11	2648.82
4	死水位	2815.00	2616.47

3. 计算成果分析

经过对四种工况分析，死水位工况下的水头差最小，最大渗透坡降和渗透流量都较小；在正常蓄水位、设计洪水位、校核洪水位三种工况中，由于上游水位比较接近，只是下游水位有一定有差值，三种工况中正常蓄水位工况的水头差最大，属于控制工况，只分析该工况是否满足要求就能控制其他工况，正常蓄水位工况最大渗透坡降见表6-15。心墙的出逸坡降为 2.90～3.25，出现在高程 2610m，小于计算设定允许坡降 4.0。坝体和基岩各区域水力坡降均未超过计算设定的允许坡降，坝体、坝基渗透稳定满足要求。在正常蓄水工况下坝体单宽渗透流量为 8.9m³/（d·m）。

表6-15　　　　　　　　　　　　　最大渗透坡降计算结果

项目	最大渗透坡降			计算设定允许坡降
	HH 组	NK 组	GY 组	
心墙	2.90	2.03	3.25	4.0
接触黏土料	2.52	—	3.30	6.0
反滤料 I	0.33	0.58	0.21	0.50
反滤料 II	0.08	0.06	0.01	0.14
过渡料	0.07	0.06	0.01	0.11
堆石料	0.03	0.08	0.01	0.09
坝基帷幕	8.02	2.55	9.67	20.0

五、三维稳定渗流分析

1. 计算模型

在天然地下水渗流分析有限元模型的基础上，运行期有限元模型增加了坝体、防渗帷幕、地下厂房等结构。建立模型时，各主要建筑物（或结构）按实际尺寸考虑。其中地下厂房计算模型模拟了主厂房、主变压器洞、尾调室等主要建筑物。上游截取坝踵以上 700m，下游截取坝趾以下 1343m，左岸截至距离左坝端 800m，右岸截至距离右坝端 774m，底边界截取坝基帷幕最深处以下一倍坝高至高程 2000m。在综合分析计算区域内的地形、岩层、坝体等特征的基础上，首先生成控制剖面 22 个，据此在计算区域内形成超单元结构，超单元总数为 4379 个，结点总数为 4419 个；然后进一步离散形成有限元网格，生成的有限元网格结点总数为 133940 个，单元总数为 132800 个。三维稳定渗流限元网格如图 6−33 所示。

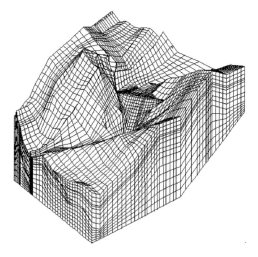

图 6−33　三维稳定渗流有限元网格图

2. 边界条件

在稳定渗流期，渗流分析的边界类型主要有已知水头边界、出渗边界及不透水边界三种：

（1）已知水头边界包括坝址区上下游水位线以下的水库库岸和库底、坝体上游坡和下游坡、河道，模型下游截取边界以及左右岸给定地下水位的截取边界；

（2）出渗边界为坝址区上下游水位线以上的左、右岸山坡面、坝体上、下游坡面和坝顶；

（3）不透水边界包括模型上游截取边界和模型底面；

（4）在左右岸的截取边界上，两岸地下水位参照天然条件反演结果给出，两岸地下水埋深变化趋势与两岸地势变化趋势相同。

3. 计算参数和计算工况

计算参数采用表 6-10 的土料和表 6-11 的岩体各料区渗透系数；计算工况以水头差较大的正常蓄水位工况为主，上游 2895.00m 水位、下游水位 2618.32m。

4. 计算成果分析

（1）渗透坡降。

坝体最大横剖面位势分布见图 6-34，最大渗透坡降见表 6-16，由图表可知，浸润面在心墙上下游形成了突降，心墙消减水头 256.40m，占总水头的 94.16%，可见心墙和防渗帷幕的防渗效果是显著的。心墙的渗透坡降大小分布比较均匀，心墙及防渗帷幕的渗透坡降较大，坝体其他料区（反滤层、堆石区等）的渗透坡降均较小，心墙最大渗透坡降为 2.89～3.65，小于计算设定允许坡降 4.0；防渗帷幕最大渗透坡降为 8.24～13.97，小于允许坡降 20；坝体反滤层、过渡区等其他材料渗透坡降均小于允许值，坝体及坝基满足渗透稳定要求。

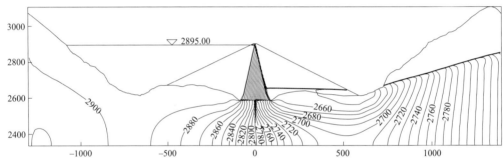

图 6-34 正常蓄水位工况河床中心横剖面位势分布示意图

表 6-16 三维稳定渗流坝体各材料最大渗透坡降计算结果

材料编号	材料名称	最大渗透坡降			计算设定允许坡降
		CNPM3D 软件	SPG3D 软件	Autobank 软件	
1	心墙	2.89	3.65	3.55	4.0
2	接触黏土料	2.50	—	4.94	6.0
3	反滤层 I 区料	0.33	0.27	—	0.5
4	反滤层 II 区料	0.08	0.05	—	0.14
5	过渡料	0.07	0.09	—	0.11
6	堆石料	0.03	0.07	—	0.09
7	防渗帷幕	13.97	11.51	8.24	20.0

（2）渗流量。

计算渗透流量分区示意图见图 6-35，渗流量计算结果见表 6-17，正常蓄水工况下，坝体及坝基总渗流量在 124～169L/s，其中通过坝体的渗流量在 10～19L/s。

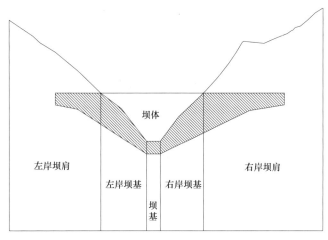

图 6-35　计算渗透流量分区示意图

表 6-17　　　　　　　　　　正常蓄水位工况下渗流量计算结果

计算单位	渗流量（L/s）						
	坝体	河床坝基	左坝基	右坝基	左坝肩	右坝肩	合计
HH 组	19	6	19	18	31	31	124
NK 组	10	6	50	47	18	38	169

本工程坝址区多年平均径流量为 205 亿 m^3，以正常蓄水位情况考虑，水库年渗透损失量 390 万～530 万 m^3，约占多年平均径流量的 0.002%～0.003%，该比例相对较小，满足要求。

（3）与其他工程的比较。

由表 6-18 可知，RM 大坝心墙最大渗透坡降为 2.89～3.65，与其他同类工程相当，符合一般规律。

表 6-18　　　　　　　　心墙渗透坡降计算结果与其他同类工程的比较

序号	坝名	坝高（m）	渗透系数（cm/s）	渗透坡降计算值	计算设定允许坡降
1	RM	315	7×10^{-6}	2.89～3.65	4.0
2	双江口	314	7×10^{-6}	2.72～3.59	4.0
3	两河口	295	5×10^{-6}	3.67～3.83	3～5
4	糯扎渡	261.5	1×10^{-5}	9.85	58～200（试验值）

由表 6-19 可知，RM 坝体渗流量与其他工程相当，符合一般规律，坝基及两岸坝肩渗流量略大，与长河坝相当，其他工程坝基及两岸坝肩渗流量较小，其主要原因与有限元模型边界的选取范围、基岩参数取值有关。

表6-19　　　　　　　坝体及坝基渗流量计算结果与其他同类工程的比较

序号	坝名	坝高（m）	坝体渗流量（L/s）	坝基及两岸坝肩渗流量（L/s）	总渗流量（L/s）
1	RM	315	10～19	105～159	124～169
2	双江口	314	11.2～13.4	40～47	51.2～60.4
3	两河口	295	3.8～11.7	25.2～46.2	29～57.9
4	糯扎渡	261.5	9.2	11.3	21.5
5	长河坝	240	5.0	113.9	118.9

六、坝体非稳定渗流分析

1. 蓄水工况

（1）计算模型、计算参数及工况。

三维有限元模型同稳定渗流有限元分析的模型；计算参数采用表6-13坝体各料区渗透系数。开展了四种蓄水工况分析，方案一为设计工况，中上部蓄水速率较小，方案二及方案三中上部蓄水速率逐步增大，方案四为极端工况，其全程蓄水速率都较大，蓄水各方案历时曲线见图6-36。

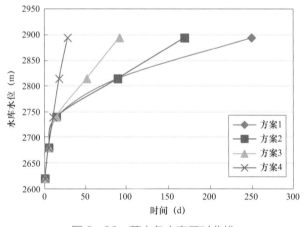

图6-36　蓄水各方案历时曲线

（2）计算结果分析。

1）位势分布。

各工况各时刻心墙内的等势线均集中心墙侧表面附近较小的范围内。由于坝体其他材料的渗透系数远大于心墙的渗透系数，渗流水头损失主要由心墙承担。各工况上游堆石区内的水头损失很小，自由面基本与库水位同高。整个蓄水过程中，下游堆石区的自由面水位变化很小，不会对下游坝坡稳定造成不利影响。心墙的防渗效果非常明显，其承担90%以上的水头损失，心墙内基本沿上游侧降落，该部位渗透压力较大。方案一设计工况下的2740.00m、2895.00m水位时的位势分布图分别见图6-37、图6-38。

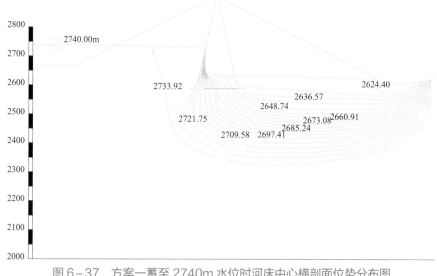

图 6-37　方案一蓄至 2740m 水位时河床中心横剖面位势分布图

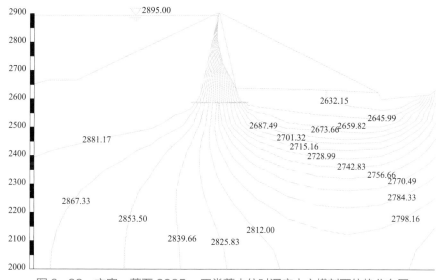

图 6-38　方案一蓄至 2895m 正常蓄水位时河床中心横剖面位势分布图

在库水位上升的过程中，蓄水初期，库水位上升速度很快，心墙内的等势线集中分布在心墙的上游侧；蓄水中后期，由于库水位上升速度较慢，故心墙内的等势线集中于上游侧的态势逐渐减弱，趋于均匀分布。

2）渗透坡降。

各工况计算的渗透坡降统计见表 6-20，由表 6-20 可知，蓄水速率越快，心墙渗透坡降也越大。设计蓄水工况下（方案 1），心墙最大渗透坡降达到 6.15，发生在蓄水中期（库水位 2740.00m），但其位置发生在心墙上游侧内部；极端蓄水工况下，最大蓄水速率达到 15m/d，库水位持续保持高速上升，心墙渗透坡降随着水位升高不断增加，水位 2895.00m 时达到最大值 26.09。根据在反滤层保护下的心墙渗透试验结果，渗透坡降计算值尽管超过计算设定允许坡降4.0，但小于试验允许渗透坡降31.8，蓄水过程满足渗透稳定要求。

表6-20　　　　　蓄水工况水库蓄水速率及心墙最大渗透坡降计算结果

方案	水库水位（m）	2620～2680	2680～2740	2740～2815	2815～2895	备注
1	蓄水速率（m/d）	13.0	6.3	1.0	0.5	设计工况
	心墙最大渗透坡降	4.64	6.15	6.08	5.67	
2	蓄水速率（m/d）	13.0	6.3	1.0	1.0	比较工况
	心墙最大渗透坡降	4.64	6.15	6.08	5.87	
3	蓄水速率（m/d）	13.0	6.3	2.0	2.0	比较工况
	心墙最大渗透坡降	4.64	6.15	9.98	13.83	
4	蓄水速率（m/d）	15.0	10.0	10.0	7.5	极端工况
	心墙最大渗透坡降	5.01	7.15	15.87	26.09	

2. 放空工况

（1）计算模型、计算参数及工况。

三维有限元模型同稳定渗流有限元分析的模型；计算参数采用表6-13坝体各料区渗透系数。开展了五种放空工况（方案）分析，各方案放空水位及其降落速率曲线见图6-39。其中，水位降落最快的为方案5，水位降至2720.00m的总时间为18天，水位降落最慢的为方案3，水位降至2795.00m的总时间为123天。

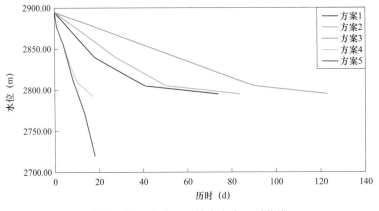

图6-39　水库不同放空方案历时曲线

（2）计算结果分析。

1）位势分布。

经计算，各方案的心墙内浸润线变化见图6-40，由图可见，由于坝体心墙渗透系数远小于堆石料、过渡料、反滤料，随着库水位的下降，心墙内水位下降有所滞后，自由面在心墙内形成凸形面。通过不同放空速率工况之间比较可见，放空历时越短、水位下降速率越快，心墙内形成的凸形浸润面落差越大。代表性的方案4放空至2830.00m高程时河床中心横剖面等水头线分布见图6-41。

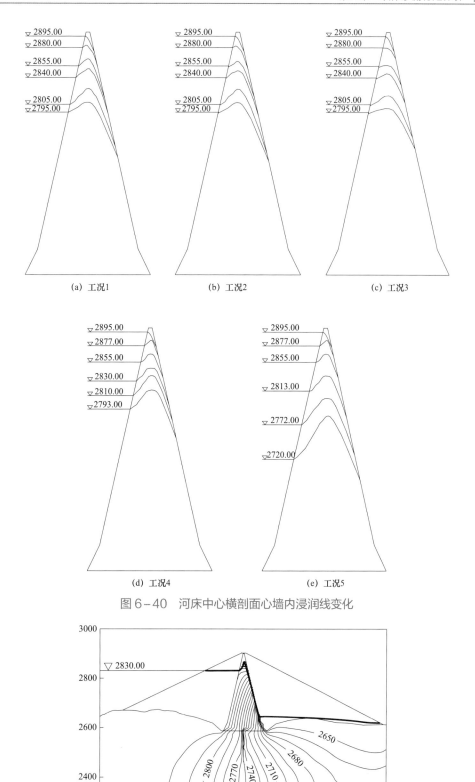

(a) 工况1　　　(b) 工况2　　　(c) 工况3

(d) 工况4　　　(e) 工况5

图6-40　河床中心横剖面心墙内浸润线变化

图6-41　方案4放空至2830.00m水位时河床中心横剖面等水头线分布

2）渗透坡降。

各工况计算的渗透坡降统计见表 6−21，由表 6−21 可知放空速率越快，心墙渗透坡降也越大。工况 4 与工况 5 放空速率较大，心墙最大渗透坡降在整个放空过程中维持较高值，最大值达到 6.18～8.43。根据在反滤层保护下的心墙渗透试验结果，各放空工况心墙最大渗透坡降计算值尽管超过计算设定允许坡降 4.0，但小于试验允许渗透坡降 31.8。

表 6−21　　　　放空工况水库水位下降速率及心墙最大渗透坡降计算结果

方案	放空高程区间（m）	2895～2880	2880～2855	2855～2840	2840～2805	2805～2795
方案 1	水位降速（m/d）	3.0	3.0	3.0	1.5	0.3
	心墙最大渗透坡降	3.28	5.17	5.49	4.19	2.64
方案 2	水位降速（m/d）	2.0	2.0	2.0	1.5	0.3
	心墙最大渗透坡降	2.55	4.22	4.37	4.08	2.60
方案 3	水位降速（m/d）	1.0	1.0	1.0	1.0	0.3
	心墙最大渗透坡降	2.62	2.94	3.09	3.32	2.41
方案 4	放空高程区间（m）	2895～2877	2877～2855	2855～2830	2830～2810	2810～2793
	水位降速（m/d）	18.0	7.0	8.0	6.5	2.5
	心墙最大渗透坡降	7.86	7.49	8.43	8.12	6.37
方案 5	放空高程区间（m）	2895～2877	2877～2855	2855～2813	2813～2772	2772～2720
	水位降速（m/d）	18.0	7.0	10.0	8.0	11.5
	心墙最大渗透坡降	7.97	7.51	7.83	6.83	6.18

七、坝体及坝基渗透系数敏感性分析

1. 计算模型、计算参数及工况

三维有限元模型同稳定渗流有限元分析的模型，计算基本参数采用表 6−10、表 6−11 坝体各料区及坝基渗透系数，水力条件取控制工况，即正常蓄水位工况，上游库水位为 2895.00m，下游水位为 2618.32m。在设计渗控方案（CM1）的基础上拟定心墙渗透系数变化 3 种、接触黏土渗透系数变化 3 种、防渗帷幕渗透系数变化 2 种、坝基岩体渗透系数变化 4 种等渗透系数变化共 12 种方案进行渗透坡降以及渗流量的分析，具体工况见表 6−22～表 6−25。

2. 计算成果分析

（1）心墙渗透系数敏感性分析。

基本设计方案心墙渗透系数取 7.0×10^{-6}cm/s，敏感性分析取渗透系数在 1.0×10^{-7}～1.0×10^{-5}cm/s 范围内变化。计算结果表明，心墙、接触黏土的渗透坡降以及总渗流量均有一定程度的变化，HH 组计算的心墙最大渗透坡降为 2.89～3.11，总渗流量在 119.14～124.23L/s；NK 组计算的心墙最大渗透坡降为 2.52～6.95。

表6-22 心墙渗透系数敏感性分析结果

方案号	心墙渗透系数 （cm/s）	HH 组			NK 组
		心墙渗透坡降	接触黏土渗透坡降	总渗流量（L/s）	心墙渗透坡降
CM1	7.0×10^{-6}	2.90	2.50	123.69	3.65
CM2	1.0×10^{-7}	3.11	2.64	119.14	6.95
CM3	1.0×10^{-6}	2.92	2.52	121.16	3.81
CM4	1.0×10^{-5}	2.89	2.41	124.23	2.52

（2）接触黏土渗透系数敏感性分析。

基本设计方案接触黏土渗透系数取 6.0×10^{-7} cm/s，敏感性分析取渗透系数在 $2.0 \times 10^{-7} \sim$ 1.0×10^{-6} cm/s 范围内变化。计算结果表明，心墙及坝接触黏土透坡降、渗流量几乎不变，HH 方法计算的接触黏土最大渗透坡降为 $2.39 \sim 2.65$，NK 方法计算的接触黏土最大渗透坡降为 $5.77 \sim 16.34$。

表6-23 接触黏土渗透系数敏感性分析结果

方案号	接触黏土渗透系数 （cm/s）	HH 组			NK 组
		接触黏土渗透坡降	心墙渗透坡降	总渗流量（L/s）	接触黏土渗透坡降
CM1	7.0×10^{-6}	2.50	2.90	123.69	5.77
CM5	2.0×10^{-7}	2.65	2.90	123.68	16.34
CM6	1.0×10^{-6}	2.39	2.90	123.69	4.64

（3）防渗帷幕渗透系数敏感性分析。

基本设计方案防渗帷幕（弱风化上带以上）渗透系数取 3.0×10^{-5} cm/s，防渗帷幕（弱风化上带以下）渗透系数取 1.0×10^{-5} cm/s，敏感性分析取防渗帷幕（弱风化上带以上）渗透系数在 $1.0 \times 10^{-5} \sim 5.0 \times 10^{-5}$ cm/s 范围内变化。计算结果表明，改变防渗帷幕（弱风化上带以上）的渗透系数，主要影响岸坡坝基段防渗帷幕的渗透坡降及总渗流量，HH 组计算的岸坡坝基段防渗帷幕最大渗透坡降为 $13.02 \sim 14.57$，河床坝基段防渗帷幕最大渗透坡降均为 7.96，总渗流量在 $121.14 \sim 125.22$ L/s；NK 组计算的防渗帷幕最大渗透坡降为 $8.01 \sim 12.33$。

表6-24 防渗帷幕（弱风化上带以上）渗透系数敏感性分析结果

方案号	防渗帷幕（弱风化 上带以上）渗透系数 （cm/s）	HH 组				NK 组
		防渗帷幕渗透坡降		心墙 渗透坡降	总渗流量 （L/s）	防渗帷幕 渗透坡降
		岸坡坝基	河床坝基			
CM1	3.0×10^{-5}	13.97	7.96	2.90	123.69	11.51
CM7	1.0×10^{-5}	14.57	7.96	2.90	121.14	12.33
CM8	5.0×10^{-5}	13.02	7.96	2.88	125.22	8.01

（4）坝基岩体渗透系数敏感性分析。

基本设计方案及敏感性分析方案坝基岩体渗透系数取值见表6-25。计算结果表明，改变坝基岩体的渗透系数0.5~1个数量级，总渗流量有一定的变化。HH方法计算的总渗流量在122.02~168.30L/s，NK方法计算的总渗流量在63.70~230.12L/s。

表6-25　　　　　　　　　坝基岩体渗透系数敏感性分析结果

方案号	渗透系数（cm/s）	总渗流量（L/s）	
		HH组	NK组
CM1	强卸荷：1.0×10^{-1} 弱卸荷：5.0×10^{-3} 弱风化上带：3.0×10^{-4} 弱风化下带：7.5×10^{-5} 微风化岩体：2.5×10^{-5} 新鲜基岩：5.0×10^{-6}	123.69	158.84
CM9 （范围上限）	强卸荷：1.0 弱卸荷：1.0×10^{-2} 弱风化上带：5.0×10^{-4} 弱风化下带：1.0×10^{-4} 微风化岩体：5.0×10^{-5}	168.30	230.12
CM10 （范围下限）	强卸荷：1.0×10^{-2} 弱卸荷：1.0×10^{-3} 弱风化上带：1.0×10^{-4} 弱风化下带：5.0×10^{-5} 微风化岩体：1.0×10^{-5}	122.02	63.70
CM11 （取1/3倍）	微风化、新鲜基岩中帷幕： 3.0×10^{-6}	122.82	155.61
CM12 （范围上限）	微风化岩体：5.0×10^{-5} 新鲜基岩：5.0×10^{-6}	125.01	183.18

综上所述，在满足设计渗透系数指标要求的条件下，改变坝基及坝体渗透系数，对渗透坡降及渗流量总体影响较小。

八、防渗系统随机缺陷条件下三维稳定渗流场计算

考虑施工过程中可能存在的心墙、混凝土盖板等防渗结构随机缺陷或裂缝等情况，采用三维有限元不确定性分析方法，研究了随机缺陷等对结构防渗性能的影响。

1. HH 组计算成果与分析

防渗系统随机缺陷 HH 组计算工况如表 6－26 所示。

防渗系统随机缺陷 HH 组计算工况

类别	缺陷部位	编号	工况说明
设计工况	—	QX0	心墙渗透系数 7.0×10^{-6}cm/s；接触黏土渗透系数 6.0×10^{-7}cm/s
缺损工况	心墙	QX4	5%随机施工缺陷，缺陷单元渗透系数放大 10 倍
		QX5	10%随机施工缺陷，缺陷单元渗透系数放大 10 倍
	防渗帷幕	QX6	缺损 1%（面积比），缺损部位渗透系数同周边岩体渗透系数
裂隙工况	心墙	QX1	心墙左侧（横左 0+208.810m）设置一条上下游贯通的裂缝，缝宽 1mm
		QX7	心墙左侧（横左 0+208.810m）设置一条上游侧一半贯通的裂缝，缝宽 1mm
		QX2	心墙右侧（横右 0-205.066m）设置一条上下游贯通的裂缝，缝宽 1mm
		QX8	心墙右侧（横右 0-205.066m）设置一条下游侧一半贯通的裂缝，缝宽 1mm
	混凝土盖板	QX3	河床部位上下游全贯通裂缝，缝宽 1mm
		QX9	河床部位上游一半贯通裂缝，缝宽 1mm
		QX10	河床部位下游一半贯通裂缝，缝宽 1mm

（1）心墙随机施工缺陷。

当心墙无随机施工缺陷时（工况 QX0），坝体上下游坝壳内浸润面较为平缓，等势线稀疏；心墙上下游浸润面形成突降，等势线平滑且密集，基本呈均匀分布。心墙单元的渗透坡降分布规律性较好，相邻单元的渗透坡降值差异不大，变化过渡均匀，不存在突变。

当心墙出现随机施工缺陷时，施工缺陷对坝体渗流场的影响不大，但对心墙施工缺陷局部的位势分布和渗透坡降影响较大，表现为缺陷单元部位的渗透坡降减小，而其周围土体的渗透坡降增大，特别是当心墙某个部位的施工缺陷所占比例过大时，会使该施工缺陷部位周围土体的渗透坡降值明显增大，影响其局部渗透稳定性。局部浸润面较无随机缺陷情况的浸润面偏离较大，当心墙出现 5%随机施工缺陷，缺陷渗透系数放大 10 倍时（工况 QX4），多样本浸润面上、下包络线高差最大达到 13.25m；心墙的最大渗透坡降达到 3.3，但未超过心墙材料的允许渗透坡降。当心墙出现 10%随机施工缺陷，缺陷渗透系数放大 10 倍时（工况 QX5），多样本浸润面上、下包络线高差最大达到 13.61m；心墙的最大渗透坡降达到 3.4，也未超过心墙材料的允许渗透坡降。

（2）防渗帷幕随机缺损。

当防渗帷幕随机缺损 1%（面积比），缺损部位渗透系数同周边岩体的渗透系数时（工况 QX6），坝体浸润面要比没有缺损情况的浸润面有所抬高，抬高最大值约 2m，坝体下游出逸点的位置也发生变化，抬高约 1.8m。由于坝基岩体的渗透系数较小（10～5cm/s 数量级），而防渗帷幕的渗透系数也在 10～5cm/s 数量级，与周围岩体的渗透性差别不大，施工缺陷对坝基渗流场的影响不大，坝体浸润面抬高有限。

和无缺损情况相比较，防渗帷幕处的等势线明显变得稀疏，该部位的防渗作用下降，渗透坡降也下降。在缺损部位，防渗帷幕的最大渗透坡降由 7.95 下降到 1.35，但在无缺损部位防渗帷幕的作用效果仍完好，最大渗透坡降未变化。总体来看，由于缺陷单元缺损面积所占比例较小，坝基渗流量增加不大。但由于岩体中往往发育有多组裂隙，容易与断层破碎带构成渗漏通道，而帷幕灌浆的主要作用是充填和封闭岩体的节理裂隙，截断渗漏通道，因此在帷幕灌浆施工过程中仍需加强施工质量控制，尽可能减少施工缺陷，降低渗漏风险。

（3）心墙存在完全或半贯通裂缝。

当心墙无贯通裂缝时（工况 QX0），心墙起防渗作用，上下游浸润面形成突降，心墙内等势线平滑且密集，基本呈均匀分布；与心墙相邻的过渡层和反滤层内浸润面较为平缓，等势线稀疏。心墙的最大渗透坡降为 2.89，各材料分区渗透坡降均满足渗透稳定要求。心墙的渗透流量为 19.17L/s，总渗透流量为 123.69L/s。

当心墙左岸（横左 0+208.810m）存在全贯通裂缝时（工况 QX1），该部位心墙失去防渗作用，坝体的上下游水头几乎均由心墙上下游侧的过渡层和反滤层承担，工况 QX1 左岸最大渗透坡降达到 7.91，小于试验允许渗透坡降 31.8。心墙的渗透流量为 19.194L/s，总渗透流量为 123.71L/s。

当心墙右岸（横右 0−205.066m）存在全贯通裂缝时（工况 QX2），该部位心墙失去防渗作用，坝体的上下游水头几乎均由心墙上下游侧的过渡层和反滤层承担，工况 QX2 右岸最大渗透坡降达到 7.87，小于试验允许渗透坡降 31.8。心墙渗透流量为 19.20L/s，总渗透流量为 123.71L/s。

当心墙上游侧存在半贯通裂缝时（工况 QX7），该部位心墙失去防渗作用，坝体的上下游水头几乎均由心墙下游承担，浸润面仅在下游侧心墙内出现坡降，而在心墙上游侧（裂缝）平缓，水头损失很小，等势线稀疏。心墙材料渗透坡降明显增大，达到 3.89。心墙的渗透流量为 19.18，总渗透流量为 123.69L/s。

当心墙下游侧存在半贯通裂缝时（工况 QX8），该部位心墙失去防渗作用，坝体的上下游水头几乎均由上游侧心墙承担，浸润面仅在上游侧心墙内出现坡降，而在心墙下游游侧（裂缝）平缓，水头损失很小，等势线稀疏。心墙材料渗透坡降明显增大，达到 3.87。心墙渗透流量 19.18L/s，总渗透流量 123.70L/s。

综上可见，由于裂缝宽度仅为 1mm，心墙贯通和半贯通裂缝对于坝体渗透流量存在影响，但影响微小。

（4）混凝土盖板存在完全或半贯通裂缝。

当心墙底座混凝土盖板无贯通上下游的裂缝时（工况 QX0），混凝土盖板可起良好的防渗作用，其内等势线密集且均匀分布，与之相邻的接触黏土层内等势线亦均匀分布，最大渗透坡降为 2.503，坝基帷幕的渗透坡降为 7.95，各材料分区的渗透坡降均满足渗透稳定要求。心墙的渗透流量为 19.17L/s，总渗透流量为 123.69L/s。

当心墙底座混凝土盖板有贯通上下游的裂缝时（工况 QX3），该部位底座（裂缝）失去防渗作用，裂缝成为渗流通道，其内等势线变得不均匀，坝基帷幕顶端的等势线分布亦变得疏松，该区域帷幕的最大渗透坡降为 1.99。心墙的渗透流量为 19.18L/s，总渗透流量为 123.69L/s。

当心墙底座混凝土盖板上游侧有半贯通裂缝时（工况 QX9），该部位上游侧底座（裂缝）失去防渗作用，其内等势线变得不均匀，下游变得密集，靠近上游侧等势线变得稀疏，受其影响，该部位断面与之相邻的接触黏土层内等势线分布亦不均匀。心墙的渗透流量为 19.17L/s，总渗透流量为 123.69L/s。

当心墙底座混凝土盖板下游侧有半贯通裂缝时（工况 QX10），该部位下游侧底座（裂缝）失去防渗作用，其内等势线变得不均匀，下游变得稀疏，靠近上游侧等势线变得密集，受其影响，该部位断面与之相邻的接触黏土层内等势线分布亦不均匀。心墙的渗透流量为 19.17L/s，总渗透流量为 123.69L/s。

综上可见，由于裂缝宽度仅 1mm，且混凝土盖板厚度较小，混凝土盖板出现贯通上下游的裂缝，对于坝体及总渗流量的影响十分微小。

2. NK 组计算成果与分析

防渗系统随机缺陷计算工况如表 6-27 所示。

表 6-27　　　　　　　　防渗系统随机缺陷 NK 组计算工况

类别	缺陷部位	编号	工况说明
设计工况	—	ZC	心墙渗透系数 7.0×10^{-6}cm/s，接触黏土渗透系数 6.0×10^{-7}cm/s
缺损工况	心墙	QS1	缺损 5%（单元数 589），渗透系数放大 10 倍
		QS2	缺损 5%（单元数 687），渗透系数放大 10 倍
		QS3	缺损 10%（单元数 589+687），渗透系数放大 10 倍
		QS4	非均质随机场，渗透系数 $7 \times 10^{-6} \sim 1.4 \times 10^{-4}$cm/s 符合正态分布
	帷幕	QS5	缺损 1%，渗透系数同周边岩体渗透系数
裂隙工况	心墙	LX1	心墙左侧（横左 0-200.000m）上下游贯通，垂向深度 32.5m，缝宽为 1mm
		LX2	心墙左侧（横左 0-200.000m）上游侧一半贯通，垂向深度 32.5m，缝宽为 1mm
		LX3	心墙右侧（横右 0+205.000m）上下游贯通，垂向深度 27.4m，缝宽为 1mm
		LX4	心墙右侧（横右 0+205.000m）下游侧一半贯通，垂向深度 27.4m，缝宽为 1mm
	混凝土盖板	LX5	河床部位上下游贯通，缝宽为 1mm
		LX6	河床部位上游侧一半贯通，缝宽为 1mm
		LX7	河床部位下游侧一半贯通，缝宽为 1mm

（1）心墙局部缺损或分布不均。

若心墙体存在 5%～10% 的随机缺损时（工况 QS1～QS3），缺损区域渗透坡降较小，但非缺损区域渗透坡降增大，局部最大渗透坡降达 8.51。对于工况 QS4，通过建立孔隙比与渗透系数之间的线性关系，模拟心墙材料渗透系数随空间变化的效果，随机场分布符合正态分布规律，渗透系数在 7×10^{-6}～1.4×10^{-4}cm/s 之间随机分布，造成渗透坡降分布不均匀，局部也出现突变，最大渗透坡降达到 5.63，小于试验允许渗透坡降 31.8（见表 6−28）。

表 6−28　　　　　　　　　　心墙缺损对渗透性能的影响

心墙渗透性能	设计工况 ZC	缺损 5% QS1	缺损 5% QS2	缺损 10% QS3	非均质场 QS4
渗透系数（cm/s）	7×10^{-6}	7×10^{-6} 7×10^{-5}（5%）	7×10^{-6} 7×10^{-5}（5%）	7×10^{-6} 7×10^{-5}（10%）	7×10^{-6}～ 1.4×10^{-4}
上下游水头差（m）	258.83	256.22	256.04	254.32	256.93
削减水头百分率（%）	93.55	92.61	92.54	91.92	92.86
最大渗透坡降	3.65	8.46	8.51	8.51	5.63

综上可见，心墙内部缺陷或渗透系数分布不均匀都会对其渗透坡降造成显著的影响，缺损和非均质工况渗透坡降均会增大，对坝体整体渗透稳定性造成不利影响，但均小于试验允许渗透坡降 31.8。

（2）防渗帷幕局部缺损。

当防渗帷幕缺损 1% 时（工况 QS5），由于防渗帷幕缺陷比例仅占 1%，且缺陷部位渗透系数等同周围岩体渗透系数，缺陷对渗流场的影响非常小，渗流量基本无变化，缺损部位渗透坡降减小，但帷幕整体最大渗透坡降未降低。

（3）心墙完全或局部贯通裂缝。

当心墙无裂隙时（工况 ZC），心墙能够发挥防渗作用，心墙内等势线分布均匀，浸润线自上游侧至下右侧形成平滑陡降。

当心墙左侧（工况 LX1）或右侧（工况 LX3）存在上下游完全贯通的垂直裂隙时，裂隙部位失去防渗作用，但裂隙下部心墙仍能发挥防渗作用，因此，浸润线会形成两次陡降现象。第一次陡降主要出现在反滤层内，心墙裂隙部位上游水头主要由过渡层和反滤层承担，使得靠近裂隙部位的上游侧反滤层渗透坡降增大，LX1 与 LX3 工况反滤层最大渗透坡降分别达到 4.65 与 4.04。

当心墙左侧上游存在半贯通的垂直裂隙时（工况 LX2），上游裂隙部位失去防渗作用，但下游心墙仍能发挥防渗作用，坝体水头主要由心墙下游侧承担，但裂隙部位的渗透坡降仍小于 4.0。心墙上游裂隙部位水头损失很小，等势线稀疏，浸润线在裂隙段保持平缓，在下游侧出现陡降。

当心墙右侧下游存在半贯通的垂直裂隙时（工况 LX4），心墙上游侧能够发挥防渗作用，下游侧裂隙部位失去防渗作用，坝体水头主要由上游侧承担，但裂隙部位的渗透坡降仍小于4.0。心墙浸润线出现两次陡降，与完全贯通裂隙比较，下游侧半贯通裂隙第一次陡降位置向下游侧推移，在坝轴线附近。

（4）混凝土盖板完全或局部贯通裂缝。

当混凝土盖板存在上下游完全贯通的裂缝时（工况LX5），裂隙部位失去防渗作用，水头明显降低，水头差为85.35m。

当混凝土盖板上游存在半贯通的裂缝时（工况LX6），下游侧混凝土仍能起到防渗作用，坝轴线附近水头较高，水头差为92.54m。

当混凝土盖板下游存在半贯通的裂缝时（工况LX7），上游侧混凝土可起到防渗作用，上游侧维持高水头，坝轴线附近水头显著降低，水头差为284.73m。

第七节　本　章　小　结

（1）反滤试验研究。在反滤料的保护下心墙料临界坡降和破坏坡降在79.6～96.9之间，能保证大坝心墙不发生渗透破坏。

（2）心墙裂缝愈合试验。在适当的水力比降和小缝宽情况下，试验渗流量从试验开始到结束呈减小趋势，试验后检查试样发现在裂缝出口处有淤堵，缝中部有局部闭合现象；裂缝形状和大小对愈合效果的影响与水力坡降值密切相关，裂缝宽度和孔洞直径较小时，防渗土料整体渗透系数呈减小趋势，但水力坡降值特别高时，防渗土料整体渗透系数呈增大趋势，此时裂缝不愈合，总体来说裂缝宽度和孔洞直径较小时的极限水力坡降值也相应较高；随着裂缝宽度和孔洞直径的增大，在水力坡降值较小时，防渗土料整体渗透系数仍呈减小趋势，说明裂缝可以愈合，但水力坡降值较高时，防渗土料整体渗透系数呈增大趋势，此时裂缝不愈合，总体来说裂缝宽度和孔洞直径增大时的极限水力坡降值相应较低。

（3）大剪切变形条件心墙与岸坡接触面抗渗性能试验。三种剪切试验反映的侧重点不同，直剪渗透试验主要测试渗流破坏坡降，反映出随剪切位移增大渗流破坏坡降越低，但至少都在100以上，随黏粒含量增大或围压增大情况下渗流破坏坡降越大；三轴剪切渗流试验主要测试接触渗流量的变化，接触面渗透性并没有随剪切作用的增加而明显增加；旋转连续剪切渗流试验主要测试渗流量及渗透系数，反映出剪切变形发生的瞬间渗透系数突然增大，但仍在可接受范围内，之后渗透系数逐渐减小，多数试验在剪切变形停止后，渗透系数与未发生剪切变形时相比有所降低，黏粒含量稍低的试样在大剪切变形下渗透系数的变化规律与较高黏粒含量试样的变化规律基本一致，表明黏粒含量15%～20%间的接触黏土料仍然具有较好的大剪切变形抗渗稳定性。

（4）坝体及坝基渗流数值计算。结果表明，位势分布、渗透坡降、渗流量都在合理的范围，没有超过控制指标。坝体及坝基渗透系数敏感性分析中考虑了心墙渗透系数、接触黏土渗透系数、防渗帷幕渗透系数及坝基岩体渗透系数等渗透系数变化的敏感性，结果表明在满足设计渗透系数指标要求的条件下，改变坝基及坝体渗透系数，对渗透坡降及渗流量总体影响较小。总体上蓄水过程和放空过程中防渗心墙不会发生渗透破坏，但极端蓄水和极端放空工况的渗透坡降都较高，运行管理上应尽量避免出现极端工况。

（5）防渗系统随机缺陷分析。心墙随机施工缺陷时，坝体渗流场的影响不大，但对心墙施工缺陷局部的位势分布和渗透坡降影响较大，表现为缺陷单元部位的渗透坡降减小，而其周围土体的渗透坡降增大，但最大渗透坡降未超过心墙材料的允许渗透坡降；防渗帷幕随机缺损时，河床底部的帷幕缺损对渗流场、渗透坡降及渗流量的影响不大，是因为缺损部位河床岩体的渗透系数与防渗帷幕的渗透系数相当，但两岸近岸区的岩体渗透系数稍大，此区帷幕缺损对渗流场、渗透坡降及渗流量的影响较大；通过心墙局部缺损或分布不均、防渗帷幕局部缺损、心墙完全或局部贯通裂缝等模拟，缺损和非均质工况心墙渗透坡降均会增大，对坝体整体渗透稳定性造成不利影响，但均小于试验允许渗透坡降。

第七章

抗震防震关键技术

第一节 概　述

我国地处环太平洋地震带和地中海－喜马拉雅山地震带之间，受印度板块的挤压，青藏高原及其附近地区成为我国地震活动最为强烈的地区。就藏区工程而言，西部高山峡谷的地形地质特点又决定了建造在该区域的高坝大库工程的坝高和地震动参数也是前所未有。RM 工程坝址河谷两岸狭窄、岩体风化卸荷强烈，场地基本烈度为Ⅷ度，大坝抗震设防烈度为Ⅸ度，设计地震 100 年超越概率 2%的地震峰值加速度为 0.44g，校核地震 100 年超越概率 1%的地震峰值加速度为 0.54g，与糯扎渡（261.5m，0.38g）、长河坝（240m＋覆盖层 60m，0.36g）、两河口（295m，0.35g）、双江口（314m，0.21g）等 300m 级特高心墙堆石坝相比，大坝抗震设计水平及难度均超过了已有工程经验，解决工程防震抗震重大关键技术问题极具挑战。

以往针对高心墙堆石坝的抗震分析与评价主要依赖于数值计算，但由于经受强震考验的高坝工程很少，堆石坝震害资料极其匮乏，研究常采用的动力本构模型、抗震计算方法及分析评价标准等仍需要通过工程实践进一步检验。近年来，与大型振动台模型试验技术相比，离心机振动台模型试验能够模拟原型自重应力场，被公认为是研究岩土工程地震问题最为有效、最为先进的研究方法和试验技术。针对 RM 高心墙堆石坝的抗震安全性，在土石坝震害调查基础上，将抗震数值计算与离心机振动台模型试验相结合，取得的主要创新成果如下：

（1）将可统一考虑堆石料流变、湿化以及循环加卸载的静动力耦合统一本构模型应用于 RM 工程，模拟了大坝填筑、蓄水、运行以及遭遇地震时的动力响应和残余变形等，该模型理论上更符合工程实际。

（2）首次基于离心机振动台模型试验，揭示了 300m 级特高心墙堆石坝坝体震次增加，震陷增量减小，震后趋于密实的地震"硬化"规律。

（3）采用坝顶震陷率、坝坡滑移量两项量化指标，完善了大坝极限抗震能力的不溃坝评价方法及标准。

通过数值计算与离心机振动台模型试验研究相互印证，创建了 RM 大坝强震设计评价方法及标准，检验了 RM 特高坝抗震设计是合理的，大坝是安全的，并可推广至同类工程，有助于推动抗震评价方法及失效评判标准的进一步完善。

第二节 动 力 本 构 模 型

近 20 年来，我国高烈度区设计及建造的高土石坝，对工程防震抗震提出了更高要求。特别是 2008 年"5·12"汶川地震，经历强震考验的紫坪铺大坝的震害情况，可以通过现有动力分析方法再现，证明了当前抗震分析理论与方法的可靠性与先进性，该过程积极推动了抗震分析技术发展。

传统的有限元动力分析主要采用等效线性黏弹性模型，仅能反映中、低强度地震的加速度反应，不能满足大坝在强震时可能出现的强非线性乃至破坏过程的模拟，并且需要在黏弹性模型的基础上，通过引入残余变形的经验公式，反映坝体在地震荷载作用下的残余变形，具有较大的经验性，理论上存在明显缺陷。而另一类基于（黏）弹塑性模型的真非线性分析方法，虽然能够较好地模拟残余应变，用于动力分析可以直接计算残余变形，但工程应用经验相对匮乏。

值得说明的是，近些年我国规划建设的一批 300m 级高土石坝，随着筑坝高度的增加，坝体内部产生的高应力会使筑坝材料发生大量颗粒破碎，导致坝体的变形增大，且这些高坝多位于高地震烈度区，地震荷载作用时筑坝材料发生的颗粒破碎也会导致坝体产生较大的残余变形。在变形过程中，筑坝材料的密实状态也相应发生变化，合理预测坝体变形及抗震安全性评价的首要前提是建立恰当的静动力本构模型。为了更好地服务于高坝工程建设，我国学者通过研究提出了多个具有鲜明特色的静动力弹塑性本构模型。该类模型可考虑高应力条件下的颗粒破碎，能够反映堆石料在静力荷载作用下的低压剪胀、高压剪缩、应变软化和硬化等特性，还能够反映在循环荷载作用下应力–应变的滞回特性和残余变形的累积效应。由于静动力弹塑性模型能够较好地反映坝体的实际应力状态，并能够计算静动力的全过程以及计算坝体的残余变形，在理论上也相对合理。鉴于此，本章将改进的动力本构模型应用于 RM 高心墙堆石坝的变形预测及其抗震分析，进一步研究改进模型的适应性。

一、等价黏弹性动力分析方法

等价黏弹性动力分析方法主要采用等价黏弹性模型，该模型有两个重要参数，分别是动剪切模量 G 和阻尼比 λ，分别反映了土体动应力应变关系的非线性和滞回性。动剪切模量和阻尼比均随剪应变而变化，因而在地震过程中呈非线性变化。

地震残余变形分析方法主要包括两类：第一类是滑体变形分析，主要用于坝坡滑移分析；另一类是整体变形分析，具有典型代表性的是等价结点力法和等价惯性力法，工程应用中，以等价结点力法应用最为广泛。

等价结点力法是 1976 年由 Serff 等人提出，该法认为地震引起的永久变形等于某种等价节点力作用下所产生的附加变形。根据土石料的动力试验建立应力状态、动应力幅值和循环振次与土体残余应变的关系式。坝体的静动力有限元分析得到各单元的围压、固结比、振次和动应力，再根据土体残余应变表达各单元的残余应变势。将各单元残余应变转换为等效静结点力并按静力法施加于坝体，即得到地震永久变形。

等价惯性力法是 1983 年由 Taniguchi 等人建立。该方法结合循环三轴试验中的应力（初始静应力和循环动应力幅之和）与残余应变（γ_p）在一定等效循环周数（N）时的无量纲关系曲线和地震动力反应分析得到的坝体中各节点的等效水平加速度分布，推算出坝体各节点上的地震等效水平惯性力，将此地震等效水平惯性力作为静荷载施加在坝体节点上，依据动应力和残余应变关系曲线确定坝体的变形，将所得惯性荷载分别指向坝体上游和下游，将得到的两种变形进行线性叠加，即为坝体最终永久变形。

采用分段等效线性化的方法进行大坝地震动力响应及地震残余变形求解，具体步骤如下：

（1）按比奥固结理论进行静力计算，其结果作为动力计算的初始状态。

（2）动力分析。将地震历时分成若干时段，一般每一时段约 1～2s；将每一时段又分若干微小时段，一般每一微小时段约 0.01～0.02s；在每一时段内，假定动剪切模量和阻尼比为常数，利用等效线性化方法求解，其中对微小时段采用逐步积分法进行求解。在每一时段内进行多次迭代，直到动剪切模量和阻尼比在允许误差范围内与相应的动剪应变匹配；每一时段结束后，计算动孔压并将计算得到的残余应变增量转换为等效荷载，进行一次静力计算使应力位移协调。

（3）地震残余变形计算。将动力计算得到的各单元围压、固结比、振次和动应力，通过残余变形经验公式，求取各单元残余体应变和残余剪应变，进而通过初应变法将应变转换为等效静结点力并按静力法施加于坝体，即得到地震残余变形。

等效线性化动力求解过程如图 7-1 所示。

按地震过程中孔压影响的考虑方式，动力分析方法可分为总应力法和有效应力法，而有效应力法又可按考虑孔压消散和扩散与否，分为排水有效应力法和不排水有效应力法。传统等价黏弹性动力分析方法不能直接计算残余变形，没有采用考虑土骨架与流体耦合作用的固结方程，也不能直接得到超静孔压的累积与消散，属于总应力动力分析方法。为了计算心墙孔压，通常需要在每个动力计算时段完成后，加入采用经验半经验的残余变形和超静孔压计算公式，计算该时步的残余变形和超静孔压增量。因此总应力动力计算和有效应力静力固结计算交替进行，间接考虑超静孔压的累积和消散过程。在时段内假定动剪模量和阻尼比为常数也与实际不符。因而这种方法不能反映坝体材料动力特性的机理。由于这种方法概念简单，易于有限元编程实现，在模型参数的求取以及实际工程应用上积累了丰富的经验，工程界容易接受，目前国内外工程应用仍十分广泛。

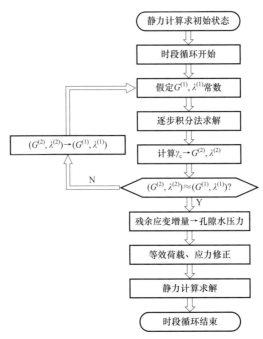

图 7-1 等效线性化动力求解过程

二、真非线性动力本构模型

1. 模型特点

真非线性动力本构模型由中国水利水电科学研究院提出。该模型将土视为黏弹塑性变形材料，模型由初始加荷曲线、移动的骨干曲线和开放的滞回圈组成。在此非线性动力模型中，骨干曲线和滞回圈的原点不断移动产生残余变形。

模型的应用准则如下：在动力反应分析中，模型确定了切线剪切模量的取值。在不规则循环荷载作用下，振动开始到当前为止，土体承受的剪应力比随时间变化，其绝对值的时程最大值定义为屈服剪应力比，其增量符号最后一次反向时的动剪应力比定义为动剪应力比幅值，则：① 如果当前动剪应力比绝对值小于动剪应力比幅值，而且剪应力比绝对值小于屈服剪应力比，则使用滞回圈曲线计算切线剪切模量；② 如果当前动剪应力比绝对值不小于动剪应力比幅值，而且剪应力比绝对值小于屈服剪应力比，则使用骨干曲线计算切线剪切模量；③ 如果当前剪应力比绝对值不小于屈服剪应力比，则使用初始加荷曲线计算剪切模量。

与等效动黏弹性模型相比，能够较好地模拟残余应变，用于动力分析可以直接计算残余变形；在动力分析中可以随时计算切线模量并进行非线性计算，这样得到的动力响应过程能够更好地接近实际情况。与基于 Masing 准则的非线性模型相比，增加了初始加荷曲线，对剪应力比超过屈服剪应力比时的剪应力应变关系的描述较为合理；滞回圈是开放的，能够计算残余剪应变；考虑了振动次数和初始剪应力比等对变形规律的影响（见图 7-2）。

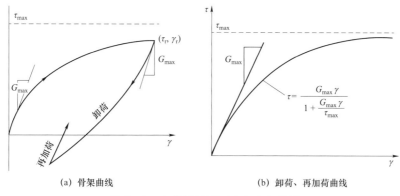

(a) 骨架曲线 　　　　　　　　　　　(b) 卸荷、再加荷曲线

图 7-2　真非线性模型应力应变曲线

2. 与等价黏弹性方法的比较

土体真非线性本构模型分析方法用切线剪切模量 Gt 代替中的割线模量进行计算，Gt 在滞回圈中的每一段都是不同的。由于真非线性动力分析比较真实地采用了地震动过程中各时刻土体的切线剪切模量，较好地模拟了土体的非线性特性，可计算出土体单元接近真实的反应过程，是一种比较精确的计算方法，而且可以直接计算出土体地震残余变形（也称永久变形）。

赵剑明等通过三维真非线性地震反应分析了高面板堆石坝，给出了真非线性和等效线性模型的结果差异如图 7-3 所示。

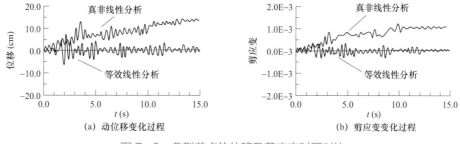

(a) 动位移变化过程 　　　　　　　　　(b) 剪应变变化过程

图 7-3　典型节点的位移及剪应变时程对比

3. RM 工程应用

采用真非线性模型对 RM 心墙堆石坝进行三维抗震计算分析，并与等价黏弹性模型计算结果进行比较。

（1）加速度反应的比较。

图 7-4（a）、图 7-5（a）给出了真非线性模型大坝加速度反应分布图。设计地震工况下，顺河向、竖向加速度反应均在河谷中央坝顶达到最大，其中顺河向最大加速度为 8.04m/s^2，放大倍数为 2.5，竖向最大加速度为 5.62m/s^2，放大倍数为 2.6。

图 7-4（b）、图 7-5（b）给出了等价黏弹性模型计算的大坝加速度反应分布图。与等价黏弹性模型相比，真非线性模型计算的最大加速度反应略小，在坝顶及坝坡附近的加速度

反应值约小 10%～15%。总体而言，两种模型的加速度反应分布规律基本一致，仅在局部分布和量值上存在一定差异。

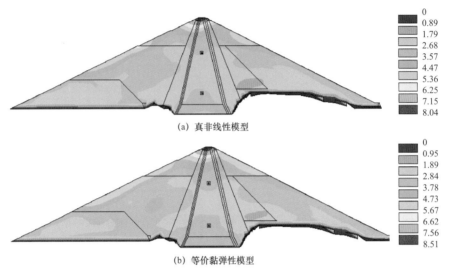

图 7-4 顺河向加速度分布的比较（单位：m/s²）

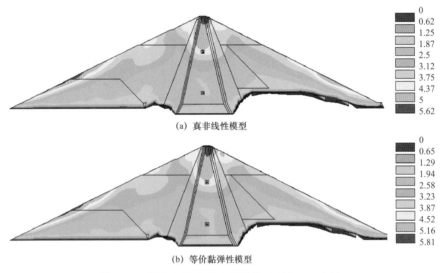

图 7-5 竖向加速度分布的比较（单位：m/s²）

（2）地震永久变形的比较。

图 7-6（a）给出了真非线性模型竖向残余变形分布图。最大竖向残余变形为 119.36cm，约占最大坝高的 0.4%，最大值发生在河谷中央坝顶。与沈珠江残余变形模型相比，真非线性模型计算的地震残余变形小（约 5%），但分布规律与沈珠江残余变形模型基本一致。

从理论分析角度，真非线性模型比等价黏弹性模型更为先进，但两者计算结果总体差别不大，工程实践中该模型可用作平行对比分析。

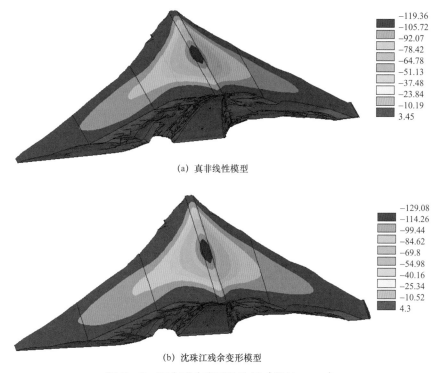

(a) 真非线性模型

(b) 沈珠江残余变形模型

图 7-6 竖向残余变形的比较（单位：cm）

三、静动力统一弹塑性本构模型

1. 模型介绍

在弹塑性模型中，总应变增量可以分解为弹性应变增量和塑性应变增量，如式（7-1）

$$\Delta \varepsilon_{ij} = \Delta \varepsilon_{ij}^e + \Delta \varepsilon_{ij}^p \tag{7-1}$$

式中：$\Delta \varepsilon_{ij}$ ——总应变增量；

$\quad\quad \Delta \varepsilon_{ij}^e$ ——弹性应变增量；

$\quad\quad \Delta \varepsilon_{ij}^p$ ——塑性应变增量。

粗粒土的应力应变关系可以表示为：

$$\Delta \boldsymbol{\sigma} = \boldsymbol{D}^{ep} : \Delta \boldsymbol{\varepsilon} \tag{7-2}$$

式中：$\Delta \boldsymbol{\sigma}$ ——应力增量；

$\quad\quad \boldsymbol{D}^{ep}$ ——弹塑性矩阵。

基于广义塑性理论的弹塑性矩阵可以表示为：

$$\boldsymbol{D}^{ep} = \boldsymbol{D}^e - \boldsymbol{D}^p = \boldsymbol{D}^e - \frac{\boldsymbol{D}^e : \boldsymbol{n}_{\mathrm{gL/U}} : \boldsymbol{n}^{\mathrm{T}} : \boldsymbol{D}^e}{H_{\mathrm{L/U}} + \boldsymbol{n}^{\mathrm{T}} : \boldsymbol{D}^e : \boldsymbol{n}_{\mathrm{gL/U}}} \tag{7-3}$$

式中：$\boldsymbol{D}^e$ ——弹性矩阵；

$\quad\quad \boldsymbol{D}^p$ ——塑性矩阵；

$\boldsymbol{n}_{gL/U}$ ——加载或卸载时的塑性流动方向；

$\boldsymbol{n}$ ——加载方向；

$H_{L/U}$ ——加载或卸载时的塑性模量。

加载时的塑性流动方向为：

$$\boldsymbol{n}_{gL} = \left(\frac{d_g}{\sqrt{1+d_g^2}}, \frac{1}{\sqrt{1+d_g^2}} \right) \tag{7-4}$$

为了模拟所谓的粗粒土"卸载体缩"现象，仿照 Pastor 等人的做法，将土体处于卸载时的塑性流动方向定义为

$$\boldsymbol{n}_{gU} = \left[-abs \left(\frac{d_g}{\sqrt{1+d_g^2}} \right), \frac{1}{\sqrt{1+d_g^2}} \right] \tag{7-5}$$

陈生水等人建议，对于堆石材料，d_g 采用下式

$$d_g = (1+\alpha) \cdot \frac{M_d^2 - \eta^2}{2\eta} \tag{7-6}$$

式中：M_d ——材料由剪缩向剪胀过渡的相变应力比；

α ——一般取 0.5。

$$M_d = \frac{6 \cdot \sin\psi}{3 - \sin\psi} \tag{7-7}$$

$$\psi = \psi_0 - \Delta\psi \lg\left(\frac{p}{p_a} \right) \tag{7-8}$$

式中：ψ ——考虑了颗粒破碎的剪胀特征摩擦角；

ψ_0、$\Delta\psi$ ——反映剪胀特征摩擦角变化的参数。

加载方向可以定义为式（7-9）

$$\boldsymbol{n} = \left(\frac{d_f}{\sqrt{1+d_f^2}}, \frac{1}{\sqrt{1+d_f^2}} \right) \tag{7-9}$$

其中，d_f 可以定义为：

$$d_f = (1+\alpha) \cdot \frac{M_f^2 - \eta^2}{2\eta} \tag{7-10}$$

根据邓肯等人提出堆石料强度非线性公式：

$$M_f = \frac{6 \cdot \sin\varphi}{3 - \sin\varphi} \tag{7-11}$$

$$\varphi = \varphi_0 - \Delta\varphi \lg\left(\frac{p}{p_a} \right) \tag{7-12}$$

式中：φ——内摩擦角；

φ_0 和 $\Delta\varphi$——反映剪胀特征摩擦角变化的参数；

　　α——一般取 0.5。

对于无黏性土，材料的等向压缩性可以由式（7-13）表示：

$$\varepsilon_v^p = (\lambda - k)\left[\left(\frac{p}{p_a}\right)^m - \left(\frac{p_0}{p_a}\right)^m\right] \tag{7-13}$$

式中：λ——压缩参数；

　　k——回弹参数；

　　m——粗粒土的一个材料参数；

　　p_a——大气压力；

　　p_0——参考压力。

粗粒土广义塑性模型中将弹性模量建议为式（7-14）：

$$E = \frac{3(1-2\upsilon)p_a^m}{m \cdot k \cdot p^{m-1}} \tag{7-14}$$

式中：υ——泊松比，一般认为是常数 0.3。

根据等向压缩试验模量再加入考虑了剪切项得到塑性模量，根据 Nakai 的建议，砂土或者是粗粒土的等向压缩规律可以由式（7-13）描述。

等向压缩过程中的塑性模量可以由上式取微分形式得到，即对式（7-13）微分得到如下式：

$$\Delta\varepsilon_v^p = m(\lambda - k)\frac{1}{p_a}\left(\frac{p}{p_a}\right)^{m-1}\Delta p \tag{7-15}$$

考虑到粗粒土的剪胀性和剪切效应后，可以将式（7-15）改进为一个半经验的塑性模量表达式，表达为下式：

$$H_L = \frac{p_a^m}{m(\lambda-k)p^{m-1}}\frac{1+(1+\eta/M_d)^2}{1+(1-\eta/M_d)^2} \cdot \left(1-\frac{\eta}{M_f}\right)^d \tag{7-16}$$

式（7-16）是在对多组粗粒土预测计算中逐步改进得到的，通过试验验证表明上式对粗粒土变形能较好描述。

考虑到动力复杂加载，再加载塑性模量可写成以下形式：

$$H_{RL} = H_L \cdot H_{DM} \cdot H_{den} \tag{7-17}$$

其中：

$$H_{DM} = \left(\frac{\eta}{\eta_{max}}\right)^{-\gamma_{DM}} \tag{7-18}$$

$$H_{\mathrm{den}} = \exp(\gamma_{\mathrm{d}} \varepsilon_{\mathrm{v}}^p) \qquad (7-19)$$

式中：γ_{d}、γ_{DM}——模型参数。

在卸载情况下，卸载模量可用下式表示：

$$\begin{cases} H_{\mathrm{U}} = \dfrac{p_{\mathrm{a}}^m}{mc_{\mathrm{e}}p^{m-1}} \dfrac{1+(1+\eta/M_{\mathrm{d}})^2}{1+(1-\eta/M_{\mathrm{d}})^2} \cdot \left(1-\dfrac{\eta}{M_{\mathrm{f}}}\right)^{\mathrm{d}} \left(\dfrac{M_{\mathrm{g}}}{\eta_{\mathrm{u}}}\right)^{\gamma_{\mathrm{u}}} & \left|\dfrac{M_{\mathrm{g}}}{\eta_{\mathrm{u}}}\right| > 1 \\[4mm] H_{\mathrm{U}} = \dfrac{p_{\mathrm{a}}^m}{mc_{\mathrm{e}}p^{m-1}} \dfrac{1+(1+\eta/M_{\mathrm{d}})^2}{1+(1-\eta/M_{\mathrm{d}})^2} \cdot \left(1-\dfrac{\eta}{M_{\mathrm{f}}}\right)^{\mathrm{d}} & \left|\dfrac{M_{\mathrm{g}}}{\eta_{\mathrm{u}}}\right| \leqslant 1 \end{cases} \qquad (7-20)$$

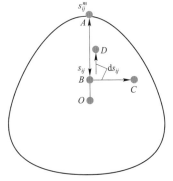

图 7-7　初始加载和再加载准则示意图

弹塑性模型中加载、卸载、再加载的定义：

在经典弹塑性理论中，加载准则定义为 $\boldsymbol{n}_{\mathrm{f}}:\mathrm{d}\boldsymbol{\sigma} > 0$，其中 $(\boldsymbol{n}_{\mathrm{f}} = \partial f/\partial\boldsymbol{\sigma})$，卸载准则定义为 $\boldsymbol{n}_{\mathrm{f}}:\mathrm{d}\boldsymbol{\sigma} < 0$，中性变载定义为 $\boldsymbol{n}_{\mathrm{f}}:\mathrm{d}\boldsymbol{\sigma} = 0$，经典弹塑性理论中的加卸载准则不适用于循环加载，不能区分初始加载和再加载。广义塑性模型将历史应力状态的记忆效应机制引入加卸载准则，当 $\eta = \eta_m$ 且 $\mathrm{d}\eta > 0$ 时认为土体发生了初始加载，当 $\eta \leqslant \eta_m$，$\mathrm{d}\eta < 0$ 时认为土体发生了卸载。当 $\eta \leqslant \eta_m$，$\mathrm{d}\eta > 0$ 时，见图 7-7，可能存在两种情况：如果试样应力状态从点 O 指向点 A，然后卸载至点 B，然后应力路径从 B 到 C 或从 B 到 D 均满足条件 $\eta \leqslant \eta_m$，$\mathrm{d}\eta > 0$，但是这两种应力路径产生的效应显然是不同的。具体模型中引入式（7-21）来区分初始加载和再加载应力路径。

$$\eta = \eta_m, \mathrm{d}\eta > 0 \begin{cases} (s_{ij} - s_{ij}^m)\mathrm{d}s_{ij} < 0 & （再加载） \\ (s_{ij} - s_{ij}^m)\mathrm{d}s_{ij} \geqslant 0 & （初始加载） \end{cases} \qquad (7-21)$$

式中：η——应力比；

　　　η_m——加载历史中最大应力比；

　　　s_{ij}——偏应力张量；

　　　s_{ij}^m——记忆的历史最大偏应力张量。

该模型可统一考虑堆石料流变、湿化效应以及静动统一的弹塑性耦合效应，以便模拟大坝填筑、蓄水、运行以及遭遇地震时的动力响应和残余变形等。

2. 试验参数

以 RM 工程为例，根据室内静、动力试验结果整理各分区坝料静动力统一弹塑性模型试验参数，见表 7-1。

表 7-1   RM 筑坝料静动力统一弹塑性本构模型试验参数

材料	ρ (g/cm³)	φ (°)	$\Delta\varphi$ (°)	ψ (°)	$\Delta\psi$ (°)	L	k	m	d	γ_{DM}	γ_d	γ_u
堆石Ⅰ区	2.17	61.0	11.1	52.6	7.2	0.0149	0.0047	0.448	0.636	2.8	180	32
堆石Ⅱ区	2.11	60.6	11.4	52.1	6.8	0.0136	0.0043	0.490	0.725	2.7	177	35
过渡区	2.11	59.5	10.5	50.2	5.54	0.0110	0.0035	0.527	0.748	2.6	186	31
反滤层Ⅰ区	1.96	62.3	11.8	53.9	7.3	0.0100	0.0032	0.513	0.639	2.4	260	45
反滤层Ⅱ区	2.10	57.6	9.5	53.2	7.3	0.0110	0.0035	0.540	0.647	2.7	165	28
砾质土心墙料	2.21	42.87	5.88	42.87	5.88	0.0385	0.01	0.334	1.327	3.4	138	39
接触黏土料	1.97	32.0	4.60	32.0	4.60	0.0308	0.0097	0.450	1.498	3.3	125	30

图 7-8～图 7-12 给出了 RM 工程堆石料、过渡料、反滤层Ⅰ区料、反滤层Ⅱ区料以及砾石土心墙料动力循环加载试验及模型验证结果。由图可见，静动力统一弹塑性模型可较好模拟循环加载条件下动应力与动应变的关系。

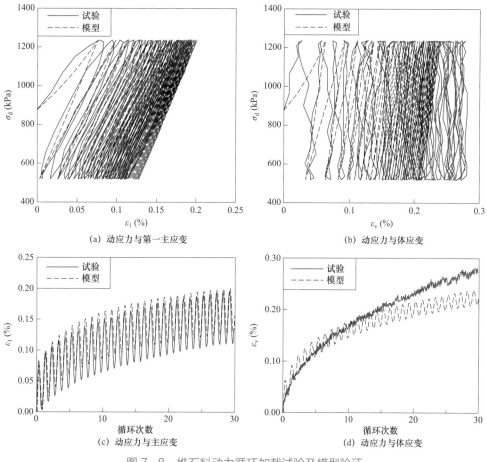

图 7-8　堆石料动力循环加载试验及模型验证

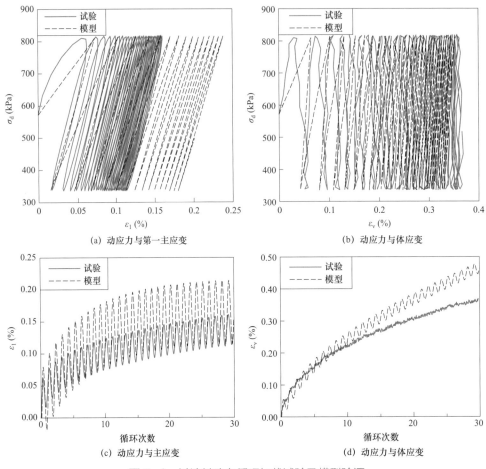

图 7-9 过渡料动力循环加载试验及模型验证

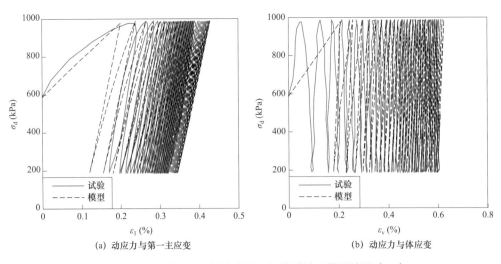

图 7-10 反滤层Ⅰ区料动力循环加载试验及模型验证（一）

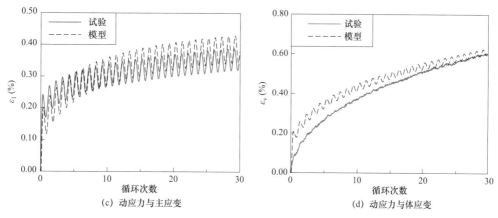

（c）动应力与主应变　　　　　　　　（d）动应力与体应变

图 7-10　反滤层Ⅰ区料动力循环加载试验及模型验证（二）

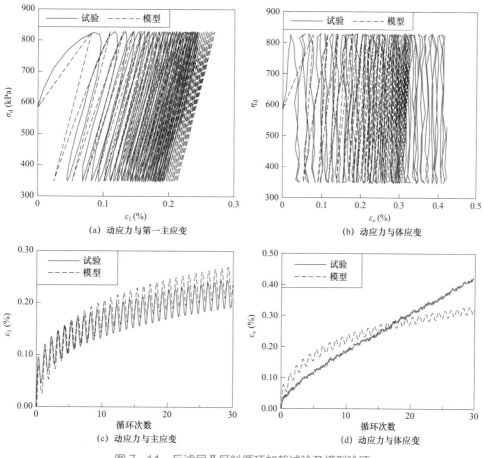

（a）动应力与第一主应变　　　　　　（b）动应力与体应变

（c）动应力与主应变　　　　　　　　（d）动应力与体应变

图 7-11　反滤层Ⅱ区料循环加载试验及模型验证

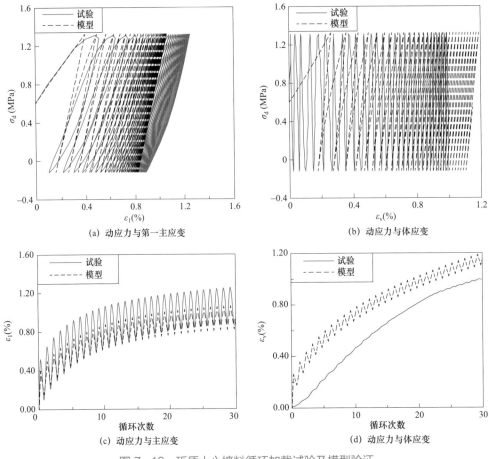

图 7-12 砾质土心墙料循环加载试验及模型验证

3. RM 工程应用

基于 RM 筑坝材料静动力试验成果，分别采用静动力统一本构模型方法和常规计算方法整理计算参数，并对两种方法的计算结果进行对比。其中静动力统一本构模型计算方法，计算参数统一模拟考虑了坝料的流变、湿化以及静动力弹塑性耦合全过程特性；常规计算方法静力瞬时变形采用邓肯-张 E-B 模型模拟，大坝长期变形采用沈珠江湿化模型和流变模型模拟，动力响应计算采用沈珠江动力本构模型和残余变形模型。

（1）静力计算结果的对比。

表 7-2 汇总了两种方法静力计算结果的对比。图 7-13、图 7-14 给出了大坝运行 8 年顺河向位移、沉降分布规律的对比。

表 7-2　　　　　　　　　　　RM 大坝三维静力计算结果的对比

统计项目	静动力统一本构模型			常规计算方法		
	竣工期	满蓄期	运行 8 年后	竣工期	满蓄期	运行 8 年后
指向上游位移（cm）	34.8	35.0	35.2	29.1	29.5	30.0

续表

统计项目	静动力统一本构模型			常规计算方法		
	竣工期	满蓄期	运行8年后	竣工期	满蓄期	运行8年后
指向下游位移（cm）	46.4	73.6	90.4	61.7	101.6	120.9
指向右岸位移（cm）	47.2	50.8	60.4	50.8	53.7	58.7
指向左岸位移（cm）	38.6	44.1	52.4	49.6	51.1	53.2
最大沉降（cm）	338.4	358.0	390.5	325.0	349.3	384.3
沉降率（%）	1.07	1.14	1.24	1.03	1.11	1.22

对比分析可得以下结论：

1）两种计算方法竣工期和满蓄期心墙内部均未形成稳定的渗流场，预测大坝运行8年后心墙已基本达到稳定渗流状态。

2）与常规计算方法相比，静动力统一弹塑性本构模型计算的顺河向位移略小、沉降略大。在图7-13中，运行8年时静动力统一弹塑性本构模型方法计算的最大顺河向位移为90.4cm，而常规计算方法为120.9cm，前者比后者小约25.2%；在图7-14中，运行8年时静动力统一弹塑性本构模型方法计算的最大沉降为390.5cm，而常规计算方法为384.3cm，前者比后者增大约1.6%。

3）无论是常规计算方法，还是静动力统一弹塑性本构模型，计算的坝体应力变形分布规律基本相近，但从已建工程大坝沉降及水平位移监测情况来看，静动力统一弹塑性本构模型更加符合工程实际。

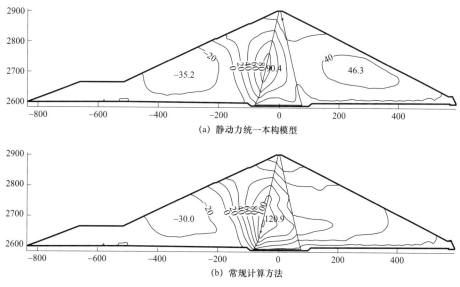

（a）静动力统一本构模型

（b）常规计算方法

图7-13 运行8年顺河向位移分布对比（单位：cm）

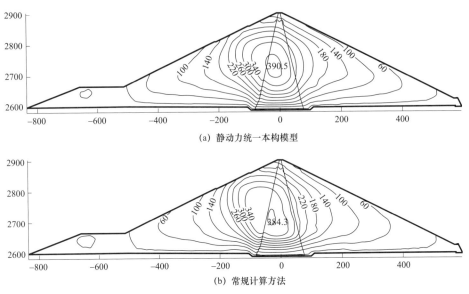

图7-14　运行8年竖向沉降分布对比（单位：cm）

（2）动力计算结果的对比。

表7-3汇总了静动力统一本构模型与沈珠江动力本构模型计算结果的对比。

表7-3　　　　　　　　　　　大坝三维动力响应计算结果的对比

统计项目		设计地震（100年超越概率2%）		校核地震（100年超越概率1%）	
		静动力统一本构模型	沈珠江动力模型	静动力统一本构模型	沈珠江动力模型
加速度放大倍数	轴向	2.65	2.05	2.54	2.04
	顺河向	2.63	2.41	2.58	1.92
	垂直向	2.75	2.71	2.61	2.65
动位移（cm）	轴向	48.8	72.1	59.3	102.3
	顺河向	49.5	55.1	51.7	68.5
	垂直向	33.7	42.6	43.8	47.6
永久变形（cm）	轴向	43.0/−42.0	35.7/−20.1	59.6/−62.6	36.7/−30.6
	顺河向	−31.3/38.6	−36.2/87.3	−35.2/46.8	−56.7/107.0
	垂直向	143.7	116.7	173.9	163.0
震陷率（%）		0.46	0.37	0.55	0.52

对比分析可得以下结论：

1）大坝动位移较大部位主要集中在河谷中央坝顶的局部区域。随着高程的增加，高频波被吸收，振动周期变长，与大坝主振频率更为接近，大坝动力反应也越大，坝顶部30m范围内坝体的加速度放大系数增加明显，存在地震"鞭梢"效应。

2）无论是设计地震还是校核地震，静动力统一弹塑性本构模型计算的大坝加速度反应均大于沈珠江动力模型。在图 7 – 15 和图 7 – 16 中，静动力统一弹塑性本构模型计算得到的设计地震顺河向、竖直向加速度放大倍数分别为 2.63、2.75，而沈珠江本构模型为 2.41、2.71，后者比前者分别小 8.4%、1.8%。总体上，二者加速度反应相差不大，加速度放大倍数量值与《水电工程水工建筑物抗震设计规范》（NB 35047—2015）规定的设防烈度Ⅷ度时的动态分布系数建议值 2.5 基本相当。

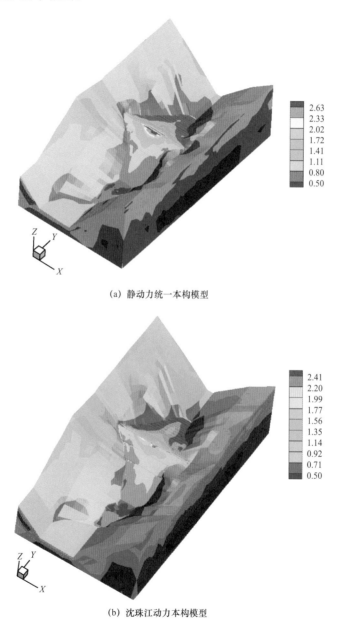

（a）静动力统一本构模型

（b）沈珠江动力本构模型

图 7 – 15 设计地震顺河向加速度放大倍数分布对比

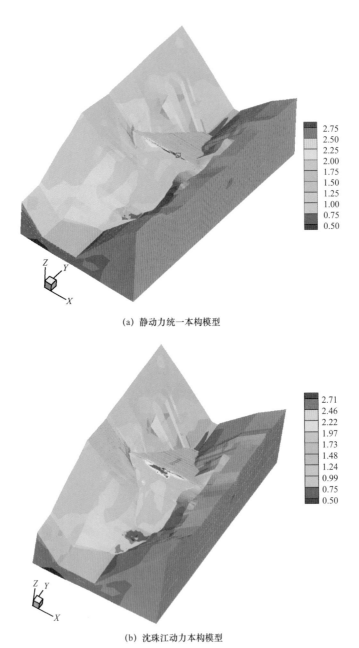

(a) 静动力统一本构模型

(b) 沈珠江动力本构模型

图 7-16 设计地震竖直向加速度放大倍数分布对比

3) 采用静动力统一弹塑性本构模型，设计地震和校核地震坝顶最大震陷量分别为143.7cm、173.9cm，约占最大坝高的0.46%和0.55%；而沈珠江本构模型坝顶最大震陷量分别为116.7cm、163.0cm，约占最大坝高的0.37%和0.52%，前者均大于后者，如图7-17所示。但总体而言，两种方法计算的坝顶震陷率均小于最大坝高的 1%，表明 RM 大坝具有较好的抗震性能。

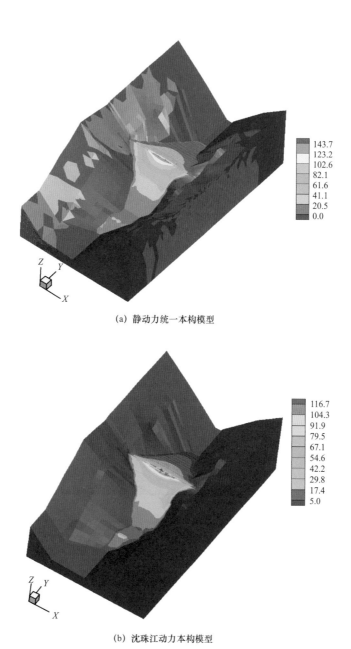

(a) 静动力统一本构模型

(b) 沈珠江动力本构模型

图 7-17　设计地震竖直永久沉陷分布对比（单位：cm）

第三节 地震动输入

　　地震动输入是大坝抗震安全性评价的重要前提。地震波从产生到作用于坝体上要经历一个传播过程，使得建基面上各点作用的地震荷载不同。目前土石坝动力有限元计算中通常采用的地震动输入方式还是最简单的均匀一致输入方式，即在坝基各节点上施加同一个地震加速度时程产生的惯性力，这就等价于整个河谷成为一个刚性的振动台，建基面上各点的位移过程都相同。本节通过建立复杂坝址坝基岩体，并采用无质量地基一致输入方式，研究地震波在复杂岩体中的传播机制及对大坝动力特性的影响；通过考虑地基辐射阻尼影响，研究非一致波动输入对动力计算结果的影响。

一、复杂坝基岩体地震波传播特性

　　建立了考虑基岩的有限元模型，综合考虑基岩的力学特性、几何特征和地震波的频谱特性，分析地震波在基岩内的传播规律，以及坝体-地基-山体间的动力相互作用。图 7-18 为含基岩的三维整体网格图，该计算网格模型单元数 271035、结点数 60557，为减小边界上地震波反射的影响，在四周加了吸收层。

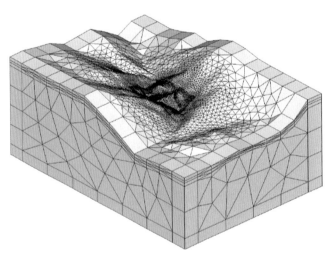

图 7-18　三维带基岩网格模型

　　动力计算采用沈珠江建议的修正等价黏弹性模型和永久变形计算模式，选取坝体底部坝基中不同位置处的典型节点的位置如图 7-19 所示。从下至上的四层基岩分别为新鲜岩、微风化微新岩体、弱风化下带、弱风化上带，模量依次递减。

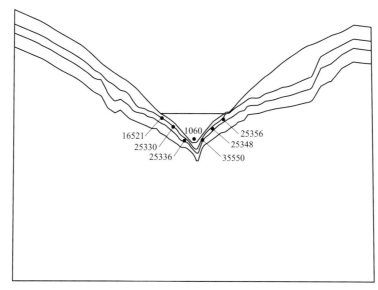

(a) 纵剖面图

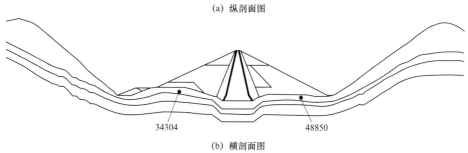

(b) 横剖面图

图 7-19　选取的大坝典型节点位置图

汇总三维坝体底部坝基中典型节点不同位置处的地震加速度响应及放大倍数计算结果，如表 7-4 所示。

表 7-4　　　　　　　　　坝基中典型节点地震加速度响应及放大倍数汇总表

典型节点	顺河向		坝轴向		竖直向	
	最大值（gal）	放大倍数	最大值（gal）	放大倍数	最大值（gal）	放大倍数
1060	518.54	0.97	755.07	1.42	302.89	0.85
25336	369.17	0.69	656.12	1.23	361.22	1.02
25330	539.43	1.01	752.70	1.41	324.57	0.91
16521	432.86	0.81	626.50	1.18	407.75	1.15
35550	555.40	1.04	674.38	1.27	368.36	1.04
25348	441.59	0.83	708.79	1.33	354.89	1.00
25356	507.74	0.95	674.75	1.27	349.44	0.98

续表

典型节点	顺河向		坝轴向		竖直向	
	最大值（gal）	放大倍数	最大值（gal）	放大倍数	最大值（gal）	放大倍数
34304	573.35	1.08	624.09	1.17	456.33	1.29
48850	597.60	1.12	816.07	1.53	422.63	1.19

由表 7-4 可知，地震动加速度在基岩内的响应值从下至上先减小后增加，靠近坝体和基岩接触边界时加速度响应值基本与输入地震动峰值相等，总体变化不大。

从图 7-20（a）所示的大坝及基岩典型横剖面顺河向加速度分布可以看出，在坝体底

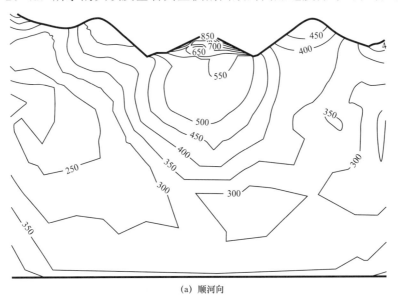

(a) 顺河向

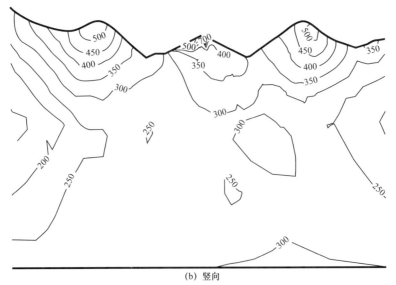

(b) 竖向

图 7-20　大坝及基岩典型横剖面加速度反应分布图（单位：gal）

部等值线比较稀疏，说明在该区域加速度响应变化不大，约在 550gal。从图 7-20（b）所示的大坝及基岩典型横剖面竖直向加速度分布可以看出，在坝体底部等值线比较稀疏，说明在该区域加速度响应变化不大，约在 350gal。

从图 7-21（a）所示的大坝及基岩典型纵剖面坝轴向加速度分布可以看出，坝轴向的加速度反应值大体上呈对称分布，均从坝底沿岸坡往上逐步减小，由底部约 740gal 至坝顶与岸坡接触位置处减小到 600gal。从图 7-21（b）所示的大坝及基岩典型纵剖面顺河向加速度分布可以看出，顺河向的加速度反应值左右岸相差不大，均从坝底沿岸坡往上逐步增大，左岸响应值从 550gal 逐步增大到 590gal 左右，放大 7.3%左右；右岸从 550gal 逐步增大到 585gal 又减小到 550gal，中间放大 6.4%左右。

从图 7-21（c）所示的大坝及基岩典型纵剖面竖直向加速度分布可以看出，竖直向的

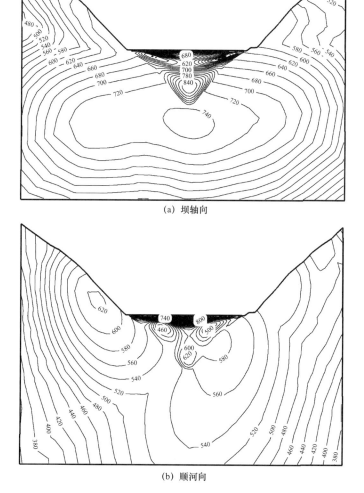

(a) 坝轴向

(b) 顺河向

图 7-21 大坝及基岩典型纵剖面加速度反应分布图（单位：gal）（一）

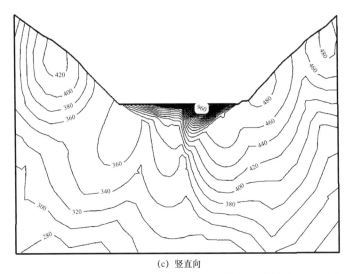

(c) 竖直向

图 7-21 大坝及基岩典型纵剖面加速度反应分布图（单位：gal）（二）

加速度反应值左右岸有较明显差异，两岸均从坝底沿岸坡往上逐步增大，坝左响应值约380gal 基本不变，坝右从 380gal 逐步增大到 470gal，放大 12.4%左右。分析原因可能是右岸弱风化上层基岩明显厚于左岸，且右岸基岩高程相对左岸偏低，综合来看右岸表层基岩靠近坝体部分相对左岸偏软，由此可能导致加速度响应放大效应右岸强于左岸。

上述研究可以得出结论，在坝基岩体中从下到上加速度整体上变化不大，目前高土石坝抗震研究一般采用坝基地震波一致输入法且不考虑基岩的处理是可行的。

二、非一致性地震波动输入法

土石坝有限元动力分析中，大多采用一致性均匀输入，即将土石坝动力反应作为一个能量封闭的振动问题，计算中不计结构与地基的相互作用，将地震惯性力作用在坝体建基面上，则动力计算结果中加速度、速度、位移均为相对于建基面运动的相对值。一致性地震动输入方法不能反映河谷不同部位地震动差异和地震动传播的"行波效应"，该方法仅适用于尺寸小、刚度小、输入频率低的建筑物。对于 200～300m 级特高土石坝结构，其尺寸、跨度与质量均非常大，在地震分析中应考虑坝体与地基的相互作用，这种相互作用既包括半无限地基对坝体动力特性的影响又包括坝体对动输入的影响。若不考虑坝体与地基的相互作用，则坝体与地基不存在能量交换，尤其不能反映地震能量向无限域的逸散现象，又称为"辐射阻尼效应"。地基-坝体动力系统的地震响应包含自由场入射地震波以及由坝体和河谷产生的散射外行波，外行波在向无限山体和地基传播过程中由于几何扩散和地基阻尼逐步逸散，而实际数值模拟中计算范围仅能取 1～2 倍坝高，若在数值模型截断边界处采用固定约束或自由端，则一部分原本逸散到无限地基中的散射波会经截断边界反射回坝体-地基系统内，显著影响坝体结构的地震响应。因此，为了对高土石坝的地震安全性作出更准确的评估，有必要采用非一致输入方式进行动力计算，即综合考虑相互作用、地基辐射阻尼和行波效应影响的波动输入。

采用动力黏弹性人工边界和非一致性地震动波动输入方法，建立考虑坝体－地基相互作用系统的整体数值模型，用于模拟坝体与地基之间的"能量交换效应"，更客观模拟地震波的行波效应以及山体地形对地震波的放大效应。

表 7-5 为采用地震动一致输入与波动输入方法计算结果的比较。为了比较两种方法坝体动力响应的差异，图 7-22 给出了地震动一致输入与波动输入方法最大断面处加速度放大倍数的分布。

表 7-5　　　　　　　　地震动一致输入与波动输入方法计算结果的比较

统计项目		设计地震（$P_{100}=2\%$）		校核地震（$P_{100}=1\%$）	
		非一致性输入	一致性输入	非一致性输入	一致性输入
加速度放大倍数	轴向	2.05	2.32	2.04	2.23
	顺河向	2.41	2.49	1.92	2.22
	垂直向	2.71	2.76	2.65	2.69
动位移（cm）	轴向	72.1	70.2	102.3	78.2
	顺河向	55.1	48.1	68.5	57.6
	垂直向	42.6	32.4	47.6	38.4
永久变形（cm）	轴向	35.7/−20.1	39.6/−42.3	36.7/−30.6	45.6/−50.2
	顺河向	−36.2/87.3	−40.6/95.3	−56.7/107.0	−66.2/113.2
	垂直向	116.7	129.6	163.0	178.9

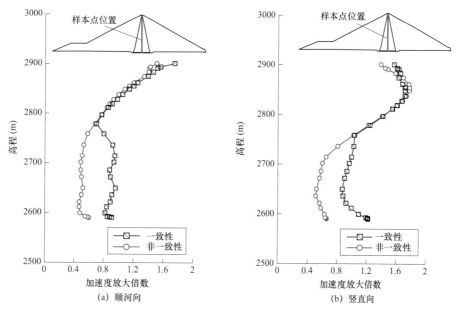

图 7-22　地震动一致输入与波动输入方法加速度放大倍数的比较

通过对比可知，非一致性输入方法考虑了地基的"辐射阻尼"效应，其加速度响应和永久变形均小于一致性输入。一致性输入计算的动位移为坝体相对基岩的相对位移，而非一致性输入方法计算的位移为坝体绝对位移，其包含基岩输入的动位移和坝体动力反应位移两部分，故非一致性输入的动位移要大于一致性输入方法。

三、大坝频谱特性及滤波效应

1. QH 组计算成果

采用 100 年超越概率 1% 场地一致概率谱人工地震波，分析三维坝体地震过程中的共振激励与滤波效应。选取坝体内特征结点编号见表 7-6，分布示意见图 7-23，表 7-7 汇总了坝体特征结点地震动力特征值。

表 7-6 坝体特征结点编号

结点代号	所处坝体位置	结点代号	所处坝体位置	结点代号	所处坝体位置
U1	上游坝体底部	U5	心墙底部	U9	下游坝体底部
U2	上游坝体中下部	U6	心墙中下部	U10	下游坝体中下部
U3	上游坝体中上部	U7	心墙中上部	U11	下游坝体中上部
U4	上游坝体顶部	U8	心墙顶部	U12	下游坝体顶部

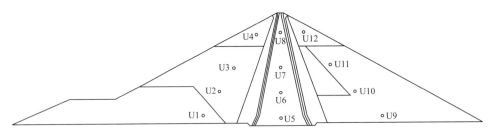

图 7-23 典型结点分布位置图

表 7-7 坝体特征结点地震动力响应特征值

位置		结点代号	a_{max}（m/s²）	S_A（m/s²）	T_p（s）	R_a	T_a（s）
上游坝体	底部	U1	4.65	12.30	0.26	1.11	0.94
	中下	U2	3.72	16.56	0.49	1.99	1.74
	中上	U3	3.90	14.97	0.65	2.61	1.74
	顶部	U4	6.98	31.28	1.40	7.55	1.37

续表

位置		结点代号	a_{max}（m/s²）	S_A（m/s²）	T_p（s）	R_a	T_a（s）
心墙	底部	U5	6.62	23.22	0.25	2.18	0.40
	中下	U6	3.70	14.68/14.91	0.48/0.69	2.07	1.13
	中上	U7	4.06	14.30	0.70	2.60	1.74
	顶部	U8	6.17	25.51/25.93	0.98/1.40	5.92	1.37
下游坝体	底部	U9	3.97	14.25	0.25	1.18	0.28
	中下	U10	4.32	18.27	0.67	2.32	0.73/1.13
	中上	U11	4.95	20.95	0.73	2.72	0.73
	顶部	U12	6.14	28.12	0.75	5.29	1.51

注：a_{max} 为最大响应加速度，S_A 为反应谱最大加速度，T_p 为卓越周期，R_a 为反应谱放大系数最大值，T_a 为反应谱放大系数最大值对应的周期。表格中有两个数据的表示其峰值虽在不同的位置，但位置和数值都很接近。

分析得出以下结论：

（1）在上游堆石区、心墙、下游堆石区中，自坝体底部至中下部，特征点地震动时程曲线的加速度峰值在大部分区域不仅没有增加，反而有所减小；从中上部到顶部特征点地震动时程曲线的峰值明显增大，上游堆石区、心墙、下游堆石区中自底部向上最大响应加速度值分别由 4.65 m/s²、6.62 m/s²、3.97m/s² 增大至 6.98 m/s²、6.17 m/s²、6.14m/s²，显现出"鞭梢效应"。从波形上看，从下到上响应加速度时程曲线逐渐变得稀疏。

（2）卓越周期从下到上逐渐增加，上游堆石区中自底部向上卓越周期由 0.26s 不断增加，最终达到 1.40s，心墙中自底部向上卓越周期由 0.25s 不断增加，最终达到 1.40s，下游堆石区中自底部向上卓越周期由 0.25s 不断增加，最终达到 0.75s。

（3）随着特征点对应高程逐渐增加，加速度反应谱放大系数逐渐变大。上游堆石区域从坝体底部放大系数最大值为 1.11 倍，一直到坝体顶部放大系数最大值为 7.55 倍左右，特征周期随高程增加逐渐增大，最终坝顶特征周期约为 1.37s 左右；心墙区域从坝体底部放大系数最大值为 2.18 倍一直到坝体顶部放大系数最大值为 5.92 倍左右，特征周期随高程增加逐渐增大，最终坝顶特征周期约为 1.37s 左右；下游堆石区域从坝体底部放大系数最大值为 1.18 倍一直到坝体顶部放大系数最大值为 5.29 倍左右，特征周期随高程增加逐渐增大，最终坝顶特征周期约为 1.51s 左右。

（4）地震波反应谱中相应周期 1.37～1.51s 的成分放大最大，说明 RM 高心墙堆石坝在给定条件下的基本周期接近于 1.37～1.51s。从坝体底部至坝体顶部，随着特征点高程增加，加速度反应谱中放大倍数最大值对应的周期整体上越来越大，说明地震波从下到上传播的过程中地震波中的低频成分容易传播放大，而高频成分容易先被过滤掉。

2. DG 组计算成果

在 RM 大坝典型横剖面上，选取 A、B、C 共 3 个代表点的高程分别为 2592m、2750m、2907m，如图 7-24 所示，将输入的地震波频谱特性和典型代表点处的时程响应频谱特性对比，分析大坝的滤波效应。

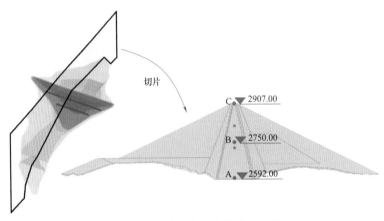

图 7-24　典型代表点位置示意图

图 7-25 给出了代表点处加速度时程响应的功率谱曲线，横坐标为频率范围（采用对数坐标），纵坐标为谱放大系数。可以看出，坝顶部对低频输入响应较为显著，一定程度减弱了高频输入的影响，故可以认为坝体对输入地震波频率有一定的过滤作用，主要呈现出"过滤高频，放大低频"的特点。

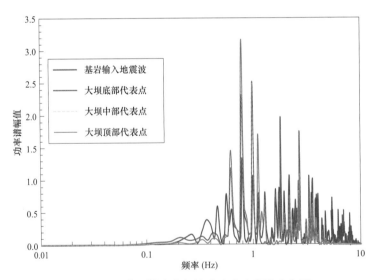

图 7-25　典型代表点加速度响应功率谱分布图

第四节 大坝动力响应及抗震稳定性数值模拟

一、地震动参数

1. 动峰值加速度

根据《中国地震动参数区划图》（GB 18306—2015），结合现场调查，对原《LCRM 水电站工程场地地震安全性评价报告》进行了复核，提出了通过中国灾害防御协会咨询的《澜沧江 RM 水电站地震动参数复核报告》，RM 水电站工程场地基岩地震动参数见表 7-8。

表 7-8 　　　　　　　　　RM 水电站工程场地基岩地震动参数成果表

设计地震动参数	50 年超越概率		100 年超越概率		
	10%	5%	5%	2%	1%
A_{max}（gal）	179	231	309	434	533
β_{max}	2.5	2.5	2.5	2.5	2.5
T_g（s）	0.40	0.40	0.40	0.40	0.45
a_h（g）	0.18	0.24	0.31	0.44	0.54

根据《水电工程水工建筑物抗震设计规范》（NB 35047—2015）、《水电工程防震抗震设计规范》（NB 35057—2015）规定，大坝为甲类的水工建筑物，抗震设计标准取基准期 100 年超越概率 2%，水平向地震加速度峰值为 434gal。对于大坝，不发生库水失控下泄灾变（溃坝）安全复核，校核标准取基准期 100 年超越概率 1%，水平向地震加速度峰值为 533gal。竖向地震输入加速度峰值取为水平向加速度峰值的 2/3。

2. 设定地震场地相关反应谱及地震波

依据设定地震的确定原则，考虑到第 14 号夺西 7.5 级潜在震源区的贡献超过 94%，对于 RM 工程坝址选取第 14 号潜在震源区作为设定地震可能发生的区域，如图 7-26 所示。

由 AS08 衰减关系计算场地相关设计反应谱时，将发震断层设定为走滑，AS08 衰减关系中采用的场点到三维断层破裂面的距离对应 100 年超越概率 2%取为表中的 13km，对应 100 年超越概率 1%取为表中的 12km（见表 7-9）。

根据设定地震的确定原则及步骤，获得 RM 坝址设定地震反应谱，如图 7-27 所示。拟合生成的三组人工模拟地震波各分量间的相关系数绝对值均小于 0.1，满足《水电工程水工建筑物抗震设计规范》（NB 35047—2015）关于相关系数不大于 0.3 的规定，图 7-28 第一组设定地震人工地震波加速度时程曲线。

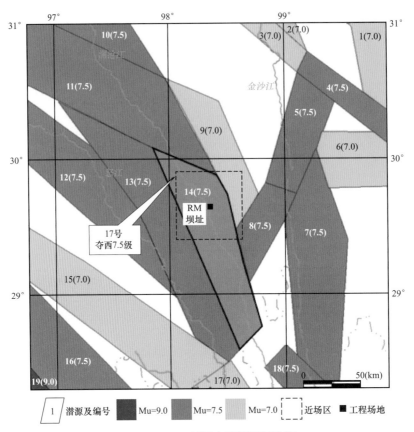

图 7-26　区域潜在震源区划分图

表 7-9　　　　　　　　　　　　RM 工程坝址设定地震参数

潜源编号	场址加速度校正前（gal）	场址加速度校正后（gal）	震级（M）	距离 R（km）	发生概率
14	271.1	434.3	7.4	13	0.38255E－05
14	293.6	533.4	7.5	12	0.27632E－05

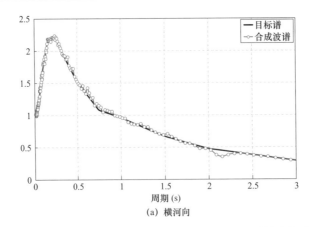

(a)　横河向

图 7-27　第一组设定地震人工地震波反应谱与目标谱的比较（一）

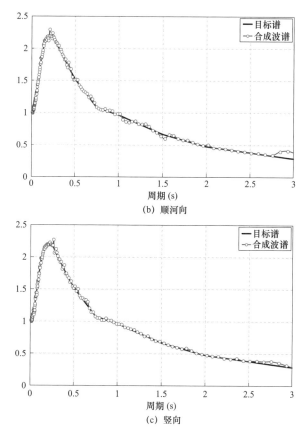

图 7-27　第一组设定地震人工地震波反应谱与目标谱的比较（二）

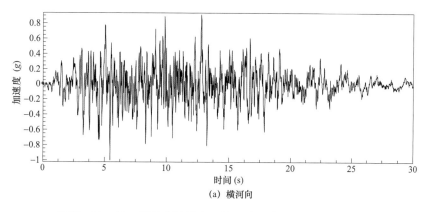

图 7-28　第一组设定地震人工地震波加速度时程曲线（一）

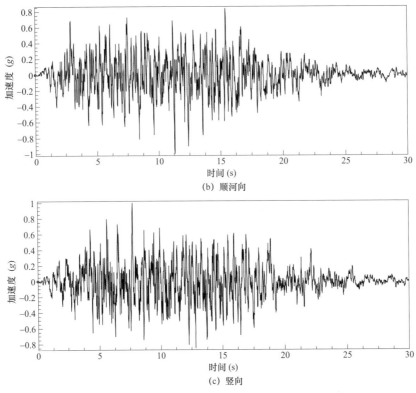

图 7-28 第一组设定地震人工地震波加速度时程曲线（二）

3. 场地一致概率反应谱及地震波

根据《澜沧江 RM 水电站地震动参数复核报告》，工程场地一致概率设计地震动加速度反应谱取为：

$$S_a(T) = A_{max} \beta(T) \qquad (7-22)$$

式中：A_{max}——设计地震动峰值加速度；

$\beta(T)$——设计地震动加速度放大系数反应谱。且有：

$$\beta(T) = \begin{cases} 10(\beta_{max} - 1)T + 1 & 0 < T \leq T_1 \\ \beta_{max} & T_1 < T \leq T_2 \\ \beta_{max}\left(\dfrac{T_2}{T}\right)^{\gamma} & T_2 < T \leq 6 \end{cases} \qquad (7-23)$$

当 $\beta(T)$ 小于 $0.2\beta_{max}$ 时，取 $\beta(T) = 0.2\beta_{max}$。

β_{max} 为放大系数反应谱的平台值，T_1 为第一拐点周期值，T_2 为第二拐点周期值，γ 为下降段下降速度控制参数，按最新《水电工程水工建筑物抗震设计规范》（NB 35047—2015）的规定 γ 取值 0.6。

工程场地 50 年超越概率 10%、5% 和 100 年超越概率 5%、2%、1% 基岩加速度反应谱及归准谱值如图 7-29 所示；图 7-30 给出了 100 年超越概率 2% 的地震波时程。

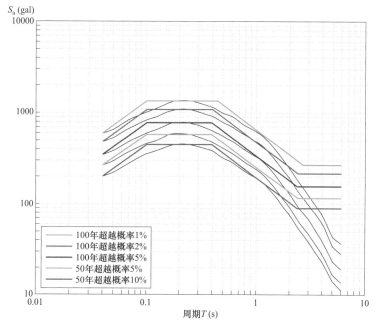

图 7-29　工程场地基岩加速度反应谱及归准谱

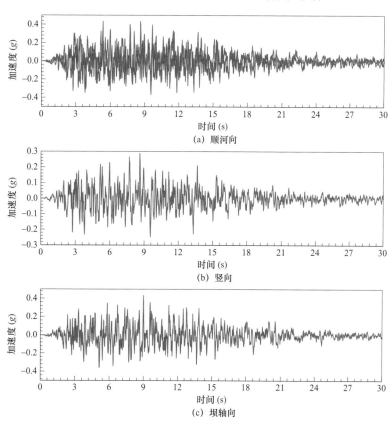

图 7-30　100 年超越概率 2%场地一致概率谱地震加速度时程

4. 标准设计反应谱及地震波

以《水电工程水工建筑物抗震设计规范》（NB 35047—2015）规定的阻尼比为5%的标准设计反应谱为目标谱拟合人工地震波。RM坝址在《中国地震动参数区划图》（GB 18306—2015）中位于0.45s区，根据NB 35047—2015中表5.3.5特征周期调整表，RM坝址标准反应谱的特征周期调整为0.30s，最终确定标准谱的参数为$\beta_{max}=2.5$，$T_g=0.30s$，$\gamma=0.6$（见图7-31、图7-32）。

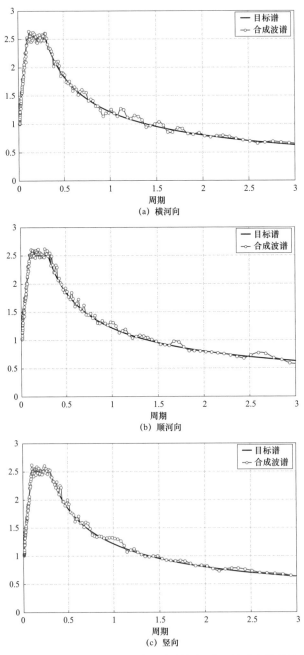

图7-31 第一组人工地震波反应谱与标准设计反应谱的比较

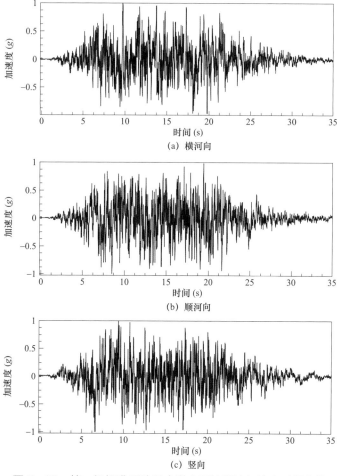

图 7–32　第一组标准设计反应谱人工地震波加速度时程曲线

5. 三种地震反应谱的比较

图 7–33 给出了设定地震场地相关反应谱、场地一致概率反应谱及标准设计反应谱的比较。用于动力时程法计算时，场地一致概率反应谱、标准设计反应谱的放大系数 β_{max} 均为2.5，但标准设计反应谱的上平段略宽。

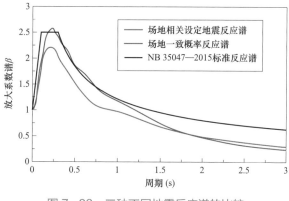

图 7–33　三种不同地震反应谱的比较

在 1.8s 周期之前，基于 RM 工程场地地震安全性评价成果，工程场地一致概率反应谱稍高于设定地震场地相关反应谱，1.8s 周期以后，设定地震场地相关反应谱稍高于场地一致概率反应谱。场地一致概率反应谱放大系数谱值 β_{max} 为 2.5，设定地震反应谱放大系数谱值 β_{max} 为 2.2，场地特征周期均为 0.3s。

二、计算条件

计算条件包括计算模型维数（二维或三维）、地震波谱类型、所采用的地震动输入方式（固定边界一致输入、或黏弹性人工边界波动输入）、动力特征试验参数（动剪切模量、阻尼比、永久变形、液化等）以及本构模型（动力本构、永久变形）等（见表 7-10）。

表 7-10　　　　　　　　计 算 条 件 汇 总 表

反应谱类型	计算单位	计算模型	地震波输入方式	动力计算参数	本构模型
设定地震场地相关反应谱	DG 组	三维	黏弹性边界、波动输入	DG 组、NK 组试验	等效黏弹性模型、DG 组改进的沈珠江模型
	DG 组	三维	黏弹性边界、波动输入	DG 组、NK 组试验	DG 组广义塑性模型
	BK 组	三维	固定边界、一致输入	NK 组、BK 组试验	等效黏弹性模型、沈珠江永久变形模型
	QH 组	二维	固定边界、一致输入	NK 组试验	沈珠江动力模型
	QH 组	三维	固定边界、一致输入	NK 组试验	沈珠江动力模型
	NK 组	三维	固定边界（含基岩）、一致输入	NK 组试验	沈珠江动力模型
	NK 组	三维	黏弹性边界、波动输入	NK 组试验	沈珠江动力模型
	NK 组	三维	黏弹性边界、波动输入	NK 组试验	NK 组统一弹塑性模型
场地一致概率反应谱	DG 组	三维	黏弹性边界、波动输入	DG 组、NK 组试验	等效黏弹性模型、DG 组改进的沈珠江模型
	BK 组	二维	固定边界、一致输入	NK 组、BK 组试验	等效黏弹性模型、沈珠江永久变形模型
	BK 组	三维	固定边界、一致输入	NK 组、BK 组试验	等效黏弹性模型、沈珠江永久变形模型
	BK 组	三维	固定边界、一致输入	NK 组、BK 组试验	BK 组真非线性模型
	QH 组	二维	固定边界、一致输入	NK 组试验	沈珠江动力模型
	QH 组	三维	固定边界、一致输入	NK 组试验	沈珠江动力模型
	QH 组	三维	固定边界、一致输入	NK 组试验	QH 组统一弹塑性模型（MPZG）
	NK 组	三维	黏弹性边界、波动输入	NK 组试验	沈珠江动力模型

续表

反应谱类型	计算单位	计算模型	地震波输入方式	动力计算参数	本构模型
规范标准设计反应谱	DG 组	三维	黏弹性边界、波动输入	DG 组、NK 组试验	等效黏弹性模型、DG 组改进的沈珠江模型
	BK 组	三维	固定边界、一致输入	NK 组、BK 组试验	等效黏弹性模型、沈珠江永久变形模型
	QH 组	二维	固定边界、一致输入	NK 组试验	沈珠江动力模型
	QH 组	三维	固定边界、一致输入	NK 组试验	沈珠江动力模型
	NK 组	三维	黏弹性边界、波动输入	NK 组试验	沈珠江动力模型

三、大坝加速度反应

以 DG 组基于设定地震场地相关反应谱的计算成果为例，介绍大坝的加速度反应特征。动力本构模型及参数采用 DG 组（堆石 I 区料、堆石 II 区料、过渡料、反滤层 I 区料）、NK 组（反滤层 II 区料、砾石土心墙料）试验数据对应的等效线性模型，地震动边界采用波动输入方法，考虑了坝体与无限岩体之间的相互作用和地震辐射阻尼作用，计算方法在理论上更为合理。

三维动力有限元网格与三维静力有限元一致。采用八分树离散技术实现了分析模型的跨尺度精细化离散，模拟了河谷弯曲、地形不规则、复杂分区的特性，且在坝顶和心墙部分进行了局部加密，生成坝体和基岩网格共计单元 1465148 个，结点 1341400 个，总自由度超过 400 万，如图 7-34 所示。

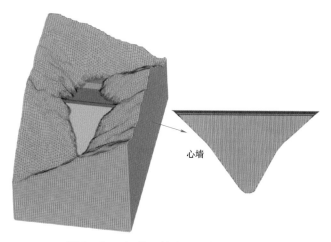

心墙

图 7-34 坝体和基岩三维有限元网格

地震动输入采用设定地震场地相关反应谱生成的人工地震波，共三组地震波，编号为 SD1、SD2、SD3，其中 SD1 为设定地震第一组，SD2 为设定地震第二组，SD3 为设定地震第三组，按坝轴向、顺河向、竖向分别输入。设计工况水平向峰值加速度为 0.44g（100 年 2%超越概率），校核工况为 0.54g，竖向峰值加速度取为水平向的 2/3。

设计地震工况下，坝体最大顺河向加速度为 7.98～8.55m/s^2，竖向最大加速度为 5.49～5.66m/s^2，坝轴向最大加速度为 6.20～6.45m/s^2，加速度放大倍数分别为 1.85～1.98（顺河向）、1.91～1.97（竖向）和 1.45～1.49（坝轴向），竖向放大倍数大于顺河向和坝轴向。校核地震工况下，坝体最大顺河向加速度为 8.99～9.91m/s^2，竖向最大加速度为 6.63～6.69m/s^2，坝轴向最大加速度为 6.93～7.62m/s^2，加速度放大倍数分别为 1.70～1.87（顺河向）、1.88～1.89（竖向）和 1.31～1.44（坝轴向），竖向放大倍数大于顺河向和坝轴向。

由图 7-35～图 7-37 设定地震（第一组）参数计算结果可知，加速度反应在坝体内总体反应不大，但在接近坝顶时明显增大，表现出明显的"鞭梢效应"。顺河向加速度反应最大的区域集中在河床部位坝顶，另外在围堰顶部以及坝坡的局部位置也出现较大的加速度，这主要是因为地震波在局部边界的反射造成的。

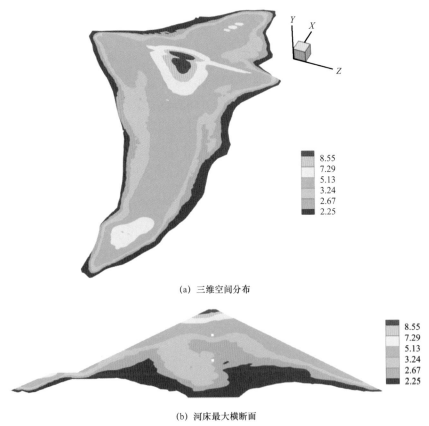

(a) 三维空间分布

(b) 河床最大横断面

图 7-35　设定地震（第一组）设计工况顺河向加速度分布（单位：m/s^2）

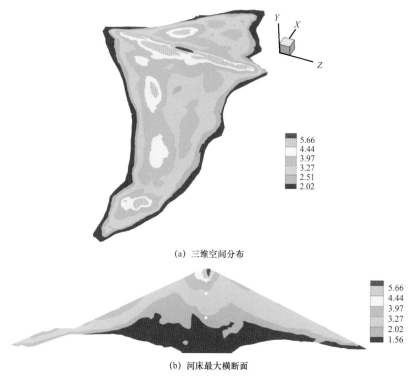

(a) 三维空间分布

(b) 河床最大横断面

图 7-36 设定地震（第一组）设计工况竖向加速度分布（单位：m/s²）

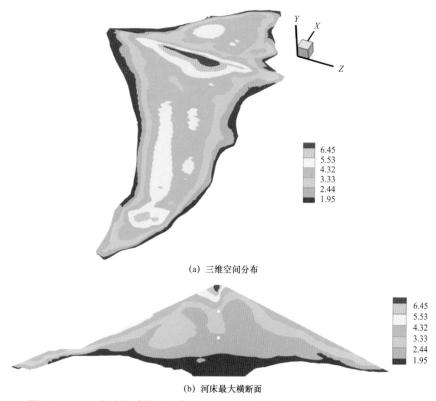

(a) 三维空间分布

(b) 河床最大横断面

图 7-37 设定地震（第一组）设计工况坝轴向加速度分布（单位：m/s²）

图 7-38 给出了 RM 大坝沿坝段中部典型代表点处顺河向加速度、竖向加速度和坝轴向加速度与各方向输入地震动峰值的比值沿高程分布情况（其中 h 为代表点距坝底高度，H 代表坝高）。可以看出，坝体与坝基交界面加速度放大倍数小于 1.0，表明大坝–地基相互作用明显；各方向加速度在 4/5 坝高以上区域，数值均较下部区域明显增大，说明 RM 大坝在 4/5 坝高以上顶部存在"鞭梢效应"，其中各个方向的放大倍数分别为 2.58、1.93 和 1.74（顺河向、竖向和坝轴向）。

尽管河床中部坝段坝顶附近加速度反应较大，但其分布区域很小，且由于出现峰值加速度的时间极短，除可能引起局部块石滚落或堆石体浅层滑移外，不会对整个坝体的安全性造成严重危害，因此可在河床中部坝段的坝顶和坝坡采取局部的抗震加固措施，以保证坝体的安全。

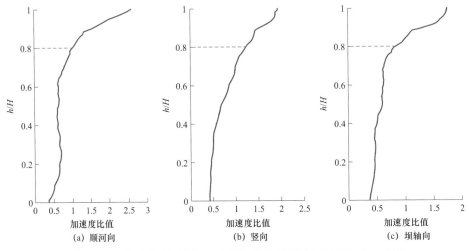

图 7-38 设定地震（第一组）设计地震代表点加速度沿高程分布

与设计地震工况相比，校核地震工况坝顶加速度反应较大，但加速度放大倍数减小约 10%～15%，符合一般规律。校核地震工况加速度放大倍数减小的原因主要与筑坝材料的非线性特性有关，随着动力变形的增大，坝料的动剪切模量降低、阻尼比增大，致使土石坝基频降低，坝顶加速度放大倍数减小。

四、地震永久变形

以 DG 组基于设定地震场地相关反应谱（第一组）计算成果为例，介绍大坝地震永久变形情况。

设计地震工况下，顺河向最大永久位移指向下游，最大值为 95.1cm；沉降最大值在坝顶附近，竖向最大永久沉降为 204.4cm（占坝高 0.65%）。校核地震工况下，顺河向最大永久位移指向下游，大小为 116.2cm，沉降最大值在坝顶附近，竖向最大永久沉降为 255.3m（占坝高 0.81%）。

从图7-39大坝震后变形分布可见，地震后大坝整体向内收缩，坝坡永久变形矢量指向坝内，永久变形垂直分量远大于水平分量，上下游坝坡无膨出现象，没有出现震松震散的情况，表明堆石体在高固结应力和循环荷载作用下大坝整体密度更加紧密。值得说明的是，该地震永久变形计算结果规律与经历强震考验的紫坪铺面板坝实测结果、与长河坝离心机振动台试验结果均一致。

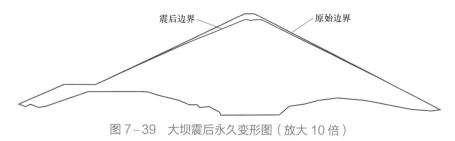

图7-39 大坝震后永久变形图（放大10倍）

五、坝坡抗震稳定性

1. DG组计算成果

计算条件为二维，以静力计算结果作为初始应力，在动力反应基础上，分析大坝上、下游坝坡抗滑失稳的可能性。地震动输入采用黏弹性人工边界，考虑坝体-坝基动力相互作用，岩基上下游水平向截取长度 $L=1.53H$，竖向深度 $D=1.57H$，抗震稳定计算采用改进的Newmark滑块法，不考虑坝顶抗震加固措施的影响（见表7-11）。

表7-11 设定地震坝坡抗震稳定计算成果

工况	位置	最小滑弧深度（m）	第1组参数			第2组参数			第3组参数		
			最小安全系数	安全系数小于1的累计时间（s）	最大累计滑动量（cm）	最小安全系数	安全系数小于1的累计时间（s）	最大累计滑动量（cm）	最小安全系数	安全系数小于1的累计时间（s）	最大累计滑动量（cm）
设计地震（0.44g）	上游	10	0.880	0.16	0.14	0.480	0.58	4.27	0.710	0.24	1.96
		20	0.982	0.04	0.00	0.725	0.44	2.30	0.730	0.16	1.48
		30	1.086	—	—	0.769	0.38	1.42	0.797	0.14	1.05
		50	1.214	—	—	0.934	0.06	0.07	0.988	0.02	0.00
	下游	10	1.520	—	—	1.400	—	—	1.580	—	—
		20	1.644	—	—	1.515	—	—	1.618	—	—
		30	1.670	—	—	1.535	—	—	1.653	—	—
校核地震（0.54g）	上游	10	0.550	0.71	2.59	0.320	1.85	35.09	0.39	1.33	19.34
		20	0.650	0.46	1.82	0.509	0.80	11.64	0.425	0.74	10.38
		30	0.774	0.30	0.48	0.544	0.60	10.41	0.491	0.54	8.32
		50	0.989	0.02	0.00	0.705	0.32	3.36	0.730	0.18	2.39

工况	位置	最小滑弧深度（m）	第1组参数			第2组参数			第3组参数		
			最小安全系数	安全系数小于1的累计时间（s）	最大累计滑动量（cm）	最小安全系数	安全系数小于1的累计时间（s）	最大累计滑动量（cm）	最小安全系数	安全系数小于1的累计时间（s）	最大累计滑动量（cm）
校核地震（0.54g）	下游	10	1.330	—	—	1.270	—	—	1.310	—	—
		20	1.505	—	—	1.386	—	—	1.450	—	—
		30	1.521	—	—	1.408	—	—	1.495	—	—

由表 7-11 计算结果可知：

（1）无论是设计地震还是校核地震，设定地震第 2 组参数计算得到的坝坡抗震稳定安全系数最小，安全系数小于 1.0 的累计时间最长，对应的累计滑动量也最大。

（2）对比最小滑弧深度 10m、20m、30m、50m 计算结果表明，滑弧深度越小，最小安全系数越低，安全系数小于 1.0 的累计时间越长，对应的累计滑动量也最大。

（3）最不利工况发生在最小滑弧深度 10m 的校核地震上游坝坡，坝坡抗震稳定最小安全系数为 0.302，安全系数小于 1.0 的累计时间为 1.85s，块体最大累计滑动量为 35.09cm。

采用动力法研究土石坝的抗震稳定性时，国际上通常认可的标准为：如果在整个地震过程中最小稳定安全系数大于 1.0，则可以认为坝坡是稳定的。如果出现最小安全系数小于 1.0，并不意味坝坡就一定会失稳破坏，这主要是因为动力荷载是往复的，在某一时刻安全系数可能小于 1.0，其持续很短时间后，安全系数又可能大于 1.0，在这种情况下坝坡将出现微小的永久变形。基于上述角度分析，采用改进的 Newmark 滑块法，虽然最不利工况坝坡抗震稳定最小安全系数为 0.302，但安全系数小于 1.0 的累计时间为 1.85s，仍小于安全控制标准 2s 的要求；块体最大累计滑动量为 35.09cm，远小于 Newmark 滑块法可容许 1m 左右的变形量。

2. BK 组计算成果

计算条件为三维，心墙料最大动剪切模量和阻尼比参数采用 BK 组 $\phi = 50mm$ 共振柱参数，其他采用 NK 组动力试验参数，直接输入归一化的动剪切模量、阻尼比与动剪应变的关系曲线。地震动输入采用固定边界一致输入法，输入设定地震波，计算采用动力时程线法、等效值法，不考虑坝顶抗震加筋措施的影响（见表 7-12）。

表 7-12　　　　　　　　设定地震坝坡抗震稳定计算成果

工况	部位	动力时程线法			动力等效值法	
		稳定安全系数最小值	安全系数小于1.0的累积时间（s）		等效稳定安全系数	
			计算	控制标准	计算	控制标准
设计地震（0.44g）	上游坡	0.76	<0.5	<2	1.2	>1.0
	下游坡	1.26	0	<2	1.38	>1.0

工况	部位	动力时程线法			动力等效值法	
		稳定安全系数最小值	安全系数小于 1.0 的累积时间（s）		等效稳定安全系数	
			计算	控制标准	计算	控制标准
校核地震（0.54g）	上游坡	0.48	0.52	＜2	1.02	＞1.0
	下游坡	0.92	0.18	＜2	1.12	＞1.0

设计地震工况，上游坝坡抗震稳定最小安全系数时程曲线最小值为 0.76，安全系数小于 1.0 的历时较短，小于 0.5s，按动力等效值法计算的抗震稳定安全系数为 1.2；下游坡抗震稳定最小安全系数时程曲线最小值为 1.26，按动力等效值法算得的抗震稳定安全系数为 1.38。根据工程经验，按动力时程线法计算的大坝上游坝坡抗震稳定安全系数时程曲线最小值出现小于 1.0 的历时较短，均小于 0.5s，且等效值法安全系数均大于 1.2。

校核地震工况，上游坝坡抗震稳定最小安全系数时程曲线最小值为 0.48，安全系数小于 1.0 的历时为 0.52s，按动力等效值法算得的抗震稳定安全系数为 1.02；下游坝坡抗震稳定最小安全系数时程曲线最小值为 0.92，安全系数小于 1.0 的历时为 0.18s，按动力等效值法算得的抗震稳定安全系数为 1.12。根据工程经验，校核地震按动力时程线法算得大坝上游坝坡抗震稳定安全系数时程曲线最小值出现小于 1.0 的历时均小于 0.6s，且等效值法安全系数大于 1.0。

六、心墙动强度及反滤层液化分析

1. BK 组计算成果

（1）有效应力法。

计算条件为三维，动剪切模量和阻尼比参数直接输入归一化的动剪切模量、阻尼比与动剪应变的关系曲线，地震动输入为固定边界一致输入法，地震波为场地一致概率波。

图 7-40、图 7-41 给出了三维条件下最大典型横剖面动孔压分布、动孔压比分布的计算结果。由图可知，坝体动孔压及孔压比较大的区域主要分布在坝体顶部，设计地震动孔压最大值为 232kPa，最大动孔压比为 0.9；与设计地震相比，校核地震动孔压及孔压比的分布范围有一定程度的增大，动孔压最大值为 305kPa，最大动孔压比为 0.9。

无论设计地震还是校核地震，最大动孔压比均小于 1.0，心墙及上下游反滤区单元均未发生动力贯通剪切破坏，因此可判断地震作用下心墙不会发生反滤层液化和心墙动强度失稳问题。

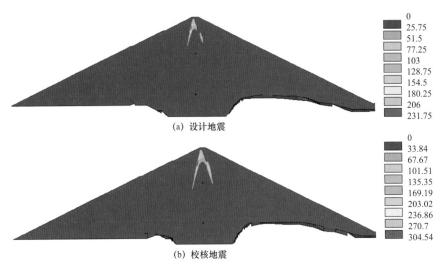

(a) 设计地震

(b) 校核地震

图 7-40　最大典型横剖面动孔压分布图

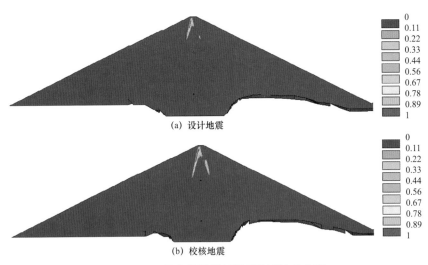

(a) 设计地震

(b) 校核地震

图 7-41　最大典型横剖面动孔压比分布图

（2）动抗剪安全系数法。

计算条件为三维，采用抗剪安全系数法，图 7-42 给出了最大横剖面单元抗震稳定安全系数分布图。

对心墙而言，心墙内部未发现动力剪切破坏，静动叠加后墙体未发现拉应力。

由图 7-42 可见，坝体单元动抗剪安全系数大部分大于 1.0，但心墙与混凝土垫层接触部位出现一定范围单元动抗剪安全系数小于 1.0 的区域，有部分破坏单元，但不会影响心墙的防渗功能和整体稳定。

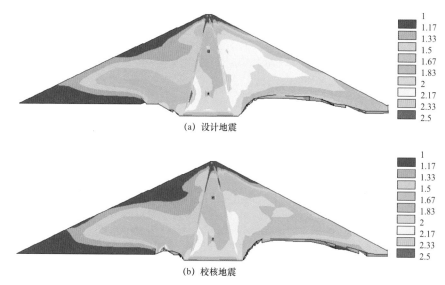

(a) 设计地震

(b) 校核地震

图7-42 最大横剖面单元动抗剪稳定安全系数分布图

2. NK组计算成果

计算条件为三维，基于NK组动力试验参数，本构模型采用沈珠江动力模型，采用考虑地基"辐射阻尼"的非一致性波动输入方法，输入设定地震波（第一组），液化参数选用NK组反滤Ⅰ区料动强度试验曲线。

（1）上游反滤料Ⅰ区液化判别。

图7-43、图7-44分别给出了设计地震上游反滤层Ⅰ区料振动孔压 u_d 和孔压比 u_d/σ_3' 分布。由图可见，设计地震工况反滤层Ⅰ区料最大振动孔压为270.8kPa，出现在河床附近的心墙顶部正常蓄水位附近，最大孔压比 u_d/σ_3' 为0.72，小于1.0。

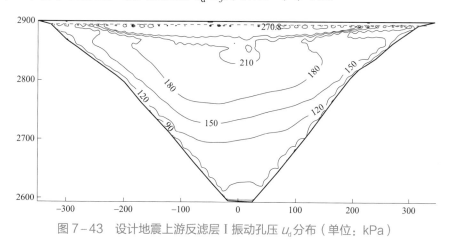

图7-43 设计地震上游反滤层Ⅰ振动孔压 u_d 分布（单位：kPa）

校核地震上游反滤层Ⅰ区料振动孔压 u_d 和孔压比 u_d/σ_3' 分布。由图可见，设计地震工况反滤层Ⅰ区料最大振动孔压为320kPa，出现在河床附近的心墙顶部正常蓄水位附近，最大孔压比 u_d/σ_3' 为0.84，小于1.0。

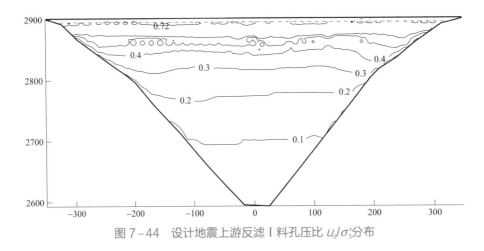

图 7-44　设计地震上游反滤 I 料孔压比 u_d/σ_3' 分布

由此可见，无论是设计地震还是校核地震，根据有效应力法液化判别标准，孔压比 u_d/σ_3' 均小于 1.0，反滤层 I 区料均不会发生液化。

（2）心墙动抗剪安全系数。

根据 Mohr-Coulomb 屈服准则，坝体单元安全系数定义为：

$$Fs = \frac{\tau_f}{\tau} = \frac{c + \sigma \tan\varphi}{\tau} = \frac{c + \left[\dfrac{\sigma_1 + \sigma_3}{2} - \left(\dfrac{\sigma_1 - \sigma_3}{2}\right)\sin\varphi\right]\tan\varphi}{\left(\dfrac{\sigma_1 - \sigma_3}{2}\right)\cos\varphi} \qquad (7-24)$$

式中：τ_f ——单元抗剪强度；

$\quad\quad\ \tau$ ——单元剪应力。

当考虑地震动剪应力时，上式可表达为：

$$Fs = \frac{\tau_f}{\tau + (\tau_d)_{eff}} = \frac{\tau_f}{\tau + 0.65(\tau_d)_{max}} \qquad (7-25)$$

式中：$(\tau_d)_{eff}$ ——等效动剪应力；

$\quad\quad\ (\tau_d)_{max}$ ——地震过程中单元动剪应力过程线的峰值。

静力情况下，坝体单元的抗剪稳定安全系数均在 2.0 以上，具有较高的安全储备，不会发生失稳破坏。

地震工况下，动抗剪安全系数较小的区域发生在上游坝坡表面，设计地震动抗剪安全系数最小值为 0.92，校核地震最小值为 0.84，如图 7-45 所示。由于动抗剪安全系数小于 1.0 的区域深度较小，可能诱发局部浅层剪切破坏，不会引起坝坡整体失稳。

就心墙而言，无论是设计地震还是校核地震，心墙动抗剪安全系数最小值发生心墙上游面，最小值均大于 1.5，地震条件下心墙不会发生动力抗剪失稳。

图 7-45　校核地震河床最大横剖面动抗剪安全系数分布图

3. QH 组计算成果

计算条件为三维，动力计算采用沈珠江建议的修正等价黏弹性模型，采用固定边界一致地震动输入方法，输入 3 组设定地震波。

动剪应力比计算结果表明，动剪应力比值较大的区域有两个：一个是位于上游堆石体内，局部最大值达到 0.8，如图 7-46 所示，该区域动剪应力比较大是因为在静力条件下小主应力较小且剪应力水平高，尽管该区域动剪应力比较大，但因综合滑动趋势向内，不会危及大坝安全。另一高动剪应力比值区域出现在坝体中部与岸坡接触坡度突变的位置，局部最大值达到 0.8，如图 7-47 所示，这是坝体与基岩相对变形引起，尽管该区域动剪应力比较大，但因基岩的约束，不会危及大坝安全。

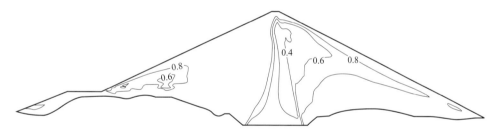

图 7-46　设计地震河床最大横剖面动剪应力比分布图

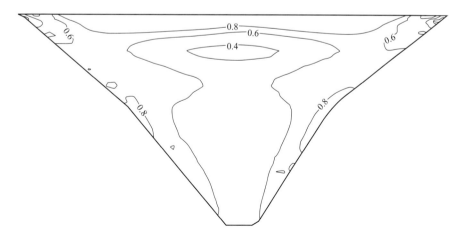

图 7-47　设计地震坝轴中心剖面动剪应力比分布图

七、接触黏土静动应力变形

以 DG 组计算成果为代表，介绍接触黏土静动应力变形情况。

计算条件为三维，输入设定地震第一组参数，静力计算堆石料采用 1m 直径超大三轴试验参数，动力本构模型及参数采用 DG 组（堆石 I 区料、堆石 II 区料、过渡料、反滤层 I 区料）、NK 组（反滤层 II 区料、砾石土心墙料）试验数据对应的等效线性模型，地震动边界采用波动输入方法，考虑了坝体与无限岩体之间的相互作用和地震辐射阻尼作用。

图 7-48 和图 7-49 分别为满蓄期岸坡接触黏土区（左岸和右岸）位移分布图。其中，最大顺河向位移左岸为 0.292m、右岸为 0.304m；最大竖向位移左岸为 0.865m、右岸为 0.951m；最大坝轴向位移左岸为 0.341m、右岸为 0.336m。

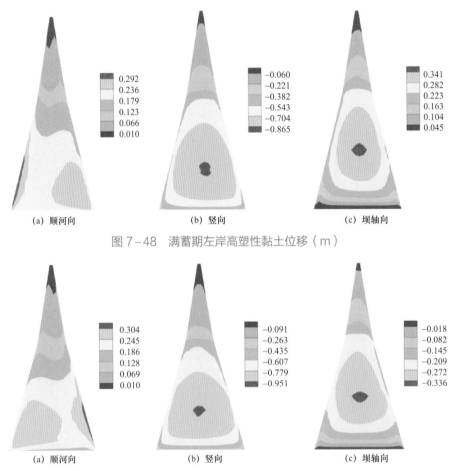

(a) 顺河向   (b) 竖向   (c) 坝轴向

图 7-48 满蓄期左岸高塑性黏土位移（m）

(a) 顺河向   (b) 竖向   (c) 坝轴向

图 7-49 满蓄右岸高塑性黏土位移（m）

图 7-50、图 7-51 分别为满蓄期接触黏土与混凝土垫层之间接触面顺坡向剪切位移和法向应力分布图。接触面最大剪切位移为 21.0cm，顺坡向剪切位移较大的区域主要分布在左右岸坡度相对较陡的中下部高程；最大法向压应力为 4.67MPa，位于心墙底部。

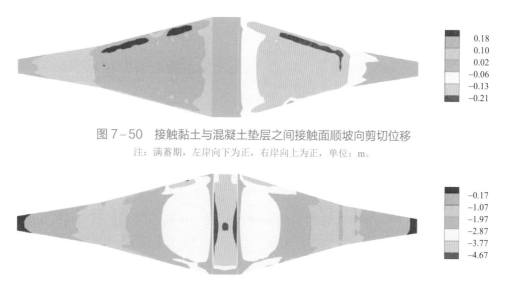

图 7-50　接触黏土与混凝土垫层之间接触面顺坡向剪切位移

注：满蓄期，左岸向下为正，右岸向上为正，单位：m。

图 7-51　接触黏土与混凝土垫层之间接触面法向应力

注：满蓄期，压应力为负，单位：MPa。

　　图 7-52、图 7-53 分别为设计地震后接触黏土与混凝土垫层接触面顺坡向剪切位移和法向应力分布图。震后接触面最大剪切位移为 22.2cm，顺坡向剪切位移较大的区域主要分布在左右岸坡度相对较陡的中下部高程；地震引起的接触黏土与混凝土垫层接触面顺坡向剪切位移增量很小，最大值约为 2.0cm，主要分布在两岸坝顶局部区域。最大压应力为 4.77MPa，位于心墙底部接触区域。

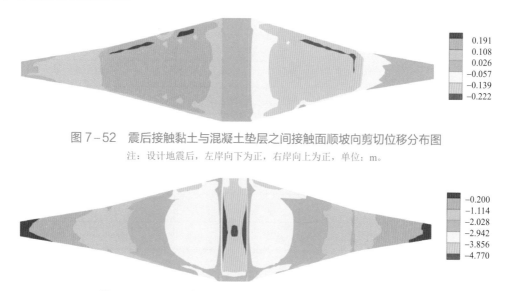

图 7-52　震后接触黏土与混凝土垫层之间接触面顺坡向剪切位移分布图

注：设计地震后，左岸向下为正，右岸向上为正，单位：m。

图 7-53　震后接触黏土与混凝土垫层接触面法向应力分布图

注：设计地震后，压应力为负，单位：MPa。

　　由此可见，震后接触黏土与混凝土垫层之间的接触面始终处于受压状态，且地震引起二者之间的剪切位移较小，地震作用下心墙与岸坡接触部位是安全的。

八、大坝抗震计算成果

汇总了 DG 组、BK 组、NK 组大坝动力响应及抗震稳定计算成果，并分析采用设定地震波、场地一致概率地震波、规范波计算结果的差异。

1. DG 组计算成果

大坝动力响应计算条件为三维，本构模型及参数采用 DG 组（堆石 I 区料、堆石 II 区料、过渡料、反滤层 I 区料）、NK 组（反滤层 II 区料、砾石土心墙料）试验数据对应的等效线性模型，地震动采用波动输入方法。堆石料采用 $D = 1000mm$ 静动力超大三轴试验参数。坝坡稳定计算条件为二维，采用改进的 Newmark 滑块法，不考虑坝顶抗震加固措施的影响，地震动采用波动输入方法，设定地震输入最不利的第二组参数，最小滑弧深度按 10m 控制。反滤层液化采用二维动力流固耦合计算方法。大坝抗震计算成果的比较见表 7−13、表 7−14。

表 7−13　　　　　　　　设计地震大坝抗震计算成果的比较

输入地震波名称		设定地震波	场地一致概率地震波	规范波
最大加速度反应（m/s²）/放大倍数	顺河向	7.98～8.55 / 1.85～1.98	8.47～8.96/ 1.96～2.07	9.52～10.36/ 2.21～2.39
	坝轴向	6.20～6.45 / 1.44～1.49	6.38～6.68/ 1.48～1.54	6.54～7.28/ 1.52～1.68
	竖向	5.49～5.66 / 1.91～1.97	6.03～6.69/ 2.10～2.33	6.57～6.82/ 2.29～2.38
坝体最大动位移（cm）	顺河向	22～31	26.0	36.0
	坝轴向	14.1～14.7	14.5	15.9
	竖向	11.5～14.5	12.3	16.2
心墙静动力叠加（MPa）	最大压应力	4.69～4.89	4.77～4.94	4.85～4.99
	最大拉应力	0.04～0.05	0.06～0.07	0.07～0.08
反滤层液化判别	反滤层孔压值（MPa）	0.35	—	—
	最大孔压比	0.15	—	—
永久变形（cm）	水平向　上游	30.1	37.4	50.7
	水平向　下游	95.1	106.7	135.0
	竖向	204.4	232.1	250.2
	震陷率（%）	0.65	0.74	0.79
坝坡稳定安全系数	上游　最小安全系数	0.48	0.76	—
	上游　安全系数小于1.0的历时（s）	0.58	0.36	—

续表

输入地震波名称			设定地震波	场地一致概率地震波	规范波
坝坡稳定安全系数	下游	最小安全系数	1.40	1.36	—
		安全系数小于 1.0 的历时（s）	0	0	—
最危险滑动面累计滑移量（cm）	上游		4.27	1.28	—
	下游		0	0	—

注：设定地震永久变形为第一组参数成果。

表 7-14　　　　　　　　　　校核地震大坝抗震计算成果的比较

输入地震波名称			设定地震波	场地一致概率地震波	规范波
最大加速度反应（m/s²）/放大倍数	顺河向		8.99～9.91 /1.70～1.87	10.54 /1.99	12.66 /2.39
	坝轴向		6.93～7.62 /1.25～1.44	9.76 /1.84	9.95 /1.88
	竖向		6.63～6.69 /1.88～1.89	8.52 /2.41	8.81 /2.49
坝体最大动位移（cm）	顺河向		27.3～36.8	43.5	63.2
	坝轴向		15.1～17.9	33.4	31.2
	竖向		13.6～20.1	15.4	22.5
反滤层液化判别	反滤层孔压值（MPa）		0.50	—	—
	最大孔压比		0.18	—	—
心墙静动力叠加（MPa）	最大压应力		4.89～5.04	5.48	5.11
	最大拉应力		0.06～0.08	0.08	0.13
永久变形（cm）	水平向	上游	37.7	105	—
		下游	116.2	137	—
	竖向		255.3	252	—
	震陷率（%）		0.81	0.8	—
坝坡稳定安全系数	上游	最小安全系数	0.32	0.59	—
		安全系数小于 1.0 的历时（s）	1.85	0.88	—
	下游	最小安全系数	1.27	1.09	—
		安全系数小于 1.0 的历时（s）	0	0	—
最危险滑动面累计滑移量（cm）	上游		35.09	11.63	—
	下游		0	0	—

注：设定地震永久变形为第一组参数成果。

分别输入设定地震波、场地一致概率地震波、规范波，计算得到以下结论：

设计地震工况，大坝顺河向加速度反应放大倍数在 1.85～2.39，竖向加速度放大倍数在 1.91～2.99，地震最大沉陷在 204.4～250.2cm，占坝高的 0.65%～0.79%。校核地震工况，大坝顺河向加速度反应放大倍数在 1.7～2.39，竖向加速度放大倍数在 1.88～2.49，地震最大沉陷在 252～255.3cm，占坝高的 0.8%～0.81%。无论是设计地震还是校核地震工况，坝顶震陷率均小于 1.0%。

设计地震工况，采用动力时程法上下游坝坡抗震稳定安全系数小于 1.0 的历时均小于 1s，最危险滑动面累计滑动位移量 1.28～4.27cm；校核地震工况，采用设定地震动参数的上游坝坡抗震稳定安全系数小于 1.0 的历时为 1.85s，大于 1s，最危险滑动面累计塑性滑动位移量 11.63～35.09cm。上游坝坡抗震稳定安全系数略小于下游，校核地震安全系数小于设计地震。

设计地震工况，反滤区最大孔压约为 0.35MPa，位于中下部及底部靠近心墙侧；最大孔压比为 0.15，位于中上部。校核地震工况，反滤区孔压增加约 0.15MPa，孔压比增加约 0.03。由此判别反滤层不会发生液化。

2. BK 组计算成果

计算条件为三维，动剪切模量和阻尼比参数直接输入归一化的动剪切模量与动剪应变、阻尼比与动剪应变关系曲线，地震动输入采用固定边界一致输入法，分别输入设定地震波和规范波，研究大坝的抗震性能（见表 7-15、表 7-16）。

表 7-15　　　　　　　设计地震大坝抗震计算成果的比较

输入地震波名称			设定地震波（第二组）	规范波
最大加速度反应（m/s²）/放大倍数		顺河向	11.1/ 2.5	12.9/ 2.9
		坝轴向	7.8/ 2.6	9.5/ 3.1
		竖向	9.1/ 3.16	11.5/ 3.99
心墙抗震安全性		水力劈裂	不会发生水力劈裂	
		动力剪切破坏	未发现动力剪切破坏贯通区域	
		拉应力	静动力叠加后未发现拉应力	
		与坝壳接触部位	心墙与岸坡顶部接触部位出现少量破坏单元	
反滤层液化及心墙动强度失稳的可能性			不液化，最大动孔压比小于 0.9	不液化，最大动孔压比 0.8
最大地震永久变形（cm）	水平向	向下游	42.3	26.2
		向上游	21.0	43.5
	坝轴向	左岸	66.6	64.2
		右岸	57.4	55.2

续表

输入地震波名称			设定地震波（第二组）	规范波
最大地震永久 变形（cm）	竖向（沉降）		210.6	213.7
	震陷率（%）		0.67	0.68
坝坡抗震稳定 最小安全系数	上游坡	动力时程线法	0.76	0.42
		安全系数小于 1.0 的历时（s）	<0.5	0.75
		动力等效值法	1.2	—
	下游坡	动力时程线法	1.26	0.92
		动力等效值法	1.38	—

表 7-16   校核地震大坝抗震计算成果的比较

输入地震波名称			设定地震波（第二组）	规范波
最大加速度反 应（m/s²）/放大 倍数	顺河向		11.8/ 2.2	13.8/ 2.6
	坝轴向		9.5/ 2.6	10.2/ 2.8
	竖向		10.4/ 2.94	12.7/ 3.59
心墙抗震 安全性	水力劈裂		不会发生水力劈裂	
	动力剪切破坏		未发现动力剪切破坏贯通区域	
	拉应力		静动力叠加后未发现拉应力	
	与坝壳接触部位		心墙与岸坡顶部接触部位出现 少量破坏单元	
反滤层液化及心墙动强度失稳的可能性			不液化，最大动孔压比 0.9	不液化，最大动孔压比 0.85
最大地震永久 变形（cm）	水平向	向下游	53.1	54.2
		向上游	25.9	30.2
	坝轴向	左岸	73.1	76.5
		右岸	69.4	68.2
	竖向（沉降）		252.1	256.8
	震陷率（%）		0.8	0.82
坝坡抗震稳定 最小安全系数	上游坡	动力时程线法	0.48	0.31
		安全系数小于 1.0 的历时（s）	0.52	1.0
		动力等效值法	1.02	—
	下游坡	动力时程线法	0.92	0.62
		安全系数小于 1.0 的历时（s）	0.18	0.84
		动力等效值法	1.12	—

　　分别输入设定地震波、规范波，计算得到以下结论：

设计地震工况，顺河向加速度反应放大倍数在 2.5～2.9，竖向加速度放大倍数在 3.16～3.99，地震最大沉陷在 210.6～213.7cm，占坝高的 0.67%～0.68%。校核地震工况，顺河向加速度反应放大倍数在 2.2～2.6，竖向加速度放大倍数在 2.94～3.59，地震最大沉陷在 252.1～256.8cm，占坝高的 0.8%～0.82%。无论是设计地震还是校核地震，坝顶震陷率均小于 1.0%。

采用动力时程法，上下游坝坡抗震稳定安全系数小于 1.0 的历时均小于 1s；采用设定地震波、校核地震工况，动力等效值法上游坝坡安全系数为 1.02，下游坝坡 1.12，均大于 1.0。上游坝坡抗震稳定安全系数略小于下游，校核地震安全系数小于设计地震。

无论是设计地震还是校核地震工况，反滤层及心墙动孔压比均小于 0.9，不会发生反滤层液化及心墙动强度失稳问题；心墙也不会发生水力劈裂，未发现动力剪切破坏贯通区域、拉应力区，虽然在心墙与岸坡顶部接触部位出现少量破坏单元，但不会影响心墙的防渗功能和整体抗震稳定。

3. NK 组计算成果

计算条件为三维，静力模型采用邓肯－张 E－B 模型，动力模型采用沈珠江动力模型，地震动输入方法采用非一致性波动输入方法，分别输入设定地震波（第一组）、场地一致概率地震波和规范波，研究坝体动力响应和永久变形（见表 7－17）。

表 7－17　　　　　　　　　大坝抗震计算成果的比较

地震波及工况		设定地震波		场地一致概率地震波		规范波	
		设计	校核	设计	校核	设计	校核
加速度放大倍数	坝轴向	2.05	2.04	2.32	2.31	2.84	2.74
	顺河向	2.41	1.92	2.51	2.42	2.67	2.55
	竖向	2.71	2.65	2.76	2.71	3.08	2.97
动位移（cm）	坝轴向	72.1	102.3	73.2	87.5	120.2	138.3
	顺河向	55.1	68.5	58.1	93.5	152.0	156.4
	竖向	42.6	47.6	48.4	54.8	85.6	91.1
最大地震永久变形（cm）	坝轴向	35.7/−20.1	36.7/−30.6	39.6/−25.6	40.4/−38.8	46.5/−35.2	51.2/38.4
	顺河向	−36.2/87.3	−56.7/107.0	−40.6/95.3	−80.9/119.6	−95.4/106.8	−98.4/117.3
	竖向	116.7	163.0	129.6	196.5	168.5	226.0
	震陷率（%）	0.37	0.52	0.41	0.62	0.53	0.72
上游反滤层 I 区料液化判别	孔压（kPa）	270.8	—	—	—	—	—
	孔压比	0.72	—	—	—	—	—

注：地震永久变形顺河向负值指向上游，坝轴向负值为右岸指向河床。

分别输入设定地震波、场地一致概率波、规范波，计算得到以下结论：

设计地震，顺河向加速度放大倍数分别为2.41～2.67，竖向加速度放大倍数分别为2.71～3.08；校核地震，顺河向加速度放大倍数分别为 1.92～2.55，竖向加速度放大倍数分别为2.65～2.97。竖向永久变形，设计地震分别为116.7～168.5cm，震陷率在0.37%～0.53%；校核地震分别为163～226.0cm，震陷率在0.52%～0.72%；无论是设计地震还是校核地震，坝顶震陷率均小于1.0%。

设计地震工况，上游反滤料Ⅰ区最大孔压为270.8kPa，最大孔压比为0.72；校核地震工况，上游反滤料Ⅰ区最大孔压为 320kPa，最大孔压比为0.84。无论是设计地震还是校核地震，最大孔压及孔压比均出现在河床附近的心墙顶部正常蓄水位附近，最大孔压比均小于1.0，故反滤料Ⅰ区均不会发生液化。

九、与同类工程的比较

列举了双江口、两河口、糯扎渡、长河坝、努列克等同类工程抗震计算成果，从地震动参数、大坝加速度反应、地震永久变形方面进行比较。

1. 地震动参数的比较

由表7-18可知，双江口、两河口、糯扎渡、罗贡、努列克等 5 座高心墙堆石坝，均属于强震区的 300m 级高土石坝。RM 水电站场地基本烈度为Ⅷ度，复核后的设计地震峰值加速度为 0.44*g*，校核地震峰值加速度为 0.54*g*，校核地震动峰值加速度均高于同类工程，库区滑坡及堆积体等不可预见的灾害对本工程安全影响更大。因此，在常规设计的基础上需要预留足够的坝顶超高和防灾库容。

表 7-18　　　　　　国内外 300m 级高心墙堆石坝地震峰值加速度统计

坝名		RM	双江口	两河口	糯扎渡	罗贡	努列克
坝高（m）		315	314	295	261.5	335	300
场地基本烈度		Ⅷ	Ⅶ	Ⅶ	Ⅷ	Ⅸ	Ⅸ
坝址基岩加速度峰值（*g*）	设计	0.44	0.21	0.29	0.38	0.46	—
	校核	0.54	0.29	0.35	0.44	—	—

2. 大坝加速度反应的比较

表 7-19 给出了大坝加速度反应与其他同类工程的比较。与双江口、两河口、糯扎渡等其他同类工程相比，RM 大坝加速度反应规律及放大系数基本相当，但 RM 大坝地震加速度反应量值总体较高，校核地震工况下大坝顺河向最大加速度为 8.99～13.8m/s^2，竖向最大加速度为 6.63～12.7m/s^2。

表7-19　　　　　　　　　大坝加速度反应与其他同类工程的比较

序号	坝名	坝高(m)	顺河向		竖向		备注	
			放大倍数	最大加速度(m/s²)	放大倍数	最大加速度(m/s²)		
1	RM	315	1.85~2.39	7.98~10.31	1.91~2.38	5.49~6.84	DG 组	设计地震
			2.5~2.9	11.1~12.9	3.16~3.99	9.1~11.5	BK 组	
			2.41~2.67	10.4~11.54	2.71~3.08	7.79~8.87	NK 组	
			1.70~1.87	8.99~9.91	1.88~1.89	6.63~6.69	DG 组	校核地震
			2.2~2.6	11.8~13.8	2.94~3.59	10.4~12.7	BK 组	
			1.92~2.55	10.41~13.53	2.65~2.97	9.36~10.51	NK 组	
2	双江口	314	2.21~4.40	4.41~8.83	2.38~5.23	3.42~6.97	可行性研究阶段	
3	两河口	295	2.06~3.07	5.93~8.84	2.10~3.47	4.04~6.66	可行性研究阶段	
4	糯扎渡	261.5	2.60~3.26	10.01~12.16	2.60~3.83	6.76~9.52	汶川地震后复核	
5	长河坝	240	2.12~2.41	7.61~8.65	2.01~2.52	4.81~6.03	可行性研究阶段	

注：两河口为场地实测波。

3. 地震永久变形量的比较

表7-20给出了最大地震永久变形与其他同类工程的比较。RM 大坝最大地震永久沉陷，设计地震工况为116.7~250.2cm，最大震陷占坝高的 0.37%~0.79%；校核地震工况为163~256.8cm，最大震陷占坝高的 0.52%~0.82%；地震沉陷均未超过坝高的 1%，与其他同类工程基本相当。

表7-20　　　　　　　　　地震永久变形与其他同类工程的比较

序号	坝名	坝高(m)	最大地震永久变形		备注	
			竖向沉陷（cm）	最大震陷占坝高的百分比（%）		
1	RM	315	204.4~250.2	0.65~0.79	DG 组	设计地震
			210.6~213.7	0.67~0.68	BK 组	
			116.7~168.5	0.37~0.53	NK 组	
			252~255.3	0.8~0.81	DG 组	校核地震
			252.1~256.8	0.8~0.82	BK 组	
			163~226	0.52~0.72	NK 组	
2	双江口	314	71.2~219.2	0.23~0.70	可行性研究阶段	
3	两河口	295	117.3~211	0.40~0.72	可行性研究阶段	
4	糯扎渡	261.5	182~253.9	0.70~0.97	汶川地震后复核	
5	长河坝	240	108.7~113	0.45~0.47	可行性研究阶段	

注：两河口为场地实测波。

第五节 大坝整体离心机振动台模型试验

一、心墙堆石坝震害经验

根据国内外典型工程震害调查及动力模型试验成果，汇总了高心墙堆石坝震害经验，如表 7-21 所示。

表 7-21 国内外高心墙堆石坝震害经验统计表

序号	坝名	坝高（m）	来源	震害情况
1	双江口	314	振动台模型试验	坝顶及下游 3/4 坝高附近首先出现碎石颗粒滚动，继而发展为大面积表层滑动；蓄水后，上游坡表层发生沿坡面向下的残余变形，库水位附近坝坡发生浅层滑动
2	长河坝	240	离心机振动台模型试验	设计地震条件下，坝顶 1/5～1/4 坝高范围内地震反应强烈；4/5 坝高以上的坝体出现了明显的坍塌现象，坝顶震陷为 165～178cm，小于 1% 的工程经验震陷标准；堆石与心墙之间出现裂缝；坝顶出现局部滑动破坏
3	碧口	101.8	2008 年"5·12"汶川地震实测	主要震害为：坝体地震残余变形以沉降为主，并有水平残余变形，坝顶最大震陷为 24cm；有非连续纵向裂缝和两坝肩局部张裂缝；地震前后坝基渗漏量基本没有变化
4	Oroville	235	6 级地震实测	地震永久变形：水平位移 0.001m，竖直 0.007m
5	El infiernillo	150	7.6 级地震实测	地震永久变形：坝顶水平位移 0.044m，竖直 0.128m
6	Anderson	72	8 级地震实测	心墙和坝壳料的沉降部均匀出现两条沿坝轴向的裂缝；震后坝顶沉降 0.015m，向下游移动 0.009m
7	Austrian	54.9	7 级地震实测	大坝右肩下游的溢洪道与坝体连接部位出现严重的张拉裂缝；坝顶接近于左坝肩的贯穿性雁列的横向裂缝深至 9.8m。在坝顶附近的上、下游坝坡出现两组平行于坝轴线的相距 18.3m 的纵向裂缝
8	Takami	120	8.1 级地震实测	震后检查发现大坝坝顶沿坝轴线方向出现最大宽度为 5cm、坝轴向长达 160m 的裂缝，在开裂最宽的位置开挖探坑，表明裂缝仍在坝顶的保护层内（90cm 厚），没有到达心墙区
9	Guldurcek	68	5.9 级地震实测	震后左、右岸坝肩和坝脚没有发生渗漏，也没有沉降或者结构变形。坝脚的排水运行良好，排水干净且清澈，仅在坝顶偏上游位置出现平行于坝轴向的宽度约 2cm 的裂缝

由表 7-21 分析可见，高心墙堆石坝震害可归纳为以下几个方面：

（1）从土石坝震损情况来看，地震作用下永久变形、裂缝较为常见，地震滑坡、液化多出现在早期的均质坝或抛填土石坝；采用近现代土石坝抗震设计理论与方法、薄层碾压施工建成的高心墙堆石坝，例如美国奥洛维尔斜心墙堆石坝（坝高 236m）、我国台湾鲤鱼潭心墙堆石坝（坝高96m）、碧口心墙堆石坝（坝高101.8m）等，实践检验均具有良好的抗震能力。

（2）地震作用下，心墙堆石坝地震反应较为明显的区域主要发生在距坝顶1/5～1/4坝高范围，采取合理的抗震加固措施，坝体抗震安全性可以得到保证。

（3）震后坝体轮廓整体向内收缩，密实度增大，坝基渗漏量并没有发生明显变化，体现了土石坝较强的抗震能力。

（4）地震可能的破坏形式主要为坝顶浅表层滑坡、地震永久沉陷（小于坝高的1%）、沿坝轴方向的纵向裂缝（深度不大，小于10m）、大坝与两岸连接部位可能出现横向裂缝（深度不大，小于10m）。

考虑到经历强震考验的高心墙堆石坝工程经验仍十分匮乏，针对RM心墙堆石坝抗震设计，除了采用数值分析手段外，还分别开展了BK组和NK组大坝离心机振动台模型试验，研究了坝体加速度响应及永久变形特性、坝体动力破坏模式、坝顶加筋刚度和铺设间距对坝顶加固效果的影响。

二、BK组试验成果

1. 试验方案

表7-22汇总了BK组离心机振动台模型试验方案，共12种工况，其中二维模型试验6组，三维模型试验6组。试验模型坝体分为堆石区、心墙、反滤层和过渡层，试验在BK组离心机振动台上完成。

试验工况T1、T1_3D以研究坝体动力响应特性及永久变形，分别在30g、50g条件下研究离心加速度的影响；在同一离心加速度条件下，先后输入场地波与加窗正弦波以研究激励波波形的影响。试验T2、T2_3D用以研究强震作用下坝体破坏模式，二维模型试验T2采用50g离心加速度、场地波，三维模型试验T2_3D采用相同的离心加速度，先后输入规范波和场地波。

表7-22　　　　　　　　　　BK组离心机振动台模型试验方案

类别	试验编号	加固措施	离心加速度	波形	工况	蓄水情况	震动方向
二维模型试验	T1	不加筋	30g、50g	场地波、加窗正弦波	4	蓄水	单向（h）
	T2	不加筋	30g、50g	场地波	1	蓄水	单向（h）
	T3	不加筋	50g	场地波	1	蓄水	双向（h+v）
三维模型试验	T1_3D	不加筋	30g、50g	场地波、加窗正弦波	4	蓄水	单向（h）
	T2_3D	不加筋	30g、50g	场地波、规范波	2	蓄水	单向（h）

　　试验模型箱的尺寸为 810mm×353mm×415mm（长×宽×高），对试验材料的模拟，根据《土工离心模型试验技术规程》（DL/T 5102—2013），控制最大粒径为 10mm，对于原型堆石料采用等量替代法缩尺。对于心墙的模拟，筛除 2mm 以上粒径粗粒料，而后掺入一定比例的标准砂，作为制作心墙模型的土料。在堆石区与心墙之间铺设标准砂作为简化反滤层、过渡层（见图 7-54）。

(a) 心墙

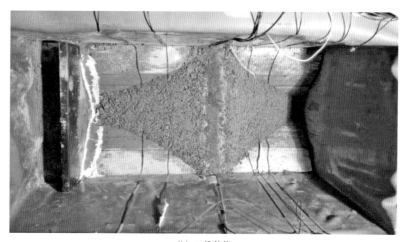

(b) 三维整体

图 7-54　BK 组三维离心机振动台模型

2. 地震加速度反应

　　由图 7-55（a）可知，二维模型 30g 条件下输入场地波、加窗正弦波时坝顶的放大系数分别为 1.49、1.79；由图 7-55（b）可知，三维模型 30g 条件下输入场地波、加窗正弦波时坝顶的放大系数分别为 1.63、1.92，三维模型较二维模型加速度放大倍数增大了9.4%、7.3%，体现了三维效应对动力响应的影响，这主要与三维条件下坝体总体刚体增大有关。

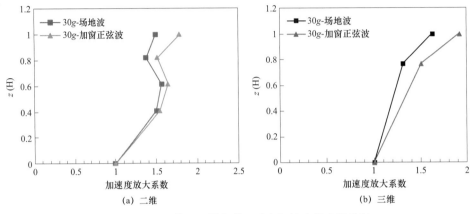

(a) 二维   (b) 三维

图 7−55 二维、三维条件下动力加速度反应的比较

图 7−56 给出了 30g、50g 条件下输入场地波的加速度放大系数分别为 1.63、1.54，说明采用较高的离心加速度时坝顶放大系数略小，50g 时的坝顶放大系数约为 30g 时的 95%～97%，此规律与王年香等人离心机振动台模型试验结果一致。

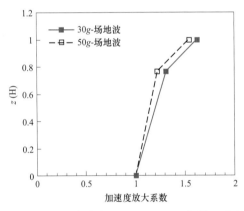

图 7−56 模型 T1_3D 试验结果：30g、50g 条件下动力响应的对比

3. 地震永久变形

根据地震前后的激光位移传感器变换可得到坝体在地震作用下的永久变形，表 7−23 汇总了二维、三维条件下离心机振动台模型永久变形试验结果。

表 7−23   BK 组离心机振动台模型永久变形试验结果

维数	离心 加速度（g）	激励波形	最大永久变形量 （mm）	与坝体高度的百分比 （%）
二维	30	场地波	0.349	0.179
		加窗正弦波	0.452	0.233
	50	场地波	0.312	0.160
		加窗正弦波	0.423	0.217

续表

维数	离心加速度（g）	激励波形	最大永久变形量（mm）	与坝体高度的百分比（%）
三维	30	场地波	0.362	0.185
		加窗正弦波	0.466	0.239
	50	场地波	0.333	0.171
		加窗正弦波	0.441	0.226

注：表中试验模型坝体高度195mm。

试验结果表明：

（1）在30g条件下，采用场地波测得永久变形为0.349mm，坝体变形较小，仅为坝体高度的0.179%；采用加窗正弦波进行试验，由于地震波能量增加，坝体总体响应增大，坝体永久变形0.452mm，为坝体高度的0.233%。

（2）与30g条件相比，在50g条件下进行试验，由于坝体所受离心加速度增大，坝体在自重作用下将产生更大的沉降，坝体刚度较30g增加，在同等的地震作用下，无论是场地波还是加窗正弦波，其产生的永久变形均有所减小，分别为0.312mm和0.423mm，其与坝体高度之比分别为0.16%和0.217%。与30g规律相同，50g条件下，加窗正弦波所得的永久变形明显大于场地波。

（3）采用不同激励波形、离心加速度，三维模型永久变形规律与二维模型相同。相比二维模型，由于峡谷对地震波的反射叠加，模型整体永久变形有所增加。三维模型在30g条件下，采用场地波测得的永久变形为0.362mm，采用加窗正弦波测得的永久变形为0.466mm，其与坝体高度之比分别为0.186%和0.239%，场地波、加窗正弦波较二维模型分别增大了3.7%、3.1%。三维模型在50g条件下，采用场地波测得的永久变形为0.333mm，采用加窗正弦波测得的永久变形为0.441mm，其与坝体高度之比分别为0.171%和0.226%，场地波、加窗正弦波较二维模型增大了6.7%、4.3%。

4. 坝体动力破坏模式

在离心加速度50g条件下，采用场地波进行试验，在试验过程拍摄了坝体的变形过程。试验结果表明，二维坝体在场地波作用下并未产生明显的开裂或破坏，坝体满足抗震稳定要求。

图7-57给出了三维模型震后情况。在离心加速度50g条件下，采用规范波和场地波进行试验。试验结果表明，三维条件下大坝动力破坏模式与二维模型相似，并未产生明显破坏，试验过程中只观察到少量表面土料脱落，坝体整体保持稳定。

(a) 震前   (b) 震后

图 7-57　BK 组三维模型震前与震后照片

三、NK 组试验成果

1. 试验方案

NK 组离心机振动台模型试验方案见表 7-24。

表 7-24　　　　　　　　　　　NK 组离心机振动台模型试验方案

编号	离心加速度（g）	加固措施	备注
D1	20	无（正常蓄水位）	各组模型均采用顺河向设计波（P_{100} = 0.02）作为输入波，并激振 3 次；D1～D4 试验结果开展外延分析； D4～D7 对比分析蓄水位影响； D4～D6 对比分析抗震加固措施效果
D2	30	无（正常蓄水位）	
D3	40	无（正常蓄水位）	
D4	50	无（正常蓄水位）	
D5	50	宾格笼＋坝内钢筋	
D6	50	宾格笼＋坝内铁丝网	
D7	50	无（死水位）	

2. 试验模型

采用不等比尺的离心模型试验方法，即模型几何比尺 η_L 小于加速度比尺的倒数 $1/\eta_g$，振动台模型箱大小为 720mm×350mm×500mm（长×宽×高）。模型的几何比尺为 1/700，在心墙坝轴线上埋设了 5 个加速度测点，测点间隔为 56m（模型尺寸为 80 mm），自下向上对应的原型高程为 2643m、2699m、2755m、2811m、2867m。图 7 - 58 为 D1～D4 试验模型布置图，图 7 - 59 为 D5、D6 试验模型布置图。

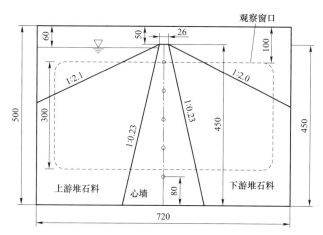

图 7 - 58　动力试验模型布置图（D1～D4，单位：mm）

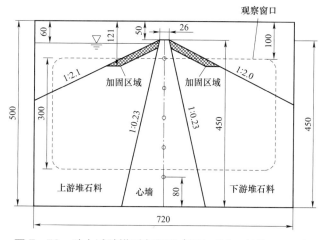

图 7 - 59　动力试验模型布置图（D5、D6，单位：mm）

3. 坝体材料模拟

对于心墙料，采用《土工试验方法标准》（GB/T 50123—2019）的"粗颗粒土的试样制备"混合法，进行缩尺模拟。按照堆石料的平均级配，结合前期大三轴试验结果，确定模型堆石料的级配曲线。模型堆石料的限制粒径可取为 60mm，设计干密度 2.17g/cm³，堆石料采用分层击实并振捣的方法，按相对密度 0.98 控制，制样干密度约为 2.10g/cm³。

4. 地震加速度反应特性

图 7 - 60 给出了不加固和加固坝体地震加速度放大系数随坝高的分布情况。试验结果表明：

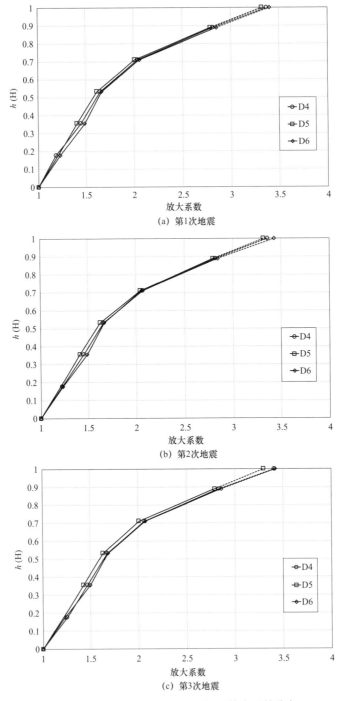

(a) 第1次地震

(b) 第2次地震

(c) 第3次地震

图 7-60　不加固和加固坝体地震放大系数分布

（1）在设计地震波的作用下，坝体地震加速度反应随着高程的增加而相应增大，呈现出明显的放大效应；

（2）坝体加速度反应随坝高的变化可以按约 2/3 坝高为界，大致分成两个线性变化段，

上部的加速度放大效应强于下部,"鞭梢效应"明显;

（3）地震次数对坝体地震反应没有明显影响;

（4）离心加速度越大,坝体地震放大系数越小,可据此规律开展外延分析,研究原型应力条件下坝体地震加速度反应;

（5）在无抗震措施情况下,根据放大系数分布推算,坝顶地震加速度放大系数约为 3.36～3.55;

（6）抗震措施对于坝体的地震加速度放大效应没有明显影响。

采用"地震动力离心模型试验外延分析方法",分析坝顶加速度放大系数和重力加速度比尺之间的关系,以及坝顶沉陷量和重力加速度比尺之间的关系,进而推求原型应力条件下的坝顶加速度放大系数。从图 7-61 可知,D1～D4 加速度反应数据的半对数线性规律较好,外延分析表明设计地震下,RM 心墙堆石坝（不加固坝体）坝体顶部的地震加速度放大系数约为 2.97～3.03。

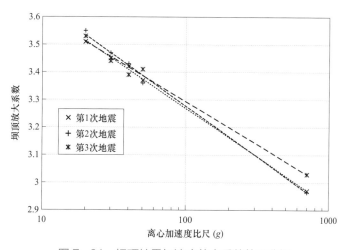

图 7-61　坝顶地震加速度放大系数外延分析

5. 坝顶地震变形特性

表 7-25 给出了各方案坝顶沉降试验结果的汇总。图 7-62 给出了不加固和加固坝体坝顶沉降总量与地震次数关系;图 7-63 给出了不加固和加固坝体坝顶沉降增量与地震次数关系。

表 7-25　　　　　　　　　　NK 组离心机振动台试验坝顶沉降结果

模型	地震次数	坝顶残余沉降（mm）		总沉陷率（%）
		增量	总量	
D1	1	1803	1803	0.581
	2	954	2757	0.875
	3	539	3296	1.046

续表

模型	地震次数	坝顶残余沉降（mm）		总沉陷率（%）
		增量	总量	
D2	1	1782	1782	0.566
	2	863	2645	0.840
	3	488	3133	0.995
D3	1	1733	1733	0.550
	2	797	2530	0.803
	3	436	2966	0.942
D4	1	1690	1690	0.536
	2	778	2468	0.783
	3	411	2879	0.914
D5	1	1715	1715	0.544
	2	782	2497	0.793
	3	421	2918	0.926
D6	1	1701	1701	0.540
	2	766	2467	0.783
	3	424	2891	0.918

试验结果表明：① 坝顶沉降随着地震过程出现明显的震动变化，总体上逐渐增大并渐趋稳定；② 随着地震次数的增加，坝顶沉降总量增加，但单次地震引起的坝顶沉降增量迅速减小；③ 对比模型 D1～D4 试验结果可知，随着离心加速度的增加，坝顶沉降逐渐减小；和坝体地震加速度反应一样，不加固坝体坝顶地震永久变形也可采用"地震动力离心模型试验外延分析方法"进行分析；④ 对比模型 D4 与模型 D5、D6 试验结果，抗震措施对于坝顶沉降发展规律没有明显影响。

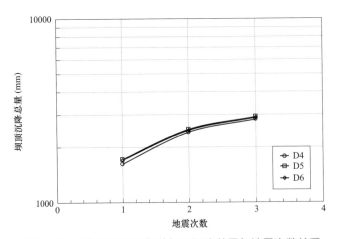

图 7-62 不加固和加固坝体坝顶沉降总量与地震次数关系

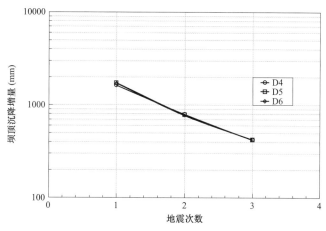

图 7-63 不加固和加固坝体坝顶沉降增量与地震次数关系

图 7-64 外延分析表明，RM 心墙堆石坝（不加固坝体）第 1 次地震坝顶永久变形约为 1290mm，沉陷率约为 0.41%；第 2 次地震又引起了约 479mm 的沉陷，坝顶永久变形增加约为 1769mm，沉陷率增加约为 0.56%；第 3 次地震又引起了约 247mm 的沉陷，坝顶永久变形增加约为 2016mm，沉陷率增加约为 0.64%。

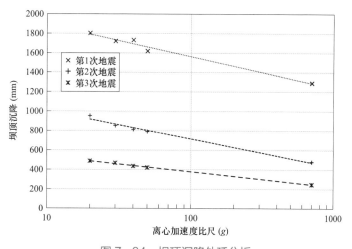

图 7-64 坝顶沉降外延分析

6. 坝体地震变形现象分析

图 7-65、图 7-66 是地震过程中通过 D1 组试验模型顶部的相机记录的模型坝体变形照片。

可以发现：① 地震过程中心墙的沉陷量最小；即使地震引起上游堆石料沉陷，导致心墙土体暴露，心墙土体也没有任何坍塌迹象，总体稳定；② 下游堆石料受地震影响较小，仅观察到轻微沉陷；③ 上游堆石料的沉陷较大；沉陷主要发生在第 1 次地震过程，而后随着地震次数的增加越来越小；④ 3 次地震过程导致上游堆石料沉陷至蓄水位附近，没有观察到明显的堆石滚落现象。

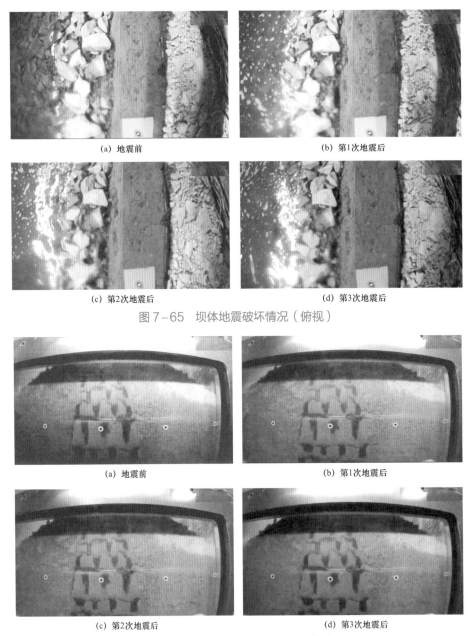

(a) 地震前　　　　　　　　　　　　(b) 第1次地震后

(c) 第2次地震后　　　　　　　　　　(d) 第3次地震后

图 7-65　坝体地震破坏情况（俯视）

(a) 地震前　　　　　　　　　　　　(b) 第1次地震后

(c) 第2次地震后　　　　　　　　　　(d) 第3次地震后

图 7-66　坝体地震破坏情况（侧视）

第六节　心墙与岸坡接触剪切离心机振动台模型试验

通过 6 组接触黏土层变形特性离心模型试验,研究了 RM 特高心墙接触黏土层在上部荷载和设计地震作用下的变形特性。

1. 局部模型试验设计

沿着左侧坝基的岸坡,选择了 4 个不同高程的位置,开展 4 组接触黏土层变形特性离心模型试验，如表 7-26 所示，重点分析接触黏土的变形情况。模型为平面模型，几何比尺为 1/20，局部模型的布置如图 7-67、图 7-68 所示。

每组局部模型试验，分别模拟了特定上覆压力（采用铅丸作为等效荷载）下，高度为 6m 范围内的接触黏土层和部分心墙土体的变形情况。利用高清摄像机记录试验过程中的模型照片，利用 PIV 技术分析得到局部模型的变形情况。

表 7-26　　　　　　　　　　接触黏土层动力变形特性试验条件

编号	高程（m）	上覆压力（MPa）	岸坡情况
L3	2767~2773	1.56	1:1.2 和 1:0.85 交界处
L3D			
L4	2713~2719	2.33	1:0.85
L4D			

通过 L3 与 L3D、L4 与 L4D 试验平行对比，研究设计地震作用下的接触黏土层变形情况。

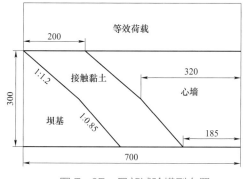

图 7-67　局部试验模型布置
（L3、L3D，单位：mm）

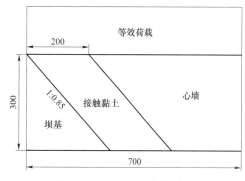

图 7-68　局部试验模型布置
（L4、L4D，单位：mm）

对于心墙料，采用《土工试验方法标准》（GB/T 50123—2019）的"粗颗粒土的试样制备"混合法，进行缩尺模拟。

2. 试验加载过程

L3 与 L3D、L4 与 L4D 试验加载过程见表 7-27。

表 7-27　　　　　　　　　　试 验 加 载 过 程

编号	上覆压力（MPa）	加载过程（kPa）
L3	1.56	0→390→780→1170→1560，稳定运行 4h
L3D		在 L3 的加载过程完成后，激震 3 次
L4	2.33	0→518→1036→1553→1942→2330，稳定运行 4h
L4D		在 L4 的加载过程完成后，激震 3 次

3. 接触黏土动力变形特性

通过图 7-69 土体位移矢量场和网格图可以看出，设计地震引起接触黏土层变形增加，但接触黏土与岸坡、接触黏土与心墙之间的变形总体是协调的。

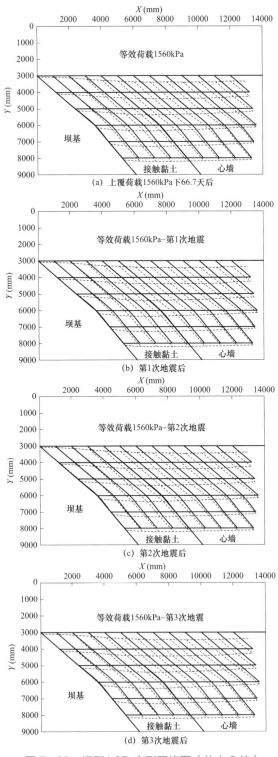

图 7-69 模型 L3D 变形网格图（放大 2 倍）

图 7-70、图 7-71 分别为地震引起的接触黏土层最大压缩变形和剪切变形与地震次数的关系。由图可见，随着地震次数的增加，接触黏土层最大压缩变形基本不变；最大剪切变形随地震次数有所增加，每次地震引起的剪切变形增量不大于 10mm。

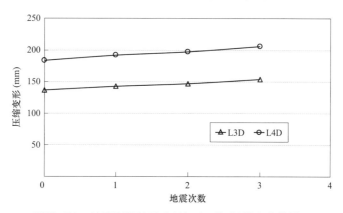

图 7-70　地震引起的最大剪切变形与地震次数的关系

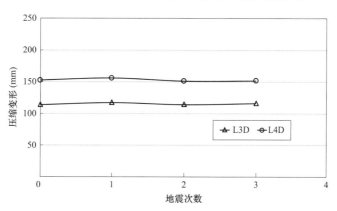

图 7-71　地震引起的最大压缩变形与地震次数的关系

第七节　大坝抗震措施及加固效果研究

一、心墙堆石坝抗震设计经验

研究表明，地震时坝体顶部土石料承受较大的剪应力，在循环动剪应力作用下，上游反滤料孔压升高、动强度降低；另外大坝顶部将产生较大的地震永久变形，若不均匀变形过大超过土体承受能力，就会诱发坝顶裂缝，强震持续作用下裂缝还会演化为滑坡等震害现象，其破坏形式表现为首先坡面颗粒松动并沿平面或近乎平面滑动，然后坡面颗粒滑动的数量和范围逐渐扩大，同时坝顶不断塌陷。

现代设计建造的高心墙堆石坝，为了提高大坝防震抗震能力，设计抗震措施重点从以下几个方面考虑：

1. 优选坝址，加强坝基处理

坝址选择应尽量避开断层、可液化的砂土层和软土覆盖层等，对于不可避免的不良地质条件，应作加固密实处理。对于断层破碎带通常挖除软弱破碎岩体，回填混凝土塞或设置反滤排水等措施；对软土覆盖层坝基、可液化砂层，通常采取挖除、置换回填、振冲压实、碎石桩、混凝土桩、固结灌浆等加固处理措施。

瀑布沟心墙堆石坝最大坝高 186m，对坝基砂层地震液化的评估处理是一个关键问题。该工程上下游坝壳及心墙区上下游坝基覆盖层中夹有砂层透镜体，其中部分为细砂层透镜体，砂层透镜体的埋藏深度较深，上游砂层一般 40～48m，最小埋深 32.19～32.47m，下游砂层一般 30～40m，最小埋深 22.37m。针对砂层处理措施，通过详细勘察、取样试验、现场测试试验及二维、三维动力计算分析等手段进行比选论证。对于心墙区范围内低强度、高压缩性软土及地震时易液化的土层，均采取挖除砂层、回填掺水泥的砂卵石或过渡料并配合固结灌浆的处理方式。计算分析表明，上、下游坝壳区的两块砂层透镜体筑坝后均不会液化，仅清除坝基表层淤泥及杂物后，将坝基覆盖层压实后即开始填筑坝体堆石，并在下游坝脚砂层透镜体上方增加了压重体。

黄河小浪底斜心墙堆石坝，最大坝高 160m，大坝坐落在 70m 深的砂卵石覆盖层上，其中上部砂砾石层厚度 30～45m，含砂率一般为 20%～30%；夹砂层分布于上部砂砾石中间，厚度为 1～4m，坝基下游侧夹砂层最大厚度达 20m，粒径成分以极细砂为主，细砂与中砂次之；底砂层以细砂为主，占 50%～60%，下部夹少量的中细砂、中粗砂；底部砂砾石层，分布在深槽底部，一般厚 5～10m，最厚可达 30m 以上。从经验法判别和地震动力反应分析得知，上下游坝脚存在的可能砂层液化是抗震薄弱部位。对于上游坝脚，考虑黄河含沙量较大，当水库投入正常运用后，最终坝前淤积厚度约达到 120m，使覆盖层增加了较大的上覆压力，砂砾石层无液化可能，故不作处理；对于下游坝脚处，地震产生的超静孔压较大，对不满足抗震要求的部位采用压戗处理。

2. 预留足够的坝顶地震安全超高

若对地震荷载引起的坝顶沉陷估计不足，在地震涌浪叠加条件下易发生土石坝库水漫顶溃坝事故。根据《水电工程水工建筑物抗震设计规范》（NB 35047—2015）规定，地震安全加高包括地震涌浪高度和地震附加沉陷，其中地震涌浪高度根据设计烈度和坝前水深选取，一般为 0.5～1.5m，地震附加沉陷一般不超过 1%。当设计烈度超过Ⅷ度时，应考虑坝体和地基在地震荷载作用下的附加沉陷，根据填土质量和地基覆盖层的厚度和性质，需适当加大预留沉陷高。目前我国西部修建的高土石坝，地震沉陷一般取为不小于坝高加覆盖层厚度的 1%，地震涌浪高度一般取为 1.5m 左右。

3. 适当增加坝顶宽度、放缓坝坡

由于坝坡滑移失稳是一个由浅入深的积累过程，适当放宽坝顶，有助于增加坝顶区域滑出面的范围，上下游坝坡中上部一定高程范围放缓坝坡，设置多级马道，可提高坝坡抗滑稳定安全系数。

4. 选择合适的坝体结构分区及筑坝材料

坝轴线宜用直线或向上游弯曲的坝轴线，不宜采用向下游弯曲、折线或 S 形的坝轴线；采用对抗震有利的坝体分区，加强反滤排水设计，采用级配优良、透水性好的坝壳料，防止反滤层液化；防渗体系与岸坡或混凝土结构结合面不宜过陡，变坡角度不宜过大，不得有反坡和突然变坡；适当加厚防渗体及其上、下游反滤层和过渡层；尽可能提高坝顶一定高程以上的填筑标准，增强坝顶部位的整体性。

压重对提高地震中土石坝的抗滑稳定性、防止坝基砂层液化等均具有显著的效果。为了防止坝体出现滑坡失稳，上、下游坝脚可采用大块石压重，加大上、下游坡脚的压重平台，以增强地震时大坝的抗滑稳定性。同时，上、下游坝面设置干砌石及大石块加重护坡，以防地震时坝面石块被大片震落，危及大坝安全。

5. 采取坝顶加固措施

根据大坝抗震数值计算、离心机振动台模型试验，并借鉴国内外心墙堆石坝的震害经验，在 4/5 坝高以上的坝顶，该高程范围地震加速度响应最为强烈，存在明显的"鞭鞘效应"，地震时可能会导致坝顶部堆石出现松动、滚落、坍塌，甚至局部浅层滑动等破坏，是坝坡抗震薄弱部位，须采取抗震加固措施。

对于高 200m 以上的面板堆石坝，沈珠江建议了三种抗震加固方案：放缓 1/5 坝高以上的下游坝坡；1/5 坝高以上的堆石改用碾压混凝土；坝顶下 20m 范围内每隔 4m 加一根直径 5cm 的钢筋拉条贯通上、下游。我国已建的 124.5m 高的南桠河冶勒沥青混凝土心墙堆石坝，在约占坝高 3/4 以上的部位首次采用土工格栅加固，土工格栅至今仍然是土石坝坝顶重要抗震加固措施。已建的糯扎渡心墙堆石坝，采取在坝顶 1/5 范围内埋设钢筋网、坝坡设混凝土护面板的抗震措施，虽然坝体填筑造价增加，但顺河向和竖向残余变形降低明显，这对提高其抗震性能是十分有利的，但浆砌石面板在大坝蓄水运行后，易因上游坝坡湿化变形，造成浆砌石面板拉裂破损，影响整体美观效果。

6. 加强坝体变形控制

为了防止防渗体破坏，高土石坝应提高土料的压实标准，控制堆石体的变形，并使大坝防渗系统能够适应坝体变形。无论是自然沉降还是地震沉陷，国内外 150m 级以上高坝工程实践经验均表明，堆石体变形越小，防渗系统就越可靠。为减小心墙变形，除了提高心墙料的压实度外，宜选择黏粒含量高、塑性指数高的土料作为心墙防渗料。为改善心墙抗水力破坏能力，在满足渗透系数和渗透稳定的条件下，可在心墙中掺入一定的碎砾石料，提高心墙抗剪强度和模量，同时减小地震永久变形量。由于心墙与坝肩变形刚度差别较大，地震时两者变形不协调，容易在连接部位产生裂缝，因此心墙和坝肩接触部位要填筑塑性指数较高的接触黏土，并加宽该部位的心墙防渗体断面，加强对该区域防渗体的上下游反滤保护。

7. 设置泄水放空设施

设置泄水建筑物的目的之一就是在获得可靠地震预报后，提前放低水库水位，或当大坝遭遇地震后，能及时放空库水，避免或减小对大坝的安全威胁。闸门的启闭装置要保证能正常运转，备用电源和燃料等要常备不懈。要防止泄水建筑物出水口附近山体边坡坍塌，以免造成出水口堵塞。同时，考虑到在溢洪道遭到地震破坏或结构损坏而尚未修复前的泄洪需要，可设置宽的非常溢洪道。

表 7-28 列举了国内外部分 200m 级以上高心墙堆石坝设计抗震措施统计情况。

表 7-28　　国内外部分 200m 级以上高心墙堆石坝设计抗震措施统计表

抗震措施	糯扎渡	瀑布沟	长河坝	小浪底	努列克	两河口	双江口
基本情况	建于基岩上的直心墙坝，最大坝高 261.5m，大坝设计烈度为 8 度	建于深厚覆盖层上的直心墙坝，最大坝高 186m，大坝设计烈度为 8 度	建于深厚覆盖层上的直心墙坝，最大坝高 240m，大坝设计烈度为 9 度	建于深厚覆盖层上的斜心墙坝，最大坝高 160m，大坝设计烈度为 8 度	直心墙堆石坝，最大坝高 300m，基本烈度为 9 度	建于基岩上的直心墙坝，最大坝高 295m，大坝基本烈度为 7 度	建于基岩上的直心墙坝，最大坝高 314m，大坝设计烈度为 8 度
增加坝顶宽度	坝顶宽度 18m	坝顶宽 14m	坝顶宽 16m	坝顶宽 15m	坝顶宽 20m	坝顶宽 16m	坝顶宽 16m
放缓坝坡	上游坝坡 1:1.9；下游坝坡 1:1.8	795m 高程以上上游坝坡 1:2，795m 高程以下 1:2.25；下游坝坡 1:2	上下游坝坡均为 1:2.0，下游坝坡设 3 级 5m 宽马道	上游坝坡 1:2.6；下游坝坡 1:1.75，220m、250m 高程分宽 14m、6m 马道	上游坝坡 1:2.25，下游坝坡 1:2.2。心墙迎水坡 1:0.25；背水坡 1:0.27	上游坝坡 1:2.0；下游坝坡 1:1.9	上游坝坡 1:2.0；下游坝坡 1:1.9
坝坡设置大块石砌筑，增强整体性	上下游坡面设置大块石护坡	上下游坡面设置大块石护坡	上下游坡面设置大块石护坡	上下游坡面设置大块石护坡	上下游面用大块石压重作保护层，上游保护层厚 20～40m，下游为 5～10m	上游坡面在 2775m 高程以上设置干砌石护坡；下游坡面设置大块石护坡	上游坡面在 2410m 高程以上设置干砌石护坡；下游坡面在 2330m 以上设置大块石护坡
在坝顶一定高程范围内采用加筋结构	坝顶部 1/5 坝高范围上、下游坝壳堆石中埋入 ϕ20@1000mm 钢筋，层距 5m；坝面布设@1000mm 方形扁钢网，并与坝壳内的钢筋焊接。心墙面上布设贯通上、下游的钢筋（ϕ20@100mm）	坝顶 38m 约 1/4 范围内上下游坝坡均采用土工格栅加筋，土工格栅长度 30m，层距 2m	坝顶 51m 约 1/5 范围内上下游坝坡均采用土工格栅加筋，土工格栅长度 50m，层距 2m	—	坝顶 65m，约坝高 1/5 范围内，上游坝坡内高程 855m、876m、894m 各设一层加筋抗震层，以缓并吸收最危险地震引起的坝内切向应力。在 912m 高程，设加筋抗震层并将上下游坝体结合在一起。加筋抗震层由长条形钢筋混凝土板和倒"T"形钢筋混凝土梁组成。板距 9m，梁高 3m，梁距 9m	坝顶 55m，约坝高 1/5 范围内，采取坝面现浇混凝土框格梁+坝内预制混凝土框格梁+土工格栅。坝内框格梁层距 6m，土工格栅层距 2m	坝顶 72m，约坝高 1/5 范围内，采取坝内热镀锌钢结合坝面热浸锌扁钢的方案。坝内扁钢层距 2.4m，长 30m

续表

抗震措施		糯扎渡	瀑布沟	长河坝	小浪底	努列克	两河口	双江口
适当增加坝顶超高		考虑地震涌浪1.0m及地震沉陷量2.6m，预留足够的坝顶超高	考虑地震涌浪取1.5m，地震沉陷2.56m	考虑地震涌浪取1.5m，地震沉陷3m	地震附加沉陷量2.3m。同时还考虑了地震涌浪1m和库区滑坡引起的浪高0.88m	坝顶高程920m，正常蓄水位910m	考虑地震涌浪1.5m及地震沉陷量2.95m，预留足够的坝顶超高	考虑地震涌浪1.5m及地震沉陷量3.14m，预留足够的坝顶超高
加强基础处理	河床覆盖层基础处理	—	心墙底部在坝基防渗墙下游亦设厚度各1m二层反滤料与心墙下游反滤料连接。为防止坝基覆盖层中砂层液化，在下游坝脚处设60m长的弃渣压重	心墙基础部位的②-C砂层采用挖除换填。心墙底部在坝基防渗墙下游亦设二层反滤料与心墙下游反滤层连接	坝上游坝脚水库淤积压重，未作抗震处理。对坝下游坡脚处，采用压戗抗震，压戗高25m，长80m		—	在上下游坝脚铺设弃渣压重
	基岩基础处理	心墙及反滤层基础开挖至弱风化～微新基岩，心墙基础设混凝土板，心墙与两岸基岩接触面上铺设高塑性黏土	心墙基础设0.3m厚混凝土板，心墙与两岸基岩接触面上铺设2～3m厚的高塑性黏土，两岸坝肩部位，在心墙标准断面的基础上，向上下游方向局部加宽	岸坡基岩基础处理与瀑布沟水电站类似	对岩石基础边坡坡面进行严格设计，进行可靠的上游围堰斜墙、岸坡、大坝主心墙三者	心墙基础覆盖层和软弱岩层全部挖除，并挖了一个基槽，在槽内喷设15cm厚混凝土。对心墙基础及反滤层底部做固结灌浆孔深10m	心墙与反滤层基础开挖至弱风化～微新基岩，心墙基础设混凝土板，心墙与两岸基岩接触面上铺设高塑性黏土	心墙底部覆盖层全部挖除，开挖至基岩。心墙基础设混凝土板，心墙与两岸基岩接触面上铺设高塑性黏土
采用抗震有利的坝体分区、坝体材料，加强反滤，采用级配优良、透水性好的坝壳料		心墙顶宽10m，上下游坡度为1:0.2。上游2层反滤，厚度均为4m；下游2层反滤，厚度均为6m	心墙顶宽6m，下游2层反滤，厚度均为6m，上游设2层反滤，厚度为4m	心墙顶宽6m，上下游坡度均为1:0.25。下游反滤层1和2厚分别为6m，上游反滤层厚8m。在上下游坝脚铺设压重	斜心墙下游设两层反滤，反滤一厚6m，粒径0.1～20mm，反滤二厚4m，粒径5～60mm；上游采用一层反滤，一层过渡反滤粒径0.1～60mm，二层用过滤料粒径0.1～250mm，两层厚度均为2.5m	心墙采用掺砾料。上游侧从坝顶至正常水位之间为双反滤，下部是单反滤。下游侧双反滤。下游侧第一层、第二层和上游侧单层反滤粒径为0.05～10mm、0.05～40mm和0.01～40mm	心墙顶宽6m，上下游坡度均为1:0.2。上游2层反滤，水平厚度均为4m；下游2层反滤，水平厚度均为6m	心墙顶宽4m，上下游坡度均为1:0.2。上游2层反滤，水平厚度均为4m；下游2层反滤，水平厚度均为6m
可靠的水库泄洪放空能力		左岸开敞式溢洪道，左右岸各一条泄洪洞	左岸开敞式溢洪道、泄洪洞，右岸放空洞	右岸深孔泄洪洞、2条明流式溢洪道，右岸放空洞	开敞式溢洪道、3条明流泄洪洞、3条孔板泄洪洞	深孔泄洪洞、表孔泄洪洞	洞室溢洪道、深孔泄洪洞、竖井泄洪洞、放空洞	洞室溢洪道、深孔泄洪洞、竖井泄洪洞、放空洞

二、RM 大坝设计抗震措施

1. 大坝抗震薄弱部位及环节

根据大坝抗震数值计算、离心机振动台模型试验，并借鉴国内外心墙堆石坝的震害经验，RM 大坝抗震薄弱部位及环节主要体现在以下几个方面：

（1）在 4/5 坝高以上的坝顶，该区域地震加速度响应最为强烈，存在明显的"鞭鞘效应"，地震时可能会导致坝顶部堆石出现松动、滚落、坍塌，甚至局部浅层滑动等破坏，是坝坡抗震薄弱部位。

（2）基于有限元–无单元耦合方法坝顶裂缝预测，① 当坝顶最大沉降 1.25m 时，距右坝肩 40m 处开始出现横向张拉裂缝，最大裂缝宽度 2cm，裂缝深度 3.0m；当坝顶沉降 3.32m（超高坝高 1%），最大裂缝宽度 10cm，裂缝深度 6.0m；② 当坝顶最大沉降 1.62m 时，距坝顶下游约 50m 处坝坡开始出现纵向张拉裂缝，最大裂缝宽度 0.1cm，裂缝深度 2.6m；当坝顶沉降 3.32m，最大裂缝宽度 0.6cm，裂缝深度 6.0m。由此可见，若地震时坝顶永久沉陷量过大，由于河床部位与两岸坝肩部位心墙变形的不协调性，较易在两岸坝肩发生横向裂缝、在坝顶的上下游坝坡发生纵向裂缝，是大坝抗震薄弱部位及环节。

（3）数值计算表明，地震引起接触黏土与混凝土垫层接触面顺坡向剪切位移增量很小，最大值约为 2.0cm，主要分布在两岸坝顶局部区域；基于岸坡局部离心机模型试验结果的反演分析，地震引起接触界面顺坡向最大错动滑移量左岸为 1.81cm、右岸为 1.82cm，最大变形出现在左右岸变坡点（左岸 2770m、右岸 2800m）以上区域。另外，根据国内已有研究经验，压–剪耦合条件下的心墙与两岸接触中上高程或者岸坡陡变处，由于接触黏土自身应力状态低，且处于严重超固结状态，蓄水后心墙挠曲变形牵引两岸剪切张拉，易形成渗透性急剧增大的高渗透性剪切带，工程建设应引起足够重视。因此，考虑到心墙岸坡变坡点附近以及坝顶变形的不连续，地震后有可能产生脱空或微裂缝，带来渗漏稳定问题，是大坝抗震薄弱部位。

2. 大坝抗震设计措施

《水电工程水工建筑物抗震设计规范》（NB 35047—2015）对高土石坝抗震设防有明确要求：① 设防地震下如有局部损坏，经修复后仍可正常运行；② 最大可信地震时不发生库水失控下泄等灾害。

RM 大坝采用基准期 100 年超越概率 1%的地震动参数 0.54g 进行校核，满足特级大坝（采用万年一遇或 MCE 设防标准）的抗震设防要求。根据 DG 组、BK 组、NK 组等研究成果，借鉴类似工程经验，RM 大坝抗震措施主要从大坝安全超高、防渗心墙及坝体结构、坝料设计和填筑标准、上下游坝面护坡、基础处理、坝顶加筋及高坝放空设计等方面考虑，综合经济性及安全性，采取的主要抗震措施如下：

（1）大坝安全超高及坝顶宽度。

坝顶超高考虑了地震时坝体产生的附加沉陷和水库地震涌浪。从控制坝顶裂缝、预防库水漫坝等风险，地震沉陷按坝高的 1%控制，为 3.15m，地震涌浪高度取值 1.5m。数值计算和离心机振动台模型试验研究均表明，大坝地震永久沉陷均小于坝高的 1%，即小于 3.15m，说明坝顶高程满足设计要求。

考虑到 RM 大坝为特高坝，地震设计烈度为Ⅸ度，坝顶宽度在规范高坝 10~15m 的基础上适当加大，设计坝顶宽度为 18m，以避免堆石滚落造成局部失稳。

（2）防渗心墙抗震措施。

采用抗震性能好的直心墙结构，心墙顶宽 5m，上下游坡比 1:0.23，心墙底部最大宽度为 157.80m，设计心墙顶高程高于校核洪水位。与国内外 300m 级高心墙堆石坝相比，设计的防渗心墙体型要相对宽缓。在心墙与基础连接部位，按 1:5 设置扩大段，以延伸防渗结构底部渗径。

防渗心墙采用力学性能较优的砾石土，可提高心墙模量，减小坝体变形。

心墙基础坐落于基岩上，防渗心墙与基岩连接部位设置混凝土盖板，其中河床段盖板厚2.0m，岸坡段盖板垂直厚 1.0m。混凝土盖板表层设置接触黏土，以提高心墙与坝基岸坡接触部位抗冲刷能力和抗裂性能。为了适应岸坡接触带中部高程大剪切变形，以及预防变坡部位、坝顶部位附近地震脱空或微裂缝带来渗漏稳定问题，在两岸 2710~2820m 高程、2877m高程以上设置接触黏土Ⅰ区，其余部位（河床、岸坡 2710m 高程以下、岸坡 2820~2877m高程）均设置为接触黏土Ⅱ区。同时要求在混凝土盖板表面喷涂一层泥浆，确保接触黏土与混凝土盖板连接紧密。

为了预防地震坝顶沉陷过大，诱发左右岸坝肩心墙区域产生横向裂缝，在距左右岸坝肩50m、深度 10m 范围内，采用高塑性接触黏土料代替砾石土料，同时在堆石区与岸坡接触部位采用 2m 厚的过渡料填筑，以适应坝体与岸坡之间的不连续变形。

为了保障廊道结构安全及接缝止水系统的可靠性，心墙廊道设置一定宽度的结构缝。上层廊道左岸距岸坡 65m、右岸距岸坡 75m 范围内，按每隔 3m 设置一道结构缝，其余河床部位按每隔 5m 设置一道结构缝；下层廊道左岸距岸坡 40m、右岸距岸坡 55m 范围内，按每隔3m 设置一道结构缝，其余河床部位按每隔 5m 设置一道结构缝，以适应复杂变形要求。初拟缝宽 20mm，缝内填筑塑料闭孔板（压缩率达 50%），以避免廊道块体挤压破坏。廊道分缝采用双 "W" 型铜片止水，廊道外壁包裹土工织布，廊道与两岸连接部位采用金属波纹管连接。

（3）坝体结构、分区抗震措施。

选用级配优良、抗液化能力高的反滤料，同时加宽上、下游反滤层和过渡层的厚度，上、下游反滤层Ⅰ区和反滤层Ⅱ区厚度分别为 4m、6m，过渡层顶宽取 7m，上下游侧坡比均为 1:0.4。

坝体分区设堆石Ⅰ区和堆石Ⅱ区，堆石Ⅰ区采用泄水建筑物进口及右坝肩开挖弱卸荷及以下、泄水建筑物出口 2830m 以下、2 号石料场开挖，饱和抗压强度小值平均值大于 40MPa；堆石Ⅱ区采用泄洪系统进口及右坝肩开挖的弱风化上带强卸荷岩体，饱和抗压强度小值平均值大于 35MPa。

采用较缓的坝坡（上游坝坡 1:2.1，下游坝坡 1:2.0），并在上游 2820.00m、2860.00m 高程设置了两级 5m 宽马道。坝顶 1/5 坝高范围内为抗震的关键部位，采用强度高的优质堆石料，全部采用弱卸荷及以下英安岩开挖料。

（4）坝料设计和填筑标准。

自坝体中部防渗心墙至上下游坝壳，防渗心墙、反滤层Ⅰ区料、反滤层Ⅱ区料、过渡料、堆石料的渗透系数依次增大，模量依次增高，以满足变形协调要求。

控制心墙料 P_5 含量在 30%～50%，小于 0.075mm 细粒含量应不小于 15%，小于 0.005mm 黏粒含量不小于 6%；填筑压实度要求大于或等于 98%；渗透系数控制在小于 1×10^{-5} cm/s；塑性指数大于 8。

接触黏土Ⅰ区，最大粒径 20mm，粒径大于 5mm 的颗粒含量小于 10%，粒径小于 0.075mm 的颗粒含量大于 60%，小于 0.005mm 的黏粒含量大于 20%；接触黏土Ⅱ区，最大粒径不大于 40mm，粒径大于 5mm 的颗粒含量小于 10%，粒径小于 0.075mm 的颗粒含量大于 50%，小于 0.005mm 的黏粒含量大于 15%；压实度要求大于 95%；渗透系数应小于 1×10^{-6} cm/s；塑性指数应大于 10。

控制反滤层Ⅰ区料相对密度大于 0.8，反滤层Ⅱ区料相对密度大于 0.85，过渡料孔隙率均小于 22%，堆石Ⅰ区、堆石Ⅱ区采用相同的填筑标准，孔隙率均小于 20%。

（5）设置上、下游坝面护坡。

坝体上游坡面在 2810m 高程（死水位 2815.00m 以下 5m）至 2840m 高程铺设 1m 厚的干砌石护坡，2840m 高程以上至坝顶铺设 1.5m 厚的格宾笼护坡；下游坝坡在 2840m 高程以下铺设垂直厚 1m 的干砌石护坡，在 2840m 高程以上坡面铺设 1.5m 厚的格宾笼护坡。

（6）设置上、下游压重。

在上游围堰与坝体之间设置上游压重区，上游压重区顶高程为 2695.00m；下游坝脚处设置下游压重区，压重顶高程为 2645.00m，上游接"之"字坝后公路，下游尾部接混凝土挡墙。

（7）加强基础处理。

河床覆盖层以冲积砂卵砾石层为主，主河床厚 10～17m，两侧变浅 2.4～7.8m，其存在深度起伏较大，结构松散，透水性强等问题，河床覆盖层全部挖除。

根据该部位岩体条件和基础防渗要求，挖除基岩表层松动、破碎岩体和突出岩石。河床部位心墙及反滤层基础开挖至 2592.00m 高程，使基础位于弱风化上带中部，坝基岩石开挖深度 4～7.5m，局部破碎部位或局部深槽部位采用混凝土回填处理。

对防渗心墙及上下游反滤区底部混凝土盖板范围内的基岩进行水泥固结灌浆，加强基岩的完整性，减弱浅层基岩的透水性，防止心墙土料接触冲蚀。固结灌浆孔采用梅花形布置，间排距均为 2.5m，垂直于岩基面钻孔，特别是在两坝肩心墙基础尚有部分强卸荷岩体未予挖除的部位，固结灌浆孔间排距调整为2m。高程2690.00m 以下钻孔深度15m，高程2690.00～2790.00m 范围钻孔深度 12m，高程 2790.00m 以上钻孔深度 10m，坝基混凝土盖板（河床2m 厚、岸坡垂直 1m 厚）兼作固结灌浆盖板。

（8）坝顶加筋。

根据大坝抗震数值计算、离心机振动台模型试验，并借鉴国内外心墙堆石坝的震害经验，在 4/5 坝高以上的坝顶，该高程范围地震加速度响应最为强烈，存在明显的"鞭梢效应"，地震时可能会导致坝顶部堆石出现松动、滚落、坍塌，甚至局部浅层滑动等破坏，是坝坡抗震薄弱部位，需采取抗震加固措施。为此，结合已有工程经验以及不同抗震加固措施的优缺点，RM 大坝拟在 2840m 高程以上 1/5 坝高范围内，采用"坝面不锈扁钢网＋格宾笼护坡＋坝内钢筋"的坝顶抗震加固措施，详述如下：

1）在上、下游坝坡 2840m 高程至坝顶铺设 1.5m 厚的格宾笼护坡。

2）在 2840m 高程以上的上、下游坝壳按层高 1.6m 布设ϕ20 不锈钢筋网，顺河向钢筋水平间距 2.5m，坝轴向钢筋水平间距 5m，埋入坝壳堆石中的顺河向钢筋长度为 30m 或伸至上下游心墙表面。

3）在 2840m 高程以上的上、下游格宾笼护坡表面布设 100mm×12mm（宽×厚）的不锈扁钢网，竖向间距为 1.25m，水平向层高 1.6m。

4）在 2905m 高程的心墙顶面布设贯通上、下游的ϕ20 不锈钢筋，间距为 1.25m，并分别嵌入上游防浪墙及下游混凝土路缘石中，使坝顶部位成为整体（见图 7-72）。

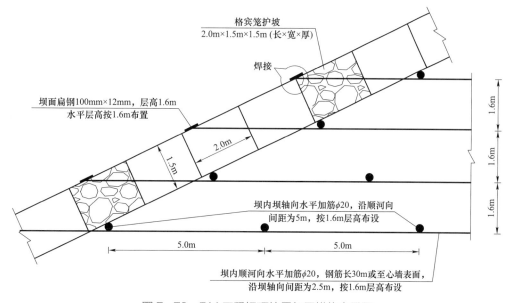

图 7-72　RM 工程坝顶抗震加固措施布置图

（9）高坝放空设计。

根据离心机振动台模型试验，大坝在左右岸变坡点（左岸 2770m、右岸 2800m）以上区域，地震工况下接触黏土相对基岩会产生接触变形，也是心墙堆石坝抗震的另一个薄弱部位。考虑到心墙岸坡变坡点部位变形的不连续，地震后有可能在变坡附近产生脱空或微裂缝，带来渗漏稳定问题，若发生地震时，水库应能快速将库水位降低至 2770～2800m 高程以下。

根据 RM 水库放空设施研究成果，推荐采用分级挡水两层放空洞，布置于大坝右岸坝肩。按 20 年一遇洪峰流量控泄，枯期、汛期均能放空到 2780.00m 以下，放空率达到 81% 以上；汛期放空历时 7 天后，水位降低 49.37m，水位降低率 17.45%，库容放空 16.96 亿 m³，库容放空率 45.17%，各项指标满足水库应急放空需求。

从利于大坝抗震安全的角度看，有以下几项好处：

1）具有运行灵活、保证率高的特点，利于紧急情况的处理；

2）若遭遇地震后，利于较迅速地降低库水位，对大坝进行检查、维修；

3）避免或减小对下游的安全威胁。

三、坝顶抗震加固效果研究

（一）筋土分离模型法

1. 计算条件

采用 FLAC 商用软件，基于 M–C 弹塑性模型，对坝体上部 2840.00～2892.00m 设置坝面不锈钢扁钢及坝内钢筋设计方案中的加筋长度和加筋间距，开展抗震加固效果对比分析。

选取卓越周期与坝体自振周期较为接近的人工合成地震波，如图 7–73 所示，竖向输入峰值加速度折减 2/3；几何模型和加筋方案如图 7–74、图 7–75 所示。

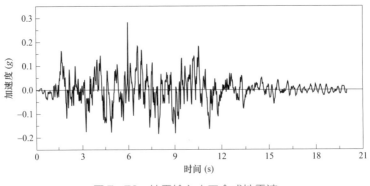

图 7–73 地震输入人工合成地震波

拟定以下 4 个方案进行对比分析，依据动力时程分析得到的滑裂面位置，确定坝体最危险滑坡体的宽度，即为 L，如图 7–74 所示。

工况 1：不考虑坝顶加筋措施；

工况 2：考虑坝顶加筋措施，加筋长度取 1.5L，加筋层间距取 10m；

工况 3：考虑坝顶加筋措施，加筋长度取 2L，加筋层间距取 10m；

工况 4：考虑坝顶加筋措施，加筋长度取 2L，加筋层间距取 5m。

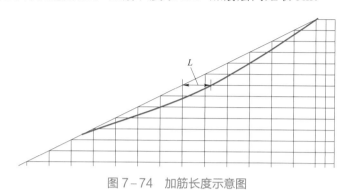

图 7-74 加筋长度示意图

图 7-75 为堆石加筋设计方案示意图；图 7-76 是输出位移的特征节点在坝体中的位置示意图。

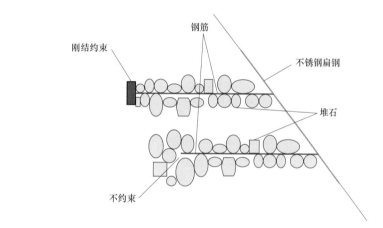

图 7-75 加筋端的处理方式示意图

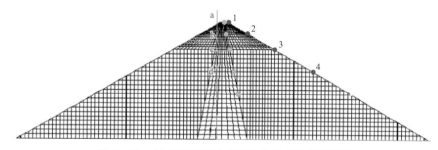

图 7-76 输出位移的特征节点在坝体中的位置图

2. 地震永久变形的对比

图 7-77～图 7-80 给出四种工况下的下游坝坡典型节点 1～4 号的水平向和竖向永久变形的对比。由计算结果可知：

大坝的最大水平永久位移都发生在 295m 坝高的 2 号坝坡节点位置,未采取抗震措施(工况 1)时为 2.0m,采取抗震措施(工况 2)后为 1.35m,降低了 32.5%;工况 3(加筋长度变化为 2L)最大水平永久位移 1.25m,比工况 1 降低了 37.5%;工况 4(加筋间距为 5m)最大水平永久位移 1.22 m,比工况 1 降低了 39.0%;工况 4 相对于工况 3,加筋间距缩小一倍,最大水平永久位移减小 2.4%。此外,比较工况 2 和工况 3,加筋长度增加 1/3,最大水平永久位移的降低幅度仅提高 7.5%。

各工况中,坝顶的竖向永久位移最大,距离坝顶越远的节点,竖向永久位移越小。未采用抗震措施(工况 1)的坝顶节点竖向永久位移为 1.25m;采取坝顶加筋抗震措施(工况 2)后,坝顶的竖向永久位移为 0.75m,与工况 1 比降低幅度达到 40%;加筋间距分别为 10m 和 5m 的工况 3、工况 4,坝顶的竖向永久位移分别为 0.70m 和 0.68m,降低幅度(与工况 1 比较)分别为 44% 和 45.6%;可见加筋间距对坝顶竖向永久位移影响在 5% 左右。

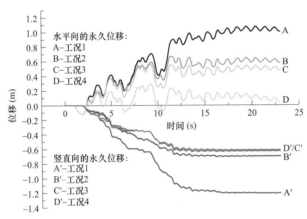

图 7-77　地震动作用下 1 号特征点水平和竖向永久位移

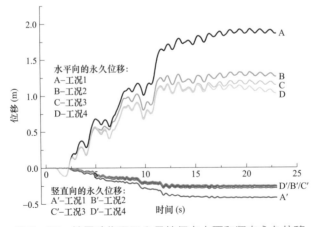

图 7-78　地震动作用下 2 号特征点水平和竖向永久位移

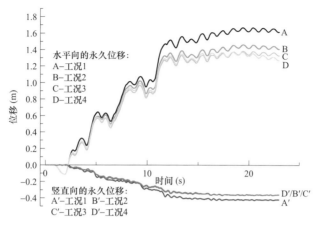

图 7-79 地震动作用下 3 号特征点水平和竖向永久位移

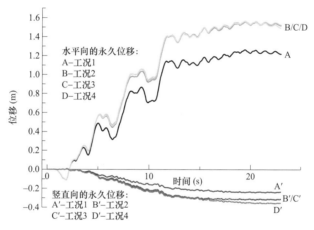

图 7-80 地震动作用下 4 号特征点水平和竖向永久位移

3. 塑性剪应变的对比

由图 7-81～图 7-84 可见，未采取抗震措施（工况 1）坝体顶部最大剪应变水平超过了 0.9%，采用坝顶加筋（工况 2～工况 4）后坝顶剪应变水平显著降低，并使高塑性剪应变区从靠近坝顶的坝体内部转移到沿坝坡表面的浅层，范围大大减小。

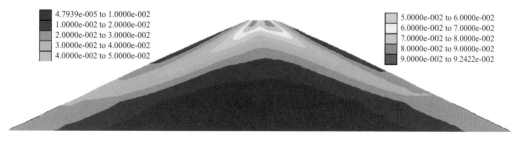

图 7-81 坝顶塑性剪应变分布（工况 1）

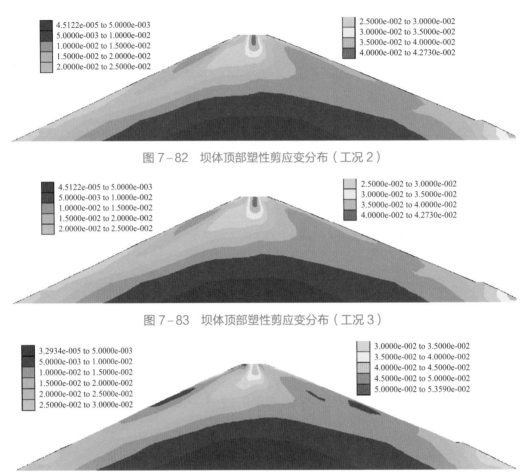

4.5122e-005 to 5.0000e-003	2.5000e-002 to 3.0000e-002
5.0000e-003 to 1.0000e-002	3.0000e-002 to 3.5000e-002
1.0000e-002 to 1.5000e-002	3.5000e-002 to 4.0000e-002
1.5000e-002 to 2.0000e-002	4.0000e-002 to 4.2730e-002
2.0000e-002 to 2.5000e-002	

图 7-82　坝体顶部塑性剪应变分布（工况 2）

4.5122e-005 to 5.0000e-003	2.5000e-002 to 3.0000e-002
5.0000e-003 to 1.0000e-002	3.0000e-002 to 3.5000e-002
1.0000e-002 to 1.5000e-002	3.5000e-002 to 4.0000e-002
1.5000e-002 to 2.0000e-002	4.0000e-002 to 4.2730e-002
2.0000e-002 to 2.5000e-002	

图 7-83　坝体顶部塑性剪应变分布（工况 3）

3.2934e-005 to 5.0000e-003	3.0000e-002 to 3.5000e-002
5.0000e-003 to 1.0000e-002	3.5000e-002 to 4.0000e-002
1.0000e-002 to 1.5000e-002	4.0000e-002 to 4.5000e-002
1.5000e-002 to 2.0000e-002	4.5000e-002 to 5.0000e-002
2.0000e-002 to 2.5000e-002	5.0000e-002 to 5.3590e-002
2.5000e-002 to 3.0000e-002	

图 7-84　坝体塑性剪应变分布（工况 4）

4. 加筋前后网格变形

从图 7-85 加筋前后网格变形可以看出，坝顶加筋抗震加固措施能有效抑制靠近顶部坝坡表面浅层材料单元的坍塌，坝顶竖向震陷显著降低。

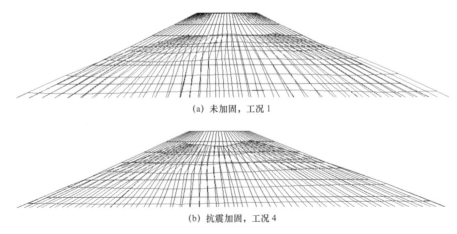

(a) 未加固，工况 1

(b) 抗震加固，工况 4

图 7-85　RM 心墙堆石坝地震前后网格对比

（二）加筋复合体模型法

1. 筋材–堆石体相互作用机理

在加筋堆石体结构中，将筋材埋入堆石体中，依靠筋材与堆石体的相互作用，限制其上下堆石体的侧向变形，增加堆石体结构的稳定性，提高堆石体的抗剪强度和变形特性。目前，国内外学者普遍认可的两种筋–土相互作用机理分别为摩擦加筋机理和准黏聚力机理。

（1）摩擦加筋机理。

在加筋堆石体结构中，筋材被成层沿水平方向埋置于堆石体中。当加筋复合体结构发生滑动破坏时，在加筋复合体中将产生主动区（滑动区）和被动区（稳定区），如图 7–86 所示。

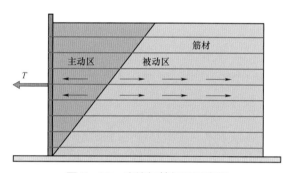

图 7–86　摩擦加筋机理示意图

滑动区内堆石体的自重产生的水平推力和水平地震惯性力在筋材中形成拉力，有将筋材从堆石体中拔出的趋势，而稳定区的筋材被上覆的堆石体束缚而锚固，即稳定区的堆石体与筋材之间的摩阻力将阻止筋材被拔出。如果滑动区堆石体产生的水平推力被稳定区筋材和堆石体之间的摩擦阻力所平衡，则整个加筋复合体结构的内部稳定性得到保证。摩擦阻力 f 大于筋材受到的拉力 dT 而小于筋材的极限抗拉强度时，筋材与堆石体之间是完全锚固的，加筋结构处于稳定状态。反之，格栅与堆石体发生相对滑动，加筋结构产生侧向位移，直至结构失效。

（2）准黏聚力机理。

准黏聚力机理又称复合材料理论，其本质是将加筋材料和土体看作各向异性的材料进行考虑。当土体竖向受压时，无加筋土体的横向变形靠周围土体约束，其约束效应与土体的结构有关，其约束用水平应力 σ_3 表示。当土体中加入高弹性模量的拉筋后，拉筋由于承压拱效应将对周围土体提供附加围压 $\Delta\sigma_3$，有效地降低土体承受的偏应力和侧向变形。此时筋材与土体之间的相互作用可等效为土体抗剪强度的提高（见图 7–87）。

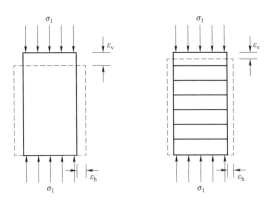

图 7-87 加筋土与未加筋土应力变形状态

对比大量加筋土和未加筋土的三轴试验结果发现，在同样荷载作用下，未加筋土在共同作用下达到极限平衡状态，而加筋土样却仍处于弹性平衡状态，加筋碎石土的抗剪强度得到显著提高（见图 7-88）。

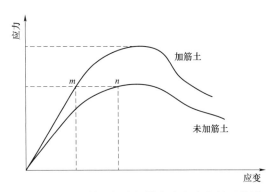

图 7-88 加筋土与未加筋土应力应变关系曲线

铺设筋材与堆石体之间相互作用，将对原来土体产生附加的侧向约束，限制了土体的侧向变形，为土体单元提供了一个侧压力增量 $\Delta\sigma_{3f}$，提高了土体的抗压强度，这种侧压力增量被以附加黏聚力的形式代替，用以反映加筋复合结构的材料特性。

摩擦加筋机理从微观角度解释了筋材的加筋作用，准黏聚力机理从宏观角度解释了加筋复合体的加筋效果，两种加筋机理是独立存在的，即在加筋结构稳定分析中同时考虑由筋材与土体之间的摩阻力引起的抗拉力及加筋引起的复合材料强度提高的影响。

（3）拟静力极限平衡分析法。

针对高土石坝加筋堆石体结构的特点，将摩擦加筋机理和准黏聚力机理同时引入到加筋坝坡的整体稳定分析中，采用瑞典—荷兰法对加筋坝坡进行拟静力极限平衡分析。

在计算过程中，首先依据《土工合成材料应用技术规范》和工程设计要求确定的筋材的容许极限抗拉强度，然后确定堆石体加筋复合体的附加黏聚力和总有效黏聚力等强度指标，进而确定加筋复合滑动体的附加抗滑力矩，得到潜在滑动体的安全系数，搜索堆石体加筋复合体中最危险滑动面的位置及最小安全系数。计算中附加抗滑力矩不仅包括附加拉力提供的抗滑力矩还包括附加黏聚力提供的抗滑力矩（见图 7-89）。

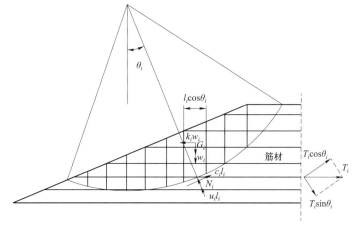

图 7-89　加筋坝坡瑞典—荷兰法分析示意图

2. 最危险滑动面位置的比较

图 7-90 给出了坝体加筋前后最危险滑动面位置。由图可见，坝顶布置抗震加固措施后，最危险滑动面位置向坝体内部发展。从上、下游坝坡最危险滑动面的位置可以看出，加筋后坝体上、下游最危险滑弧几乎不穿过筋材内部，较加筋前稳定性得到较大改善。

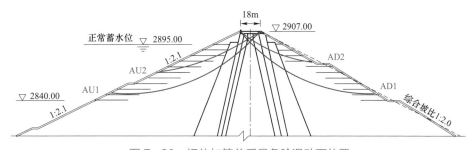

图 7-90　坝体加筋前后最危险滑动面位置

3. 平均屈服角加速度的比较

表 7-29 给出了加筋前后最危险滑动体的平均屈服角加速度的比较。未加筋前确定的最危险滑动面，在考虑筋材加固效果后，屈服角加速度明显增大，最大增幅达 167%，表明加筋后坝体整体性和坝坡抗震能力均得到了显著提高。

表 7-29　　　　　　　　　　　　　坝体加筋前后平均屈服角加速度

位置	圆弧	最大屈服角加速度（rad/s²）		增幅
		未加筋	加筋	
上游	AU1	0.002905	0.003985	37%
	AU2	0.001575	0.004215	167%
下游	AD1	0.003445	0.005145	49%
	AD2	0.003715	0.007315	96%

4. 塑性滑动位移量的比较

采用 Newmark 刚塑性滑块模型估算潜在滑动体的最终滑移量。该方法基于动力有限元计算和加筋坝体拟静力极限平衡分析确定潜在滑动体的平均角加速度和平均屈服角加速度时程，比较各时刻的大小，当平均响应角加速度小于平均屈服角加速度时，潜在滑动体处于稳定状态；当平均响应角加速度等于或大于平均屈服角加速度时，潜在滑动体处于极限平衡状态并将发生滑动。

表 7-30 给出了加筋和未加筋两种方案下各潜在滑动体在设计地震动作用下累积滑动位移量，图 7-91 给出了各潜在滑动体滑动位移时程发展曲线。

表 7-30 坝体加筋前后塑性滑动位移

位置	圆弧	滑动位移（cm）	占滑动体高度的百分比（%）
上游	AU1	8.3	0.15
	AU2	32.2	0.45
下游	AD1	3.6	0.12
	AD2	26.2	0.60

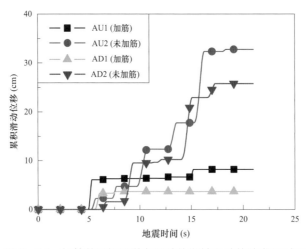

图 7-91 加筋前后坝顶潜在滑动体塑性滑动位移发展时程

从图 7-91 加筋前后最危险滑动体的累积滑动位移结果可见，坝体加筋前上、下游坝坡最危险滑动体 AU2 和 AD2 的滑动位移分别为 32.2cm 和 26.2cm，占滑动体深度的 0.45% 和 0.60%，而加筋后上、下游坝坡滑动体 AU1 和 AD1 的累积滑动位移分别为 8.3cm 和 3.6cm，占整个滑动体深度的 0.15% 和 0.12%，相对加筋前累计滑动位移分别降低了 74% 和 86%。

另外各潜在滑动体首次滑动的时间基本一致，都在 5s 左右。加筋后的滑动体在 6s 后滑动位移基本停止增长，而未加筋滑动体直到 16s 左右滑动才逐渐趋于平缓。由此表明，加筋有效限制了滑动体在地震时程中的侧向位移，增加了坝顶危险区域的稳定性和承载能力。

（三）改进 Newmark 滑块法

传统的 Newmark 滑块法假设土体为刚塑性体，屈服加速度（安全系数为 1 时的加速度）是常量，地震过程中土体强度不会明显弱化，把滑坡体看成一个刚塑性滑块。当地震加速度超过屈服加速度时，滑坡体便可克服摩阻力开始滑动，一次地震中可能有数次地震加速度超过屈服加速度，对超出屈服加速度的加速度量进行两次积分运算，计算出地震作用下的永久位移。该方法不能考虑土体的非线性，且仅考虑水平向剪切作用，由于地震作用具有瞬态和往复多变的特点，最小安全系数对应的滑弧位置可能随时间不断变化，且最小安全系数对应滑弧不一定是滑移量最大的滑弧。

DG 组对 Newmark 滑块法进行了改进，采用有限元动力稳定计算方法不再假定最危险滑弧，采用有限元动力反应计算大坝单元动应力随时间变化过程，然后在每一个时刻均采用枚举法根据单元应力计算所有可能滑弧的滑移增量，地震后可得到所有可能滑弧的累计滑移量。

1. 计算条件

有限元动力稳定分析采用的计算网格如图 7-92 所示，共有 15310 个单元和 15382 个节点。采用 RM 工程填筑蓄水方案开展静力分析，然后作为初始应力，开展地震响应分析。动力计算中，并采用黏弹性人工边界考虑坝-基动力相互作用，其中上下游截取长度 L 和竖向深度均满足孔宪京等人建议的土石坝分析中岩性地基截取长度范围，即岩性地基上下游水平向截取长度 L 与竖向截取深度 D 取为面板坝时约 $1.0 \sim 1.5H$，心墙坝时约 $1.2 \sim 1.8H$，H 表示坝高。

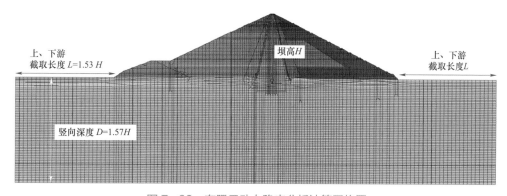

图 7-92　有限元动力稳定分析计算网格图

动力稳定分析采用饱和样强度参数，且采用 DG 组建议的考虑峰后强度软化的分析方法，堆石料计算参数见表 7-31。

表7-31 筑坝材料峰后强度参数随峰后剪应变的变化关系

试样名称	剪应变	饱和强度参数	
		φ_0（°）	$\Delta\varphi$（°）
堆石Ⅰ区料（平均线）	0.00	55.3	8.1
	0.03	55·12	10.19
	0.06	54.16	9.62
	0.09	52.77	8.68
	0.12	50.96	6.55
	0.15	50.1	5.98
	0.18	49.71	5.55
堆石Ⅱ区料（平均线）	0.00	53	6.6
	0.03	51.23	6.22
	0.06	50.29	5.72
	0.09	50.09	6.13
	0.12	49.28	5.82
	0.15	48.76	5.82
	0.18	47.38	4.84

地震动输入采用波动输入方法,考虑了坝体与无限岩体之间的相互作用和地震辐射阻尼作用。

2. 计算方法

（1）安全系数计算方法。

采用有限元法分别计算出大坝的震前应力和地震时每一瞬时的动应力,根据单元的静、动应力叠加结果可对大坝进行稳定计算,其安全系数为:

$$F_s = \frac{\sum_{i=1}^{n}(c_i + \sigma_{ni}\tan\varphi_i)l_i}{\sum_{i=1}^{n}\tau_i l_i} \qquad (7-26)$$

式中: c_i、φ_i——第 i 单元土体的凝聚力和内摩擦角;

l_i——滑弧穿过第 i 单元的长度;

σ_{ni}、τ_i——第 i 单元滑弧面上法向应力和切向应力,由下式表示:

$$\sigma_n = \frac{\sigma_x + \sigma_y}{2} - \frac{\sigma_x - \sigma_y}{2}\cos 2\alpha - \tau_{xy}\sin 2\alpha \qquad (7-27)$$

$$\tau = \frac{\sigma_x - \sigma_y}{2}\sin 2\alpha - \tau_{xy}\cos 2\alpha \qquad (7-28)$$

式中: $\sigma_x = (\sigma_x^s + \sigma_x^d)$, $\sigma_y = (\sigma_y^s + \sigma_y^d)$, $\tau_{xy} = (\tau_{xy}^s + \tau_{xy}^d)$, σ_x^s 为单元的静水平应力, σ_x^d 为单元

的动水平应力，σ_y^s 为单元的静竖向应力，σ_y^d 为单元的动竖向应力，τ_{xy}^s 为单元静剪应力，τ_{xy}^d 为单元动剪应力。

考虑到最小安全系数对应的滑弧位置可能随时间不断变化，采用动力时程有限元法可以在每一个时刻均采用枚举法根据单元应力自动搜索最危险滑弧，这种方法更为合理和精确。

（2）滑移量计算方法。

如图 7–93 所示，对于任意滑弧可通过下式计算滑块绕圆心的滑动角加速度：

$$\ddot{\theta}(t) = \frac{M}{I} \tag{7–29}$$

$$M = \left[\sum_{i=1}^{n} \tau_{ni} l_i - \sum_{i=1}^{n} (c_i + \sigma_{ni} \tan \varphi_i) l_i \right] R \tag{7–30}$$

式中：I——滑动体的转动惯量；

$\ddot{\theta}(t)$——滑动体瞬时失稳后的滑动角加速度；

M——作用在滑动体上的转动力矩。

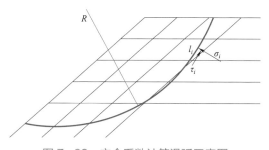

图 7–93　安全系数计算滑弧示意图

当某时刻某个滑弧出现瞬时滑动时，滑弧的滑动量为：

$$D_i^k = R^k \theta_i^k = R^k \iint \ddot{\theta}_i^k \mathrm{d}t \tag{7–31}$$

在整个时间段里可能出现多次瞬时滑动，则累计滑动量为：

$$D^k = \sum_{i=1}^{n} D_i^{\ k} \tag{7–32}$$

坝坡的最大滑移量取所有可能滑弧累计滑移量的最大值：

$$D_{\max} = MAX(D^1, D^2, \cdots, D^k, \cdots, D^m) \tag{7–33}$$

采用的有限元动力时程稳定和变形分析方法可以同时考虑水平和竖向地震的作用，不必借助于拟静力法确定滑弧，可以计算所有时刻的最小安全系数和地震后最大滑移量。

（3）计算模型及模拟方法。

堆石体采用等参单元离散，根据已知强度的基本参数，采用强度等效和模量等效的原则，通过杆单元模拟钢筋的加固效果。考虑钢筋加固措施的模型如图 7–94 所示。

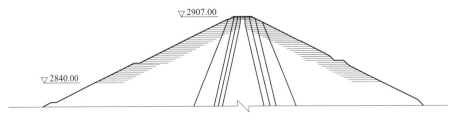

图 7-94 坝顶钢筋加固措施模型示意图

3. 抗震加筋效果分析

表 7-32 给出了抗震加固前后坝坡抗震稳定计算成果的比较，图 7-95、图 7-96 给出了校核地震上游坝坡最小安全系数时程、累积滑移量时程。

表 7-32 坝顶加固前后坝坡抗震稳定计算成果的比较

方案	工况	位置	最小滑弧深度（m）	最小稳定安全系数	安全系数小于 1.0 累计时间（s）	累积滑移量（cm）
无加固措施	设计地震（0.44g）	上游	10	0.48	0.58	4.27
		下游	10	1.40	—	—
	校核地震（0.54g）	上游	10	0.32	1.85	35.09
		下游	10	1.27	—	—
考虑坝面+坝内深度 30m 加固措施	设计地震（0.44g）	上游	10	0.54	0.45	2.74
		下游	10	1.40	—	—
	校核地震（0.54g）	上游	10	0.39	1.60	23.44
		下游	10	1.27	—	—

考虑坝顶加固措施后，各工况上、下游坝坡最小稳定安全系数增大，安全系数小于 1.0 的累计时间减小，累积滑移量也减小，抗震稳定安全性增强。

设计地震工况下，坝坡瞬时最小安全系数为 0.54（上游）和 1.40（下游）；上游安全系数小于 1.0 的累积时间为 0.45s（上游），最大滑移量为 2.74cm（上游），滑弧位于坝坡浅层局部范围。校核地震工况下，坝坡瞬时最小安全系数为 0.39（上游）和 1.27（下游）；上游安全系数小于 1.0 的累积时间为 1.60s（上游），最大滑移量为 23.44cm（上游），滑弧位于坝坡浅层局部范围。

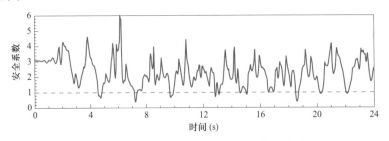

图 7-95 校核地震上游坝坡最小安全系数时程

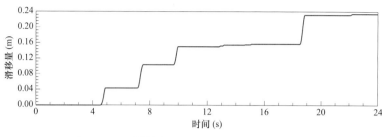

图 7-96　校核地震上游坝坡累积滑移量时程

4. 加筋深度影响分析

表 7-33 给出了不同加固深度坝坡抗震稳定计算成果的比较。

表 7-33　　　　　　　　不同加固深度坝坡抗震稳定计算成果的比较

工况	抗震加筋方案	位置	最小滑弧深度（m）	最小安全系数	安全系数小于1的累计时间（s）	最大累计滑动量（cm）
设计地震（0.44g）	无加固措施	上游	10	0.76	0.36	1.28
	坝面＋坝内深度 30m	上游	10	0.86	0.16	0.52
	坝面＋坝内深度 60m	上游	10	1.18	0.00	0.00
校核地震（0.54g）	无加固措施	上游	10	0.59	0.88	11.63
	坝面＋坝内深度 30m	上游	10	0.76	0.26	1.35
	坝面＋坝内深度 60m	上游	10	1.07	0.00	0.00

由表 7-33 及图 7-97～图 7-100 可见，坝面联合坝内加筋深度 30m 时，设计地震工况时，上游坝坡最小安全系数为 0.86，最小安全系数小于 1.0 的累积时间为 0.16s，最大累积滑动量 0.52cm；校核地震工况时，上游最小安全系数小于 1.0 的累积时间为 0.26s，最大累积滑动量 1.35cm；设计、校核地震工况，最大滑移量较不加筋方案分别降低 59.4%、88.4%。坝面联合坝内加筋深度 60m 时，最大滑移量较不加筋方案分别降低 100%、100%。

坝面联合坝内加筋措施可有效的抑制大坝浅层危险滑弧，安全系数增大，滑移量降低显著。随着坝内加固深度的增大，最危险滑弧逐渐向坝内移动，安全系数小于 1 的时间以及累积滑移量逐渐减小。当坝面联合坝内加固深度为 60m 时，大坝上下游坝坡安全系数均大于 1.0。

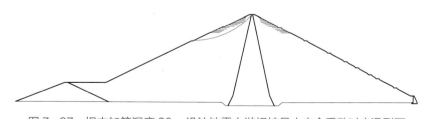

图 7-97　坝内加筋深度 30m 设计地震上游坝坡最小安全系数对应滑裂面

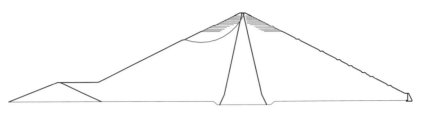

图 7-98　坝内加筋深度 60m 设计地震上游坝坡最小安全系数对应滑裂面

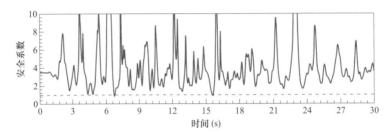

图 7-99　坝内加筋 30m 设计地震上游坝坡最小安全系数时程

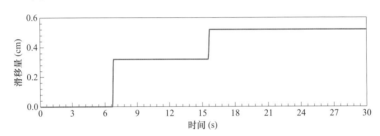

图 7-100　坝内加筋 30m 设计地震上游坝坡累积滑移量

第八节　大坝抗震评价方法及极限抗震能力

1. 大坝抗震评价方法及标准

借鉴国内外研究成果，大坝抗震评价方法主要从坝坡抗滑稳定、心墙动强度及反滤层液化、地震永久变形等方面考虑，其评价方法及标准如下：

（1）坝坡抗滑稳定。拟静力法，如果 Fs 小于 1.0，则坝坡失稳；有限元时程分析法，在地震过程中，如果 Fs 小于 1.0 的累加时间超过 2s，则坝坡失稳。

（2）心墙动强度及反滤层液化。有效应力法采用液化度判别指标，即定义一点的振动超静孔压与震前静垂直向有效应力之比为孔压比，若孔压比大于或等于 1.0，则单元可能液化。总应力法是指 Seed 提出的动剪应力比法，即定义单元相应震动周期的动强度与各单元在整个地震历时的等效剪应力（静剪应力＋最大动剪力的 0.65 倍）之比为动强度安全系数，若安全系数小于 1.0，则单元可能发生抗剪失稳。

（3）震陷率。定义最大震陷与坝高之比为震陷率。大量震害资料表明，当坝体最大沉陷量超过 0.6%～0.8% 倍坝高时，土石坝可能产生明显震害，例如"5·12"汶川地震中，紫坪铺面板坝坝体沉陷率约为 0.6%，坝体已出现明显的地震破坏。考虑到 RM 大坝为 300m 级心墙堆石坝，以占坝高 1% 的地震坝顶沉陷作为震陷率标准。

另外 DG 组建议的土石坝极限抗震能力不溃坝量化指标为：高心墙坝震陷率不溃坝指标为 1.3%；通过研究坝顶震陷和坝坡滑移量之间的关系，建议高心墙坝坝坡滑移量的不溃坝指标为 1.4m。

根据《碾压式土石坝设计规范》（NB/T 10872—2021）、《水电工程水工建筑物抗震设计规范》（NB 35047—2015）以及国内外相关工程经验，RM 大坝抗震安全评价方法及标准如表 7-34 所示。

表 7-34　　　　　　　　　　　RM 大坝抗震安全评价方法及标准

评价方法		评价标准		
拟静力法	坝坡稳定允许最小安全系数（毕肖普法）	正常运用条件	非常运用条件Ⅰ	非常运用条件Ⅱ（设计地震）
		1.65	1.40	1.35
动力时程有限元法	地震永久变形	坝顶震陷率小于坝高的 1.0%		
	坝坡抗震稳定	稳定安全系数小于 1.0 的累积历时小于 2s；Newmark 滑块法容许最大滑移量为 1m；动力等效值法安全系数大于 1.0		
	防渗体安全	有效应力法：反滤层最大动孔压比小于 1.0；总应力法：坝体动剪应力比小于 1.0，心墙动抗剪安全系数大于 1.0；心墙动静应力、岸坡动剪切位移量值		
离心振动台模型试验		动力响应特性及破坏模式		
大坝极限抗震能力		（1）传统方法：坝坡稳定、心墙动强度及反滤层液化、地震永久变形；（2）不溃坝量化指标：震陷率小于坝高 1.3%、坝坡滑移量小于 1.4m		

2. 大坝极限抗震能力综合评价

汇总 RM 大坝极限抗震能力分析成果见表 7-35。不考虑加固措施时，大坝极限抗震能力约为 0.55g；考虑加固措施后，大坝极限抗震能力约为 0.60g；不溃坝的大坝极限抗震能力约为 0.68g。RM 大坝极限抗震能力满足校核地震 0.54g 的抗震要求。

表 7-35　　　　　　　　　　　RM 大坝极限抗震能力分析成果

项目	评价标准	DG 组	NK 组	BK 组	综合评价结果
无加固	拟静力法，Fs 大于 1.35	—	0.8g	—	0.55g
	坝顶震陷率小于 1%	0.58～0.6g	0.7g	0.65g	
	动力时程法安全系数 Fs 小于 1 的累计时间小于 2s	—	0.65g	0.55g	
	防渗体安全、反滤层不液化	—	0.7g	0.55g	
	Newmark 法滑动变形小于 1m	—	0.75g	—	

续表

项目	评价标准	DG 组	NK 组	BK 组	综合评价结果
考虑抗震加固措施	坝顶震陷率小于 1%	—	—	0.7g	0.60g
	动力时程法安全系数 Fs 小于 1 的累计时间小于 2s	0.65g	—	0.7g	
	反滤层不液化	—	—	0.6g	
不溃坝量化指标	震陷率小于 1.3%	大于 0.7g	—	—	0.68g
	坝坡滑移量小于 1.4m	0.68g	—	—	

3. 与同类工程的比较

表 7−36 给出了 RM 大坝极限抗震能力与国内同类工程的比较。由表可知，RM 大坝极限抗震能力与同类工程相当，加固后大坝极限抗震能力提高约 0.05g。

表 7−36　　　　　　　　RM 大坝极限抗震能力与国内同类工程的比较

序号	坝名	坝高（m）	不考虑加固措施	考虑加固措施	不溃坝量化指标	加固提高效果
1	RM	315	0.55g	0.60g	0.68g	0.05g
2	双江口	314	0.45g	—	—	—
3	两河口	295	0.45～0.50g	0.50～0.55g	—	0.05g
4	糯扎渡	261.5	0.55～0.60g	—	—	—
5	长河坝	240	0.50～0.55g	—	—	—

第九节　本　章　小　结

1. 动力本构模型改进

与传统等效动黏弹性模型相比，真非线性动力本构模型能够较好地模拟残余应变，用于动力分析可以直接计算残余变形，也可考虑了振动次数和初始剪应力比对变形规律的影响，在理论上更为完善；真非线性模型计算的坝顶及坝坡附近加速度反应减小 10%～15%，地震残余变形整体减小 5% 左右，故采用等效动黏弹性模型进行动力分析是可行的。

将可统一考虑堆石料流变、湿化以及循环加卸载的静动力耦合统一本构模型应用于 RM 工程研究，模拟了大坝填筑、蓄水、运行以及遭遇地震时的动力响应和残余变形，该模型理论上更符合工程实际。与传统等效动黏弹性模型相比，静动耦合统一本构模型计算的大坝加速反应、地震永久变形量略大。

2. 地震动输入方法

采用动力黏弹性人工边界和非一致性地震动波动输入方法，建立考虑坝体－地基相互作用系统的整体数值模型，用于模拟坝体与地基之间的"能量交换效应"，可更客观模拟地震波的行波效应以及山体地形对地震波的放大效应。与固定边界一致输入方法相比，非一致性波动输入方法计算的加速度反应和残余变形量略小。

大坝频谱特性及滤波效应分析表明，从坝体底部至坝体顶部，RM 大坝卓越周期逐渐增大，基本周期接近于 1.37～1.51s，呈现出"过滤高频，放大低频"的特点。

3. 动力响应及抗震稳定性

（1）与双江口、两河口、糯扎渡等其他同类工程相比，RM 大坝加速度反应规律及放大系数基本相当，设定地震加速度反应放大倍数顺河向为 1.85～2.9、竖向为 1.91～3.99；校核地震顺河向为 1.7～2.6、竖向为 1.88～3.59；但 RM 大坝地震加速度反应量值总体较高，设定地震顺河向最大加速度为 7.98～13.8m/s^2，竖向最大加速度为 5.49～12.7m/s^2。

（2）最大地震永久沉陷，设计地震工况为 116.7～213.7cm，最大震陷占坝高的 0.37%～0.68%；校核地震工况为 163～256.8cm，最大震陷占坝高的 0.52%～0.82%；地震沉陷均未超过坝高的 1%，与其他同类工程基本相当。

（3）无论采用总应力法还是有效应力法，地震作用下均不会发生反滤层液化和心墙动强度失稳问题。

（4）地震过程中，在心墙坝顶附近，出现了一定的拉应力，但主要分布在河床中部且范围较小，量值均小于 100kPa，由于经历时间极短，不会造成心墙拉裂破坏。

（5）采用传统的动力时程有限元法，不考虑坝顶加固条件下，上下游坝坡抗震稳定安全系数小于 1.0 的累计时间均小于 1.0s，不会发生坝坡失稳。Newmark 滑块法的最危险滑动面累计塑性滑动位移远小于 1m。

（6）分别输入设定地震波、场地波和规范波，大坝动力响应及抗震稳定计算结果略有差异，但总体而言设定地震反应最小，场地一致概率反应次之，规范波反应最大。

4. 大坝离心机振动台模型试验

（1）BK 组整体模型试验结果。

1）加速度放大系数随坝体高程增加逐渐增大，越靠近坝顶加速度放大系数越大，三维模型输入场地波、正弦波的坝顶加速度放大系数分别为 1.63、1.92。

2）二维、三维模型的坝体残余变形均较小，均未超过坝高的 0.3%。

3）采用规范波和场地波输入强震条件，二维、三维模型坝体均未产生明显的开裂或破坏，试验过程中只观察到少量表面土料脱落，坝体抗震稳定好。

4）坝顶加筋提高了坝顶刚度，坝顶附近区域顺河向和竖向动力响应变强，但加筋降低了坝顶震陷、裂缝等风险。

（2）NK 组整体模型试验结果。

1）坝体地震加速度反应随着高程的增加而相应增大，呈现出明显的放大效应；坝体加速度反应随坝高的变化可以按约 2/3 坝高为界，大致分成两个线性变化段，上部的加速度放大效应强于下部,"鞭梢效应"明显。

2)通过"地震动力离心模型试验外延分析方法",设计地震坝体顶部(不加固坝体)的地震加速度放大系数约为2.97~3.03。不加固坝体第1次地震坝顶残余变形约为1290mm,沉陷率约为0.41%;第2次地震又引起了约479mm的沉陷,坝顶残余变形增加为约1769mm,沉陷率增加为约0.56%;第3次地震又引起了约247mm的沉陷,坝顶残余变形增加为约2016mm,沉陷率增加为约0.64%。

3)设计地震过程中心墙的沉陷量最小,心墙土体也没有任何坍塌迹象,总体稳定;下游堆石料受地震影响较小,仅观察到轻微沉陷,沉陷量略大于心墙;上游堆石料的沉陷较大;沉陷主要发生在第1次地震过程,而后随着地震次数的增加越来越小;没有观察到明显的堆石滚落现象。地震引起上游堆石孔隙水和库水浑浊,而后因沉淀逐渐变清。

4)抗震加固措施有效地降低了上游堆石料的沉陷;堆石沉陷后与坝面钢筋网产生脱空现象,但坝面钢筋网+坝内措施从整体上限制了沉陷的发展;加固坝体地震过程中没有明显的堆石滚落现象;坝面钢筋网+坝内钢筋加固措施效果更加明显。

(3)NK组心墙与岸坡接触局部模型试验结果。

随着地震次数的增加,接触黏土层最大压缩变形基本不变。最大剪切变形随地震次数有所增加,每次地震引起的剪切变形增量不大于10mm。

5. 大坝抗震措施及坝顶加固效果

(1)大坝抗震薄弱部位。

根据大坝抗震数值计算、离心机振动台模型试验,并借鉴国内外心墙堆石坝的震害经验,大坝抗震薄弱部位主要分布在:① 4/5 坝高以上的坝顶,该区域地震加速度响应最为强烈,存在明显的"鞭鞘效应",地震时可能会导致坝体上部堆石出现松动、滚落、坍塌,甚至局部浅层滑动等破坏;② 地震易发生横向裂缝的两岸坝肩、易发生纵向裂缝的坝顶上下游坝坡;③ 心墙岸坡变坡点附近,地震后有可能产生脱空或微裂缝,带来渗漏稳定问题。

(2)设计抗震措施。

综合经济性及安全性,RM大坝设计抗震措施主要从大坝安全超高、防渗心墙及坝体结构、坝料设计和填筑标准、上下游坝面护坡、基础处理、坝顶加筋及高坝放空设计等方面考虑,并结合已有工程经验以及不同抗震加固措施的优缺点,拟在2840m高程以上1/5坝高范围内,采用"坝面不锈扁钢网+格宾笼护坡+坝内钢筋"的坝顶抗震加固措施。

(3)坝顶抗震加固效果。

1)筋土分离模型法。采用 FLAC 商用软件和 M-C 弹塑性模型,对比分析了坝体2840.00m高程以上加筋长度1.5倍、2倍最危险滑坡体的宽度,以及加筋层间距5m间距、10m间距的抗震加筋效果。计算结果表明,加筋可使坝顶最大永久位移降低30%~50%;坝顶加筋使高塑性剪应变区,从靠近坝顶的坝体内部转移到沿坝坡表面的浅层,范围大大减小。加筋长度和加筋间距对最大水平和竖向永久位移的影响均在 3%~8% 左右。综合考虑技术和经济两项指标,推荐加筋长度 30m,加筋间距 5m。

2)加筋复合体模型法。将摩擦加筋机理、准黏聚力机理引入到加筋坝坡的整体稳定分析中,采用瑞典–荷兰法对加筋坝坡进行拟静力极限平衡分析,基于 Newmark 滑块模型,研究了坝顶加筋效果。计算结果表明,加筋可有效限制滑动体在地震时程中的侧向位移,加筋后上、下游坝坡滑动体的累积滑动位移分别由加筋前的 32.2cm、26.2cm 减小为 8.3cm、3.6cm,降低了 74.2% 和 86%,加筋增加了坝顶危险区域的稳定性和承载能力。

3)改进的 Newmark 滑块法。考虑坝顶加固措施后,控制最小滑弧深度为 10m,各工况上、下游坝坡最小稳定安全系数增大,安全系数小于 1.0 的累计时间减小,累积滑移量也减小,抗震稳定安全性增强。当加筋深度为 30~60m 时,大坝上下游坝坡安全系数均大于 1.0。

6. 大坝极限抗震能力

(1)根据国内外高心墙堆石坝抗震评价标准最新进展,从不溃坝角度评价大坝的极限抗震能力,可采用坝顶震陷率、坝坡滑移量两项指标,其中震陷率不溃坝指标为 1.3%,坝坡滑移量的不溃坝指标为 1.4m。

(2)不考虑加固措施时,大坝极限抗震能力约为 0.55g;考虑加固措施后,大坝极限抗震能力约为 0.60g;不溃坝的大坝极限抗震能力约为 0.68g。RM 大坝极限抗震能力满足校核地震 0.54g 的抗震要求。

(3)RM 大坝极限抗震能力与同类工程相当,加固后极限抗震能力提高约 0.05g。

第八章

结 论 与 展 望

第一节 结 论

一、防渗土料

1. 土料基本性能

受藏区干热河谷独特地质环境的影响，土料成因多为崩坡积、冰水堆积、泥石流堆积为主，难以找到级配和质量完全合适的防渗土料，可供选择的土料多为宽级配的砾石土，存在粗颗粒含量偏多、黏粒含量偏少和天然含水率偏低等问题，通过合理的改性措施后，使黏粒含量（小于 0.005mm）不小于 6%，可满足高心墙堆石坝的有关技术性能要求。

2. 土料特殊性能

研究了砾石土"等应力比、真三轴、抗拉抗裂、湿化、流变固结及动力特性"等特殊性能，表明具有剪胀性、显著的各向异性、较好的抗拉抗裂性能、较长的固结流变时间；应力水平越高，湿化和流变越大；随 P_5 含量的增加，强度越高、流变越小、动弹模越大。

3. 土料 P_5 含量控制

研究了砾石土 P_5 含量对坝体渗流和变形的影响。随 P_5 含量的增加，渗透系数增大，当 P_5 含量增至 55%左右时，渗透系数大于 1×10^{-5}cm/s。在满足渗透稳定条件下，心墙料 P_5 含量越大，心墙模量越高，坝体抵抗变形能力越强，对减小心墙拱效应、改善心墙与坝壳之间的变形协调性也更有利。综合变形稳定和渗透稳定等安全要求，300m 级高坝的 P_5 含量宜控制在 30%～50%。

4. 土料改性

通过工程类比并结合 RM 工程防渗土料的特点，提出了该工程"分层分区立采、不同质量料区掺混、筛分调整土料级配、搅拌机搅拌土料均匀、运料皮带机加水、堆料机堆料闷制"的"粗改细"加工工艺。

二、接触土料

采用了 3 种不同的剪切渗透试验方法，黏粒含量为 15%～20%时，其渗透稳定性均能满足大剪切变形要求。RM 工程接触土料的控制指标拟定为：塑性指数大于 10，细粒含量不小于 50%，黏粒含量不小于 15%。

三、坝壳堆石料

1. 堆石料源

堆石料料源主要来源于工程开挖（明挖）料及右岸 2 号石料场，优先考虑利用溢洪洞进口明挖区、引水发电系统进口明挖区、泄洪消能系统出口明挖区、大坝明挖区、导流洞进口明挖区、导流洞出口明挖区等工程开挖料，不足部分从 2 号石料场补充。

2. 堆石料基本特性

试验表明，弱风化强卸荷堆石料的原岩强度略低，小值平均值不小于 35MPa，可作为坝壳料堆石 Ⅱ 区料；弱风化未卸荷堆石料的原岩强度较高，小值平均值不小于 40MPa，可作为坝壳料堆石 Ⅰ 区料。

3. 堆石料特殊性能

堆石料的应力状态、级配、密度、颗粒破碎等影响湿化、流变、风化劣化等变形特性，但对强度的影响不明显。堆石 Ⅰ 区的湿化变形、流变变形均低于堆石 Ⅱ 区，侧限压缩流变的变形稳定时间则比较长。风化劣化试验表明：随垂直压力的升高，风化劣化现象加强，但对堆石 Ⅰ 区、堆石 Ⅱ 区的强度影响不大，表明 RM 堆石料具有较强的抗风化劣化能力。相同剪应变幅值条件下，堆石 Ⅰ 区料、过渡区料和堆石 Ⅱ 区料的残余体变和剪切变形依次增大、堆石 Ⅰ 区料、过渡区料和堆石 Ⅱ 区料的残余变形等与其他同类工程相当。

四、坝体分区

1. 高坝堆石分区原则

抗震要求高的坝顶部位、作为主要承载体的下游堆石部位以及水库上游水位变动区的堆石部位要用较好的料和较高的填筑标准；受环境影响变化小的部位（如上游死水位以下部位、下游干燥区部位等区域）堆石料可采用相对略差的料和正常的填筑标准。因此 RM 水电站将弱风化弱卸荷及以下岩体定义为心墙堆石坝堆石 Ⅰ 区料，用于坝顶部位、下游坝壳底部、上游坝壳水位变化区以上；建筑物开挖料中的弱风化强卸荷岩体定义为心墙堆石坝堆石 Ⅱ 区料，用于上游坝壳死水位以下及下游坝壳内部。

2. 分区控制因素

研究表明在满足高心墙堆石坝堆石分区普遍原则的基础上，坝坡稳定和坝体应力变形不是坝体分区的制约性因素，坝体分区的控制因素主要是施工规划和经济性。

3. 分区深化研究

该工程推荐坝体分区方案的渗流、抗震、风化劣化、湿化、流变等分析表明，所采用的分区方案渗透稳定性好、抗震性能较好、抵抗风化劣化、湿化、流变能力较强，有较好的适应性。

五、变形预测与变形试验

1. 缩尺效应

采用室内超大三轴试验、数值试验及反演分析成果，系统研究了缩尺对筑坝堆石料参数的影响机制及变化规律。随着试验颗粒级配尺寸的加大，堆石料模量降低，堆石料强度的影响相对较小，提出了一种由室内试验参数估算现场原级配料力学参数的方法，为提高坝体变形预测精度提供了重要途径。

2. 本构模型改进

根据 RM 工程筑坝料室内常规三轴试验、复杂应力路径试验、真三轴试验验证，考虑颗粒破碎的堆石料广义塑性本构模型、考虑"卸荷体缩"的土石料统一广义塑性模型，在模拟复杂应力路径等方面具有较大改进，具有良好的推广应用前景。

3. 多场耦合计算方法

砾石土心墙料在受力发生大剪切变形后，其渗透系数并非固定不变，而是随试样的应力应变状态发生变化。具体表现为，在心墙固结过程中防渗体的渗透系数逐渐减小，并最终趋于稳定。在传统基于 Biot 拟饱和土固结理论的基础上，考虑渗透系数受大剪切变形影响的多场耦合变形分析方法，更加符合工程实际。

4. 对数幂函数流变模型

通过对 700h（28 天）堆石料侧限压缩流变试验成果的分析研究，在三参数对数模型的基础上，提出了一个"对数幂函数"形式的流变模型，进行了坝体长期变形的预测估算。

5. 坝体变形

高心墙堆石坝的变形是一个复杂的问题，引起坝体变形的主要因素有坝体填筑、蓄水、渗透固结、湿化、流变以及全生命周期内风化劣化、水库蓄泄水循环等。大坝全生命周期变形预测方法需综合考虑湿化、流变、风化劣化和循环荷载等多因素作用。

基于缩尺效应和本构模型研究成果，不考虑湿化、流变等长期变形因素的坝体沉降量控制在最大坝高的 1%以内；考虑湿化、流变、心墙固结、堆石料缩尺效应等复杂因素影响，大坝全生命周期沉降量宜控制在最大坝高的 1.6%左右；竣工后坝顶沉降不超过最大坝高的 1%。

6. 接触黏土心墙与岸坡接触变形特性离心机模型试验

接触黏土层与岸坡之间的相对变形较小，有轻微错动但没有明显的分离现象，即便是变坡点也是如此；心墙土体在荷载下则产生以竖向下沉为主的变形；接触黏土与心墙土体之间也没有错动，很好地起到了协调变形的作用。

上覆荷载引起接触黏土产生垂直坝基的压缩变形和平行坝基的剪切变形，荷载施加和稳定过程中接触黏土始终处于压剪状态；试验测得接触黏土最大剪切变形约 14.5cm，最大压缩变形约 14cm，压缩变形和剪切变形量大体相当。

填筑完成后的运行期，接触黏土层的压缩和剪切变形在初期有所增加，而后变形增长速度较慢，平均约为 0.8mm/天；在试验所模拟的约 66.7 天时间内，变形渐趋稳定。

随着地震次数的增加，接触黏土层最大压缩变形基本不变。最大剪切变形随地震次数有所增加，每次地震引起的剪切变形增量不大于 10mm。

7. 大坝整体静力离心模型试验

坝体变形在填筑初期发展较慢，而后随着填筑过程大体呈线性发展，填筑完成时推算至原型的最大沉降约 3568mm。运行 10 年后坝顶沉降基本趋于稳定，最大值达到 1008mm，竣工后沉降占坝高的 0.32%。

随着填筑的进行，心墙各测点水头均有所增加，心墙土体内产生了超静孔压；超静孔压与上覆压力相关，比例约 15%～31%。超静孔压导致蓄水过程中，心墙中各测点的水头增加速度均滞后于上游水头的增加，并且在上游蓄水完成、上游水头稳定后继续缓慢增加并渐趋稳定。总体来看，心墙挡水效果较好。

六、变形协调与控制

1. 心墙变形控制

对于高坝工程，为了减小心墙拱效应，提高心墙料变形模量，更好地与坝壳料变形协调，通常采用模量较高的砾石土料。当砾石含量不够时，需要掺级配碎石，以改善土料的力学性能，而宽级配砾石土常存在砾石含量不均匀、离散性大，对心墙力学性能可能带来不利影响。考虑级配离散的随机有限元法研究表明，宽级配砾石土 P_5 含量的不均匀性对坝体应力变形的影响总体较小。从控制心墙发生剪切张拉裂缝角度，防渗心墙土体变形倾度控制在 2% 以内。

2. 坝壳堆石体变形控制

研究表明，心墙料与坝壳堆石体模量差异越小，拱效应越不明显。用较大的堆石填筑孔隙率控制标准，坝壳堆石体模量降低，坝体变形增大，心墙应力增加，心墙拱效应也越不明显，但较高的堆石孔隙率对大坝的变形不利，对于高坝还是要选择合适的填筑孔隙率及干密度。在满足不发生心墙水力劈裂的条件下，堆石料的填筑孔隙率越低越好，模量越高越好。反滤料、过渡料也遵循上述规律。从适应心墙与坝体变形协调、减小坝体后期变形量、控制坝顶裂缝角度考虑，高坝宜采用坝料高模量、相邻坝料模量低梯度的控制原则。

3. 岸坡陡缓控制

岸坡越陡，心墙与岸坡之间的剪切作用越强，当岸坡坡度达到 0.5 时，竖向剪切变形明显增大。缓岸坡对心墙应力以及心墙与岸坡之间的剪切变形有利，但从经济条件考虑，应适应岸坡固有地形条件。岸坡是否存在不对称性，对坝体总体变形影响不大；但在不对称条件下，需重点关注陡岸的拱效应和剪切变形。对内倾型变坡，需重点关注竖向剪切变形对坝体的不利影响；对外倾型变坡，需重点关注变坡附近的变形倾度问题。

4. 心墙与岸坡剪切变形机制

高水压力作用下接触土料仍具有较高的抗渗性能，心墙与岸坡之间不会发生剪切渗透破坏或形成集中渗漏通道；在现有工程设计条件下，心墙与混凝土垫层之间设置的接触黏土层，在抵抗接触渗透破坏上具有足够的安全裕度，从防渗角度，接触土料不是必须的。对设接触黏土层与不设接触黏土层的对比研究表明，在坝基与心墙之间合理设置接触黏土，有利于改善心墙与岸坡之间的应力变形条件；设接触黏土层，剪切变形主要发生在接触黏土层，如果不设接触黏土层，剪切变形区域将向心墙内部延伸，从变形角度，满足塑性要求即可。自接触黏土的上表面（心墙与接触黏土界面）至下表面（接触黏土与混凝土界面），切向位移接近线性递减，最大值出现在 1/3～1/2 坝高位置；在接触黏土上部，心墙与接触黏土界面接近连续变形；在接触黏土的下部，接触黏土与垫层混凝土会产生一定的错动变形。

5. 坝肩岸坡与坝体界面应力传递规律

接触黏土对靠近岸坡接触部位的应力变形影响较大，对远离接触部位的心墙内部影响较小，且接触黏土的剪应力水平和变形大小与心墙料相差较大。受接触面应力特性影响的区域可分为剪切错动带和小剪切应变区，高塑性黏土位于剪切错动带，承担主要的剪切变形，其几何形状、土体结构、力学特性、渗流特性均发生变化，而心墙料作为小剪应变区，所受到的剪应变较小，受接触界面应力状态的影响逐渐减小。摩擦系数对高塑性黏土区域的应力变形状态影响较大。摩擦系数小，该区域内剪切变形较大，应力水平低；反之，则剪切变形较小，应力水平高。

6. 水库蓄泄水控制

控制 RM 工程蓄水速率为：2815m（死水位）以下按小于或等于 1.0m/d 控制，2815m 以上至正常蓄水位 2895m 按小于 0.5m/d 控制。水库降水条件下工程安全受渗透坡降、坝坡稳定、库区不良堆积体稳定等多种因素影响，RM 工程泄水速率控制建议为：正常运行水位降幅控制在 1m/d 以内，一般放空检修条件下放空速率宜控制在不大于 3m/d，特殊情况下应急放空时放空速率可适当加大。

七、水力破坏评价及防护

采用三轴仪注水加压试验方法，进一步验证了防渗土料中砾石含量对水力破坏形式的影响，当较高砾石含量时，存在水力击穿破坏形式。提出了水力劈裂和水力击穿综合的水力破坏评价方法及水力击穿的判据。基于室内试验、有限元应力判别法，以及有限元–无单元耦合裂缝数值模拟方法，该工程心墙抗水力劈裂和水力击穿均具有较大的安全裕度，心墙不会发生水力破坏。

八、坝体开裂评价与防治

基于变形倾度有限元法、有限元－无单元耦合法、连续－离散耦合法等方法，对依托工程进行了坝体裂缝预测。结果表明，左右坝肩与岸坡接触部位是易发生裂缝部位，坝体内部由于变形不协调的原因，可能在坝体内部反滤料接触部位形成局部裂缝，但不会贯穿至坝体表面。坝体裂缝防治措施，除了做好坝体变形控制以外，重点在左右坝肩易发生裂缝部位，采用接触黏土代替砾石土料，在堆石区与岸坡接触部位采用过渡料填筑。

九、渗流与渗透稳定

防渗心墙稳定渗流最大渗透坡降 2.89～3.65，在反滤料的保护下心墙料临界坡降和破坏坡降在 79.6～96.9 之间，渗透坡降计算值均远小于心墙料临界坡降；坝体及坝基总渗流量为 124～169L/s。

蓄水过程和放空过程中防渗心墙不会发生渗透破坏，但极端放空工况心墙渗透坡降较高，运行管理上应尽量避免出现极端工况。

采用直剪渗流试验、旋转连续剪切渗透试验、三轴剪切渗透试验等三种方法，研究了接触黏土料与岸坡接触大剪切变形－渗流特性，接触黏土料黏粒含量大于 15% 时，高水压力作用下接触土料仍具有较高的抗渗性能，不会发生剪切渗透破坏或形成集中渗漏通道。

十、抗震防震

1. 动力本构模型及计算方法改进研究

结合已建工程监测资料，经动力本构模型及计算方法改进研究表明，静动力统一弹塑性本构模型更符合工程实际。采用动力黏弹性人工边界和非一致性地震动波动输入方法，建立考虑坝体－地基相互作用系统的整体数值模型，用于模拟坝体与地基之间的"能量交换效应"，可更客观模拟地震波的行波效应以及山体地形对地震波的放大效应。

2. 大坝动力响应及抗震稳定研究

与双江口、两河口、糯扎渡等其他同类工程相比，RM 工程大坝的地震动峰值加速度较高，加速度反应与其他同类工程相当，符合一般规律。设定地震时，加速度反应放大倍数顺河向为 1.85～2.9，竖向为 1.91～3.99；校核地震时，顺河向为 1.7～2.6，竖向为 1.88～3.59。加速度反应与其他同类工程相当，符合一般规律。地震沉陷均未超过坝高的 1%，与其他同类工程基本相当。地震作用下均不会发生反滤层液化和心墙动强度失稳问题。动力时程有限元法计算上下游坝坡抗震稳定安全系数小于 1.0 的累计时间均小于 1.0s，不会发生坝坡失稳。

Newmark 滑块法的最危险滑动面累计塑性滑动位移远小于 1m。

3. 离心机振动台模型试验研究

坝体地震加速度反应随着高程的增加而相应增大，呈现出明显的放大效应；坝体加速度反应随坝高的变化可以按约 2/3 坝高为界，大致分成两个线性变化段，上部的加速度放大效应强于下部，"鞭梢效应"明显。

通过"地震动力离心模型试验外延分析方法"，设计地震坝体顶部（不加固坝体）的地震加速度放大系数约为 2.97~3.03。不加固坝体第 1 次地震坝顶残余变形约为 1290mm，沉陷率约为 0.41%；第 2 次地震又引起了约 479 mm 的沉陷，坝顶残余变形增加为约 1769 mm，沉陷率增加为约 0.56%；第 3 次地震又引起了约 247 mm 的沉陷，坝顶残余变形增加为约 2016mm，沉陷率增加为约 0.64%。总体表现为随震次增加，坝顶震陷增量减小，累积震陷量增加，震后趋于密实的地震"硬化"规律。

设计地震过程中心墙的沉陷量不大，心墙土体也没有任何坍塌迹象，总体稳定；下游堆石料受地震影响较小，仅观察到轻微沉陷，沉陷量略大于心墙；上游堆石料的沉陷较大；沉陷主要发生在第 1 次地震过程，而后随着地震次数的增加越来越小；没有观察到明显的堆石滚落现象。地震引起上游堆石孔隙水和库水浑浊，而后因沉淀逐渐变清。

抗震加固措施有效地降低了上游堆石料的沉陷；堆石沉陷后与坝面钢筋网产生脱空现象，但坝面钢筋网＋坝内措施从整体上限制了沉陷的发展；加固坝体地震过程中没有明显的堆石滚落现象；坝面钢筋网＋坝内钢筋加固措施效果更加明显。

4. 大坝抗震措施及坝顶加固效果研究

根据大坝抗震数值计算、离心机振动台模型试验，并借鉴国内外心墙堆石坝的震害经验，大坝抗震薄弱部位主要分布在：4/5 坝高以上的坝顶，该区域地震加速度响应最为强烈，存在明显的"鞭鞘效应"，地震时可能会导致坝体上部堆石出现松动、滚落、坍塌，甚至局部浅层滑动等破坏；地震易发生横向裂缝的两岸坝肩、易发生纵向裂缝的坝顶上下游坝坡；心墙岸坡变坡点附近，地震后有可能产生脱空或微裂缝，带来渗漏稳定问题。

坝顶部加筋增加了坝体上部的整体性，对提高坝体的抗震性能有一定效果。采用盖板护面、坝顶加筋、坝顶坡度放缓等抗震措施，均有利提高大坝的抗震能力。但若加筋面积过大，有可能会使坝顶刚度增加，动力响应增强，地震永久变形增大。故在采用坝坡加筋作为抗震措施时，应充分考虑不同地震波的频谱特点以及与坝体自振周期的相对关系。

结合已有工程经验以及不同抗震加固措施的优缺点，在 2840m 高程以上 1/5 坝高范围内，采用"坝面不锈扁钢网＋格宾笼护坡＋坝内钢筋"的坝顶抗震加固措施。

基于筋土分离模型，采用 FLAC 商用软件和 M－C 弹塑性模型，对比分析了坝体 2840.00m 高程以上加筋长度 1.5 倍、2 倍最危险滑坡体的宽度，以及加筋层间距 5m 间距、

10m 间距的抗震加筋效果。计算结果表明,加筋可使坝顶最大永久位移降低 30%~50%;坝顶加筋使高塑性剪应变区,从靠近坝顶的坝体内部转移到沿坝坡表面的浅层,范围大大减小。加筋长度和加筋间距对最大水平和竖向永久位移的影响均在 3%~8%左右。综合考虑技术和经济两项指标,推荐加筋长度 30m,加筋间距 5m 是合理的。

基于加筋复合体模型,将摩擦加筋机理、准黏聚力机理引入到加筋坝坡的整体稳定分析中,采用瑞典–荷兰法对加筋坝坡进行拟静力极限平衡分析,基于 Newmark 滑块模型,研究了坝顶加筋效果。计算结果表明,加筋可有效限制滑动体在地震时程中的侧向位移,加筋后上、下游坝坡滑动体的累积滑动位移分别由加筋前的 32.2cm、26.2cm 减小为 8.3cm、3.6cm,降低了 74.2%和 86%,加筋增加了坝顶危险区域的稳定性和承载能力。

基于改进的 Newmark 滑块法,考虑坝顶加固措施后,控制最小滑弧深度为 10m,各工况上、下游坝坡最小稳定安全系数增大,安全系数小于 1.0 的累计时间减小,累积滑移量也减小,抗震稳定安全性增强。当加筋深度为 30~60m 时,大坝上下游坝坡安全系数均大于 1.0。

5. 大坝抗震评价标准与极限抗震能力研究

根据国内外高心墙堆石坝抗震评价标准最新进展,从不溃坝角度评价大坝的极限抗震能力,可采用坝顶震陷率、坝坡滑移量两项指标,其中震陷率不溃坝指标为 1.3%,坝坡滑移量的不溃坝指标为 1.4m。

不考虑加固措施时,大坝极限抗震能力约为 0.55g;考虑加固措施后,大坝极限抗震能力约为 0.60g;不溃坝的大坝极限抗震能力约为 0.68g。RM 大坝极限抗震能力满足校核地震 0.54g 的抗震要求。

第二节　展　　望

通过上述大量深入细致的研究工作,论证确定 RM 坝的布置和主要技术方案,展望下步工作,需要结合建设过程和运行期的实际,紧跟工程数字化和智能建造时代发展前沿,开展好建设期的持续研究和创新,以更好服务于工程实践。主要包括以下几个方面:

1. 大坝智能动态感知反馈与安全预警方面

研发能实现百万以上自由度有限元网格及智能动态反馈系统,实现大规模、精细化、高性能变形预测分析,进一步提升模拟现场实际的精度。考虑心墙土料非饱和多场耦合、坝料湿化、流变、风化劣化等特性,基于现场施工及运行监测数据,动态反演计算参数,实时开展动态反馈分析与正向变形预测,动态掌控大坝施工及运行性态。

结合常规监测方法、InSAR 变形监测方法和管道机器人,实时监测 RM 心墙堆石坝全生命周期内外观变形，获取堆石坝内观和外观变形的时空大数据。通过机器学习挖掘海量的变形大数据，从中发现出有价值的潜藏规律和知识，并从数据中获取经验并构建高精度的坝体变形预测模型。通过搭建坝体变形数据自动获取、海量储存和机器学习的智能大坝平台，实现 RM 心墙堆石坝全生命周期变形的高精度实时预测，弥补有限元数值模拟中本构模型的缺陷和力学参数的缩尺效应。

基于监测数据及预测成果，通过变形量、渗流量、心墙孔压、非连续接触变形、不均匀变形、隐患裂缝等关键特征数据，提出 RM 心墙堆石坝全生命周期时空动态优化调控方法及安全防控技术，实现对工程建设过程与运行的全面感知及实时动态反馈，降低工程不可预见风险，推动心墙堆石坝筑坝技术发展进步。

2. 大坝长期运行安全研究方面

RM 坝防渗土料具有超粒径颗粒含量高、土质均匀性差、含水率偏低的特点。受现场料源分布、开挖条件、级配、含水率、材料改性、碾压参数等一系列客观条件的影响，砾石土心墙料的施工质量必然存在一定的离散性，这将导致心墙的力学特性及渗透特性设计存在差异，例如心墙中可能存在初始渗透弱面（或裂缝），可能存在冻损薄弱带、富水薄弱带和高砾石含量集聚带等随机状态，在水库快速蓄水过程中较易形成水压楔劈效应，是诱发心墙水力破坏的重要物理条件。因此，工程建设对大坝安全设计控制，不仅要从宏观上进行系统把握，更要对细部薄弱部位（例如防渗心墙施工随机缺陷）的安全风险进行详细分析，对大坝安全进行系统分析控制。

对于年调节或多年调节水库，受上游坝壳料干湿循环、水库蓄泄水循环的影响，心墙将经历复杂的弯曲变形过程，心墙上下游受防渗心墙的阻隔，将产生不均匀变形，这些变形会引起坝体应力重新分布，导致坝体产生沉陷、裂缝，严重的会导致防渗体的剪切拉裂破坏，影响到坝体的安全运行性状。当前对干湿循环条件下堆石料的湿化变形机理、变形特性以及循环加卸载引起变形与坝顶裂缝形成发展的关系研究相对较少，理论方法和工程经验不足，需专门开展深入研究，为大坝长期蓄水运行安全提供依据。

3. 坝体变形协调控制方面

目前堆石坝的设计，根据规范及类似工程经验选取坝料级配和填筑标准，并通过现场碾压试验验证其可行性。前期室内试验研究，在满足设计参数的前提下，堆石料级配普遍采用混合法缩尺进行试验，在此基础上根据试验参数进行应力变形计算，预判设计大坝的安全性。但从已建的糯扎渡、长河坝等工程实测变形来看，在坝壳料填筑指标均满足设计要求的前提下，大坝心墙与坝壳各分区之间均出现了变形不协调现象，具体表现为坝壳堆石区、心墙区沉降大于反滤料及过渡料，称之为"M"型变形不协调现象，与设计"自坝壳至心墙模量依次降低、沉降依次增大"的变形协调结论不相一致。当坝体变形不协调时，会增强心墙拱效应、降低心墙抗水力破坏能力，若发生在坝顶区域时易产生坝顶纵向裂缝。因此，有必要研究上述现象产生的原因，通过研发试验装置、改进试验方法、采用一定的工程措施，提出满足变形协调要求的坝料级配及填筑标准，从根本上解决高心墙堆石坝变形不协调的问题。

4. 高位开挖堆石料利用方面

RM 坝两岸岩体风化、卸荷强烈，枢纽建筑物开挖料量大，由于部分建筑物开挖料存在高位翻渣至河床存在的二次破碎、粗细料分离、级配不连续、软硬混合等现象，影响开挖料的利用率。本工程土石方开挖总量约 4540 万 m^3，大坝填筑石料总量约 3776 万 m^3，工程混凝土总量约 484 万 m^3。目前可行性研究阶段开挖料利用约 2615m^3，利用率约 58%，石料场补充 1376 万 m^3。拟通过研究，尽可能多地利用建筑物开挖料，降低工程投资和安全风险，减小石料场开采规模和弃渣场规模，减小对环境的影响，同时又解决影响大坝安全的关键问题，形成高位开挖料利用成套控制技术。

5. 大坝施工全流程智能管控方面

围绕"全面感知、真实分析、实时控制"的闭环智能控制理论，以监测数据仿真分析一体化、施工管理和预警控制在线化、关键工艺过程智能化的控制为核心，集智能化建坝技术和管理模式为一体，实现大坝绿色智能建造。

参 考 文 献

[1] 陈宗梁. 世界超级高坝 [M]. 北京：中国电力出版社，1998.

[2] 张宗亮. 200m 级以上高心墙堆石坝关键技术研究及工程应用 [M]. 北京：中国水利水电出版社，2011.

[3] 张宗亮. 高土石坝筑坝技术与设计方法 [M]. 北京：中国水利水电出版社，2017.

[4] 姚福海，杨兴国，等. 瀑布沟砾石土心墙堆石坝关键技术 [M]. 北京：中国水利水电出版社，2015.

[5] 碾压式土石坝设计规范（DL/T 5395—2007）[S]. 北京：中国水利水电出版社，2007.

[6] 碾压式土石坝设计规范（NB/T 10872—2021）[S]. 北京：中国水利水电出版社，2021.

[7] 水电工程天然建筑材料勘察规程（NB/T 10235—2019）[S]. 北京：中国水利水电出版社，2019.

[8] 汪小刚. 高土石坝几个问题探讨 [J]. 岩土工程学报，2018，40（2）：203－222.

[9] 周建平，杜效鹄，周兴波，王富强. 世界高坝研究及其未来发展趋势 [J]. 水力发电学报，2019，38（2）：1－14.

[10] 陈生水. 特高土石坝建设与安全保障的关键问题及对策 [J]. 人民长江，2018，49（5）：74－78.

[11] 徐泽平. 当代高堆石坝建设的关键技术及岩土工程问题 [J]. 岩土工程学报，2011，33（1）：27－33.

[12] 温彦锋，邓刚，王玉杰. 岩土工程研究 60 年回顾与展望 [J]. 中国水利水电科学研究院学报，2018，16（5）：343－352.

[13] 汪小刚，邢义川，赵剑明，张文煊. 西部水工程中的岩土工程问题 [J]. 岩土工程学报，2007（8）：1129－1134.

[14] 邓刚，丁勇，张延亿，等. 土质心墙土石坝沿革及体型和材料发展历程的回顾 [J]. 中国水利水电科学研究院学报，2021，19（4）：411－423.

[15] 赵剑明，刘小生，杨玉生，杨正权. 土工抗震 60 年研究进展与展望 [J]. 中国水利水电科学研究院学报，2018，16（5）：417－429.

[16] 王富强，刘超，周建平，杨泽艳. 我国高土石坝抗震安全研究进展 [J]. 水电与抽水蓄能，2017，3（2）：33－37.

[17] 张宗亮，袁友仁，冯业林. 糯扎渡水电站高心墙堆石坝关键技术研究 [J]. 水力发电，2006，32（11）：5－8.

[18] 湛正刚，陈燕和，慕洪友，等. RM 水电站特高心墙堆石坝重大关键技术研究 [J]. 水电与抽水蓄能，2023，9（3）：1－15.

[19] 朱晟，韩朝军，湛正刚，等. 特高心墙堆石坝建设中值得关注的几个问题 [J]. 水电与抽水蓄能，2023，9（3）：16－21.

[20] 韩朝军，杨家修，湛正刚，等. 复杂地形条件下土石坝心墙安全关键问题探讨 [J]. 水力发电，2020，46（3）：49－55.

［21］ 谭志伟，邹青，刘伟. 糯扎渡水电站高心墙堆石坝监测设计创新与实践［J］. 水力发电，2012，38（9）：90-92.

［22］ Maranha das Neves E. Advances in Rockfill Structure［M］. London：Kluwer Academic Publishers，1991，89-91，221-236.

［23］ PRASAD G M，NARANG G L，SINGHAL S. Tehri project-Design aspect of the dam［J］. Water and Energy International，2007，64（1）：143-149.

［24］ SHARMA S C，PRASAD G M，GHOSH K K. Tehri project-Instrumentation scheme［J］. Water and Energy International，2007，64（1）：194-200.

［25］ Provest J H. Anisotropic undrained stress-strain behavior of clay［J］. Journal of Geotechnical Engineering Division，1978，104（8）：1075-1090.

［26］ 陈立宏，陈祖煜. 堆石非线性强度特性对高土石坝稳定性的影响［J］. 岩土力学，2007，28（9）：1807-1810.

［27］ 蔡正银，李小梅，关云飞，黄英豪. 堆石料的颗粒破碎规律研究［J］. 岩土工程学报，2016，38（5）：923-929.

［28］ 朱晟，邓石德，宁志远，等. 基于分形理论的堆石料级配设计方法［J］. 岩土工程学报，2017，39（6）：1151-1155.

［29］ 王继庄. 粗粒料的变形特性和缩尺效应［J］. 岩土工程学报，1994，（4）：89-95.

［30］ 郦能惠，朱铁，米占宽. 小浪底坝过渡料的强度与变形特性及缩尺效应［J］. 水电能源科学，2001，（2）：39-42.

［31］ Wei Zhou，Lifu Yang，Gang Ma，Xiaolin Chang，Yonggang Cheng，Dianqing Li. Macro-micro responses of crushable granular materials in simulated true triaxial tests［J］. Granular Matter. 2015，17（4）：497-509.

［32］ Wei Zhou，Lifu Yang，Gang Ma，Xiaolin Chang，Zhiqiang Lai，Kun Xu. DEM analysis of the size effects on the behavior of crushable granular materials［J］. Granular Matter. 2016，18（3）：1-11.

［33］ 朱晟，王京，钟春欣，武利强. 堆石料干密度缩尺效应与制样标准研究［J］. 岩石力学与工程学报，2019，38（5）：1073-1080.

［34］ 孔宪京，宁凡伟，刘京茂，邹德高，周晨光. 基于超大型三轴仪的堆石料缩尺效应研究［J］. 岩土工程学报，2019，41（2）：255-261.

［35］ Weixin Dong，Liming Hu，Yu Zhen Yu，He Lv. Comparison between Duncan and Chang's EB Model and the generalized plasticity model in the analysis of a high earth-rockfill dam［J］. Journal of Applied Mathematics. 2013.

［36］ Zhongzhi Fu，Shengshui Chen，Sihong Liu. Discrete element simulations of shallow plate-load tests［J］. International Journal of Geomechanics. 2016，16（3）.

[37] 朱晟，孙安，杨娱琦，等.特高心墙坝堆石料缩尺试验与变形特性验证分析［J］.水力发电，2023，49（8）：65－71＋78.

[38] Zhang Yan yi；Xu Ze ping；Deng Gang；Wen Yan feng；Yu Shu；Wang Xiao hui.Triaxial Wetting Test on Rockfill Materials under Stress Combination Conditions of Spherical Stress p and Deviatoric Stress q.［J］. Advances in Materials Science and Engineering，2018.

[39] 程展林，丁红顺.堆石料蠕变特性试验研究［J］.岩土工程学报，2004，26（4）：473－476.

[40] 张丙印，孙国亮，张宗亮.堆石料的劣化变形和本构模型［J］.岩土工程学报，2010（1）：98－103.

[41] J. L. Justo，P. Durand. Settlement-time behaviour of granular embankments［J］. International Journal for Numerical and Analytical Methods in Geomechanics，2000；24：281－303.

[42] 王海俊，殷宗泽.堆石料长期变形的室内试验研究［J］.水利学报，2007，38（8）：914－919.

[43] 周伟，李少林，马刚.基于大尺寸流变试验的高堆石坝长期变形预测［J］.武汉大学学报（工学版）.2012，45（4）：414－417.

[44] 王占军，陈生水，傅中志.堆石料流变的黏弹塑性本构模型研究［J］.岩土工程学报，2014，36（12）：2188－2194.

[45] 傅中志，陈生水，张意江，石北啸.堆石料加载与流变过程中塑性应变方向研究［J］.岩土工程学报，2018，40（8）：1405－1414.

[46] 陈生水，傅中志，石北啸，袁静.统一考虑加载变形与流变的粗粒土弹塑性本构模型及应用［J］.岩土工程学报，2019，41（4）：601－609.

[47] 张丙印，袁会娜，李全明.基于神经网络和演化算法的土石坝位移反演分析［J］.岩土力学，2005，（4）：547－552.

[48] YongkangWu，Huina Yuan，Bingyin Zhang，Zongliang Zhang，Yuzhen Yu. Displacement-Based Back-Analysis of the Model Parameters of the Nuozhadu High Earth-Rockfill Dam［J］. Scientific World Journal. 2014，（13）.

[49] 龚晓南.土工计算机分析［M］.北京：中国建筑工业出版社，2000.

[50] 殷宗泽.土工原理［M］.北京：中国水利水电出版社，2007.

[51] 魏匡民，李国英，米占宽，钱亚俊，韩朝军，等.粗粒土本构模型及其在高堆石坝数值分析中的应用［M］.南京：河海大学出版社，2020.

[52] Kondner R L. Hyperbolic stress-strain response：cohesive soils［J］. Proc. ASCE JSMFD，1963：89（1）1.

[53] Duncan J M，Chang C Y. Nonlinear analysis of stress and strain in soils［J］. Journal of the Soil Mechanics and Foundations Division，ASCE. 1970，96（5）：1629－1652.

[54] Kulhawy F H，Duncan J M. Stresses and movements in oroville dam［J］. Journal of the Soil Mechanics and Foundations Division，ASCE. 1972，98（7）：653－665.

［55］ Duncan J M，Byrne P M，Wong K S，et al. Strength，stress-strain and bulk modulus parameters for finite element analysis of stresses and movements in soil masses ［R］. Department of Civil Engineering，University of California，Berkeley，Report No. UCB/CT/80－01.

［56］ Ortiz M，Simo JC. An analysis of a new class of intergration algorithm for elasoplastic constitutive relations ［J］. International Journal for Numerical Methods in Engineering，1986，23（1）：353－366.

［57］ Matthies H，Strang G. The solution of Nonlinear Finite Element equations ［J］. International Journal for Numerical Methods in Engineering，1979，14（11）：1613－1626.

［58］ Crisfield MA. Non-linear Finite Element Analysis of Solids and Structures ［M］. Volume 2，John Wiley，New York，1997.

［59］ Nayroles B，Touzot G，Villon P. Generalizing the finite element method：diffuse approximation and diffuse elements ［J］. Comput. Mech.，1992，10（5）：307－318.

［60］ Belytschko T，Krongauz K，Organ D，et al. Meshless methods：An overview and recent development ［J］. Comput. Methods Appl. Mech. Engrg.，1996，139（1－4）：3－47.

［61］ Varadarajan，A.，Sharma，K. G.，Abbas，S. M.，& Dhawan，A. K. Constitutive Model for Rockfill Materials and Determination of Material Constants ［J］. International Journal of Geomechanics，2006，6（4）：226－237.

［62］ WEI Kuangmin，ZHU Sheng. A generalized plasticity model to predict behaviors of the concrete-faced rock-fill dam under complex loading conditions ［J］. European Journal of Environmental and Civil Engineering，2013，17（7）：579－597.

［63］ 张宗亮，贾延安，张丙印. 复杂应力路径下堆石体本构模型比较验证 ［J］. 岩土力学，2008（5）：1147－1151.

［64］ 米占宽，李国英，陈生水. 基于破碎能耗的粗颗粒料本构模型 ［J］. 岩土工程学报，2012，34（10）：1801－1811.

［65］ 陈生水，彭成，傅中志. 基于广义塑性理论的堆石料动力本构模型研究 ［J］. 岩土工程学报，2012，34（11）：1961－1968.

［66］ 邹德高，付猛，刘京茂，孔宪京. 粗粒料广义塑性模型对不同应力路径适应性研究 ［J］. 大连理工大学学报，2013，53（5）：702－709.

［67］ GOODMAN R E，TAYLOR R L，BREKKE T L. A model for the mechanics of jointed rock［J］.Journal of Soil Mechanics And Foundation Division，ASCE，1968，94（3）：637－659.

［68］ DESAI C S，ZAMAN M M.Thin-layer-element for interface and joints ［J］.International Journal of Numerical and Analytical Methods in Geomechanics，1984，8（3）：19－43.

［69］ 殷宗泽，朱泓，许国华. 土与结构材料接触面的变形及其数学模拟 ［J］. 岩土工程学报，1994（3）：14－22.

［70］ 李国英，韩朝军，魏匡民，等. 考虑坝体－地基接触效应的特高心墙堆石坝结构安全性研究［J］. 水利水运工程学报，2019，（6）：107－115.

［71］ 张丙印，温彦锋，朱本珍，于玉贞. 土工构筑物和边坡工程发展综述——作用机理与数值模拟方法［J］. 土木工程学报，2016，49（8）：1－15＋35.

［72］ 张丙印，张美聪，孙逊. 土石坝横向裂缝的土工离心机模型试验研究［J］. 岩土力学，2008（5）：1254－1258.

［73］ 彭翀，张宗亮，张丙印，袁友仁. 高土石坝裂缝分析的变形倾度有限元法及其应用［J］. 岩土力学，2013，34（5）：1453－1458

［74］ 韩朝军，朱晟. 土质防渗土石坝坝顶裂缝开裂机理与成因分析［J］. 中国农村水利水电，2013，（8）：116－120.

［75］ 胡超，周伟，常晓林，马刚，郑华康. 基于内聚力模型的高心墙堆石坝坝顶裂缝模拟及其成因分析［J］. 中南大学学报（自然科学版），2014，45（7）：2303－2310.

［76］ Chong Peng, Wei Wu, Bingyin Zhang. Three-dimensional simulations of tensile cracks in geomaterials by coupling meshless and finite element method［J］. International Journal for Numerical and Analytical Methods in Geomechanics，2015，39（2）：135－154.

［77］ 吉恩跃，陈生水，傅中志，张灿虹. 高土质心墙坝坝顶裂缝模拟方法及应用［J］. 岩土工程学报，2020，42（6）：997－1004.

［78］ 张丙印，李娜，李全明，孙逊. 土石坝水力劈裂发生机理及模型试验研究［J］. 岩土工程学报，2005（11）：42－46.

［79］ 李全明. 高土石坝水力劈裂发生的物理机制研究及数值仿真［D］. 北京：清华大学水利系，2006.

［80］ 冯晓莹，徐泽平，栾茂田，邓刚. 土质心墙坝水力劈裂条件分析［J］. 水利水电技术，2008，39（10）：48－52.

［81］ 邓刚，陈辉，张茵琪，等. 基于坝壳湿化过程数值模拟的心墙坝初蓄水力劈裂机理研究［J］. 中国水利水电科学研究院学报，2021，19（1）：90－98.

［82］ 刘杰. 土的渗透稳定与渗流控制［M］. 北京：中国水利水电出版社，1992.

［83］ 刘杰. 土石坝渗流控制理论基础及工程经验教训［M］. 北京：中国水利水电出版社，2005.

［84］ Engineering and Design—SEEPAGE ANALYSIS AND CONTROL FOR DAMS［M］. Department of the Army U.S. Army Corps of Engineers，Washington，D.C.，1993.

［85］ SHERARD J L，DUNNIGAN L P，TALBOT J R. Basic properties of sand and gravel filters［J］. Journal of the Geotechnical Engineering Division，ASCE，1984，110（6）：684－700.

［86］ SHERARD J L，DUNNIGAN L P，TALBOT J R. Filters for silts and clays［J］. Journal of the Geotechnical Engineering Division，ASCE，1984，110（6）：701－718.

［87］段祥宝，李祖贻. 瀑布沟水电站大坝三维渗流数值模拟研究［J］. 水电站设计，1997，13（1）：29－38.

［88］卢斌，郑雪玉，吴修锋，等. 特高堆石坝砾石土心墙非均质缺陷对渗流场影响分析［J］. 水电与抽水蓄能，2023，9（3）：22－25.

［89］王年香，章为民，张丹，顾行文. 高心墙堆石坝初次蓄水速率影响研究［J］. 郑州大学学报（工学版），2012，33（5）：72－76.

［90］朱维新. 土工离心模型试验研究状况［J］. 岩土工程学报，1986，8（2）：82–90.

［91］王年香，章为民. 土工离心模型试验技术与应用［M］. 北京：中国建筑工业出版社，2015.

［92］Taylor，R.N. Geotechnical Centrifuge Technology［M］. London：Blackie Academic & Professional，1985.

［93］Chen S.S.，Gu X.W.，Ren G.F.，etc.. Upgrades to the NHRI － 400 g-tonne geotechnical centrifuge ［C］. Physical Modelling in Geotechnics － McNamara et al.（Eds），2018 Taylor & Francis Group，London：495－500.

［94］张延亿，徐泽平，温彦锋，侯瑜京. 糯扎渡高心墙堆石坝离心模拟试验研究［J］. 中国水利水电科学研究院学报，2008，6（2）：86－92.

［95］杨正权，刘小生，汪小刚，杨玉生. 高土石坝地震动力反应特性大型振动台模型试验研究［J］. 水利学报，2014，45（11）：1361－1372.

［96］王年香，章为民，顾行文，伍小玉. 长河坝动力离心模型试验研究［J］. 水力发电，2009，35（5）：67－70.

［97］章为民，王年香，顾行文，曾友金，伍小玉，杜三林. 土石坝坝顶加固的永久变形机理及其离心模型试验验证［J］. 水利水运工程学报，2011（1）：22－27.

［98］章为民，王年香，陈生水，徐光明，顾行文，曾友金，任国峰，傅华. 地震动力离心模型试验外延分析方法：中国，ZL201410017427.1［P］. 2014－11－05.

［99］湛正刚，韩朝军，顾行文，等. 特高心墙坝地震反应离心模型试验研究［J］. 岩土工程学报，2022，44（S2）：36－39.

［100］韩朝军，顾行文，湛正刚，等. 强震区特高心墙堆石坝抗震性能动力模型试验研究［J］. 水电与抽水蓄能，2022，8（5）：74－81.

［101］程瑞林，慕洪友，顾行文，等. 特高心墙坝岸坡接触黏土层变形特性离心模型试验研究［J］. 岩土工程学报，2022，44（S2）：40－44.

［102］陈生水. 土石坝地震安全问题研究［M］. 北京：科学出版社，2015.

［103］孔宪京，邹德高. 高土石坝地震灾变模拟与工程应用［M］. 北京：科学出版社，2016.

［104］顾淦臣，沈长松，岑威钧. 土石坝地震工程学［M］. 北京：中国水利水电出版社，2009.

［105］朱晟. 土石坝震害与抗震安全［J］. 水力发电学报. 2011，30（6）：40－51.

[106] 雷红军，冯业林，刘兴宁. 糯扎渡高心墙堆石坝抗震安全研究与设计 [J]. 大坝与安全，2013（1）：1-4.

[107] 杨光，雷红军，于玉贞，吕禾. 糯扎渡高心墙堆石坝的抗震措施研究 [J]. 水力发电学报，2008（4）：89-93.

[108] 杨星，张丹，伍小玉. 长河坝水电站砾石土心墙堆石坝抗震设计 [J]. 四川水力发电，2016，35（1）：25-28.

[109] 周扬，邹德高，徐斌，滕晓威，孔宪京. 考虑堆石料软化特性的坝坡动力稳定和滑移变形分析 [J]. 水利学报. 2015，46（8）：934-942.

[110] 刘汉龙，费康. 考虑残余体应变的土石坝地震永久变形分析 [J]. 岩土力学，2013，34（6）：1687-1695.

[111] 杨玉生，刘小生，赵剑明，汪小刚，温彦锋，陈宁，刘启旺. 土石坝坝体和地基液化分析方法与评价 [J]. 水力发电学报，2011，30（6）：90-97+108.

[112] 刘汉龙，林永亮，凌华，傅华. 加筋堆石料的动残余变形特性试验研究 [J]. 岩土工程学报，2010，32（9）：1418-1421.

[113] 刘君，刘博，孔宪京. 地震作用下土石坝坝顶沉降估算 [J]. 水力发电学报，2012，31（2）：183-191.

[114] Canadian Electrical Association. Safety Assessment of Existing Dams for Earthquake Conditions，Vol. A Proposed Guidelines [M]. CEA No. 420 G547，April 1990.

[115] Federal Guidelines for Dam Safety：Earthquake Analysis and Design of Dams [M]. FEMA65，May，2005.

[116] Reilly N. European working group on guidelines for the seismic assessment of dams [A]. Proceedings of British Dam Society 13th Biennial Conference，Canterbury，2004.

[117] India Institute of Technology Kanpur. IITK-GSDMA Guidelines for Seismic Design of Earth Dams and Embankments [M]. Aug. 2005，Revised May 2007.

[118] Hernandez U M et al. Seismic guidelines for earth and rock dams [A]. Proc. of the 14th World Conference on Earthquake Engineering. Oct. 2008，Beijing，China.

[119] 张翠然，陈厚群，李德玉，李敏. 基于设定地震确定重大水电工程场地相关设计反应谱 [J]. 水电与抽水蓄能，2018，4（2）：56-61.

[120] 李红军，朱凯斌，赵剑明，刘小生，杨正权，杨玉生. 基于设定地震场地相关反应谱的高土石坝抗震安全评价 [J]. 岩土工程学报，2019，41（5）：934-941.

[121] 杨正权，刘小生，董承山，汪小刚，赵剑明. 土石坝动力分析人工边界处理方法 [J]. 防灾减灾工程学报，2015，35（4）：440-446.

[122] 赵剑明，刘小生，刘启旺，陈宁，常亚屏，王宏. 先期震动对土石坝地震永久变形的影响研究 [J]. 世界地震工程，2011，27（1）：28-33.

［123］陈生水，李国英，傅中志. 高土石坝地震安全控制标准与极限抗震能力研究［J］. 岩土工程学报，2013，35（1）：59-65.

［124］陈生水，方绪顺，钱亚俊. 高土石坝地震安全评价及抗震设计思考［J］. 水利水运工程学报，2011（1）：17-21.

［125］南京水利科学研究院. LCRM 水电站 300m 级心墙堆石坝防渗土料及接触土料一般性试验报告［R］. 2014，11.

［126］中国水利水电科学研究院. LCRM 水电站 300m 级心墙堆石坝防渗土料特殊性能试验报告［R］. 2016，06.

［127］中国水利水电科学研究院. LCRM 水电站防渗土料渗透特性特殊试验和堆石料特殊侧限压缩试验研究报告［R］. 2017，04.

［128］南京水利科学研究院. LCRM 水电站心墙防渗土料动强度试验报告［R］. 2016，07.

［129］南京水利科学研究院. LCRM 水电站土料特性试验研究报告［R］. 2016，10.

［130］清华大学. LCRM 水电站接触黏土料剪切渗流试验报告［R］. 2017，12.

［131］南京水利科学研究院. LCRM 水电站 300m 级心墙堆石坝堆石料工程特性试验报告［R］. 2016，06.

［132］清华大学. LCRM 水电站 300m 级心墙堆石坝堆石料特性试验研究报告［R］. 2016，08.

［133］清华大学. RM 水电站筑坝料本构模型研究报告［R］. 2017，09.

［134］大连理工大学. LCRM 水电站 300m 级心墙堆石坝堆石料特性试验研究及数值计算研究报告［R］. 2020，12.

［135］中国水利水电科学研究院. LCRM 水电站堆石料变形模量影响机制的物理试验和数值试验研究报告［R］. 2017，07.

［136］武汉大学. LCRM 水电站筑坝料缩尺效应数值试验研究报告［R］. 2017，07.

［137］河海大学. LCRM 水电站 300m 级心墙堆石坝堆石料级配优化及特殊性能试验研究报告［R］. 2016，07.

［138］南京水利科学研究院. LCRM 水电站心墙堆石坝渗流分析计算报告［R］. 2017，08.

［139］河海大学. LCRM 水电站心墙堆石坝渗流分析计算报告［R］. 2016，07.

［140］清华大学. LCRM 水电站高心墙堆石坝应力变形分析报告［R］. 2017，10.

［141］中国水利水电科学研究院. LCRM 水电站高心墙堆石坝应力变形分析报告［R］. 2017，07.

［142］南京水利科学研究院. LCRM 水电站高心墙堆石坝复核计算研究报告［R］. 2019，08.

［143］武汉大学. RM 高心墙堆石坝裂缝分析和防治措施研究报告［R］. 2017，07.

［144］清华大学. RM 高心墙堆石坝裂缝分析和防治措施研究报告［R］. 2017，07.

［145］清华大学. RM 高心墙堆石坝施工及蓄水安全分析报告［R］. 2017，09.

［146］河海大学. RM 高心墙堆石坝长期运行性状研究报告［R］. 2017，07.

［147］中国水利水电科学研究院. LCRM 水电站高心墙堆石坝地震动力反应及抗震加固措施分析研究报告［R］. 2020，08.

［148］南京水利科学研究院. RM 水电站高心墙堆石坝结构安全深化研究报告［R］. 2021，04.

［149］中国水利水电科学研究院. LCRM 水电站 300m 级心墙堆石坝离心机振动台试验研究报告［R］. 2020，01.

［150］南京水利科学研究院. RM 特高心墙堆石坝接触黏土变形特性离心模型试验研究报告［R］. 2021，04.

［151］南京水利科学研究院. RM 特高心墙堆石坝抗震特性大型离心机振动台试验研究报告［R］. 2021，08.

［152］南京水利科学研究院. RM 特高心墙堆石坝整体静力离心模型试验研究报告［R］. 2021，08.

［153］清华大学. RM 特高心墙堆石坝结构应力变形及地震动力响应分析报告［R］. 2020，08.

［154］中国水利水电建设工程咨询有限公司. 长河坝水电站大坝安全监测及初期运行性态评价咨询报告［R］. 2018，06.